新世纪高等学校教材·电气工程系列

U0866925

主　编◎邱　月　路永华
副主编◎李建海

数字电子技术

北京师范大学出版集团
BEIJING NORMAL UNIVERSITY PUBLISHING GROUP
北京师范大学出版社

图书在版编目(CIP)数据

数字电子技术 / 邱月，路永华主编. —北京：北京师范大学出版社，2024.12

新世纪高等学校教材. 电气工程系列

ISBN 978-7-303-29440-4

Ⅰ.①数… Ⅱ.①邱… ②路… Ⅲ.①数字电路－电子技术－高等学校－教材 Ⅳ.①TN79

中国国家版本馆 CIP 数据核字(2023)第 208666 号

图书意见反馈 gaozhifk@bnupg.com 010-58805079
营销中心电话 010-58802755 58800035

SHUZI DIANZI JISHU

出版发行：北京师范大学出版社 www.bnup.com
北京市西城区新街口外大街 12-3 号
邮政编码：100088

印　　刷：北京虎彩文化传播有限公司
经　　销：全国新华书店
开　　本：787 mm×1092 mm 1/16
印　　张：23
字　　数：530 千字
版　　次：2024 年 12 月第 1 版
印　　次：2024 年 12 月第 1 次印刷
定　　价：59.80 元

策划编辑：赵洛育　　责任编辑：赵洛育
美术编辑：焦　丽　　装帧设计：焦　丽
责任校对：王志远　王　佳　王丽芳　　责任印制：马　洁

内容简介

本书共10章，主要内容有：第1章数字逻辑基础，对数字逻辑电路进行了概述，详细介绍了数制、常用的编码、逻辑代数基础、逻辑函数及其表示方法、逻辑函数的化简方法等内容，为后续章节奠定了基础。第2章逻辑门电路，对TTL门电路、CMOS门电路的电路结构、工作原理、逻辑特性、电气参数进行了详细介绍，同时介绍了集成门电路使用中应注意的问题。第3章组合逻辑电路，重点介绍了小、中规模集成电路构成组合逻辑电路的分析方法和设计方法，介绍了编码器、译码器、数据分配器和数据选择器、算术运算电路、数值比较器等常用的组合逻辑电路的工作原理及逻辑功能。第4章触发器，将触发器进行分类介绍，使读者不仅可以掌握RS触发器、JK触发器、D触发器的逻辑功能，对其内部的电路结构也有了一定的认识。第5章时序逻辑电路，详细介绍了时序逻辑电路的分析方法和设计方法，重点讨论寄存器、计数器的工作原理、逻辑功能及典型应用。第6章脉冲波形的变换与产生，重点介绍了555定时器的工作原理，分类介绍由555定时器和门电路构成的施密特触发器、多谐振荡器、单稳态触发器的工作原理和典型参数的计算。第7章半导体存储器，较详细地介绍了只读存储器(ROM)和随机存取存储器(RAM)的特点、工作原理等内容。第8章可编程逻辑器件，介绍了可编程逻辑器件(PLD)、复杂可编程逻辑器件(CPLD)和现场可编程门阵列(FPGA)的结构及编程简介。第9章数模和模数转换器，介绍了数模(D/A)、模数(A/D)转换器的概念、基本原理及各类D/A、A/D转换器的特点、原理及应用。第10章典型数字系统设计，介绍了数字系统的组成、设计方法和设计准则。

本书可作为高等院校电子信息类、电气类、自动化类等专业“数字电子技术”课程教材，也可供相关工程技术人员参考。

前　言

随着信息技术的不断发展，我国科技实力正从量的积累迈向质的飞跃、从点的突破迈向系统能力提升，基础研究和原始创新取得重要进展。党的二十大指出，教育、科技、人才是全面建设社会主义现代化国家的基础性、战略性支撑，要坚持教育优先发展、科技自立自强、人才引领驱动，加快建设教育强国、科技强国、人才强国，坚持为党育人、为国育才，全面提高人才自主培养质量，着力造就拔尖创新人才，把科技自立自强作为国家发展的战略支撑，而加强基础研究是科技自立自强的必然要求。

数字电子技术是高等院校电子信息工程、电子科学与技术、通信工程、计算机科学与技术、自动化等专业的一门重要专业基础课程。数字电子技术在自动控制、通信、显示、探测、仪器仪表等领域应用越来越广泛，从而使得数字电子技术课程的教学内容也随之发生了较大变化。本书减少了对分立元件电路的介绍，增加了集成器件的介绍和应用实例，对数字逻辑基础、逻辑门电路、组合逻辑电路、时序逻辑电路、脉冲波形的变换与产生等基本概念、分析方法、设计方法等做了详细的介绍，又详细地介绍了触发器、半导体存储器、数模和模数转换器的电路结构、工作原理，不仅保证了数字电子技术内容的完整性和理论的系统性，还增加了可编程逻辑器件和典型数字系统设计等内容。

本书共10章，主要包括数字逻辑基础、逻辑门电路、组合逻辑电路、触发器、时序逻辑电路、脉冲波形的变换与产生、半导体存储器、可编程逻辑器件、数模和模数转换器、典型数字系统设计。

本书由兰州财经大学邱月拟定大纲和统稿。具体编写分工如下：邱月编写第1章至第5章、第7章至第9章，兰州财经大学路永华编写第6章，兰州理工大学李建海编写第10章。

由于编者水平有限，书中难免存在不足之处，敬请读者和专家不吝赐教。

编　者

2024年5月于兰州

目　　录

第 1 章　数字逻辑基础

【内容提要】本章首先介绍数字信号和数字电路的特点以及数制和常用的编码；其次，介绍逻辑代数的基本运算、基本公式和基本规则；最后，重点介绍逻辑函数的表示方法、逻辑函数的公式化简法和卡诺图化简法。

【能力目标】了解数字信号和数字电路的概念、特点；掌握数制和编码；掌握逻辑代数的基本运算(与、或、非)及基本规则；掌握逻辑函数的表示方法；重点掌握逻辑函数的化简方法。

1.1　概述

1.1.1　数字信号和数字电路

电路中的工作信号可以分为模拟信号和数字信号两大类。

模拟信号是指时间上和幅值上都连续的信号。例如，正弦函数、指数函数等。自然界中的许多物理量均属于模拟量，如汽车的速度、麦克风所记录的语音信号、大气温度与气压变化、图像各点的亮度变化等。在工程技术上，常用传感器将模拟量转换为电流、电压或电阻等电学量，以便电路进行分析和处理。传输、处理模拟信号的电子电路称为模拟电路。

数字信号是指时间上和数值上都离散的信号。例如，使用计算机键盘输入电路中的信号、交通灯控制电路中的信号等。对数字信号进行传输、处理的电子电路称为数字电路。数字电路研究的对象是电路的输出与输入之间的因果关系，也就是说研究电路的逻辑关系，所以数字电路又称为数字逻辑电路或者逻辑电路，其各种功能是通过逻辑运算和逻辑判断来实现的。

对模拟信号进行取样，就得到了时间离散、幅值连续的取样信号，再对此取样信号进行量化、编码即可得到对应的数字信号。在现代电子工程中，随着数字计算机等数字技术的发展，越来越多的模拟信号均通过模数(A/D)转换后以数字信号的形式由计算机及数字电路来处理，处理后的数字信号可以通过数模(D/A)转换变为模拟信号。

1.1.2　数字电路的特点

1. 稳定性高，抗干扰能力强

一般而言，对于一个给定的输入信号，只要噪声信号不使其超过阈值电压，则数字电路输出状态不变。因此，数字电路稳定性高，抗干扰能力强。

2. 易于设计

数字电路主要是对用 0 和 1 表示的数字信号进行逻辑运算和处理，不需要复杂的数学知识，广泛使用的数学工具是逻辑代数，数字电路只要能够区分 0 和 1 两种状态就可以正常工作。因此，数字电路的分析与设计相对比较容易。

3. 大批量生产，成本低廉

数字电路结构简单，体积小，通用性强，容易制造，便于集成化生产，因而成本低廉。

4. 可编程性能好

现代数字系统的设计，大多采用可编程逻辑器件，即厂家生产的一种半成品芯片。用户根据需要用硬件描述语言在计算机上完成电路设计和仿真，并写入芯片，产品的研制和开发更加灵活和方便。

5. 高速度，低功耗

随着集成电路工艺的发展，数字器件的工作速度越来越高，而功耗越来越低。集成电路中单管的开关时间可以做到小于 10^{-11} s。整体器件中，信号从输入到输出的传输时间小于 2×10^{-9} s。百万门以上超大规模集成芯片的功耗，可以低至毫瓦级。

1.1.3 数字电路的分类及应用

1. 数字电路的分类

数字电路的发展经历了电子管、半导体分立器件到集成电路的过程。由于集成电路发展非常迅速，很快占有主导地位，因此，数字电路的主流形式是数字集成电路。从 20 世纪 60 年代开始，数字集成器件以双极型工艺制成了小规模逻辑器件，随后发展到中规模集成器件；70 年代末，微处理器的出现，使数字集成电路的性能产生了质的飞跃；从 80 年代中期开始，专用集成电路制作技术已趋成熟，标志着数字集成电路发展到了新的阶段；90 年代中期，片上系统设计技术可以将复杂的电子系统全部集成在单一芯片上，使集成电路设计向集成系统设计转变，预示着集成电路出现了从量变到质变的突破。

根据集成度(每一芯片包含的门电路个数)的不同，数字集成电路可分为小规模集成电路(SSI)、中规模集成电路(MSI)、大规模集成电路(LSI)、超大规模集成电路(VLSI)和甚大规模集成电路(ULSI)五类。如表 1-1 所示为数字集成电路的集成度分类。

表 1-1 数字集成电路的集成度分类

分类	门的个数	典型集成电路
小规模	小于 12	逻辑门、触发器
中规模	12～99	计数器、加法器
大规模	100～9 999	小型存储器、门阵列
超大规模	10 000～99 999	大型存储器、微处理器
甚大规模	1 000 000 以上	可编程逻辑器件、多功能专用集成电路

根据所用元器件的不同，数字集成电路可分为双极型、MOS 型和混合型三类。其中双极型主要有 TTL 和 ECL；MOS 型主要有 NMOS、PMOS、CMOS；混合型主要有 Bi-CMOS。TTL 技术比较成熟，应用最早，曾被广泛使用，随着技术的发展现在已不具有主导地位。CMOS 门电路是由 NMOS 管和 PMOS 管组成的互补 MOS 集成电路。CMOS 门电路的集成度、成本、功耗和抗干扰能力远优于 TTL 门电路，是目前使用最广泛、占主导地位的集成电路，几乎所有的存储器、CPU 都采用 CMOS 工艺。Bi-CMOS 技术结合了 BJT 的高速性和高驱动能力以及 CMOS 的高密度、低功耗和低成本等优点。

根据集成芯片逻辑功能的特点，数字集成电路可分为通用型和专用型两类。小规模、中规模数字集成电路的逻辑功能是固定的，属于通用型集成芯片，通用性很强。专用型集成电路(ASIC)是将一个复杂的数字系统制作在一块半导体芯片上，构成体积小、重量轻、功耗低、速度快、成本低且具有保密性的系统级芯片。专用型集成电路芯片的制作可以采用全定制或半定制两种办法，全定制适用于生产批量的成熟产品，由半导体生产厂家制造。对于生产批量小或研究试制阶段的产品，可以采用半定制方法，它是用户通过软件编程，将自己设计的数字系统制作在厂家生产的可编程逻辑器件(PLD)半成品芯片上，便得到所需的系统级芯片。

根据电路结构特点及其对输入信号响应规则的不同，数字集成电路可分为组合逻辑电路和时序逻辑电路两类。

2. 数字电路的应用

数字电路由于稳定性好、抗干扰能力强、精确度高、电路简单、便于制造和集成、具有算术运算和逻辑运算能力等特点，所以应用领域越来越广泛。

利用数字电路的逻辑推理和判断功能，可以设计出各式各样的数控装置，用来实现对生产过程进行自动控制。其工作过程是：首先用传感器在现场采集受控对象的数据；其次用数字电路进行计算、判断；最后产生相应的控制信号，驱动伺服装置对受控对象进行控制或调整。这样不仅能通过连续监控提高生产的安全性和自动化水平，同时也提高了产品的质量，降低了成本，减轻了劳动强度。

以数字电路为基础发展起来的数字电子计算机，是当代科学技术最杰出的成就之一。现在，计算机不仅是自动控制系统不可缺少的组成部分，而且已经成为人们工作、生活、学习中不可或缺的重要组成部分。尤其是在数字电路应用于通信领域后，使通信技术的发展突飞猛进，使人们获取信息、享受网络服务更为便捷。

1.2　数制

数制即计数进位的规则，是按照一定的规则表示数值大小的计数方法。日常生活中最常用的计数方法是十进制，而在数字系统中常用的是二进制，有时也使用八进制和十六进制。

1.2.1　十进制

十进制有 0～9 共 10 个数码，进位规则是“逢十进一”。设十进制数 $(N)_{10}$ 有 n 位整

数，m 位小数，则可表示为

$$(N)_{10}=(k_{n-1}k_{n-2}\cdots k_1k_0.k_{-1}k_{-2}\cdots k_{-m})_{10}。$$

每一数码处于不同位置时，代表的数值也是不同的。例如，十进制数 2 569.58 可表示为

$$(2\ 569.58)_{10}=2\times10^3+5\times10^2+6\times10^1+9\times10^0+5\times10^{-1}+8\times10^{-2}。$$

式中，2，5，6，9，5，8 这些数码均称为系数；10^3，10^2，10^1，10^0，10^{-1}，10^{-2} 是每位数对应的权，这里 10 称为十进制数的基数。所谓十进制就是以 10 为基数的计数体制。基数和权是数制的两个要素，利用基数和权，可以将任何一个数按权展开为多项式的形式。

任意十进制数可按权展开为

$$(N)_{10}=\sum_{i=-m}^{n-1}k_i\times10^i。$$

式中，k_i 为第 i 位的系数，可取 0～9 这 10 个数码；10^i 为第 i 位的权；n 为整数位位数，m 为小数位位数；10 为基数。通常，对十进制数的表示，可以在数字的右下角标注 10 或 D。

1.2.2　二进制

二进制中只有 0 和 1 两个数码，计数进位的规则为“逢二进一”。不同数位上的数码具有不同的权值。所谓二进制就是以 2 为基数的计数体制。设二进制数 $(N)_2$ 有 n 位整数，m 位小数，则可表示为

$$(N)_2=(k_{n-1}k_{n-2}\cdots k_1k_0.k_{-1}k_{-2}\cdots k_{-m})_2。$$

任意二进制数可按权展开为

$$(N)_2=\sum_{i=-m}^{n-1}k_i\times2^i。$$

式中，k_i 为第 i 位的系数，可取 0 和 1 两个数码；2^i 为第 i 位的权。通常，对二进制数的表示，可以在数字的右下角标注 2 或 B。

在数字系统中普遍采用二进制。因为二进制中只有 0 和 1 两个数码，这样可以用电子器件的两种不同的稳定状态来表示一位二进制数。例如，可以用晶体管的截止和饱和导通表示 1 和 0，或者用电平的高和低表示 1 和 0 等。

1.2.3　八进制和十六进制

1. 八进制

八进制中有 0～7 共 8 个数码，基数为 8，计数进位的规则为“逢八进一”。不同数位上的数码具有不同的权值。所谓八进制就是以 8 为基数的计数体制。设八进制数 $(N)_8$ 有 n 位整数，m 位小数，则可表示为

$$(N)_8=(k_{n-1}k_{n-2}\cdots k_1k_0.k_{-1}k_{-2}\cdots k_{-m})_8。$$

任意八进制数可按权展开为

$$(N)_8=\sum_{i=-m}^{n-1}k_i\times8^i。$$

式中，k_i 为第 i 位的系数，可取 0～7 共 8 个数码；8^i 为第 i 位的权。通常，对八进制数的

表示，可以在数字的右下角标注 8 或 O。

2. 十六进制

十六进制中有 0～9，A，B，C，D，E，F 共 16 个数码，基数为 16，计数进位的规则为“逢十六进一”。不同数位上的数码具有不同的权值。所谓十六进制就是以 16 为基数的计数体制。设十六进制数 $(N)_{16}$ 有 n 位整数，m 位小数，则可表示为

$$(N)_{16}=(k_{n-1}k_{n-2}\cdots k_1k_0.k_{-1}k_{-2}\cdots k_{-m})_{16}。$$

任意十六进制数可按权展开为

$$(N)_{16}=\sum_{i=-m}^{n-1}k_i\times 16^i。$$

式中，k_i 为第 i 位的系数，可取 0～9，A，B，C，D，E，F 共 16 个数码；16^i 为第 i 位的权。通常，对十六进制数的表示，可以在数字的右下角标注 16 或 H。

1.2.4　数制间的转换

在实际应用中，常常需要进行各种数制之间的相互转换。数制之间的转换可归为两类：①十进制和非十进制之间的转换；② 2^n 进制之间的转换。

1. 十进制和非十进制之间的转换

(1)非十进制转换为十进制

将非十进制数直接按权展开再求和即得对应的十进制数。

【例 1-1】将二进制数 $(1001011.101)_2$ 转换为十进制数。

解：将 $(1001011.101)_2$ 按权展开求和

$(1001011.101)_2=1\times 2^6+1\times 2^3+1\times 2^1+1\times 2^0+1\times 2^{-1}+1\times 2^{-3}=(75.625)_{10}$，

所以$(1001011.101)_2=(75.625)_{10}$。

【例 1-2】将八进制数 $(24.2)_8$ 转换为十进制数。

解：将 $(24.2)_8$ 按权展开求和

$(24.2)_8=2\times 8^1+4\times 8^0+2\times 8^{-1}=(20.25)_{10}$，

所以 $(24.2)_8=(20.25)_{10}$。

【例 1-3】将十六进制数 $(A3.4)_{16}$ 转换为十进制数。

解：将 $(A3.4)_{16}$ 按权展开求和

$(A3.4)_{16}=A\times 16^1+3\times 16^0+4\times 16^{-1}=(163.25)_{10}$，

所以 $(A3.4)_{16}=(163.25)_{10}$。

(2)十进制转换为非十进制

十进制数转换为非十进制数时，要将其整数部分和小数部分分别转换，再把结果合并为目的数制。

①整数部分的转换。

整数部分的转换采用的除基取余法，是把十进制数的整数部分除以目的数制的基数取其余数(直至商为 0)，并将余数倒序排列，即得所转换的目的数制的整数。

【例 1-4】将十进制数 $(75)_{10}$ 转换为二进制数、八进制数和十六进制数。

解：按照除基取余法，转换为二进制数应逐次除以 2 取余数，转换过程如下。

同样的方法可将十进制数 $(75)_{10}$ 转换为八进制数和十六进制数：

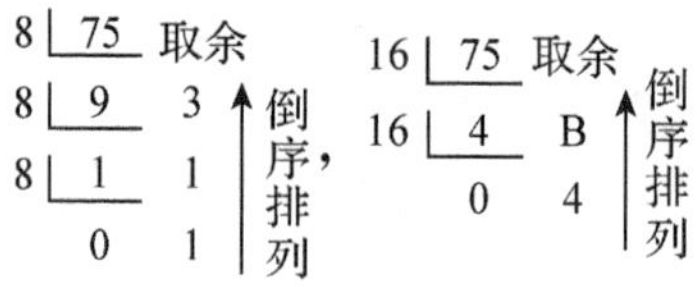

所以 $(75)_{10}=(1001011)_2$，$(75)_{10}=(113)_8$，$(75)_{10}=(4B)_{16}$。

②小数部分的转换。

小数部分的转换采用的乘基取整法，是把十进制数的小数部分乘目的数制的基数取其整数部分(直至所需位数或达到小数部分为 0)，并将取得的整数顺序排列，即得所转换的目的数制的小数。

【例 1-5】 将十进制数 $(0.625)_{10}$ 转换为二进制数、八进制数和十六进制数。

解：按照乘基取整法，转换为二进制数应逐次乘 2 取整数部分，转换过程如下：

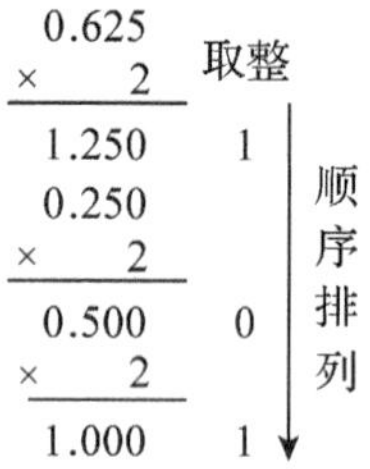

同样的方法可将十进制数 $(0.625)_{10}$ 转换为八进制数和十六进制数：

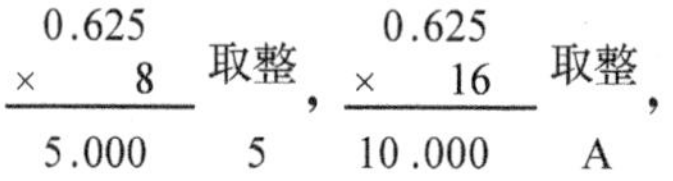

所以 $(0.625)_{10}=(0.101)_2$，$(0.625)_{10}=(0.5)_8$，$(0.625)_{10}=(0.A)_{16}$。

2. 2^n 进制之间的转换

(1)二进制与八进制之间的转换

由于八进制的基数 $8=2^3$，所以 3 位二进制数对应 1 位八进制数。若要将二进制数转换成八进制数，只要将二进制数的整数部分自右向左每 3 位一组，最后一组不足 3 位时用 0 补齐；小数部分自左向右每 3 位一组，最后一组不足 3 位时用 0 补齐；再将每组对应的八进制数写出即可。反之，若要将八进制数转换成二进制数，只要将每 1 位八进制数写成等值的 3 位二进制数，按顺序排列起来即可。

【例 1-6】 将二进制数 $(1100110.0101)_2$ 转换为八进制数。

解：按以上方法有

$$\frac{001}{1}\ \frac{100}{4}\ \frac{110}{6}.\frac{010}{2}\ \frac{100}{4},$$

所以 $(1100110.0101)_2=(146.24)_8$。

【例 1-7】 将八进制数 $(45.36)_8$ 转换为二进制数。

解：按以上方法有

$$\begin{array}{ccccc} 4 & 5 & . & 3 & 6 \\ \downarrow & \downarrow & & \downarrow & \downarrow \\ 100 & 101 & . & 011 & 110 \end{array},$$

所以 $(45.36)_8=(100101.01111)_2$

(2)二进制与十六进制之间的转换

由于十六进制的基数 $16=2^4$，所以 4 位二进制数对应 1 位十六进制数。若要将二进制数转换成十六进制数，只要将二进制数的整数部分自右向左每 4 位一组，最后一组不足 4 位时用 0 补齐；小数部分自左向右每 4 位一组，最后一组不足 4 位时用 0 补齐；再将每组对应的十六进制数写出即可。反之，若要将十六进制数转换为二进制数，只要将每 1 位十六进制数写成等值的 4 位二进制数，按顺序排列起来即可。

【例 1-8】 将二进制数 $(1001011.1010)_2$ 转换为十六进制数。

解：按以上方法有

$$\frac{0100}{4}\ \frac{1011}{B}.\frac{1010}{A},$$

所以 $(1001011.1010)_2=(4B.A)_{16}$。

【例 1-9】 将十六进制数 $(BE3.97)_{16}$ 转换为二进制数。

解：按以上方法有

$$\begin{array}{cccccc} B & E & 3 & . & 9 & 7 \\ \downarrow & \downarrow & \downarrow & & \downarrow & \downarrow \\ \multicolumn{3}{c}{101111100011} & . & \multicolumn{2}{c}{10010111} \end{array},$$

所以 $(BE3.97)_{16}=(101111100011.10010111)_2$。

(3)八进制数和十六进制数之间的转换

八进制数和十六进制数之间的转换通常采用间接转换法，先将八进制数或十六进制数转换为二进制数，再将二进制数转换为目的进制数。

【例 1-10】 将八进制数 $(36.47)_8$ 转换为十六进制数。

解：$(36.47)_8=(11110.100111)_2=(1E.9C)_{16}$。

1.2.5　二进制正、负数的表示法

十进制数中，可以在数字前面加上“+”或“−”号来表示正数和负数，但数字电路只能识别 0 和 1，不能识别“+”“−”号，因此，在数字电路中把一个数的最高位作为符号位，并用 0 表示“+”号，用 1 表示“−”号，像这样把符号用数字表示的二进制数称为机器数。

而原来带有“＋”“－”号的数称为真值。例如：

十进制数	$+65$	-65
二进制数(真值)	$+1000001$	-1000001
计算机内(机器数)	01000001	11000001

通常，二进制正、负数(机器数)有 3 种表示方法：原码、反码和补码。

1. 原码

原码表示的方法：用首位表示数的符号，0 表示正，1 表示负，其他位表示数的真值的绝对值，这样表示的数就是数的原码。

【例 1-11】 求 $(+115)_{10}$ 和 $(-115)_{10}$ 的原码。

解：
$$[(+115)_{10}]_{原}=[(+1110011)_2]_{原}=(01110011)_2,$$
$$[(-115)_{10}]_{原}=[(-1110011)_2]_{原}=(11110011)_2。$$

0 的原码有两种，分别是
$$[+0]_{原}=(00000000)_2,\ [-0]_{原}=(10000000)_2。$$

原码与真值转换起来很方便，在数学中，若两个异号的数相加或两个同号的数相减，都要做减法运算，先判断两个数中哪一个的绝对值大，用绝对值大的数减去绝对值小的数，运算结果的符号就是绝对值大的那个数的符号。但在计算机中，逻辑电路只能做加法运算，不能直接做减法运算，为了将加法和减法统一为加法运算，引入反码和补码表示。

2. 反码

正数的反码与其原码相同，负数的反码为：先求出该负数的原码，然后保持原码的符号位不变，其余各位按位取反，即 0 变 1，1 变 0，即得该负数的反码。

【例 1-12】 求 $(+115)_{10}$ 和 $(-115)_{10}$ 的反码。

$$[(+115)_{10}]_{原}=(01110011)_2,\ [(-115)_{10}]_{原}=(11110011)_2,$$
$$[(+115)_{10}]_{反}=(01110011)_2,\ [(-115)_{10}]_{反}=(10001100)_2。$$

3. 补码

正数的补码与其原码相同，负数的补码是其反码加 1。

【例 1-13】 求 $(+115)_{10}$ 和 $(-115)_{10}$ 的补码。

解：$[(+115)_{10}]_{原}=(01110011)_2$，$[(+115)_{10}]_{反}=(01110011)_2$，$[(+115)_{10}]_{补}=(01110011)_2$，

$[(-115)_{10}]_{原}=(11110011)_2$，$[(-115)_{10}]_{反}=(10001100)_2$，$[(-115)_{10}]_{补}=(10001101)_2$。

一个数的补码的补码就是其原码。

引入补码后，两个数的加、减运算就可以统一用加法运算来实现，此时两数的符号位也当成数值直接参加运算。由于两数和的补码等于两数补码的和，因此在数字系统中一般用补码表示带符号的数，以便将减法运算变为补码加法运算。

【例 1-14】 用机器数的表示方法，求 13－17 的差。

解：第一步：求补码。

$$[(+13)_{10}]_{原}=(00001101)_2,\ [(+13)_{10}]_{补}=(00001101)_2,$$
$$[(-17)_{10}]_{原}=(10010001)_2,\ [(-17)_{10}]_{补}=(11101111)_2。$$

第二步：求补码之和。

$$[(+13)_{10}]_{补}+[(-17)_{10}]_{补}=(11111100)_2。$$

第三步：求和的补码。

$$[(11111100)_2]_{补}=(10000100)_2，即为-4。$$

1.3　常用的编码

在数字系统中，数据和信息都是用二进制数码表示的，n 位二进制数码有 2^n 种不同的组合，可以代表 2^n 种不同的信息。用一定位数的二进制数码表示一组信息的过程称为编码。本节将介绍几种常用的编码。

1.3.1　二-十进制编码

二-十进制编码是一种用 4 位二进制数表示 1 位十进制数的编码，简称 BCD 码。1 位十进制数有 0～9 共 10 个数码，而 4 位二进制数有 16 种组合，指定其中的任意 10 种组合来表示十进制数的 10 个数码，因此 BCD 码的方案有很多，常用的有 8421 码、余 3 码、2421 码、5421 码等，如表 1-2 所示。

表 1-2　常见的 BCD 码

十进制数	8421 码	余 3 码	2421 码	5421 码
0	0000	0011	0000	0000
1	0001	0100	0001	0001
2	0010	0101	0010	0010
3	0011	0110	0011	0011
4	0100	0111	0100	0100
5	0101	1000	1011	1000
6	0110	1001	1100	1001
7	0111	1010	1101	1010
8	1000	1011	1110	1011
9	1001	1100	1111	1100

在表 1-2 所列的各种 BCD 码中，8421 码、2421 码和 5421 码都是有权码，余 3 码属于无权码。

1. 8421 码

8421 码和自然二进制数码的组成相似，4 位的权值从高到低依次是 8，4，2，1，故称为 8421 码。它选了 4 位自然二进制数码 16 种组合的前 10 种组合(0000～1001)，分别用来表示 0～9 这 10 个十进制数，称为有效码；剩下的 6 种组合(1010～1111)没有采用，称为无效码。十进制数与 8421 码之间的转换只要直接按位转换即可。即

$$(906.35)_{10}=(100100000110.00110101)_{8421},$$

$$(010110011000.00010110)_{8421}=(598.16)_{10}。$$

2. 2421 码

2421 码是一种有权码，4 位的权值从高到低依次是 2，4，2，1，故称为 2421 码。2421 码也是一种对 9 的自补代码，它的 0 和 9，1 和 8，2 和 7，3 和 6，4 和 5 的 2421 码，也互为反码。2421 码与十进制数之间的转换同样是按位进行的。

3. 5421 码

5421 码也是一种有权码，4 位的权值从高到低依次是 5，4，2，1，故称为 5421 码。5421 码中不允许出现 0101，0110，0111，1101，1110 和 1111 这 6 种组合。5421 码与十进制数之间的转换同样是按位进行的。

在一般情况下，有权码的十进制数与二进制码之间的关系可用下式来表示

$$(N)_D=W_3k_3+W_2k_2+W_1k_1+W_0k_0。$$

式中，W_3，W_2，W_1，W_0 为二进制码中各位的权。

4. 余 3 码

余 3 码是由 8421 码加上 0011 形成的一种无权码，由于它的每个数字编码比相应 8421 码多 3，故称为余 3 码。如果将两个余 3 码相加，那么所得的和将比对应的十进制数之和所对应的二进制数多 6。因此，在用余 3 码进行十进制加法运算时，若两个十进制数之和为 10，则对应的余 3 码之和正好等于二进制数的 16，于是便从高位自动产生进位信号。从表 1-2 可以看出：0 和 9，1 和 8，2 和 7，3 和 6，4 和 5 的余 3 码互为反码。因此，余 3 码是一种对 9 的自补代码，可给运算带来方便。余 3 码与十进制数进行转换时，每位十进制数的编码都应余 3。即

$$(256)_{10}=(010110001001)_{余3码},$$

$$(1000100110011011)_{余3码}=(5668)_{10}。$$

1.3.2 可靠性编码

数码在产生和传输过程中，难免发生错误。为使代码不易出错，或在发生错误时能迅速地发现和纠正错误，在工程中普遍采用了可靠性编码。格雷码和奇偶校验码是其中最常见的两种可靠性编码。

1. 格雷码

格雷码又称循环码，它有相邻性和循环性两个特点。相邻性是指任意两个相邻的代码间只有一位不同；循环性是指首尾的两个代码也具有相邻性。表 1-3 列出了十进制数与二进制码、格雷码之间的对应关系。

由于格雷码的相邻性和循环性，因此在时序电路中采用格雷码编码时，能防止波形的“毛刺”，并提高工作速度。例如，8421 码表示的十进制数，从 7(0111)递增到 8(1000)时，4 位代码均发生了变化，而事实上数字电路(如计数器)的各位输出不可能完全同时变化，这样在变化过程中就可能出现其他代码，造成严重的错误。如第一位先变为 1，这时就会在瞬间出现 1111 代码，而格雷码由于其任何两个代码之间仅有 1 位不同，所以用格雷码表示的数在递增或递减过程中不易产生差错。

表 1-3　十进制数与二进制码、格雷码之间的对应关系

十进制数	二进制码	格雷码	十进制数	二进制码	格雷码
0	0000	0000	8	1000	1100
1	0001	0001	9	1001	1101
2	0010	0011	10	1010	1111
3	0011	0010	11	1011	1110
4	0100	0110	12	1100	1010
5	0101	0111	13	1101	1011
6	0110	0101	14	1110	1001
7	0111	0100	15	1111	1000

观察表 1-3 可以发现，格雷码最高位的 0 和 1 只改变了一次，若以该位 0 和 1 的交界处为轴，其他位的代码则是上下对称的，这一特性称为反射性，最高位称为反射位。利用反射特性可以很方便地构成位数不同的格雷码。1 位到 4 位格雷码编码过程如图 1-1 所示。

```
1位  2位  3位    4位
 0    00   000    0000
 1    01   001    0001
-----------
      11   011    0011
      10   010    0010
          ----------
           110    0110
           111    0111
           101    0101
           100    0100
               ------------
                  1100
                  1101
                  1111
                  1110
                  1010
                  1011
                  1001
                  1000
```

图 1-1　格雷码编码过程

在 1 位格雷码的下面画一条虚线，在虚线下将 1 位格雷码倒过来重写一遍，并在虚线上边的数码前边加 0，虚线下边的数码前边加 1 即得 2 位格雷码，依次类推可得 3 位、4 位格雷码。

2. 奇偶校验码

奇偶校验码是一种能检验出二进制信息在传输过程中出现错误的代码。奇偶校验码由信息位和校验位两部分组成，信息位是要传输的原始信息，校验位是根据规定算法求得并添加在信息位后的冗余位。奇偶校验码分奇校验和偶校验，奇校验位产生的规则是：若信

息位中 1 的个数为奇数个，则校验位为 0；若信息位中 1 的个数为偶数个，则校验位为 1。总之，使信息位和校验位中 1 的个数之和始终为奇数。偶校验刚好相反，即通过调节校验位的 0 或 1，使信息位和校验位中 1 的个数之和始终为偶数。接收端收到加有校验位的数码后进行校验，若信息位和校验位中 1 的个数符合约定的奇偶性规则，则认为没有发生差错，否则认为信息已经出错。如表 1-4 所示为 8421 码的奇校验码和偶校验码。

表 1-4　8421 码的奇校验码和偶校验码

十进制数	奇校验码		偶校验码	
	信息位	校验位	信息位	校验位
0	0000	1	0000	0
1	0001	0	0001	1
2	0010	0	0010	1
3	0011	1	0011	0
4	0100	0	0100	1
5	0101	1	0101	0
6	0110	1	0110	0
7	0111	0	0111	1
8	1000	0	1000	1
9	1001	1	1001	0

上述奇偶校验是一位奇偶校验，这种奇偶校验只能发现 1 位错误，不能发现 2 位或更多位出错，且不能确定是哪一位出错。但由于实现起来容易，信息传输效率也高，并且发生 2 位或 2 位以上出错的概率相对较小，所以奇偶校验码用来检测数码在传输过程中是否出错还是相当有效的，故被广泛应用于数字系统中。

人们为了使信息传输高效和准确，还创造出了既能发现错误也能纠正错误的可靠性编码，如汉明码等。

1.3.3　ASCII 码

ASCII 码是美国信息交换标准代码(American Standard Code for Information Interchange)的简称，常用于通信设备和计算机中。它是用 7 位二进制码表示十进制数字、英文字母及专用符号的一种字符码，共 128 个字符，其中包括 95 个可打印字符、33 个不可打印和显示的控制字符，如表 1-5 所示。

表 1-5　标准 ASCII 码表

B		$B_6B_5B_4$							
$B_3B_2B_1B_0$		0	1	2	3	4	5	6	7
		000	001	010	011	100	101	110	111
0	0000	NUL	DLE	SP	0	@	P	`	p
1	0001	SOH	DC1	!	1	A	Q	a	q
2	0010	STX	DC2	"	2	B	R	b	r
3	0011	ETX	DC3	#	3	C	S	c	s
4	0100	EOT	DC4	$	4	D	T	d	t
5	0101	ENQ	NAK	%	5	E	U	e	u
6	0110	ACK	SYN	&	6	F	V	f	v
7	0111	BEL	ETB	'	7	G	W	g	w
8	1000	BS	CAN	(	8	H	X	h	x
9	1001	HT	EM	)	9	I	Y	i	y
A	1010	LF	SUB	*	:	J	Z	j	z
B	1011	VT	ESC	+	;	K	[	k	{
C	1100	FF	FS	,	<	L	\	l	|
D	1101	CR	GS	-	=	M	]	m	}
E	1110	SO	RS	.	>	N	^	n	~
F	1111	SI	US	/	?	O	_	o	DEL

由表 1-5 可以看出，数字和英文字母都是按顺序排列的，只要知道其中一个数字或字母的 ASCII 码，就可以求出其他数字或字母的 ASCII 码。具体特点是：数字 0～9 的 ASCII 码表示成十六进制数为 30H～39H，小写字母 a～z 的 ASCII 码表示为十六进制数为 61H～7AH，而大写字母 A～Z 的 ASCII 码表示为十六进制数为 41H～5AH；同一字母的大小写，其 ASCII 码不同，且小写字母的 ASCII 码比大写字母的 ASCII 码大 20H。

大部分系统采用扩充的 ASCII 码，扩充的 ASCII 码用 8 位二进制码，共可以表示 256（$2^8=256$）个符号，其中范围在 00 000 000～01 111 111 的编码，所对应的符号与标准 ASCII 码相同，而范围在 10 000 000～11 111 111 的编码定义了另外 128 个图形符号。

1.4　逻辑代数基础

1.4.1　逻辑代数的基本逻辑运算

数字电路中所用的数学工具是逻辑代数（又称布尔代数）。逻辑代数是按一定的逻辑规律进行运算的代数，由逻辑变量和逻辑运算组成。在逻辑代数中也用字母表示变量(逻辑变量)，但与普通代数不同的是逻辑变量只有两个值(0 和 1)。0 和 1 并不表示数量的大小，而是表示两个对立的逻辑状态。

在逻辑代数中有与运算、或运算和非运算 3 种基本逻辑运算。下边分别介绍这 3 种基本的逻辑运算。

1. 与运算

实际生活中与逻辑关系的例子很多，例如，在图 1-2(a)所示电路中，电源 U_s 通过两个开关 A 和 B 给灯泡供电，只有当两个开关全部闭合时，灯泡才会亮；若其中一个或两个开关断开，灯泡都不会亮。电路的功能如表 1-6 所示。从这个电路可以总结出这样的逻辑关系：“只有当决定一个事件的几个条件全部具备时，这个事件才会发生。”这种逻辑关系称为与逻辑。

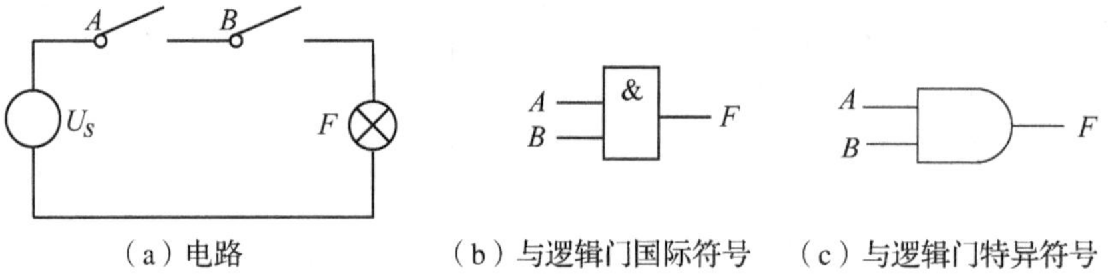

图 1-2　与逻辑运算

若用二值逻辑 0 和 1 来表示图 1-2(a)所示的逻辑关系，把开关和灯分别用字母 A、B 和 F 表示，并用 0 表示开关断开和灯灭，用 1 表示开关闭合和灯亮，这种用字母表示开关和灯的过程称为设定变量，用二进制数码 0 和 1 表示开关和灯有关状态的过程称为状态赋值，经过状态赋值得到的反映开关状态和灯泡亮灭之间逻辑关系的表格称为真值表，如表 1-7 所示。

表 1-6　图 1-2(a)电路功能表

开关 A	开关 B	灯 F
断开	断开	灭
断开	闭合	灭
闭合	断开	灭
闭合	闭合	亮

表 1-7　与逻辑关系真值表

A	B	F
0	0	0
0	1	0
1	0	0
1	1	1

若用逻辑函数表达式来描述上面的关系，则可写为

$$F = A \cdot B。$$

式中，“·”表示 A 和 B 的与运算，读作“与”，也称为逻辑乘，一般情况下将“·”省略，写为 $F=AB$ 。实现与运算的逻辑电路称为与门，其逻辑符号如图 1-2(b)和图 1-2(c)所示。

2. 或运算

或运算的例子在实际生活中也有很多，在如图 1-3(a)所示电路中，当两个开关 A 和 B 中至少有一个闭合时，灯泡就会亮。由此可以总结出这样一种逻辑关系：“决定一个事件

的几个条件中只要有一个条件满足，这个事件就会发生。”这种逻辑关系称为或逻辑。按照前述，可以得出用 0 和 1 表示的或逻辑关系真值表，如表 1-8 所示。

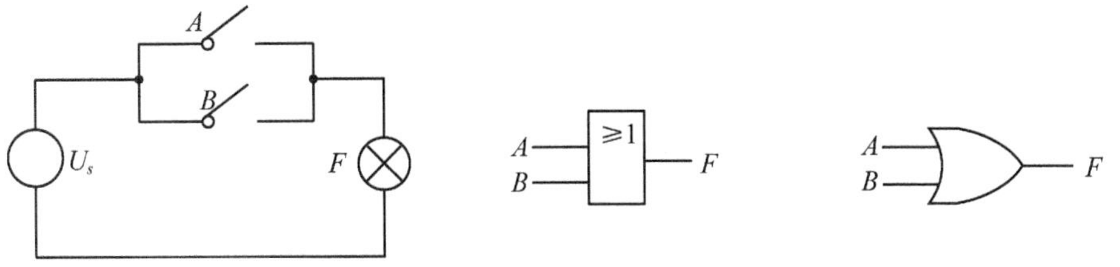

（a）电路　（b）或逻辑门国际符号　（c）或逻辑门特异符号

图 1-3　或逻辑运算

表 1-8　或逻辑关系真值表

A	B	F
0	0	0
0	1	1
1	0	1
1	1	1

或运算的逻辑表达式为

$$F=A+B。$$

式中，“+”表示 A 和 B 的或运算，读作“或”，也称为逻辑加。实现或运算的逻辑电路称为或门，其逻辑符号如图 1-3(b)和图 1-3(c)所示。

3. 非运算

如图 1-4(a)所示的电路中，当开关 A 闭合时，灯泡不亮；当开关 A 断开时，灯泡才会亮。由此可得其逻辑关系为：“当决定一个事件的条件具备时，该事件不会发生，当决定事件的条件不具备时，该事件发生。”这种逻辑关系称为非逻辑。

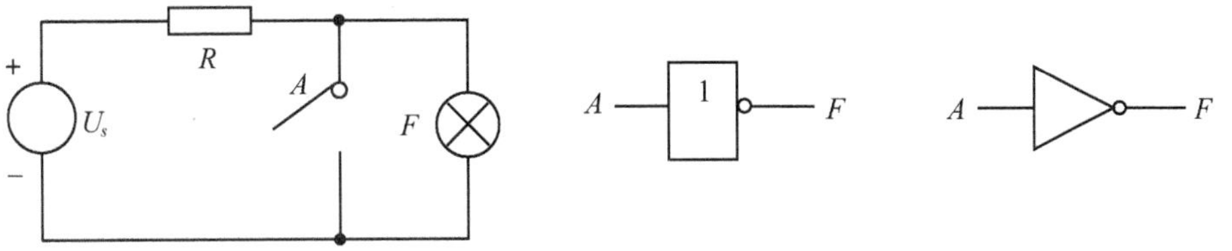

（a）电路　（b）非逻辑门国际符号　（c）非逻辑门特异符号

图 1-4　非逻辑运算

非逻辑关系真值表如表 1-9 所示。非运算的逻辑表达式为

$$F=\overline{A}。$$

式中，字母上方的“－”表示非运算，读作“非”或“反”。在逻辑运算中，通常将 A 称为原变量，而将 $\overline{A}$ 称为反变量。实现非运算的逻辑电路称为非门，其逻辑符号如图 1-4(b)和图 1-4(c)所示。

表 1-9　非逻辑关系真值表

A	F
0	1
1	0

上述与、或逻辑运算可以推广到多变量的情况：

$$F=A\cdot B\cdot C\cdot\cdots$$

$$F=A+B+C+\cdots$$

4. 复合逻辑运算

与、或、非是逻辑代数中的 3 种基本逻辑运算，实际逻辑问题往往比较复杂，但都可以通过这 3 种基本逻辑运算组合而成。常见的复合逻辑运算有与非运算、或非运算、异或运算、同或运算，以及与或非运算。它们的逻辑表达式、逻辑符号如表 1-10 所示。

表 1-10　常见的复合逻辑运算

逻辑关系	与非	或非	异或	同或	与或非
逻辑表达式	$F=\overline{A\cdot B}$	$F=\overline{A+B}$	$F=\overline{A}B+A\overline{B}$ $=A\oplus B$	$F=\overline{A}\,\overline{B}+AB$ $=A\odot B$	$F=\overline{AB+CD}$
逻辑符号	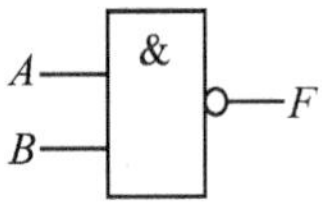	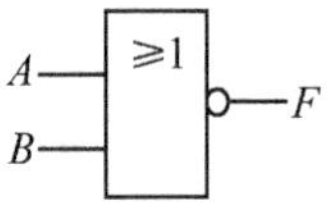	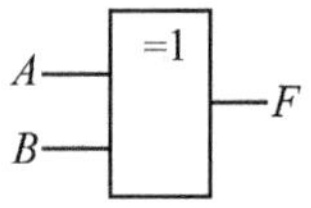	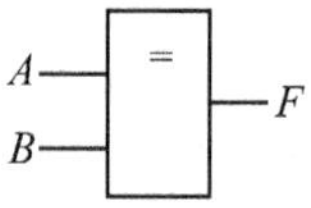	

1.4.2　逻辑代数的基本公式

1. 基本公式

(1)常量之间的关系

$$0\cdot 0=0,\qquad 1+1=1。$$

$$0\cdot 1=0,\qquad 1+0=1。$$

$$1\cdot 1=1,\qquad 0+0=0。$$

$$\overline{0}=1,\qquad \overline{1}=0。$$

(2)变量和常量的关系

$$A\cdot 0=0,\qquad A+1=1。$$

$$A\cdot 1=A,\qquad A+0=A。$$

(3)互补律

$$A\cdot\overline{A}=0,\qquad A+\overline{A}=1。$$

(4)重叠律

$$A\cdot A=A,\qquad A+A=A。$$

(5)交换律

$$A\cdot B=B\cdot A,\qquad A+B=B+A。$$

(6)结合律

$$(A\cdot B)\cdot C=A\cdot(B\cdot C),\qquad (A+B)+C=A+(B+C)。$$

(7)分配律

$$A\cdot(B+C)=A\cdot B+A\cdot C,\qquad A+B\cdot C=(A+B)(A+C)。$$

(8)反演律(摩根定律)

$$\overline{A\cdot B}=\overline{A}+\overline{B},\qquad \overline{A+B}=\overline{A}\cdot\overline{B}。$$

$$\overline{A_1\cdot A_2\cdot A_3\cdot\cdots\cdot A_n}=\overline{A_1}+\overline{A_2}+\overline{A_3}+\cdots+\overline{A_n}。$$

$$\overline{A_1+A_2+A_3+\cdots+A_n}=\overline{A_1}\cdot\overline{A_2}\cdot\overline{A_3}\cdot\cdots\cdot\overline{A_n}。$$

(9)还原率

$$\overline{\overline{A}}=A$$

上述基本公式可用真值表来证明，方法是：分别列出等式左、右两边表达式的真值表，如果等式两边的真值表相同，那么说明等式成立。

2. 常用公式

(1) $A+AB=A$

证明：$A+AB=A(1+B)=A\cdot 1=A$。

(2) $A+\overline{A}B=A+B$

证明：$A+\overline{A}B=(A+\overline{A})(A+B)=A+B$。

(3) $AB+A\overline{B}=A$

证明：$AB+A\overline{B}=A(B+\overline{B})=A$。

(4) $A(A+B)=A$

证明：$A(A+B)=AA+AB=A+AB=A$。

(5) $AB+\overline{A}C+BC=AB+\overline{A}C$

证明：$AB+\overline{A}C+BC=AB+\overline{A}C+(A+\overline{A})BC=AB+\overline{A}C+ABC+\overline{A}BC$

$=AB(1+C)+\overline{A}C(1+B)=AB+\overline{A}C$。

推论：$AB+\overline{A}C+BCD=AB+\overline{A}C$。

3. 有关异或运算的一些公式

(1)交换律

$$A\oplus B=B\oplus A。$$

(2)结合律

$$(A\oplus B)\oplus C=A\oplus(B\oplus C)。$$

(3)分配律

$$A(B\oplus C)=(AB)\oplus(AC)。$$

(4)常量和变量的异或运算

$$A\oplus 1=\overline{A},\qquad A\oplus 0=A。$$

$$A\oplus A=0,\qquad A\oplus\overline{A}=1。$$

(5)因果互换律

如果 $A \oplus B = C$，那么有 $A \oplus C = B$，$B \oplus C = A$。

证明：把 $A \oplus B = C$ 两边同时异或 B 可得

$$A \oplus B \oplus B = C \oplus B,$$
$$A \oplus 0 = C \oplus B,$$
$$A = C \oplus B。$$

同理，把 $A \oplus B = C$ 两边同时异或 A 可得

$$A \oplus C = B。$$

1.4.3 逻辑代数的基本规则或定理

1. 代入规则

在任何一个逻辑等式中，如果将等式两边所有出现某一变量的地方都代之以一个逻辑函数 F，那么等式仍然成立，这就是代入规则。

【例 1-15】 已知 $A(B+C)=AB+AC$。应用代入规则，将函数 $F=C+D$ 代入等式中的某个变量后，证明等式仍然成立。

证明：将变量 C 用函数 $F=C+D$ 代替得

$$等式左边 = A[B+(C+D)] = AB+AC+AD,$$
$$等式右边 = AB + A(C+D) = AB+AC+AD。$$

等式左边=等式右边，等式仍然成立。

【例 1-16】 已知 $\overline{AB}=\bar{A}+\bar{B}$。应用代入规则，用函数 $F=BC$ 代替 B，则有

$$\overline{A(BC)}=\bar{A}+\overline{BC}=\bar{A}+\bar{B}+\bar{C}。$$

即 $\overline{ABC}=\bar{A}+\bar{B}+\bar{C}$，将两个变量的等式变成 3 个变量。由此可知，利用代入规则，可以将基本公式推广为多变量的形式，扩大公式的使用范围。

2. 反演规则

将逻辑函数 F 表达式中的所有“·”号变成“+”号，“+”号变成“·”号，1 变成 0，0 变成 1，原变量变为反变量，反变量变为原变量，并保持运算顺序不变，就可求得逻辑函数 F 的反函数 $\bar{F}$，这就是反演规则。

应用反演规则可以很容易求得任意逻辑函数的反函数。但是，在使用反演规则时必须遵守以下规则：

①保持原函数的运算优先级，仍然遵守“先括号，然后与，最后或”的原则。

②不属于单个变量上的长非号应保留不变。

【例 1-17】 求下列逻辑函数的反函数。

$$F_1 = A[\bar{B}+(C\bar{D}+\bar{E}G)],$$
$$F_2 = AB+\overline{CD}+AB\bar{C}。$$

解：$\overline{F_1}=\bar{A}+B(\bar{C}+D)(E+\bar{G})$，

$$\bar{F}_2=\overline{(\bar{A}+\bar{B})\overline{\bar{C}+\bar{D}}}(\bar{A}+\bar{B}+C)。$$

3. 对偶规则

将逻辑函数 F 表达式中的所有“·”号变成“+”号，“+”号变成“·”号，1 变成 0，0

变成 1，保持变量和运算顺序不变，就得到一个新的逻辑函数 F'，这个新的逻辑函数 F' 称为逻辑函数 F 的对偶式。

对偶规则：如果两个逻辑函数相等，那么它们的对偶式也相等。

【例 1-18】 已知 $AB+A\bar{B}C=AB+AC$，证明其对偶式 $(A+B)(A+\bar{B}+C)=(A+B)(A+C)$ 也相等。

证明：
$$\begin{aligned}(A+B)(A+\bar{B}+C)&=A(A+\bar{B}+C)+B(A+\bar{B}+C)\\&=AA+A\bar{B}+AC+AB+B\bar{B}+BC\\&=A+A\bar{B}+AC+AB+BC=A+BC\\&=(A+B)(A+C)。\end{aligned}$$

4. 香农展开定理

(1)“与或”表达式：$f(x_1,\cdots,x_i,\cdots,x_n)=x_i\cdot f(x_1,\cdots,1,\cdots,x_n)+\overline{x_i}\cdot f(x_1,\cdots,0,\cdots,x_n)$。

(2)“或与”表达式：$f(x_1,\cdots,x_i,\cdots,x_n)=[x_i+f(x_1,\cdots,0,\cdots,x_n)]\cdot[\overline{x_i}+f(x_1,\cdots,1,\cdots,x_n)]$。

该定理叙述如下：任何一个逻辑函数都可对它的某一个变量（x_i）展开，可展开为“与或”形式；也可以展开为“或与”形式。在“与或”形式中，一个与项为 x_i 和 $x_i=1$ 的原函数相与；另一个与项为 $\overline{x_i}$ 和 $x_i=0$ 的原函数相与。在“或与”形式中，一个或项为 x_i 和 $x_i=0$ 的原函数相或；另一个或项为 $\overline{x_i}$ 和 $x_i=1$ 的原函数相或。

证明：将 $x_i=1$ 和 $\overline{x_i}=0$ 代入上式，再将 $x_i=0$ 和 $\overline{x_i}=1$ 代入上式，可发现在这两种情况下上式都成立，故定理得证。

推理 1

(1) $x_i\cdot f(x_1,\cdots,x_i,\cdots,x_n)=x_i\cdot f(x_1,\cdots,1,\cdots,x_n)$。

(2) $x_i+f(x_1,\cdots,x_i,\cdots,x_n)=x_i+f(x_1,\cdots,0,\cdots,x_n)$。

推理 2

(1) $\overline{x_i}\cdot f(x_1,\cdots,x_i,\cdots,x_n)=\overline{x_i}\cdot f(x_1,\cdots,0,\cdots,x_n)$。

(2) $\overline{x_i}+f(x_1,\cdots,x_i,\cdots,x_n)=\overline{x_i}+f(x_1,\cdots,1,\cdots,x_n)$。

【例 1-19】 求证 $A[AB+\bar{A}C+(A+D)(\bar{A}+E)]=A(B+E)$。

证明：$A[AB+\bar{A}C+(A+D)(\bar{A}+E)]=A[1\cdot B+0\cdot C+(1+D)(0+E)]=A(B+0+E)=A(B+E)$。

【例 1-20】 求证 $\bar{A}(AB+\bar{A}C+D)=\bar{A}(C+D)$。

证明：$\bar{A}(AB+\bar{A}C+D)=\bar{A}(0\cdot B+1\cdot C+D)=\bar{A}(C+D)$。

【例 1-21】 求证 $AB+\bar{A}C+(A+D)E+(\bar{A}+H)G=A(B+E+HG)+\bar{A}(C+DE+G)$。

证明：
$$\begin{aligned}&AB+\bar{A}C+(A+D)E+(\bar{A}+H)G\\&=A[1\cdot B+0\cdot C+(1+D)E+(0+H)G]+\bar{A}[0\cdot B+1\cdot C+(0+D)E+(1+H)G]\\&=A(B+E+HG)+\bar{A}(C+DE+G)。\end{aligned}$$

1.5 逻辑函数及其表示方法

1.5.1 逻辑函数的定义

逻辑变量分为输入逻辑变量和输出逻辑变量。描述输出逻辑变量和输入逻辑变量之间的逻辑关系称为逻辑函数。设某一逻辑网络的输入逻辑变量为 A_1，A_2，…，A_n，输出变量为 F，如图 1-5 所示。输出变量与输入变量之间的逻辑关系可表示为 $F=f(A_1, A_2, \cdots, A_n)$。当 A_1，A_2，…，A_n 的取值确定后，F 的值就唯一地被确定下来，则称 F 是 A_1，A_2，…，A_n 的逻辑函数，$F=f(A_1, A_2, \cdots, A_n)$ 称为逻辑函数表达式。

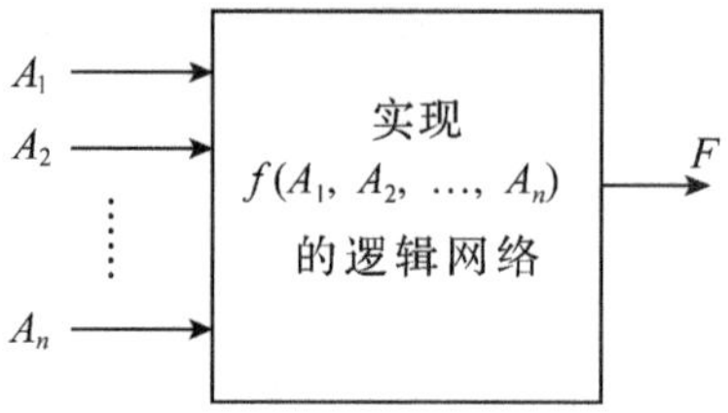

图 1-5 逻辑网络

逻辑变量和逻辑函数的取值都只能是 0 和 1，逻辑函数的取值由逻辑变量的取值和网络本身结构决定。

1.5.2 逻辑函数的表示方法

常用的表示逻辑函数的方法有逻辑函数表达式、真值表、逻辑图、波形图和卡诺图等。这些方法本质是相通的，可以相互转换。这一节只介绍前 4 种表示方法，用卡诺图表示逻辑函数的方法将在后面进行介绍。

1. 逻辑函数表达式

逻辑函数表达式是由逻辑变量和“与”“或”“非”3 种运算符号所构成的代数式子。这是一种用公式表示逻辑函数的方法。若要表示这样的一个函数关系：当两个逻辑变量（A 和 B）取值不相同时，逻辑函数 F 的取值为 1；否则，逻辑函数 F 的取值为 0。可以用下列逻辑函数表达式表示

$$F=f(A, B)=\overline{A}B+A\overline{B}。$$

2. 真值表

真值表是由逻辑变量的所有可能取值组合以及其对应的逻辑函数值所构成的表格。这是一种用表格表示逻辑函数的方法。对于逻辑函数表达式 $F=\overline{A}B+A\overline{B}$ 所描述的逻辑函数，可以用表 1-11 所示的真值表表示。

表中列出了两个逻辑变量 A 和 B 的所有可能的取值组合 00，01，10，11，并列出了与它们相对应的逻辑函数 F 的值（将输入变量所有可能的取值逐个代入逻辑函数表达式中进行计算，即可求出对应的函数值）。由表 1-11 可以得出，当 $A=B$ 时，$F=0$；当 $A\neq B$ 时，$F=1$。

表 1-11　逻辑函数 $F=\overline{A}B+A\overline{B}$ 真值表

A	B	F
0	0	0
0	1	1
1	0	1
1	1	0

上述真值表中的变量为 2 个，共有 2^2 种组合；当逻辑函数的变量为 n 个时，有 2^n 种组合。通常输入变量的所有可能取值组合按二进制顺序进行排列，以防遗漏，并方便检查。

由真值表可以很方便地写出逻辑函数表达式，其规则是：找出使逻辑函数值为 1 的自变量取值组合，自变量取值为 1 时用原变量表示，自变量取值为 0 时用反变量表示。逻辑函数值为 1 的每一组自变量的取值组合写为一个乘积项，再将所有这些乘积项加起来即可得到逻辑函数表达式。如表 1-11 所示，使逻辑函数 F 取值为 1 的自变量取值组合有两组，分别为 01 和 10，自变量取值组合 01 写出的乘积项为 $\overline{A}B$ ，自变量取值组合 10 写出的乘积项为 $A\overline{B}$ ，则逻辑函数表达式为 $F=\overline{A}B+A\overline{B}$ 。

3. 逻辑图

将逻辑函数中各变量之间的与、或、非等逻辑关系用逻辑符号表示出来，就可以得到表示逻辑关系的逻辑图。逻辑图是用逻辑符号表示逻辑关系的图形。一般可根据逻辑函数表达式画逻辑图，方法是把逻辑函数表达式中相应的运算符号用门电路的逻辑符号来代替，并按照逻辑运算的先后顺序将这些逻辑符号连接起来。逻辑函数表达式 $F=\overline{A}\,\overline{B}+AB$ 的逻辑图如图 1-6 所示。由逻辑图也可以写出逻辑函数表达式，从逻辑图的输入端到输出端逐级写出每个逻辑符号的输出端的表达式，直到写出最后输出变量的逻辑函数表达式。

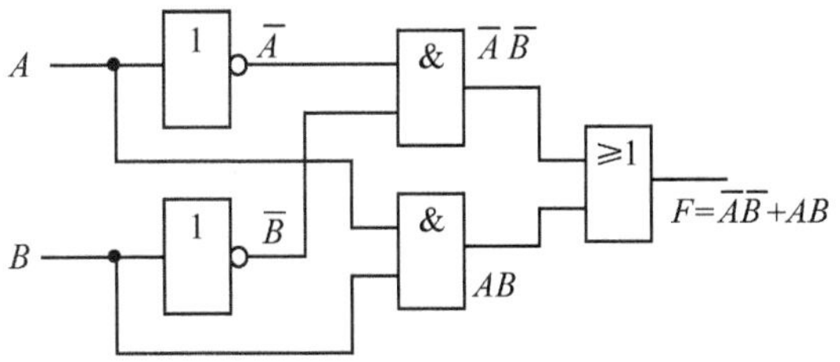

图 1-6　逻辑图表示逻辑函数

4. 波形图

波形图也称时序图，是由输入变量的所有可能取值组合的高、低电平及其对应的输出变量的高、低电平构成的图形。它是用变量随时间变化的波形来反映输入和输出之间对应关系的一种图形表示法。

画波形图时需注意，横坐标是时间，纵坐标是变量取值(高、低电平或二进制数码 1 和 0)，由于时间轴相同，变量取值又十分简单，所以在波形图中可省略坐标轴。画波形图时务必使输入、输出变量的波形在时间上对应起来，以体现输入决定输出。逻辑函数 $F=$

$\overline{A}\,\overline{B}+AB$ 的波形图如图 1-7 所示。

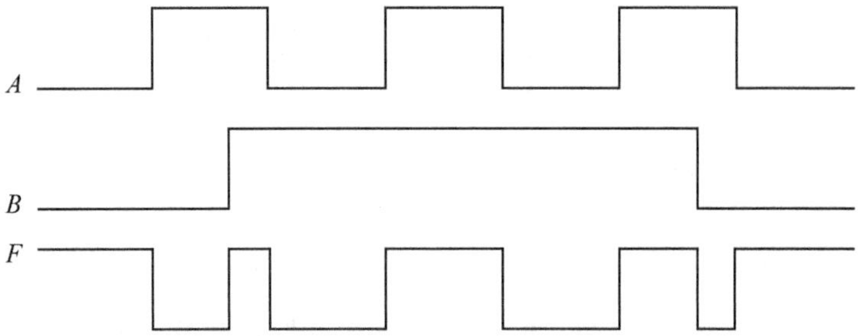

图 1-7　波形图表示逻辑函数

1.5.3　逻辑函数的两种标准形式

任何一个逻辑函数，其表达式的形式都不是唯一的，有与或表达式、与非-与非表达式、或与表达式、或非-或非表达式和与或非表达式等。其中与或表达式和或与表达式是两种基本形式。与或表达式是由若干与项进行或逻辑运算构成的表达式，如 $F=AB+\overline{A}C$ 。或与表达式是由若干或项进行与逻辑运算构成的表达式，如 $F=(A+B)\cdot(\overline{B}+C)$ 。本节主要介绍逻辑函数的两种标准形式最小项表达式和最大项表达式。

1. 最小项及最小项表达式

对于含有 n 个逻辑变量的逻辑函数，若一个乘积项(“与”项)中同时包含这 n 个逻辑变量，每个变量以原变量或反变量形式出现，且仅出现一次，则这个乘积项称为 n 个变量逻辑函数的一个最小项。例如，3 个变量 A，B，C 的最小项有 $\overline{A}\,\overline{B}\,\overline{C}$，$\overline{A}\,\overline{B}C$，$\overline{A}\,B\overline{C}$、$\overline{A}BC$，$A\overline{B}\,\overline{C}$，$A\overline{B}C$，$AB\overline{C}$，$ABC$ ，共 8(2^3)个。可见，n 个变量的最小项应有 2^n 个。

为了叙述方便，通常用最小项编号 $m_i(0\leqslant i\leqslant 2^n-1)$ 来表示最小项。这里 n 为输入变量的个数，下标 i 是这样确定的：当最小项的变量按一定次序排好后，用 1 代替其中的原变量，用 0 代替其中的反变量，便得到一组变量取值组合，把变量取值组合当成二进制数，将该二进制数转换为十进制数即为最小项编号 m_i 的 i 值。例如，最小项 $A\overline{B}C$ 的变量取值组合为 101，转换为十进制数为 5，故把最小项 $A\overline{B}C$ 记为 m_5。

下面列出了 3 个变量 A，B，C 全部最小项的真值表来说明最小项的性质，如表 1-12 所示。从此表可知最小项有下列 3 个主要性质。

①对于任意一个最小项，只有一组变量取值组合使其值为 1；

②任意两个最小项 m_i 和 m_j ($i\neq j$)之积为 0；

③ n 变量的 2^n 个最小项之和为 1，即

$$\sum_{i=0}^{2^n-1} m_i=1。$$

表 1-12　3 个变量最小项的真值表

$A\ B\ C$	$\bar{A}\,\bar{B}\,\bar{C}$	$\bar{A}\,\bar{B}\,C$	$\bar{A}\,B\,\bar{C}$	$\bar{A}\,B\,C$	$A\,\bar{B}\,\bar{C}$	$A\,\bar{B}\,C$	$A\,B\,\bar{C}$	$A\,B\,C$
0 0 0	1	0	0	0	0	0	0	0
0 0 1	0	1	0	0	0	0	0	0
0 1 0	0	0	1	0	0	0	0	0
0 1 1	0	0	0	1	0	0	0	0
1 0 0	0	0	0	0	1	0	0	0
1 0 1	0	0	0	0	0	1	0	0
1 1 0	0	0	0	0	0	0	1	0
1 1 1	0	0	0	0	0	0	0	1
编　号	m_0	m_1	m_2	m_3	m_4	m_5	m_6	m_7

所谓最小项表达式，就是由给定逻辑函数的最小项之和所组成的逻辑表达式，也称为标准与或表达式。例如，逻辑函数 $F=A+\bar{B}$，其最小项表达式为

$$
\begin{aligned}
F &= A+\bar{B}=A(B+\bar{B})+(A+\bar{A})\bar{B} \\
&= \bar{A}\,\bar{B}+A\bar{B}+AB \\
&= m_0+m_2+m_3=\sum m(0,\ 2,\ 3)。
\end{aligned}
$$

可以看出，只要给定的函数是“与或”表达式，通过将该式中的所有非最小项的乘积项（“与”项）乘其所缺变量之原变量加反变量因子，便可得到给定函数的最小项表达式。

【例 1-22】 求逻辑函数 $F=A+\bar{B}C+ABC$ 的最小项表达式。

解：

$$
\begin{aligned}
F &= A+\bar{B}C+ABC=A(B+\bar{B})+(A+\bar{A})\bar{B}C+ABC \\
&= AB+A\bar{B}+A\bar{B}C+\bar{A}\,\bar{B}C+ABC \\
&= AB(C+\bar{C})+A\bar{B}(C+\bar{C})+A\bar{B}C+\bar{A}\,\bar{B}C+ABC \\
&= ABC+AB\bar{C}+A\bar{B}C+A\bar{B}\,\bar{C}+A\bar{B}C+\bar{A}\,\bar{B}C+ABC \\
&= \bar{A}\,\bar{B}C+A\bar{B}\,\bar{C}+A\bar{B}C+AB\bar{C}+ABC \\
&= m_1+m_4+m_5+m_6+m_7=\sum m(1,\ 4,\ 5,\ 6,\ 7)。
\end{aligned}
$$

这里借用普通代数中的“$\sum$”符号表示多个最小项的或运算，圆括号内的十进制数码表示参与“或”运算的各个最小项的编号，它们就是各 m_i 的下标值。

最小项表达式有下列 3 个主要性质：

(1)若 m_i 是逻辑函数 $F=f(A_1,\ A_2,\ \cdots,\ A_n)$ 的一个最小项，则使 $m_i=1$ 的一组变量取值必定使逻辑函数 $F=f(A_1,\ A_2,\ \cdots,\ A_n)$ 的值为 1；

(2)若 F_1 和 F_2 都是 $A_1,\ A_2,\ \cdots,\ A_n$ 的逻辑函数，则 $F=F_1+F_2$ 将包含 F_1 和 F_2 中的所有最小项；$G=F_1\cdot F_2$ 将包含 F_1 和 F_2 中的所有最小项；

(3)若 $\bar{F}$ 是 F 的反函数，则 $\bar{F}$ 必定由 F 所包含的最小项之外的全部最小项所组成。

2. 最大项及最大项表达式

对于含有 n 个逻辑变量的逻辑函数，它的一个或项中同时包含 n 个逻辑变量，每个变量以原变量或反变量形式出现，且仅出现一次，这个或项称为 n 个变量逻辑函数的一个最大项。例如，对于两个变量 A 和 B 可以构成 4(2^2)个最大项，分别为 $(\overline{A}+\overline{B})$、$(\overline{A}+B)$、$(A+\overline{B})$、$(A+B)$。可见，$n$ 个变量应有 2^n 个最大项。

同样，为了叙述方便，通常用最大项编号 $M_i(0 \leqslant i \leqslant 2^n-1)$ 来表示最大项。这里 n 为输入变量的个数，下标 i 是这样确定的：对于一个最大项，输入变量只有一组取值组合使其值为 0，把变量取值组合当成二进制数，将该二进制数转换为十进制数即为最大项编号 M_i 的 i 值。例如，使最大项 $\overline{A}+B+\overline{C}$ 取值为 0 的变量取值组合为 101，转化为十进制数为 5，故把最大项 $\overline{A}+B+\overline{C}$ 记为 M_5。

最大项具有下列 3 个主要性质：

①对于任意一个最大项，只有一组变量取值组合使其值为 0；

②任意两个最大项 M_i 和 M_j（ $i \neq j$ ）之和为 1；

③ n 变量的所有 2^n 个最大项之积为 0，即

$$\prod_{i=0}^{2^n-1} M_i = 0。$$

所谓最大项表达式，就是由给定逻辑函数的最大项之积所组成的逻辑表达式，也称为标准或与表达式。利用公式 $A+BC=(A+B)(A+C)$ 和 $A \cdot \overline{A}=0$ 可以将逻辑函数化为最大项表达式。

【**例 1-23**】将逻辑函数 $F=A\overline{C}+B\overline{C}$ 化为最大项表达式。

解：
$$\begin{aligned}F &= A\overline{C}+B\overline{C}=(A+B)\overline{C}=(A+B+C\overline{C})(\overline{A}A+\overline{C})\\
&=(A+B+C)(A+B+\overline{C})(\overline{A}+\overline{C})(A+\overline{C})\\
&=(A+B+C)(A+B+\overline{C})(A+B\overline{B}+\overline{C})(\overline{A}+B\overline{B}+\overline{C})\\
&=(A+B+C)(A+B+\overline{C})(A+B+\overline{C})(A+\overline{B}+\overline{C})(\overline{A}+B+\overline{C})(\overline{A}+\overline{B}+\overline{C})\\
&=(A+B+C)(A+B+\overline{C})(A+\overline{B}+\overline{C})(\overline{A}+B+\overline{C})(\overline{A}+\overline{B}+\overline{C})\\
&=M_0 \cdot M_1 \cdot M_3 \cdot M_5 \cdot M_7=\prod M(0,1,3,5,7)。\end{aligned}$$

【**例 1-24**】将逻辑函数 $F=A+\overline{A}BC$ 化为最大项表达式。

解：
$$\begin{aligned}F &= A+\overline{A}BC=(A+\overline{A})(A+BC)=(A+B)(A+C)\\
&=(A+B+C\overline{C})(A+B\overline{B}+C)=(A+B+C)(A+B+\overline{C})(A+B+C)(A+\overline{B}+C)\\
&=(A+B+C)(A+B+\overline{C})(A+\overline{B}+C)=M_0 \cdot M_1 \cdot M_2=\prod M(0,1,2)。\end{aligned}$$

3. 最小项表达式、最大项表达式与真值表的关系

最小项表达式与真值表的关系如图 1-8 所示。

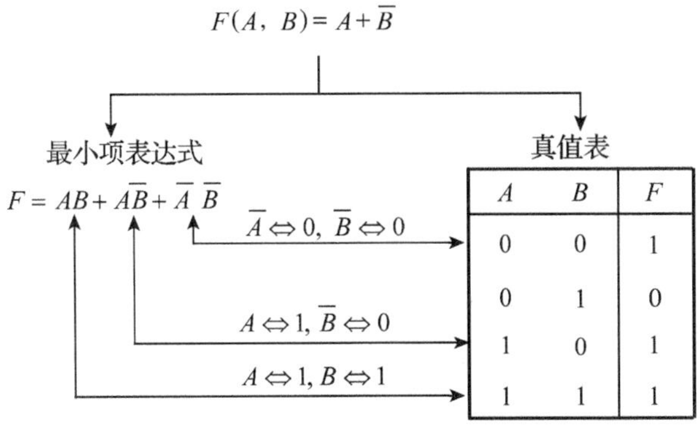

图 1-8　最小项与真值表的关系

不难看出，最小项表达式中的各个最小项与真值表中 $F=1$ 的各行变量取值一一对应。具体地说，将真值表中 $F=1$ 的每一行中变量取值为 0 的用反变量表示，变量取值为 1 的用原变量表示，然后相与就得到一个最小项，将逻辑函数取值为 1 的最小项加起来就得到逻辑函数的最小项表达式。

类似地，最大项表达式中的最大项将与真值表中 $F=0$ 的各行变量取值一一对应。其对应关系与上述相反，即 0 对应原变量，1 对应反变量，如图 1-9 所示。将 $F=0$ 的各行所对应的最大项相或，即得到最大项表达式。

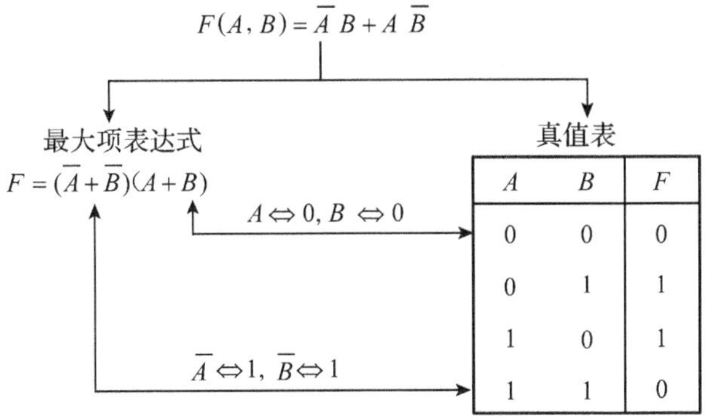

图 1-9　最大项与真值表的关系

【例 1-25】 求逻辑函数 $F=AB+\overline{A}BC+AC$ 最小项表达式和最大项表达式。

解：列出逻辑函数 F 的真值表，如表 1-13 所示。

表 1-13　$F=AB+\overline{A}BC+AC$ 的真值表

A	B	C	F
0	0	0	0
0	0	1	0
0	1	0	0
0	1	1	1

（续）

A	B	C	F
1	0	0	0
1	0	1	1
1	1	0	1
1	1	1	1

从真值表中找出 $F=1$ 的各行自变量取值组合为：011，101，110，111。0 用反变量表示，1 用原变量表示，得到对应的最小项，写出最小项表达式为

$$F=\overline{A}BC+A\overline{B}C+AB\overline{C}+ABC。$$

从真值表中找出 $F=0$ 的各行自变量取值组合为：000，001，010，100。0 用原变量表示，1 用反变量表示，得到对应的最大项，写出最大项表达式为

$$F=(A+B+C)(A+B+\overline{C})(A+\overline{B}+C)(\overline{A}+B+C)。$$

1.6 逻辑函数的化简方法

在工程上，总是希望用最少的门电路及其连线来实现同样的逻辑功能。一方面，这样的电路结构最简单，成本最低；另一方面，简单的电路结构又意味着更高的速度和更好的性能。一般来说，逻辑函数表达式越简单，实现这个表达式的逻辑图也就越简单。但是从逻辑问题概括出来的逻辑函数表达式不一定是最简的，所以就要求对逻辑函数表达式进行化简，得到其最简的表达式。常用的逻辑函数化简方法有公式化简法和卡诺图化简法两种。

此外，有时逻辑函数表达式是最简的形式，但是它不一定适合给定的逻辑门，这种情况又要求对已有的最简式进行适当的变换，才能用给定的逻辑门画出逻辑图。

1.6.1 逻辑函数的最简表达式

所谓最简表达式就是指包含最少数量的项，并且每个项包含逻辑变量最少的逻辑函数表达式。按照逻辑函数表达式中变量之间运算关系的不同，逻辑函数的最简表达式分为：最简与或表达式、最简与非-与非表达式、最简或与表达式、最简或非-或非表达式、最简与或非表达式。

1. 最简与或表达式

乘积项的个数最少，每个乘积项中包含的变量个数也最少的与或表达式，称为最简与或表达式。例如：

$$\begin{aligned}F&=AB+\overline{A}C+BC+BCD\\&=AB+\overline{A}C+BC\\&=AB+\overline{A}C。\end{aligned}$$

逻辑函数的 3 个与或表达式中，式 $F=AB+\overline{A}C$ 是最简与或表达式。

2. 最简与非-与非表达式

非号最少，每个非号下面相乘的变量个数也最少的与非-与非表达式，称为最简与非-与非表达式。注意，单个变量上面的非号不算，因为已将其当成反变量。

在最简与或表达式的基础上，两次取反，再用摩根定理去掉下面的反号，便可得到函数的最简与非-与非表达式。

【例 1-26】 写出函数 $F=AB+\overline{A}C$ 的最简与非-与非表达式。

解：$F=\overline{\overline{AB+\overline{A}C}}=\overline{\overline{AB}\cdot\overline{\overline{A}C}}$。

3. 最简或与表达式

或项个数最少，每个或项中相加的变量的个数也最少的或与表达式，称为最简或与表达式。

在反函数最简与或表达式的基础上取反，再用摩根定理去掉反号，便可得到函数的最简或与表达式。当然，在最简与或表达式的基础上，可以利用公式 $A+BC=(A+B)(A+C)$ 得到最简或与表达式。

【例 1-27】 写出函数 $F=AB+\overline{A}C$ 的最简或与表达式。

解：

$$\overline{F}=(\overline{A}+\overline{B})(A+\overline{C})=\overline{A}\,\overline{C}+A\overline{B},$$

$$F=\overline{\overline{F}}=\overline{\overline{A}\,\overline{C}+A\overline{B}}=\overline{\overline{A}\,\overline{C}}\;\overline{A\overline{B}}$$

$$=(A+C)(\overline{A}+B)。$$

4. 最简或非-或非表达式

非号个数最少，非号下面相加的变量的个数也最少的或非-或非表达式，称为最简或非-或非表达式。

在最简或与表达式的基础上，两次取反，再用摩根定理去掉下面的反号，所得到的便是函数的最简或非-或非表达式。

【例 1-28】 写出函数 $F=AB+\overline{A}C$ 的最简或非-或非表达式。

解：

$$F=AB+\overline{A}C$$

$$=(A+C)(\overline{A}+B)$$

$$=\overline{\overline{(A+C)(\overline{A}+B)}}$$

$$=\overline{\overline{A+C}+\overline{\overline{A}+B}}。$$

5. 最简与或非表达式

在非号下面相加的乘积项的个数最少，每个乘积项中相乘的变量个数也最少的与或非表达式，称为最简与或非表达式。

在最简或非-或非表达式的基础上，用摩根定理去掉大反号下面的小反号，便可得到函数的最简与或非表达式。当然，在反函数最简与或表达式的基础上，直接取反也可以得到最简与或非表达式。

【例 1-29】 写出函数 $F=AB+\overline{A}C$ 的最简与或非表达式。

解：

$$F=AB+\bar{A}C=\overline{\overline{A+C}+\overline{\bar{A}+B}}=\overline{\bar{A}\,\bar{C}+A\bar{B}}。$$

从上面各种最简表达式中，可以看出，只要得到了函数的最简与或表达式，再用摩根定理进行适当的变换，就可以得到其他几种类型的最简表达式。因此，后面要介绍的公式化简法和卡诺图化简法，都是主要讨论如何获得最简与或表达式。

1.6.2 公式化简法

公式化简法就是利用逻辑代数的基本公式和常用公式，消去逻辑函数表达式中多余的乘积项和每个乘积项中多余的因子，以求得逻辑函数的最简与或表达式。因此化简时，没有固定的步骤可循。经常使用的方法归纳如下。

1. 并项法

利用公式 $AB+A\bar{B}=A$ 可以将两项合并为一项，消去 B 和 $\bar{B}$ 这一对因子。A 和 B 可以是任何一个复杂的逻辑式。

【例 1-30】 利用并项法化简下列逻辑函数：

$$F_1=A\bar{B}+ACD+\bar{A}\,\bar{B}+\bar{A}CD；$$

$$F_2=A\overline{\bar{B}CD}+A\bar{B}CD。$$

解：

$$F_1=A\bar{B}+ACD+\bar{A}\,\bar{B}+\bar{A}CD；$$

$$=(A+\bar{A})\bar{B}+(A+\bar{A})CD=\bar{B}+CD；$$

$$F_2=A\overline{\bar{B}CD}+A\bar{B}CD$$

$$=A(\overline{\bar{B}CD}+\bar{B}CD)=A。$$

2. 吸收法

利用公式 $A+AB=A$ 可将多余的项 AB 消去。A 和 B 同样也可以是任何一个复杂的逻辑式。

【例 1-31】 利用吸收法化简下列逻辑函数：

$$F_1=AB+AB\bar{C}+ABD+AB(\bar{C}+\bar{D}),$$

$$F_2=(\overline{A\bar{B}}+C)ABD+AD。$$

解：

$$F_1=AB+AB\bar{C}+ABD+AB(\bar{C}+\bar{D})$$

$$=AB+AB[\bar{C}+D+(\bar{C}+\bar{D})]=AB；$$

$$F_2=(\overline{A\bar{B}}+C)ABD+AD$$

$$=AD+AD[(\overline{\bar{A}B}+C)B]=AD。$$

3. 消项法

利用公式 $AB+\bar{A}C+BC=AB+\bar{A}C$ 或公式 $AB+\bar{A}C+BCD=AB+\bar{A}C$ 将 BC 或 BCD 消去。A，B，C，D 可为任何一个复杂的逻辑式。

【例 1-32】利用消项法化简下列逻辑函数：

$$F_1 = AC + A\bar{B} + \overline{B + C};$$

$$F_2 = A\bar{B}C\bar{D} + \overline{A\bar{B}}E + \bar{A}C\bar{D}E。$$

解：

$$\begin{aligned} F_1 &= AC + A\bar{B} + \overline{B + C} \\ &= AC + A\bar{B} + \bar{B}\,\bar{C} \\ &= AC + \bar{B}\,\bar{C}; \end{aligned}$$

$$\begin{aligned} F_2 &= A\bar{B}C\bar{D} + \overline{A\bar{B}}E + \bar{A}C\bar{D}E \\ &= (A\bar{B})C\bar{D} + \overline{(A\bar{B})}E + (C\bar{D})E\bar{A} \\ &= A\bar{B}C\bar{D} + \overline{A\bar{B}}E。 \end{aligned}$$

4. 消因子法

利用公式 $A + \bar{A}B = A + B$ 可将 $\bar{A}B$ 中的因子 $\bar{A}$ 消去。A 和 B 都可以是任何一个复杂的逻辑式。

【例 1-33】利用消因子法化简下列逻辑函数：

$$F_1 = A\bar{B} + ABC;$$

$$F_2 = A\bar{B} + B + \bar{A}B。$$

解：

$$F_1 = A\bar{B} + ABC = A(\bar{B} + BC) = A\bar{B} + AC;$$

$$F_2 = A\bar{B} + B + \bar{A}B = A + B。$$

5. 配项法

根据公式 $A + \bar{A} = 1$，可以在函数表达式中的某一项上乘 $(A + \bar{A})$，然后拆成两项分别与其他项合并，有时可以得到更简单的化简结果。

【例 1-34】利用配项法化简逻辑函数 $F = A\bar{B} + \bar{A}B + B\bar{C} + \bar{B}C$。

解：利用公式 $A + \bar{A} = 1$，可将逻辑函数写为

$$\begin{aligned} F &= A\bar{B} + \bar{A}B(C + \bar{C}) + B\bar{C} + (A + \bar{A})\bar{B}C \\ &= A\bar{B} + \bar{A}BC + \bar{A}B\bar{C} + B\bar{C} + A\bar{B}C + \bar{A}\,\bar{B}C \\ &= (A\bar{B} + A\bar{B}C) + (\bar{A}B\bar{C} + B\bar{C}) + (\bar{A}\,\bar{B}C + \bar{A}BC) \\ &= A\bar{B} + B\bar{C} + \bar{A}C。 \end{aligned}$$

实际解题时，常常需要综合应用上述各种方法，才能得到函数的最简与或表达式。能否较快获得满意结果，与对公式、定理的熟悉程度和运用技巧有关。

【例 1-35】化简逻辑函数 $F = AC + \bar{B}C + B\bar{D} + C\bar{D} + A(B + \bar{C}) + \bar{A}BC\bar{D} + A\bar{B}DE$ 。

解：

$$\begin{aligned} F &= AC + \bar{B}C + B\bar{D} + C\bar{D} + A(B + \bar{C}) + \bar{A}BC\bar{D} + A\bar{B}DE \\ &= AC + \bar{B}C + B\bar{D} + C\bar{D} + A(\overline{\bar{B}C}) + \bar{A}BC\bar{D} + A\bar{B}DE \\ &= AC + \bar{B}C + B\bar{D} + C\bar{D} + A(\overline{\bar{B}C}) + A\bar{B}DE \end{aligned}$$

$$=AC+\bar{B}C+B\bar{D}+C\bar{D}+A+A\bar{B}DE$$
$$=A+\bar{B}C+B\bar{D}+C\bar{D}=A+\bar{B}C+B\bar{D}。$$

【例 1-36】 化简逻辑函数 $F=AD+A\bar{D}+AB+\bar{A}C+BD+ACEF+\bar{B}EF+DEFG$ 。

解：

$$F=AD+A\bar{D}+AB+\bar{A}C+BD+ACEF+\bar{B}EF+DEFG$$
$$=A(D+\bar{D})+AB+\bar{A}C+ACEF+BD+\bar{B}EF+DEFG$$
$$=A+AB+\bar{A}C+ACEF+BD+\bar{B}EF$$
$$=A+C+BD+\bar{B}EF。$$

【例 1-37】 化简逻辑函数 $F=\overline{AC+\bar{A}BC+\bar{B}C}+AB\bar{C}$ 。

解：

$$F=\overline{AC+\bar{A}BC+\bar{B}C}+AB\bar{C}$$
$$=\overline{C(A+\bar{A}B)+\bar{B}C}+AB\bar{C}$$
$$=\overline{AC+BC+\bar{B}C}+AB\bar{C}$$
$$=\overline{AC+C}+AB\bar{C}$$
$$=\bar{C}+AB\bar{C}=\bar{C}。$$

【例 1-38】 化简逻辑函数 $F=A(A+B)(\bar{A}+C)(B+D)(\bar{A}+C+E+F)(\bar{B}+F)(D+E+F)$ 。

解：方法 1

$$F=A(A+B)(\bar{A}+C)(B+D)(\bar{A}+C+E+F)(\bar{B}+F)(D+E+F)$$
$$=A(\bar{A}+C)(B+D)(\bar{A}+C+E+F)(\bar{B}+F)(D+E+F)$$
$$=A(\bar{A}+C)(B+D)(\bar{B}+F)(D+E+F)$$
$$=A(\bar{A}+C)(B+D)(\bar{B}+F)=AC(B+D)(\bar{B}+F)。$$

方法 2

先求 $F=A(A+B)(\bar{A}+C)(B+D)(\bar{A}+C+E+F)(\bar{B}+F)(D+E+F)$ 的对偶式 F'，并将其化简。即

$$F'=A+AB+\bar{A}C+BD+\bar{A}CEF+\bar{B}F+DEF$$
$$=A+\bar{A}C+BD+\bar{B}F+DEF$$
$$=A+\bar{A}C+BD+\bar{B}F$$
$$=A+C+BD+\bar{B}F。$$

用化简后的 F' 再求一次对偶即得 F 。

$$F=(F')'=AC(B+D)(\bar{B}+F)。$$

1.6.3 卡诺图化简法

卡诺图化简法又称图形化简法，该方法具有一定的规律和步骤，简单、直观、容易掌握，并且容易判断是否化为最简表达式。卡诺图化简法是逻辑设计中一种十分有用的工具，应用广泛。

1. 卡诺图的画法

对于一个 n 变量的逻辑函数，有 2^n 个最小项，画出 2^n 个小方格，每一个小方格代表一个最小项，并使逻辑上相邻的最小项在几何位置上也相邻地排列起来，这样得到的一张含有 2^n 个小方格的图就是卡诺图。逻辑相邻的最小项是指对于一个逻辑函数的两个最小项，如果这两个最小项中只有一个变量互为相反变量，而其他变量都相同，那么称这两个最小项在逻辑上是相邻的，也称为逻辑相邻性。n 个变量的最小项 m_i，有 n 个最小项与 m_i 逻辑相邻。

卡诺图是由表示逻辑变量的所有最小项的小方格所构成的图形，如图 1-10 所示，图中分别给出了两变量、三变量和四变量的卡诺图。

图 1-10(a)为两变量 A，B 的卡诺图，两个变量有 4 个最小项，用 4 个相邻的小方格表示。将两个变量 A，B 分为两组，A 为一组，B 为一组，分别表示行和列。两行分别为 $\overline{A}$ 和 A，两列分别为 $\overline{B}$ 和 B，行列相与就是最小项，分别是 $\overline{A}\,\overline{B}$，$\overline{A}B$，$A\overline{B}$，$AB$，记在行和列相交的小方格内。反变量用 0 表示，原变量用 1 表示，则得到标变量取值的卡诺图。图 1-10(b)为三变量 A，B，C 的卡诺图，3 个变量有 8 个最小项，由 8 个小方格组成。3 个变量 A，B，C 分为两组，A 为一组，B 和 C 为一组，分别表示行和列。两行分别为 $\overline{A}$ 和 A，4 列分别为 $\overline{B}\,\overline{C}$，$\overline{B}C$，$BC$ 和 $B\overline{C}$。行和列相与得到 8 个最小项，记入相应的小方格中，第一行分别为：$\overline{A}\,\overline{B}\,\overline{C}$，$\overline{A}\,\overline{B}C$，$\overline{A}BC$，$\overline{A}\,B\overline{C}$；第二行分别为：$A\overline{B}\,\overline{C}$，

A \ B	$\overline{B}$	B
$\overline{A}$	$\overline{A}\,\overline{B}$	$\overline{A}\,B$
A	$A\overline{B}$	AB

A \ B	0	1
0	m_0	m_1
1	m_2	m_3

(a) 两变量卡诺图

A \ BC	$\overline{B}\,\overline{C}$	$\overline{B}C$	BC	$B\overline{C}$
$\overline{A}$	$\overline{A}\,\overline{B}\,\overline{C}$	$\overline{A}\,\overline{B}C$	$\overline{A}BC$	$\overline{A}B\overline{C}$
A	$A\overline{B}\,\overline{C}$	$A\overline{B}C$	ABC	$AB\overline{C}$

A \ BC	00	01	11	10
0	m_0	m_1	m_3	m_2
1	m_4	m_5	m_7	m_6

(b) 三变量卡诺图

AB \ CD	00	01	11	10
00	m_0	m_1	m_3	m_2
01	m_4	m_5	m_7	m_6
11	m_{12}	m_{13}	m_{15}	m_{14}
10	m_8	m_9	m_{11}	m_{10}

(c) 四变量卡诺图

图 1-10　二到四变量的卡诺图表示

$A\overline{B}C$，ABC，$AB\overline{C}$。与上同理，可以画出标变量取值的卡诺图。图 1-10(c)为四变量 A，B，C，D 的卡诺图，4 个变量有 16 个最小项，由 16 个小方格组成。4 个变量 A，B，C，D 分为两组，A 和 B 为一组，C 和 D 为一组，分别表示行和列。变量 AB 取值分别为 00，01，11，10，变量 CD 取值也为 00，01，11，10。当 $ABCD$ 取值为 1 000 时，对应的最小项编号为 m_8，记入相应的小方格内。卡诺图形象地表达了最小项之间的相邻性，任意相邻的两行、两列，甚至两个边行、两个边列都是相邻的，行(或列)的头尾(两端)小方格、四角小方格也具有相邻性。

画法总结：①画正方形或矩形，对于 n 个变量，图中应分割出 2^n 个小方格，每一个小方格对应一个最小项；②把变量分为两组，每组变量的取值顺序按格雷码排列，以保证几何相邻的最小项在逻辑上也是相邻的。格雷码可以由二进制码推导出来，设二进制码为 $B=B_{n-1}B_{n-2}\cdots B_{i+1}B_i\cdots B_1B_0$，对应的格雷码为 $G=G_{n-1}G_{n-2}\cdots G_{i+1}G_i\cdots G_1G_0$，则有 $G_n=B_n$，$G_i=B_{i+1}\oplus B_i$。例如，3 位二进制码 $B=B_2B_1B_0$，用公式 $G_n=B_n$，$G_i=B_{i+1}\oplus B_i$ 可以求出其对应的 3 位格雷码 $G=G_2G_1G_0$。其中 $G_2=B_2$，$G_1=B_2\oplus B_1$，$G_0=B_1\oplus B_0$。

2. 用卡诺图表示逻辑函数

通常逻辑函数的卡诺图可由以下 3 种情况获得。

(1)当逻辑函数是最小项表达式时，在相同变量卡诺图中将逻辑函数包含的最小项对应的小方格内填上 1，剩下的小方格填上 0 或不填，就得到逻辑函数的卡诺图。

(2)当逻辑函数是一般式时，则先把一般表达式变为最小项表达式后，再填卡诺图，也可以直接按逻辑函数一般式填卡诺图(首先将函数表达式变换成与或表达式，但不必变为最小项表达式。然后在相同变量卡诺图中，把每一乘积项所包括的那些最小项对应的小方格都填上 1，剩下的填 0)。

(3)当已知逻辑函数真值表时，对应变量取值的每种组合，函数值为 1 或为 0，则在相同变量卡诺图对应的小方格内填 1 或填 0，就得到逻辑函数的卡诺图。

任何逻辑函数都等于其卡诺图中为 1 的方格所对应的最小项之和。

例如，用卡诺图表示下列逻辑函数：① $F_1=\overline{A}\,\overline{B}\,\overline{C}+\overline{A}B\overline{C}+A\overline{B}\,\overline{C}$；② $F_2=AC+\overline{B}D$。逻辑函数 F_1 为最小项表达式，$F_1(A,B,C)=m_0+m_2+m_4=\sum m(0,2,4)$，在其所包含的最小项所对应的小方格内填 1，如图 1-11(a)所示。逻辑函数 F_2 为与或表达式，但不是最小项表达式，属于一般表达式，按一般表达式的方法直接填卡诺图。由表达式可知，当 $A=1$，$C=1$ 时，$F=1$，在卡诺图中找到 $A=1$ 的行和 $C=1$ 的列，用虚线表示出来，行和列虚线相交的小方格所对应的最小项就是乘积项 AC 所包含的 4 个最小项 m_{10}，m_{11}，m_{14}，m_{15}，在这 4 个小方格内填上 1。同理可找出乘积项 $\overline{B}D$ 所包含的全部最小项并在其对应的小方格内填 1，得到逻辑函数 F_2 的卡诺图，如图 1-11(b)所示。

已知逻辑函数 F_3 的真值表，如表 1-14 所示。要用卡诺图表示此逻辑函数，把真值表中变量 A，B，C 取值的每种组合的函数值 1 或 0 直接填入 3 个变量卡诺图对应的小方格内，如图 1-11(c)所示。把逻辑函数卡诺图中标 1 的小方格对应的最小项加起来即为逻辑函数表达式。由图 1-11(c)写出逻辑函数 F_3 的表达式为 $F_3=\overline{A}B\overline{C}+A\overline{B}\,\overline{C}+AB\overline{C}+ABC$。

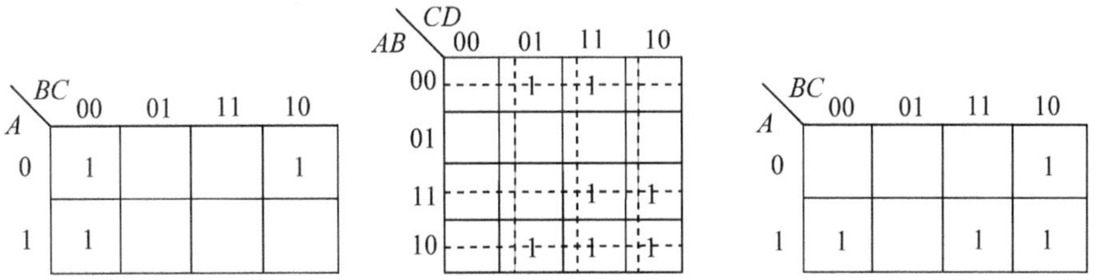

（a）逻辑函数F_1的卡诺图　（b）逻辑函数F_2的卡诺图　（c）逻辑函数F_3的卡诺图

图 1-11　用卡诺图表示逻辑函数

表 1-14　逻辑函数 F_3 的真值表

A	B	C	F
0	0	0	0
0	0	1	0
0	1	0	1
0	1	1	0
1	0	0	1
1	0	1	0
1	1	0	1
1	1	1	1

3. 用卡诺图化简逻辑函数

(1)化简依据

在卡诺图中几何位置相邻(相接、相对、相重)的最小项在逻辑上也是相邻的，逻辑相邻的最小项可以合并。卡诺图化简法的实质就是合并逻辑相邻的最小项，任何逻辑函数都等于其卡诺图中为 1 的方格所对应的最小项之和，若将卡诺图中相邻 1 方格所对应的最小项圈在一起合并，则合并时可以消去有关变量(互为反变量的变量)，达到化简逻辑函数的目的。图 1-12 分别画出了 2 个相邻最小项、4 个相邻最小项、8 个相邻最小项合并成一项的情况。

由图 1-12 分析可知，2 个相邻最小项合并成一项时可以消去 1 个变量，4 个相邻最小项合并成一项时可以消去 2 个变量，8 个相邻最小项合并成一项时可以消去 3 个变量。由此可见，只有 2^i 个相邻最小项才能合并成一项，并消去 i 个变量。

(2)化简步骤

① 画出逻辑函数的卡诺图。

② 画圈合并最小项，即将几何位置相邻的填 1 的小方格圈在一起进行合并。每圈一个圈，就得到一个乘积项(与项)。

③ 将所有圈对应的乘积项相加，即可得到逻辑函数的最简与或表达式。

以上步骤中，第①步是基础，第②步是难点，为了正确化简逻辑函数，圈出逻辑相邻的标 1 的小方格最关键。圈标 1 的小方格需注意以下几点。

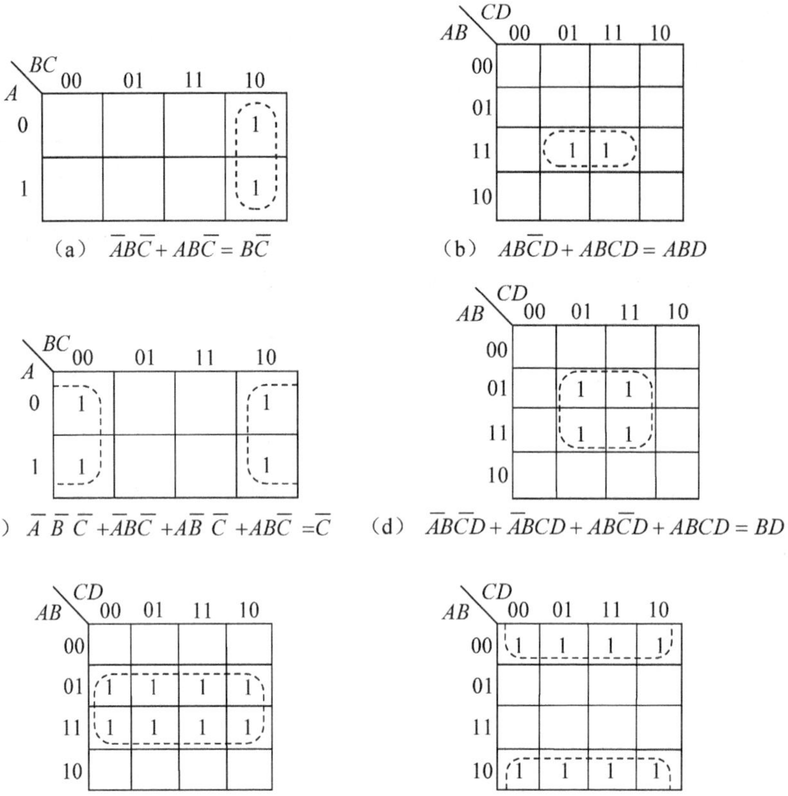

（a） $\overline{A}B\overline{C}+AB\overline{C}=B\overline{C}$　（b） $AB\overline{C}D+ABCD=ABD$

（c） $\overline{A}\,\overline{B}\,\overline{C}+\overline{A}B\overline{C}+A\overline{B}\,\overline{C}+AB\overline{C}=\overline{C}$　（d） $\overline{A}B\overline{C}D+\overline{A}BCD+AB\overline{C}D+ABCD=BD$

（e）B　（f）$\overline{B}$

图 1-12　相邻最小项的合并

①每个圈中包含 1 的个数必须是 2^i 个，i 为自然数。即每个圈中包含 1 的个数为 1，2，4，8，16 等。

②圈的个数越少越好，圈越少，乘积项越少。

③圈越大越好，圈越大，包含 1 的个数越多，消去的变量就越多，乘积项中的变量就越少。

④ 每个 1 都可以被重复圈，但每个圈中必须最少包含一个从来没有被其他的圈圈过的 1，即每个圈中最少包含一个自己独有的 1。

⑤ 将所有的 1 全部圈完，不能有剩余的 1，一个 1 如果没有与其几何位置相邻的 1，则单独构成一个圈。

⑥ 对于一个圈，互为反变量的变量将被消去，取值相同的变量保留，变量取值为 0 用反变量表示，变量取值为 1 用原变量表示，得出合并后的乘积项。

⑦ 圈 1 得原函数，圈 0 得反函数。

【例 1-39】用卡诺图化简逻辑函数 $F(A,B,C,D)=\sum m(0,1,3,5,6,9,11,12,13)$。

解：① 画出逻辑函数 F 的卡诺图。

② 画圈合并最小项。找出可以合并的标 1 的小方格，用圈圈起来。首先圈出不能与其他 1 格进行合并的孤立的 1 格，即 m_6。其次再圈出只能按一个方向合并的 1 格，如 m_0 和 m_1，m_{12} 和 m_{13}，m_1、m_5、m_{13} 和 m_9，m_1、m_3、m_9 和 m_{11}，如图 1-13 所示。

③ 将乘积项相加，写出最简与或表达式为

$$F=\overline{C}D+\overline{B}D+\overline{A}\,\overline{B}\,\overline{C}+AB\overline{C}+\overline{A}BC\overline{D}。$$

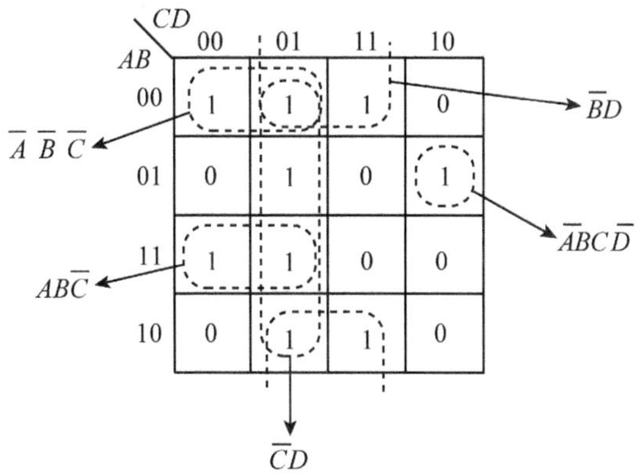

图 1-13　例 1-39 图

【例 1-40】用卡诺图化简逻辑函数 $F(A,B,C,D)=\sum m(1,5,6,7,11,12,13,15)$。

解：① 画出逻辑函数 F 的卡诺图，如图 1-14 所示。

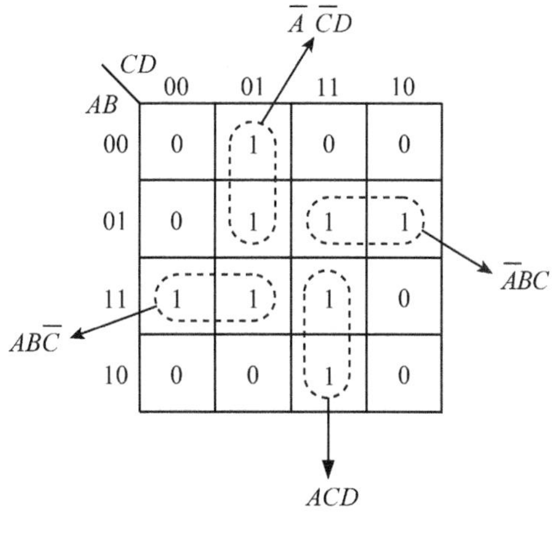

图 1-14　例 1-40 图

②画圈合并最小项，写出最简与或表达式为

$$F=\overline{A}\,\overline{C}D+AB\overline{C}+\overline{A}BC+ACD。$$

【例 1-41】用卡诺图化简逻辑函数 $F(A,B,C,D)=ABC+ABD+A\overline{C}D+\overline{C}\,\overline{D}+A\overline{B}C+\overline{A}C\overline{D}$。

解：① 画出逻辑函数 F 的卡诺图，如图 1-15 所示。

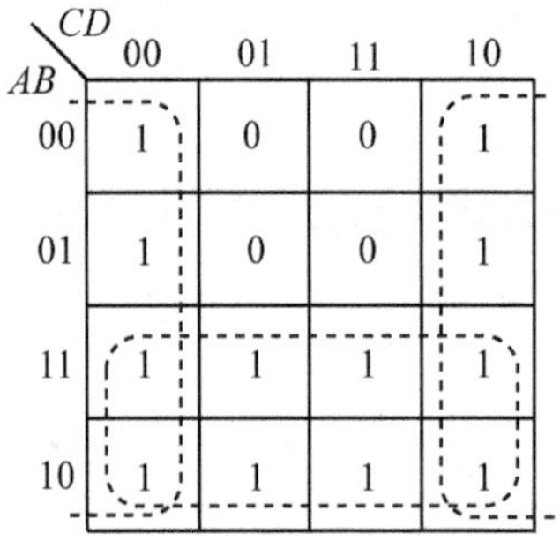

图 1-15　例 1-41 图

② 画圈合并最小项，写出最简与或表达式为

$$F = A + \overline{D}。$$

【例 1-42】 用卡诺图将逻辑函数 $F(A, B, C, D) = \prod M(0, 2, 5, 7, 13, 15)$ 化简为最简或与表达式。

解：① 画出逻辑函数 F 的卡诺图，在每个最大项对应的小方格内填上 0，其余的小方格内填上 1，如图 1-16 所示。

② 画圈合并卡诺图中的 0 方格，得到反函数 $\overline{F}$ 的最简与或表达式为

$$\overline{F} = \overline{A}\,\overline{B}\,\overline{D} + BD。$$

③ 对 $\overline{F}$ 的最简与或表达式取反，得到逻辑函数 F 的最简或与表达式为

$$F = \overline{\overline{A}\,\overline{B}\,\overline{D} + BD} = (A + B + D)(\overline{B} + \overline{D})。$$

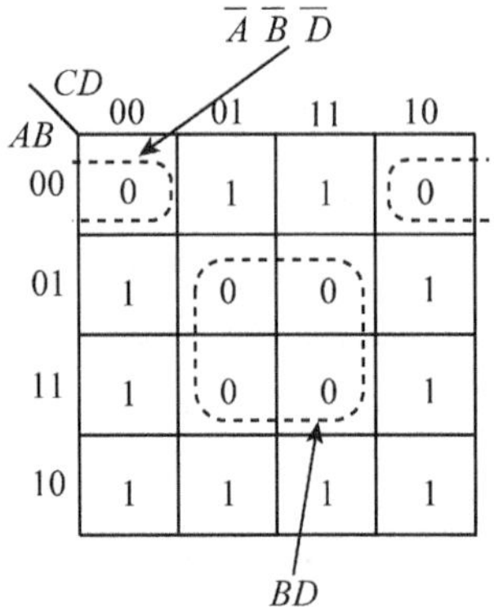

图 1-16　例 1-42 图

1.6.4　具有无关项的逻辑函数的化简

1. 无关项

在分析某些具体的逻辑函数时经常会遇到这样的情况，即输入变量的取值不是任意的。对输入变量取值所加的限制称为约束，同时，把这一组变量称为具有约束的一组变量。这些受约束的变量取值组合所对应的最小项称为约束项。

例如，有 3 个变量 A，B，C，它们分别表示一台电动机的正转、反转和停止命令，

$A=1$ 表示正转，$B=1$ 表示反转，$C=1$ 表示停止。因为电动机任何时候只能执行其中的一个命令，所以不允许两个或两个以上的变量同时为 1。A、B、C 的取值只能是 001、010、100 当中的某一种，而不能是 000，011，101，110，111 中的任何一种。因此，A，B，C 是一组具有约束的变量。

通常用约束条件来描述约束的具体内容，上面例子中的约束条件可以表示为

$$\overline{A}\,\overline{B}\,\overline{C}+\overline{A}BC+A\overline{B}C+AB\overline{C}+ABC=0。$$

所有允许出现的组合都将使上式成立，即满足此约束条件。

有时还会遇到另一种情况，即在输入变量的某些取值组合中函数值可以取 1，也可以取 0，两种情况都可以，并不影响电路的功能。将这些变量取值组合所对应的最小项称为任意项。

在存在约束项的情况下，由于约束项的值始终等于 0，所以既可以把约束项写进逻辑函数式中，也可以把约束项从逻辑函数式中删除掉，并不影响函数值。同样，既可以把任意项写进函数式中，也可以不写进去，因为输入变量的取值使这些任意项为 1 时，函数值可以是 1 也可以是 0。因此，又把约束项和任意项统称为无关项。这里所说的无关是指是否把这些最小项写入逻辑函数式无关紧要，可以写入也可以删除。

具有无关项的逻辑函数称为非完全描述函数，而将对应于每一组输入组合下，均有指定的 0 或 1 输出的逻辑函数称为完全描述函数。

2. 无关项在逻辑函数化简中的应用

在逻辑函数化简时，无关项的取值可以为 1，也可以为 0，在真值表和卡诺图中，无关项所对应的函数值通常用×(或∅)表示，在逻辑函数表达式中，无关项通常用 d 表示。化简具有无关项的逻辑函数时，如果能合理地利用这些无关项，一般都可以得到更加简单的化简结果。它的具体做法是：在公式化简中，可以根据化简的需要加上或去掉无关项。在卡诺图化简中，合并最小项时，究竟把卡诺图上的×作为 1(即认为函数式中包含了这个最小项)还是作为 0(即认为函数式中不包含这个最小项)对待，应以得到的相邻最小项的圈最大，且圈的数目最少为原则。

【例 1-43】化简逻辑函数 $F(A,B,C,D)=\overline{A}\,\overline{B}\,\overline{C}D+\overline{A}BCD+A\overline{B}\,\overline{C}\,\overline{D}$。约束条件为：$\overline{A}\,\overline{B}CD+\overline{A}B\overline{C}D+AB\overline{C}\,\overline{D}+A\overline{B}\,\overline{C}D+ABCD+ABC\overline{D}+A\overline{B}C\overline{D}=0$。

解：如果不利用约束项，那么 F 已无从化简，若适当地加入一些约束项以后，则可以得到

$$\begin{aligned}F&=(\overline{A}\,\overline{B}\,\overline{C}D+\overline{A}\,\overline{B}CD_{约束项})+(\overline{A}BCD+\overline{A}B\overline{C}D_{约束项})\\&\quad+(A\overline{B}\,\overline{C}\,\overline{D}+AB\overline{C}\,\overline{D}_{约束项})+(ABC\overline{D}_{约束项}+A\overline{B}C\overline{D}_{约束项})\\&=(\overline{A}\,\overline{B}D+\overline{A}BD)+(A\overline{C}\,\overline{D}+AC\overline{D})=\overline{A}D+A\overline{D}。\end{aligned}$$

可见，利用了约束项以后，使逻辑函数得以进一步化简，但是在确定应该写入哪些约束项时不够直观。如果改用卡诺图化简法，那么只要将表示 F 的卡诺图画出，就能从图上直观地判断对这些约束项应如何取舍。

【例 1-44】用卡诺图化简逻辑函数 $F(A,B,C,D)=\overline{A}\,\overline{B}\,\overline{C}D+\overline{A}BCD+A\overline{B}\,\overline{C}\,\overline{D}$。约束条件为：$\overline{A}\,\overline{B}CD+\overline{A}B\overline{C}D+AB\overline{C}\,\overline{D}+A\overline{B}\,\overline{C}D+ABCD+ABC\overline{D}+A\overline{B}C\overline{D}=0$。

解：① 画出逻辑函数 F 的卡诺图，如图 1-17 所示。

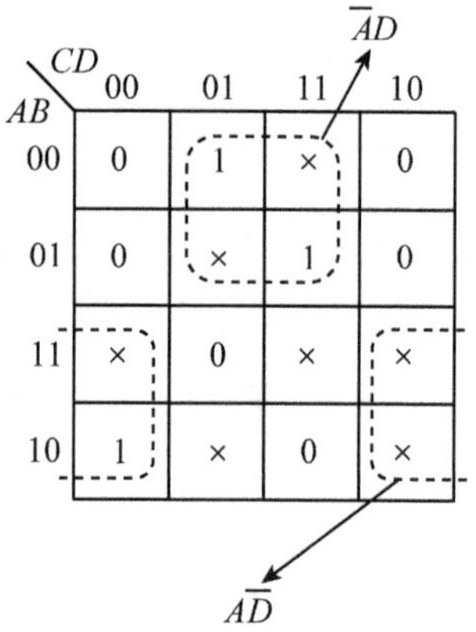

图 1-17　例 1-44 图

② 画圈合并最小项，写出最简与或表达式为

$$F=\overline{A}D+A\overline{D}。$$

【例 1-45】 试写出判断一个 1 位十进制数是否为奇数的逻辑表达式，并进行化简。

解：采用 8421 码编码方式，输入变量用 A，B，C，D 表示，输出用 F 表示，则描述该问题的逻辑函数的真值表如表 1-15 所示。

表 1-15　判断 1 位十进制数是否为奇数的逻辑函数真值表

十进制数	8421 码				F	十进制数	8421 码				F
	A	B	C	D			A	B	C	D	
0	0	0	0	0	0	8	1	0	0	0	0
1	0	0	0	1	1	9	1	0	0	1	1
2	0	0	1	0	0	10	1	0	1	0	×
3	0	0	1	1	1	11	1	0	1	1	×
4	0	1	0	0	0	12	1	1	0	0	×
5	0	1	0	1	1	13	1	1	0	1	×
6	0	1	1	0	0	14	1	1	1	0	×
7	0	1	1	1	1	15	1	1	1	1	×

表中对于十进制数 0～9，函数的取值是确定的。但对于十进制数的 10～15，由于它们不属于 1 位的十进制数，所以函数可以任意取值。因此该函数是具有无关项的逻辑函数。由表 1-15 可以写出逻辑表达式为

$$F(A,B,C,D)=\sum m(1,3,5,7,9)+\sum d(10,11,12,13,14,15)。$$

画出逻辑函数 F 的卡诺图，如图 1-18 所示。

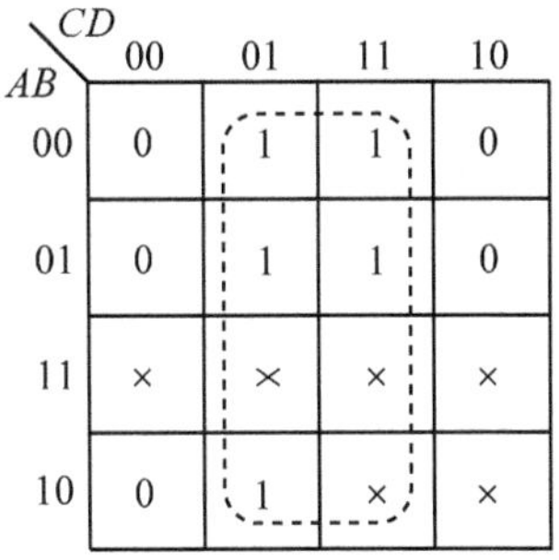

图 1-18　例 1-45 图

化简的结果为

$$F=D。$$

本章小结

数字电路研究的主要问题是输入变量与输出函数间的逻辑关系，其工作信号在时间和数值上是离散的，用 0，1 表示。

二进制是数字电路的基本计数体制；十六进制有 16 个数字符号；4 位二进制数可表示 1 位十六进制数。常用的编码有 8421 码、格雷码、余 3 码等。

逻辑代数有 3 种基本的逻辑运算(与、或、非)，由这 3 种运算可组合成多种复合运算(与非、或非、异或、同或)。

逻辑函数有 5 种常用的表示方法：真值表、逻辑函数表达式、逻辑图、波形图、卡诺图。这些方法虽然各具特点，但都能表示输出函数与输入变量之间的取值对应关系。5 种表示方法可以相互转换。

逻辑函数的化简是分析、设计数字电路的重要环节。实现同样的功能，电路越简单，成本就越低，且工作越可靠。化简逻辑函数有公式化简法和卡诺图化简法两种。公式化简法就是根据定理、公式、基本规则化简逻辑函数，它的使用不受任何条件的限制。卡诺图化简法的特点是简单、直观，而且可遵循一定的化简步骤，但对于变量超过 5 个的多变量逻辑函数化简，由于直观性较差而不大适用。两种方法各有所长，又各有不足，需熟练掌握。

在实际逻辑问题中，输入变量之间常存在一定的制约关系，称为约束。把表明约束关系的等式称为约束条件。在逻辑函数的化简中，充分利用约束条件可使逻辑表达式更加简单。

习　题

1. 将下列各进制数转换为十进制数。

(1)$(11010)_2$；　(2)$(1011.011)_2$；　(3)$(573.4)_8$；　(4)$(7E6.C)_{16}$。

2. 将下列十进制数转换为二进制数、八进制数和十六进制数。

(1)$(59)_{10}$；　(2)$(136)_{10}$；　(3)$(67.5)_{10}$；　(4)$(83.625)_{10}$。

3. 将下列二进制数转换为八进制数和十六进制数。

(1)$(1101011001)_2$； (2)$(0.10011)_2$； (3)$(1011111.01101)_2$。

4. 将下列八进制数和十六进制数转换为二进制数。

(1)$(624)_8$； (2)$(57.21)_8$； (3)$(E95)_{16}$； (4)$(85F.62)_{16}$。

5. 将下列十进制数用 8421 码表示。

(1)$(73)_{10}$； (2)$(94)_{10}$； (3)$(0.84)_{10}$； (4)$(135.042)_{10}$。

6. 将下列 8421 码转换为十进制数。

(1)$(100101011000)_{8421}$； (2)$(0.01110011)_{8421}$； (3)$(01001001.00100110)_{8421}$。

7. 用真值表证明下列基本公式。

(1) $A+BC=(A+B)(A+C)$；

(2) $\overline{A\cdot B}=\bar{A}+\bar{B}$。

8. 用基本公式和常用公式证明下列等式。

(1) $A\bar{B}+BD+\bar{A}D+DC=A\bar{B}+D$；

(2) $BC+D+\bar{D}(\bar{B}+\bar{C})(DA+B)=B+D$；

(3) $ABC+\bar{A}\,\bar{B}\,\bar{C}=\overline{A\bar{B}+B\bar{C}+C\bar{A}}$；

(4) $AB+BC+CA=(A+B)(B+C)(C+A)$。

9. 求下列逻辑函数的反函数。

(1) $F=A\bar{B}+\bar{A}B$；

(2) $F=A\bar{B}+B\bar{C}+C(\bar{A}+D)$；

(3) $F=A[\bar{B}+(C\bar{D}+\bar{E}F)G]$；

(4) $F=\overline{\bar{A}\,\bar{B}+ABD}(B+\bar{C}D)$。

10. 求下列逻辑函数的对偶式。

(1) $F=\bar{A}B+AC+\bar{B}\,\bar{C}$；

(2) $F=(A+B)(\bar{A}+C)(C+DE)+F$；

(3) $F=\overline{A\bar{B}\cdot\overline{C\bar{D}}\cdot\overline{D\cdot\overline{AB}}}$；

(4) $F=\overline{\overline{A+\bar{C}+\overline{B+C}}+\overline{\bar{A}+B+\overline{\bar{B}+C}}}$。

11. 如图 1-19 所示为两个开关控制电路，图中 A，B，C 为开关，F_1，F_2 为灯。设开关闭合为1，断开为0；灯亮为1，灯灭为0。试写出灯 F_1，F_2 与开关 A，B，C 的逻辑关系真值表，并写出 F_1，F_2 对 A，B，C 的逻辑函数表达式。

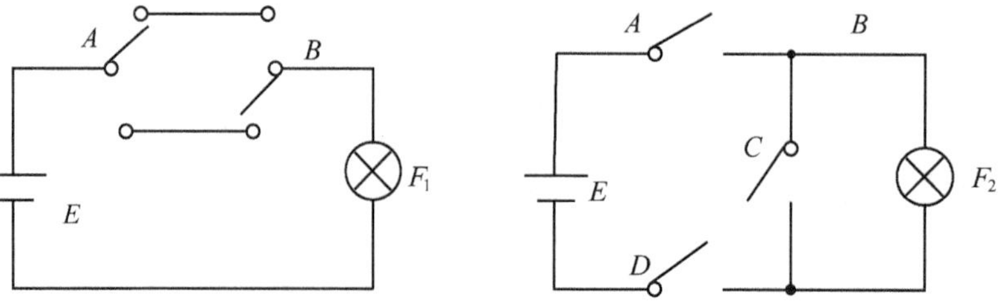

(a) (b)

图 1-19

12. 指出使下列逻辑函数为 1 的变量取值组合。

(1) $F(A, B, C)=\bar{A}\bar{B}+AB$；

(2) $F(A, B, C)=AB+\bar{B}C$；

(3) $F(A, B, C)=ABC+\bar{A}B\bar{C}+\bar{A}C$；

(4) $F(A, B, C, D)=(A+\bar{B}\bar{C})\bar{D}+(A+\bar{B})CD$。

13. 将下列逻辑函数展开为最小项表达式。

(1) $F(A, B, C)=A+\bar{B}C+\bar{A}BC$；

(2) $F(A, B, C, D)=AB+BC+CD+DA$。

14. 将下列逻辑函数展开为最大项表达式。

(1) $F(A, B, C)=(A+B)(\bar{B}+C)$；

(2) $F(A, B, C)=A\bar{B}C+A\bar{C}$。

15. 已知逻辑函数 F 的真值表如表 1-16 所示，试写出该逻辑函数的最小项表达式和最大项表达式。

表 1-16

A	B	C	F
0	0	0	0
0	0	1	1
0	1	0	1
0	1	1	0
1	0	0	1
1	0	1	0
1	1	0	0
1	1	1	1

16. 将已知逻辑函数的与或表达式 $F(A, B, C)=A\bar{B}+\bar{A}C$ 转换为或与、与非-与非、或非-或非及与或非表达式。

17. 用公式化简法将下列逻辑函数化简为最简与或表达式。

(1) $F=AB+\bar{A}C+\overline{BC}$；

(2) $F=\bar{A}\bar{B}\bar{C}+\bar{A}\bar{B}C+A\bar{B}\bar{C}+A\bar{B}C$；

(3) $F=ABC\bar{D}+ABD+BC\bar{D}+ABCD+B\bar{C}$；

(4) $F=A(B+\bar{C})+\bar{A}(\bar{B}+C)+BCD+\bar{B}\bar{C}D$；

(5) $F=\overline{\overline{A\bar{B}+ABC}+A(B+A\bar{B})}$；

(6) $F=\overline{A\bar{B}\bar{C}+AC+\bar{A}B\bar{C}}+\bar{A}\bar{C}$。

18. 用公式化简法将下列逻辑函数化简为最简或与表达式。

(1) $F=(A+B)(\bar{A}+C+\bar{D})(\bar{B}+C+\bar{D})$；

(2) $F=(A+B+\bar{C})(B+\bar{C}+\bar{D})(A+D)$；

(3) $F=(\overline{A}+B)(A+C)(B+\overline{C}+D)(B+D+E)$；

(4) $F=(\overline{A}+B)(A+\overline{B}+\overline{C})(A+B+\overline{C})(\overline{A}+B+\overline{C})(\overline{A}+\overline{B}+C)$。

19. 用卡诺图化简法将下列逻辑函数化简为最简与或表达式。

(1) $F(A, B, C)=\sum m(0, 1, 2, 4, 5, 7)$；

(2) $F(A, B, C, D)=\sum m(2, 3, 6, 7, 8, 10, 12, 14)$；

(3) $F(A, B, C, D)=\sum m(0, 1, 2, 3, 4, 6, 8, 9, 10, 11, 12, 14)$；

(4) $F(A, B, C, D)=\sum m(4, 5, 6, 8, 9, 10, 13, 14, 15)$。

20. 用卡诺图化简法化简下列非标准形式的逻辑函数。

(1) $F=(\overline{A}+B+C)\overline{(AB+BC+CA)}+\overline{A}BC$；

(2) $F=A\overline{B}CD+AB\overline{C}D+A\overline{B}+A\overline{D}+A\overline{B}C$。

21. 用卡诺图化简法化简下列具有无关项或约束项的逻辑函数。

(1) $F(A, B, C, D)=\sum m(2, 3, 9, 11, 12)+\sum d(5, 6, 7, 8, 10, 13)$；

(2) $F(A, B, C, D)=\sum m(3, 5, 8, 9, 10, 12)+\sum d(0, 1, 2, 13)$；

(3) $F=\overline{A}\,\overline{B}C+ABC+\overline{A}\,\overline{B}C\overline{D}$（约束条件为：$A\overline{B}C+\overline{A}B=0$）。

第 2 章 逻辑门电路

【内容提要】本章首先介绍半导体二极管、三极管、MOS 管的开关特性，以及分立元件门电路；其次介绍 TTL 反相器和 CMOS 反相器的电路结构、工作原理、逻辑特性、电气参数，以及与非门、或非门、三态门、OC 门、OD 门和传输门的电路结构、工作原理及逻辑符号；最后介绍 TTL 门电路和 CMOS 门电路使用中需注意的问题，以及 TTL 门电路和 CMOS 门电路的接口问题。

【能力目标】掌握半导体二极管、三极管和 MOS 管的开关特性，以及分立元件门电路；理解 TTL 反相器和 CMOS 反相器的电路结构、工作原理、逻辑特性和电气参数，并掌握与非门、或非门、三态门、OC 门、OD 门和传输门的工作原理和特点；了解 TTL 门电路和 CMOS 门电路使用中需注意的问题，以及 TTL 门电路和 CMOS 门电路的接口问题。

2.1 概述

逻辑门电路就是用来实现各种逻辑运算的单元电路，是构成数字电路的基本单元。本章从二极管和三极管的开关特性入手，首先介绍分立元件门电路，接着重点介绍集成 TTL 门电路和集成 CMOS 门电路及它们之间的接口技术。

1. 门电路的概念

实现基本逻辑运算和常用逻辑运算的单元电路称为逻辑门电路，简称门电路。例如，实现与运算的逻辑电路称为与门；实现或运算的逻辑电路称为或门；实现非运算的逻辑电路称为非门。同样，实现与非、或非、异或等运算的逻辑电路分别称为与非门、或非门、异或门等。

2. 逻辑变量和开关状态

逻辑变量的取值只能是 0 或者 1，是一种二值变量。数字电路中的二极管、三极管和 MOS 管都有导通和截止两种状态，可以和逻辑变量的取值 0 和 1 相对应，即可以用逻辑变量的取值 0 和 1 来表示二极管、三极管和 MOS 管的导通和截止两种开关状态。

3. 高、低电平与正、负逻辑

(1)高电平和低电平

高电平和低电平是两种状态，是两个不同的可以截然区别开来的电压范围，其中相对电位较高者称为逻辑高电平，简称高电平，用 H 表示；而相对较低者称为逻辑低电平，简称低电平，用 L 表示。例如，TTL 门电路中高电平为 1.4V 以上，低电平为 0～0.8V 。

(2)正逻辑和负逻辑

在数字电路中，经常用逻辑 1 和逻辑 0 表示高电平和低电平。用 1 表示高电平，用 0 表示低电平，称为正逻辑。相反，如果用 1 表示低电平，用 0 表示高电平，则称为负逻辑。如无特殊说明，一般使用的就是正逻辑。

4. 分立元件门电路和集成门电路

(1)分立元件门电路

用分立元器件和导线连接起来构成的门电路，称为分立元件门电路。

(2)集成门电路

把构成门电路的元器件和连线都制作在一块半导体芯片上，再封装起来，便构成了集成门电路。

2.2 分立元件门电路

2.2.1 二极管和三极管的开关特性

1. 二极管的开关特性

(1) 静态特性

二极管是在纯净半导体材料上一边掺入三价元素形成 P 型区，一边掺入五价元素形成 N 型区，在其交界区就形成一个 PN 结，从 P 型区引出的一个端子称为阳极 A，从 N 型区引出的一个端子称为阴极 K。如图 2-1 所示为半导体二极管示意图和符号。

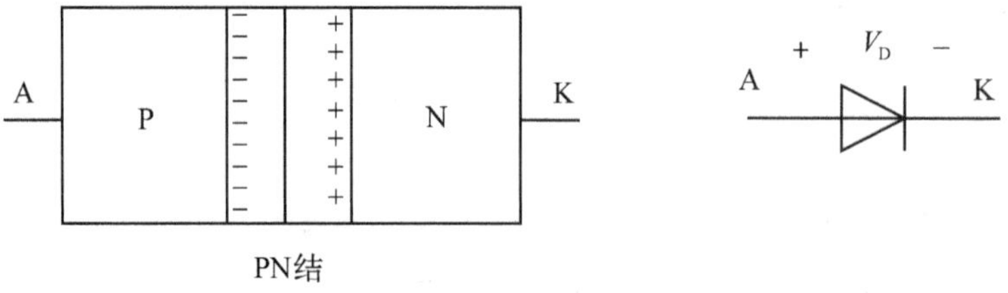

(a) 示意图　　(b) 符号

图 2-1　二极管示意图和符号

如图 2-2 所示为硅二极管两端的电压 V_D 和流过其中的电流 I_D 两者之间关系的曲线，称为伏安特性曲线。由伏安特性曲线可知，当二极管上加的正向电压 V_D 小于 0.5V 时，二极管截止，当二极管上加的正向电压 V_D 大于 0.5V 时，二极管导通，而当 V_D 达到 0.7V 后，即使 I_D 在很大范围内变化，V_D 变化也很小。当外加反向电压时，二极管工作在反向截止区，但当反向电压 V_D 达到 $V_{(BR)}$ (反向击穿电压)时，二极管便进入反向击穿区，反向电流 I_R 会急剧增加，若不限制 I_R 的数值，二极管就会因过热而损坏。

一般地，当二极管外加正向电压 $V_D > 0.7V$ 时，二极管导通，而且一旦导通，就可近似地认为二极管上的压降恒定为 0.7V，等效为一个具有 0.7V 压降的闭合开关；当二极管外加正向电压 $V_D < 0.5V$ 时，二极管截止，而且二极管截止之后，就可以近似地认为

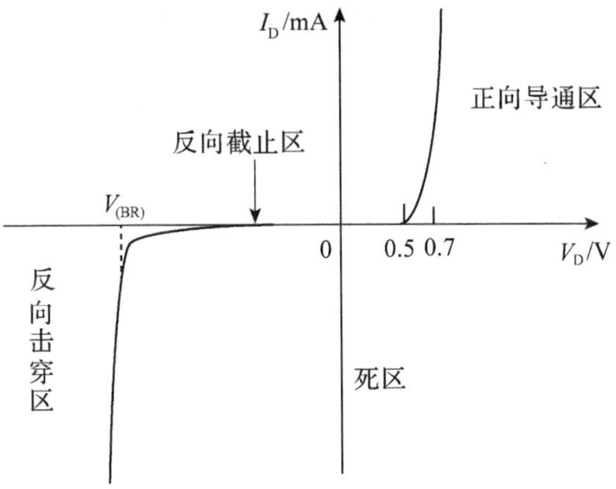

图 2-2　伏安特性曲线

$I_D \approx 0$，等效为一个开关断开。如图 2-3 所示为二极管导通和截止状态的等效电路图。

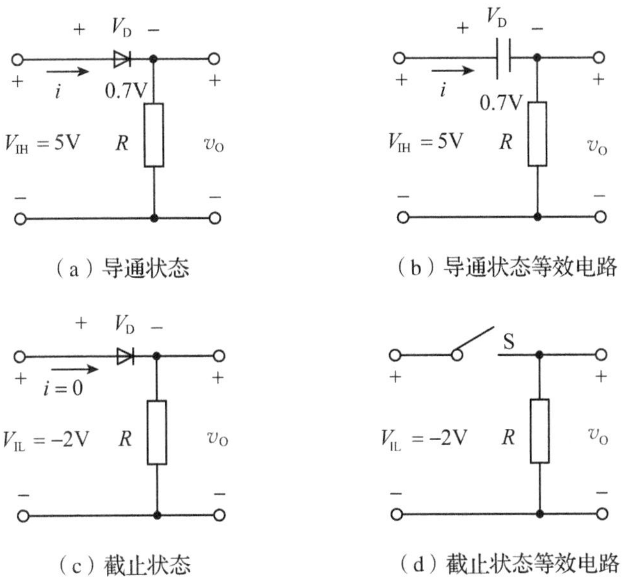

图 2-3　二极管不同状态下的等效电路图

(2)动态特性

在图 2-4(a)所示的二极管开关电路中，当输入信号 v_I 是跳变电压时，流过二极管的电流 i 的波形滞后于输入电压 v_I 的变化。输入和输出波形如图 2-4(b)所示。

因为二极管由一个 PN 结组成，所以当外加输入信号突变时，空间电荷区的电荷有一个积累和释放的过程，如同电容的充电、放电一样，表现出一定的电容效应，称其为结电容。

①开通时间 t_{on} 。

由于结电容的存在，当输入电压 v_I 由低电平跳变到高电平时，二极管要经过导通延迟时间 t_d 和上升时间 t_r 之后，才能由截止状态转换到导通状态。这主要是由于当输入电压

v_I 由低电平跳变到高电平时，PN 结内部要建立起足够的电荷梯度才能开始形成正向扩散电流，因而正向导通电流的建立要稍滞后于输入电压正跳变的时间。二极管由截止状态转换到导通状态所需要的时间称为开通时间，用 t_{on} 表示。所以二极管的开通时间为

$$t_{on}=t_d+t_r。$$

② 关闭时间。

当输入电压 v_I 由高电平跳变到低电平时，二极管要经过存储时间 t_s 和下降时间 t_f 之后，才能由导通状态转换到截止状态。这主要是由于当输入电压 v_I 由高电平跳变到低电平时，由于 PN 结内尚存有一定数量的存储电荷，所以有较大的瞬态反向电流，随着存储电荷的释放，反向电流逐渐减小并趋近于零，最后稳定在一个微小的数值，即达到反向饱和电流。将反向电流从它的峰值衰减到它的 1/10 所经历的时间称为关闭时间。关闭时间也称为反向恢复时间，用 t_{off} 表示。二极管的关闭时间为

$$t_{off}=t_s+t_f。$$

由于二极管的开通时间 t_{on} 比关闭时间 t_{off} 短得多，所以一般情况下只考虑关闭时间，即反向恢复时间。一般开关二极管的反向恢复时间只有几纳秒。

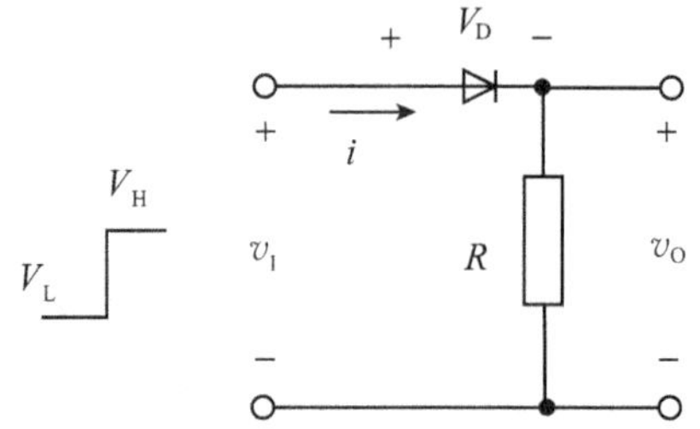

（a）电路图

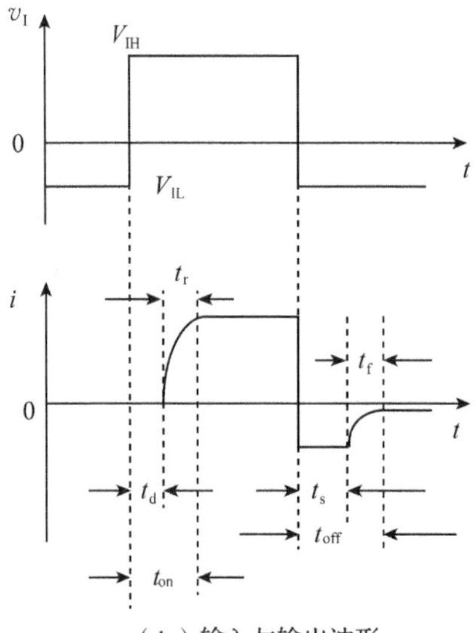

（b）输入与输出波形

图 2-4　二极管开关时间

需要注意，当二极管外加跳变电压信号且其变化频率很高时，因结电容的充电、放电，二极管将失去单向导电性，不能起到开关作用，因此，对二极管的最高工作频率应有一定的限制。

2. 三极管的开关特性

(1)三极管开关条件及特点

共发射极电路是数字电路中最常用的一种三极管开关电路，如图 2-5 所示为三极管的开关电路和输出特性。

当输入电压 $v_I = V_{IL} < 0.5V$ 时，加到三极管发射结上的电压小于其导通电压，三极管截止，三极管工作在伏安特性曲线的截止区，此时，$i_B \approx 0$，$i_C \approx 0$，如果忽略三极管的穿透电流，那么 $v_O = V_{CC}$，三极管集电极与发射极之间相当于开关断开。

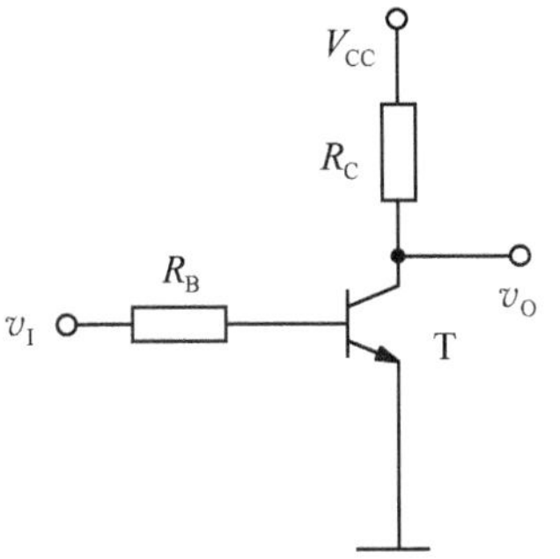

(a)电路图

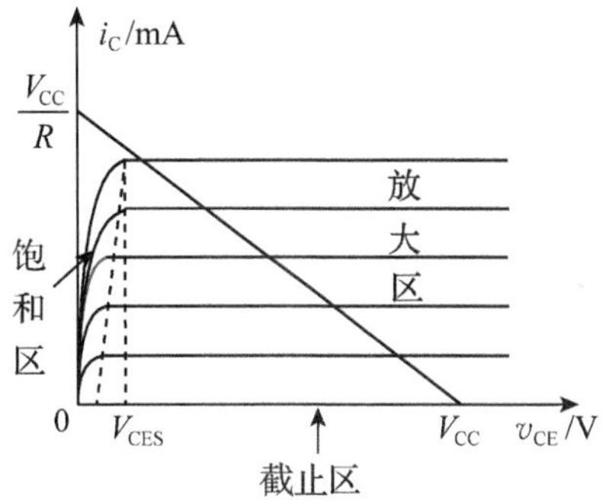

(b)输出特性

图 2-5　三极管的开关电路和输出特性

当输入电压 $v_I > 0.5V$ 且 $v_{BC} < 0V$ 时，三极管发射结正偏、集电结反偏，三极管处于放大状态，故工作在输出特性曲线的放大区，此时，$i_C = \beta i_B$，i_C 受 i_B 的控制，$c \sim e$ 等效为一个受控电流源，$v_{CE} = V_{CC} - i_C R_C$。

当输入电压 v_I 继续增大时，i_B 随之增大，$i_C = \beta i_B$ 也随之增大，v_{CE} 则随之减小，当 v_{CE} 减小至 $v_{CE} = v_{BE}$ 时，三极管进入饱和状态。通常认为 $v_{CE} = v_{BE}$ 的状态为临界饱和状态。临界饱和状态下三极管的基极电流 I_{BS}、集电极电流 I_{CS} 和集电极-发射极压降 V_{CES} 之间的关系为

$$I_{CS} = \frac{V_{CC} - V_{CES}}{R_C}。$$

同时，它还满足 $I_{CS} = \beta I_{BS}$ 的关系，故可以求出三极管进入饱和状态时的 I_{BS} 值为

$$I_{BS} = \frac{I_{CS}}{\beta} = \frac{V_{CC} - V_{CES}}{\beta R_C}。$$

若输入电压继续增加，三极管的基极电流 i_B 将大于 I_{BS}，三极管进入饱和状态，工作在输出特性曲线的饱和区，此时 $v_{CE} < v_{BE}$，通常情况下，三极管工作在饱和状态时，$v_O = V_{CES} \leqslant 0.3V$(硅管)。此时，三极管 $c \sim e$ 可以等效为一个压降小于 0.3V 的电压源。实际的基极电流 i_B 比 I_{BS} 越大，则 V_{CES} 越小。

【**例 2-1**】如图 2-5(a)所示电路中，$R_C = 1k\Omega$，$R_B = 10k\Omega$，$V_{CC} = 5V$，$\beta = 50$，三极管饱

和时 $v_{BE}=0.7V$，$V_{CES}=0.3V$ 。分别求当输入电压 v_I 为 0.3V、1V 和 3V 时输出电压 v_O，并判断三极管的工作状态。

解：① 当 $v_I=0.3V$ 时，由于 $v_{BE}<0.5V$，所以基极电流 $i_B\approx 0$，三极管工作在截止状态，集电极电流 $i_C\approx 0$，故输出电压 $v_O=5V$ 。

② 当 $v_I=1V$ 时，三极管导通，基极电流为

$$i_B=\frac{v_I-v_{BE}}{R_B}=\frac{1V-0.7V}{10k\Omega}=0.03mA。$$

三极管临界饱和时的基极电流为

$$I_{BS}=\frac{V_{CC}-V_{CES}}{\beta R_C}=\frac{5V-0.3V}{50\times 1k\Omega}=0.094mA。$$

由于 $0<i_B<I_{BS}$，所以三极管工作在放大状态。此时，$i_C=\beta i_B=1.5mA$，输出电压 $v_O=V_{CC}-i_C R_C=5V-1.5V=3.5V$ 。

③ 当 $v_I=3V$ 时，三极管导通，基极电流为

$$i_B=\frac{v_I-v_{BE}}{R_B}=\frac{3V-0.7V}{10k\Omega}=0.23mA。$$

由于 $i_B>I_{BS}$，所以三极管工作在饱和状态。此时输出电压 $v_O=V_{CES}=0.3V$ 。

(2)三极管的开关时间

在数字电路中，三极管需要在饱和状态和截止状态之间反复转换。三极管的饱和与截止是通过 PN 结上电荷的建立和消散来实现的，因此，三极管的状态转换需要一定的时间，这些时间的长短影响了三极管作为开关使用时的工作速度。

当输入电压 V_I 为矩形脉冲时，相应的集电极电流 i_C 的波形如图 2-6 所示。

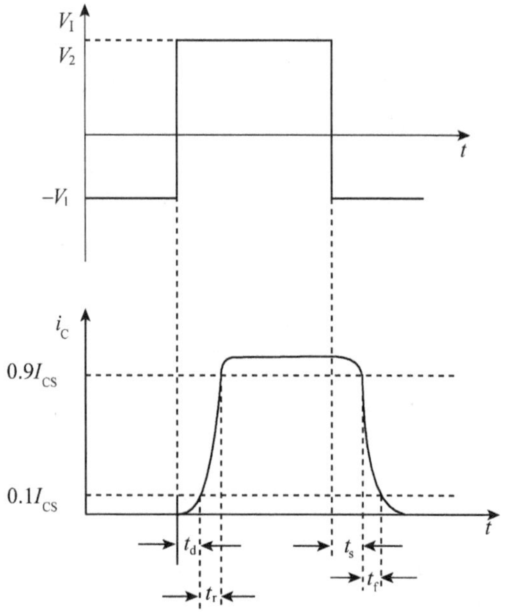

图 2-6　三极管开关时间示意图

从图 2-6 中可以看出，影响三极管开关速度的时间参数主要有以下几个：

①延迟时间 t_d 。

三极管处于截止状态时，发射结反偏，空间电荷区比较宽，载流子浓度很低，这时如果基极-发射极电压突然由 $-V_1$ 跳变为 V_2，由于势垒电容的作用，发射结不能立即导通，而是随着势垒电容的充电逐渐转向正偏，这个过程所需的时间称为延迟时间，用 t_d 表示。延迟时间由三极管内部结构和外部电路决定，势垒电容越小，外电路驱动能力越强，则延迟时间越短；反偏程度越高，基极电阻越大，则延迟时间越长。

② 上升时间 t_r 。

发射结由反偏转为正偏后，虽然尚未完全导通，但是，集电极已经有微弱的电流通过。随着发射结正偏电压的增加，三极管导通程度越来越高，直到最后进入饱和状态。在这个过程中，集电极电流持续增大，通常将集电极电流从集电极饱和电流的 10%上升到集电极饱和电流的 90%所用的时间称为上升时间，用 t_r 表示。基区宽度越小，外电路驱动能力越强，上升时间就越短。

③存储时间 t_s 。

三极管处于饱和状态时，基区存储了大量多余的载流子。这时如果输入电压突然由 V_2 跳变为 $-V_1$，由于电容中的电荷不能发生突变，三极管不能立即截止，而是随着多余载流子的消散，逐渐进入截止状态。多余载流子的消散时间称为存储时间，用 t_s 表示。基区宽度越小，存储电荷越小，存储时间就越短。反之，饱和深度越深，多余电荷越多，存储时间就越长。

④下降时间 t_f 。

基区存储的多余电荷消散后，发射结就由正偏开始转为反偏，其扩散运动越来越弱，漂移运动越来越强，三极管的集电极电流随之逐渐减小，直到等于零。通常将集电极电流由集电极饱和电流的 90%下降到集电极饱和电流的 10%所用的时间称为下降时间，用 t_f 表示。

综上所述，影响三极管开关速度的 4 个时间参数都是根据集电极电流的变化情况来确定的。通常 t_d 比较小，而 t_s 由饱和深度决定，饱和深度较深时，t_s 很长，t_s 是影响三极管开关速度的主要因素。

t_d 和 t_r 之和称为开启时间，用 t_{on} 表示。t_s 和 t_f 之和称为关闭时间，用 t_{off} 表示。

2.2.2　二极管与门电路

与门是实现与逻辑功能的电路，它有多个输入端和一个输出端。由二极管构成的与门电路如图 2-7 所示，其中 v_A 和 v_B 为输入信号，高电平是 3V，低电平是 0V，v_F 是输出信号。

二极管与门的工作原理如下：

(1)当 $v_A=v_B=0V$ 时，即输入均为低电平，由于 VD_1、VD_2 阳极均通过电阻 R_0 接到电源 V_{CC}，因此都为正偏，故必然导通，所以

$$v_F=v_A+v_{VD1}=v_B+v_{VD2}=0V+0.7V=0.7V。$$

(2)当 $v_A=0V$，$v_B=3V$ 时，即一端输入为低电平，另一端输入为高电平。由于两条

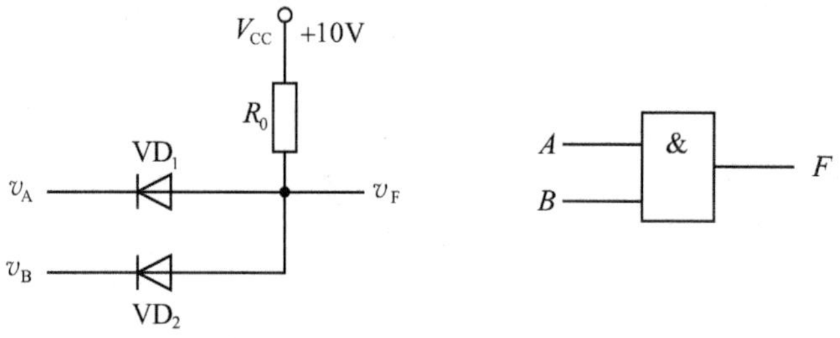

（a）电路图　　（b）逻辑符号

图 2-7　二极管与门

支路的电势差不同，电势差大的支路先导通，两个二极管上的电压为

$$v_{VD1}=0.7V;$$
$$v_F=v_A+v_{VD1}=0V+0.7V=0.7V;$$
$$v_{VD2}=v_F-v_B=0.7V-3V=-2.3V。$$

二极管 VD_2 承受的是反向电压，故截止。通常二极管导通之后，如果其阴极电位是不变的，那么就把它的阳极电位固定在比阴极电位高 0.7V 的电位上；如果其阳极电位是不变的，那么就把它的阴极电位固定在比阳极电位低 0.7V 的电位上。人们把导通后二极管的这种作用称为钳位。

(3)当 $v_A=3V$，$v_B=0V$ 时，即一端输入为高电平，另一端输入为低电平，此时 VD_1 截止，VD_2 导通，VD_2 导通之后就把 v_F 钳位在 0.7V。

(4)当 $v_A=v_B=3V$ 时，即输入均为高电平，VD_1、VD_2 都正偏，v_F 被钳位在 3.7V。

上述情况下输入、输出电压值如表 2-1 所示，按正逻辑赋值得到该电路逻辑真值表如表 2-2 所示。

表 2-1　与门电压关系表

v_A/V	v_B/V	VD_1	VD_2	v_F/V
0	0	导通	导通	0.7
0	3	导通	截止	0.7
3	0	截止	导通	0.7
3	3	导通	导通	3.7

表 2-2　与门真值表

A	B	F
0	0	0
0	1	0
1	0	0
1	1	1

从表 2-2 中可以看出，电路的输入信号中只要有一个为低电平，输出就为低电平；只有输入全部为高电平时，输出才是高电平。即实现与逻辑功能，其逻辑表达式为

$$F = A \cdot B。$$

2.2.3　二极管或门电路

或门是实现或逻辑功能的电路，它有多个输入端和一个输出端。由二极管构成的或门电路如图 2-8 所示，其中 v_A 和 v_B 为输入信号，它们的高电平是 3V，低电平是 0V，v_F 是输出信号。

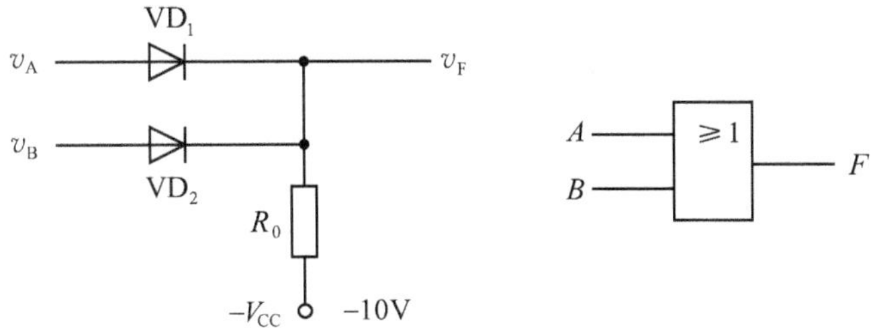

（a）电路图　　（b）逻辑符号

图 2-8　二极管或门

二极管或门的工作原理如下。

(1)当 $v_A = v_B = 0V$ 时，即输入均为低电平，由于 VD_1、VD_2 阴极均通过电阻 R_0 接到电源 $-V_{CC}$，都为正偏，故必然导通，所以 $v_F = 0V - 0.7V = -0.7V$。

(2)当 $v_A = 0V$，$v_B = 3V$ 时，VD_2 导通，VD_1 截止，$v_F = 3V - 0.7V = 2.3V$。

(3)当 $v_A = 3V$，$v_B = 0V$ 时，VD_1 导通，VD_2 截止，$v_F = 3V - 0.7V = 2.3V$。

(4)当 $v_A = v_B = 3V$ 时，即输入均为高电平，VD_1，VD_2 均导通，$v_F = 3V - 0.7V = 2.3V$。

上述情况下输入、输出电压值如表 2-3 所示，按正逻辑赋值得到该电路逻辑真值表如表 2-4 所示。

表 2-3　或门电压关系表

v_A/V	v_B/V	VD_1	VD_2	v_F/V
0	0	导通	导通	−0.7
0	3	截止	导通	2.3
3	0	导通	截止	2.3
3	3	导通	导通	2.3

表 2-4　或门真值表

A	B	F
0	0	0
0	1	1
1	0	1
1	1	1

从表 2-4 中可以看出，电路的输入信号中只要有一个为高电平，输出就为高电平；只有输入全部为低电平时，输出才是低电平。即实现或逻辑功能，其逻辑表达式为

$$F=A+B。$$

2.2.4 三极管非门电路

实现非逻辑功能的电路称为非门，也叫作反相器。利用三极管的开关特性，可以实现非逻辑运算。图 2-9 是三极管非门电路及非门逻辑符号。

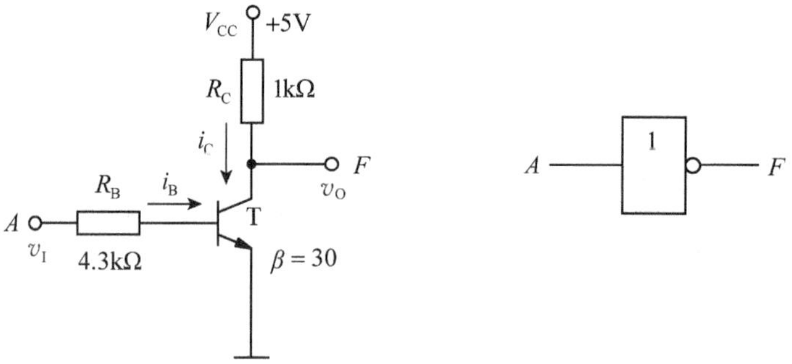

（a）电路图　　（b）逻辑符号

图 2-9　三极管非门

三极管非门的工作原理如下。

(1)当 $v_I=V_{IL}=0V$ 时，三极管截止，$i_B\approx 0$，$i_C\approx 0$，所以 $v_O=V_{CC}=5V$，输出为高电平。

(2)当 $v_I=V_{IH}=5V$ 时，发射结正偏，此时三极管是否工作在饱和状态，需进行如下判断。

$$i_B=\frac{V_{IH}-V_{BE}}{R_B}=\frac{5V-0.7V}{4.3k\Omega}=1mA。$$

基极临界饱和电流

$$I_{BS}\approx\frac{V_{CC}}{\beta R_C}=\frac{5V}{30\times 1k\Omega}\approx 0.17mA。$$

由于 $i_B>I_{BS}$，所以三极管饱和导通，故有 $v_O=V_{CES}\leqslant 0.3V$，输出为低电平。

上述情况下输入、输出电压值如表 2-5 所示，按正逻辑赋值得到该电路逻辑真值表如表 2-6 所示。

表 2-5　非门电压关系表

v_I/V	v_O/V
0	5
5	0.3

表 2-6　非门真值表

A	F
0	1
1	0

2.3　TTL 门电路

现代数字电路广泛采用了集成门电路。数字集成门电路按半导体器件的类型分为双极型集成门电路和 MOS 型集成门电路两种。MOS 型集成门电路中使用最多的是 CMOS 集成门电路；双极型集成门电路中，使用最多的是 TTL 集成门电路。TTL 集成门电路的输入端和输出端都是由三极管组成的，又称为晶体管-晶体管逻辑门电路（Transistor-Transistor Logic），简称 TTL 门电路。

2.3.1　TTL 反相器的电路结构和工作原理

1. 电路结构

如图 2-10 所示是 TTL 反相器的电路图及逻辑符号。

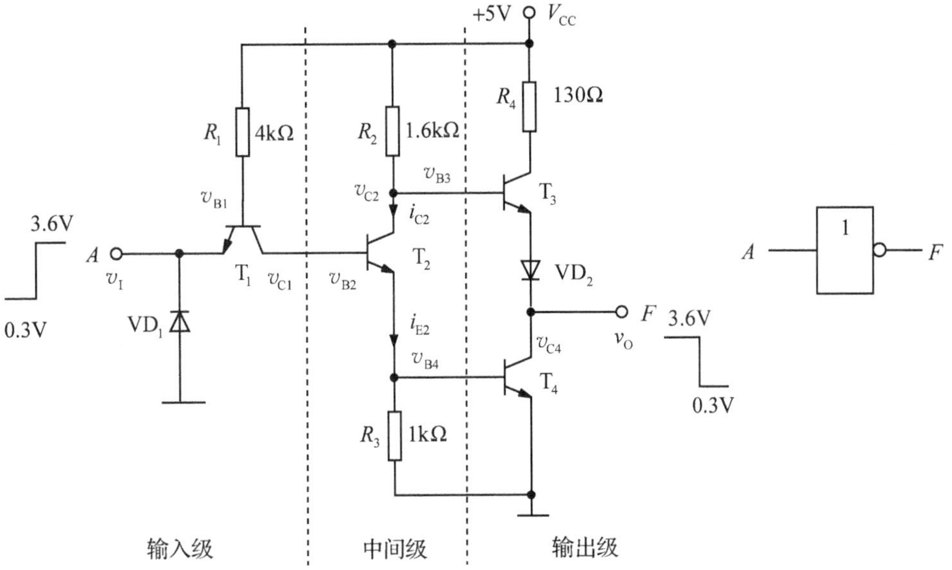

（a）电路图　　　　（b）逻辑符号

图 2-10　TTL 反相器

TTL 反相器由以下 3 个部分组成。

（1）输入级：由 T_1，R_1，VD_1 组成，用来提高开关速度，VD_1 是保护二极管，为防止输入端电压过低而设置的。

（2）中间级：由 T_2，R_2，R_3 组成，T_2 集电极输出驱动 T_3，发射极输出驱动 T_4，来保证 T_3 和 T_4 有一个导通时，另一个就截止。

（3）输出级：由 T_3，T_4，R_4，VD_2 组成，T_3 和 T_4 构成推拉式电路，以提高带负载能力。

2. 工作原理

（1）当 $v_I = V_{IL} = 0.3V$ 时，T_1 基极电位 $v_{B1} = 1V$，不能使 T_1 集电结、T_2 发射结、T_4 发射结 3 个 PN 结导通，所以 T_2，T_4 截止。此时，V_{CC} 通过 R_2 使 T_3 导通，忽略 R_2 上的压

降，则输出电压为

$$v_O \approx V_{CC} - V_{BE3} - V_{VD2} = 5V - 0.7V - 0.7V = 3.6V$$

此时输出端输出高电平 V_{OH} 。实现了反相器的逻辑关系：输入为低电平，输出高电平。

(2)当 $v_I = V_{IH} = 3.6V$ 时，如果 T_1 发射结正偏，那么其基极电位为 4.3V 。而电源 V_{CC} 通过 R_1，T_1 集电结向 T_2，T_4 提供基极电流，使 T_2，T_4 饱和导通，这时 T_1 的基极电位为

$$v_{B1} = V_{BC1} + V_{BE2} + V_{BE4} = 0.7V + 0.7V + 0.7V = 2.1V$$

显然，V_{CC}，R_1，T_1 集电结，T_2，T_4 组成的支路先导通，T_1 基极电位就被钳位在 2.1V，此时 T_1 的发射极电位为 3.6V，集电极电位为 1.4V，则 T_1 发射结反偏，集电结正偏，T_1 处于倒置放大状态。由于 T_2，T_4 饱和导通，输出 $v_O = v_{C4} = 0.3V$ ，同时可以估算出 T_2 的集电极电位为

$$v_{C2} = V_{CES2} + v_{B4} = 0.3V + 0.7V = 1V$$

此时，由于 $v_{B3} = v_{C2} = 1V$ ，作用在 T_3 发射结和二极管 VD_2 的串联支路的电压为

$$v_{C2} - v_O = 1V - 0.3V = 0.7V$$

显然，T_3 和 VD_2 均截止。实现了反相器的逻辑关系：输入为高电平，输出低电平。

3. 常用型号

常用的集成的 TTL 反相器有 7404 和 74LS04，每个芯片中封装了 6 个独立的反相器。图 2-11 是 74LS04 的引脚图。

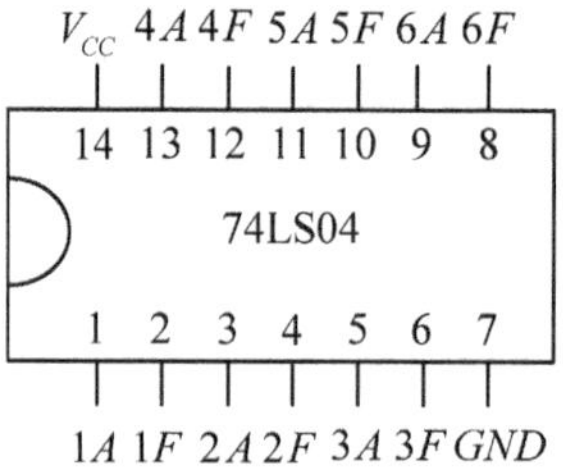

图 2-11 74LS04 引脚图

2.3.2 TTL 反相器的特性

1. 电压传输特性

反映输出电压 v_O 与输入电压 v_I 关系的曲线，称为电压传输特性曲线，简称电压传输特性，如图 2-12 所示为 TTL 反相器电压传输特性曲线。

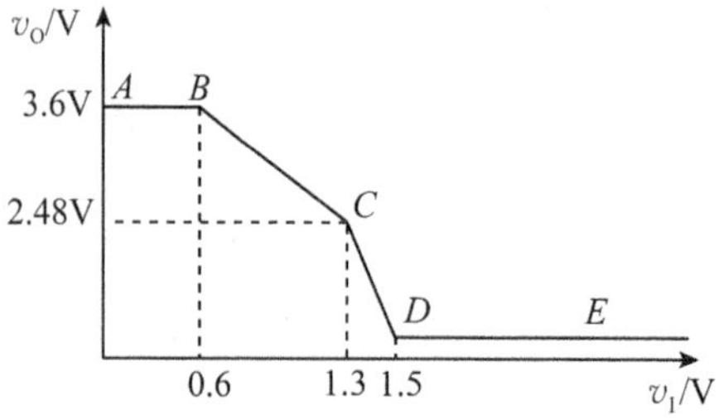

图 2-12 TTL 反相器电压传输特性曲线

由图 2-12 可见，传输特性曲线由 4 条线段组成，分别为 AB、BC、CD、DE 。现在分别介绍如下：

AB 段：此时输入电压 v_I 很低，T_1 的发射结正偏，在稳态情况下，T_1 饱和致使 T_2、T_4 截止，同时 T_3 导通。根据前面的分析可知，输出高电平，$v_O=3.6V$ 。

当 v_I 增加到达 B 点时，T_1 的发射结仍维持正向偏置并处于饱和状态。但由于 $v_{B2}=v_{C1}$，因此 v_{B2} 的值为

$$v_{B2}=v_I+V_{CES1}=v_I+0.1V$$

B 点对应的输入电压为正好是 T_2 的发射结正向偏置并开始导通时 v_I 的值，此时 v_{B2} 应等于 T_2 发射结的正向电压 0.7V，但 $i_{E2}\approx 0$，R_3 上的压降近似为 0。可得 B 点对应的输入电压值为

$$v_I(B)=v_{B2}-V_{CES1}=0.7V-0.1V=0.6V$$

BC 段：当 v_I 的值大于 B 点的值时，T_1 仍保持饱和状态，T_2 的基极电位大于 0.7V，集电极电位为 1.4V，发射极电位接近 0V，则 T_2 集电结反偏，发射结正偏，T_2 处于放大状态，其电压增量为

$$\frac{\Delta v_{C2}}{\Delta v_{B2}}=-\frac{R_2}{R_3} \tag{2-1}$$

输入端 v_I 的电压增量等于 T_2 基极的电压增量，即 $\Delta v_I=\Delta v_{B2}$。T_2 集电极的电压增量通过 T_3 的电压跟随器作用而引至输出端，形成输出端的电压增量，即 $\Delta v_{C2}=\Delta v_O$ ，则式(2-1)变为

$$\frac{\Delta v_O}{\Delta v_I}=\frac{v_O(C)-v_O(B)}{v_I(C)-v_I(B)}=-\frac{R_2}{R_3}=-1.6 \tag{2-2}$$

在 BC 段内，R_3 上的压降不足以使 T_4 的发射结正偏，故在 BC 段内 T_4 是截止的。当输入电压增加至 C 点时，T_2 的发射极电流增加，使得 R_3 上的压降能使 T_4 的发射结正偏，则有

$$V_{BE4}=i_{E2}R_3=0.7V$$

$$i_{E2}=\frac{V_{BE4}}{R_3}=\frac{0.7V}{1k\Omega}=0.7mA$$

此时，T_4 已导通，由于 $i_{C2}\approx i_{E2}=0.7mA$ ，则 C 点处的电压为

$$v_O(C)=V_{CC}-i_{C2}R_2-V_{BE3}-V_{VD2}=5V-0.7\times 1.6V-0.7V-0.7V=2.48V$$

将 $v_O(C)=2.48V$ 代入式(2-2)得

$$v_I(C)=\frac{v_O(C)-v_O(B)}{-1.6}+v_I(B)=\frac{2.48V-3.6V}{-1.6}+0.6V\approx 1.3V$$

CD 段：当 v_I 继续增加并超过 C 点，使 T_4 饱和导通，输出电压迅速下降至 0.3V。

DE 段：当 v_I 的值从 D 点再继续增加时，T_1 进入倒置放大状态，保持 $v_O=0.3V$ 。这就是 TTL 反相器的 $ABCDE$ 折线型传输特性。

2. 输入和输出的高、低电平

输入低电平用 V_{IL} 表示，V_{IL} 是对应 TTL 反相器输出高电平时的输入电压；输入高电平用 V_{IH} 表示，V_{IH} 是对应 TTL 反相器输出低电平时的输入电压；输出高电平用 V_{OH} 表

示，V_{OH} 是反相器处于截止状态时的输出电压；输出低电平用 V_{OL} 表示，V_{OL} 是反相器处于导通状态时的输出电压。

由电压传输特性可知，当逻辑电路的输入信号在一定范围内变化时，输出电压并不会改变，因此高、低电平对应的是一定的电压范围，而不是某一个具体值。不同系列的集成电路，输入和输出的高、低电平所对应的电压范围也不同。因此，各种集成门电路都规定了输入低电平的上限值 V_{ILmax}、输入高电平的下限值 V_{IHmin}，输出低电平的上限值 V_{OLmax}、输出高电平的下限值 V_{OHmin}。

3. 噪声容限

在数字系统中，各逻辑电路之间的连接可能会受到各种噪声的干扰，例如，信号传输引起的噪声、信号高低电平转换引起的噪声。这些噪声会叠加在工作信号上，但只要其幅度不超过逻辑电平允许的最小值或最大值，则输出逻辑状态不会受影响。通常把不会破坏门电路输出逻辑状态所允许的最大干扰电压叫作噪声容限。电路的噪声容限越大，其抗干扰能力越强。噪声容限分为输入高电平噪声容限和输入低电平噪声容限。

(1)输入高电平噪声容限 V_{NH}

输入高电平噪声容限是指输入高电平时，保证反相器输出仍为低电平时所允许的最大负向干扰电压，用 V_{NH} 表示。其值为前一级门电路输出高电平下限值 V_{OHmin} 与后一级门电路输入高电平下限值 V_{IHmin} 之差，即

$$V_{NH}=V_{OHmin}-V_{IHmin}$$

(2)输入低电平噪声容限 V_{NL}

输入低电平噪声容限是指输入低电平时，保证反相器输出仍为高电平时所允许的最大正向干扰电压，用 V_{NL} 表示。其值为后一级门电路输入低电平上限值 V_{ILmax} 与前一级门电路输出低电平上限值 V_{OLmax} 之差，即

$$V_{NL}=V_{ILmax}-V_{OLmax}$$

4. 输入短路电流 I_{IS} 和输入漏电流 I_{IH}

(1)输入短路电流 I_{IS}

输入端接地，即 $v_I=0$ 时，流出该接地输入端的电流即为输入短路电流 I_{IS}（规定输入电流流入输入端为正，而从输入端流出为负）。其测试电路如图 2-13 所示。

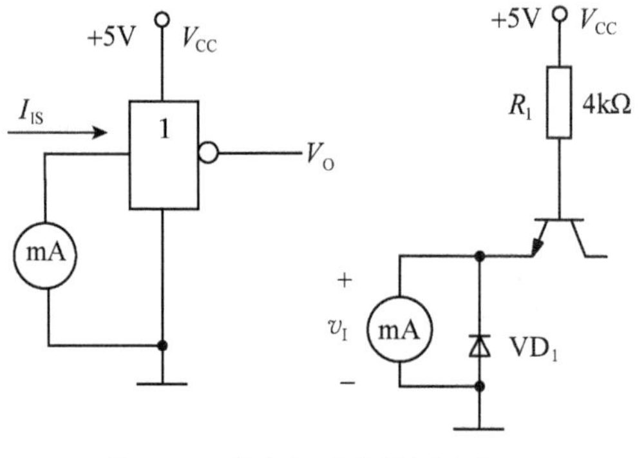

图 2-13　输入短路电流测试电路

由图 2-13 可估算出输入短路电流为

$$I_{IS}=-i_{B1}=-\frac{V_{CC}-V_{BE1}}{R_1}=-\frac{5V-0.7V}{4k\Omega}=-1.075mA$$

(2)输入漏电流 I_{IH}

当 TTL 反相器输入端接高电平时流入输入端的电流称为输入漏电流。此时 T_1 处于倒置放大状态，倒置时其电流放大系数为 $\beta=0.01\sim0.02$，则可估算出输入漏电流为

$$I_{IH}=\beta i_{B1}=\beta\times\frac{V_{CC}-v_{B1}}{R_1}=0.02\times\frac{5V-2.1V}{4k\Omega}=0.0145mA$$

5. 扇入系数 N_I 和扇出系数 N_O

(1)扇入系数 N_I

TTL 门电路的扇入系数取决于其输入端的个数，例如，一个 4 输入端的与非门，其扇入系数 $N_I=4$。

(2)扇出系数 N_O

TTL 门电路正常工作时能驱动同类门的个数称为 TTL 门电路的扇出系数。其分为灌电流扇出系数 N_{OL} 和拉电流扇出系数 N_{OH} 两种。

承受前级门输出信号的后级门称为前级门的负载门；带动负载门的前级门称为驱动门。驱动门输出的电流称为驱动电流，流经驱动门又流经负载门的电流称为负载电流。

①灌电流扇出系数 N_{OL}

如图 2-14 所示，当驱动门输出端为低电平时，T_3 截止，T_4 饱和导通，此时负载门电源 V_{CC} 通过电阻 R_1、T_1 的发射结和输入端有电流 I_{IL} 灌入驱动门 T_4 的集电极，形成灌电流负载。当负载门的个数增加时，总的灌电流 I_{OL} 将增加，同时也将引起输出低电平 V_{OL} 的升高，但不得高于输出低电平的上限值，这就限制了负载门的个数。在输出为低电平的情况下，所能驱动同类门的个数的公式为

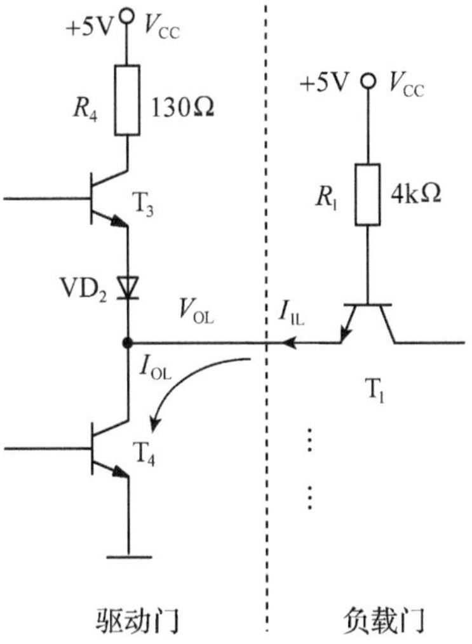

图 2-14　灌电流负载

$$N_{OL}=\frac{I_{OL}}{I_{IL}}。$$

式中，I_{OL} 为驱动门的输出端电流，这里一般取驱动门允许灌入的最大电流。I_{IL} 为负载门输入端的电流，即为输入短路电流。

② 拉电流扇出系数 N_{OH}

如图 2-15 所示，当驱动门输出高电平时，T_3 导通，T_4 截止，将有电流 I_{IH} 从驱动门流出而流入负载门，形成拉电流。当负载门的个数增加时，总的拉电流 I_{OH} 将增加，必将引起输出高电平 V_{OH} 的降低。在保证 V_{OH} 不低于输出高电平的下限值时，输出高电平时的扇出系数为

$$N_{OH}=\frac{I_{OH}}{I_{IH}}。$$

式中，I_{OH} 为驱动门输出端电流，这里一般取驱动门允许流出电流的最大值；I_{IH} 为负载门输入端电流，也就是负载门输入端允许流入电流最大值。

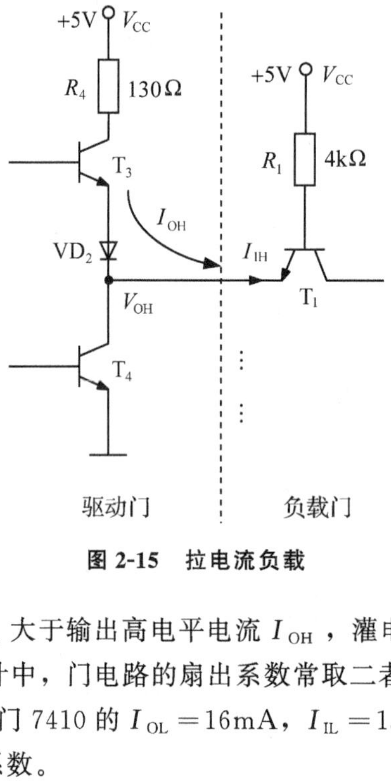

图 2-15　拉电流负载

通常输出低电平电流 I_{OL} 大于输出高电平电流 I_{OH}，灌电流扇出系数与拉电流扇出系数不相等，在实际的工程设计中，门电路的扇出系数常取二者中的最小值。

【例 2-2】 已知 TTL 与非门 7410 的 $I_{OL}=16\text{mA}$，$I_{IL}=1.6\text{mA}$，$I_{OH}=0.4\text{mA}$，$I_{IH}=0.04\text{mA}$。求该电路的扇出系数。

解：当输出高电平时

$$N_{OH}=\frac{I_{OH}}{I_{IH}}=\frac{0.4}{0.04}=10。$$

当输出低电平时

$$N_{OL}=\frac{I_{OL}}{I_{IL}}=\frac{16}{1.6}=10。$$

由于 $N_{OH}=N_{OL}$，所以扇出系数 $N_{O}=10$。

6. 传输延迟时间

传输延迟时间是表示门电路开关速度的参数，它表明门电路在输入脉冲波形的作用下，其输出波形相对于输入波形延迟了多长的时间。

TTL 反相器传输延迟波形如图 2-16 所示，输入波形上升沿的中点与输出波形下降沿的中点之间的时间间隔称为导通延迟时间 t_{pHL}。同理，输入波形下降沿的中点与输出波形上升沿的中点之间的时间间隔称为截止延迟时间 t_{pLH}，平均延迟时间为

$$t_{pd}=\frac{t_{pLH}+t_{pHL}}{2}。$$

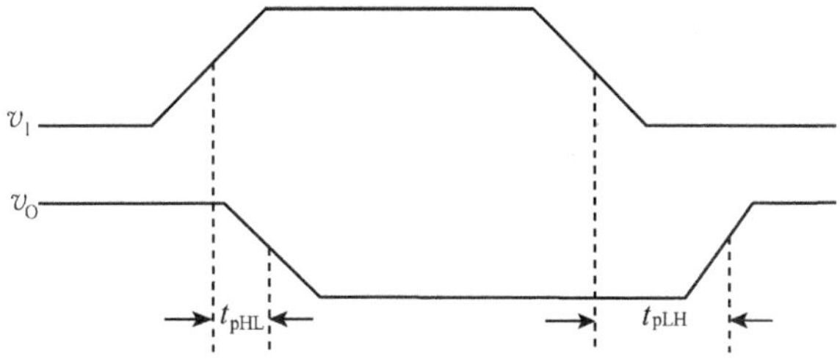

图 2-16 TTL 反相器传输延迟波形图

7. 功耗

功耗分为静态功耗和动态功耗。静态功耗为电路没有状态转换时的功耗，即非门空载时电源总电流与电源电压 V_{CC} 的乘积。它又分为空载导通功耗 P_{ON} 和空载截止功耗 P_{OFF} 两类。

(1)空载导通功耗 P_{ON}

负载开路，非门导通，输出为低电平时所消耗的电源功率。即

$$P_{ON}=I_{CCL}\cdot V_{CC}。$$

(2)空载截止功耗 P_{OFF}

负载开路，非门截止，输出为高电平时所消耗的电源功率。即

$$P_{OFF}=I_{CCH}\cdot V_{CC}。$$

(3)电源平均功耗

$$\overline{P}=\frac{1}{2}(P_{ON}+P_{OFF})。$$

动态功耗只发生在状态转换的瞬间，或者电路中有电容性负载时。TTL 门电路中静态功耗是主要功耗。

8. 延时功耗积

理想的数字电路或系统，要求速度高、功耗小，在工程中，要实现这种理想情况是比较困难的。一般用综合指标——延时功耗积来衡量数字系统的性能。延时功耗积用符号 DP 表示，单位为焦耳。即

$$DP=t_{pd}\cdot P_{D}。$$

式中，$t_{pd}=\frac{t_{pLH}+t_{pHL}}{2}$，$P_D$ 为门电路的功耗。

2.3.3 其他类型的 TTL 门电路

1. TTL 与非门

如图 2-17 所示为 TTL 与非门的电路图，和 TTL 反相器相比，除了输入级 T_1 采用了多发射极三极管外，其他电路部分相同。VD_1，VD_2 为输入端保护二极管，是为抑制输入端电压负向尖脉冲而设置的。

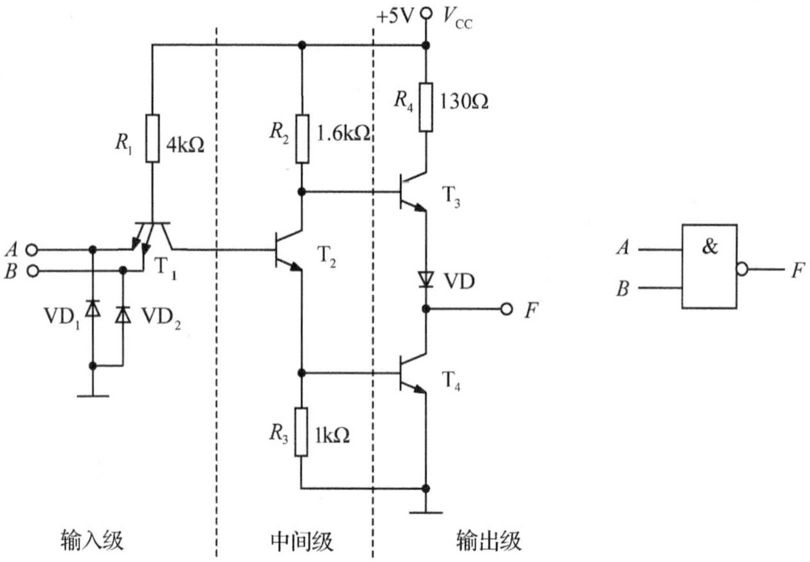

（a）电路图　　（b）逻辑符号

图 2-17　TTL 与非门

TTL 与非门工作原理和 TTL 反相器类似，当输入 A，B 中只要有一个为 0，即低电平时，T_1 饱和导通，T_2，T_4 截止，T_3 和 VD 导通，输出为高电平，即 $F=1$。只有当输入 A，B 同时为 1，即高电平时，T_1 倒置，T_2，T_4 饱和导通，T_3 和 VD 截止，输出为低电平，即 $F=0$。其输出和输入逻辑关系为

$$F=\overline{A\cdot B}。$$

TTL 与非门真值表如表 2-7 所示。

表 2-7　TTL 与非门真值表

A	B	F
0	0	1
0	1	1
1	0	1
1	1	0

2. TTL 或非门

如图 2-18 所示为 TTL 或非门的电路图，R_1，T_1，R_1'，T_1' 构成输入级，T_2，T_2' 和 R_2，R_3 构成中间级，T_3，T_4，R_4 和 VD 构成输出级。

其工作原理为：当输入 A，B 中只要有一个为 1，即高电平时，例如 $A=1$，那么 T_1 倒置，T_2，T_4 饱和导通，T_3 和 VD 截止，输出为低电平，即 $F=0$。只有当输入 A，B 全为 0，即低电平时，T_1，T_1' 饱和导通，T_2，T_2' 均截止，T_4 也截止，T_3 和 VD 导通，输出为高电平，即 $F=1$。

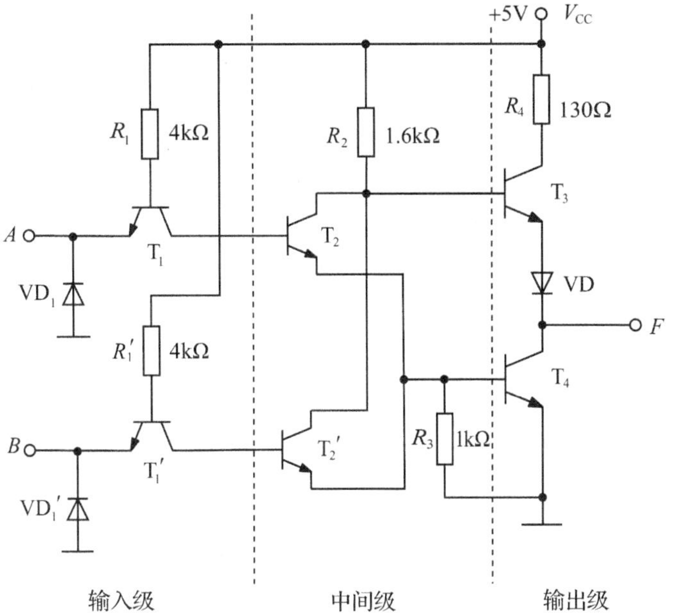

图 2-18　TTL 或非门

TTL 或非门真值表如表 2-8 所示。

表 2-8　TTL 或非门真值表

A	B	F
0	0	1
0	1	0
1	0	0
1	1	0

3. 集电极开路门(OC 门)

(1)线与

在工程实践中，往往需要将两个或多个逻辑门的输出端连接在一起，以实现与逻辑功能，称为线与。

前面介绍的 TTL 门电路，其输出端不允许连接在一起，也就无法实现线与功能。这是由于对于一般的 TTL 门电路(以 TTL 与非门为例)，若将两个(或多个)与非门的输出端直接相连，如图 2-19 所示。与非门 G_1 和 G_2 输出端并联起来，当 G_1 输出高电平、G_2 输出低电平时，G_1 的 T_3 导通，G_2 的 T_4' 导通，将产生较大的电流 i_O 从 G_1 的 T_3 流经 G_2 的 T_4'

到地，该电流值将远远超出器件的额定值，容易将器件损坏，而且并联输出既非 0 又非 1。

为了解决这一问题，可以采用集电极开路(Open Collector，OC)门，OC 门的输出端可以直接相连，实现线与。

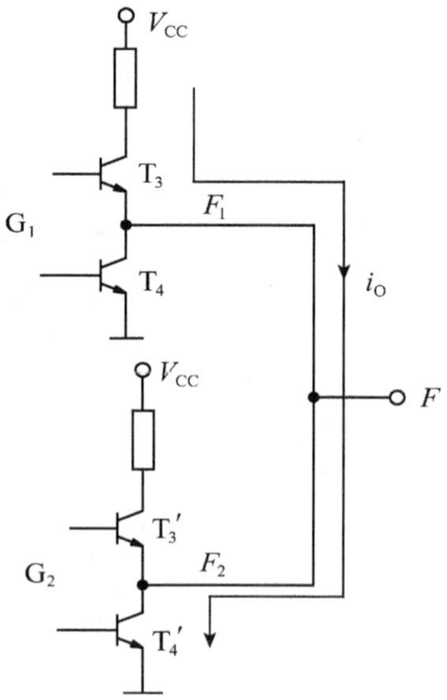

图 2-19　两个与非门输出端并联时电流流通情况

(2)OC 门的电路结构及其工作原理

① 电路结构

如图 2-20 所示是集电极开路与非门的电路结构及逻辑符号。与普通的与非门电路相比，集电极开路的与非门输出管 T_4 的集电极开路，去掉了 T_3，R_4 和 VD 。需要特别强调的是，OC 门在使用时必须在输出处外接电源 V_{CC} 和上拉电阻 R_L ，如图 2-20 中虚线部分所示。

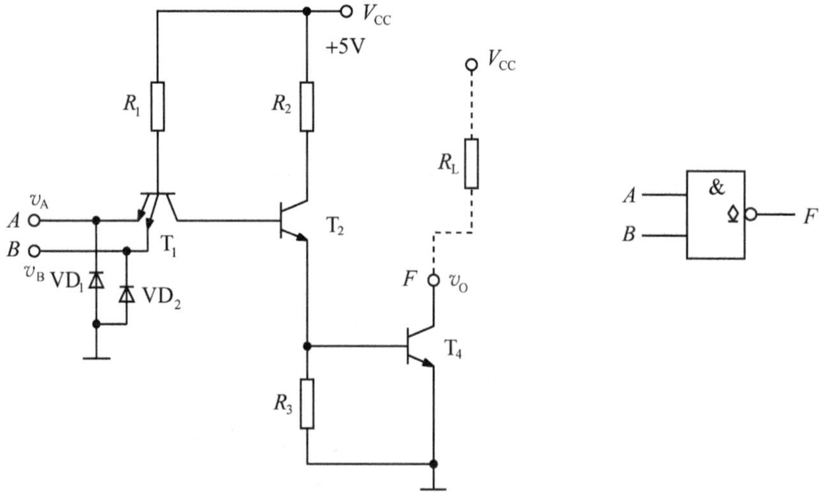

（a）电路图　　　　（b）逻辑符号

图 2-20　集电极开路门(OC 门)

②工作原理

当 $v_A=v_B=V_{IH}$ 时，T_4 饱和导通，$v_O=V_{CES}=V_{OL}$，输出低电平。当 v_A，v_B 中至少有一个为低电平 V_{IL} 时，T_4 截止，输出电压通过外接电源和上拉电阻获得，此时 $v_O=V_{OH}$，输出高电平。

如图 2-21 所示为两个集电极开路与非门线与连接起来的逻辑图，其输出为

$$F=F_1\cdot F_2=\overline{A\cdot B}\cdot\overline{C\cdot D}=\overline{AB+CD}。$$

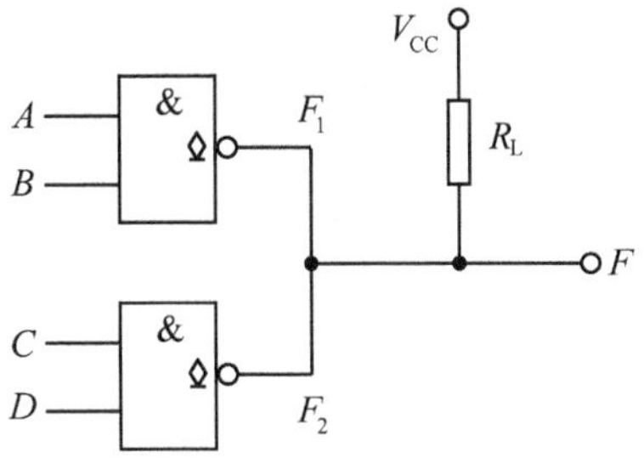

图 2-21 线与连接

几个 OC 门的输出端直接并联后可共用一个上拉电阻 R_L 和电源 V_{CC}。只要上拉电阻 R_L 选择得合适，就可以保证输出电平的高、低要求，而又有效地防止输出管电流过大。因此，实际应用中，必须要合理选取上拉电阻 R_L 的阻值。

(3)上拉电阻 R_L 的估算

① R_{Lmax} 的计算

将 n 个 OC 与非门线与连接，输出端接 m 个与非门作为负载，且每个负载门均有 k 个输入端，则负载门总输入端个数为 $g=mk$。

当 n 个 OC 与非门输出都为高电平时，线与结果为高电平，即输出电压 $v_O=V_{OH}$，为保证输出高电平 V_{OH} 不低于规定值 V_{OHmin}，R_L 不能太大(因为 $V_{OH}=V_{CC}-R_L\cdot I_{RL}$)，即 R_L 应有上限值。如图 2-22 所示电路中，I_{OH} 为 OC 门输出管截止时的漏电流；I_{IH} 为负载门每个输入端为高电平时的输入漏电流，流过 R_L 的电流为

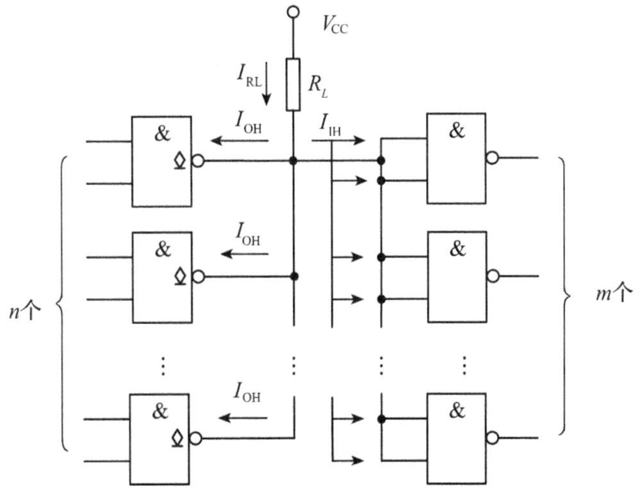

图 2-22 R_{Lmax} 的计算

$$I_{RL}=nI_{OH}+mkI_{IH}=nI_{OH}+gI_{IH}。$$

为保证输出高电平 V_{OH} 不低于允许的高电平最小值 V_{OHmin}，必须保证

$$R_L \cdot I_{RL} \leqslant V_{CC}-V_{OHmin}。$$

可得 R_L 最大值为

$$R_{Lmax}=\frac{V_{CC}-V_{OHmin}}{I_{RL}}=\frac{V_{CC}-V_{OHmin}}{nI_{OH}+gI_{IH}}。$$

② R_{Lmin} 的计算

当任何一个 OC 门处于导通状态时即输出低电平，输出电压 v_O 将变为低电平 V_{OL}，而且，应当确保在最不利的情况下(只有一个 OC 门导通)，所有负载门电流全部流入唯一的一个导通门时，输出低电平 V_{OL} 仍低于规定值 V_{OLmax}，则 R_L 的值不能太小(因为 $V_{OL}=V_{CC}-R_L \cdot I_{RL}$)，即 R_L 应有下限值。

如图 2-23 所示电路中，I_{OL} 为 OC 门导通时所允许的最大负载电流；I_{IL} 为负载门输入端为低电平时的输入电流(无论一个门有几个输入端接在 V_{OL} 上，I_{IL} 都一样大)。根据图 2-23 所示电路，可求得流过 R_L 的电流为

$$I_{RL}=I_{OL}-mI_{IL}。$$

为了保证输出低电平 V_{OL} 不超过允许低电平的最大值 V_{OLmax}，必须保证

$$R_L \cdot I_{RL} \geqslant V_{CC}-V_{OLmax}。$$

即

$$R_{Lmin}=\frac{V_{CC}-V_{OLmax}}{I_{OL}-mI_{IL}}。$$

当 R_{Lmin} 和 R_{Lmax} 的值确定后，只要根据实际需要在这两个值之间选择一个标准电阻值即可。

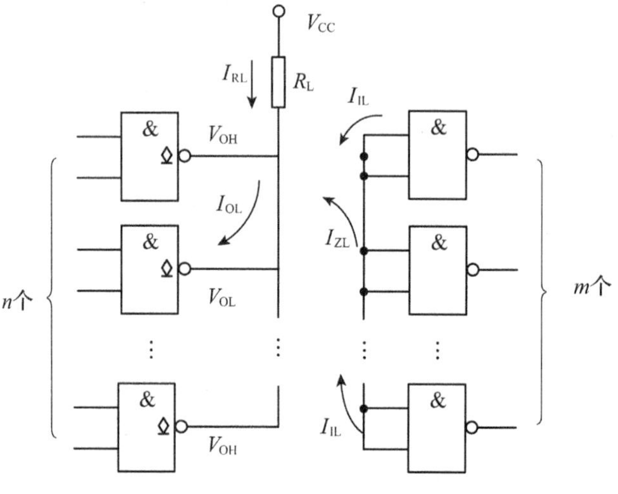

图 2-23　R_{Lmin} 的计算

【例 2-3】已知 TTL 与非门 74LS01 中的 1 个 OC 门驱动 74LS04 中的 4 个反相器，试确定合适大小的上拉电阻。OC 门的参数为 $V_{CC}=5V$，$V_{OLmax}=0.5V$，$I_{OLmax}=8mA$，$V_{OHmin}=2V$，$I_{OH}=100\mu A$。负载门高电平和低电平输入电流 $I_{IH}=20\mu A$，$I_{IL}=400\mu A$。

解：当 OC 门输出低电平时，有

$$R_{Lmin}=\frac{V_{CC}-V_{OLmax}}{I_{OL}-mI_{IL}}=\frac{5V-0.5V}{8mA-4\times0.4mA}\approx0.7k\Omega。$$

当 OC 门输出高电平时，有

$$R_{Lmax}=\frac{V_{CC}-V_{OHmin}}{nI_{OH}+gI_{IH}}=\frac{5V-2V}{0.1mA+4\times0.02mA}\approx16.7k\Omega。$$

根据上述计算，R_L 的值可在 0.7kΩ ～ 16.7kΩ 选择，这里可以选择标准值为 1kΩ 的电阻。

4. 三态门

(1)电路结构及逻辑符号

基本的 TTL 门电路，其输出有高电平和低电平两种状态。无论哪种输出，门电路的直流电阻都很小，都称为低阻输出。

三态门又称 TSL(Three State Logic)门，它有高电平状态、低电平状态和高阻状态(禁止态)3 种输出状态。其中，高阻状态下，输出端相当于开路。三态门是在普通门的基础上，加上使能控制信号和控制电路构成的。如图 2-24 所示是使能端 $\overline{EN}$ 低电平有效的三态与非门的电路图及其逻辑符号。$\overline{EN}$ 低电平有效是指当使能控制信号 $\overline{EN}$ 为低电平时电路才实现与非逻辑功能($F=\overline{A\cdot B}$)，输出高电平或低电平，而当 $\overline{EN}$ 为高电平时，输出高阻态(T_3 和 T_4 都截止，从输出端看，对地和电源相当于开路)。图 2-25 是使能端 EN 高电平有效的三态与非门的电路图及其逻辑符号。

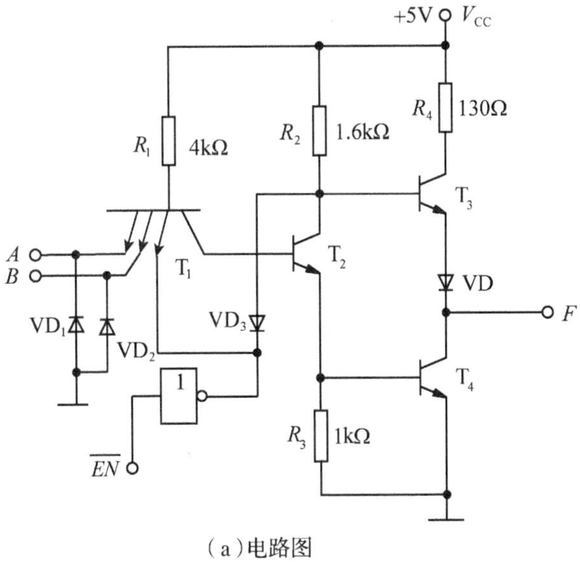

(a)电路图

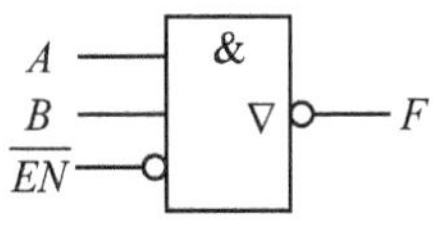

(b)逻辑符号

图 2-24　三态输出与非门(使能端低电平有效)

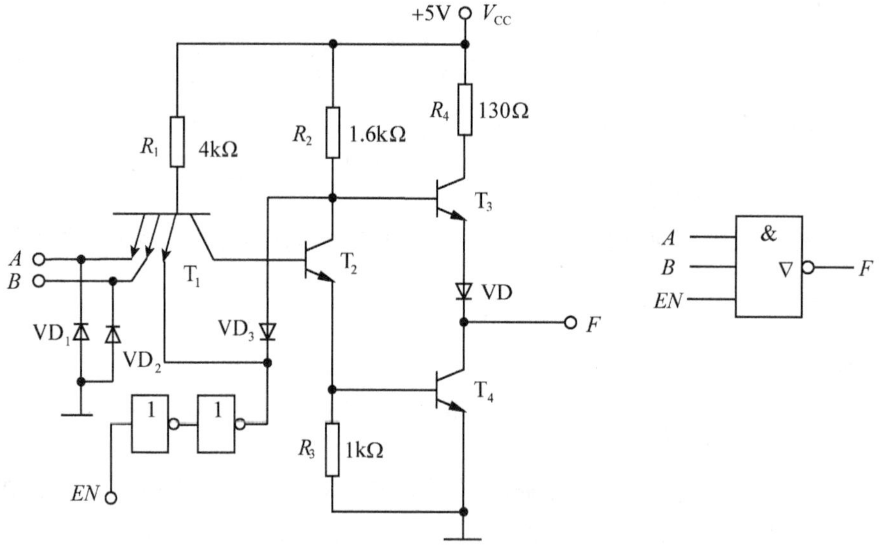

（a）电路图　　（b）逻辑符号

图 2-25　三态输出与非门(使能端高电平有效)

(2)应用

如图 2-26 所示是三态门应用的例子。

① 用作多路开关

在图 2-26(a)中，两个三态非门是并联的，使能端 $\overline{EN}$ 是整个电路的使能端。当 $\overline{EN}=0$ 时，G_1 正常工作，G_2 禁止，$F=\overline{A_1}$；当 $\overline{EN}=1$ 时，G_1 禁止，G_2 正常工作，$F=\overline{A_2}$。G_1，G_2 构成两个开关，可以根据需要将信号 A_1 或 A_2 取反后送到输出端。

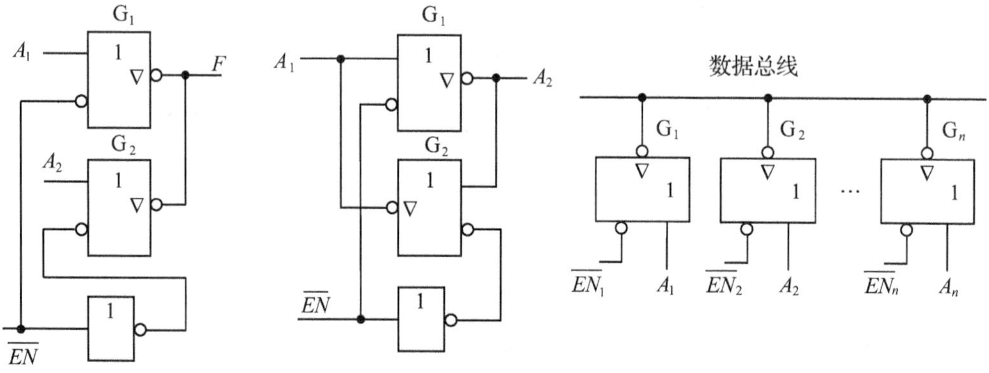

（a）多路开关　　（b）双向传输　　（c）单向总线

图 2-26　三态门应用举例

②用于信号双向传输

在图 2-26(b)中，两个三态非门并联起来构成双向开关，当 $\overline{EN}=0$ 时信号向右传输，$A_2=\overline{A_1}$；当 $\overline{EN}=1$ 时信号向左传输，$A_1=\overline{A_2}$。

③ 用于总线传输

三态门最重要的一个用途是实现多路数据的分时传送，即用一根传输线分时将不同的数据进行传输。在图 2-26(c)中，n 个三态输出反相器的输出端都连到一根数据总线上，只要让各门的使能端轮流处于低电平，即任何时刻只让一个三态门处于工作状态，而其余的三态门均处于高阻状态，这样，数据总线就会分时传输各门的输出信号。这种用总线来传输数据的方法，在计算机中被广泛采用。

5. 改进型集成 TTL 门电路——抗饱和 TTL 门电路

三极管的开关时间限制了 TTL 门电路的开关速度，为了提高 TTL 门电路的开关速度，在三极管的基极和集电极间跨接肖特基二极管，如图 2-27(b)所示，以缩短三极管的开关时间。肖特基二极管也称为快速恢复二极管，它的导通电压较低，为 0.4 ～ 0.5V，因此开关时间极短，可实现 1ns 以下的高开关速度，其电路符号如图 2-27(a)所示。加接了肖特基二极管的三极管称为肖特基三极管，其电路符号如图 2-27(c)所示。由肖特基三极管组成的门电路称为肖特基 TTL 门电路，即 STTL 门电路，它的 t_{pd} 在 10ns 以内。除典型的肖特基型(STTL)外，还有低功耗肖特基型(LSTTL)、先进的肖特基型(ASTTL)、先进的低功耗型(ALSTTL)等。它们的技术参数各有特点，是在 TTL 工艺的发展过程中逐步形成的。

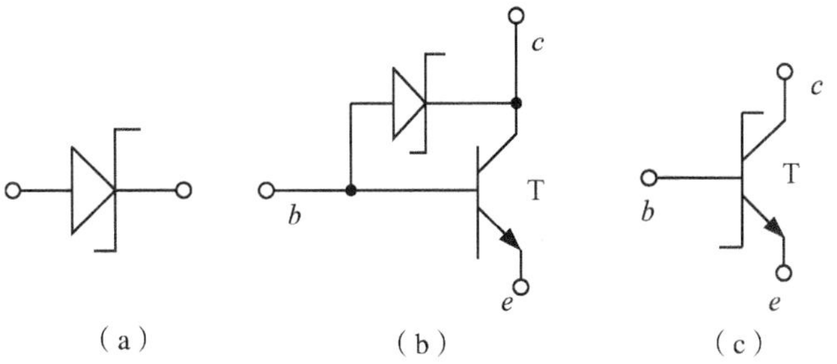

图 2-27　肖特基二极管及三极管

基本 TTL 门电路与肖特基 TTL 门电路的性能比较如表 2-9 所示。

表 2-9　TTL 门电路的各种系列的性能比较

参　数	类　型			
	通用 TTL (74 系列)	高速 TTL (74H 系列)	肖特基 TTL (74S 系列)	低功耗肖特基 TTL (74LS 系列)
t_{pd}/ns	10	6	3	9
P_D/mW	10	22	20	2
DP/pJ	100	80	60	18

2.4 CMOS门电路

2.4.1 MOS管的开关特性

CMOS门电路是以MOS管为开关器件。按导电载流子不同，MOS管分为N沟道MOS管(NMOS管)和P沟道MOS管(PMOS管)两类，按导电沟道机理的不同，MOS管分为增强型和耗尽型两类。

1. 静态特性

(1)N沟道增强型MOS管

MOS管是由金属—氧化物—半导体构成的。在P型衬底上，利用光刻、扩散等方法，制作出两个高掺杂浓度的N型区，并用金属引出两个电极，分别称为源极S和漏极D。然后在半导体表面覆盖一层很薄的二氧化硅(SiO_2)绝缘层，在源极和漏极之间的二氧化硅绝缘层上再制作一个金属电极作为栅极G。在衬底上也引出一个电极B，这样就构成了一个N沟道增强型MOS管。其结构示意图和符号如图2-28所示。MOS管的源极和衬底通常是接在一起的。

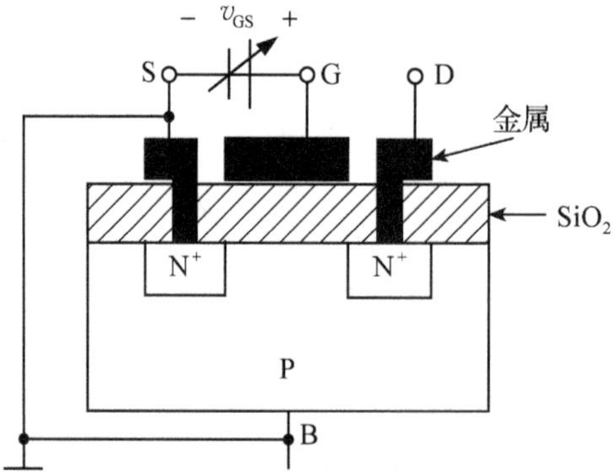

(a)结构示意图

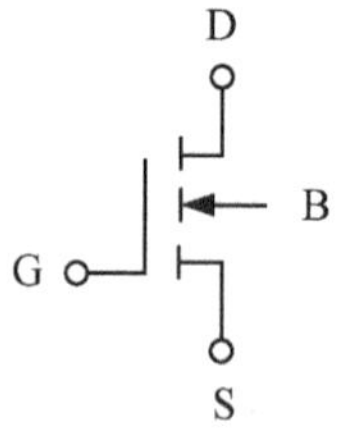

(b)符号

图2-28 N沟道增强型MOS管

①输出特性

在栅极—源极之间电压v_{GS}一定的条件下，反映漏极电流i_D和漏极—源极之间电压v_{DS}关系的曲线称为输出特性曲线，也称为漏极特性曲线，简称输出特性，即函数$i_D = f(v_{DS})|_{v_{GS}}$表示的曲线特性，如图2-29(a)所示。

当v_{GS}为0或很小($v_{GS} < V_{TN}$)时，由于漏极D和源极S之间是两个背靠背的PN结，即使加上正向电压v_{DS}($v_{DS} > 0V$)，MOS管中也不会有电流，即管子处于截止状态。

当v_{GS}大于开启电压V_{TN}时，MOS管导通。因为在$v_{GS} = V_{TN}$(图2-29中$V_{TN} = 2V$)时，栅极和衬底之间产生的电场已增加到足够强的程度，把P型衬底中的电子吸引到交界面处，形成的N型层——反型层，把两个N^+型区连接起来，即沟通了漏极和源极。所以，称此管为N沟道增强型MOS管。

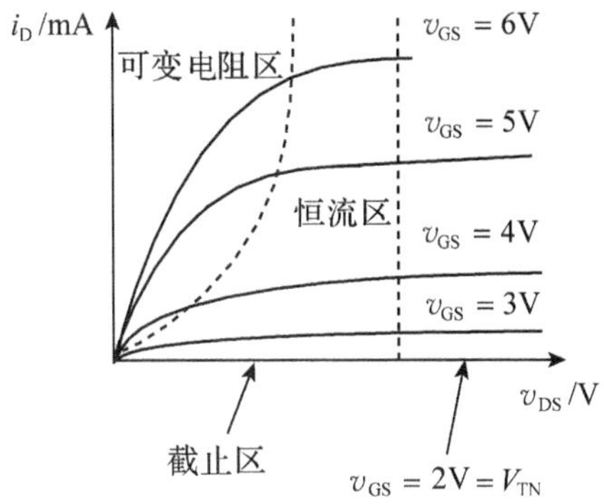

（a）输出特性

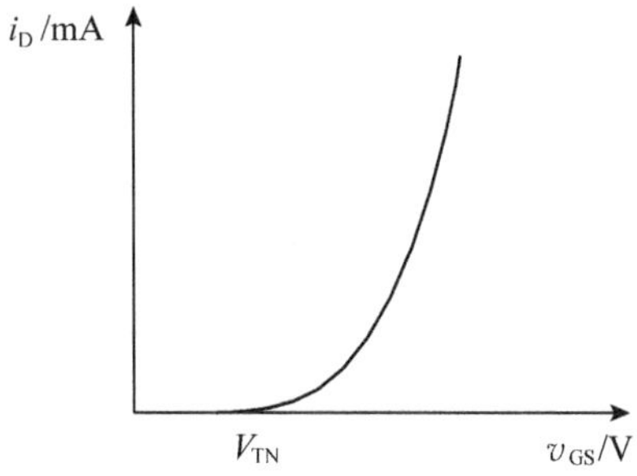

（b）转移特性

图 2-29　N 沟道增强型 MOS 管的特性曲线

可变电阻区：当 $v_{GS}>V_{TN}$ 后，在 v_{DS} 比较小时（$v_{DS}<v_{GS}-V_{TN}$），i_D 与 v_{DS} 呈近似线性关系，因此，可把漏极和源极之间看成一个可由 v_{GS} 进行控制的可变电阻，v_{GS} 越大，曲线越陡，等效电阻越小，如图 2-29(a)所示。

恒流区：当 $v_{GS}>V_{TN}$ 后，在 v_{DS} 比较大时（$v_{DS}\geqslant v_{GS}-V_{TN}$），$i_D$ 仅决定于 v_{GS}，而与 v_{DS} 几乎无关，特性曲线近似水平线，D、S 之间可以看成一个受 v_{GS} 控制的电流源。

在数字电路中，MOS 管不是工作在截止区就是工作在可变电阻区，恒流区只是一种过渡状态。

②转移特性

在漏源电压 v_{DS} 一定的条件下，反映漏极电流 i_D 和栅源电压 v_{GS} 关系的曲线称为转移特性曲线，简称转移特性，即函数 $i_D=f(v_{GS})|_{V_{DS}}$ 表示的曲线特性，如图 2-29(b)所示。

当 $v_{GS}<V_{TN}$ 时，MOS 管截止。当 $v_{GS}>V_{TN}$ 之后，只要 MOS 管工作在恒流区，不同的 v_{DS} 所对应的转移特性曲线基本是重合在一起的，可以用一条曲线来表示，曲线越陡，表示 v_{GS} 对 i_D 的控制作用越强，即放大作用越强，其放大作用常用转移特性曲线的斜率跨导 g_m 表示，即

$$g_m=\frac{\partial i_D}{\partial v_{GS}}\Big|_{V_{DS}}。$$

(2)P 沟道增强型 MOS 管

P 沟道增强型 MOS 管的结构、符号、输出特性和转移特性如图 2-30 所示。从图 2-30(a)可以看出，P 沟道增强型 MOS 管和 N 沟道增强型 MOS 管在结构上是相反的，其衬底是 N 型硅，源极和漏极是两个 P 型区。而且它们的 v_{GS}，v_{DS} 极性都是负的，开启电压 V_{TP} 也是负值。

对于增强型 PMOS 管，当 $v_{GS}>V_{TP}$ 时，PMOS 管工作在截止区；当 $v_{GS}\leqslant V_{TP}$，$v_{DS}>v_{GS}-V_{TP}$ 时，PMOS 管工作在可变电阻区；当 $v_{GS}\leqslant V_{TP}$，$v_{DS}\leqslant v_{GS}-V_{TP}$ 时，PMOS 管工作在恒流区。

(3)MOS 管开关电路

截止条件：当 N 沟道增强型 MOS 管栅源电压 v_{GS} 小于开启电压 V_{TN} 时，漏极和源极

之间还未形成导电沟道，将处于截止状态，此时，漏极和源极之间电阻很大，相当于开关断开，漏极电流 i_D 为 0。

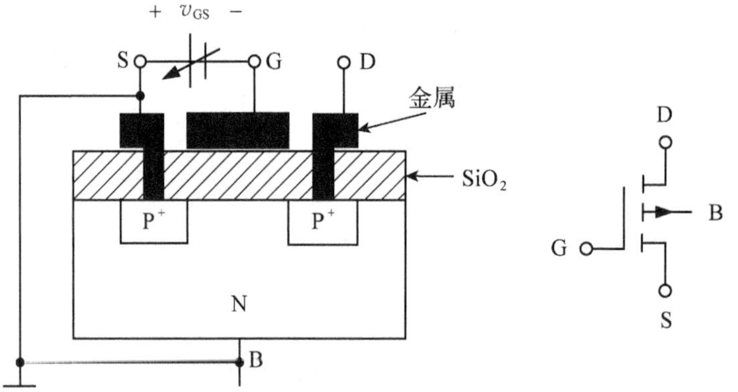

（a）结构示意图　　（b）符号

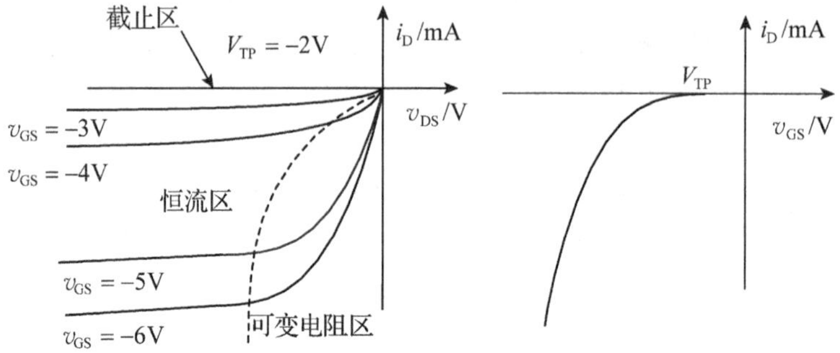

（c）输出特性　　（d）转移特性

图 2-30　P 沟道增强型 MOS 管

导通条件：当 N 沟道增强型 MOS 管栅源电压 v_{GS} 大于开启电压 V_{TN} 时，漏极和源极之间的导电沟道已形成，MOS 管将工作在导通状态，在数字电路中，MOS 管导通时一般都工作在可变电阻区，其导通电阻 R_{ON} 只有几百欧姆，此时，漏极和源极之间电阻很小，相当于一个具有一定导通电阻的闭合开关。如图 2-31 所示为 MOS 管开关电路及直流等效电路。

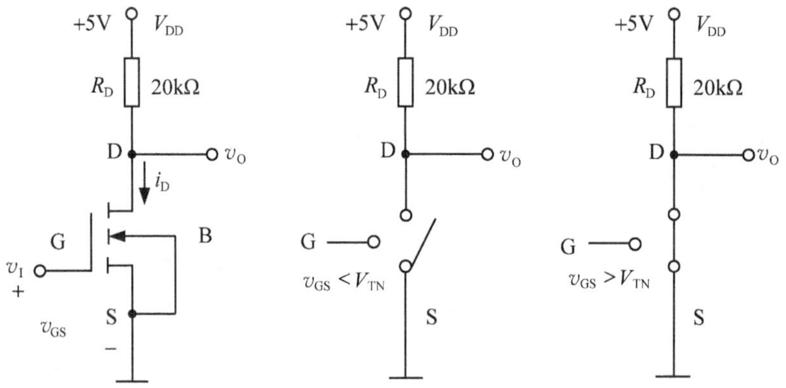

（a）MOS 管开关电路　　（b）截止时等效电路　　（c）导通时等效电路

图 2-31　MOS 管开关电路及直流等效电路

2. 动态特性

MOS 管的 3 个电极之间均有电容存在，它们分别是栅源电容 C_{GS}、栅漏电容 C_{GD} 和漏源电容 C_{DS}。C_{GS} 和 C_{GD} 一般为 1pF～3pF，C_{DS} 一般为 0.1pF～1pF。在数字电路中，MOS 管的动态特性，即开关速度是受这些电容的充、放电过程制约的。

(1)开通时间 t_{on}

v_I 和 i_D 波形如图 2-32 所示，当 v_I 由 $V_{IL}=0V$ 跳变到 $V_{IH}=V_{DD}$ 时，MOS 管需要经过延迟时间 t_{d1} 和上升时间 t_r 之后，才由截止状态转换到导通状态。开通时间为

$$t_{on}=t_{d1}+t_r。$$

(2)关闭时间 t_{off}

当 v_I 由 $V_{IH}=V_{DD}$ 跳变到 $V_{IL}=0V$ 时，MOS 管需要经过关闭延迟时间 t_{d2} 和下降时间 t_f 之后，才由导通状态转换到截止状态。关闭时间为

$$t_{off}=t_{d2}+t_f。$$

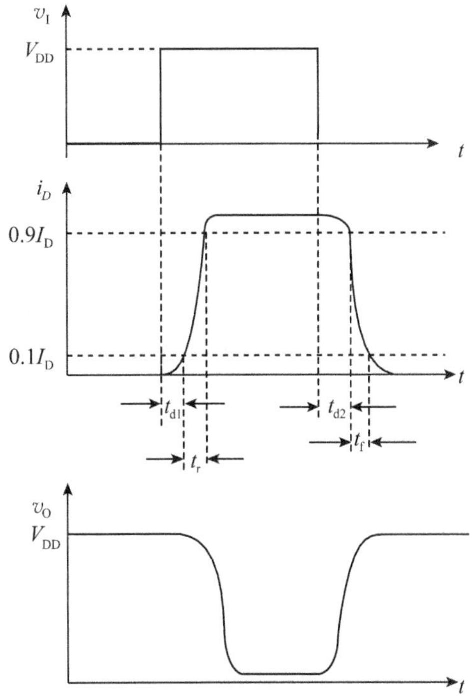

图 2-32　MOS 管开关时间

MOS 管开关时间是由于其极间电容上的电压不能突变而引起的。由于 MOS 管的导通电阻比三极管的饱和导通电阻要大得多，而 R_D 比 R_C 大，所以，MOS 管的开通和关闭时间比三极管要长，其动态特性较差。

2.4.2　CMOS 反相器的电路结构和工作原理

1. 电路结构

由 NMOS 管和 PMOS 管组成的电路称为互补 MOS 或 CMOS 电路。CMOS 反相器是

构成 CMOS 电路的基本单元，其电路如图 2-33(a)所示。T_P 是 P 沟道增强型 MOS 管，其开启电压为 $V_{TP}=-2V$，T_N 是 N 沟道增强型 MOS 管，其开启电压为 $V_{TN}=2V$，两者按照互补对称形式连接起来。两个 MOS 管的栅极 G_1，G_2 连接起来作为信号输入端，漏极 D_1，D_2 连接起来作为信号输出端，T_N 的源极 S_1 接地，T_P 的源极 S_2 接电源 V_{DD}。一般情况下要求电源电压大于两个管子开启电压的绝对值之和，即 $V_{DD}>V_{TN}+|V_{TP}|$。

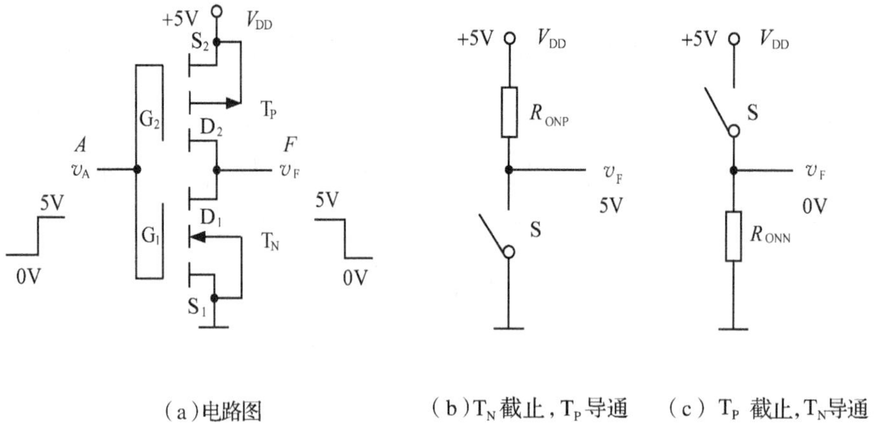

图 2-33 CMOS 反相器

2. 工作原理

当 $v_A=0V$ 时，$v_{GSN}=0V<V_{TN}$，T_N 截止；$v_{GSP}=v_A-V_{DD}=0V-5V=-5V<V_{TP}$，$T_P$ 导通，简化等效电路如图 2-33(b)所示，输出电压 $v_F=V_{DD}=5V$。

当 $v_A=5V$ 时，$v_{GSN}=5V>V_{TN}$，T_N 导通；$v_{GSP}=v_A-V_{DD}=5V-5V=0V>V_{TP}$，$T_P$ 截止，简化等效电路如图 2-33(c)所示，输出电压 $v_F=0V$。

综上所述，当 A 为低电平时，输出 F 为高电平；当 A 为高电平时，输出 F 为低电平。电路实现了非逻辑运算。其输入、输出关系为

$$F=\overline{A}。$$

2.4.3 CMOS 反相器的特性

1. 输入特性

MOS 管的输入电阻很高，在 $10^{12}\Omega$ 以上，输入电容只有几皮法，而栅极与沟道之间的二氧化硅绝缘层厚度非常薄(0.1μm 左右)，即使很小的感应电荷源，也可以使电荷迅速积累起来，形成高压，产生介质击穿，从而使电路遭到永久性损坏。所以在实际生产的 CMOS 反相器中都设置了二极管保护电路。

如图 2-34(a)所示是带输入端保护电路的 CMOS 反相器。图中 VD_1，VD_2 和 R_S 组成了二极管保护电路，其中 VD_2 是分布式二极管结构，用一条虚线连接两个二极管来表示。这种分布式二极管结构用以通过较大的电流，使得输入引脚上的静电荷得以释放，从而保护了 MOS 管栅极的绝缘层。一般 VD_1，VD_2 的正向导通压降 $V_{DF}=0.5V\sim0.7V$，反向击穿电压在 30V 左右，$R_S=1.5k\Omega\sim2.5k\Omega$，$C_1$、$C_2$ 是栅极等效输入电容。

输入特性曲线反映了 CMOS 反相器的输入端电流与输入端电压的关系，如图 2-34(b)

所示。由于 MOS 管输入电阻很高，静态情况下栅极不会有电流。当 v_I 在 0V 和 V_{DD} 之间变化时，保护二极管均处于截止状态，输入保护电路不起作用，$i_I \approx 0$；当 $v_I > V_{DD} + v_{DF}$ 时，VD_1 导通，i_I 从输入端经 VD_1 流入 V_{DD} ，i_I 将随着 v_I 的增加而急剧增加；当 $v_I < -v_{DF}$ 时，VD_2 导通，i_I 经 VD_2 从输入端流出，输入特性曲线中相应部分的斜率为 $1/R_S$ 。

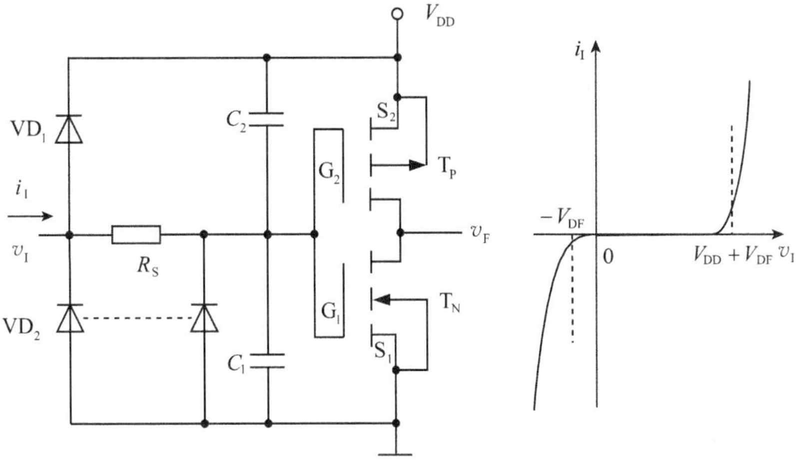

（a）电路图　　（b）输入特性

图 2-34　带保护电路的 CMOS 反相器

由以上分析可以看出，加了保护二极管后，将 CMOS 反相器的 T_N、T_P 栅极电位限制在 $-V_{DF} \sim V_{DD} + V_{DF}$ ，因此不会发生 SiO_2 介质被击穿现象。电阻 R_S 和电容 C_1，C_2 组成的积分电路，可衰减干扰电压，提高电路工作的可靠性。但是，积分电路对输入信号也会产生延时作用，影响反相器的工作速度，所以 R_S 不能太大。

CMOS 反相器的输入特性反映的就是输入保护电路的特性，当 v_I 超出正常工作范围时，保护电路动作。如果超过保护电路的承受能力，那么反相器就会损坏。

2. 输出特性

输出电压与负载电流之间的关系曲线，称为输出特性。输出电压有高电平和低电平两种状态，所以就有高电平输出特性和低电平输出特性两种。

(1)高电平输出特性

当 CMOS 反相器输入端接低电平，即 $v_I = V_{IL} = 0V$，T_N 截止，T_P 导通，输出高电平，即 $v_O = V_{OH}$ ，其等效电路如图 2-35(a)所示。这时负载电流 i_O 从 T_P 流向负载 R_L ，形成拉电流负载。其输出电压 v_O 和负载电流 i_O 之间的关系为

$$v_O = V_{DD} - R_{ONP} i_O。$$

随着负载电流 i_O 的增加，T_P 的导通压降增大，输出电压 v_O 下降，输出特性如图 2-35(b)所示。由于 T_P 导通内阻 R_{ONP} 与 v_{GSP} 的大小有关，v_{GSP} 越小导通内阻越小，所以在同样的 i_O 条件下，V_{DD} 越大，则 T_P 导通时 v_{GSP} 越小，导通内阻也越小，输出电压就下降得越少。

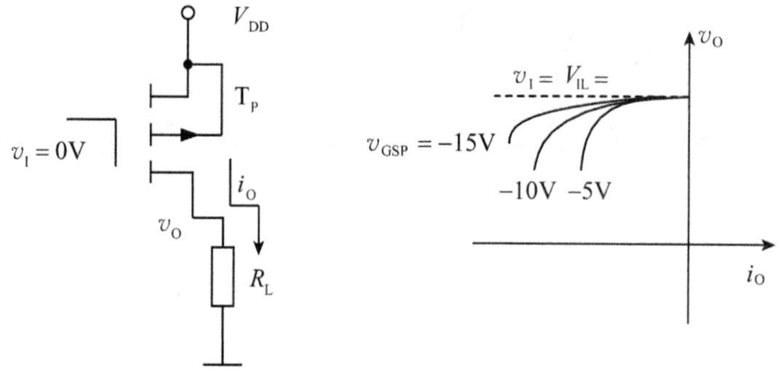

（a）输出高电平等效电路　　（b）输出特性

图 2-35　高电平输出特性

(2)低电平输出特性

当 CMOS 反相器输入端接高电平，即 $v_I=V_{IH}=V_{DD}$，T_N 导通，T_P 截止，输出低电平，即 $v_O=V_{OL}$，其等效电路如图 2-36(a)所示。这时负载电流 i_O 从负载流向 T_N，形成灌电流负载。其输出电压 v_O 和负载电流 i_O 之间的关系为

$$v_O=R_{ONN}i_O。$$

输出电压 v_O 随着负载电流 i_O 的增加而升高，输出特性如图 2-36(b)所示。

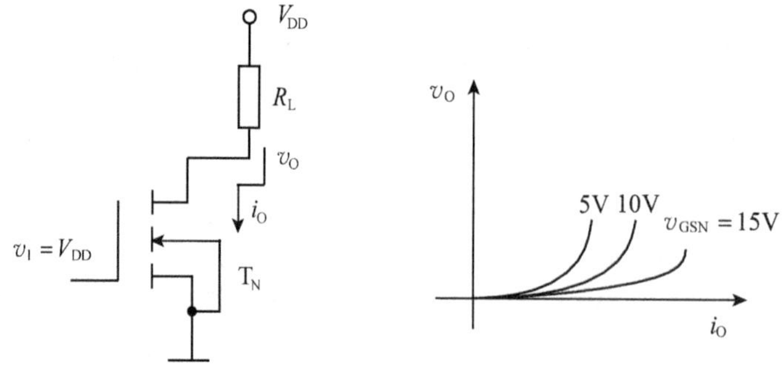

（a）输出低电平等效电路　　（b）输出特性

图 2-36　低电平输出特性

需要注意，电源电压 V_{DD} 不同，输出特性也会不同。当 V_{DD} 减小时，$|v_{GSP}|$ 和 v_{GSN} 都会减小，相应 T_N、T_P 的导电沟道会变窄，导通电阻 R_{ON} 会增加，因而输出高电平 V_{OH} 会下降，输出低电平 V_{OL} 会上升，反相器带负载能力变差。

3. 传输特性

反映输出电压 v_O 与输入电压 v_I 关系的曲线，称为电压传输特性，如图 2-37(a)所示。反映漏极电流 i_D 与输入电压 v_I 的关系曲线，称为电流传输特性，如图 2-37(b)所示。

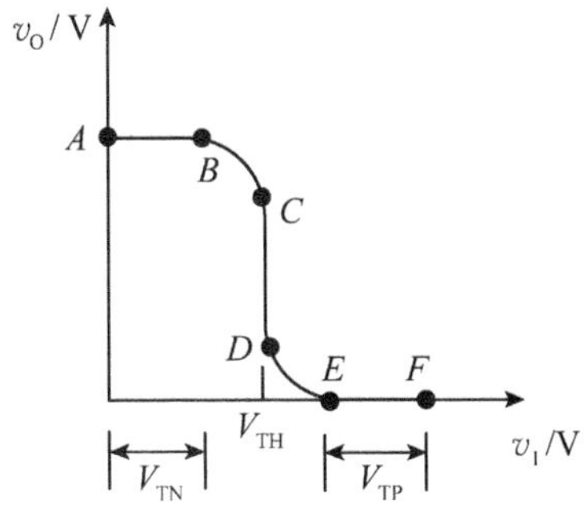

(a)电压传输特性

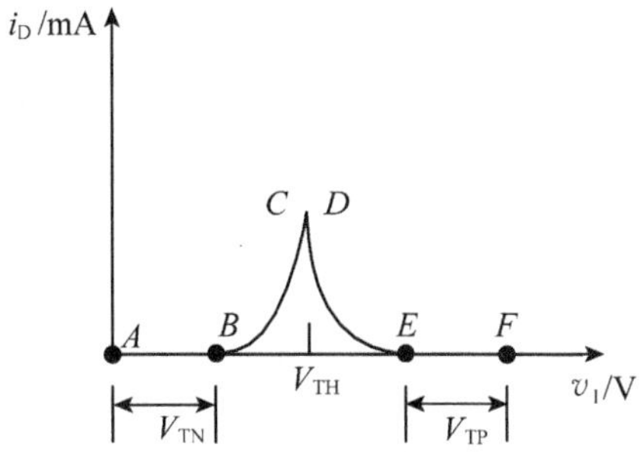

(b)电流传输特性

图 2-37 CMOS 反相器的传输特性

(1)特性曲线分析

AB 段：$v_I < V_{TN}$，T_N 截止，T_P 导通，$v_O = V_{DD}$，$i_D = 0$，功耗很小。

BC 段：$v_I > V_{TN}$，T_N 导通，但导通电阻较大，故 v_O 有所下降，i_D 开始逐渐增加，功耗也开始增加。

CD 段：v_I 在 $0.5V_{DD}$ 附近，T_N，T_P 导通，且导通电阻较小，此区域 v_O 随 v_I 急剧变化，i_D 最大，功耗也最大。把输入电压 $v_I = 0.5V_{DD}$ 称为反相器的转折电压或阈值电压，用 V_{TH} 表示。

DE 段、*EF* 段与 *BC* 段、*AB* 段相对应，只不过 T_N，T_P 的工作状态刚好相反。

(2)输入端噪声容限

噪声容限是指 v_O 为规定值时，允许 v_I 波动的最大范围。输入端为低电平时的噪声容限用 V_{NL} 表示；输入端为高电平时的噪声容限用 V_{NH} 表示。CMOS 反相器的 V_{NL}、V_{NH} 都比较大，接近 $0.5V_{DD}$，一般取 $V_{NL} = V_{NH} = 0.3V_{DD}$。显然，随着电源电压的增加，噪声容限也成比例的增加。

4. 传输延迟时间

尽管 MOS 管的开关过程中不发生载流子的聚集和消散，但是由于集成电路内部电阻、电容的存在以及负载电容的影响，输出电压的变化仍然滞后于输入电压的变化，从而产生传输延迟。尤其由于 CMOS 门电路的输出电阻比 TTL 门电路的输出电阻大得多，所以负载电容对传输延迟时间影响更加显著。因此，CMOS 门电路开关速度较慢。

5. 功率损耗

CMOS 电路的功耗分为静态功耗和动态功耗。

静态功耗：CMOS 反相器由于在输入端设置了保护电路，另外，电路在制造过程中不可避免地存在一些寄生二极管，所以这些二极管的漏电流就构成了静态电源电流的主要成分。CMOS 电路的静态功耗很小，可以忽略不计。

动态功耗：CMOS 反相器从一种稳定状态突然转变到另一种稳定状态的过程中将产生附加的功耗叫作动态功耗。动态功耗由两部分组成：一部分是 NMOS 管和 PMOS 管在状态转换瞬间同时导通所产生的瞬时导通功耗 P_T，另一部分是输出端的负载电容 C_L 充、放电所产生的功耗 P_C。

$$P_T = C_{PD} f V_{DD}^2,$$
$$P_C = C_L f V_{DD}^2。$$

式中，C_{PD} 为功耗电容，C_L 为负载电容，f 为输入信号的频率。由此可以得到 CMOS 电路总的动态功耗 P_D 为

$$P_D = (C_{PD} + C_L) f V_{DD}^2。$$

可见，在工作频率较高的情况下，CMOS 反相器的动态功耗远大于静态功耗，所以 CMOS 电路在高频率情况下，其功耗较大。

2.4.4 其他类型的 CMOS 门电路

1. CMOS 与非门

CMOS 与非门的基本电路结构如图 2-38(a)所示，在该电路中，两个 N 沟道增强型 MOS 管 T_1，T_3 串联，两个 P 沟道增强型 MOS 管 T_2，T_4 并联。

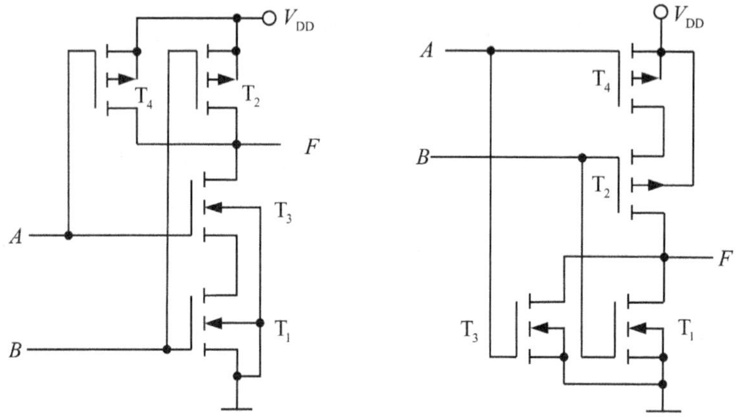

(a) CMOS 与非门　　(b) CMOS 或非门

图 2-38　CMOS 与非门和 CMOS 或非门

当输入 A，B 中只要有一个为低电平，两个串联的 NMOS 管 T_1，T_3 中必然有一个截止(接低电平的截止)，而两个并联的 PMOS 管 T_2，T_4 必然有一个导通(接低电平的导通)，于是输出 F 为高电平；当输入 A，B 全为高电平时，两个串联的 NMOS 管都导通，而两个并联的 PMOS 管都截止，于是输出 F 为低电平。该电路实现的逻辑功能为

$$F = \overline{AB}。$$

2. CMOS 或非门

CMOS 或非门的基本结构如图 2-38(b)所示，在该电路中，两个 N 沟道增强型 MOS 管 T_1，T_3 并联，两个 P 沟道增强型 MOS 管 T_2，T_4 串联。

当输入 A，B 中只要有一个为高电平，两个并联的 NMOS 管 T_1，T_3 中必然有一个导通(接高电平的导通)，而两个串联的 PMOS 管 T_2，T_4 必然有一个截止(接高电平的截止)，于是输出 F 为低电平；当输入 A，B 全为低电平时，两个并联的 NMOS 管都截止，而两个串联的 PMOS 管则全部导通，于是输出 F 为高电平。该电路实现的逻辑功能为

$$F = \overline{A + B}。$$

3. 带缓冲级的 CMOS 门电路

上述 CMOS 与非门和 CMOS 或非门虽然简单，但存在着以下缺点：

第一，输出电阻 R_O 受输入状态的影响。假设 MOS 管导通内阻为 R_{ON}，截止内阻 $R_{OFF} \approx \infty$，根据前面分析可知，对于 CMOS 与非门，当输入 A，B 中有一个为低电平时，T_2，T_4 中有一个导通，输出电阻 $R_O = R_{ON}$；当输入 A，B 全为低电平时，T_2，T_4 均导通，而 T_1，T_3 均截止，输出电阻 $R_O = \frac{1}{2}R_{ON}$；当输入 A，B 全为高电平时，T_2，T_4 均截止，而 T_1，T_3 均导通，输出电阻 $R_O = 2R_{ON}$。

第二，输出的高、低电平受输入端数目的影响。当输出为低电平时，NMOS 管串联越多，输出低电平越高；但输出为高电平时，PMOS 管并联越多，输出电阻越少，输出高电平越高。

因此，上述结构的门电路输出电阻和输出高、低电压值，受输入状态和个数的影响。

为了克服这些缺点，目前生产的 CC4000 系列和 74HC 系列的 CMOS 门电路中均采用带缓冲级的结构，就是在基本的单元门电路基础上，在每个输入端和输出端各增加一级反相器，如图 2-39 和图 2-40 所示。

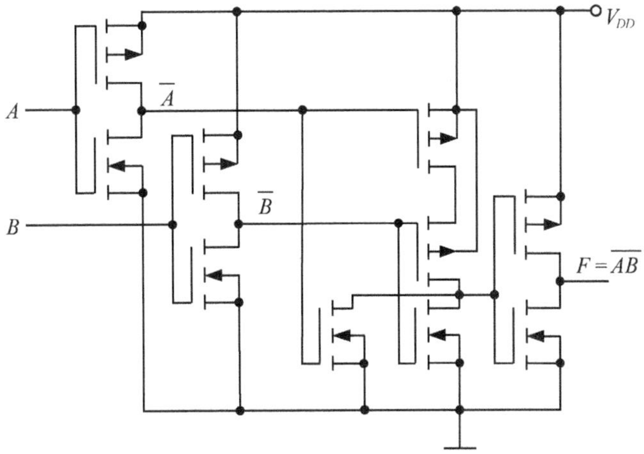

图 2-39　带缓冲级的 CMOS 与非门

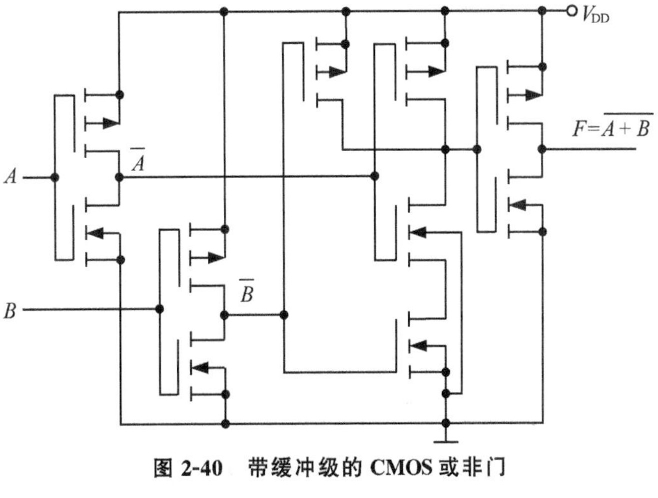

图 2-40　带缓冲级的 CMOS 或非门

这些带缓冲级的门电路的输出电阻仅决定最后反相器的开关状态，而不受输入状态的影响。输出的高、低电平也不受输入端个数的影响。但需要注意，增设缓冲级后电路的逻辑功能发生变化，原来的与非门变成或非门，而原来的或非门变为与非门。

4. 漏极开路的 CMOS 门和 CMOS 三态门

在 CMOS 电路中有漏极开路输出结构的 OD 门和 CMOS 三态门，它们的作用与 TTL 门电路中的 OC 门和三态门相同。

(1)漏极开路的 CMOS 门

将 CMOS 门电路输出缓冲器改为漏极开路输出，称为漏极开路(Open Drain)门，简称 OD 门。如图 2-41 所示为两输入的漏极开路与非门，省去了输出级中的 PMOS 管和电源，只剩下一只漏极开路的 NMOS 管。使用时必须在 NMOS 管的漏极外加入适当的上拉电阻 R_L 和电源 V_{DD} 。上拉电阻 R_L 计算公式与 OC 门一样，不同的是求 R_{Lmin} 时 m 换成负载门并联输入端的个数。此外，输出的高电平可以转换为 V_{DD2}，从而实现输入、输出电平转移。

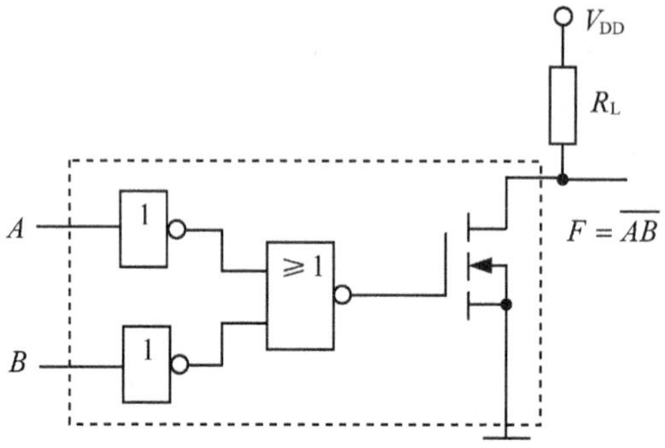

图 2-41　漏极开路的 CMOS 与非门

(2)CMOS 三态门

如图 2-42 所示是一个低电平使能的三态非门，它是在反相器的基础上增加一对附加管，附加管由一个 PMOS 管 T_2' 和一个 NMOS 管 T_1' 组成。当使能端 $\overline{EN}=1$ 时，附加管 T_1' 和 T_2' 同时截止，输出 F 为高阻状态；当使能端 $\overline{EN}=0$ 时，附加管 T_1' 和 T_2' 同时导通，反相器正常工作，输出 $F=\overline{A}$ 。

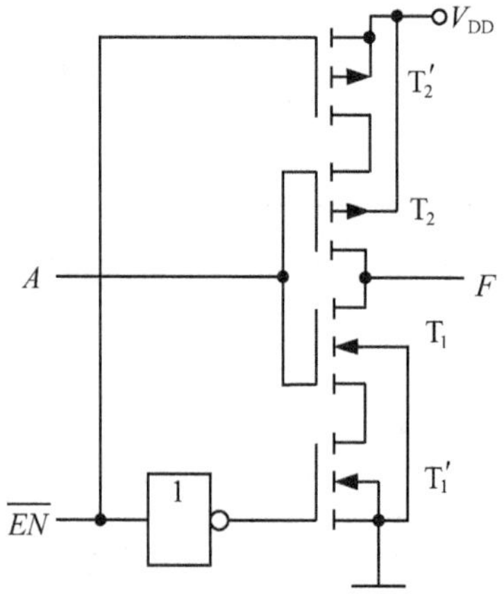

图 2-42　低电平使能的三态非门

5. CMOS 传输门和模拟开关

用一个 NMOS 管 T_1 和一个 PMOS 管 T_2 按闭环互补形式连接就构成了如图 2-43 所示的 CMOS 传输门，CMOS 传输门也是构成各种逻辑电路的一种基本单元电路。

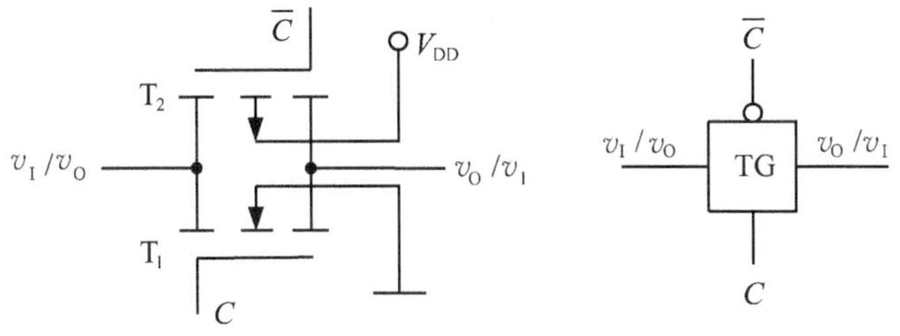

（a）电路图　　（b）逻辑符号

图 2-43　CMOS 传输门

图 2-43 中 C 和 $\overline{C}$ 为一对互补的控制信号，T_1 和 T_2 的源极和漏极分别相连作为传输门的输入端和输出端，由于 T_1，T_2 管的结构形式是对称的，即漏极和源极可互换使用，因而 CMOS 传输门属于双向传输器件，即输入和输出可互换使用。传输门的导通电阻很低(几百欧姆)，相当于开关接通，其截止电阻很高(可大于 $10^9\Omega$)，相当于开关断开。接近于理想开关。

假定输入电压 v_I 的变化范围为 $0\sim V_{DD}$，控制信号 C 和 $\overline{C}$ 的高、低电压分别为 V_{DD} 和 0V。

(1)当 $C=1$，$\overline{C}=0$ 时，传输门导通，此时又分 3 种情况：

① 当 $0<v_I<V_{TN}$ 时，则 T_1 导通，T_2 截止，由于导通电阻很小，故 $v_O=v_I$。

② v_I 升高，当 $V_{TN}<v_I<V_{DD}-|V_{TP}|$ 时，T_1，T_2 同时导通，故 $v_O=v_I$。

③ v_I 继续升高，当 $V_{DD}-|V_{TP}|<v_I<V_{DD}$ 时，T_1 截止，T_2 导通，故 $v_O=v_I$。

(2)当 $C=0$，$\overline{C}=1$ 时，T_1，T_2 同时截止，输入和输出之间呈现高阻状态，输入信号不能传输到输出端，相当于断开。

结论：当 $C=1$，$\overline{C}=0$ 时，传输门导通；而当 $C=0$，$\overline{C}=1$ 时，传输门截止。

图 2-43 中 v_I 和 v_O 可以是模拟信号，这时传输门作为模拟开关使用。利用 CMOS 传输门和反相器构成双向模拟开关如图 2-44 所示，图中因为有了反相器，所以只要一个控制信号即可控制电路的接通和断开。

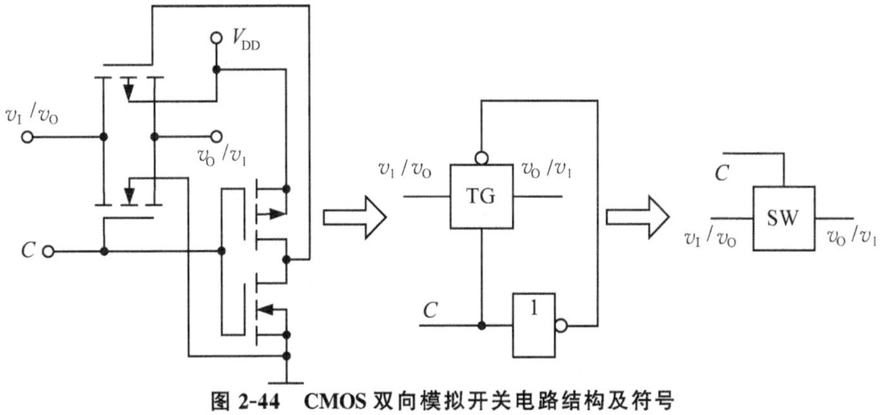

图 2-44　CMOS 双向模拟开关电路结构及符号

2.5 集成门电路使用中应注意的问题

2.5.1 TTL门电路使用中应注意的问题

TTL 集成门电路产品多数为 14 引脚的小规模集成电路。其外形有扁平和双列直插封装两种形式。多数门电路在同一外壳内含有两个以上彼此独立、功能相同、公用电源及接地端的门电路，这些门电路在实际使用时需注意以下几点。

1. 电源及电源干扰的消除

电源电压 V_{CC} 应满足 5V±5%的要求，考虑到电源通断瞬间或其他原因引起的冲击电压、外界干扰或电路间相互干扰会通过电源引起，故必须对电源进行滤波，在电源输入端接一个 0.01μF ~ 0.1μF 的高频滤波电容。

2. 多余输入端的处理及注意事项

(1)多余的输入端最好不要悬空，否则易接受外界干扰。

(2)与门、与非门多余的输入端通过一个电阻接电源或直接接电源；或门、或非门多余的输入端接地；也可以将多余的输入端与使用的输入端并联。

3. 输出端处理

具有有源推拉输出结构的 TTL 门不允许输出端直接连接。输出端不能过载，更不允许对地短路，也不允许直接接电源。

当输出端连接容性负载时，电路从断开到接通的瞬间有很大的冲击电流流过输出管，会导致输出管的损坏。为防止这一情况，应接入限流电阻，一般当容性负载 C_L 大于 100μF 时，限流电阻取 180Ω 。

4. 其他

为了避免损坏电路，在焊接时最好选用中性焊剂，焊接后严禁将电路连同印刷电路板放入有机溶剂浸泡清洗，只允许用少量酒精擦洗管脚上的焊剂。

2.5.2 CMOS门电路使用中应注意的问题

虽然 CMOS 门电路的输入端已设置了保护电路，但由于其结构特点，在使用中还需注意以下几点。

1. 电源

CMOS 门电路可以在很宽的电源电压范围内提供正常的逻辑功能。但电源的上限电压不得超过允许的电源电压最大值 $V_{DD(max)}$ ，下限电压不能低于保证系统速度所需的电源电压最小值 $V_{DD(min)}$ 。

CMOS 集成门电路在连接电源时，V_{DD} 应接电源正极，V_{SS} 接电源负极或地，不得接反，否则器件会因电流过大受损。CMOS 电路在不同的电源电压下工作，其输出阻抗、工作频率和功耗等参数有所不同，电路设计时必须加以考虑。

2. 输入端

(1)由于输入保护电路中的钳位二极管电流容量有限(一般在 1mA 左右)，为了保护输入级 MOS 管的氧化层不被击穿，输入信号必须在 $V_{SS} \sim V_{DD}$ 取值，一般输入低电平取值范围为 $V_{SS} \leqslant V_{IL} \leqslant 30\% V_{DD}$，高电平取值范围为 $70\% V_{DD} \leqslant V_{IH} \leqslant V_{DD}$。每个输入端电流以不超过 1mA 为最佳，并限定在 10mA 以内。

(2)当输入电流过大，或输入端接线过长，或接大电容、大电感时，应在输入端串接 1kΩ～10kΩ 的保护电阻，将输入电流的瞬态值限定在 10mA 以下。

(3)多余输入端的处理方法：与门和与非门的多余输入端应接至正电源或高电平；或门和或非门多余的输入端应接地或低电平。多余的输入端绝对不能悬空。因为悬空的栅极易产生感应电荷，使输入端可能为高电平也可能为低电平，从而造成逻辑错误。

(4)为了防止门电路开关过程中的冲击电流，在进行实验、测量和调试时，应先接入直流电源，然后接入输入信号源；而关机时应先关闭输入信号源，然后关闭直流电源。

(5)在储存和运输中，最好用金属容器或者导电材料包装，不要放在易产生静电高压的化工材料或化纤织物中。

(6)组装、调试时，电烙铁、仪表、工作台等均应良好接地，且要防止操作人员的静电干扰损坏。

3. 输出端

CMOS 门电路的输出端不应直接和 V_{DD} 或 V_{SS} 相连，否则，将因拉电流或灌电流过大而损坏器件。另外，除了三态门和 OD 门器件外，也不允许 CMOS 器件输出端并联使用。

输出端与大电容、大电感直接相连时，将使功耗增加、工作速度下降，为此应在输出端和大电容之间串接保护电阻，并尽量减少容性负载的影响。

2.5.3　数字集成电路的接口

在目前 TTL 门电路与 CMOS 门电路并存的情况下，会出现不同类型的集成门电路混合使用的情况，这样便出现 TTL 门电路和 CMOS 门电路的连接问题，无论是用 TTL 门电路驱动 CMOS 门电路，还是用 CMOS 门电路驱动 TTL 门电路，驱动门必须能为负载门提供合乎标准的高、低电平和足够的驱动电流，即必须同时满足：

$$V_{OHmin} \geqslant V_{IHmin},$$
$$V_{OLmax} \leqslant V_{ILmax},$$
$$|I_{OHmax}| \geqslant nI_{IHmax},$$
$$I_{OLmax} \geqslant m|I_{ILmax}|。$$

式中，n，m 分别为负载电流中 I_{IH} 和 I_{IL} 的个数。

如表 2-10 所示为几种 TTL 和 CMOS 门电路的参数，从表中的参数可知，TTL 门电路与 74HCT 的 CMOS 门电路可以相互驱动，不需要外加驱动电路。

表 2-10　TTL 和 CMOS 门电路输入输出参数

参数名称	电路种类				
	TTL 74 系列	TTL 74LS 系列	CMOS 4000 系列	高速 CMOS 74HC 系列	高速 CMOS 74HCT 系列
V_{OHmin}/V	2.4	2.7	4.6	4.4	4.4
V_{OLmax}/V	0.4	0.5	0.05	0.1	0.1
I_{OHmax}/mA	−0.4	−0.4	−0.51	−4	−4
I_{OLmax}/mA	16	8	0.51	4	4
V_{IHmin}/V	2	2	3.5	3.5	2
V_{ILmax}/V	0.8	0.8	1.5	1	0.8
$I_{IHmax}/\mu A$	40	20	0.1	0.1	0.1
I_{ILmax}/mA	−1.6	−0.4	-0.1×10^{-3}	-0.1×10^{-3}	-0.1×10^{-3}

注：* CC4000 系列门电路工作在 $V_{DD}=5V$ 时的参数。

1. TTL 门电路的 74 系列、74LS 系列驱动 CMOS 门电路的 74HC 系列

根据表 2-10 可知，无论 74 系列还是 74LS 系列的驱动门电路，低电平时的电压、电流，高电平时的电流都能驱动一个以上的 CMOS 门电路，但 TTL 门电路的输出高电平的电压幅度不足以驱动 CMOS 门电路，因此需要增加驱动电路，以提升 TTL 门电路输出高电平时的电压。

最简单的方法是在 TTL 门电路的输出端加上拉电阻 R_L，如图 2-45 所示。当 TTL 门电路的输出级为高电平时，输出端与地之间的负载三极管截止，由于外加上拉电阻，TTL 门电路输出级的输出端与电源之间的驱动三极管也截止，因此输出电平

$$V_{OH}=V_{DD}-R_L(I_O+nI_{IH})。$$

式中，I_O 为 TTL 门电路输出级负载三极管 T_3 截止时的漏电流。由于 I_O 和 I_{IH} 都很小，所以只要 R_L 的阻值不是特别大，输出高电平就能提升至 $V_{OH}\approx V_{DD}$。

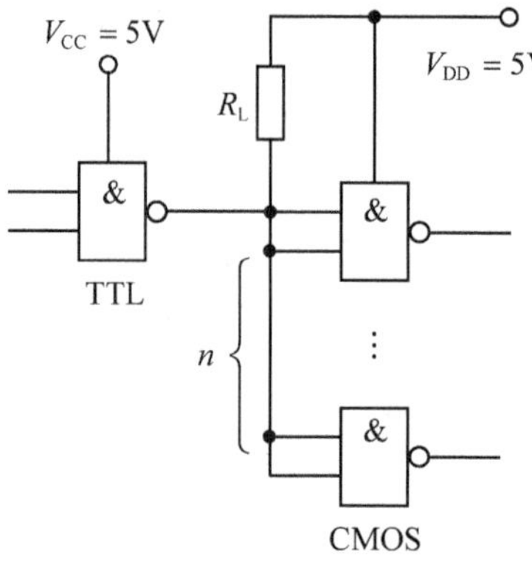

图 2-45　TTL 门电路驱动 CMOS 门电路

当 CMOS 门电路的电源电压较高时，所要求的 V_{IHmin} 的值将超过 TTL 推拉输出级所能承受的电压。例如，CMOS 门电路工作在 $V_{DD}=15V$ 时，要求的 $V_{IHmin}=11V$，因此 TTL 门电路输出级的高电平必须大于 11V。在这种情况下，应采用集电极开路(OC)输出结构的 TTL 门电路作为驱动门，OC 门的输出三极管的耐压值可达 30V 甚至更高，此时上拉电阻的阻值计算与 OC 门外加电阻的计算方法相同。

2. CMOS 门电路驱动 TTL 门电路

用 CMOS4000 系列门电路驱动 TTL 门电路，低电平时，驱动门的电流达不到要求；而高电平时，电压和电流都满足要求。因此需要扩大 CMOS 门电路输出低电平时吸收负载电流的能力。

一种方法是在 CMOS4000 系列门电路的输出级增加一级 CMOS 驱动器，如增加一个 CC4010，当 $V_{DD}=5V$ 时，其最大负载电流 $I_{OL}\geqslant 3.2mA$，足以同时驱动两个 74 系列的 TTL 门电路。也可以选用漏极开路的 CMOS 驱动器，如 CC40107 的工作电源电压为 $V_{DD}=5V$ 时，输出低电平时的负载能力为 $I_{OL}\geqslant 16mA$，能同时驱动 10 个 74 系列 TTL 门电路。

另一种方法是在 CMOS4000 系列门电路的输出级增加一级 CMOS 74HCT 系列门电路，而 CMOS 74HCT 系列门电路无论输出高、低电平，输出电流都符合 TTL 门电路的要求。

本章小结

半导体二极管、三极管和 MOS 管是数字电路中的基本开关元件。二极管具有单向导电性，三极管是电流控制的具有放大特性的开关元件，MOS 管是用电压控制的具有放大特性的开关元件。二极管与门、二极管或门和三极管非门是最基本的分立元件门电路。

集成门电路分为 TTL 门电路和 CMOS 门电路两大类。其主要电气特性有电压传输特性、噪声容限、功率损耗、传输延迟时间、扇入系数和扇出系数等。

TTL 门电路具有工作速度高、带负载能力强等特点；CMOS 门电路具有功耗低、集成度高、工作电压范围宽、抗干扰能力强等特点，它们都是目前广泛采用的集成门电路。在逻辑门电路的实际应用中，有可能遇到不同类型门电路之间、门电路与负载之间的接口技术问题以及抗干扰工艺问题。正确分析与解决这些问题，是数字电路设计工作者应当掌握的基本功。

习　　题

1. 写出在下列情况下 TTL 与非门输入端的逻辑状态。

(1)输入端接地；

(2)输入端接电压低于 0.8V 的电源；

(3)输入端接前级门的输出低电平 +0.3V；

(4)输入端接电源电压 $V_{CC}=+5V$；

(5)输入端接前级门的输出高电平 2.7 ～ 3.6V；

(6)输入端悬空；

(7)输入端接高于＋1.8V 的电压。

2. 分立元件非门如图 2-46 所示。

(1)求三极管截止的最大输入电压值；

(2)试求使三极管饱和导通的最小输入电压值；

(3)判断在输入电压分别为 0V、3V、5V 时，三极管的工作状态，并求出对应的输出电压值；

(4)为使输入高电平时三极管深度饱和，可采用哪些措施？

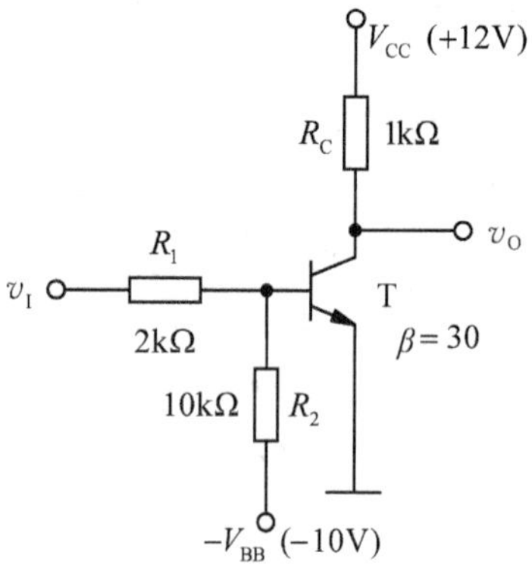

图 2-46

3. 写出如图 2-47 所示集成 TTL 门电路输出信号的逻辑表达式。

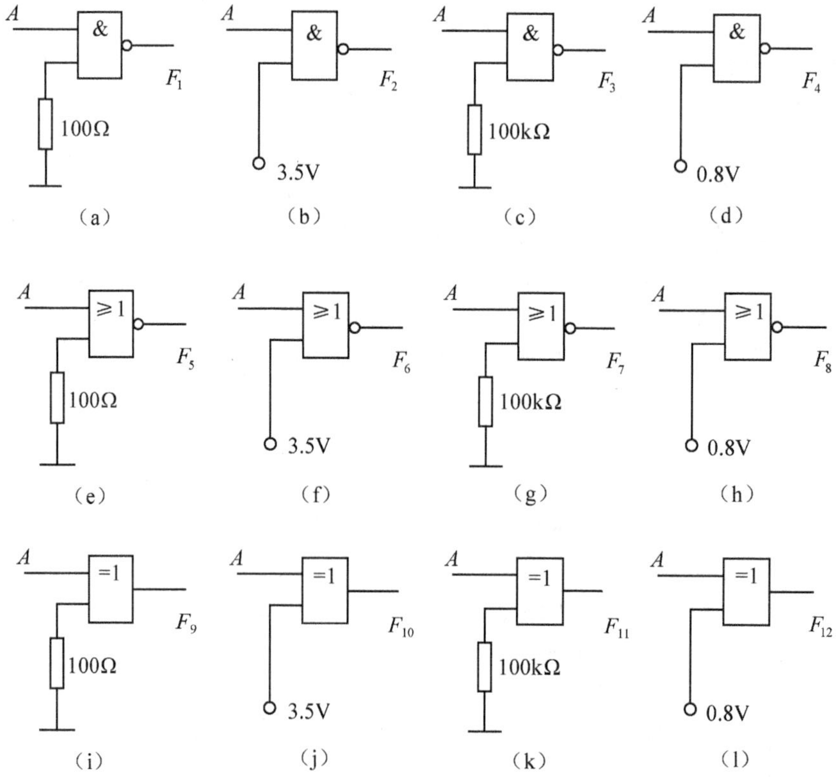

图 2-47

4. 在如图 2-48 所示电路中，MOS 管导通电阻 $R_{ON}=500\Omega$，估算各电路的输出电压 v_O。

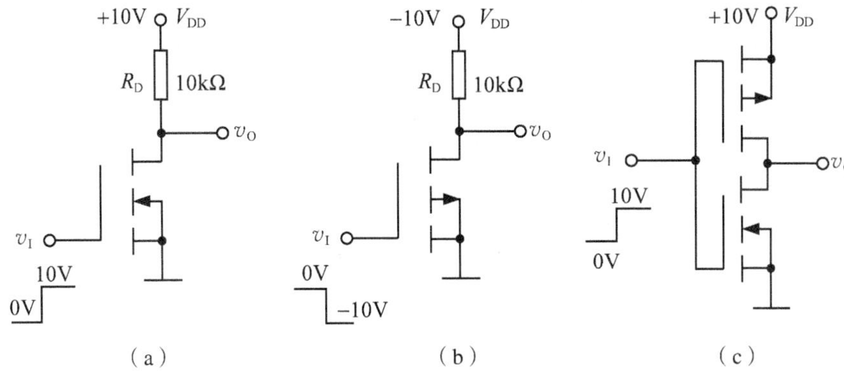

图 2-48

5. 写出如图 2-49 所示电路输出 F 的逻辑表达式，若要求 $V_{OH}\geqslant 3V$，计算负载电阻 R_L 的最小值。

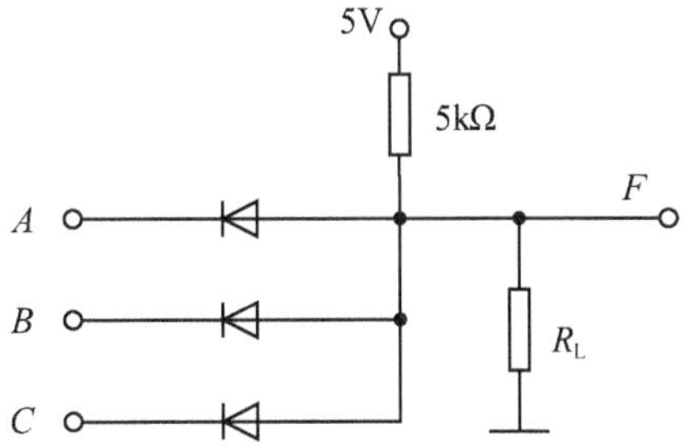

图 2-49

6. 计算 74 系列 TTL 或非门电路 G_M 能驱动多少个同样的或非门。要求 G_M 输出的高、低电平符合 $V_{OH}\geqslant 3.2V$，$V_{OL}\leqslant 0.4V$。或非门的输入电流 $I_{IL}\geqslant -1.6mA$，$I_{IH}\leqslant 40\mu A$。当 $V_{OL}\leqslant 0.4V$ 时输出电流的最大值为 $I_{OL(max)}=18mA$，当 $V_{OH}\geqslant 3.2V$ 时输出电流的最大值为 $I_{OH(max)}=-0.5mA$。G_M 的输出电阻可忽略不计。

7. 计算如图 2-50 所示电路中上拉电阻 R_L 的取值范围。其中 G_1、G_2、G_3 是 74LS 系列 OC 门，输出管截止时的漏电流 $I_{OH}\leqslant 100\mu A$，输出低电平 $V_{OL}\leqslant 0.4V$ 时允许的最大

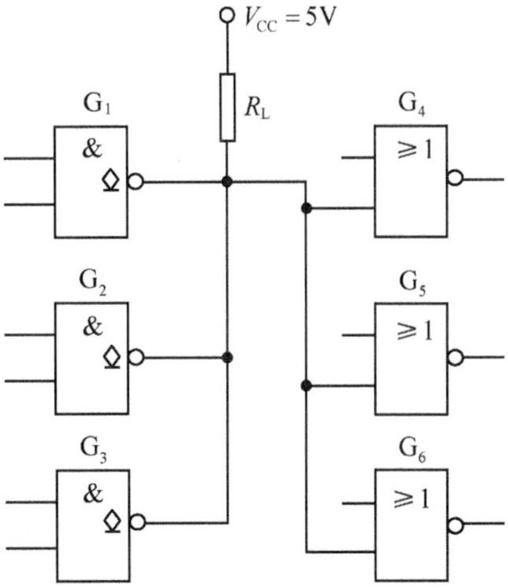

图 2-50

负载电流 $I_{OL(max)}=10\text{mA}$。G_4，G_5，G_6 是 74LS 系列或非门，它们的输入电流为 $I_{IL}\geqslant-0.4\text{mA}$，$I_{IH}\leqslant 20\mu\text{A}$。

8. 设有一个 74LS04 反相器驱动两个 74ALS04 反相器和 4 个 74LS04 反相器。①驱动门是否超载？②若超载，试提出一个改进方案；若未超载，还可增加几个 74LS04 门？

9. TTL 门电路如图 2-51 所示，已知门电路的参数为 $V_{OH}=3.6\text{V}$，$V_{OL}=0.1\text{V}$，$V_{IH(min)}=2.4\text{V}$，$V_{IL(max)}=0.4\text{V}$，$I_{IL}=-1.4\text{mA}$，$I_{IH}=20\mu\text{A}$，$I_{OL}=10\text{mA}$，$I_{OH}=500\mu\text{A}$。为了保证电路正常工作，试确定电阻 R_1，R_2 的取值范围。

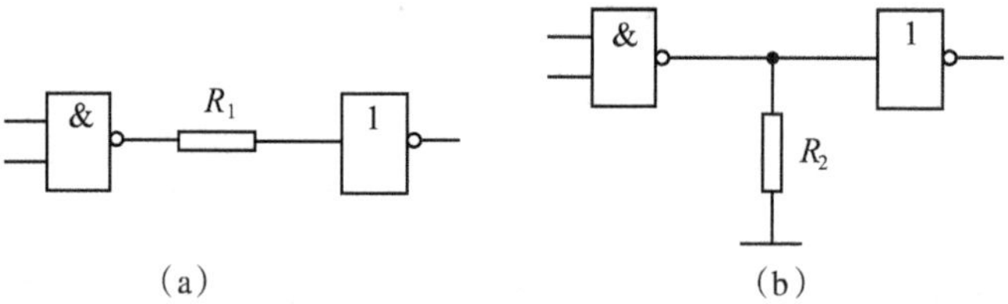

图 2-51

10. 集成门电路如图 2-52 所示，写出 $F_1\sim F_5$ 的逻辑表达式，并根据输入信号 A，B，C 的波形，画出输出信号 $F_1\sim F_5$ 的波形。

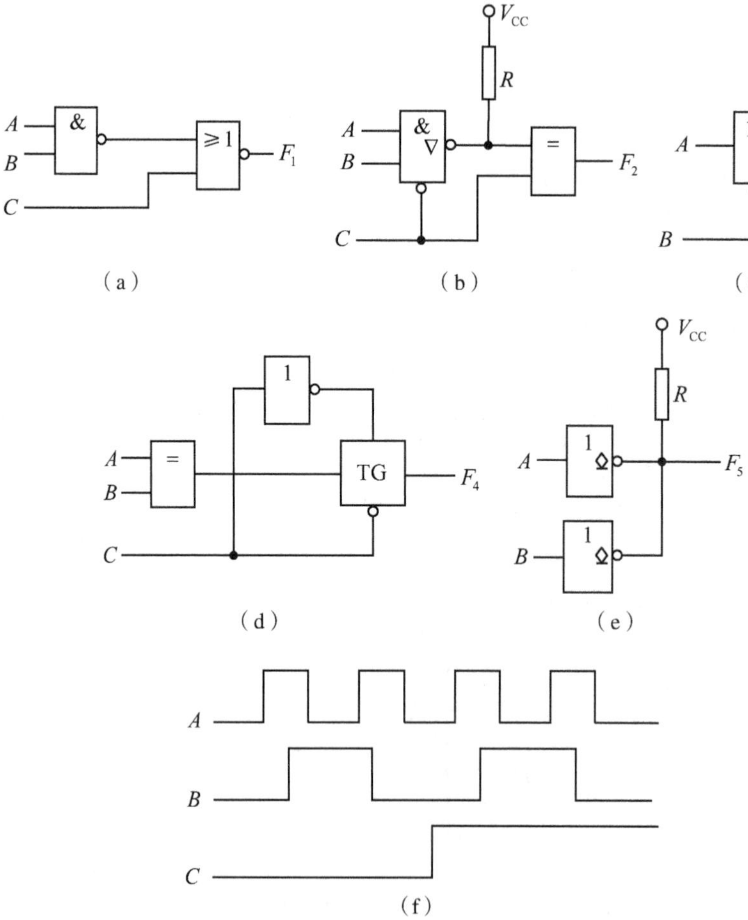

图 2-52

11. 某厂生产的双互补对以及反相器引出端如图 2-53 所示，试分别连接构成：①3 个反相器；②3 输入端或非门；③3 输入端与非门；④传输门(一个非门控制两个传输门分时传输)。

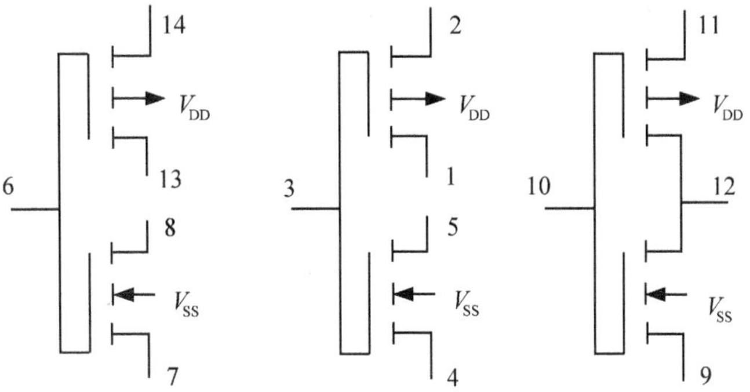

图 2-53

12. 如图 2-54 所示电路中，VD 为发光二极管，其导通压降为 $V_D = 1.8V$，二极管发光时电流范围为 $6mA \leqslant i_D \leqslant 12mA$，门电路的 $V_{OL} = 0.2V$，估算限流电阻 R 的取值范围。

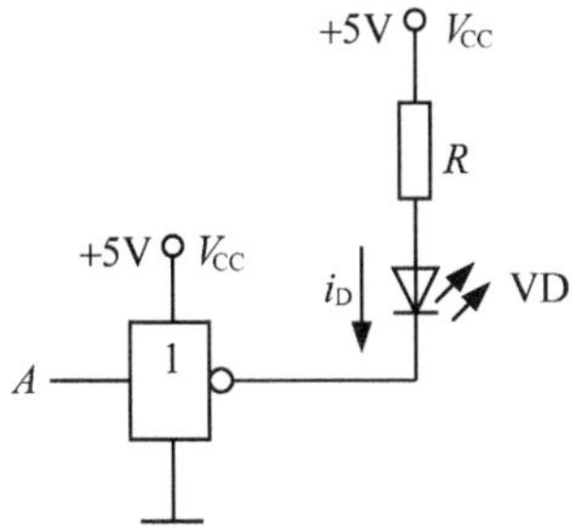

图 2-54

13. 试分析如图 2-55 所示传输门构成的电路，写出其逻辑表达式。

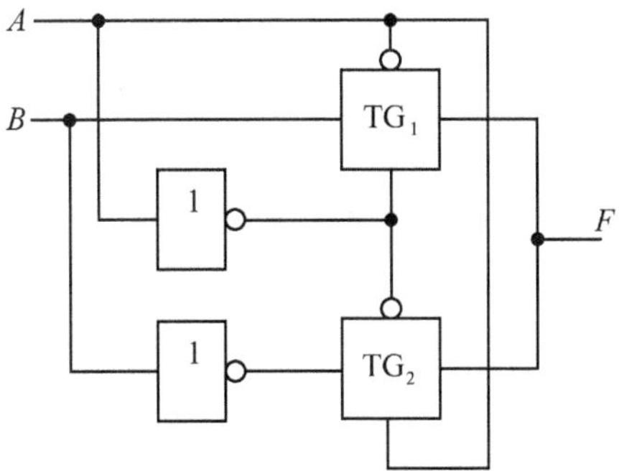

图 2-55

14. 由 CMOS 传输门构成的电路如图 2-56 所示，列出其真值表，分析该电路的逻辑功能。

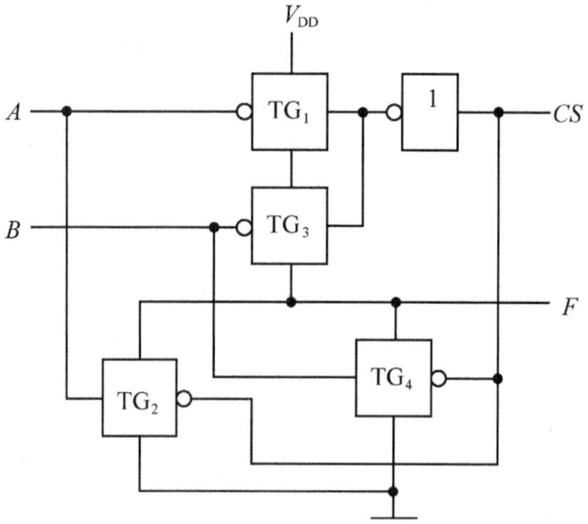

图 2-56

15. 当 CMOS 和 TTL 两种门电路互联时，要考虑哪几个电压和电流参数？这些参数应满足怎样的关系？

16. 当用 74LS 系列 TTL 电流驱动 74HCT 系列 CMOS 电路时，是否需要接口电路？计算其扇出系数。

17. 电路如图 2-57 所示，已知 CMOS 的输出电压 $V_{OH}=4.7V$，$V_{OL}=0.1V$，TTL 门电路的高电平输入电流 $I_{IH}=20\mu A$，低电平输入电流 $I_{IL}=-0.4mA$。试计算接口电路的输出电位 v_O，并说明接口参数选择是否合理。

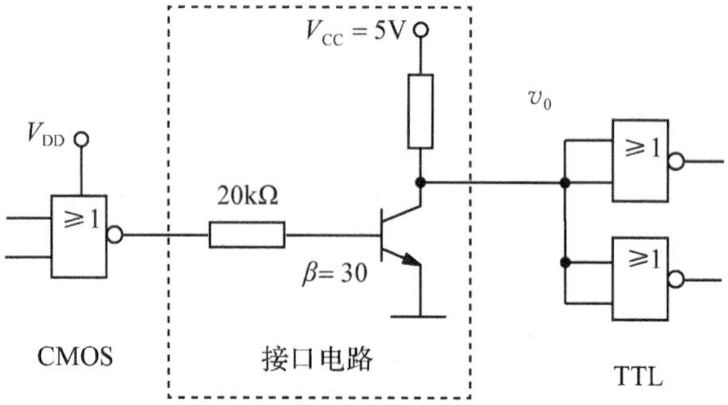

图 2-57

第3章　组合逻辑电路

【内容提要】本章首先介绍小规模集成电路构成组合逻辑电路的分析方法和设计方法；其次介绍编码器、译码器、数据分配器、数据选择器、算术运算电路、数值比较器等常用的中规模组合逻辑器件；最后介绍用中规模集成电路构成组合逻辑电路的分析方法、设计方法及组合逻辑电路中的竞争—冒险现象。

【能力目标】理解组合逻辑电路的基本概念、特点；掌握组合逻辑电路的一般分析和设计方法；重点掌握常用中规模集成电路(MSI)的工作原理、逻辑功能、使用方法及典型应用。

3.1　概述

数字电路是由各种功能的逻辑部件组成的，这些逻辑部件按其结构可分为组合逻辑电路和时序逻辑电路两大类。由门电路组成且无反馈的逻辑电路，称为组合逻辑电路。门电路是构成组合逻辑电路的最基本单元。

1. 组合逻辑电路的定义

如图 3-1 所示是组合逻辑电路的示意图，A_0，A_1，…，A_{n-1} 是输入逻辑变量，F_0，F_1，…，F_{m-1} 是输出逻辑变量。任何时刻电路的稳定输出仅仅决定该时刻各个输入变量的取值，将这样的逻辑电路称为组合逻辑电路，简称组合电路。

图 3-1　组合逻辑电路示意图

输出变量和输入变量之间的逻辑关系可以表示为

$$F_0(t_i)=f[A_0(t_i),\ A_1(t_i),\ \cdots,\ A_{n-1}(t_i)],$$
$$F_1(t_i)=f[A_0(t_i),\ A_1(t_i),\ \cdots,\ A_{n-1}(t_i)],$$
$$\vdots$$
$$F_{m-1}(t_i)=f[A_0(t_i),\ A_1(t_i),\ \cdots,\ A_{n-1}(t_i)]。$$

也可写为

$$F(t_i)=f[A(t_i)]。$$

上式表示 t_i 时刻电路的稳定输出 $F(t_i)$ 仅决定于 t_i 时刻的输入 $A(t_i)$，$F(t_i)$ 与 $A(t_i)$

的逻辑关系称为组合逻辑函数。

2. 组合逻辑电路的特点

组合逻辑电路具有如下特点：

(1)输入、输出之间没有反馈延迟通路。

(2)电路中不含具有记忆功能的元件。

组合逻辑电路最重要的特点是任何时刻电路的输出只与该时刻电路的输入有关，而与电路以前的状态无关。

组合逻辑电路是组合逻辑函数的电路实现，所以表示逻辑函数的方法(真值表、卡诺图、逻辑表达式、波形图等)都可以用来表示组合逻辑电路的逻辑功能。

3.2 小规模集成电路构成组合逻辑电路的分析方法和设计方法

3.2.1 分析方法

组合逻辑电路的分析就是根据给定的逻辑电路，分析其逻辑功能。分析组合逻辑电路的步骤如下：

①根据逻辑电路，从输入到输出逐级写出逻辑函数表达式。

②将得到的逻辑函数表达式进行化简和变换。

③根据化简后的逻辑函数表达式列出真值表。

④根据真值表和化简后的逻辑函数表达式对逻辑电路进行分析，最后确定其逻辑功能。

下面举例说明组合逻辑电路的分析方法。

【例 3-1】 分析如图 3-2 所示逻辑电路的逻辑功能。

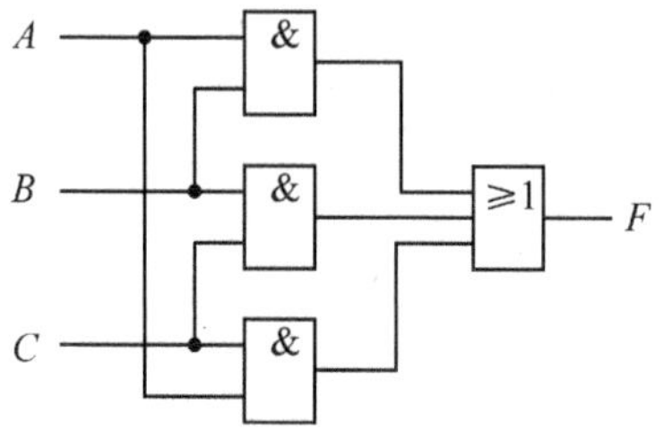

图 3-2 例 3-1 的逻辑电路

解：(1)根据已知逻辑电路图写出的逻辑函数表达式为

$$F = AB + BC + AC。$$

此逻辑函数表达式已是最简，无须再化简。

(2)列真值表，如表 3-1 所示。

表 3-1　例 3-1 的真值表

A	B	C	F
0	0	0	0
0	0	1	0
0	1	0	0
0	1	1	1
1	0	0	0
1	0	1	1
1	1	0	1
1	1	1	1

(3)由真值表可以看出电路的逻辑功能为：当 A，B，C 3 个输入中有 2 个或 3 个输入取值为 1 时，输出 F 为 1，其余输入组合的输出 F 为 0，即输入多数为 1 时输出为 1。此为三输入的多数表决器电路。

【例 3-2】分析如图 3-3 所示逻辑电路的逻辑功能。

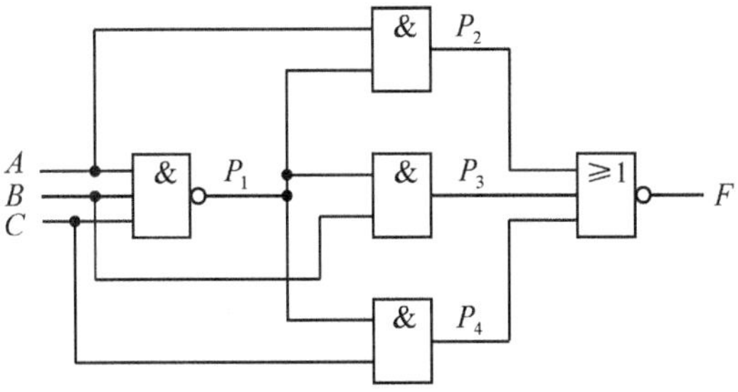

图 3-3　例 3-2 的逻辑电路

解：(1)根据给定的逻辑电路，写出逻辑函数表达式。

从输入端开始，逐级写出各级逻辑门的逻辑函数表达式，并用前一级门的输出作为后一级门的输入，代入各逻辑门的函数表达式，得到给定逻辑电路的逻辑函数表达式为

$$P_1=\overline{ABC},$$
$$P_2=A\cdot P_1=A\cdot\overline{ABC},$$
$$P_3=B\cdot P_1=B\cdot\overline{ABC},$$
$$P_4=C\cdot P_1=C\cdot\overline{ABC},$$
$$F=\overline{P_2+P_3+P_4}=\overline{A\cdot\overline{ABC}+B\cdot\overline{ABC}+C\cdot\overline{ABC}}。$$

(2)对逻辑函数表达式进行化简和变换。化简和变换后的逻辑函数表达式为

$$\begin{aligned}F&=\overline{A\cdot\overline{ABC}+B\cdot\overline{ABC}+C\cdot\overline{ABC}}\\&=\overline{\overline{ABC}(A+B+C)}\\&=ABC+\overline{A+B+C}\end{aligned}$$

$=ABC+\overline{A}\,\overline{B}\,\overline{C}$。

(3)列出逻辑电路的真值表。根据化简后的逻辑函数表达式，得到如表 3-2 所示的真值表。

表 3-2　例 3-2 的真值表

A	B	C	F
0	0	0	1
0	0	1	0
0	1	0	0
0	1	1	0
1	0	0	0
1	0	1	0
1	1	0	0
1	1	1	1

(4)逻辑功能分析。

从表 3-2 可以看出：当电路的输入 A，B，C 取值全为 0 或全为 1 时，电路输出 F 为 1，否则输出 F 为 0。也就是说，当电路输入统一时，输出为 1，而输入不统一时，输出为 0。这表明电路具有判断输入信号是否统一的逻辑功能。

3.2.2　设计方法

组合逻辑电路的设计就是根据给出的实际逻辑问题，设计出能实现这一逻辑功能的最简逻辑电路，它与组合逻辑电路的分析过程刚好相反。

1. 组合逻辑电路的设计步骤

(1)根据给定的实际问题分析其因果关系，确定输入变量和输出变量。一般把引起事件的原因作为输入变量，而把事件的结果作为输出变量。

(2)逻辑状态赋值，用逻辑 0 和 1 分别表示输入变量和输出变量的两种不同状态。至于 0、1 的具体含义完全由设计者根据实际问题确定。

(3)根据确定的输入变量和输出变量以及状态赋值，列出真值表。

(4)根据真值表写出逻辑函数表达式并进行化简。

根据真值表写出逻辑函数表达式一般遵循的原则是：将逻辑函数取值为 1 对应的自变量取值组合写为一个乘积项，其中自变量取值为 0 用反变量表示，自变量取值为 1 用原变量表示，然后将这些乘积项加起来即可得到逻辑函数表达式。

(5)根据实际问题的要求将化简后的逻辑函数表达式进行变换。

对于一个具体的逻辑电路，在进行设计时，要考虑实际拥有的器件特性，即逻辑门的种类、逻辑门的输入端个数、逻辑门的数量等，还要考虑逻辑电路的传输时间及逻辑门的带负载能力等。

(6)根据化简后的逻辑函数表达式(或变换后的逻辑函数表达式)，画出逻辑图。

以上步骤可以根据实际问题灵活处理，有时可以跳过其中某一个设计步骤。

2. 单输出函数的组合逻辑电路设计

单输出函数电路就是在一组输入变量下具有一个输出的逻辑电路。

【例 3-3】 拳击比赛中由一名主裁判和两名副裁判共同对运动员的比赛结果进行判定，比赛规则规定：只有主裁判和至少一名副裁判同时判定运动员获胜时，才能最终判定该运动员获胜。试设计一个由 3 名裁判对某运动员最终比赛结果进行判决的逻辑电路。

解：(1)根据题意，输入为 3 名裁判，分别用 A，B，C 表示，其中 A 为主裁判，B，C 为副裁判。输出为对某运动员判决的结果，用 F 表示。

(2)逻辑状态赋值，裁判认为该运动员获胜用 1 表示，否则用 0 表示，最终判定该运动员获胜用 1 表示，否则用 0 表示。

(3)根据实际问题，列出的真值表如表 3-3 所示。

表 3-3　例 3-3 的真值表

A	B	C	F
0	0	0	0
0	0	1	0
0	1	0	0
0	1	1	0
1	0	0	0
1	0	1	1
1	1	0	1
1	1	1	1

(4)根据真值表写出逻辑函数表达式并进行化简。

$$F = A\bar{B}C + AB\bar{C} + ABC$$
$$= AC + AB。$$

(5)画出逻辑图，如图 3-4 所示。

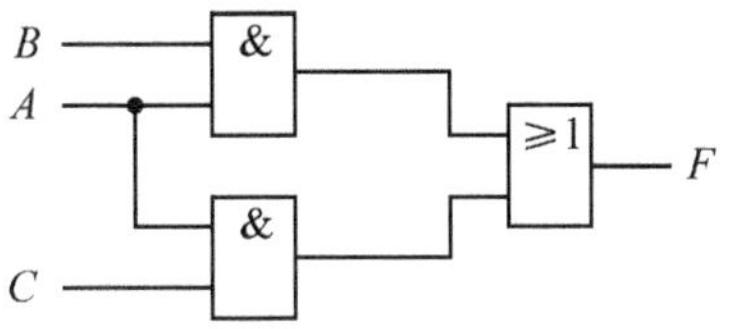

图 3-4　例 3-3 的逻辑图

【例 3-4】 李三一参加 4 门课程考试。规定如下：

(1)化学：及格得 1 分，不及格得 0 分；

(2)生物：及格得 2 分，不及格得 0 分；

(3)英语：及格得 4 分，不及格得 0 分；

(4)数学：及格得 5 分，不及格得 0 分。

若总得分为 8 分以上(包括 8 分)就可结业。试用与非门设计一个判定李三一是否能结业的逻辑电路。

解：输入为数学、英语、生物、化学，分别用 A，B，C，D 表示，其中及格用 1 表示，不及格用 0 表示。输出为李三一是否结业，用 F 表示，其中结业用 1 表示，不能结业用 0 表示。列出真值表，如表 3-4 所示。

表 3-4　例 3-4 的真值表

A	B	C	D	F
0	0	0	0	0
0	0	0	1	0
0	0	1	0	0
0	0	1	1	0
0	1	0	0	0
0	1	0	1	0
0	1	1	0	0
0	1	1	1	0
1	0	0	0	0
1	0	0	1	0
1	0	1	0	0
1	0	1	1	1
1	1	0	0	1
1	1	0	1	1
1	1	1	0	1
1	1	1	1	1

根据真值表画出卡诺图，如图 3-5 所示。用卡诺图对逻辑函数进行化简得

$$F = ACD + AB。$$

由于要求用与非门实现逻辑电路，故将逻辑函数表达式变换为与非-与非形式。

$$F = \overline{\overline{ACD + AB}} = \overline{\overline{ACD} \cdot \overline{AB}}。$$

根据变换后的逻辑函数表达式，画出逻辑图，如图 3-6 所示。

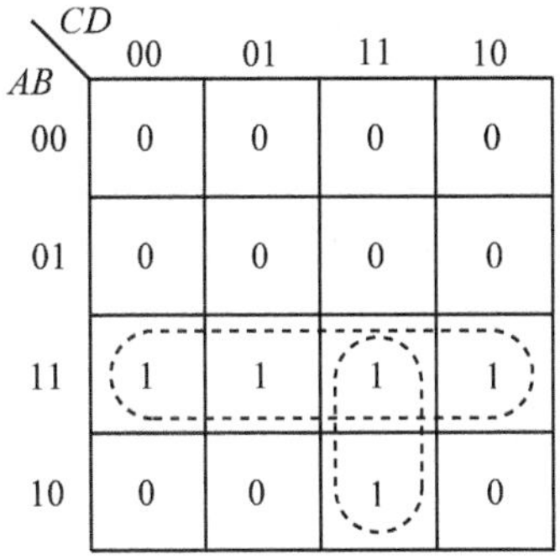

图 3-5　例 3-4 的卡诺图

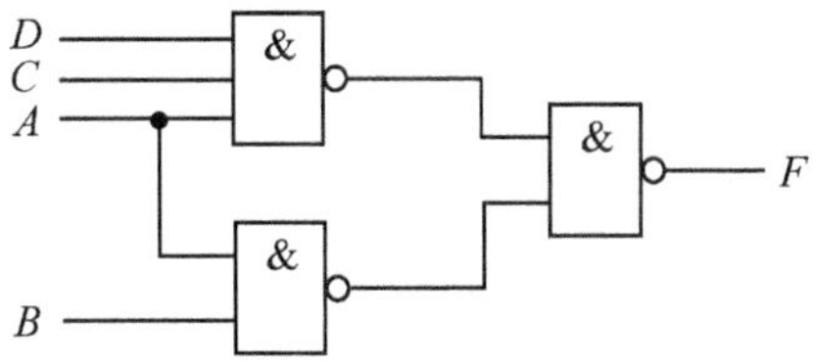

图 3-6　例 3-4 的逻辑图

【**例 3-5**】已知 $A=A_1A_0$ 和 $B=B_1B_0$ 是两个两位二进制数，试设计一个能判别 $A>B$ 的逻辑电路。

解：根据题意，该电路有 4 个输入变量：A_1，A_0，B_1，B_0。输出为一个标志输出 F，当 $A_1A_0>B_1B_0$ 时，$F=1$。当 $A_1A_0 \leqslant B_1B_0$ 时，$F=0$。从 $A_1=1$，$B_1=0$ 可以看出，不管 A_0 和 B_0 为何值，总满足 $A_1A_0>B_1B_0$；当 $A_1=B_1$ 时，只有在 $A_0=1$，$B_0=0$ 的情况下才满足 $A_1A_0>B_1B_0$；除上述情况外，A_1A_0 总是小于等于 B_1B_0。列出简化以后的真值表，如表 3-5 所示。与完整的真值表相比，表 3-5 只列出了 $F=1$ 的项，表中的“×”符号表示变量任意取值(0 或 1 均可)。

表 3-5　例 3-5 的真值表

A_1	A_0	B_1	B_0	F
1	×	0	×	1
0	1	0	0	1
1	1	1	0	1

根据真值表写出逻辑函数表达式为

$$F=A_1\overline{B_1}+\overline{A_1}A_0\overline{B_1}\,\overline{B_0}+A_1A_0B_1\overline{B_0}$$

逻辑图如图 3-7 所示。

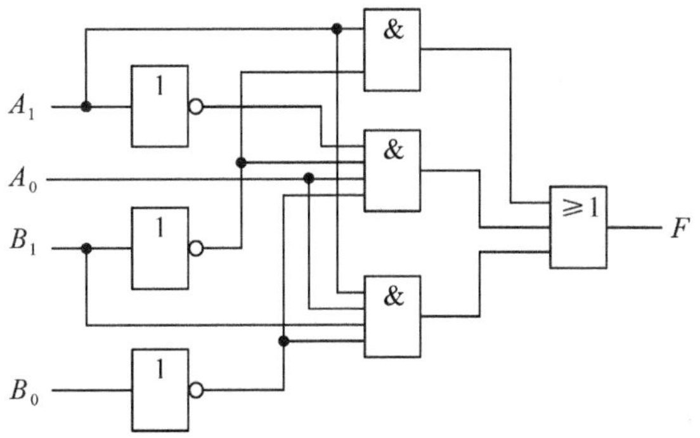

图 3-7　例 3-5 的逻辑图

【例 3-6】 某民航客机的安全起飞装置在同时满足下列条件时，发出允许滑跑信号：①发动机开关接通；②飞行员入座，且座位保险带已扣上；③乘客入座，且座位保险带已扣上，或座位上无乘客。试写出允许发出滑跑信号的逻辑表达式。

解：输入的变量有：

发动机启动信号 S（发动机启动时 $S=1$，否则 $S=0$）；

飞行员入座信号 A（飞行员入座时 $A=1$，否则 $A=0$）；

飞行员座位保险带已扣上信号 B（飞行员座位保险带已扣上时 $B=1$，否则 $B=0$）；

乘客座位状态信号 M_i（有乘客时 $M_i=1$，无乘客时 $M_i=0$，其中 $i=1, 2, \cdots, n$）；

乘客座位保险带已扣上信号 N_i（乘客座位保险带扣上时 $N_i=1$，否则 $N_i=0$，其中 $i=1, 2, \cdots, n$）；

输出变量为 F，当允许飞机滑跑时 $F=1$，否则 $F=0$。

分析逻辑关系，写出逻辑函数表达式为

$$\begin{aligned} F &= f(S, A, B, M_i, N_i) \\ &= S \cdot A \cdot B(M_1N_1+\overline{M_1})(M_2N_2+\overline{M_2})\cdots(M_nN_n+\overline{M_n}) \text{。} \end{aligned}$$

本例题中由于输入变量较多，无法用列真值表的方式得到逻辑函数表达式，而必须通过分析输出与输入之间的逻辑关系直接写出逻辑函数表达式。

3. 多输出函数的组合逻辑电路设计

多输出函数电路就是在同一组输入变量下具有多个输出的逻辑电路，其框图如图 3-1 所示。图中表示的组合电路有 m（$m>1$）个输出，在设计多输出电路时，如果把每个输出相对一组输入单独地看作一个组合逻辑电路，那么其设计方法如前所述。但是多输出电路是一个整体，这样设计虽然从“局部”来看，每个输出电路都是最简的，但从“全局”来看，多输出电路并不是最简的。

设计多输出电路的特殊问题是确定各输出函数的公用项，以使整个电路为最简，而不是片面追求每个输出函数为最简。多输出函数的公用项可通过卡诺图化简法求得。

【例 3-7】 用与非门实现下列多输出函数

$$F_1(A, B, C)=\sum m(1, 3, 4, 5, 7),$$

$$F_2(A, B, C)=\sum m(3, 4, 7)\text{。}$$

解：用卡诺图化简，并将与或表达式变成与非-与非表达式得

$$F_1=C+A\overline{B}=\overline{\overline{C}\cdot\overline{A\overline{B}}},$$

$$F_2=BC+A\overline{B}\,\overline{C}=\overline{\overline{BC}\cdot\overline{A\overline{B}\,\overline{C}}}\text{。}$$

按此逻辑函数表达式画出逻辑图，如图 3-8(a)所示。

如果从全局出发统一考虑 F_1 和 F_2 的各项组成，尽量使它们具有公用项 $A\overline{B}\,\overline{C}$，即

$$F_1=C+A\overline{B}\,\overline{C}=\overline{\overline{C}\cdot\overline{A\overline{B}\,\overline{C}}},$$

$$F_2=BC+A\overline{B}\,\overline{C}=\overline{\overline{BC}\cdot\overline{A\overline{B}\,\overline{C}}}\text{。}$$

按此逻辑函数表达式画出逻辑图，如图 3-8(b)所示。比较可以发现，图 3-8(b)比图 3-8(a)

中少用一个与非门且少两条连线。也就是说，此时 F_1 表达式虽然不是最简表达式，但由于它和 F_2 之间存在公用项，从而整个电路更简单了。

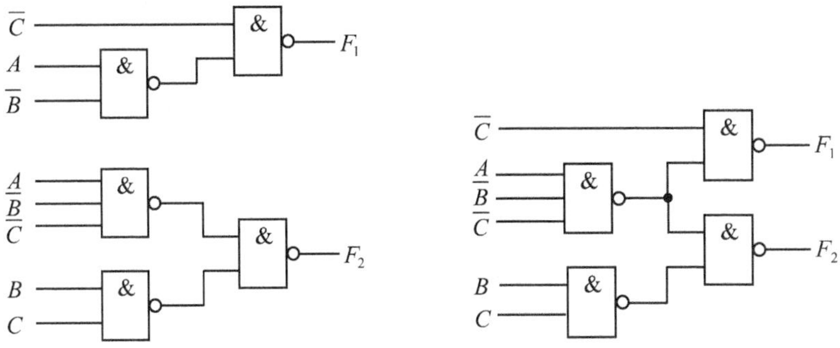

（a）分别实现这两个逻辑函数　　（b）共享共用项

图 3-8　例 3-7 的逻辑图

4. 考虑级数的组合逻辑电路设计

前面所有组合逻辑电路的设计都以追求电路最简单为目标，而没有考虑所设计电路的速度是否满足要求；电路中门电路的扇入系数或扇出系数是否超出现有集成电路产品的技术指标。

当电路的级数增多时，输出相对输入的传输时延就增大，以致造成电路的工作速度不能满足要求，此时就要设法压缩电路的级数，或者说，使所设计电路在满足速度的条件下为最简。

当所设计电路的扇入系数或扇出系数超出现有器件的技术指标时，需要采用增加级数的办法来降低对门电路的扇入系数或扇出系数的要求，或者说，使所设计的电路在满足现有器件的扇入系数或扇出系数要求下为最简。

上述两种考虑级数的设计思路是互斥的，因此，在设计电路时，应全面考虑级数问题。对于只要满足其中某一个要求的电路，则可以大胆地压缩级数或增加级数；而对于要同时满足上述两个要求的电路，则要反复协调，以获得一个比较好的折中方案，甚至可以采取其他措施来补救。

电路的级数反映在逻辑函数表达式中就是与、或、非运算的层次数。因此，压缩级数可以采取对逻辑函数求反或展开来减少运算层次。

【例 3-8】用与非门、与或非门分别实现下列逻辑函数。

$$F=AB+\bar{B}C。$$

解：对上式两次求反，可得到“与非-与非”形式。即

$$F=\overline{\overline{AB+\bar{B}C}}, \tag{3-1}$$

$$F=\overline{\overline{AB}\cdot\overline{\bar{B}C}}。 \tag{3-2}$$

将式(3-2)变换可得与或非形式

$$F=\overline{\overline{AB}\cdot\overline{\bar{B}C}}=\overline{(\bar{A}+\bar{B})(B+\bar{C})}$$

$$=\overline{\bar{A}B+\bar{B}\,\bar{C}}。 \tag{3-3}$$

画出式(3-1)、式(3-2)、式(3-3)的逻辑图，如图 3-9 所示。

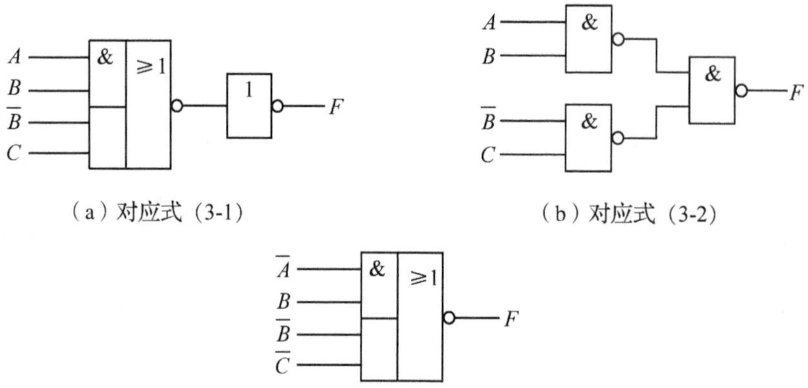

（a）对应式（3-1）　　（b）对应式（3-2）

（c）对应式（3-3）

图 3-9　例 3-8 的逻辑图

假设非门和与非门的平均传输时延为 t_d，与或非门的平均传输时延为 $1.5t_d$，则图 3-9(a)的传输时延为 $2.5t_d$，图 3-9(b)的传输时延为 $2t_d$，图 3-9(c)的传输时延为 $1.5t_d$，即图 3-9(c)电路的传输时延最短，速度最快。

3.3　常用的组合逻辑电路

常用的组合逻辑电路有编码器、译码器、数据选择器、数据分配器、加法器、数值比较器等。目前，这些常用的组合逻辑电路已被制成了中规模集成芯片。由于这些中规模集成器件具有标准化程度高、通用性强、体积小、功耗小、设计灵活等特点，因此被广泛应用于数字系统的设计中。本节重点介绍这些常用组合逻辑电路的逻辑功能和应用，对其逻辑功能的分析将不再详细介绍。

3.3.1　编码器

新生入学，学校管理者会给每个学生一个学号；孩子出生，公安机关会给孩子一个居民身份证号码，这就是编码。总的来说，编码就是用文字、符号或者数字表示特定对象的过程。但在数字电路中存储或处理的信息，常用二进制代码表示。用二进制代码表示特定含义的信息称为编码，编码器就是将有特定意义的输入数字信号、文字信号等编成相对应的若干位二进制代码形式输出的组合逻辑电路。编码器分为普通编码器和优先编码器两种。

1. 普通编码器

普通编码器任何时候只允许输入一个有效编码信号，否则输出就会发生混乱。

(1)二进制编码器

用 n 位二进制代码对 2^n 个信号进行编码的电路，称为二进制编码器。4 线-2 线普通编码器的真值表如表 3-6 所示，4 个输入变量均为高电平有效信号，输出是两位二进制代码 Y_1Y_0，任何时刻 $I_0 \sim I_3$ 中只能有一个取值为 1，并且有一组对应的二进制代码输出。

除表中列出的 4 个输入变量的 4 种取值组合有效外，其余 12 种组合所对应的输出均为 0。

表 3-6　4 线-2 线普通编码器的真值表

输入				输出	
I_0	I_1	I_2	I_3	Y_1	Y_0
1	0	0	0	0	0
0	1	0	0	0	1
0	0	1	0	1	0
0	0	0	1	1	1

根据真值表，可得到逻辑函数表达式

$$Y_1 = \overline{I_0}\,\overline{I_1}\,I_2\,\overline{I_3} + \overline{I_0}\,\overline{I_1}\,\overline{I_2}\,I_3$$

$$Y_0 = \overline{I_0}\,I_1\,\overline{I_2}\,\overline{I_3} + \overline{I_0}\,\overline{I_1}\,\overline{I_2}\,I_3$$

在任何时刻只有一个输入为 1 的前提下，可将表 3-6 中没有列出的 12 种组合所对应的输出看作无关项，对上式可进一步化简得

$$Y_1 = I_2 + I_3 \qquad Y_0 = I_1 + I_3$$

根据此逻辑函数表达式画出逻辑图，如图 3-10 所示。

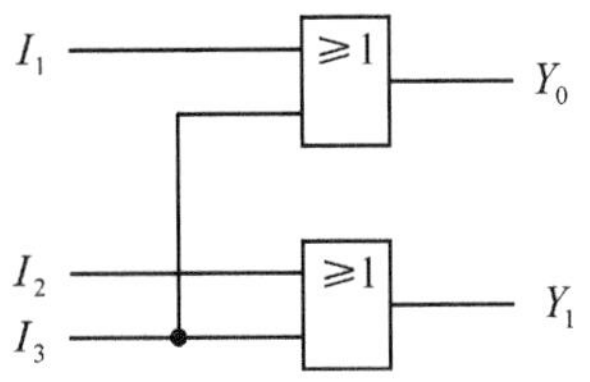

图 3-10　4 线-2 线普通编码器的逻辑图

上述编码器中，如果 $I_0 \sim I_3$ 中有 2 个或 2 个以上的取值同时为 1 时，输出会出现错误编码。对于此类问题，可以用优先编码器解决。

(2)二-十进制编码器

二-十进制编码器就是用 4 位二进制代码来表示 0 ～ 9 这 10 个数码的电路。4 位二进制代码一共有 16 种状态组合，如果任意取其中的 10 个状态并按不同的次序排列，那么可以得到许多不同的编码。

计算机键盘输入逻辑电路就是由编码器组成的。如图 3-11 所示是用 10 个按键和门电路组成的 8421BCD 码编码器，其真值表如表 3-7 所示。编码输入的 10 个按键 $\overline{S_0} \sim \overline{S_9}$，分别对应十进制数 0～9，编码输出为 $ABCD$ 和 GS。

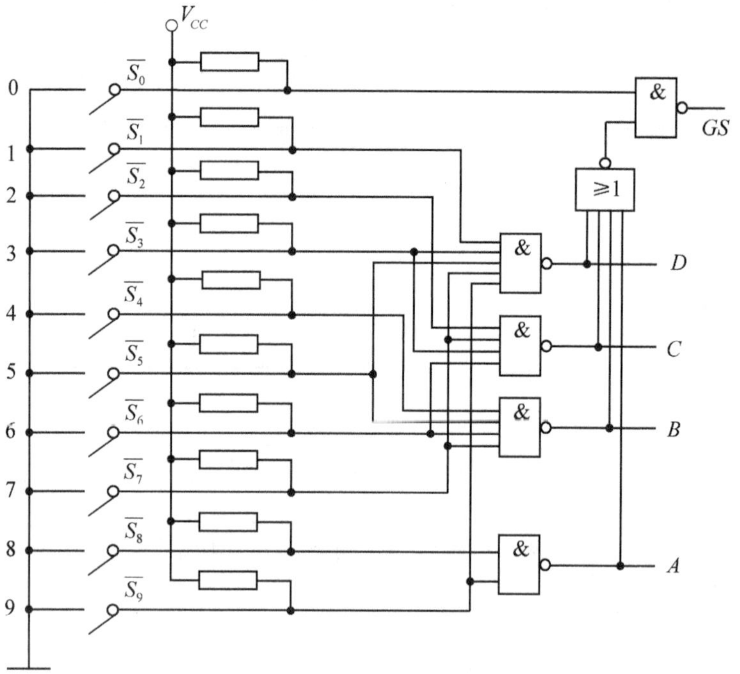

图 3-11　用 10 个按键和门电路组成的 8421BCD 码编码器

表 3-7　10 个按键 8421BCD 码编码器的真值表

输入										输出				
$\overline{S_9}$	$\overline{S_8}$	$\overline{S_7}$	$\overline{S_6}$	$\overline{S_5}$	$\overline{S_4}$	$\overline{S_3}$	$\overline{S_2}$	$\overline{S_1}$	$\overline{S_0}$	A	B	C	D	GS
1	1	1	1	1	1	1	1	1	1	0	0	0	0	0
1	1	1	1	1	1	1	1	1	0	0	0	0	0	1
1	1	1	1	1	1	1	1	0	1	0	0	0	1	1
1	1	1	1	1	1	1	0	1	1	0	0	1	0	1
1	1	1	1	1	1	0	1	1	1	0	0	1	1	1
1	1	1	1	1	0	1	1	1	1	0	1	0	0	1
1	1	1	1	0	1	1	1	1	1	0	1	0	1	1
1	1	1	0	1	1	1	1	1	1	0	1	1	0	1
1	1	0	1	1	1	1	1	1	1	0	1	1	1	1
1	0	1	1	1	1	1	1	1	1	1	0	0	0	1
0	1	1	1	1	1	1	1	1	1	1	0	0	1	1

由真值表和电路图可知该编码器为低电平有效，当按下 $\overline{S_0}$ ～$\overline{S_9}$ 中的任意一个键时，即输入信号中有一个低电平时，$GS=1$，表示有信号输入，此时的输出是编码输出。而 $\overline{S_0}$ ～$\overline{S_9}$ 都为高电平时，表示没有信号输入，$GS=0$，此时的输出为非编码输出。

2. 优先编码器

优先编码器允许同时输入两个或两个以上的有效编码信号。设计优先编码器时，将所有输入信号按优先顺序排队，在同时存在两个或两个以上有效编码输入信号时，优先编码器只对优先级别最高的输入信号进行编码，优先级别低的信号则不起作用。74HC148 是一个 8 线- 3 线优先编码器。图 3-12 是 74HC148 的逻辑符号及引脚图。

8 线- 3 线优先编码器 74HC148 是 16 脚的集成芯片，其中 $\overline{I_0} \sim \overline{I_7}$ 为编码输入信号，$\overline{A_2}$，$\overline{A_1}$，$\overline{A_0}$ 为 3 位二进制编码输出信号，$\overline{EI}$ 是选通输入端，$\overline{EO}$ 是选通输出端，$\overline{GS}$ 为扩展输出端。

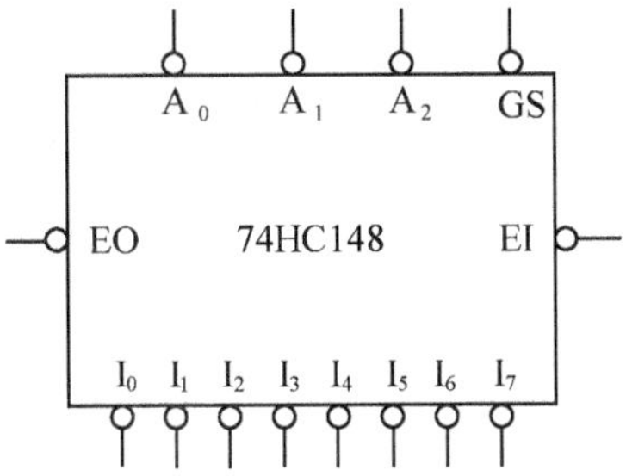

（a）逻辑图

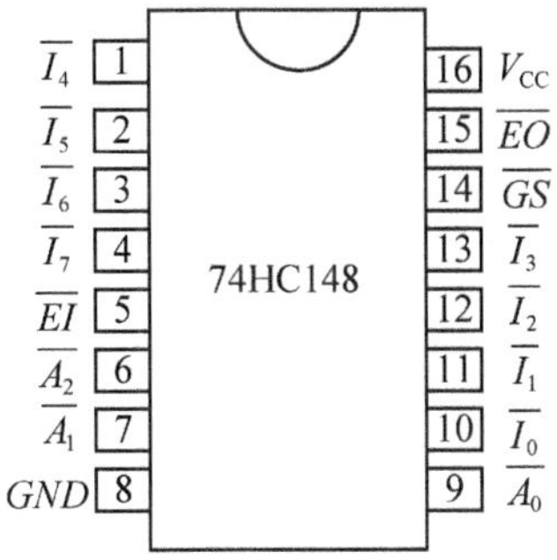

（b）引脚图

图 3-12　74HC148 的逻辑符号及引脚图

如表 3-8 所示为 74HC148 的真值表，其输入、输出信号均是用反变量表示的。

表 3-8　74HC148 的真值表

输入									输出				
$\overline{EI}$	$\overline{I_0}$	$\overline{I_1}$	$\overline{I_2}$	$\overline{I_3}$	$\overline{I_4}$	$\overline{I_5}$	$\overline{I_6}$	$\overline{I_7}$	$\overline{A_2}$	$\overline{A_1}$	$\overline{A_0}$	$\overline{GS}$	$\overline{EO}$
1	×	×	×	×	×	×	×	×	1	1	1	1	1
0	1	1	1	1	1	1	1	1	1	1	1	1	0
0	×	×	×	×	×	×	×	0	0	0	0	0	1
0	×	×	×	×	×	×	0	1	0	0	1	0	1
0	×	×	×	×	×	0	1	1	0	1	0	0	1
0	×	×	×	×	0	1	1	1	0	1	1	0	1
0	×	×	×	0	1	1	1	1	1	0	0	0	1
0	×	×	0	1	1	1	1	1	1	0	1	0	1
0	×	0	1	1	1	1	1	1	1	1	0	0	1
0	0	1	1	1	1	1	1	1	1	1	1	0	1

由真值表写出逻辑函数表达式为

$$\overline{A_2} = \overline{(I_4 + I_5 + I_6 + I_7)EI},$$

$$\overline{A}_1=\overline{(I_2\overline{I_4}\,\overline{I_5}+I_3\overline{I_4}\,\overline{I_5}+I_6+I_7)EI},$$

$$\overline{A_0}=\overline{(I_1\overline{I_2}\,\overline{I_4}\,\overline{I_6}+I_3\overline{I_4}I_6+I_5\overline{I_6}+I_7)EI}。$$

选通输出端的逻辑表达式为

$$\overline{EO}=\overline{EI(\overline{I_0}\,\overline{I_1}\,\overline{I_2}\,\overline{I_3}\,\overline{I_4}\,\overline{I_5}\,\overline{I_6}\,\overline{I_7})}。$$

当选通输入端 $\overline{EI}=1$ 时，禁止编码，输出 $\overline{A_2}$，$\overline{A_1}$，$\overline{A_0}$ 全为 1，如表 3-8 所示第一行。

当选通输入端 $\overline{EI}=0$ 时，允许编码，在 $\overline{I_7}\sim\overline{I_0}$ 输入中，输入 $\overline{I_7}$ 优先级别最高，其余依次降低，$\overline{I_0}$ 的优先级别最低。当有两个或更多有效编码输入时，总是对优先级别最高的有效编码输入信号进行编码，而不管其余输入信号。如出现 $\overline{I_7}=0$，那么 $\overline{I_6}\sim\overline{I_0}$ 无论哪一个出现 0 均不起作用，此时编码器只对 $\overline{I_7}$ 编码，输出 $\overline{A_2}$，$\overline{A_1}$，$\overline{A_0}$ 全为 0(输出为反码输出)，如表 3-8 所示第三行。

选通输出端 $\overline{EO}$ 只在允许编码($\overline{EI}=0$)而又没有有效编码输入时为 0，如表 3-8 所示第二行。即 $\overline{EO}$ 的低电平输出信号表示“电路工作，但无有效编码输入”。

扩展输出端 $\overline{GS}$ 的逻辑表达式为

$$\overline{GS}=\overline{\overline{EI(\overline{I_0}\,\overline{I_1}\,\overline{I_2}\,\overline{I_3}\,\overline{I_4}\,\overline{I_5}\,\overline{I_6}\,\overline{I_7})}\cdot EI}。$$

$\overline{GS}$ 在允许编码($\overline{EI}=0$)且有有效编码输入信号时为 0，如表 3-8 所示第 3 ～ 10 行；若允许编码而无有效编码输入信号时为 1，如表 3-8 所示第二行；在不允许编码($\overline{EI}=1$)时，它也为 1，如表 3-8 所示第一行。

【例 3-9】用两片 8 线- 3 线优先编码器 74HC148 组成 16 线- 4 线优先编码器，其逻辑图如图 3-13 所示，试分析其工作原理。

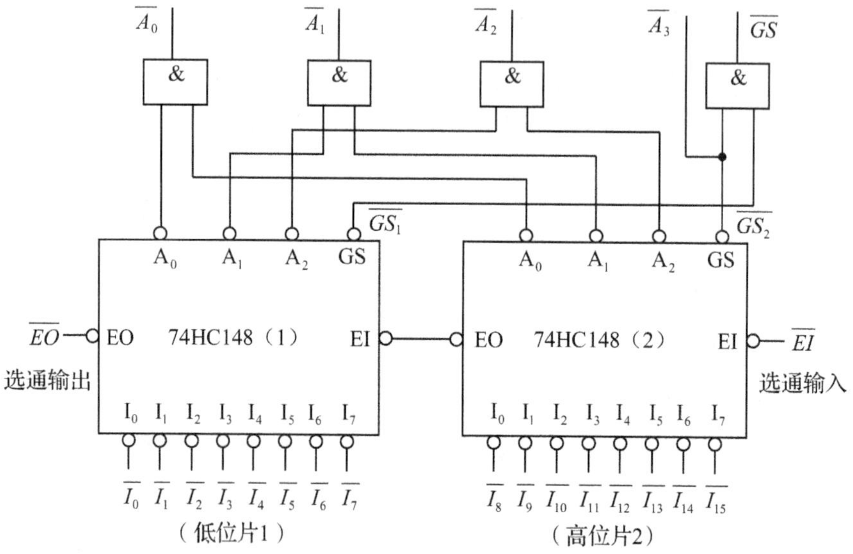

图 3-13　16 线- 4 线优先编码器

解：根据 74HC148 的真值表，对图 3-13 逻辑图分析如下：

若高位片 2 的选通输入端 $\overline{EI}=0$，则整个编码器允许编码，否则就不允许编码。在 $\overline{EI}=0$ 时，若高位片 2 的输入信号 $\overline{I_{15}}\sim\overline{I_8}$ 中有有效编码输入，则输出信号 $\overline{A_3}=\overline{GS_2}=0$，其他 3 位输出 $\overline{A_2}$，$\overline{A_1}$，$\overline{A_0}$ 则由高位片 2 的输入信号 $\overline{I_{15}}\sim\overline{I_8}$ 决定；若 $\overline{I_{15}}\sim\overline{I_8}$ 中无有效编码输入信号，则输出信号 $\overline{A_3}=\overline{GS_2}=1$，高位片 2 的选通输出端 $\overline{EO}=0$，使低位片 1 的选通输入端 $\overline{EI}=0$，允许低位片 1 编码，此时低 3 位输出 $\overline{A_2}$，$\overline{A_1}$，$\overline{A_0}$ 就由输入信号 $\overline{I_7}\sim\overline{I_0}$ 决定；若 $\overline{I_7}\sim\overline{I_0}$ 也无有效编码输入，则整个编码器输出 $\overline{A_3}$，$\overline{A_2}$，$\overline{A_1}$，$\overline{A_0}$ 全为 1，表示没有进行编码。

优先编码器常用在计算机接口系统中，用来给外部设备中断申请信号进行不同编码，通常，在外部设备中事先分配好优先级别，当有两个以上的设备要求中断申请编码时，给优先级别最高的设备编码。

3.3.2　译码器

译码是编码的逆过程，在编码时，每一种二进制代码都被赋予了特定的含义，即表示了一个确定的信号或者对象。把每一组二进制代码代表的特定含义翻译为对应输出信号的过程就叫作译码，实现译码功能的电路称为译码器。

1. 二进制译码器

将二进制代码的各种状态，按其原义翻译成对应输出信号的电路，叫作二进制译码器。在二进制译码器中如果输入代码有 n 位，那么就有 2^n 个输出信号（n 位二进制代码可以有 2^n 个不同的组合），每个输出信号都对应了输入代码的一种状态。

(1)2 线-4 线译码器

2 线-4 线译码器有两个输入变量 A_1，A_0，一共有 4 种不同状态组合，因而有 4 个输出信号 $\overline{Y_0}\sim\overline{Y_3}$，输出为低电平有效，另外增加一个低电平有效的使能端 $\bar{E}$，其真值表如表 3-9 所示。

表 3-9　2 线-4 线译码器的真值表

输入			输出			
$\bar{E}$	A_1	A_0	$\overline{Y_0}$	$\overline{Y_1}$	$\overline{Y_2}$	$\overline{Y_3}$
1	×	×	1	1	1	1
0	0	0	0	1	1	1
0	0	1	1	0	1	1
0	1	0	1	1	0	1
0	1	1	1	1	1	0

根据真值表写出逻辑函数表达式为

$$\overline{Y_0}=\overline{\bar{\bar{E}}\,\overline{A_1}\,\overline{A_0}},\qquad \overline{Y_1}=\overline{\bar{\bar{E}}\,\overline{A_1}\,A_0},$$

$$\overline{Y_2}=\overline{\bar{\bar{E}}\,A_1\,\overline{A_0}},\qquad \overline{Y_3}=\overline{\bar{\bar{E}}\,A_1A_0}。$$

根据逻辑函数表达式画出逻辑图如图 3-14 所示。

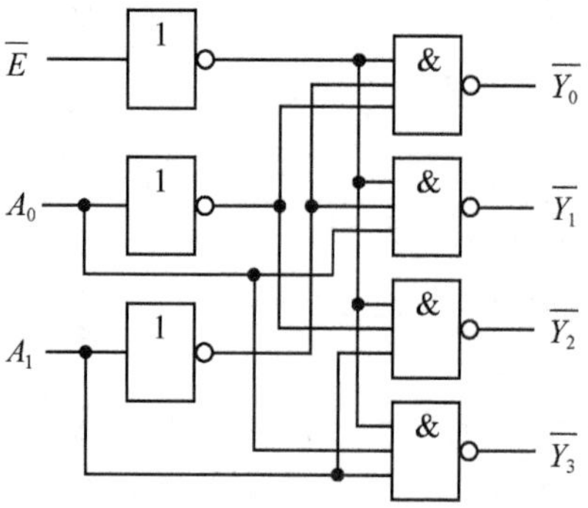

图 3-14　2 线-4 线译码器的逻辑图

使能端 $\overline{E}$ 为 1 时，无论 A_1，A_0 为何种状态，输出全为 1，译码器处于非工作状态。而当使能端 $\overline{E}$ 为 0 时，对应于 A_1，A_0 的某种状态组合，其中只有一个输出变量为 0，其余输出变量均为 1。由此可见，译码器是通过输出端的逻辑电平来区别不同代码的。

图 3-15 是集成的双 2 线-4 线译码器 74HC139 的逻辑符号，表 3-10 是其真值表。

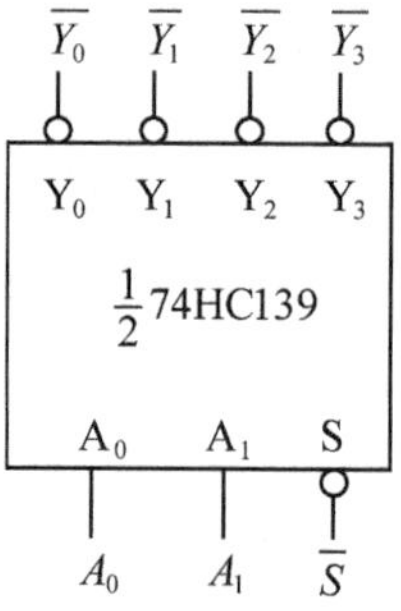

图 3-15　74HC139 的逻辑符号

表 3-10　74HC139 的真值表

输入			输出			
$\overline{S}$	A_1	A_0	$\overline{Y_0}$	$\overline{Y_1}$	$\overline{Y_2}$	$\overline{Y_3}$
1	×	×	1	1	1	1
0	0	0	0	1	1	1
0	0	1	1	0	1	1
0	1	0	1	1	0	1
0	1	1	1	1	1	0

由真值表写出逻辑表达式为

$$\overline{Y_0}=\overline{\overline{\overline{S}}\,\overline{A_1}\,\overline{A_0}}=\overline{S\overline{A_1}\,\overline{A_0}}，\qquad \overline{Y_1}=\overline{\overline{\overline{S}}\,\overline{A_1}A_0}=\overline{S\overline{A_1}A_0}，$$

$$\overline{Y_2}=\overline{\overline{\overline{S}}A_1\overline{A_0}}=\overline{SA_1\overline{A_0}},\qquad \overline{Y_3}=\overline{\overline{\overline{S}}A_1A_0}=\overline{SA_1A_0}。$$

使能端 $\overline{S}=1$ 时，译码器被禁止工作，$\overline{Y_0}\sim\overline{Y_3}$ 均为 1；使能端 $\overline{S}=0$ 时，译码器工作，此时有

$$\overline{Y_0}=\overline{\overline{A_1}\,\overline{A_0}},\qquad \overline{Y_1}=\overline{\overline{A_1}A_0},$$

$$\overline{Y_2}=\overline{A_1\overline{A_0}},\qquad \overline{Y_3}=\overline{A_1A_0}。$$

由上可以看出，74HC139 的输出表达式为输入变量最小项反函数的形式，由此可以推出输出为低电平有效的二进制译码器。输出表达式的一般形式为

$$\overline{Y_i}=\overline{m_i}。$$

(2)集成 3 线-8 线译码器

图 3-16 是中规模集成 3 线-8 线译码器 74HC138 的逻辑图。A_2，A_1，A_0 为 3 位二进制代码输入端，$\overline{Y_0}\sim\overline{Y_7}$ 为 8 个输出端，输出为低电平有效，S_1，$\overline{S_2}$ 和 $\overline{S_3}$ 为 3 个使能输入端。由图 3-16 可知，当 $EN=0$ 时，8 个与非门被封锁，使输出 $\overline{Y_0}\sim\overline{Y_7}$ 均为 1，此时译码器不工作；当 $S_1=1$、$\overline{S_2}+\overline{S_3}=0$ 时，$EN=1$，8 个与非门被打开，译码器处于工作状态，可得到以下表达式

$$\overline{Y_0}=\overline{\overline{A_2}\,\overline{A_1}\,\overline{A_0}}=\overline{m_0},\quad \overline{Y_1}=\overline{\overline{A_2}\,\overline{A_1}A_0}=\overline{m_1},\quad \overline{Y_2}=\overline{\overline{A_2}A_1\overline{A_0}}=\overline{m_2},\quad \overline{Y_3}=\overline{\overline{A_2}A_1A_0}=\overline{m_3},$$

$$\overline{Y_4}=\overline{A_2\overline{A_1}\,\overline{A_0}}=\overline{m_4},\quad \overline{Y_5}=\overline{A_2\overline{A_1}A_0}=\overline{m_5},\quad \overline{Y_6}=\overline{A_2A_1\overline{A_0}}=\overline{m_6},\quad \overline{Y_7}=\overline{A_2A_1A_0}=\overline{m_7}。$$

此时，$\overline{Y_0}\sim\overline{Y_7}$ 的状态由输入变量 A_2，A_1，A_0 来决定。74HC138 的真值表如表 3-11 所示。

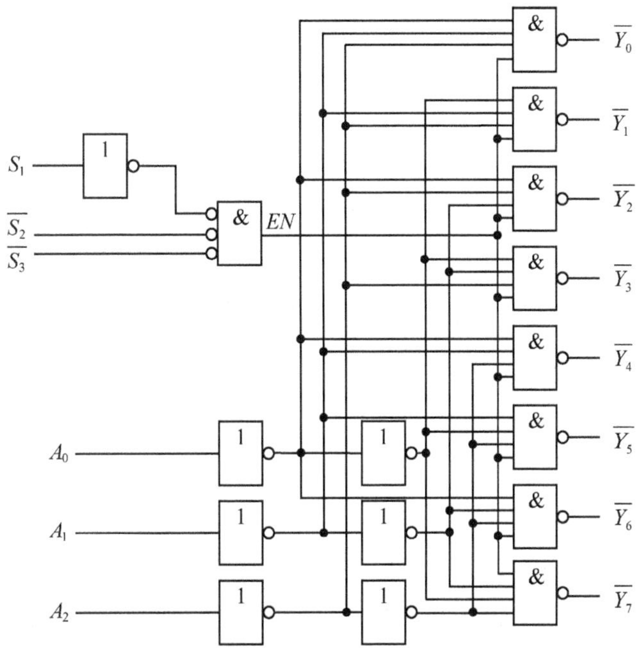

图 3-16　74HC138 的逻辑图

74HC138 的逻辑符号及引脚图如图 3-17 所示。

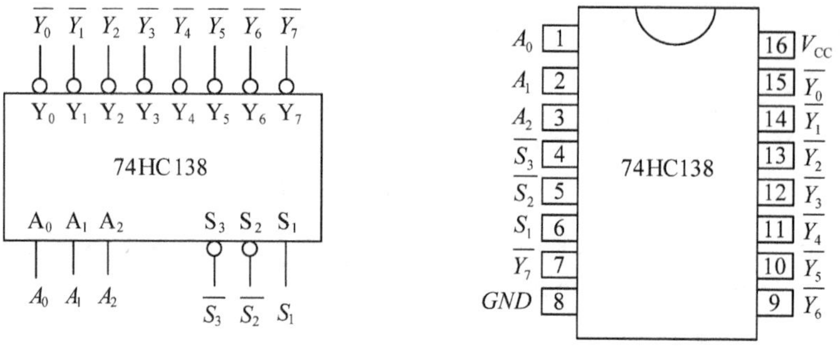

（a）逻辑符号　　　（b）引脚图

图 3-17　74HC138 的逻辑符号及引脚图

表 3-11　74HC138 的真值表

输入					输出							
S_1	$\overline{S_2}+\overline{S_3}$	A_2	A_1	A_0	$\overline{Y_0}$	$\overline{Y_1}$	$\overline{Y_2}$	$\overline{Y_3}$	$\overline{Y_4}$	$\overline{Y_5}$	$\overline{Y_6}$	$\overline{Y_7}$
×	1	×	×	×	1	1	1	1	1	1	1	1
0	×	×	×	×	1	1	1	1	1	1	1	1
1	0	0	0	0	0	1	1	1	1	1	1	1
1	0	0	0	1	1	0	1	1	1	1	1	1
1	0	0	1	0	1	1	0	1	1	1	1	1
1	0	0	1	1	1	1	1	0	1	1	1	1
1	0	1	0	0	1	1	1	1	0	1	1	1
1	0	1	0	1	1	1	1	1	1	0	1	1
1	0	1	1	0	1	1	1	1	1	1	0	1
1	0	1	1	1	1	1	1	1	1	1	1	0

由于任何组合逻辑函数都可以表示为最小项之和的形式，所以可以将逻辑函数最小项之和的形式取两次反，得到由其最小项构成的“与非-与非”表达式，例如：

$$F=AB+BC+\bar{A}\,\bar{B}C。$$

其最小项表达式为

$$F=AB\bar{C}+ABC+\bar{A}BC+\bar{A}\,\bar{B}C=m_1+m_3+m_6+m_7。$$

对上式取两次反得

$$F=\overline{\overline{m_1+m_3+m_6+m_7}}=\overline{\overline{m_1}\,\overline{m_3}\,\overline{m_6}\,\overline{m_7}}=\overline{\overline{Y_1}\,\overline{Y_3}\,\overline{Y_6}\,\overline{Y_7}}。$$

由此可见，可以利用二进制译码器和与非门实现逻辑函数，只需将逻辑函数包含的变量加到译码器的输入端，将逻辑函数最小项对应的译码器的输出端接到与非门的输入端，则与非门的输出即为此逻辑函数。用 3 线- 8 线译码器 74HC138 和与非门实现此逻辑函数如图 3-18 所示。在应用中需注意译码器变量输入端的个数决定着能实现的逻辑函数所含有的变量的个数。

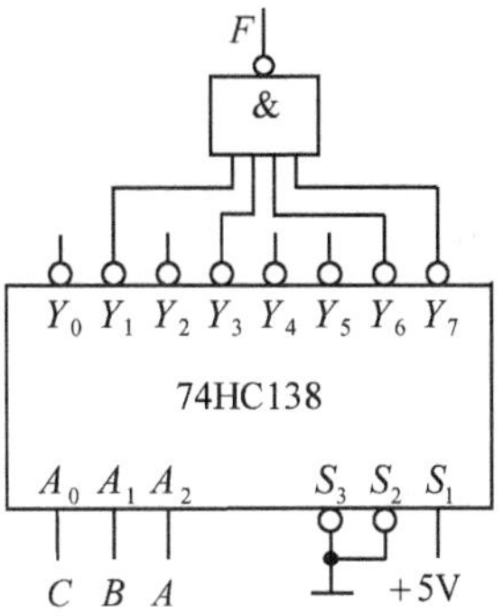

图 3-18　用 74HC138 实现逻辑函数

【例 3-10】试用两片 3 线- 8 线译码器 74HC138 构成 4 线- 16 线译码器。

解：3 线- 8 线译码器 74HC138 有 3 个代码输入端 A_2，A_1，A_0 和 3 个使能输入端 S_1，$\overline{S_2}$ 和 $\overline{S_3}$，而 4 线-16 线译码器需要 4 个代码输入端 A_3，A_2，A_1，A_0，可以用 74HC138 的使能端扩展出一个代码输入端 A_3。

1 号片为低位片，输出为 $\overline{Y_0}\sim\overline{Y_7}$；2 号片为高位片，输出为 $\overline{Y_8}\sim\overline{Y_{15}}$。当 $A_3A_2A_1A_0$ 为 0000～0111 时，1 号片译码，2 号片禁止译码；当 $A_3A_2A_1A_0$ 为 1000～1111 时，2 号片译码，1 号片禁止译码。也就是说 $A_3=0$ 时，2 号片禁止译码，$A_3=1$ 时，2 号片译码；$A_3=0$ 时，1 号片译码，$A_3=1$ 时，1 号片禁止译码。只要将 A_3 接入 2 号片的 S_1 端和 1 号片的 $\overline{S_2}$ 端，就可实现该要求。另外，两片的 A_2，A_1 和 A_0 相应的接到一起作为 4 线- 16 线译码器的 A_2，A_1 和 A_0。将两片 $\overline{S_3}$ 端接在一起作为 4 线- 16 线译码器的使能端 $\bar{S}$，当 $\bar{S}=0$ 时译码器译码，$\bar{S}=1$ 时则禁止译码。除此之外，1 号片的 S_1 端应接＋5V，2 号片的 $\overline{S_2}$ 端应接地，以满足两片译码的要求。

由以上分析，画出 4 线- 16 线译码器的逻辑图如图 3-19 所示。

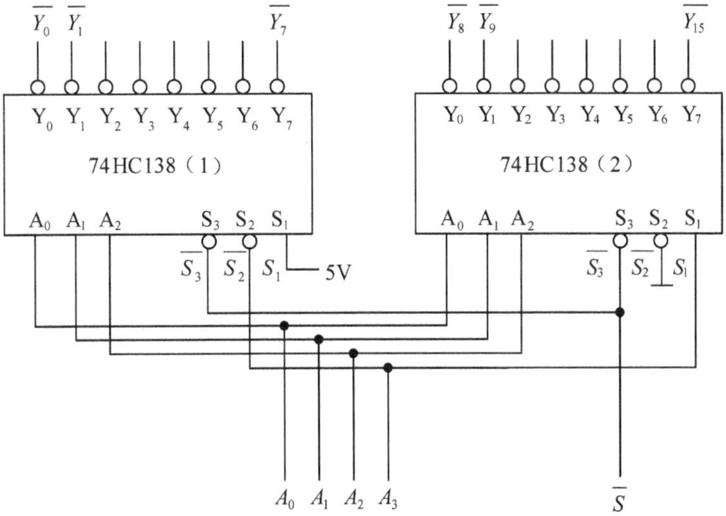

图 3-19　用 74HC138 构成的 4 线- 16 线译码器

图 3-20 是用 3 片 74HC138 构成的 5 线- 24 线译码器，自行分析该电路的工作原理。

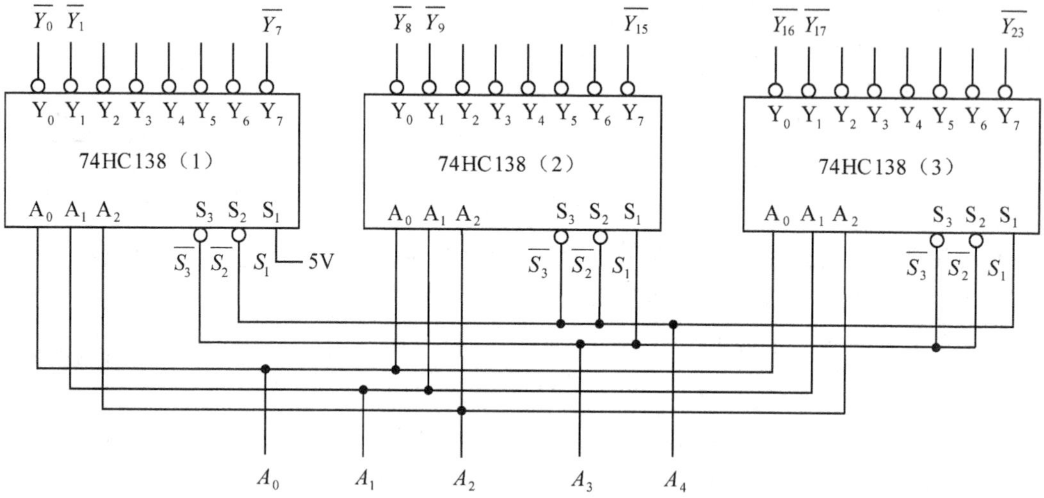

图 3-20　用 74HC138 构成的 5 线- 24 线译码器

2. 二-十进制译码器

将表示 0 ～ 9 这 10 个数码的 BCD 码翻译成对应的 10 个输出的电路称为二-十进制译码器。二-十进制译码器有 4 个输入端，10 个输出端，所以也叫 4 线- 10 线译码器。表 3-12 是集成的 4 线- 10 线译码器 74HC42 的真值表，A_3，A_2，A_1，A_0 为代码输入端，输入为 8421BCD 码，$\overline{Y_0}\sim\overline{Y_9}$ 为 10 个输出端，输出为低电平有效。

表 3-12　74HC42 的真值表

输入				输出									
A_3	A_2	A_1	A_0	$\overline{Y_0}$	$\overline{Y_1}$	$\overline{Y_2}$	$\overline{Y_3}$	$\overline{Y_4}$	$\overline{Y_5}$	$\overline{Y_6}$	$\overline{Y_7}$	$\overline{Y_8}$	$\overline{Y_9}$
0	0	0	0	0	1	1	1	1	1	1	1	1	1
0	0	0	1	1	0	1	1	1	1	1	1	1	1
0	0	1	0	1	1	0	1	1	1	1	1	1	1
0	0	1	1	1	1	1	0	1	1	1	1	1	1
0	1	0	0	1	1	1	1	0	1	1	1	1	1
0	1	0	1	1	1	1	1	1	0	1	1	1	1
0	1	1	0	1	1	1	1	1	1	0	1	1	1
0	1	1	1	1	1	1	1	1	1	1	0	1	1
1	0	0	0	1	1	1	1	1	1	1	1	0	1
1	0	0	1	1	1	1	1	1	1	1	1	1	0
1	0	1	0	1	1	1	1	1	1	1	1	1	1
1	0	1	1	1	1	1	1	1	1	1	1	1	1
1	1	0	0	1	1	1	1	1	1	1	1	1	1
1	1	0	1	1	1	1	1	1	1	1	1	1	1
1	1	1	0	1	1	1	1	1	1	1	1	1	1
1	1	1	1	1	1	1	1	1	1	1	1	1	1

由真值表可以看出，8421BCD 码输入的集成的 4 线- 10 线译码器 74HC42 拒绝伪码输入，即当输入端出现未使用的代码状态 1010 ～ 1111 时，电路不予响应，输出 $\overline{Y_0}$ ～$\overline{Y_9}$ 全为 1，也就是说均为无效状态。

图 3-21 是集成的 4 线- 10 线译码器 74HC42 的逻辑符号及引脚图。

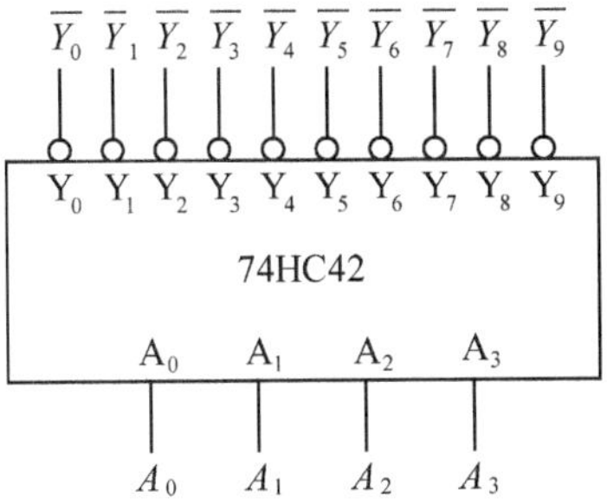

（a）逻辑符号

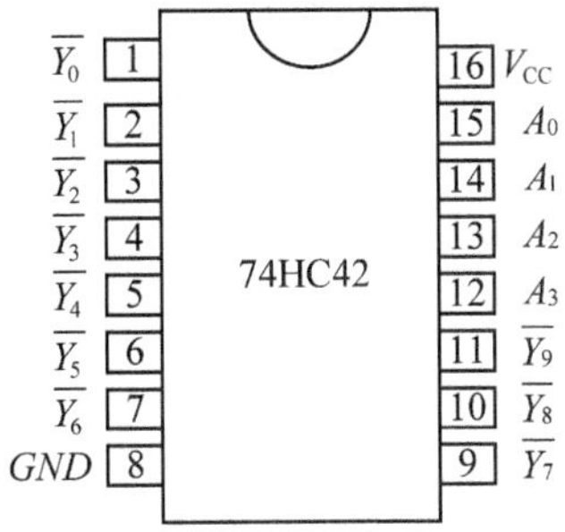

（b）引脚图

图 3-21　74HC42 的逻辑符号及引脚图

3. 显示译码器

在数字测量仪表和各种数字系统中，为了便于读取测量、运算的结果和监视数字系统的各种状态，人们常用数字显示器将数字量直接显示出来，因此数字显示器是数字系统的重要组成部分，它一般由译码显示器和驱动器等部分组成。

数字显示器是用来显示数字、文字或符号的器件。按发光物质不同，数码显示器可分为以下几类：第一类是半导体显示器，即发光二极管（LED）显示器；第二类是荧光数字显示器，如荧光数码管等；第三类是液体数字显示器，如液晶显示器、电泳显示器等；第四类是气体放电显示器，如辉光数码管、等离子体显示板等。下面简单介绍目前运用最广的液晶显示器和半导体显示器。

(1)液晶显示器

液晶是一种介于液体和晶体之间的有机化合物，常温下既有液体的流动性和连续性，又有晶体的某些光学特性。液晶显示器件本身不发光，在黑暗中不能显示数字，它依靠在外界电场作用下产生的光电效应，调节外界光线使液晶不同部位显示出反差，从而显示字形。

液晶显示器（LCD）是一种平板薄型显示器件，其驱动电压很低、工作电流很小，与 CMOS 门电路结合起来可以组成微功耗系统，广泛应用于电子钟表、电子计算器和各种仪器仪表中。

(2)半导体显示器

半导体显示器是一些由特殊的半导体材料(如磷砷化镓)做成的 PN 结，当外加正向电压时，可以将电能转化成光能，发出清新悦目的光线。利用这种 PN 结，可封装成单个的发光二极管，也可以封装成分段式显示器和点阵式显示器。如用 7 个做成条形的发光二极管排列成组合字型，就构成了七段数字显示器，也称为七段数码管，在其右下角组合一个圆形发光二极管用来显示数字中的小数点，则称为八段显示器。而点阵式显示器就是将可发光的点按一定的规律排列成点阵，利用光点的不同组合来显示不同的数码。如球场的大屏幕 LED 显示器。

目前半导体显示器中分段式七段显示器和八段显示器应用最广，如图 3-22 所示。

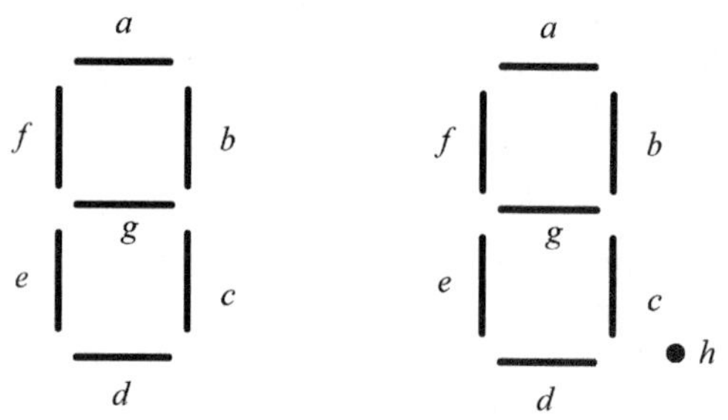

（a）七段显示器　　（b）八段显示器

图 3-22　分段式七段显示器和八段显示器

七段显示器有共阴极和共阳极两种形式，如图 3-23 所示，共阴极显示器中 7 个发光二极管的阴极连在一起接低电平，如果需要某一段发光，那么就将相应二极管的阳极接高电平。共阳极显示器中 7 个发光二极管的阳极连在一起接高电平，如果需要某一段发光，那么就将相应二极管的阴极接低电平。

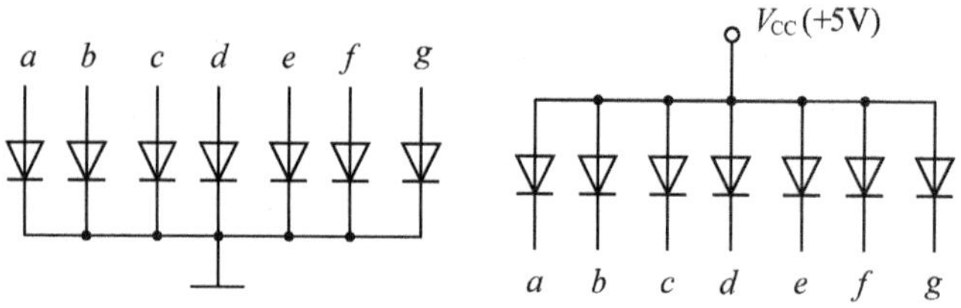

（b）共阴极形式　　（a）共阳极形式

图 3-23　七段显示器的两种形式

(3)七段显示译码器

为使七段显示器显示不同数字，就要为其提供段码。七段显示译码器，就是将输入的十进制数代码进行译码，输出段码 *abcdefg*，点亮七段显示器的各段，显示对应的数码。常用的集成七段显示译码器有两类：一类译码器输出高电平有效信号，用来驱动共阴极显示器；另一类译码器输出低电平有效信号，用来驱动共阳极显示器。典型七段显示译码器 74HC4511 的功能表如表 3-13 所示，逻辑符号如图 3-24 所示。

表 3-13　74HC4511 的功能表

功能	输入							输出							显示
	LE	$\overline{BL}$	$\overline{LT}$	D_3	D_2	D_1	D_0	a	b	c	d	e	f	g	
0	0	1	1	0	0	0	0	1	1	1	1	1	1	0	0
1	0	1	1	0	0	0	1	0	1	1	0	0	0	0	1

（续）

功能	输入							输出							显示
	LE	$\overline{BL}$	$\overline{LT}$	D_3	D_2	D_1	D_0	a	b	c	d	e	f	g	
2	0	1	1	0	0	1	0	1	1	0	1	1	0	1	2
3	0	1	1	0	0	1	1	1	1	1	1	0	0	1	3
4	0	1	1	0	1	0	0	0	1	1	0	0	1	1	4
5	0	1	1	0	1	0	1	1	0	1	1	0	1	1	5
6	0	1	1	0	1	1	0	1	0	1	1	1	1	1	6
7	0	1	1	0	1	1	1	1	1	1	0	0	0	0	7
8	0	1	1	1	0	0	0	1	1	1	1	1	1	1	8
9	0	1	1	1	0	0	1	1	1	1	1	0	1	1	9
10	0	1	1	1	0	1	0	0	0	0	0	0	0	0	熄灭
11	0	1	1	1	0	1	1	0	0	0	0	0	0	0	熄灭
12	0	1	1	1	1	0	0	0	0	0	0	0	0	0	熄灭
13	0	1	1	1	1	0	1	0	0	0	0	0	0	0	熄灭
14	0	1	1	1	1	1	0	0	0	0	0	0	0	0	熄灭
15	0	1	1	1	1	1	1	0	0	0	0	0	0	0	熄灭
灯测试	×	×	0	×	×	×	×	1	1	1	1	1	1	1	8
灭灯	×	0	1	×	×	×	×	0	0	0	0	0	0	0	熄灭
锁存	1	1	1	×	×	×	×				*				*

注：* 此时输出状态取决于 LE 由 0 跳变 1 时 BCD 码的输入。

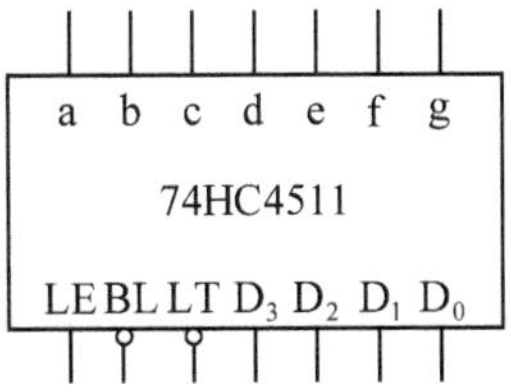

图 3-24　74HC4511 的逻辑符号

74HC4511 七段显示译码器当输入为 8421BCD 码时，输出高电平有效，驱动共阴极显示器。当输入为 1010 ～ 1111 这 6 个状态时，输出全为低电平，显示器无显示。该集成显示译码器设有 3 个辅助控制端 LE、$\overline{BL}$、$\overline{LT}$，介绍如下：

① 锁存使能输入 LE

在 $\overline{BL}=\overline{LT}=1$ 的条件下，当 $LE=0$ 时，锁存器不工作，译码器的输出随输入码的变化而变化；当 LE 由 0 跳变为 1 时，输入码被锁存，输出只取决于锁存器的内容，不再随输入端的变化而变化。

② 灭灯输入 $\overline{BL}$

当 $\overline{BL}=0$、$\overline{LT}=1$ 时，无论其他输入端是什么电平，所有输出 $a\sim g$ 均为 0，字型熄灭。该输入端用于将不必要显示的 0 熄灭。例如一个 5 位数字 031.20，将首尾多余的 0 熄灭，则显示为 31.2，使显示结果更加清楚。

③ 灯测试输入 $\overline{LT}$

当 $\overline{LT}=0$ 时，无论其他输入端是什么状态，所有输出 $a\sim g$ 均为 1，显示字型 8。该输入端常用于检查译码器本身及显示器各段的好坏。

【例 3-11】 如图 3-25 所示为用 4 片 74HC4511 构成的电子表译码电路，试分析小时高位是否具有灭 0 功能。

解：根据 74HC4511 功能表可知，译码器正常工作时，LE 接低电平，$\overline{BL}=\overline{LT}=1$。如果小时的高位输入的 8421BCD 码为 0000，或门输出为 0 时，使 $\overline{BL}=0$，此时 $LE=0$，$\overline{LT}=1$，查功能表可知小时高位的 0 不显示，即具有灭 0 功能。

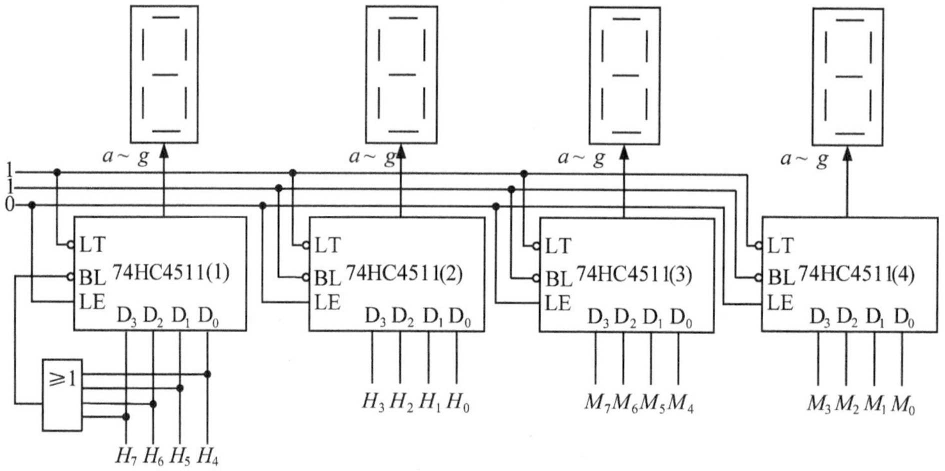

图 3-25　例 3-11 的逻辑图

3.3.3　数据分配器和数据选择器

1. 数据分配器

数据分配是将公共数据线上的数据根据需要送到不同的通道上去。实现数据分配功能的逻辑电路称为数据分配器，其功能是将一路数据输入信号根据通道选择信号送到指定一个输出端输出，是一个多输出的逻辑电路，其示意图如图 3-26 所示。4 路数据分配器的逻辑图如图 3-27 所示。D 为数据输入端，A_1，A_0 为选择输入端(也称为地址输入端)，$Y_0\sim Y_3$ 为数据输出端。

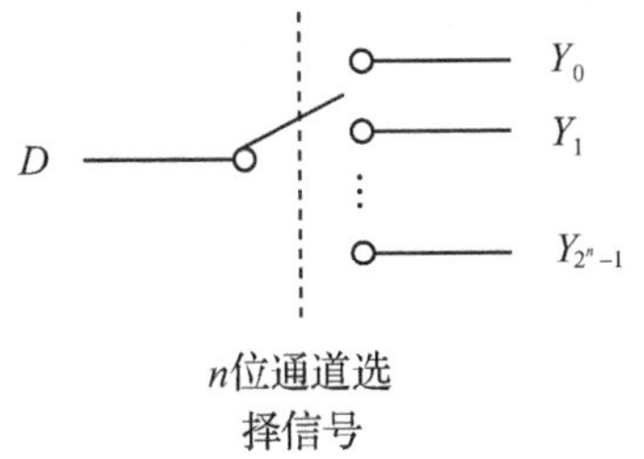

图 3-26　数据分配器的示意图

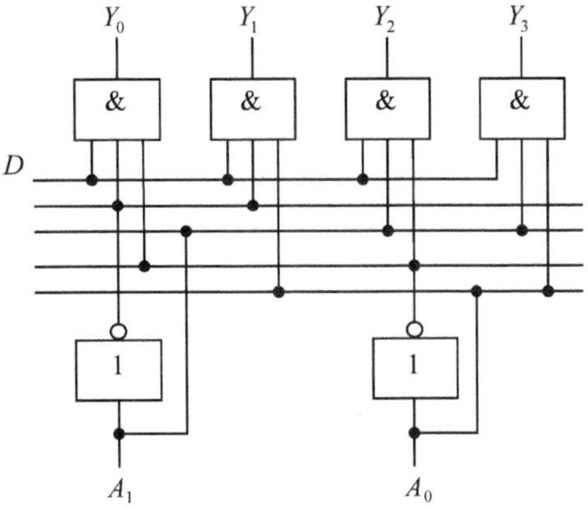

图 3-27　4 路数据分配器的逻辑图

4 路数据分配器的真值表如表 3-14 所示。

表 3-14　4 路数据分配器的真值表

输入			输出			
	A_1	A_0	Y_0	Y_1	Y_2	Y_3
D	0	0	D	0	0	0
	0	1	0	D	0	0
	1	0	0	0	D	0
	1	1	0	0	0	D

由其真值表写出 4 路数据分配器的逻辑函数表达式为

$$Y_0=D\overline{A_1}\,\overline{A_0}=Dm_0,\qquad Y_1=D\overline{A_1}A_0=Dm_1,$$

$$Y_2=DA_1\overline{A_0}=Dm_2,\qquad Y_3=DA_1A_0=Dm_3。$$

从逻辑函数表达式可以看出，数据分配器的一个输出是数据 D 和选择变量的一个最小项相与，这样可以用译码器实现数据分配器的功能。

【例 3-12】试用 3 线-8 线译码器 74HC138 构成 8 路数据分配器。

解：将 3 线-8 线译码器 74HC138 的 3 个代码输入端作为 8 路数据分配器的选择输入端，在 3 个使能输入端中选择其中一个作为数据输入端，8 个译码输出端作为数据输出端，则可实现 8 路数据分配器的功能。其逻辑图如图 3-28 所示。

将数据 D 送到 3 线-8 线译码器的 $\overline{S_3}$ 使能端，译码器的输入端 $A_0 \sim A_2$ 作为数据分配器的选择输入端，S_1 作为片选控制端，$\overline{S_2}$ 接地，即构成了 8 路数据分配器。

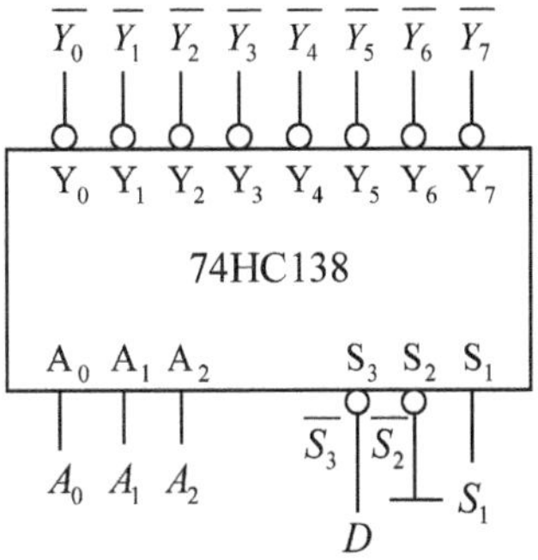

图 3-28　例 3-12 的逻辑图

2. 数据选择器

数据选择器是指在选择输入信号的作用下从多路数据中选择一路数据传送到公共数据线上输出的逻辑电路，其示意图如图 3-29 所示。

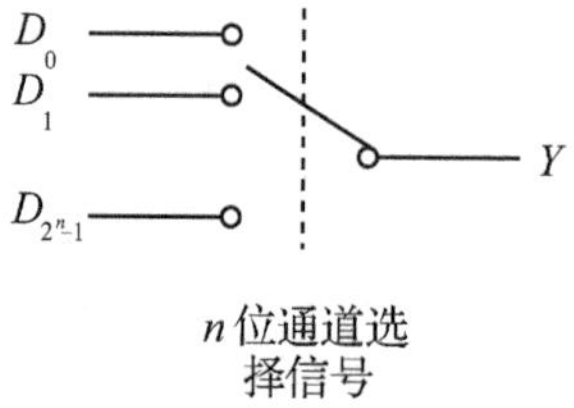

图 3-29　数据选择器的示意图

(1)4 选 1 数据选择器

图 3-30 是 4 选 1 数据选择器的逻辑图，$D_0 \sim D_3$ 为数据输入端，A_1，A_0 为选择输入端(也称为地址输入端)，Y 为数据输出端。

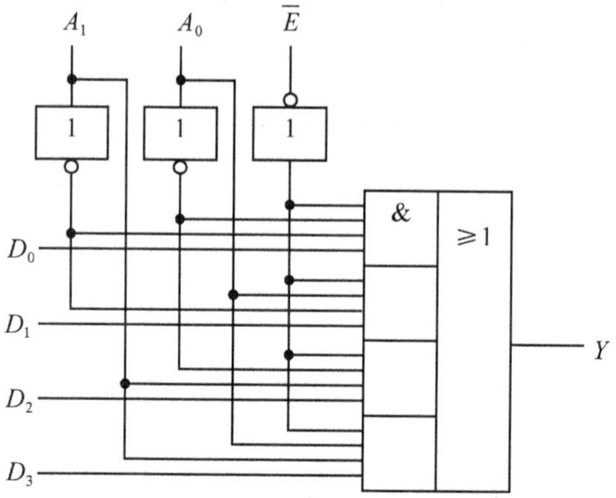

图 3-30　4 选 1 数据选择器的逻辑图

由图 3-30 可知，使能端 $\bar{E}=1$ 时，选择器与门全被封锁，输入信号不起作用，此时输出 $Y=0$。当 $\bar{E}=0$ 时，选择器与门全被打开，此时输出 $Y=\overline{A_1}\,\overline{A_0}D_0+\overline{A_1}A_0D_1+A_1\overline{A_0}D_2+A_1A_0D_3$。表 3-15 是 4 选 1 数据选择器的功能表。当 $\bar{E}=0$ 时，选择输入 A_1A_0 为 00 时，$Y=D_0$；选择输入 A_1A_0 为 01 时，$Y=D_1$；选择输入 A_1A_0 为 10 时，$Y=D_2$；选择输入 A_1A_0 为 11 时，$Y=D_3$。即根据选择输入变量取值，将数据输入信号送到对应的输出端输出。

表 3-15　4 选 1 数据选择器的功能表

输入			输出
使能端	地址		
$\bar{E}$	A_1	A_0	Y
1	×	×	0
0	0	0	D_0
0	0	1	D_1
0	1	0	D_2
0	1	1	D_3

【例 3-13】将两片 4 选 1 数据选择器扩展成 8 选 1 数据选择器。

解：8 选 1 数据选择器应该有 3 个选择输入端 A_2，A_1 和 A_0。而 4 选 1 数据选择器只有两个选择输入端 A_1 和 A_0。为此，需要利用 4 选 1 数据选择器的使能端 $\bar{E}$ 扩展出一条地址线 A_2。1 片为低位片，2 片为高位片。将低 4 位数据输入端 $D_0 \sim D_3$ 连接 1 片数据输入端 $D_0 \sim D_3$，将高 4 位数据输入端 $D_4 \sim D_7$ 连接 2 片数据输入端 $D_0 \sim D_3$。当 $A_2=1$ 时，1 片不工作，2 片工作；当 $A_2=0$ 时，1 片工作，2 片不工作，故将 A_2 连接 1 片 $\bar{E}$ 端，经非门取反连接 2 片 $\bar{E}$ 端。因 8 选 1 数据选择器只有 1 个数据输出端，将两片数据输出端经过或门作为 8 选 1 数据选择器的数据输出端。其逻辑图如图 3-31 所示。

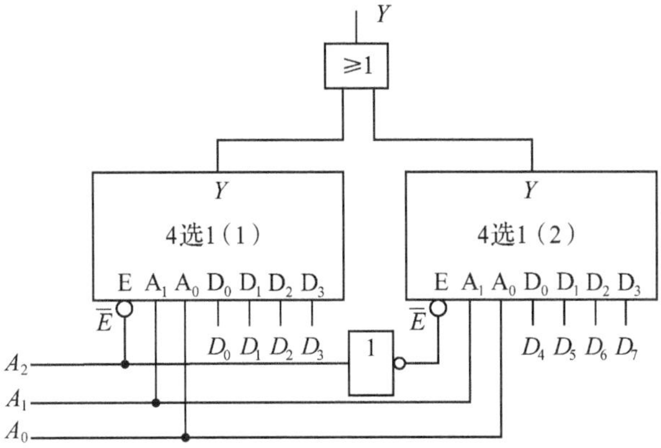

图 3-31　例 3-13 的逻辑图

(2)集成数据选择器

集成 8 选 1 数据选择器 74HC151 的逻辑符号及引脚图如图 3-32 所示，功能表如表 3-16 所示。$D_0 \sim D_7$ 为 8 个数据输入端，$A_2 \sim A_0$ 为 3 个选择输入端，$\bar{E}$ 为选通控制端(低电平有效)，Y 和 $\bar{Y}$ 为两个互补输出端。当 $\bar{E}=1$ 时，选择器被禁止，输入数据和地址都不起作用；当 $\bar{E}=0$ 时，选择器被选中，正常工作。

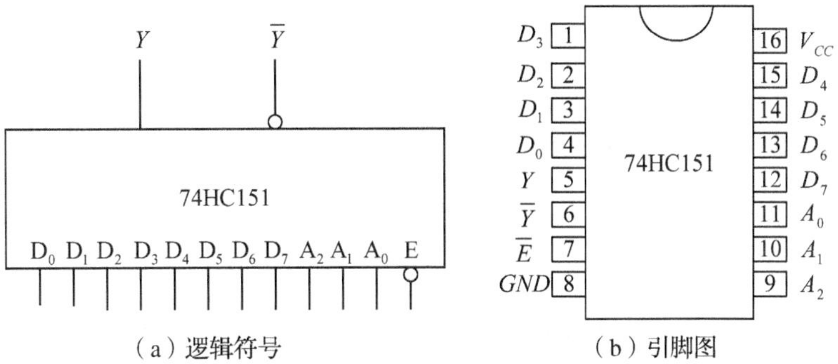

图 3-32　74HC151 的逻辑符号及引脚图

表 3-16　74HC151 的功能表

输入				输出	
$\bar{E}$	A_2	A_1	A_0	Y	$\bar{Y}$
1	×	×	×	0	1
0	0	0	0	D_0	$\overline{D_0}$
0	0	0	1	D_1	$\overline{D_1}$
0	0	1	0	D_2	$\overline{D_2}$
0	0	1	1	D_3	$\overline{D_3}$
0	1	0	0	D_4	$\overline{D_4}$
0	1	0	1	D_5	$\overline{D_5}$
0	1	1	0	D_6	$\overline{D_6}$
0	1	1	1	D_7	$\overline{D_7}$

由功能表可写出当 $\bar{E}=0$ 时，输出函数表达式为

$$\begin{aligned}Y&=\overline{A_2}\,\overline{A_1}\,\overline{A_0}D_0+\overline{A_2}\,\overline{A_1}A_0D_1+\cdots+A_2A_1A_0D_7\\&=m_0D_0+m_1D_1+m_2D_2+m_3D_3+m_4D_4+m_5D_5+m_6D_6+m_7D_7\\&=\sum_{i=0}^{7}m_iD_i\text{。}\end{aligned}$$

其中，m_i 为选择变量 A_2，A_1 和 A_0 构成的最小项。

(3)用数据选择器实现逻辑函数

数据选择器可作为逻辑函数产生器来实现各种逻辑函数。数据选择器的输出函数表达式为

$$Y=\sum_{i=0}^{2^n-1}m_iD_i\text{。}$$

式中，n 为选择变量的个数，m_i 是选择变量构成的最小项。将数据输入 D_i 作为控制信号，就可以实现单输出的组合逻辑函数。例如，当 $D_i=0$ 时，对应的最小项在表达式中就不出现；当 $D_i=1$ 时，对应的最小项在表达式中就出现，因此合理利用 D_i 可以使数据选择器实现逻辑函数。

用具有 n 个选择变量的数据选择器，实现 m 个变量的逻辑函数，有两种方法：代数比较法和真值表比较法。下面分两种情况来讨论。

① $m=n$ 实现方法

代数比较法：将函数 m 个变量依次连接到数据选择器 n 个选择变量上，并将函数表达式变换成最小项表达式。然后与数据选择器输出函数表达式进行比较，确定 D_i 的值。若函数表达式中包含最小项 m_i，则相应的 $D_i=1$，否则 $D_i=0$。

真值表比较法：将函数 m 个变量依次连接到数据选择器 n 个选择变量上，并列出逻辑函数和数据选择器的真值表，比较两者的真值表确定 D_i 的值。

【例 3-14】 利用 8 选 1 数据选择器 74HC151 实现逻辑函数 $F=AB\bar{C}+A\bar{B}C+\bar{A}\,\bar{B}C+ABC$ 。

解：令 $A=A_2$、$B=A_1$、$C=A_0$，则上式可以写为

$$\begin{aligned}F&=AB\bar{C}+A\bar{B}C+\bar{A}\,\bar{B}C+ABC\\&=A_2A_1\overline{A_0}+A_2\overline{A_1}A_0+\overline{A_2}\,\overline{A_1}A_0+A_2A_1A_0\\&=m_1+m_5+m_6+m_7。\end{aligned}$$

74HC151 的输出函数表达式为

$$Y=m_0D_0+m_1D_1+m_2D_2+m_3D_3+m_4D_4+m_5D_5+m_6D_6+m_7D_7。$$

比较两式，使 $Y=F$ ，可得 $D_1=D_5=D_6=D_7=1$，$D_0=D_2=D_3=D_4=0$。

利用真值表也很容易求出 $D_0\sim D_7$ 的值。将逻辑函数的真值表和 8 选 1 数据选择器的真值表列在一起，如表 3-17 所示。

表 3-17　例 3-14 的真值表

A A_2	B A_1	C A_0	F	Y	注
0	0	0	0	D_0	$D_0=0$
0	0	1	1	D_1	$D_1=1$
0	1	0	0	D_2	$D_2=0$
0	1	1	0	D_3	$D_3=0$
1	0	0	0	D_4	$D_4=0$
1	0	1	1	D_5	$D_5=1$
1	1	0	1	D_6	$D_6=1$
1	1	1	1	D_7	$D_7=1$

同样可求得，$D_1=D_5=D_6=D_7=1$，$D_0=D_2=D_3=D_4=0$。

由以上分析可知，将函数变量 A，B，C 分别连接 8 选 1 数据选择器 74HC151 的选择变量端 A_2，A_1，A_0。数据输入端 $D_1=D_5=D_6=D_7=1$，$D_0=D_2=D_3=D_4=0$，且使选通控制端 $\bar{E}=0$，输出即为逻辑函数 F 。其逻辑图如图 3-33 所示。

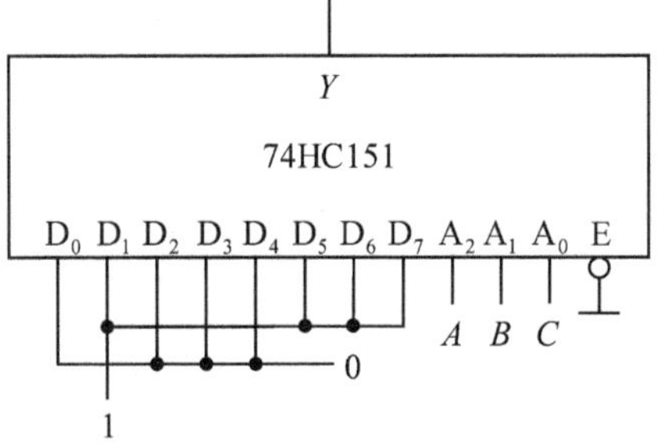

图 3-33　例 3-14 的逻辑图

② $m > n$ 实现方法

从函数 m 个变量中任选 n 个变量作为数据选择器选择变量，将其余变量作为数据输入。然后根据所选定的选择变量将函数变换成 $Y=\sum_{i=0}^{2^n-1} m_i D_i$ 的形式，再与数据选择器输出函数表达式进行比较确定 D_i 。当然也可以通过比较两者的真值表来确定 D_i 。

【**例 3-15**】利用 4 选 1 数据选择器实现逻辑函数 $F=AB\overline{C}+A\overline{B}C+\overline{A}\,\overline{B}C+ABC$ 。

解：此逻辑函数有 3 个变量，而 4 选 1 数据选择器只有两个选择输入端，因此，从 A，B 和 C 3 个变量中选 A 和 B 两个作为选择变量 A_1 和 A_0，另一个变量 C 则作为数据输入。然后将逻辑函数表达式按 A 和 B 变换成如下形式

$$F=AB\overline{C}+A\overline{B}C+\overline{A}\,\overline{B}C+ABC=\overline{A}\,\overline{B}\cdot C+\overline{A}B\cdot 0+A\overline{B}\cdot C+AB\cdot 1$$

4 选 1 数据选择器的输出函数表达式为

$$Y=\overline{A_1}\,\overline{A_0}D_0+\overline{A_1}A_0D_1+A_1\overline{A_0}D_2+A_1A_0D_3=\overline{A}\,\overline{B}\cdot D_0+\overline{A}B\cdot D_1+A\overline{B}\cdot D_2+AB\cdot D_3 。$$

比较两式，要使 $Y=F$，则有 $D_0=C$，$D_1=0$，$D_2=C$，$D_3=1$。

也可以用比较真值表的方法求出 $D_0\sim D_3$。首先列出逻辑函数和 4 选 1 数据选择器的真值表(为了方便比较列在一起)，然后根据划分的 A_1 和 A_0，求出 D_0，D_1，D_2 和 D_3。真值表如表 3-18 所示。

表 3-18　例 3-15 的真值表

A A_1	B A_0	C	F	Y	D_i 与 C 的关系
0 0	0 0	0 1	0 1	D_0	$D_0=C$ $(F=C)$
0 0	1 1	0 1	0 0	D_1	$D_1=0$ $(F=0)$
1 1	0 0	0 1	0 1	D_2	$D_2=C$ $(F=C)$
1 1	1 1	0 1	1 1	D_3	$D_3=1$ $(F=1)$

同样有 $D_0=C$，$D_1=0$，$D_2=C$，$D_3=1$。根据以上分析画出逻辑图如图 3-34 所示。

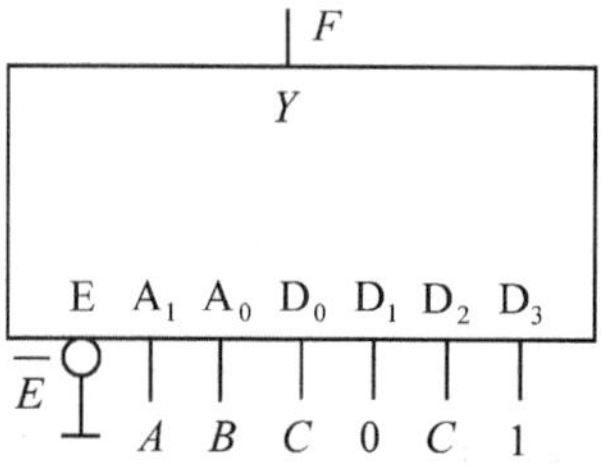

图 3-34　例 3-15 的逻辑图

(4)数据选择器的扩展

① 字扩展

利用合适的逻辑器件，通过数据选择器的选通控制端控制数据选择器交替工作，从而实现选择输入端的扩展。

【例 3-16】用 4 片 8 选 1 数据选择器 74HC151 和 1 片 2 线-4 线译码器构成一个 32 选 1 数据选择器。

解：将 2 线-4 线译码器的两位输入作为选择变量高两位输入，输出分别接 4 片 8 选 1 数据选择器的选通控制端，控制 4 片 8 选 1 数据选择器交替工作；将 4 片 8 选 1 数据选择器的 3 个选择输入变量对应连接在一起作为低 3 位选择输入，其逻辑图如图 3-35 所示。

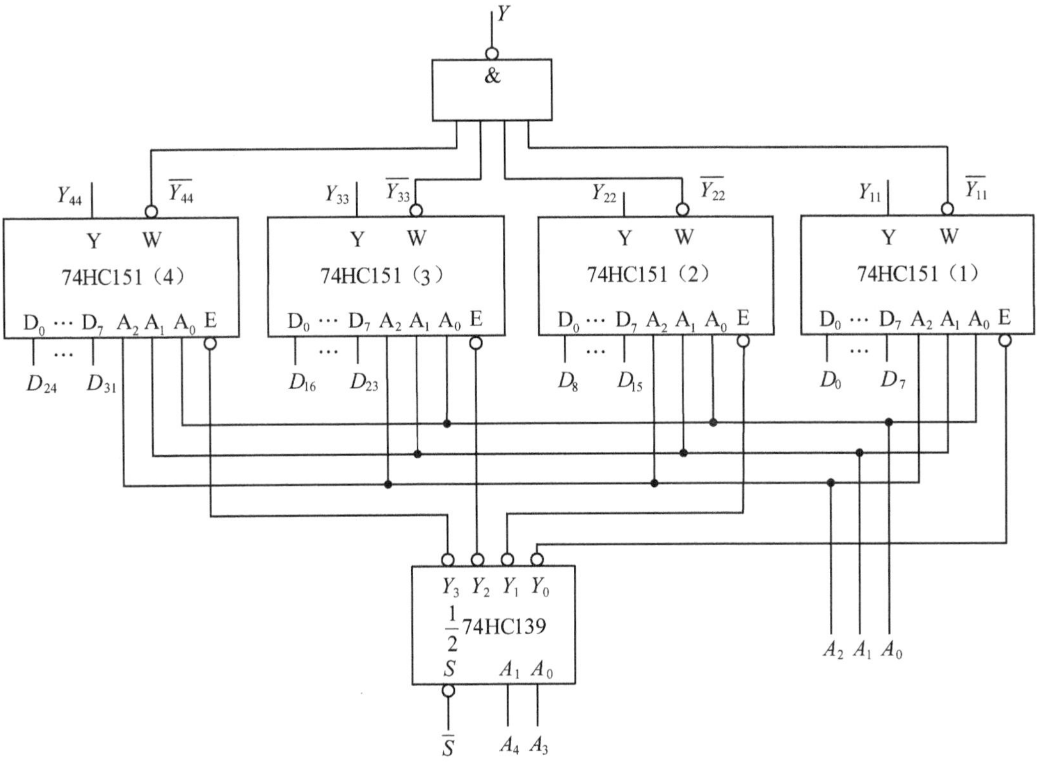

图 3-35　32 选 1 数据选择器

②位扩展

将几个一位的数据选择器选通控制端连接在一起作为总的选通控制端，选择输入端分别连接在一起作为总的选择输入端，则可实现数据选择器的位扩展。

【例 3-17】用一位 8 选 1 数据选择器构成一个两位的 8 选 1 数据选择器。

解：将两个一位 8 选 1 数据选择器的选通控制端连接在一起作为总的选通控制端、3 个选择输入端分别连接在一起作为总的选择输入端，构成的一个两位的 8 选 1 数据选择器如图 3-36 所示。

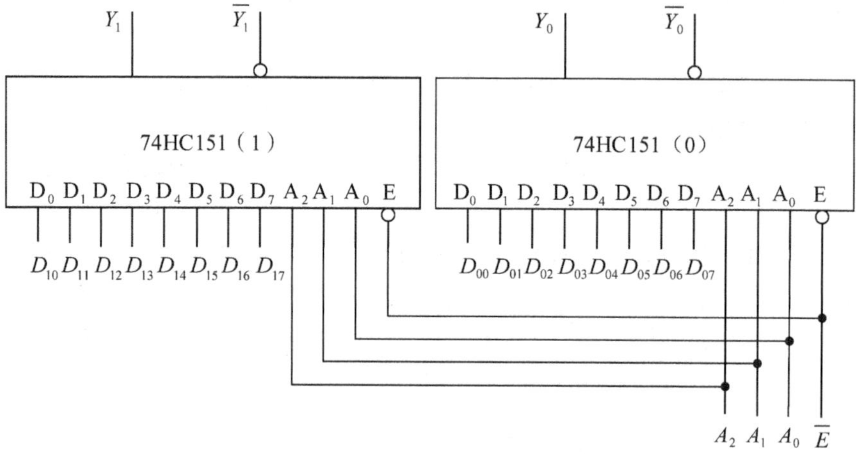

图 3-36　两位 8 选 1 数据选择器

(5)实现并行数据到串行数据的转换

如图 3-37(a)所示为由 8 选 1 数据选择器构成的并/串行转换电路图，选择输入端 $A_2A_1A_0$ 依次从 000 变到 111 时，并行送到输入端 $D_0 \sim D_7$ 的数据依次从输出端输出，即实现了将输入的并行数据变为串行数据输出，其波形图如图 3-37(b)所示。

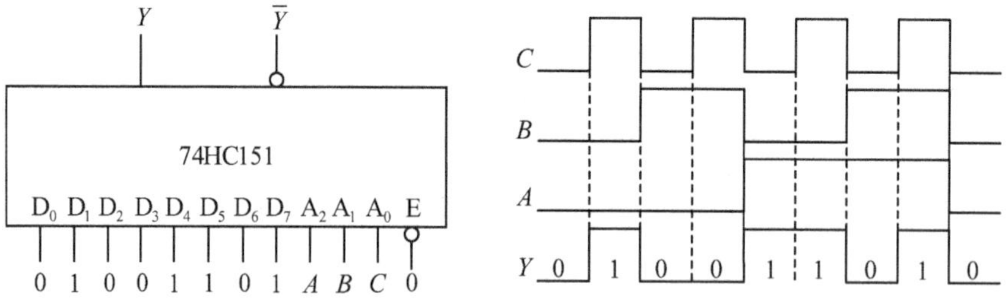

(a) 并/串行转换电路图　　(b) 波形图

图 3-37　并/串行转换电路图及波形图

3.3.4　算术运算电路

算术运算是数字系统的基本功能，算术运算电路更是计算机中不可缺少的组成单元。常见的加、减、乘、除运算，在数字系统中都要通过加法器来实现，所以本节先重点介绍加法器，然后再介绍由加法器构成的减法电路。

1. 半加器和全加器

(1)半加器

两个一位二进制相加，只考虑两个加数本身，而不考虑来自低位进位的加法运算，称为半加。实现半加运算的逻辑电路称为半加器。

设两个加数分别为 A_i 和 B_i，半加和为 S_i，向高位的进位为 C_i，半加器的真值表如表 3-19 所示。

由真值表可得半加器的逻辑函数表达式为

$$S_i = \overline{A_i}B_i + A_i\overline{B_i} = A_i \oplus B_i,$$
$$C_i = A_iB_i。$$

表 3-19　半加器的真值表

A_i	B_i	S_i	C_i
0	0	0	0
0	1	1	0
1	0	1	0
1	1	0	1

半加器的逻辑图及逻辑符号如图 3-38 所示。

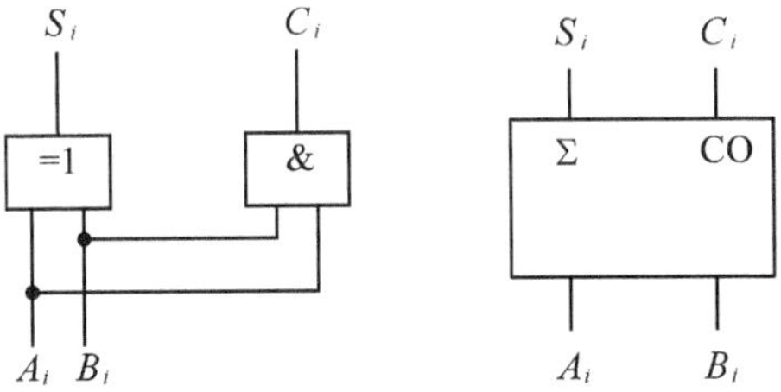

图 3-38　半加器的逻辑图及逻辑符号

(2)全加器

完成被加数、加数和来自相邻低位的进位相加，并根据求和结果给出该进位信号的运算称为全加。实现全加运算的逻辑电路称为全加器。用 A_i 和 B_i 分别表示 A，B 两个二进制数中的第 i 位，C_{i-1} 表示低位(第 $i-1$ 位)向本位(第 i 位)的进位，C_i 表示本位(第 i 位)向高位(第 $i+1$ 位)的进位，S_i 表示全加和。全加器的真值表如表 3-20 所示。

表 3-20　全加器的真值表

A_i	B_i	C_{i-1}	S_i	C_i
0	0	0	0	0
0	0	1	1	0
0	1	0	1	0
0	1	1	0	1
1	0	0	1	0
1	0	1	0	1
1	1	0	0	1
1	1	1	1	1

由真值表写出全加器的逻辑函数表达式，并进行化简和变换，得

$$S_i = \overline{A_i}\,\overline{B_i}C_{i-1} + \overline{A_i}B_i\overline{C_{i-1}} + A_i\overline{B_i}\,\overline{C_{i-1}} + A_iB_iC_{i-1} = A_i \oplus B_i \oplus C_{i-1},$$

$$C_i = A_iB_i + A_i\overline{B_i}C_{i-1} + \overline{A_i}B_iC_{i-1} = A_iB_i + (A_i \oplus B_i)C_{i-1}。$$

全加器的逻辑图及逻辑符号如图 3-39 所示。

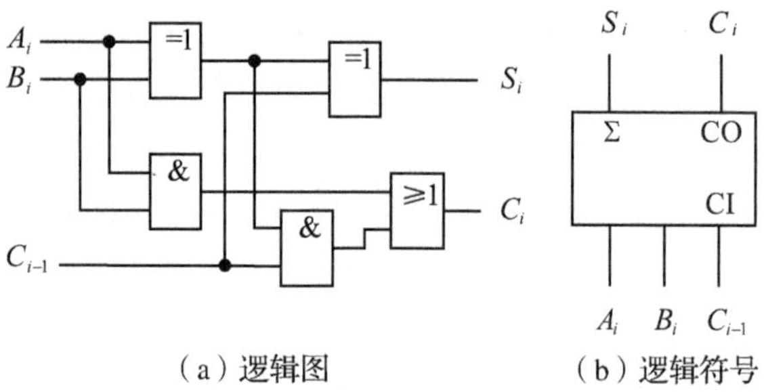

图 3-39　全加器的逻辑图及逻辑符号

2. 加法器

实现多位二进制数加法运算的电路称为加法器。加法器分为串行加法器和并行加法器。串行加法器采用串行运算方式，从二进制数的最低位开始，逐位相加至最高位，最后得出和数。并行加法器采用并行运算方式，将两个数各位同时相加，因而提高了运算速度。目前，广泛使用的是并行加法器，并行加法器按进位方式又分为串行进位并行加法器和超前进位并行加法器。

(1)串行进位并行加法器

多位数相加时，每一位都是带进位相加，因此可采用全加器来实现。全加器个数等于相加数的位数。若有两个 4 位二进制数 $A_3A_2A_1A_0$ 和 $B_3B_2B_1B_0$ 相加，只要将 4 个全加器的低位的进位输出连接到相邻高位的进位输入上，就组成了一个 4 位串行进位并行加法器，如图 3-40 所示。

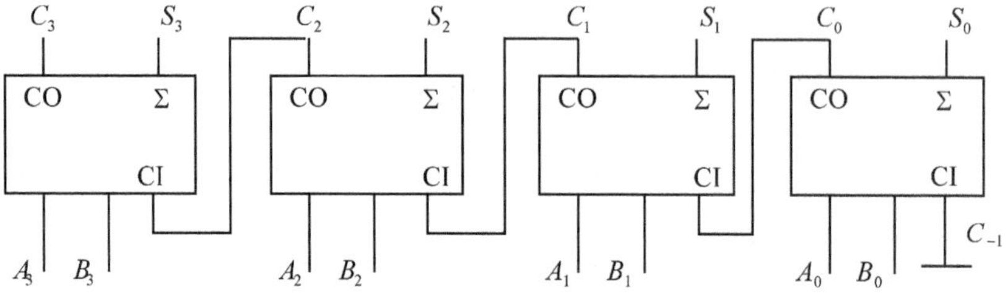

图 3-40　4 位串行进位并行加法器

由于串行进位并行加法器将低位的进位输出信号接到高位的进位输入端，这样，任意一位的加法运算必须在低一位的运算完成之后才能进行，因此这种加法器的逻辑电路虽然简单，但运算速度不高。为了提高运算速度，常采用超前进位并行加法器。

(2)超前进位并行加法器

全加器的全加和 S_i 和进位输出 C_i 的逻辑表达式为

$$S_i = A_i \oplus B_i \oplus C_{i-1}, \tag{3-4}$$

$$C_i = A_iB_i + (A_i \oplus B_i)C_{i-1}。 \tag{3-5}$$

定义两个中间变量 G_i 和 P_i，且

$$G_i = A_iB_i, \tag{3-6}$$

$$P_i = A_i \oplus B_i。 \tag{3-7}$$

当 $A_i = B_i = 1$ 时，$G_i = 1$，由式(3-5)得 $C_i = 1$，即产生了进位，故 G_i 称为进位产生变量；当 $P_i = 1$ 时，则 $A_iB_i = 0$，由式(3-5)得 $C_i = C_{i-1}$，即 $P_i = 1$ 时，低位的进位能传输到高位的进位输出端，故 P_i 称为进位传输变量。

引入进位产生变量 G_i 和进位传输变量 P_i 后，全加器的逻辑函数表达式为

$$S_i = P_i \oplus C_{i-1}, \tag{3-8}$$

$$C_i = G_i + P_iC_{i-1}。 \tag{3-9}$$

由式(3-9)可得 4 位加法器各位进位信号的逻辑表达式为

$C_0 = G_0 + P_0C_{-1}$，

$C_1 = G_1 + P_1C_0 = G_1 + P_1G_0 + P_1P_0C_{-1}$，

$C_2 = G_2 + P_2C_1 = G_2 + P_2G_1 + P_2P_1G_0 + P_2P_1P_0C_{-1}$，

$C_3 = G_3 + P_3C_2 = G_3 + P_3G_2 + P_3P_2G_1 + P_3P_2P_1G_0 + P_3P_2P_1P_0C_{-1}$。

由上式可以看出，进位信号只与 G_i，P_i 和 C_{-1} 有关，而 C_{-1} 是向最低位的进位信号，其值为 0，G_i，P_i 可以由每位的两个加数直接产生，不需要等待低位的进位信号，这就是超前进位。这样可以大大提高加法器的运算速度。

图 3-41 是集成 4 位超前进位并行加法器 74HC283 的逻辑符号、引脚图及其构成的 8 位加法器。

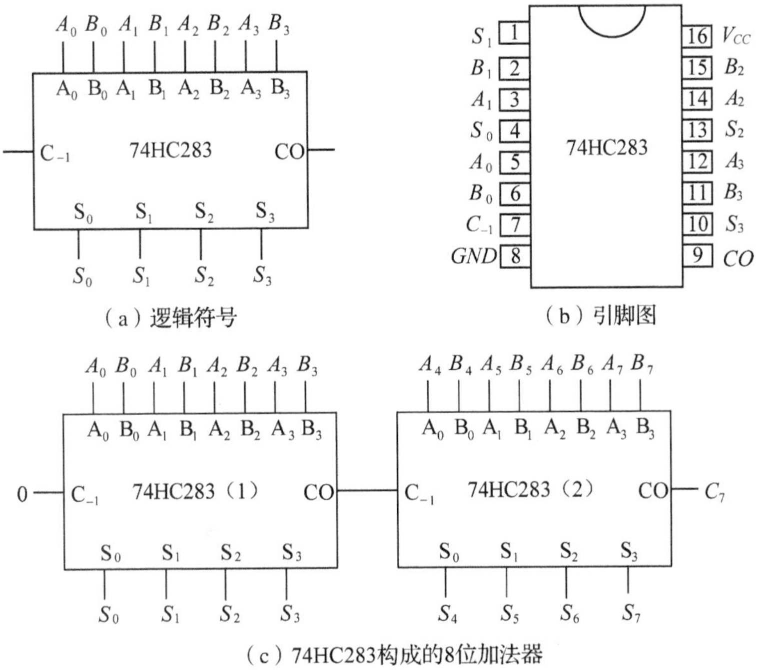

（a）逻辑符号　（b）引脚图

（c）74HC283构成的8位加法器

图 3-41　74HC283 的逻辑符号、引脚图及其构成的 8 位加法器

由图 3-41(c)可以看出，每片超前进位并行加法器 74HC283 内部虽然是并行进位，但片与片之间的进位却是串行进位，当级联数目增加时，会降低运算速度，为解决此问题，

专门设计出了超前进位产生器，并用它将加法器以并行进位的方式级联起来，较大地提高了加法器的运算速度。

【例 3-18】 用 4 位二进制加法器 74HC283 实现 8421BCD 码与余 3 码的转换。

解：设 8421BCD 码 $A=A_3A_2A_1A_0$，余 3 码 $Y=Y_3Y_2Y_1Y_0$，8421BCD 码与余 3 码之间的关系为

$$Y_3Y_2Y_1Y_0=A_3A_2A_1A_0+0011,$$
$$A_3A_2A_1A_0=Y_3Y_2Y_1Y_0-0011=Y_3Y_2Y_1Y_0+1101。$$

因此，将 8421BCD 码转换为余 3 码只需将 8421BCD 码加 0011；将余 3 码转换为 8421BCD 码只需将余 3 码加 1101，并将进位丢掉。其逻辑图如图 3-42 所示。

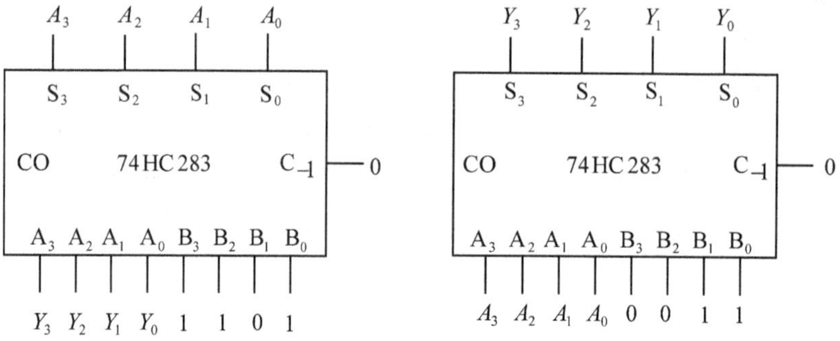

（a）余3码转换为8421BCD码　　（b）8421BCD码转换为余3码

图 3-42　8421BCD 码与余 3 码转换逻辑图

3. 减法电路

在数字系统中，常常要变减法为加法运算，并利用加法器实现减法运算。在前面介绍了二进制数的原码、反码和补码表示法，引入补码后，就可以将减法运算变为补码的加法运算。

设 $A=A_{n-1}\cdots A_1A_0$ 为 n 位二进制被减数，$B=B_{n-1}\cdots B_1B_0$ 为 n 位二进制减数，两个数 A、B 相减，可得

$$A-B=A+B_{补}-2^n=A+B_{反}+1-2^n$$

上式表明，A 减 B 可由 A 加 B 的补码并减 2^n 得到。相加结果与 2^n 相减需要由加法器进位输出信号来完成。当进位输出信号为 1 时，它与 2^n 的差为 0；当进位输出信号为 0 时，它与 2^n 的差为 1，同时还应发出借位信号。因此，只要将进位信号反相即实现减 2^n 的运算，通常将该非门的输出称为借位信号。下面分两种情况分析减法运算过程。

(1) $A-B\geqslant 0$ 的情况。设 $A=0101$，$B=0001$。

求补相加演算和直接做减法演算过程如下：

```
   0101  (A)
   1110  (B反)
+     1  (加1)
  -----
  10100
  ↓
  00100  (进位反相)
(借位)─┘

   0101  (A)
 - 0001  (B)
  -----
   0100  (差)
```

比较两种演算的结果，它们完全相同。当 $A-B\geqslant 0$ 时，舍弃的进位为 1，借位信号为 0，表示差为正数，所得的结果就是差的原码，不需要再求反补。

(2) $A-B<0$ 的情况。设 $A=0001$，$B=0101$。

求补相加演算和直接做减法演算过程如下：

```
     0001  (A)
     1010  (B反)
 +      1  (加1)
 ---------
    01100
      ↓
    11100  (进位反相)
(借位)↑

                 0001  (A)
               - 0101  (B)
               ------
               - 0100  (差)
        (符号)↑
```

比较两种演算结果可知，求补相加演算的结果刚好是直接做减法演算结果的绝对值的补码，即当 $A-B<0$ 时，舍弃的进位为 0，借位信号为 1，表示差值为负，若要以原码的形式输出，则需对其结果再求补码，即得原码。

综合上述分析，画出用 4 位二进制加法器 74HC283 实现 4 位二进制减法电路如图 3-43 所示。

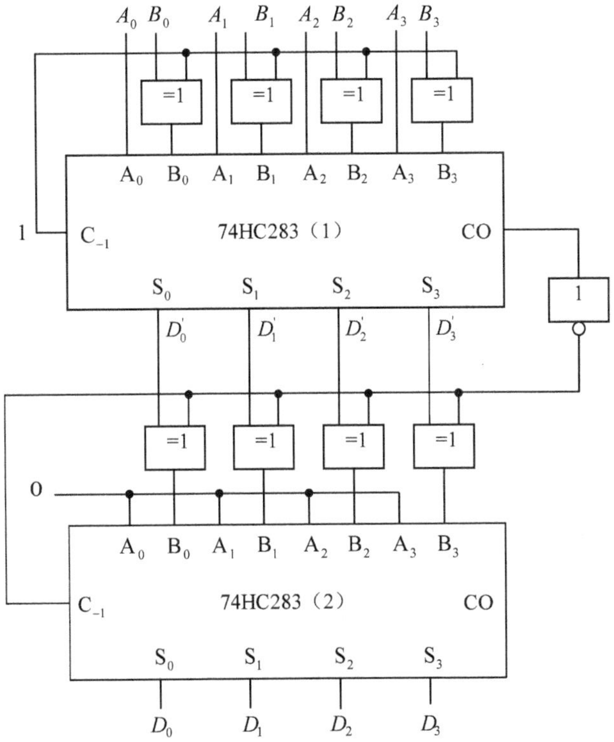

图 3-43　4 位二进制减法电路图

3.3.5　数值比较器

在数字系统中，有时需要比较两个数值的大小。数值比较器就是能对两个二进制数的大小进行比较的逻辑电路。两个数 A、B 比较的结果有 $A>B$、$A<B$ 和 $A=B$ 3 种情况。

1. 1 位数值比较器

A 和 B 都是 1 位二进制数，它们的取值有 0 和 1 两种情况，比较的结果有 3 种情况，分别为 $A>B$、$A<B$ 和 $A=B$，1 位数值比较器的真值表如表 3-21 所示。

表 3-21　1 位数值比较器的真值表

输入		输出		
A	B	$F_{A>B}$	$F_{A<B}$	$F_{A=B}$
0	0	0	0	1
0	1	0	1	0
1	0	1	0	0
1	1	0	0	1

由真值表写出逻辑函数表达式为

$$F_{A>B}=A\overline{B},$$

$$F_{A<B}=\overline{A}B,$$

$$F_{A=B}=\overline{A}\,\overline{B}+AB=\overline{\overline{A}B+A\overline{B}}。$$

由逻辑函数表达式画出逻辑图如图 3-44 所示。

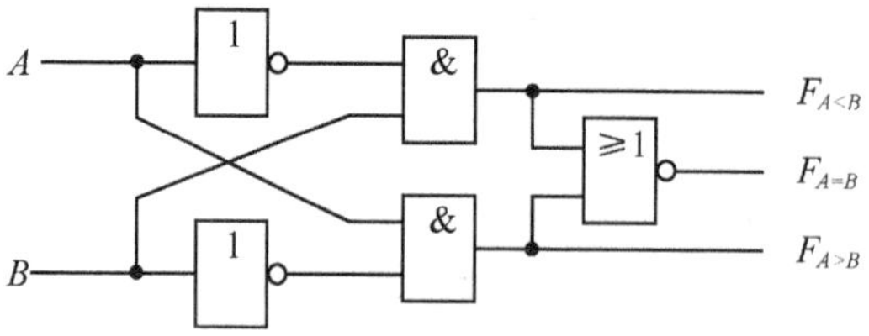

图 3-44　1 位数值比较器的逻辑图

2. 4 位数值比较器

两个 4 位二进制数 $A=A_3A_2A_1A_0$ 和 $B=B_3B_2B_1B_0$。比较它们大小的方法是从高位开始比较，若 $A_3>B_3$，以下各位不必比较，就可判断 $A>B$。反之，若 $A_3<B_3$，则 $A<B$；若 $A_3=B_3$，则比较 A_2 和 B_2 的关系，依次逐位进行，直到比较出结果为止；只有 A 和 B 各位都相等才有 $A=B$。集成 4 位数值比较器 74HC85 的逻辑符号及引脚图如图 3-45 所示，真值表如表 3-22 所示。为了扩展数值比较器的功能，增加了 3 个扩展端以供多片级联时使用。3 个扩展端分别为 $I_{A>B}$，$I_{A<B}$ 和 $I_{A=B}$。

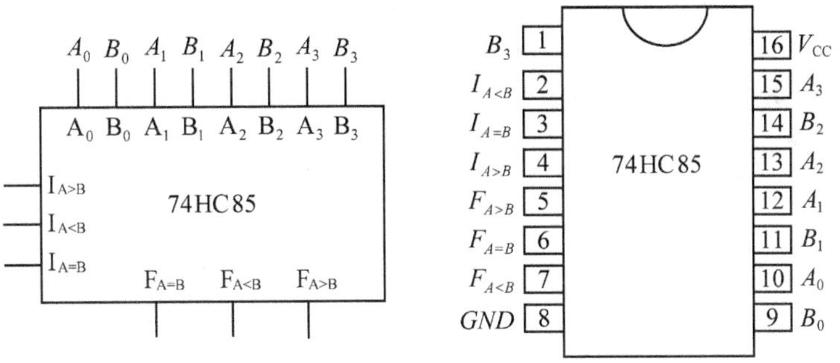

（a）逻辑符号　　　（b）引脚图

图 3-45　74HC85 的逻辑符号及引脚图

表 3-22　4 位数值比较器的真值表

输入				级联输入			输出		
A_3B_3	A_2B_2	A_1B_1	A_0B_0	$I_{A>B}$	$I_{A<B}$	$I_{A=B}$	$F_{A>B}$	$F_{A<B}$	$F_{A=B}$
$A_3>B_3$	×	×	×	×	×	×	1	0	0
$A_3<B_3$	×	×	×	×	×	×	0	1	0
$A_3=B_3$	$A_2>B_2$	×	×	×	×	×	1	0	0
$A_3=B_3$	$A_2<B_2$	×	×	×	×	×	0	1	0
$A_3=B_3$	$A_2=B_2$	$A_1>B_1$	×	×	×	×	1	0	0
$A_3=B_3$	$A_2=B_2$	$A_1<B_1$	×	×	×	×	0	1	0
$A_3=B_3$	$A_2=B_2$	$A_1=B_1$	$A_0>B_0$	×	×	×	1	0	0
$A_3=B_3$	$A_2=B_2$	$A_1=B_1$	$A_0<B_0$	×	×	×	0	1	0
$A_3=B_3$	$A_2=B_2$	$A_1=B_1$	$A_0=B_0$	1	0	0	1	0	0
$A_3=B_3$	$A_2=B_2$	$A_1=B_1$	$A_0=B_0$	0	1	0	0	1	0
$A_3=B_3$	$A_2=B_2$	$A_1=B_1$	$A_0=B_0$	0	0	1	0	0	1

由真值表写出的逻辑表达式为

$$F_{A>B}=A_3\overline{B_3}+(A_3\odot B_3)A_2\overline{B_2}+(A_3\odot B_3)(A_2\odot B_2)A_1\overline{B_1}+$$
$$(A_3\odot B_3)(A_2\odot B_2)(A_1\odot B_1)A_0\overline{B_0}$$
$$+(A_3\odot B_3)(A_2\odot B_2)(A_1\odot B_1)(A_0\odot B_0)I_{A>B},$$
$$F_{A<B}=\overline{A_3}B_3+(A_3\odot B_3)\overline{A_2}B_2+(A_3\odot B_3)(A_2\odot B_2)\overline{A_1}B_1+$$
$$(A_3\odot B_3)(A_2\odot B_2)(A_1\odot B_1)\overline{A_0}B_0$$
$$+(A_3\odot B_3)(A_2\odot B_2)(A_1\odot B_1)(A_0\odot B_0)I_{A<B},$$
$$F_{A=B}=(A_3\odot B_3)(A_2\odot B_2)(A_1\odot B_1)(A_0\odot B_0)I_{A=B}。$$

在比较两个 4 位二进制数时，应将扩展端 $I_{A>B}$ 和 $I_{A<B}$ 接低电平，$I_{A=B}$ 接高电平。在比较多于 4 位的数时，需要将两片以上的芯片组合成位数更多的数值比较器。

3. 数值比较器的扩展

数值比较器的扩展有串联和并联两种方式。如图 3-46 所示是两个 4 位数值比较器串联而成的一个 8 位数值比较器。图中低四位的输出与高四位数值比较器的 $I_{A>B}$，$I_{A<B}$ 和 $I_{A=B}$ 连接。总的比较结果由高四位的输出端输出。

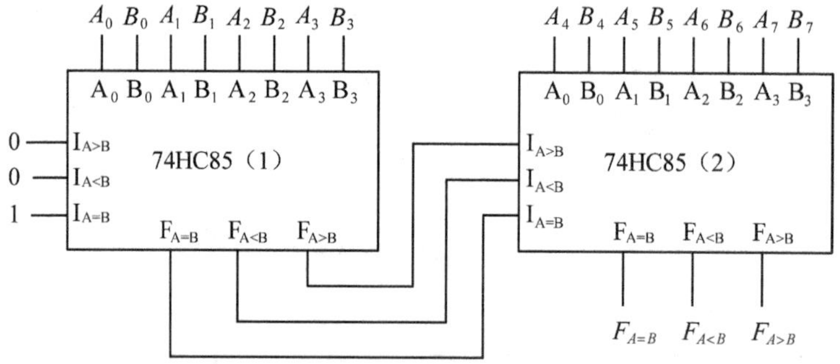

图 3-46 串联方式扩展的 8 位数值比较器

当位数较多且需满足一定的速度要求时，可以采用并联方式。如图 3-47 所示为 16 位并联数值比较器的原理图。共用了 5 片 4 位数值比较器 74HC85，前 4 片是并联方式，后边 1 片与前 4 片是串联方式。

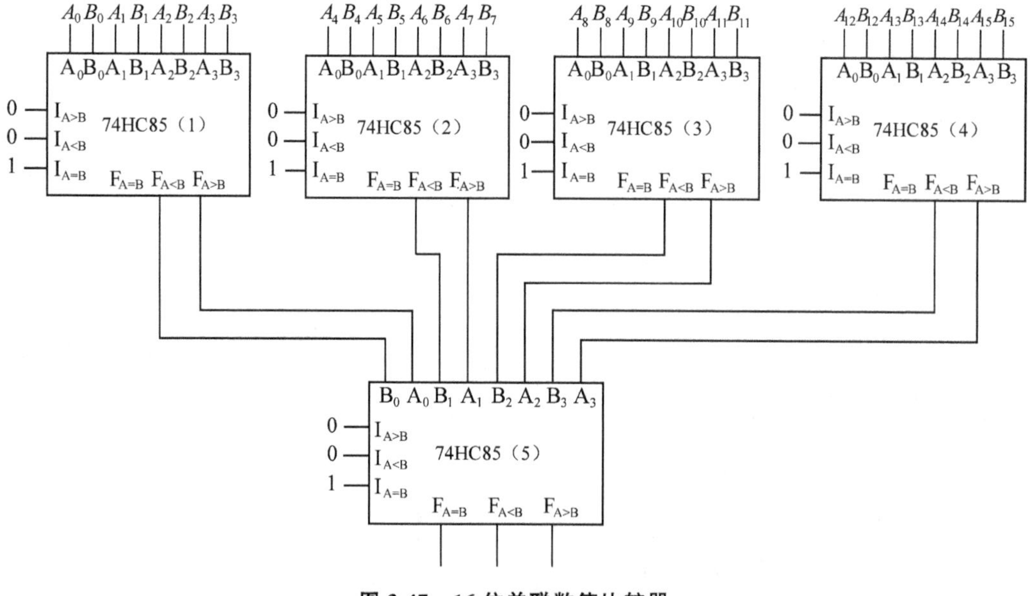

图 3-47 16 位并联数值比较器

3.4 中规模集成电路构成组合逻辑电路的分析方法和设计方法

中规模集成电路本身根据需要可以直接相连，实现某个功能，也可以作为基本部件，经过适当设计后实现其他逻辑功能。

3.4.1 分析方法

分析组合逻辑电路的目的就是找出其逻辑功能。用中规模集成电路构成的组合逻辑电路的分析方法与用小规模集成电路构成的组合逻辑电路的分析方法基本相同，首先根据逻辑电路，写出逻辑函数表达式；其次对逻辑函数表达式进行化简，并列出真值表；最后确定其逻辑功能。

【例 3-19】 8 线-3 线优先编码器 74HC148 和与非门构成的电路如图 3-48 所示。说明该电路的逻辑功能。

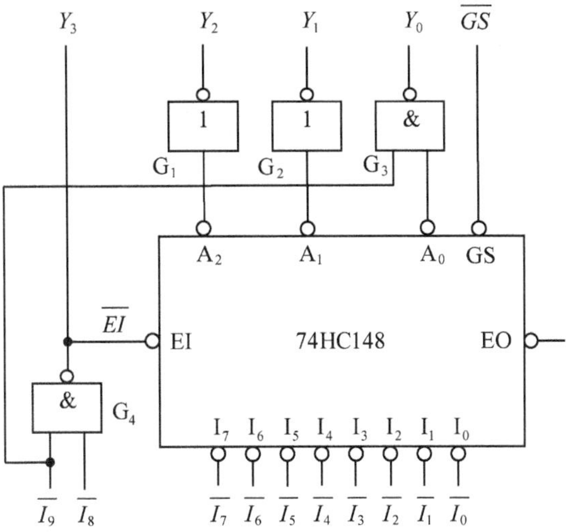

图 3-48 例 3-19 的逻辑电路

解：由图 3-48 写出各输出函数的表达式为

$$Y_3 = \overline{\overline{I_9}\,\overline{I_8}} = \overline{EI}, \quad Y_2 = \overline{\overline{A_2}}, \quad Y_1 = \overline{\overline{A_1}}, \quad Y_0 = \overline{\overline{I_9}\,\overline{A_0}}。$$

分析过程如下：当 $\overline{I_9}$、$\overline{I_8}$ 均为 1 时，与非门 G_4 的输出 $Y_3=0$，同时使 74HC148 的 $\overline{EI}=0$，允许 74HC148 工作，74HC148 对输入 $\overline{I_7}\sim\overline{I_0}$ 进行编码。当 $\overline{I_7}\sim\overline{I_0}$ 全为 1 时，则 $\overline{A_2}\,\overline{A_1}\,\overline{A_0}=111$，总输出 $Y_3Y_2Y_1Y_0=0000$；当 $\overline{I_7}\sim\overline{I_0}$ 有 0 时，如 $\overline{I_7}=\overline{I_6}=1$，$\overline{I_5}=0$，则 $A_2A_1A_0=010$，经门 G_1，G_2，G_3 处理后，$Y_2Y_1Y_0=101$，总输出 $Y_3Y_2Y_1Y_0=0101$，这正是 5 的 8421BCD 码。

当 $\overline{I_9}$ 或 $\overline{I_8}$ 有 0 时，与非门 G_4 的输出 $Y_3=1$，同时使 74HC148 的 $\overline{EI}=1$，禁止 74HC148 工作，使 $\overline{A_2}\,\overline{A_1}\,\overline{A_0}=111$。如果 $\overline{I_9}=0$，那么总输出 $Y_3Y_2Y_1Y_0=1001$；如果 $\overline{I_9}=1$，$\overline{I_8}=0$，那么总输出 $Y_3Y_2Y_1Y_0=1000$，正好是 8 和 9 的 8421BCD 码。

综上分析列出此逻辑电路的真值表如表 3-23 所示。

表 3-23　例 3-19 的真值表

$\overline{I_9}$	$\overline{I_8}$	$\overline{I_7}$	$\overline{I_6}$	$\overline{I_5}$	$\overline{I_4}$	$\overline{I_3}$	$\overline{I_2}$	$\overline{I_1}$	$\overline{I_0}$	Y_3	Y_2	Y_1	Y_0
1	1	1	1	1	1	1	1	1	1	0	0	0	0
1	1	1	1	1	1	1	1	1	0	0	0	0	0
1	1	1	1	1	1	1	1	0	×	0	0	0	1
1	1	1	1	1	1	1	0	×	×	0	0	1	0
1	1	1	1	1	1	0	×	×	×	0	0	1	1
1	1	1	1	1	0	×	×	×	×	0	1	0	0
1	1	1	1	0	×	×	×	×	×	0	1	0	1
1	1	1	0	×	×	×	×	×	×	0	1	1	0
1	1	0	×	×	×	×	×	×	×	0	1	1	1
1	0	×	×	×	×	×	×	×	×	1	0	0	0
0	×	×	×	×	×	×	×	×	×	1	0	0	1

根据真值表可知，此电路为 8421BCD 码编码器。

【例 3-20】如图 3-49 所示为低电平有效的 8421 码二-十进制译码器构成的电路，分析该电路的逻辑功能。

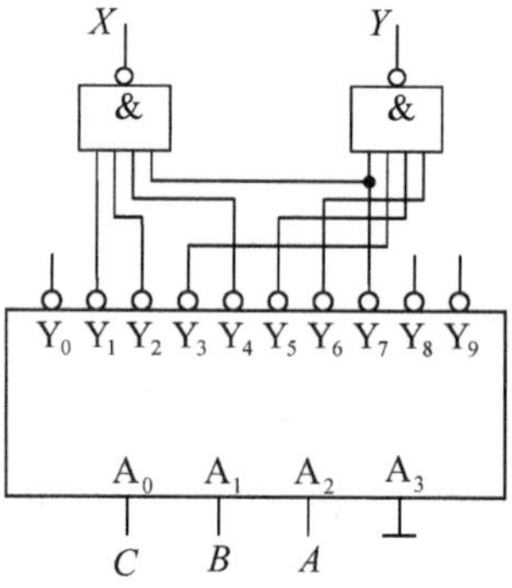

图 3-49　例 3-20 的逻辑电路

解：(1)根据给定的逻辑电路写出逻辑函数表达式，并进行化简。

$$X=\overline{\overline{Y}_1\overline{Y}_2\overline{Y}_4\overline{Y}_7}=\overline{A}\,\overline{B}C+\overline{A}B\overline{C}+A\overline{B}\,\overline{C}+ABC=C(\overline{A\oplus B})+\overline{C}(A\oplus B)$$
$$=A\oplus B\oplus C,$$

$$Y=\overline{\overline{Y}_3\overline{Y}_5\overline{Y}_6\overline{Y}_7}=\overline{A}BC+A\overline{B}C+AB\overline{C}+ABC=AB+AC+BC。$$

(2)根据化简后的表达式列出真值表如表 3-24 所示。

表 3-24　例 3-20 的真值表

A	B	C	X	Y
0	0	0	0	0
0	0	1	1	0
0	1	0	1	0
0	1	1	0	1
1	0	0	1	0
1	0	1	0	1
1	1	0	0	1
1	1	1	1	1

(3)确定电路逻辑功能。该电路实现 1 位全加器，A 为被加数，B 为加数，C 为低位向本位的进位，X 为全加和，Y 为本位向高位的进位。

【例 3-21】分析如图 3-50 所示逻辑电路的功能。

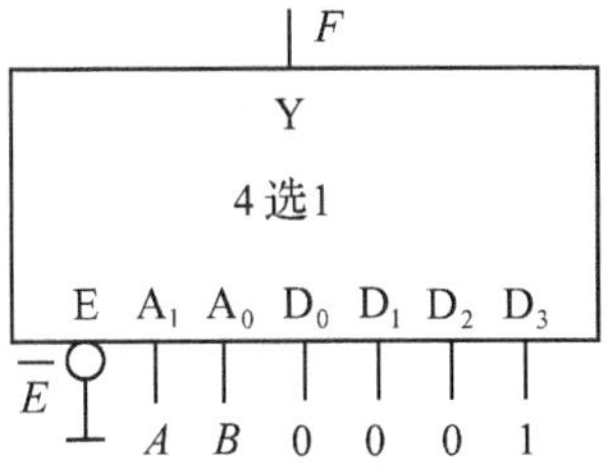

图 3-50　例 3-21 的逻辑电路

解：4 选 1 数据选择器的逻辑函数表达式为

$$F=Y=\overline{A_1}\,\overline{A_0}D_0+\overline{A_1}A_0D_1+A_1\overline{A_0}D_2+A_1A_0D_3。$$

将 $A_1=A$、$A_0=B$，$D_0=D_1=D_2=0$、$D_3=1$ 代入表达式，得

$$F=\overline{A_1}\,\overline{A_0}\cdot 0+\overline{A_1}A_0\cdot 0+A_1\overline{A_0}\cdot 0+A_1A_0\cdot 1=A_1A_0=AB。$$

由表达式可知，该电路实现了与逻辑功能。

3.4.2　设计方法

用中规模集成电路设计组合逻辑电路的步骤如下：

(1)列真值表。

(2)写出逻辑函数表达式。

(3)将逻辑函数表达式变换成与所用中规模集成电路逻辑函数表达式相似的形式。

用中规模集成电路(MSI)设计组合逻辑电路的基本方法是比较法，有比较逻辑函数表达式和比较真值表两种，比较时可能出现以下几种情况。

① 如果组合电路的逻辑函数表达式与某种 MSI 的逻辑函数表达式一样，选用该种 MSI 效果最好。

② 如果组合电路的逻辑函数表达式是某种 MSI 的逻辑函数表达式的一部分，对多出的输入变量和乘积项进行适当处理(接 1 或接 0)，即可得到组合电路的逻辑函数表达式。

若 MSI 的逻辑函数表达式是组合电路的逻辑函数表达式的一部分，则可以用多片 MSI 和少量的逻辑门进行扩展得到组合电路的逻辑函数表达式。

③ 对于多输入、单输出的组合电路，选用数据选择器较方便；多输入、多输出的组合电路，选用译码器和逻辑门较好。

④ 当组合电路的逻辑函数表达式与 MSI 的逻辑函数表达式相同之处较少时，不宜选用此种 MSI 芯片。

(4)根据对比结果画出逻辑图。

在用中规模集成电路设计组合逻辑电路时，不应拘泥于上述过程。例如，对比真值表的话就不用写表达式了。

【例 3-22】用 74HC138 和适当的门电路设计一个 1 位二进制全减器。

解：设被减数为 A_i，减数为 B_i，低位向本位的借位为 C_{i-1}，本位向高位的借位为 C_i，差为 S_i，根据题意列出真值表如表 3-25 所示。

表 3-25　例 13-22 的真值表

A_i	B_i	C_{i-1}	S_i	C_i
0	0	0	0	0
0	0	1	1	1
0	1	0	1	1
0	1	1	0	1
1	0	0	1	0
1	0	1	0	0
1	1	0	0	0
1	1	1	1	1

根据真值表写出逻辑函数表达式为

$$S_i = \overline{A_i}\,\overline{B_i}\,C_{i-1} + \overline{A_i}\,B_i\overline{C_{i-1}} + A_i\overline{B_i}\,\overline{C_{i-1}} + A_iB_iC_{i-1} = m_1 + m_2 + m_4 + m_7$$

$$C_i = \overline{A_i}\,\overline{B_i}C_{i-1} + \overline{A_i}B_i\overline{C_{i-1}} + \overline{A_i}B_iC_{i-1} + A_iB_iC_{i-1} = m_1 + m_2 + m_3 + m_7$$

将全减器的输入变量 A_i、B_i、C_{i-1} 分别与译码器的输入 A_2、A_1、A_0 相连，译码器的使能端连接固定信号，即 $S_1 = 1$，$\overline{S_2} + \overline{S_3} = 0$。这样可以得到

$$S_i = \overline{\overline{m_1}\,\overline{m_2}\,\overline{m_4}\,\overline{m_7}} = \overline{\overline{Y_1}\,\overline{Y_2}\,\overline{Y_4}\,\overline{Y_7}},$$

$$C_i = \overline{\overline{m_1}\,\overline{m_2}\,\overline{m_3}\,\overline{m_7}} = \overline{\overline{Y_1}\,\overline{Y_2}\,\overline{Y_3}\,\overline{Y_7}}。$$

将相应输出端送至“与非门”，即可获得所需输出 S_i 和 C_i。其逻辑图如图 3-51 所示。

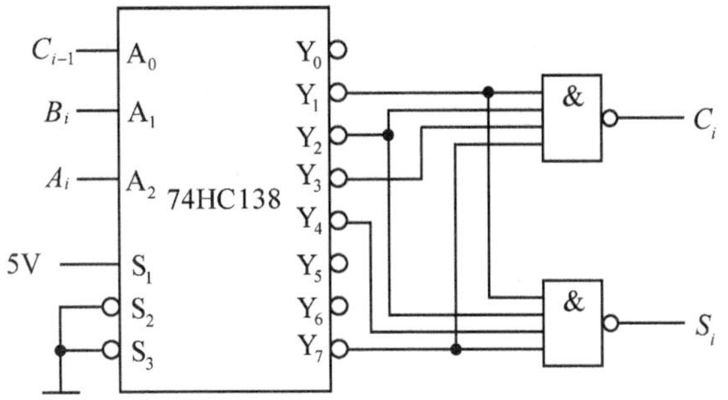

图 3-51　例 3-22 的逻辑图

【例 3-23】用 74HC138 和适当的门电路实现逻辑函数

$$F(A,B,C,D)=\sum m(2,4,6,8,10,12,14)。$$

解：给出的逻辑函数有 4 个逻辑变量，显然需用 4 线- 16 线译码器来实现。利用 74HC138 的使能端，用两片 74HC138 扩展为 4 线- 16 线译码器，将逻辑变量 B，C，D 分别接至译码器芯片(1)和译码器芯片(2)的输入端 A_2，A_1，A_0，逻辑变量 A 接至译码器芯片(1)的使能端 $\overline{S_2}$ 和芯片(2)的使能端 S_1。将给定的逻辑函数表达式进行变换得

$$F=\overline{\overline{m_2}\,\overline{m_4}\,\overline{m_6}\,\overline{m_8}\,\overline{m_{10}}\,\overline{m_{12}}\,\overline{m_{14}}}=\overline{\overline{Y_2}\,\overline{Y_4}\,\overline{Y_6}\,\overline{Y_8}\,\overline{Y_{10}}\,\overline{Y_{12}}\,\overline{Y_{14}}}。$$

综上分析，画出逻辑图如图 3-52 所示。

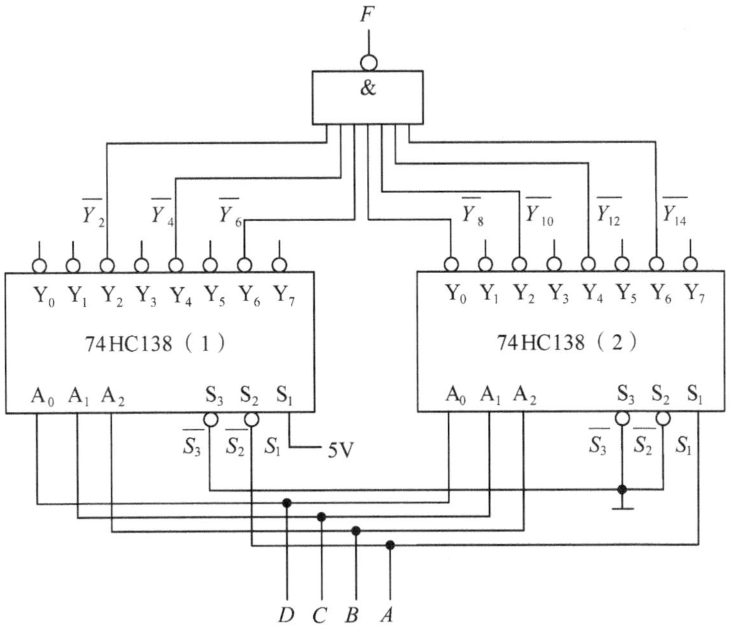

图 3-52　例 3-23 的逻辑图

【例 3-24】试用 4 选 1 数据选择器设计一个判定电路。只有在主裁判同意、3 名副裁判多数同意的情况下，比赛成绩才被承认，否则比赛成绩不予承认。

解：设主裁判为 A ，3 名副裁判分别为 B，C，D ，同意用 1 表示，不同意用 0 表示；比赛成绩认定用 F 表示，承认用 1 表示，不承认用 0 表示。根据题意列出的真值表如表 3-26 所示。

表 3-26　例 3-24 的真值表

<table>
<tr><th>A</th><th>B</th><th>C</th><th>D</th><th>F</th><th>方案 1</th><th>方案 2</th></tr>
<tr><td>0</td><td>0</td><td>0</td><td>0</td><td>0</td><td rowspan="4">$D_0=0$
（F 与 C、D 无关）</td><td rowspan="8"></td></tr>
<tr><td>0</td><td>0</td><td>0</td><td>1</td><td>0</td></tr>
<tr><td>0</td><td>0</td><td>1</td><td>0</td><td>0</td></tr>
<tr><td>0</td><td>0</td><td>1</td><td>1</td><td>0</td></tr>
<tr><td>0</td><td>1</td><td>0</td><td>0</td><td>0</td><td rowspan="4">$D_1=0$
（F 与 C、D 无关）</td></tr>
<tr><td>0</td><td>1</td><td>0</td><td>1</td><td>0</td></tr>
<tr><td>0</td><td>1</td><td>1</td><td>0</td><td>0</td></tr>
<tr><td>0</td><td>1</td><td>1</td><td>1</td><td>0</td></tr>
<tr><td>1</td><td>0</td><td>0</td><td>0</td><td>0</td><td rowspan="4">$D_2=CD$
（$F=CD$）</td><td rowspan="2">$D_0=0$</td></tr>
<tr><td>1</td><td>0</td><td>0</td><td>1</td><td>0</td></tr>
<tr><td>1</td><td>0</td><td>1</td><td>0</td><td>0</td><td rowspan="2">$D_1=D$</td></tr>
<tr><td>1</td><td>0</td><td>1</td><td>1</td><td>1</td></tr>
<tr><td>1</td><td>1</td><td>0</td><td>0</td><td>0</td><td rowspan="4">$D_3=C+D$
（$F=C+D$）</td><td rowspan="2">$D_2=D$</td></tr>
<tr><td>1</td><td>1</td><td>0</td><td>1</td><td>1</td></tr>
<tr><td>1</td><td>1</td><td>1</td><td>0</td><td>1</td><td rowspan="2">$D_3=1$</td></tr>
<tr><td>1</td><td>1</td><td>1</td><td>1</td><td>1</td></tr>
</table>

方案 1：令 $A=A_1$，$B=A_0$，C 和 D 作为数据输入。$D_0\sim D_3$ 与 C，D 的关系已标注在表 3-26 中。

方案 2：由表 3-26 可以看出，当 $A=0$ 时，$F=0$；当 $A=1$ 时，F 才有 1 输出。所以选 A 作为控制端，当 $A=0$ 时，数据选择器不工作；当 $A=1$ 时，数据选择器工作，因此令 $\overline{A}=\overline{E}$ 。当 $A=1$ 时，B，C 作为选择输入，D 作为数据输入。$D_0\sim D_3$ 与 D 的关系也标注在表 3-26 中。

两种方案的逻辑图如图 3-53 所示。

【例 3-25】用 4 位二进制加法器 74HC283 实现 8421BCD 码数的加法运算，结果仍然为 8421BCD 码。

解：8421BCD 码表示的十进制数加法类似于 4 位无符号二进制数加法，但如果结果超过 1001，那么必须将其结果再加校正因子校正，校正因子就是十六进制与十进制最大数的差，即 0110。例如

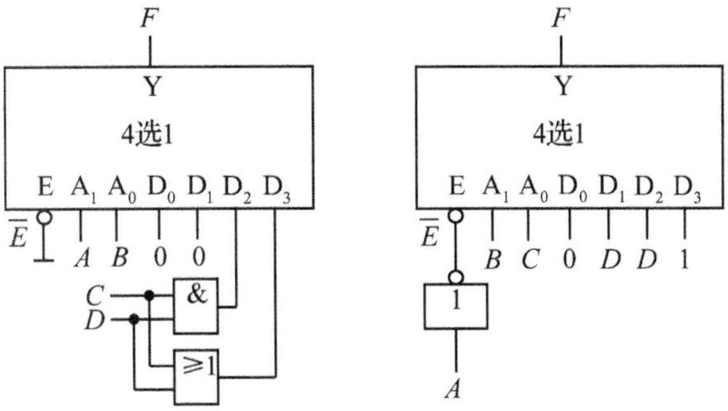

（a）方案1　　（b）方案2

图 3-53　例 3-24 的逻辑图

$$\begin{array}{r} 5 \\ +\ 9 \\ \hline 14 \\ \\ 10+4 \end{array} \qquad \begin{array}{r} 0101 \\ +\ 1001 \\ \hline 1110 \\ +\ 0110 \\ \hline 10100 \end{array} \text{ 修正} \qquad\qquad \begin{array}{r} 8 \\ +\ 8 \\ \hline 16 \\ \\ 10+6 \end{array} \qquad \begin{array}{r} 1000 \\ +\ 1000 \\ \hline 10000 \\ +\ 0110 \\ \hline 10110 \end{array} \text{ 修正}$$

两个 8421BCD 码按二进制规则相加的结果分别用 C_4，S_3，S_2，S_1，S_0 表示，由于输入的是 8421BCD 码，最大为 9，两数相加的结果最大为 18。F 表示修正函数，0 表示不修正；1 表示修正。根据上面的分析，结果大于 9 时需要修正，而小于等于 9 时不需要修正，列出真值表如表 3-27 所示。

表 3-27　BCD 码相加运算修正的真值表

结果值	C_4	S_3	S_2	S_1	S_0	F	结果值	C_4	S_3	S_2	S_1	S_0	F
0	0	0	0	0	0	0	10	0	1	0	1	0	1
1	0	0	0	0	1	0	11	0	1	0	1	1	1
2	0	0	0	1	0	0	12	0	1	1	0	0	1
3	0	0	0	1	1	0	13	0	1	1	0	1	1
4	0	0	1	0	0	0	14	0	1	1	1	0	1
5	0	0	1	0	1	0	15	0	1	1	1	1	1
6	0	0	1	1	0	0	16	1	0	0	0	0	1
7	0	0	1	1	1	0	17	1	0	0	0	1	1
8	0	1	0	0	0	0	18	1	0	0	1	0	1
9	0	1	0	0	1	0	19	1	0	0	1	1	1

根据真值表写出修正逻辑函数表达式为

$$F = C_4 + S_3 S_2 + S_3 S_1。$$

当 $F=1$ 时，需要对 $S_3S_2S_1S_0$ 再加 0110，因此还需要一个 4 位加法器。8421BCD 码加法器电路如图 3-54 所示。

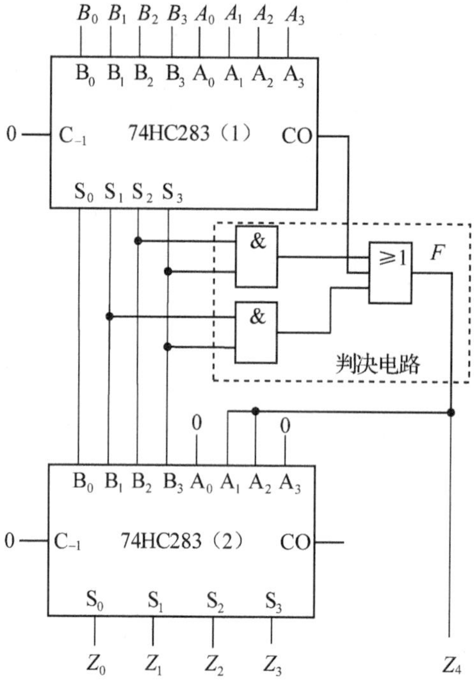

图 3-54　例 3-25 的逻辑图

3.5　组合逻辑电路中的竞争-冒险

3.5.1　竞争-冒险的产生

前面在进行组合逻辑电路分析和设计时，研究了输入和输出稳定状态的关系，而没有考虑实际电路中信号的延时问题。在实际的逻辑电路中，信号经过任何逻辑门都需要一定的时间，也就是说输入信号通过不同的路径到达门电路的时间有先后，这一现象称为竞争。竞争的结果是随机的，有时竞争不影响电路的逻辑功能，有时竞争会导致逻辑错误，使电路产生错误输出，这种现象称为冒险。

下面通过两个简单的电路工作情况，说明竞争-冒险产生的原因。如图 3-55(a)所示与门在稳定状态下，当 $A=0$，$B=1$ 或 $A=1$，$B=0$ 时，都有 $F=0$。若 A 由 0 翻转为 1 的同时，B 由 1 翻转为 0，F 也应该为 0。但是，由于前级门电路的延迟时间不同或其他原因（如 $B=\overline{A}$），使得 B 由 1 变为 0 滞后于 A 由 0 变为 1，使得在很短的时间内 A，B 同时为 1，则与门的输出端就出现了一个窄的高电平脉冲，如图 3-55(b)所示。

如图 3-56(a)所示的或门在稳定状态下，当 $A=1$，$B=0$ 或 $A=0$，$B=1$ 时，都有

$F=1$。若 A 由 1 翻转为 0 的同时，B 由 0 翻转为 1，F 也应该为 1。但是，当 B 由 0 变为 1 滞后于 A 由 1 变为 0，使得在很短的时间内 A，B 同时为 0，则或门的输出端就出现了一个窄的低电平脉冲，如图 3-56(b)所示。由以上两个例子可知，当一个逻辑门的两个输入端的信号同时向相反方向变化，而变化的时间有差异，可能使电路输出产生干扰脉冲。这种现象就是电路中的竞争-冒险。

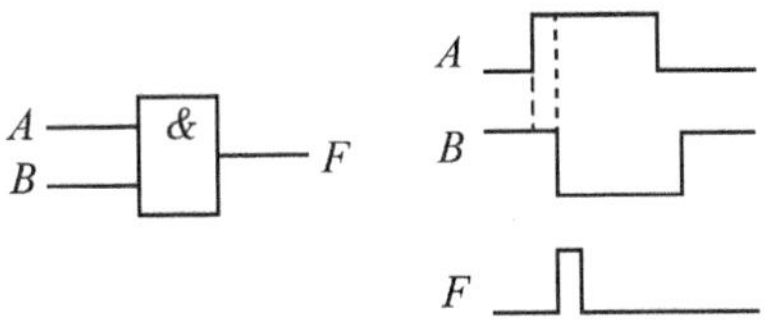

(a) 逻辑图　(b) 波形图

图 3-55　产生正跳变脉冲的竞争-冒险

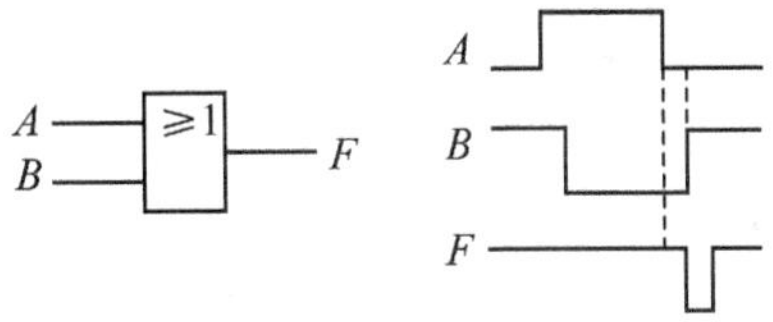

(a) 逻辑图　(b) 波形图

图 3-56　产生负跳变脉冲的竞争-冒险

组合逻辑电路的竞争-冒险是一种瞬态现象，它表现为在电路的输出端产生了不该出现的尖脉冲，暂时破坏了电路的正常逻辑关系。但当瞬态过程结束后，又恢复了电路的正常逻辑关系。

下面进一步分析组合逻辑电路产生的竞争-冒险。例如，如图 3-57(a)所示的组合逻辑电路。

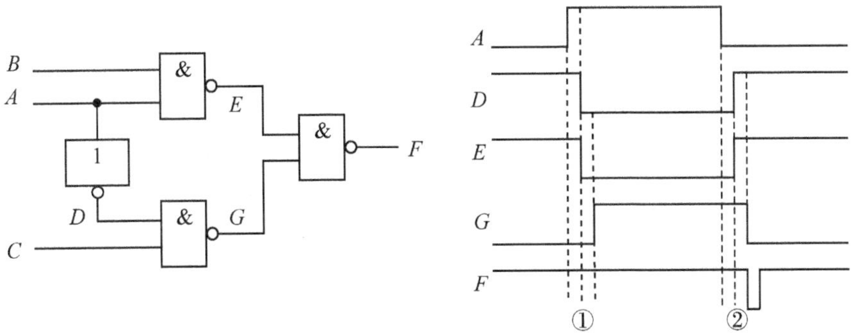

(a) 逻辑图　(b) 波形图

图 3-57　组合逻辑电路中的竞争-冒险

由逻辑图可写出逻辑函数表达式为

$$F=\overline{\overline{AB}\cdot\overline{\overline{A}C}}=AB+\overline{A}C。$$

当输入 $B=C=1$ 时，则上式变为

$$F=A+\overline{A}。$$

由此式可以看出，当 $B=C=1$ 时，无论 A 怎样变化，函数 F 的值都应该保持为 1，然而这是一种理想状态下的结论，考虑到实际电路中存在延时，当 $B=C=1$ 时，电路的输出、输入关系可用图 3-57(b)的波形图来说明。

由图 3-57(b)可以看出：当 A 由 0 变 1 时，在图 3-57(b)①处存在竞争，但输出 F 仍保持为 1，没有出现错误。但当 A 由 1 变 0 时，在图 3-57(b)②处存在竞争，输出 F 产生了错误。由此例可得，在一定条件下，如果逻辑电路输出端的逻辑表达式化简成两个互补信号相乘或者相加的形式，那么也可能使电路产生竞争-冒险。

尽管竞争-冒险出现的错误是暂时的，但仍可能引起电路工作不可靠，因此，必须识别并消除组合逻辑电路的竞争-冒险。

3.5.2 竞争-冒险的判断

判断一个电路是否存在竞争-冒险有代数判别法和卡诺图判别法两种方法。

1. 代数判别法

在逻辑函数与或表达式中，假如不同的“与”项彼此包含互补变量，这样，在某种输入变量组合下，逻辑函数表达式可能形成互补“或”项，该逻辑函数表达式所对应的逻辑电路就有可能出现竞争-冒险。同理，对于或与表达式，假如不同的“或”项彼此包含互补变量，这样，在某种输入变量组合下，逻辑函数表达式可能形成互补“与”项，该逻辑函数表达式所对应的逻辑电路就有可能出现竞争-冒险。但冒险究竟会不会产生，还要结合电路的时间延迟，通过波形图仔细观察和分析。

代数判别法是从逻辑函数表达式的结构来判别是否具有产生竞争-冒险的条件。首先检查逻辑函数表达式中是否存在具有竞争条件的变量，即是否变量 A 同时以原变量和反变量的形式存在；其次将逻辑函数表达式中其他变量的各种取值组合依次代入，把它们从逻辑函数表达式中消去，仅保留被研究的变量 A 。如果出现 $F=A+\overline{A}$ 或 $F=A\cdot\overline{A}$ 的形式，那么说明对应的逻辑电路可能会产生竞争-冒险。

例如，给定组合逻辑电路的逻辑函数表达式为

$$F=\overline{A}\,\overline{C}+\overline{A}B+AC。$$

从逻辑函数表达式可知，变量 A 和 C 同时以原变量和反变量的形式出现在逻辑函数表达式中，即 A 和 C 是具有竞争条件的变量，则在 A 或 C 发生变化时，与该逻辑函数表达式对应的组合逻辑电路可能由于竞争而产生冒险。现在对 A、C 两个变量分别进行分析。

考察 A 时，将 B 和 C 的各种取值组合分别代入逻辑函数表达式中，得

当 $BC=00$ 时，$F=\overline{A}$ ；

当 $BC=01$ 时，$F=A$ ；

当 $BC=10$ 时，$F=\overline{A}$ ；

当 $BC=11$ 时，$F=A+\overline{A}$ 。

由此可见，当 $BC=11$ 时，变量 A 改变状态可能使逻辑电路产生错误的 0。

同样，考察 C 时，将 A 和 B 的各种取值组合分别代入逻辑函数表达式中，得

当 $AB=00$ 时，$F=\overline{C}$ ；

当 $AB=01$ 时，$F=1$；

当 $AB=10$ 时，$F=C$ ；

当 $AB=11$ 时，$F=C$ 。

由此可见，当 AB 在各种取值组合时，变量 C 改变状态均不会使逻辑电路产生竞争-冒险。

2. 卡诺图判别法

将逻辑函数用卡诺图表示，并画出各合并项对应的卡诺圈；若发现两个圈“相切”，即

两个圈之间存在被不同圈包含的相邻最小项，则该逻辑电路就可能产生竞争-冒险。

例如，某逻辑电路对应的逻辑函数表达式为

$$F=\overline{A}D+\overline{A}C+AB\overline{C}。$$

将逻辑函数表示在卡诺图上，并画出逻辑函数表达式中各合并项对应的卡诺圈，如图 3-58 所示。

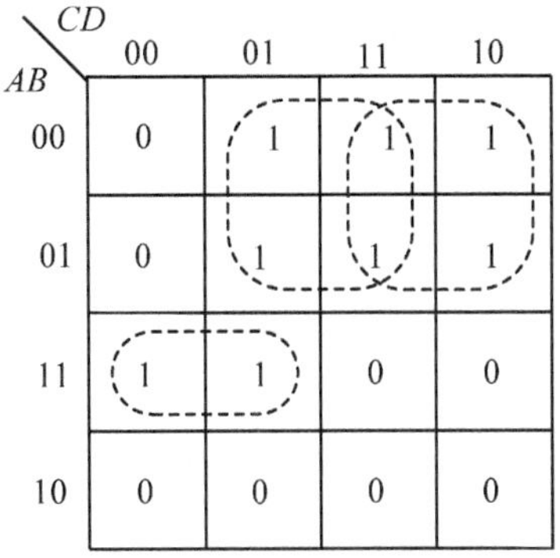

图 3-58　*F* 的卡诺图

观察卡诺图可发现，“与”项 $\overline{A}D$ 包含最小项 m_1，m_3，m_5，m_7，“与”项 $AB\overline{C}$ 包含最小项 m_{12} 和 m_{13}。它们分别被各“与”项对应的卡诺圈包含，当变量 $ABCD$ 由 1101 变为 0101 时，即由 m_{13} 转移到 m_5，由于 m_5 和 m_{13} 被不同的“与”项所包含，当两个“与”项的值都发生变化时，就有可能产生冒险。在卡诺图上，最小项 m_5 和 m_{13} 相邻，分别被不同的圈包含，两个圈彼此“相切”，这种情况下，逻辑函数表达式所对应的电路就可能产生竞争-冒险。

3.5.3　竞争-冒险的消除

当判别出所设计的组合逻辑电路存在竞争-冒险时，就必须采取适当的措施来消除它。

1. 修改逻辑设计，增加冗余项

当竞争-冒险是由单个变量改变状态引起时，通常的办法是在逻辑函数最简“与或”表达式(或“或与”表达式)中增加冗余项，若在卡诺图中存在某两个卡诺圈相切，则用一个多余的卡诺圈将相切处相邻最小项圈起来，多余的卡诺圈对应与项就是要加入的冗余项。所以冗余项包含而且只能包含彼此相邻但属于不同“与”项(或者“或”项)的相邻最小项(或最大项)，使原函数不可能在某些条件下出现 $A+\overline{A}$ 或 $A\cdot\overline{A}$ 的形式，从而消除可能产生的竞争-冒险。

例如，给定逻辑电路的逻辑函数表达式为

$$F=AB+\overline{A}C。$$

将该逻辑函数表示在卡诺图上，如图 3-59 所示。

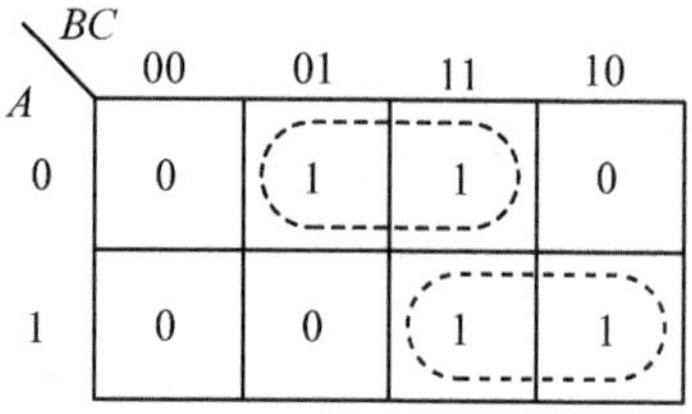

图 3-59　增加冗余项

由图 3-59 可以看出，存在两个卡诺圈相切，电路可能产生竞争-冒险。若增加冗余项 BC，则逻辑函数的表达式变为

$$F = AB + \overline{A}C + BC。$$

对该函数表达式，当变量 ABC 由 111 变到 011，或者由 011 变到 111 时，是否产生竞争-冒险，可进行如下验证：

由于变量 A 具备竞争条件，将 BC 的各种取值组合代入逻辑函数表达式中，得

当 $BC=00$ 时，$F=0$；

当 $BC=01$ 时，$F=\overline{A}$；

当 $BC=10$ 时，$F=A$；

当 $BC=11$ 时，$F=1$。

可见，加入冗余项 BC 后，消除了可能出现的竞争-冒险。

在逻辑函数表达式中，加入冗余项并不影响原函数的逻辑功能。但所加入的冗余项应尽可能简单。

2. 接入滤波电容

因为竞争-冒险产生的干扰脉冲一般很窄，所以可以采用在输出端并接一个几百皮法的滤波电容的方法，消除干扰脉冲。

3. 加入选通脉冲

加入选通脉冲控制可能产生竞争-冒险的逻辑门，使其在产生竞争-冒险期间门电路被封死，而在竞争-冒险过后，门电路被打开，允许正常输出。

设计组合逻辑电路时，不可能一开始就设计出没有竞争-冒险的最简电路，实际的设计步骤是：在不考虑竞争-冒险的情况下，首先获得最简电路，然后再判别可能存在的竞争-冒险，并采用适当的办法消除。

本章小结

组合逻辑电路是由若干个门电路组合而成，它的特点是不论任何时候，输出信号仅仅决定于当时的输入信号，而与电路原来的状态无关。

组合逻辑电路的分析就是根据给定的逻辑电路，得出输出与输入变量之间的逻辑关系。步骤是：先写出整个电路的输出函数逻辑表达式并进行化简，再根据逻辑函数表达式列出真值表，最后根据逻辑函数表达式或真值表判断出电路的逻辑功能。

组合逻辑电路的设计就是根据给定的实际问题，设计出满足要求的逻辑电路。首先确定输入、输出变量，列出真值表，其次根据真值表写出逻辑函数表达式并进行化简和变

换，最后根据化简或变换后的逻辑函数表达式画出逻辑图。

常用的中规模组合逻辑器件包括编码器、译码器、数据选择器、数值比较器、加法器等。为了增加使用的灵活性和便于功能扩展，在多数中规模组合逻辑器件中都设置了输入、输出使能端或输入、输出扩展端。它们既可控制器件的工作状态，又便于构成较复杂的逻辑系统。应用中规模组合逻辑器件进行组合逻辑电路设计的一般原则是：使用 MSI 芯片的个数和品种型号最少，芯片之间的连线最少。

负载电路对脉冲信号比较敏感时，电路中的竞争-冒险将会引起电路的逻辑错误。可以用代数判别法和卡诺图判别法判断一个电路是否存在竞争-冒险。

习　题

1. 写出如图 3-60 所示逻辑电路输出信号的逻辑函数表达式，并说明其逻辑功能。

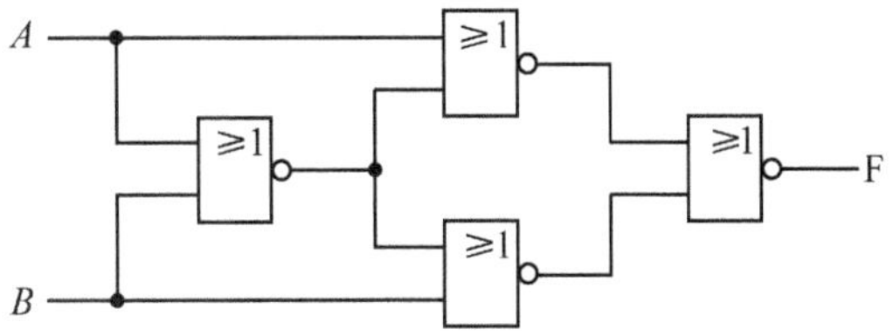

图 3-60

2. 分析如图 3-61 所示组合逻辑电路的功能。

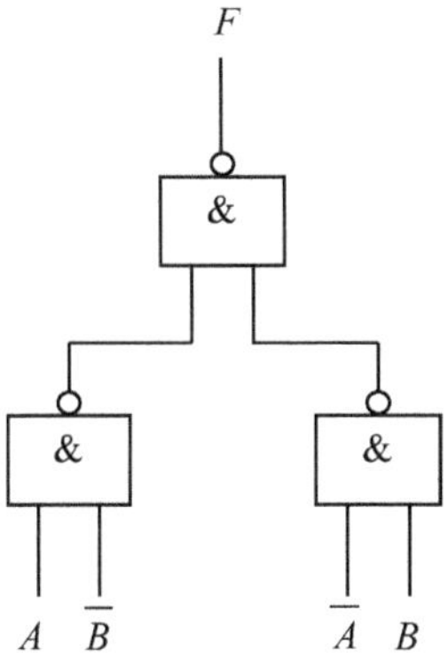

图 3-61

3. 分析如图 3-62 所示组合逻辑电路的功能。

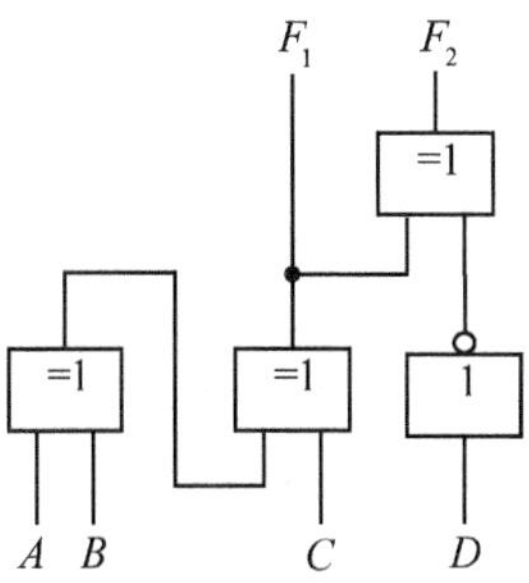

图 3-62

4. 写出如图 3-63 所示组合逻辑电路输出信号的逻辑函数表达式，列出真值表，并说明其逻辑功能。

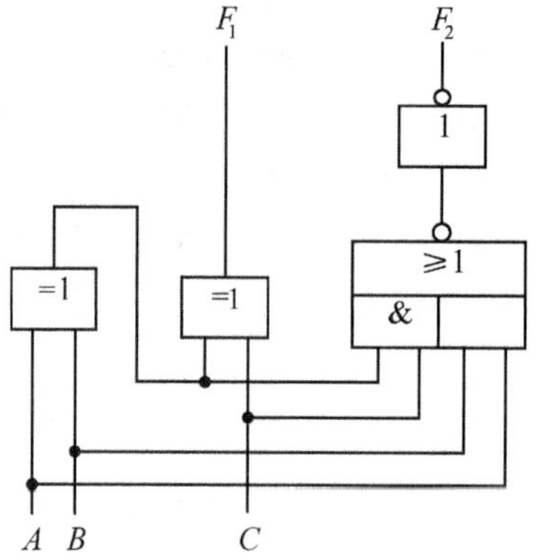

图 3-63

5. 分析如图 3-64 所示逻辑电路的功能。

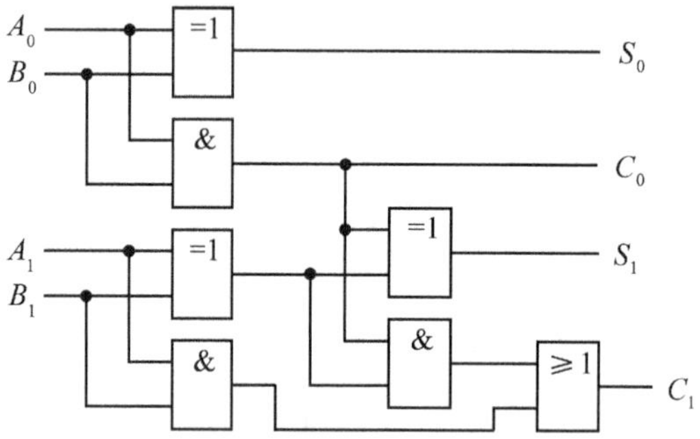

图 3-64

6. 试说明如图 3-65 所示的两个逻辑电路的功能是否一样。

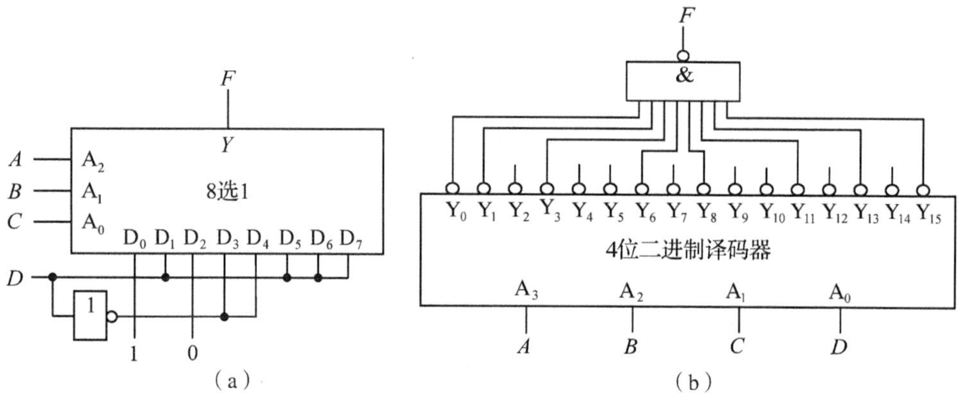

图 3-65

7. 试分析如图 3-66 所示逻辑电路的功能。

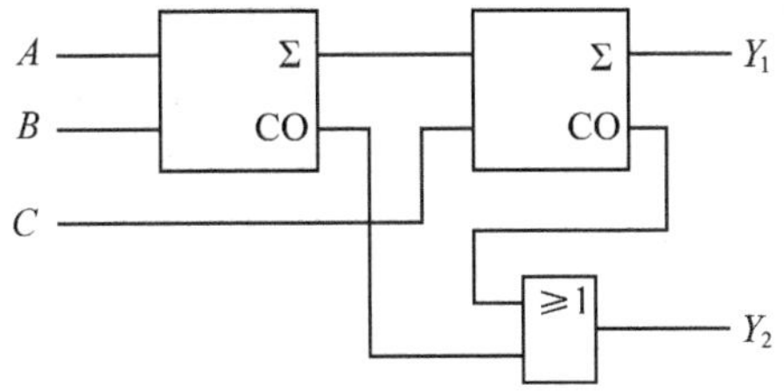

图 3-66

8. 已知如图 3-67 所示是一个受 M_1，M_2 控制的原码、反码和 0，1 转换器，试分析各转换器在 M_1，M_2 的什么状态下实现上述转换。

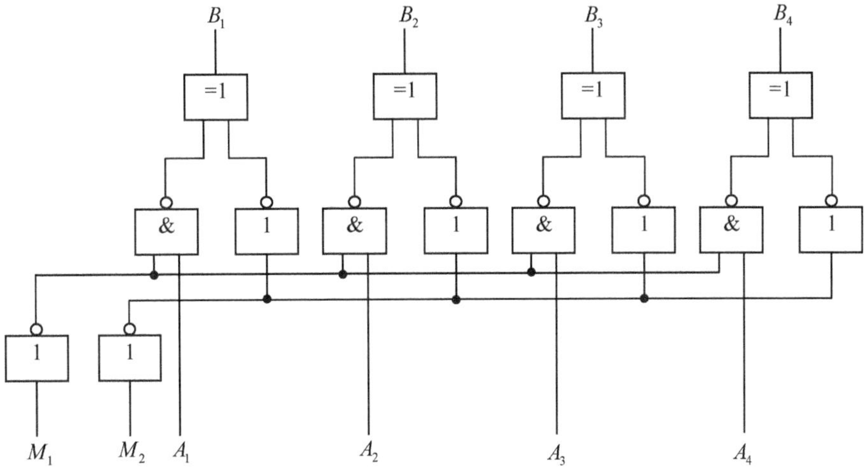

图 3-67

9. 试用与非门设计一个能判别 8421BCD 码所表示的十进制数是否大于等于 5 的逻辑电路。

10. 有 4 台设备，每台设备用电均为 10kW，若这 4 台设备由 X，Y 两台发电机供电，其中 X 的功率为 10 kW，Y 的功率为 20 kW。4 台设备的工作情况是：4 台设备不可能同时工作，但至少有一台工作。试设计一个供电控制逻辑电路，以达到节电的目的。

11. 设计一个检测电路，检测输入的 4 位二进制码中 1 的个数是否为奇数，若 1 的个数为奇数，则输出为 1，否则输出为 0。

12. 某足球评委会由一位教练和 3 位球迷组成，对裁判员的判罚进行表决。当满足以下条件时表示同意：有 3 人或 3 人以上同意；或者有两人同意，但其中一人是教练。试用 2 输入与非门设计该表决电路。

13. 某雷达站有 3 部雷达 A，B，C，其中 A 和 B 的功率消耗相等，C 的功率是 A 的两倍。这些雷达由两台发电机 X 和 Y 供电，发电机 X 的最大输出功率等于雷达 A 的功率消耗，发电机 Y 的最大输出功率是 X 的 3 倍。试设计一个逻辑电路，能够根据各雷达的启动和关闭信号，以最大节约电能的方式启、停发电机。

14. 试用与非门设计一个监视交通信号灯工作状态的逻辑电路，交通信号灯有红、黄、绿 3 盏灯。在正常情况下，任何时刻必有一盏灯点亮，而且只允许有一盏灯点亮，而当出现其他 5 种点亮状态时，电路故障，要求发出故障信号，以提醒维护人员前去修理。

15. 试用与非门设计一个 4 输入的优先编码器，要求输入、输出及工作状态均为高电平有效。

16. 某药房有药材 35 种，编号为 1 ～ 35。在配方时必须遵守下列规定：

(1)第 3 号与第 16 号不能同时使用；

(2)第 5 号与第 21 号不能同时使用；

(3)第 12、22、30 号不能同时使用；

(4)用第 7 号时，必须同时配用第 17 号；

(5)当第 10 号和第 20 号一起使用时，必须同时配用第 6 号。

设计一个组合逻辑电路，要求在违反上述任何一项规定时，都能给出指示信号。

17. 试设计一个组合逻辑电路，能够对输入的 4 位二进制数进行求反且加 1 运算。

18. 某实验室用红、黄两盏指示灯显示 3 台设备的故障情况，当一台设备有故障时黄灯亮；当两台设备同时有故障时红灯亮；当 3 台设备同时有故障时红、黄两灯都亮。试用译码器 74HC138 和与非门设计出满足该逻辑功能的控制电路。

19. 试用 2 线- 4 线译码器 74HC139 构成一个 4 线- 16 线译码器。

20. 用 74HC138 和适当的逻辑门实现逻辑函数 $F=\overline{A}\,\overline{B}\,\overline{C}+\overline{A}BC+A\overline{B}\,\overline{C}+AB\overline{C}$ 。

21. 用 74HC151 实现下列逻辑函数：

(1) $F(A, B, C)=\sum m(0, 2, 4, 6, 7)$；

(2) $F(A, B, C, D)=\sum m(0, 3, 4, 5, 7, 13, 15)$；

(3) $F=AB\overline{C}+\overline{A}\,\overline{B}\,\overline{C}+A\overline{B}\,\overline{C}D+\overline{A}\,\overline{B}D+ABC+A\overline{B}C\overline{D}$。

22. 试用 74HC138 和门电路设计一个地址译码器，地址范围为 00H ～ 3FH 。

23. 用 74HC138 实现下列逻辑函数：

(1) $F=ABD+AB\overline{C}+\overline{A}CD$；

(2) $F(A, B, C, D)=\sum m(0, 3, 6, 9)$；

(3) $F(A, B, C, D)=\sum m(0, 2, 3, 6, 7, 8)+\sum d(10, 11, 12, 13, 14, 15)$。

24. 试用 74HC138 和必要的门电路设计一个乘法器电路，能实现 2 位二进制数相乘，并输出结果。(提示：先构成 4 线- 16 线译码器)

25. 用 4 选 1 数据选择器 74HC153 产生逻辑函数 $F(A, B, C)=\sum m(1, 2, 5, 7)$ 。

26. 用若干 74HC151 构成一个 2 位 16 选 1 数据选择器。

27. 应用中规模集成组合逻辑电路设计一个数据传输电路，其功能为在 4 位通道选择信号的控制下，能将 16 个输入数据中的任何一个数据传送到 16 个输出端中相对应的一个输出端。示意图如图 3-68 所示。

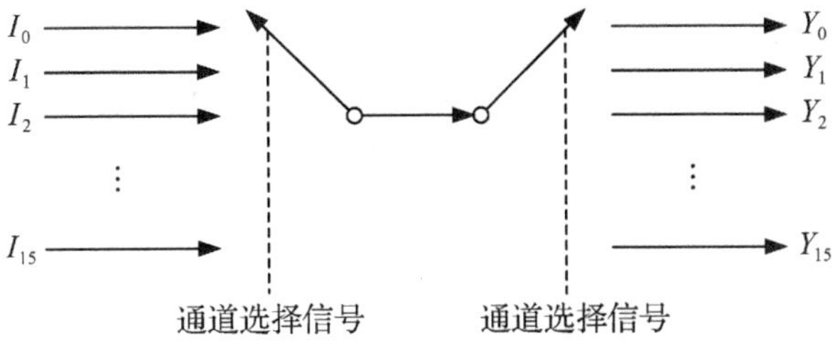

图 3-68

28. 试用数值比较器 74HC85 设计一个能比较两个 12 位数值大小的数值比较器。

29. 试用与非门和或门设计一个 2 位的数值比较器。

30. 判断下列逻辑函数是否存在竞争-冒险，并消除可能出现的竞争-冒险。

(1) $F_1 = AB + \overline{A}CD + BC$；

(2) $F_2 = AB\overline{C} + \overline{A}\,\overline{C}D + \overline{A}BC + ACD$。

31. 判断下列逻辑函数是否有可能产生竞争-冒险，如果可能产生竞争-冒险，请想办法消除。

(1) $F_1(A, B, C, D) = \sum m(5, 7, 13, 15)$；

(2) $F_2(A, B, C, D) = \sum m(5, 7, 8, 9, 10, 11, 13, 15)$；

(3) $F_3(A, B, C, D) = \sum m(0, 2, 4, 6, 8, 10, 12, 14)$；

(4) $F_4(A, B, C, D) = \sum m(0, 2, 4, 6, 12, 13, 14, 15)$。

32. 判断如图 3-69 所示逻辑电路是否存在竞争-冒险，如存在，请修改电路消除它。

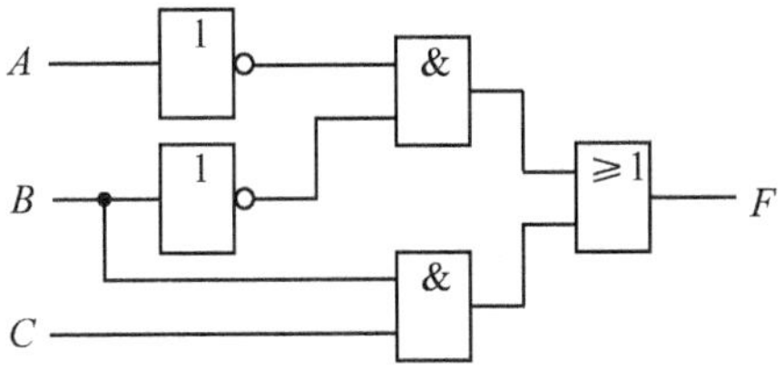

图 3-69

第 4 章　触发器

【内容提要】 本章首先介绍基本 RS 触发器的电路结构、工作原理和逻辑功能；其次介绍同步触发器、主从触发器和边沿触发器的电路结构、工作原理、逻辑功能和动作特点；最后较详细地讨论 RS 触发器、JK 触发器、D 触发器、T 触发器、T′触发器的逻辑功能及其描述方法以及各触发器之间的相互转换。

【能力目标】 理解基本 RS 触发器、同步触发器、主从触发器和边沿触发器的电路结构、工作原理和动作特点；掌握各触发器的逻辑功能及其描述方法以及各触发器之间的相互转换。

4.1　概述

在各种复杂的数字电路中，不仅需要对二值信号进行算术运算和逻辑运算，还经常需要将这些信号和运算结果储存起来，为此，需要使用具有记忆功能的基本单元。触发器(Flip-Flop)就是一种能够存储 1 位二值信号的逻辑单元电路。

触发器是最简单的一种时序逻辑电路，是构成时序逻辑电路的基本单元。触发器广泛应用于计数器、运算器、存储器等电子器件中。各种触发器均可由分立元件构成，也可由集成电路来实现，随着集成电路技术的发展，集成触发器品种越来越多，性能更加优良，应用日益广泛。

触发器有以下两个特点：

第一，具有两个能自行保持的稳定状态(0 状态和 1 状态)。

第二，在输入信号时，根据不同的输入信号可以置成 0 状态或 1 状态。

根据电路结构不同，触发器可分为基本 RS 触发器、同步触发器、主从触发器和维持-阻塞边沿触发器等。

根据触发方式不同，触发器可分为电平触发器、边沿触发器和主从触发器等。

根据逻辑功能不同，触发器可分为 RS 触发器、D 触发器、JK 触发器、T 触发器和 T′触发器等。

本章主要讨论基本 RS 触发器、同步触发器、主从触发器和边沿触发器的电路结构与工作原理、逻辑功能的描述方法以及触发器之间的相互转换。

4.2　基本 RS 触发器

4.2.1　由与非门组成的基本 RS 触发器

1. 电路结构及工作原理

将两个与非门的输入、输出端交叉耦合连接，即可构成基本 RS 触发器。其逻辑图和逻辑符号如图 4-1 所示。它有两个输入端 $\overline{R}$ 和 $\overline{S}$ ，有两个输出端 Q 和 $\overline{Q}$ 。一般情况下 Q 和 $\overline{Q}$ 是互补的。将 Q 的状态定义为触发器的状态，$Q=1$，$\overline{Q}=0$ 为触发器的 1 状态，$Q=0$，$\overline{Q}=1$ 为触发器的 0 状态。$\overline{S}$ 端称为置位端或置 1 输入端，$\overline{R}$ 端称为复位端或置 0 输入端。下面分析其工作原理：

(1) 当 $\overline{R}=1$，$\overline{S}=0$ 时，触发器的输出 $Q=1$，$\overline{Q}=0$。在 $\overline{S}=0$ 的信号消失以后(即 $\overline{S}$ 回到 1 状态)，由于有 $\overline{Q}$ 端的低电平接回到 G_2 门的另一个输入端，因而电路的 1 状态得以保持。

(2) 当 $\overline{R}=0$，$\overline{S}=1$ 时，触发器的输出 $Q=0$，$\overline{Q}=1$。在 $\overline{R}=0$ 的信号消失以后(即 $\overline{R}$ 回到 1 状态)，由于有 Q 端的低电平接回到 G_1 门的另一个输入端，因而电路的 0 状态得以保持。

(3) 当 $\overline{R}=1$，$\overline{S}=1$ 时，触发器保持原来的状态不变。

(4) 当 $\overline{R}=0$，$\overline{S}=0$ 时，触发器的输出 $Q=1$，$\overline{Q}=1$，不满足 Q 和 $\overline{Q}$ 互补的条件，触发器处于不正常状态。且当信号 $\overline{R}=\overline{S}=0$ 同时变为 1 时，由于与非门的延迟时间不可能完全相同，触发器的状态可能是“1”态，也可能是“0”态，即不能根据输入信号确定。因此在正常工作时输入信号应遵守 $\overline{R}+\overline{S}=1$ 的约束条件，即不允许输入 $\overline{R}=\overline{S}=0$ 的信号。

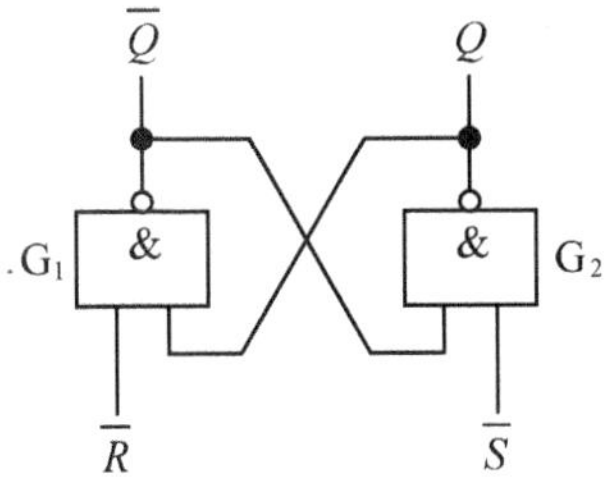

(a) 逻辑图

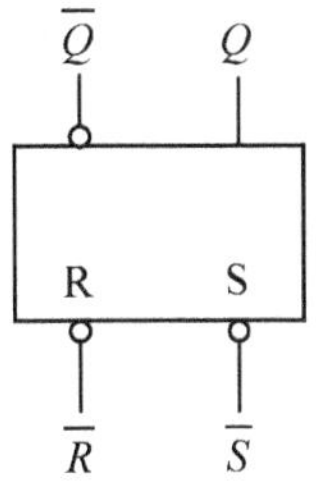

(b) 逻辑符号

图 4-1　与非门组成的基本 RS 触发器

2. 逻辑功能表

设触发器原来的状态为 Q^n ，转换后的状态为 Q^{n+1}，Q^n 称为现态，Q^{n+1} 称为次态。由前面的分析，可以得出用两个与非门组成的基本 RS 触发器的逻辑功能如表 4-1 所示。

表 4-1　由与非门组成的基本 RS 触发器的逻辑功能表

$\overline{R}$	$\overline{S}$	Q^n	Q^{n+1}	功能说明
0	0	0	×	状态不定
		1	×	
0	1	0	0	置 0(复位)
		1	0	
1	0	0	1	置 1(置位)
		1	1	
1	1	0	0	保持原来状态
		1	1	

【**例 4-1**】由与非门组成的基本 RS 触发器如图 4-1(a)所示，设触发器初始状态为 0，已知输入端 $\overline{R}$，$\overline{S}$ 的波形图如图 4-2 所示，画出输出端 Q 和 $\overline{Q}$ 的波形图。

解：根据表 4-1 可画出输出端 Q 和 $\overline{Q}$ 的波形如图 4-2 所示。

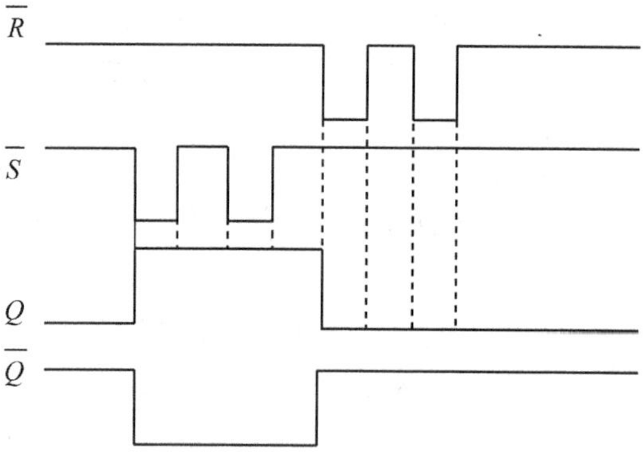

图 4-2　例 4-1 的波形图

4. 2. 2　由或非门组成的基本 RS 触发器

由或非门组成的基本 RS 触发器的逻辑图和逻辑符号如图 4-3 所示。这种基本 RS 触发器的两个输入端是以高电平作为有效信号的，所以用 S 和 R 分别表示置 1 输入端和置 0 输入端。由图 4-3 可分析出当 R，S 为不同输入状态组合时触发器的状态，其逻辑功能表如表 4-2 所示。由表 4-2 可以看出，由或非门组成的基本 RS 触发器在正常工作时输入信号应遵守 $RS=0$，即不允许输入 $R=S=1$ 的信号。

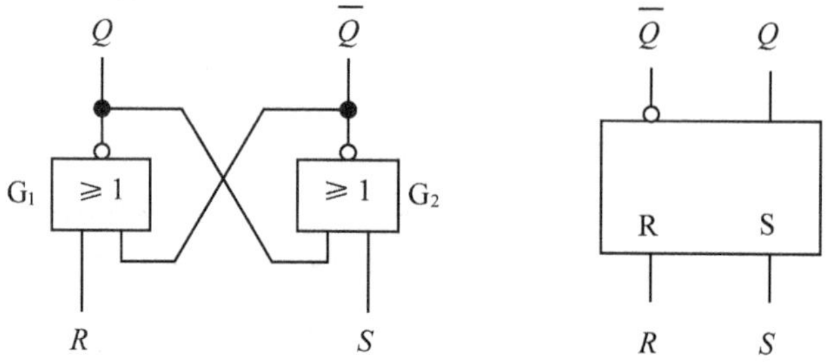

(a) 逻辑图　　(b) 逻辑符号

图 4-3　或非门组成的基本 RS 触发器

表 4-2　由或非门组成的基本 RS 触发器的逻辑功能表

R	S	Q^n	Q^{n+1}	功能说明
0	0	0 1	0 1	保持原来状态
0	1	0 1	1 1	置 1(置位)

续表

R　　S	Q^n	Q^{n+1}	功能说明
1　　0	0 1	0 0	置 0(复位)
1　　1	0 1	× ×	状态不定

综上所述，触发器的次态 Q^{n+1} 不仅与输入状态有关，也与触发器现态 Q^n 有关。基本 RS 触发器电路简单，是构成其他触发器的基础电路。总结基本 RS 触发器的特点如下。

(1)有两个互补的输出端，有两个稳态(0 状态和 1 状态)。

(2)有复位($Q=0$)、置位($Q=1$)、保持原来状态 3 种功能。

(3) R 为复位输入端，S 为置位输入端，可以是低电平有效，也可以是高电平有效，取决于触发器的结构。

(4)由于反馈线的存在，无论是复位还是置位，有效信号只需作用很短的一段时间，即“一触即发”。

4.3　同步触发器

前面讨论的基本 RS 触发器的输出状态直接由输入端的信号来控制。但在实际应用中，触发器的工作状态不仅要由输入端的信号来决定，而且还希望触发器按一定的节拍翻转。因此，可以给触发器加一个时钟控制端 CP，只有在时钟控制端有效时，触发器的状态才能发生变化。定义在时钟脉冲控制下状态的改变与时钟脉冲同步的触发器为同步触发器。

4.3.1　同步 RS 触发器

1. 电路结构

同步 RS 触发器的逻辑图和逻辑符号如图 4-4 所示。逻辑电路是由两部分组成的：由与非门 G_1，G_2 组成的基本 RS 触发器和由与非门 G_3，G_4 组成的输入控制电路。

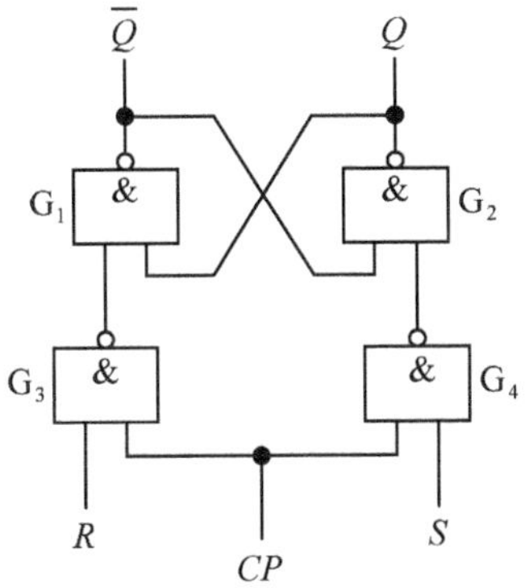

(a) 逻辑图

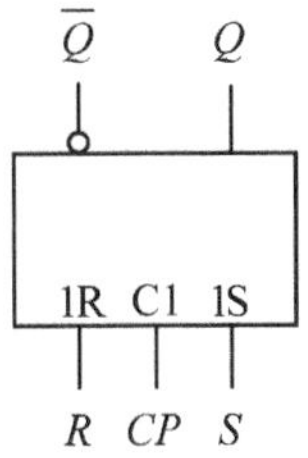

(b) 逻辑符号

图 4-4　同步 RS 触发器

2. 逻辑功能

由图 4-4(a)可以看出，输入信号要通过控制门 G_3，G_4 传递，这两个门同时受 CP 信号控制。

(1)当 $CP=0$ 时，G_3，G_4 门被封锁，输出都为 1。这时，不管 R 端和 S 端的信号如何变化，触发器的状态保持不变。

(2)当 $CP=1$ 时，G_3，G_4 门被打开，R，S 端的输入信号通过这两个门传送到基本 RS 触发器的输入端，从而决定触发器的输出状态。同步 RS 触发器的功能表如表 4-3 所示。

由此可以看出，同步 RS 触发器的状态转换分别由 R，S 和 CP 控制。其中，R，S 控制状态转换的方向，即转换为何种状态，并且仍要遵守 $RS=0$ 的约束条件；CP 控制状态转换的时刻，即何时发生转换。

表 4-3 同步 RS 触发器的功能表

CP	R	S	Q^n	Q^{n+1}	功能说明
0	×	×	0 1	0 1	保持
1	0	0	0 1	0 1	保持
1	0	1	0 1	1 1	置 1
1	1	0	0 1	0 0	置 0
1	1	1	0 1	× ×	状态不定

【例 4-2】已知同步 RS 触发器的输入信号波形如图 4-5 所示，试画出输出端 Q 和 $\overline{Q}$ 的波形。设触发器的初始状态为 $Q=0$。

解：根据同步 RS 触发器的功能表，在 $CP=0$ 期间，触发器保持原来的状态不变；在 $CP=1$ 期间，根据输入信号 R，S 确定触发器的状态。输出端 Q 和 $\overline{Q}$ 的波形图如图 4-5 所示。

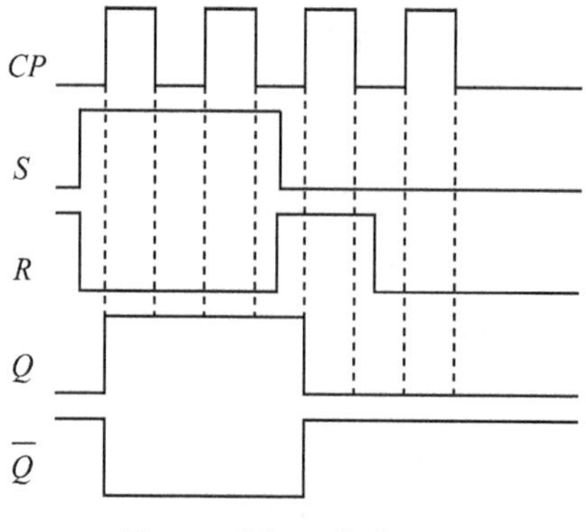

图 4-5 例 4-2 的波形图

4.3.2 同步 D 触发器

为了解决 R，S 之间有约束的问题，可以将图 4-4(a)同步 RS 触发器的 R 端接至 G_4 门的输出端，并将 S 改为 D，便构成了如图 4-6(a)所示的同步 D 触发器，其逻辑符号如图 4-6(b)所示。图 4-6(a)中，与非门 G_1，G_2 组成基本 RS 触发器，与非门 G_3，G_4 组成输入控制电路。

(1)当 $CP=0$ 时，控制门 G_3，G_4 被封锁，输出都为 1。这时，不管 D 端的信号如何变化，触发器的状态保持不变。

(2)当 $CP=1$ 时，控制门 G_3，G_4 被打开，若 $D=1$，基本 RS 触发器的输入信号 $\bar{R}=1$、$\bar{S}=0$，触发器的输出 $Q=1$，$\bar{Q}=0$；若 $D=0$，基本 RS 触发器的输入信号 $\bar{R}=0$，$\bar{S}=1$，触发器的输出 $Q=0$，$\bar{Q}=1$。同步 D 触发器的功能表如表 4-4 所示。

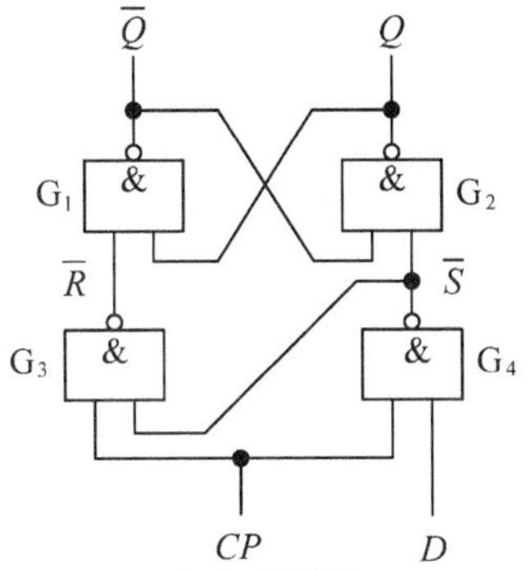

(a) 逻辑图

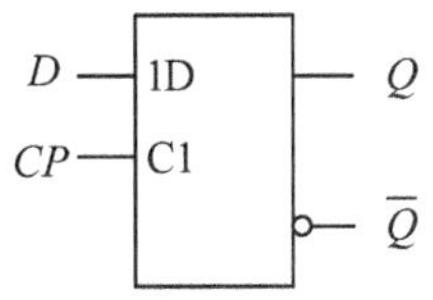

(b) 逻辑符号

图 4-6 同步 D 触发器

表 4-4 同步 D 触发器的功能表

CP	D	Q^n	Q^{n+1}	功能说明
0	×	0 1	0 1	保持
1	0	0 1	0 0	置 0
1	1	0 1	1 1	置 1

4.3.3 同步触发器的动作特点

由前面的分析，总结同步触发器的动作特点如下：

(1)只有当 CP 变为有效电平(这里是 $CP=1$)时，触发器才能接收输入信号，并按照输入信号将触发器的输出置为相应的状态。

(2)在 $CP=1$ 期间，输入状态的变化引起输出状态的改变。在 CP 回到 0 以后，触发

器保存的是 CP 回到 0 以前瞬间的状态，并在 $CP=0$ 期间，触发器保持该状态不变。

根据上述同步触发器的动作特点可以看出，如果在 $CP=1$ 期间输入的状态多次发生变化，那么触发器输出的状态也将多次发生翻转，这就降低了触发器的抗干扰能力，也失去了与 CP 脉冲同步的特点。

【例 4-3】已知同步 RS 触发器的输入信号波形如图 4-7 所示，试画出 Q 和 $\bar{Q}$ 端的波形。设触发器的初始状态为 $Q=0$。

解：由给定的输入信号波形可见，在第一个 CP 高电平期间先是 $S=1$，$R=0$，输出被置成 $Q=1$，$\bar{Q}=0$。随后输入变成了 $S=R=0$，因而输出状态保持不变。最后输入又变为 $S=0$，$R=1$，将输出置成 $Q=0$，$\bar{Q}=1$。故 CP 回到低电平以后触发器停留在 $Q=0$，$\bar{Q}=1$ 的状态。

在第二个 CP 高电平期间若 $S=R-0$，则触发器的输出状态应保持不变。但由于在此期间 S 端出现了一个干扰脉冲，因而触发器被置成了 $Q=1$，$\bar{Q}=0$。

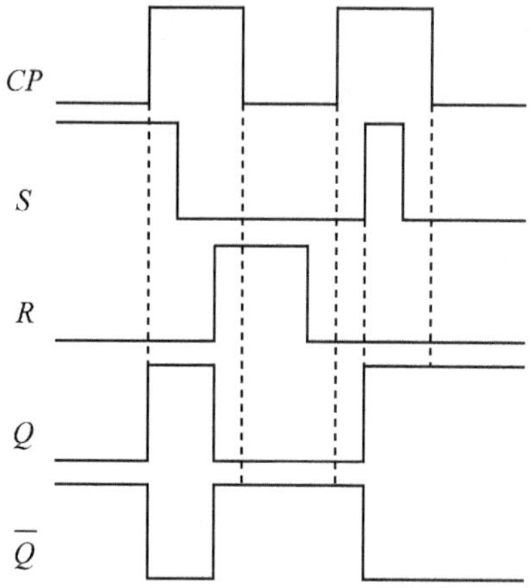

图 4-7　同步 RS 触发器的波形图

从前面的分析可以看出：在一个时钟脉冲周期的整个高电平期间，触发器都能接收输入信号并改变触发器的状态，由此引起的在一个时钟脉冲周期中，触发器发生多次翻转的现象叫作空翻。空翻是一种有害的现象，它使时序逻辑电路不能按时钟节拍工作，造成系统的误动作。造成空翻现象的原因是同步触发器结构的不完善，下面讨论的几种触发器，都是从结构上采取措施加以改进，从而克服空翻现象。

4.4　主从触发器

主从触发器由两级触发器构成，其中一级直接接收输入信号，称为主触发器；另一级接收主触发器的输出信号，称为从触发器。两级触发器的时钟信号互补，能够有效地克服空翻现象。下面分别介绍主从 RS 触发器和主从 JK 触发器。

4.4.1　主从 RS 触发器

由两个同步 RS 触发器组成的主从 RS 触发器的逻辑图和逻辑符号如图 4-8 所示。

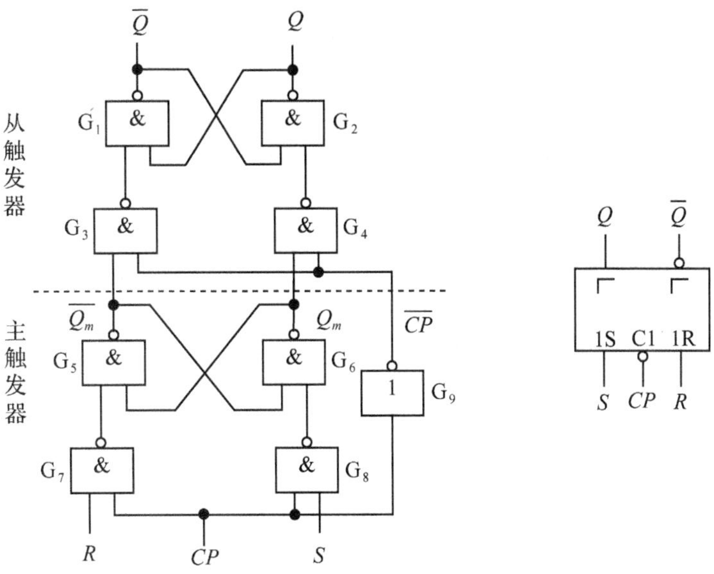

（a）逻辑图　　　　　　（b）逻辑符号

图 4-8　主从 RS 触发器

其工作原理是：

(1)当 $CP=1$ 时，$\overline{CP}=0$，G_3，G_4 门被封锁，从触发器保持原状态不变。同时，G_7，G_8 门打开，主触发器接收 R 和 S 端的输入信号，主触发器的状态由输入信号 R，S 决定。

(2)当 CP 由 1 跳变到 0 时，即 $CP=0$，$\overline{CP}=1$。主触发器 G_7，G_8 门被封锁，输入信号 R，S 不再影响主触发器的状态。而这时，由于 $\overline{CP}=1$，G_3，G_4 门打开，从触发器接收主触发器输出端的状态，作为从触发器的输入信号，从而改变从触发器的状态。

由以上分析可知，主、从触发器的状态转换是在 CP 由 1 变为 0 时(CP 下降沿)发生的，CP 一旦变为 0 后，主触发器被封锁，其状态不再受 R，S 影响，故主、从触发器对输入信号的敏感时间大大缩短，只在 CP 由 1 变为 0 时触发翻转，因此不会有空翻现象。但由于主触发器本身是电平触发器，所以在 $CP=1$ 期间 Q_m，$\overline{Q_m}$ 的状态仍然会随着 R，S 状态的变化而多次改变，而且输入信号仍需遵守 $RS=0$ 的约束条件。

【例 4-4】 在图 4-8(a)所示的主、从 RS 触发器电路中，若 CP，S 和 R 的波形如图 4-9 所示，试画出 Q 和 $\overline{Q}$ 端的波形。设触发器的初始状态为 $Q=0$。

解：首先根据 $CP=1$ 时 S，R 的状态可得到主触发器输出 Q_m 和 $\overline{Q_m}$ 的波形。然后，根据 CP 下降沿到达时 Q_m 和 $\overline{Q_m}$ 的状态即可画出从触发器输出 Q 和 $\overline{Q}$ 的波形，如图 4-9 所示。由图可见，在第 6 个 CP 高电平期间，Q_m 和 $\overline{Q_m}$ 的状态虽然改变了两次，但输出端 Q 和 $\overline{Q}$ 的状态并不改变。

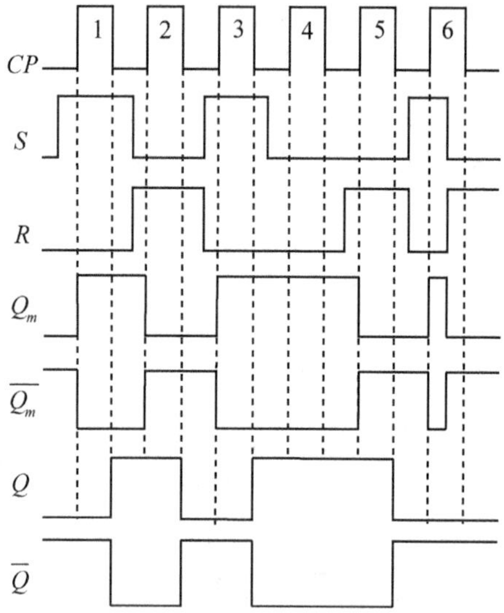

图 4-9　例 4-4 的波形图

4.4.2　主从 JK 触发器

1. 电路结构及逻辑功能

RS 触发器有一个约束条件 $SR=0$，即在工作时，不允许输入信号 R，S 同时为 1。这一约束条件使得 RS 触发器在使用时，有时会造成不便。如何解决这一问题呢？我们注意到，触发器的两个输出端 Q 和 $\overline{Q}$ 在正常工作时是互补的。因此，如果把这两个信号通过两根反馈线分别从 Q 端和 $\overline{Q}$ 端引到 G_7，G_8 门的输入端，并把原来的 S 端改为 J 端，把原来的 R 端改为 K 端。这样就构成了主从 JK 触发器，其逻辑图和逻辑符号如图 4-10 所示。

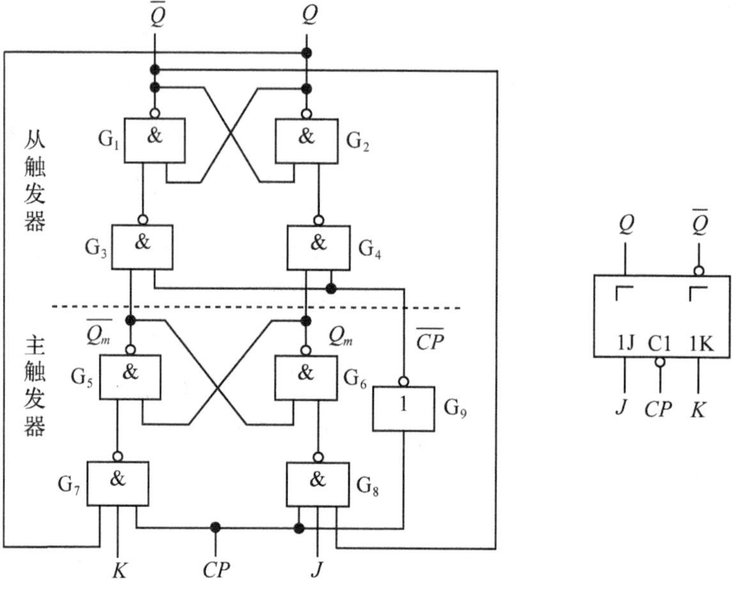

（a）逻辑图　　　　（b）逻辑符号

图 4-10　主从 JK 触发器

主从 JK 触发器的工作原理与主从 RS 触发器的工作原理基本相同，当 $CP=1$ 时，$\overline{CP}=0$，从触发器保持原状态不变，主触发器的状态由输入信号 J，K 和 Q，$\bar{Q}$ 的状态决定；当 CP 由 1 跳变到 0 时，即 $CP=0$，$\overline{CP}=1$，主触发器状态不变，从触发器状态由主触发器输出的状态决定。即只有在 CP 从 1 变 0 的瞬间，主从 JK 触发器有效触发。表 4-5 为主从 JK 触发器的功能表。必须指出，此表是在 CP=1 时，J，K 端状态保持不变的情况下得到的。JK 触发器没有约束条件，在 $J=K=1$ 时，每输入一个时钟脉冲后，触发器向相反的状态翻转一次。

表 4-5　主从 JK 触发器的功能表

CP	J	K	Q^n	Q^{n+1}	功能
↓	0	0	0	0	保持
			1	1	
↓	0	1	0	0	输出状态与 J 状态相同
			1	0	置 0
↓	1	0	0	1	输出状态与 J 状态相同
			1	1	置 1
↓	1	1	0	1	翻转
			1	0	

74LS72 是 CP 下降沿触发的 TTL 集成主从 JK 触发器，其逻辑符号和引脚图如图 4-11 所示。74LS72 为多输入端的单 JK 触发器，它有 3 个 J 端和 3 个 K 端，3 个 J 端之间是与逻辑关系，3 个 K 端之间也是与逻辑关系。使用中如有多余的输入端，应将其接高电平。该触发器还带有直接置 0 端 $\overline{R_D}$ 和直接置 1 端 $\overline{S_D}$，都为低电平有效，触发器正常工作时应接高电平。74LS72 的功能表如表 4-6 所示。

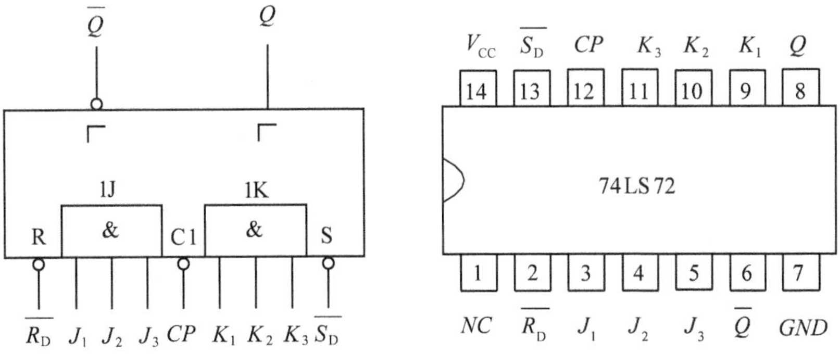

（a）逻辑符号　（b）引脚图

图 4-11　TTL 集成主从 JK 触发器 74LS72

表 4-6　74LS72 的功能表

输入					输出	
$\overline{R_D}$	$\overline{S_D}$	CP	J	K	Q^{n+1}	$\overline{Q^{n+1}}$
0	1	×	×	×	0	1
1	0	×	×	×	1	0
1	1	↓	0	0	Q^n	$\overline{Q^n}$
1	1	↓	0	1	0	1
1	1	↓	1	0	1	0
1	1	↓	1	1	$\overline{Q^n}$	Q^n

【例 4-5】设主从 JK 触发器的初始状态为 0，已知输入端 J，K 的波形如图 4-12 所示，画出输出端 Q 的波形。

解：根据主从 JK 触发器的功能表，可以看出只有在 CP 下降沿到达时，触发器的状态根据此时的输入信号 J，K 发生变化，输出的波形如图 4-12 所示。

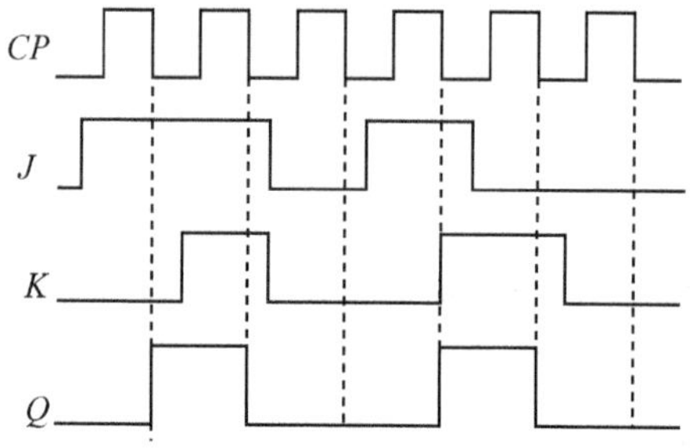

图 4-12　例 4-5 的波形图

2. 脉冲工作特性

触发器的脉冲工作特性是指触发器对时钟脉冲、输入信号以及它们之间相互配合的时间关系的要求。掌握这种工作特性对触发器的应用非常重要。描述这一特性的性能参数有时钟最高频率、传输延迟时间。这些参数与电路结构有关，其值在产品手册中的主要性能参数表中提供。主从 JK 触发器的脉冲工作特性如图 4-13 所示。

建立时间 t_{set}，为 J，K 端信号应提前于 CP 上升沿的时间。在图 4-10(a)所示的主从 JK 触发器电路中，当时钟脉冲 CP 上升沿到达时，输入信号 J，K 送入主触发器，由于 J，K 和 CP 同时接到 G_7，G_8 门，所以 J，K 信号只要不迟于 CP 上升沿即可，即 $t_{set} \geqslant 0$。保持时间 t_h，为 J，K 端信号滞后 CP 下降沿延迟的时间。等 CP 下降沿到达后，从触发器翻转，主触发器立即被封锁，所以，输入信号 J，K 可以不再保持，即 $t_h \geqslant 0$ 即可。

传输延迟时间 t_{PLH}，为触发器输出端 Q 从低电平 L 变到高电平 H 相对 CP 下降沿延迟的时间，即若经过 G_4，G_2 门的延迟时间为 $2t_{Pd}$，由于 CP 下降沿经 G_9 反相还需要 $1t_{Pd}$，所以 $t_{PLH}=3t_{Pd}$。传输延迟时间 t_{PHL}，为触发器输出端 $\overline{Q}$ 从高电平 H 变到低电平 L 相对 CP 下降沿延迟的时间，即经过 G_9，G_4，G_2 和 G_1 门的延迟时间，所以 $t_{PHL}=4t_{Pd}$。

t_{CPH} 为时钟脉冲 CP 维持高电平的最短时间，由图 4-10(a)可知，在 CP 上升沿到达后，要经过三级与非门的延迟时间，主触发器才翻转完毕，所以 $t_{CPH} \geqslant 3t_{Pd}$。$t_{CPL}$ 为时钟脉冲 CP 维持低电平的最短时间，从 CP 下降沿到达时至触发器输出状态稳定，也需要一定的传输时间，即 $CP=0$ 的状态也必须保持一段时间，这段时间称为 t_{CPL}。由图 4-10(a)可以看出，从触发器动作稳定下来需 $4t_{Pd}$，所以 $t_{CPL} \geqslant 4t_{Pd}$。

CP 信号最高频率是对应的最小周期 T_{min}。主从 JK 触发器要求 CP 的最小工作周期为 $T_{min}=t_{CPH}+t_{CPL}$。

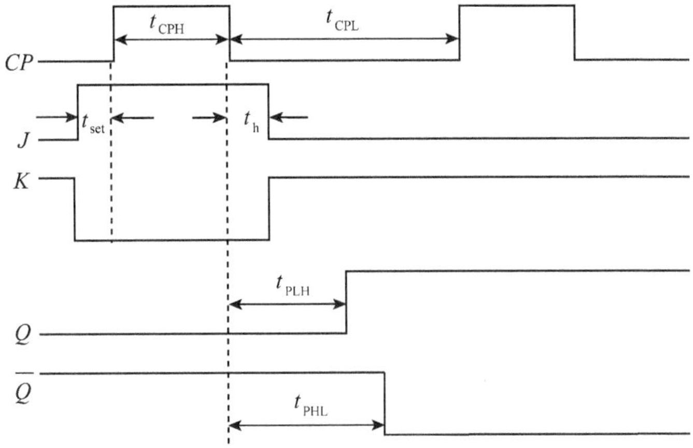

图 4-13　主从 JK 触发器的脉冲工作特性

4.4.3　主从触发器的动作特点

通过对主从触发器工作原理的分析可以看出，主从触发器的动作特点为：

(1)触发器的翻转分两步。第一步，在 CP 为有效电平(这里 $CP=1$)期间主触发器接收输入端的信号，并被置成相应的状态，而从触发器保持原状态不变。第二步，在 CP 下降沿到来时从触发器根据主触发器的状态翻转，而主触发器保持 CP 下降沿到来之前的状态不变。也就是说 Q 和 $\overline{Q}$ 端状态的改变发生在 CP 的下降沿。

(2)由于主触发器是电平触发器，所以在 $CP=1$ 期间输入信号都将对主触发器起控制作用。

(3)如果在 $CP=1$ 期间输入信号的状态保持不变，可以根据 CP 下降沿到来时的输入信号的状态直接确定 Q 和 $\overline{Q}$ 端的状态。

对于主从 JK 触发器，由于 Q 和 $\overline{Q}$ 的信号通过两根反馈线分别引到输入端，所以在 $Q=0$ 时主触发器只能接收置 1 输入信号，而在 $Q=1$ 时主触发器只能接收置 0 输入信号。其结果是在 $CP=1$ 期间主触发器只有可能翻转一次，一旦翻转了就不会返回到原来的状态。我们把这种现象称为一次变化现象(或一次翻转现象)。

【例 4-6】 主从 JK 触发器如图 4-10(a)所示，设初始状态为 0，已知输入端 J，K 的波形如图 4-14 所示，画出输出端 Q 的波形。

解：由图 4-14 可见，在第一个 CP 的高电平期间始终为 $J=1$，$K=0$，CP 下降沿到达后触发器置 1。

在第二个 CP 的高电平期间 K 端状态发生过变化，因而不能简单地以 CP 下降沿到达时 J，K 的状态来决定触发器的状态。因为在 CP 高电平期间出现过短时间的 $J=0$，$K=1$ 状态，此时主触发器便被置 0，所以虽然 CP 下降沿到达时输入状态回到了 $J=K=0$，但从触发器仍按主触发器的状态被置 0。

在第三个 CP 下降沿到达时 $J=0$，$K=1$。如果以这时的输入状态决定触发器次态，应保持 $Q=0$。但由于 CP 高电平期间曾出现过 $J=K=1$ 的状态，CP 下降沿到达之前主触发器已被置 1，所以 CP 下降沿到达后从触发器被置 1。

从前面的分析可以看出，在第二个 CP 和第三个 CP 高电平期间，主触发器的状态发生了翻转，出现了一次变化现象。

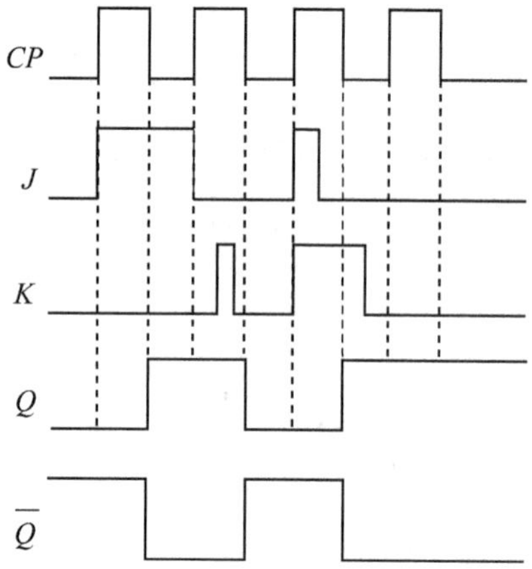

图 4-14　例 4-6 的波形图

一次变化现象也是一种有害的现象，如果在 $CP=1$ 期间，输入端出现干扰信号，就可能造成触发器的误动作。为了避免发生一次变化现象，在使用主从 JK 触发器时，要保证在 $CP=1$ 期间，输入 J，K 保持状态不变。

要解决一次变化现象，仍应从电路结构上入手，让触发器只接收 CP 触发沿到来前一瞬间的输入信号。这种触发器称为边沿触发器。

4.5　边沿触发器

边沿触发器不仅将触发器的触发翻转控制在 CP 触发沿到来的一瞬间，而且将接收输入信号的时间也控制在 CP 触发沿到来的前一瞬间。因此，边沿触发器既没有空翻现象，也没有一次变化现象，从而可以提高触发器工作的可靠性和抗干扰能力。

4.5.1　维持-阻塞 D 触发器

1. 维持-阻塞 D 触发器的电路结构及工作原理

如图 4-15 所示为维持-阻塞 D 触发器的逻辑图和逻辑符号，该触发器由 6 个与非门构成，其中，G_1，G_2 构成基本 RS 触发器，G_3，G_4，G_5 和 G_6 构成引导电路，并引入 3 根反馈线 L_1，L_2，L_3。

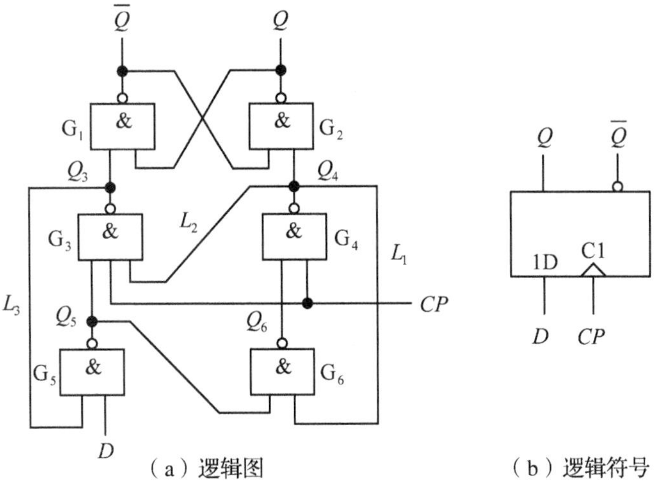

（a）逻辑图　　（b）逻辑符号

图 4-15　维持-阻塞 D 触发器

下面从两种情况来分析维持-阻塞 D 触发器的工作原理。

(1)输入 $D=1$。在 $CP=0$ 时，G_3，G_4 门被封锁，$Q_3=1$，$Q_4=1$，G_1，G_2 门组成的基本 RS 触发器保持原状态不变。因 $D=1$，G_5 门输入全为 1，输出 $Q_5=0$，它使 $Q_3=1$，$Q_6=1$。当 CP 由 0 变为 1 时，G_4 门输入全为 1，输出 Q_4 变为 0。继而，Q 翻转为 1，$\overline{Q}$ 翻转为 0，完成了使触发器翻转为 1 状态的全过程。同时，一旦 Q_4 变为 0，通过反馈线 L_1 封锁了 G_6 门，这时如果 D 信号由 1 变为 0，只会影响 G_5 门的输出，不会影响 G_6 门的输出，维持了触发器的 1 状态。因此，称 L_1 线为置 1 维持线。同理，Q_4 变 0 后，通过反馈线 L_2 也封锁了 G_3 门，从而阻塞了置 0 通路，故称 L_2 线为置 0 阻塞线。

(2)输入 $D=0$。在 $CP=0$ 时，G_3，G_4 门被封锁，$Q_3=1$，$Q_4=1$，G_1，G_2 组成的基本 RS 触发器保持原状态不变。因 $D=0$，$Q_5=1$，G_6 门输入全为 1，输出 $Q_6=0$。当 CP 由 0 变 1 时，G_3 门输入全为 1，输出 Q_3 变为 0。继而，$\overline{Q}$ 翻转为 1，Q 翻转为 0，完成了使触发器翻转为 0 状态的全过程。同时，一旦 Q_3 变为 0，通过反馈线 L_3 封锁了 G_5 门，这时无论 D 信号再怎么变化，也不会影响 G_5 门的输出，从而维持了触发器的 0 状态。因此，称 L_3 线为置 0 维持线。

可见，维持-阻塞触发器是利用了维持线和阻塞线，将触发器的触发翻转控制在 CP 上升沿到来的一瞬间，并接收 CP 上升沿到来前一瞬间的 D 信号。维持-阻塞触发器因此而得名。其逻辑功能如表 4-7 所示。

表 4-7　D 触发器的功能表

CP	D	Q^n	Q^{n+1}	功能
↑	0	0 1	0 0	输出状态与 D 状态相同 置 0
↑	1	0 1	1 1	输出状态与 D 状态相同 置 1

【例 4-7】 维持-阻塞 D 触发器如图 4-15(a)所示，设初始状态为 0，已知输入端 D 的波形如图 4-16 所示，画出输出端 Q 的波形。

解：根据 D 触发器的功能表，可画出输出端 Q 的波形图如图 4-16 所示。

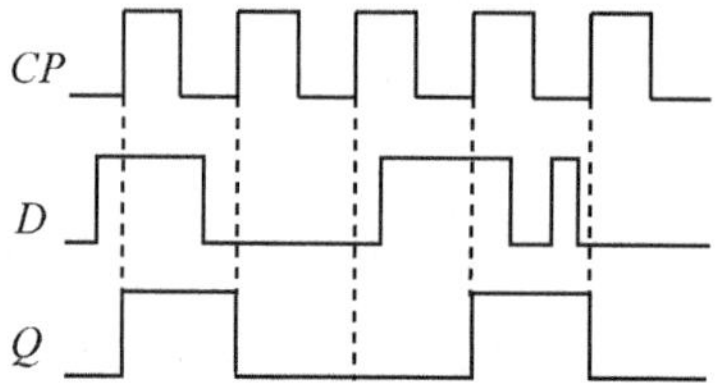

图 4-16　例 4-7 的波形图

2. 带有 $\overline{R_D}$ 和 $\overline{S_D}$ 端的维持-阻塞 D 触发器

带有异步置 0 端（$\overline{R_D}$ 端）和置 1 端（$\overline{S_D}$ 端）的维持-阻塞 D 触发器的逻辑图和逻辑符号如图 4-17 所示。该电路 $\overline{R_D}$ 和 $\overline{S_D}$ 端都为低电平有效，并且不受时钟信号 CP 的制约，具有最高的优先级。

$\overline{R_D}$ 和 $\overline{S_D}$ 的作用主要是用来给触发器设置初始状态，或对触发器的状态进行特殊控制的。当 $\overline{R_D}=0$，$\overline{S_D}=1$ 时，$Q=0$，$\bar{Q}=1$，触发器被置 0；当 $\overline{R_D}=1$，$\overline{S_D}=0$ 时，$Q=1$，$\bar{Q}=0$，触发器被置 1；当 $\overline{R_D}=0$，$\overline{S_D}=0$ 时，$Q=1$，$\bar{Q}=1$，状态不定，任何时刻，不允许两个信号同时有效；当 $\overline{R_D}=1$，$\overline{S_D}=1$ 时，触发器正常工作。带有 $\overline{R_D}$ 和 $\overline{S_D}$ 端的维持-阻塞 D 触发器的功能如表 4-8 所示。

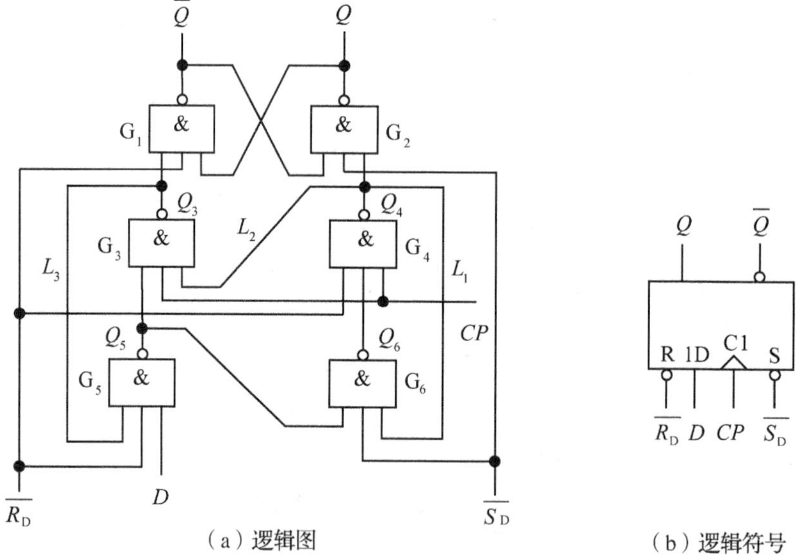

图 4-17　带有 $\overline{R_D}$ 和 $\overline{S_D}$ 端的维持-阻塞 D 触发器

表 4-8　带有 $\overline{R_D}$ 和 $\overline{S_D}$ 端的维持-阻塞 D 触发器功能表

输入				输出	
$\overline{R_D}$	$\overline{S_D}$	CP	D	Q^{n+1}	$\overline{Q^{n+1}}$
0	1	×	×	0	1
1	0	×	×	1	0
1	1	↑	0	0	1
1	1	↑	1	1	0

3. 维持-阻塞 D 触发器的脉冲工作特性

如图 4-15(a)所示的维持-阻塞 D 触发器，在 CP 上升沿到来时 G_3，G_4 门将根据 G_5，G_6 门的输出状态控制触发器翻转。因此在 CP 上升沿到达之前，G_5，G_6 门必须有稳定的输出状态。而从信号加到 D 端开始到 G_5，G_6 门的输出稳定下来，需要经过一段时间，我们把这段时间称为触发器的建立时间 t_{set}。即输入信号必须比 CP 脉冲早 t_{set} 时间到达。由图 4-15(a)可以看出，该电路的建立时间为两级与非门的延迟时间，即 $t_{set}=2t_{Pd}$。

为使触发器可靠翻转，信号 D 还必须维持一段时间，我们把在 CP 触发沿到来后输入信号需要维持的时间称为触发器的保持时间 t_h。当 $D=0$ 时，这个 0 信号必须维持到 Q_3 由 1 变 0 后将 G_5 门封锁为止，若在此之前 D 变为 1，则 Q_5 变为 0，将引起触发器误触发。所以 $D=0$ 时的保持时间 $t_h=t_{Pd}$。当 $D=1$ 时，CP 上升沿到达后，经过 t_{Pd} 的时间 Q_4 变为 0，将 G_6 门封锁。但若 D 信号变化，传到 G_6 门的输入端也同样需要 t_{Pd} 的时间，所以 $D=1$ 时的保持时间 $t_h=t_{Pd}$。综合以上两种情况，取 $t_h=t_{Pd}$。

另外，为保证触发器可靠翻转，$CP=1$ 的状态也必须保持一段时间，直到触发器的 Q、$\overline{Q}$ 端电平稳定，这段时间称为触发器的维持时间 t_{CPH}。我们把从时钟脉冲触发沿开始到一个输出端由 0 变 1 所需的时间称为 t_{PLH}；把从时钟脉冲触发沿开始到另一个输出端由 1 变 0 所需的时间称为 t_{PHL}。由图 4-15(a)可以看出，该电路的 $t_{PLH}=2t_{Pd}$，$t_{PHL}=3t_{Pd}$，所以触发器的 $t_{CPH}\geqslant t_{PHL}=3t_{Pd}$。

如图 4-18 所示给出了上述时间参数的相互关系。

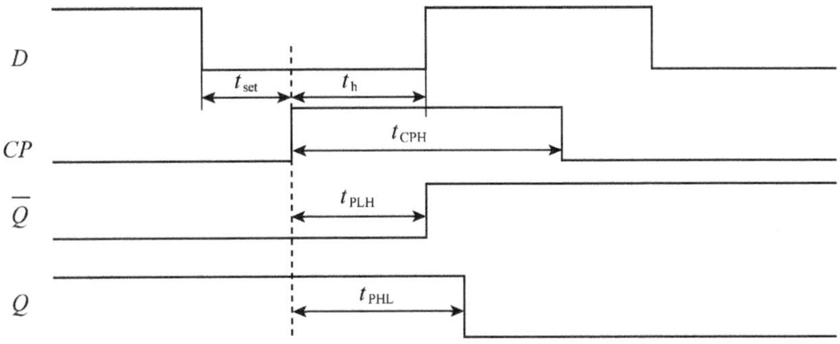

图 4-18　维持-阻塞 D 触发器的脉冲工作特性

4.5.2 CMOS 主从结构的边沿 D 触发器

1. 电路结构

如图 4-19 所示是用 CMOS 逻辑门和 CMOS 传输门组成的主从 D 触发器。G_1，G_2 和 TG_1，TG_2 组成主触发器，G_3，G_4 和 TG_3，TG_4 组成从触发器。CP 和 $\overline{CP}$ 为互补的时钟脉冲。由于引入了传输门，该电路虽为主从结构，却没有一次变化现象，具有边沿触发器的特性。

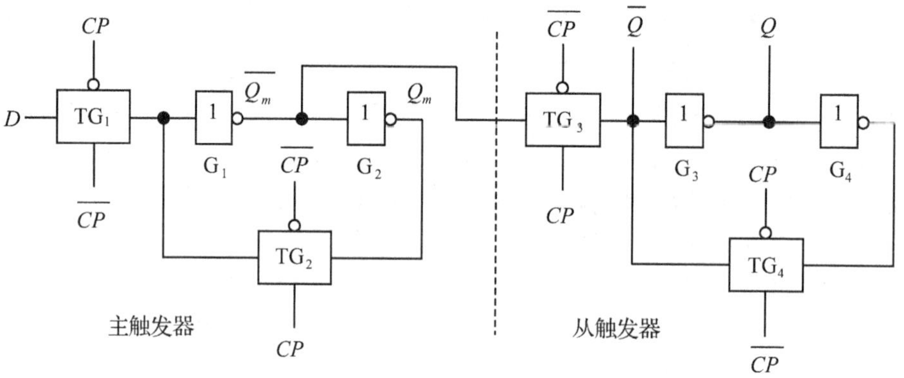

图 4-19 CMOS 主从结构的边沿 D 触发器

2. 工作原理

(1)当 $CP=0$ 时，则 $\overline{CP}=1$。这时 TG_1 导通，TG_2 断开。主触发器接收输入端 D 的信号，使 $Q_m=D$ 。例如，$D=1$ 时，经 TG_1 传到 G_1 门的输入端，使 $\overline{Q_m}=0$，$Q_m=1$。同时，TG_3 断开，切断了主、从两个触发器间的联系，TG_4 导通，从触发器保持原状态不变。

(2)当 CP 由 0 变为 1 时，则 $\overline{CP}$ 变为 0。这时 TG_1 断开，切断了输入端 D 的信号与主触发器的联系，使输入端 D 的信号不再影响触发器的状态，而 TG_2 导通，将 G_1 门的输入端与 G_2 门的输出端连通，使主触发器保持原状态不变。与此同时，TG_3 导通，TG_4 断开，将主触发器 $\overline{Q_m}$ 端的状态送入从触发器 Q 端。若 $\overline{Q_m}=0$，则通过 TG_3 送入 G_3 门的输入端，经 G_3 门反相后，输出 $Q=1$。至此完成了整个触发翻转的全过程。

可见，该触发器是在利用 4 个传输门交替地导通和断开将触发器的触发翻转控制在 CP 上升沿到来的一瞬间，并接收 CP 上升沿到来前一瞬间的输入端 D 的信号。

如果将传输门的控制信号 CP 和 $\overline{CP}$ 互换，可使触发器变为 CP 下降沿触发。

同样，集成的 CMOS 边沿触发器一般也具有异步置 0 端(R_D 端)和异步置 1 端(S_D 端)，如图 4-20 所示。注意，该电路的 R_D 和 S_D 端都为高电平有效。

在各类集成触发器中，CMOS 主从结构的边沿 D 触发器芯片占用面积小，所以在大规模 CMOS 集成电路中普遍使用。主从工作方式的 D 触发器有 74HC74 型号。集成 D 触发器 74HC74 的逻辑符号和引脚图如图 4-21 所示。74HC74 为单输入端的双 D 触发器。一块芯片里封装着两个相同的 D 触发器中，每个触发器只有一个 D 端，它们都带有直接置 0 端 $\overline{R_D}$ 和直接置 1 端 $\overline{S_D}$ ，为低电平有效，CP 上升沿触发。

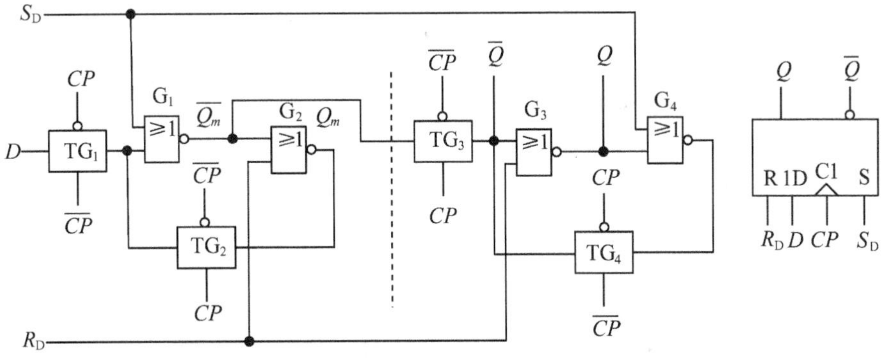

图 4-20　带有 R_D 和 S_D 端的 CMOS 边沿 D 触发器

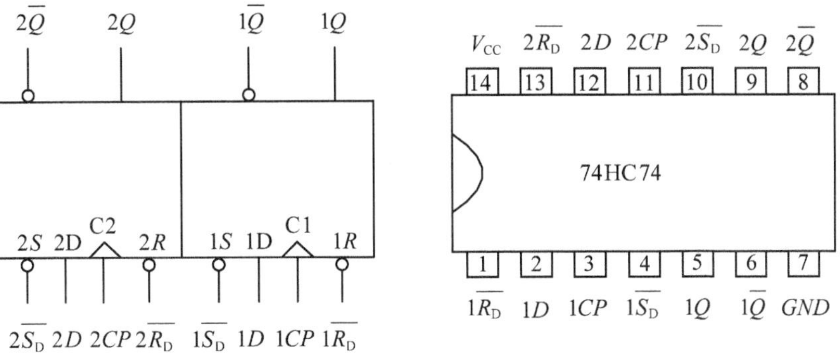

（a）逻辑符号　　　　（b）引脚图

图 4-21　集成 D 触发器 74HC74

4.5.3　边沿触发器的动作特点

通过前面的分析，可以看出边沿触发器的动作特点为。

(1)触发器的触发翻转发生在时钟脉冲的触发沿(上升沿或下降沿)；

(2)触发器的输出状态由时钟脉冲触发沿到来时前一瞬间输入信号的状态来确定。

【例 4-8】已知边沿 JK 触发器的逻辑符号及各输入端的波形如图 4-22 所示，试画出 Q 和 $\overline{Q}$ 端的波形。设触发器初始状态为 $Q=0$。S_D 为高电平有效的异步置 1 端，R_D 为高电平有效的异步置 0 端，触发器为 CP 下降沿触发。

解：由图 4-22(b)可以看出该触发器有异步置 0 信号 R_D，并且 R_D 为高电平时置 0。除此之外，在每个 CP 的下降沿到来时，触发器按照 JK 触发器的功能改变输出状态，非下降沿则保持不变。其输出 Q 和 $\overline{Q}$ 端的波形如图 4-22(b)所示。

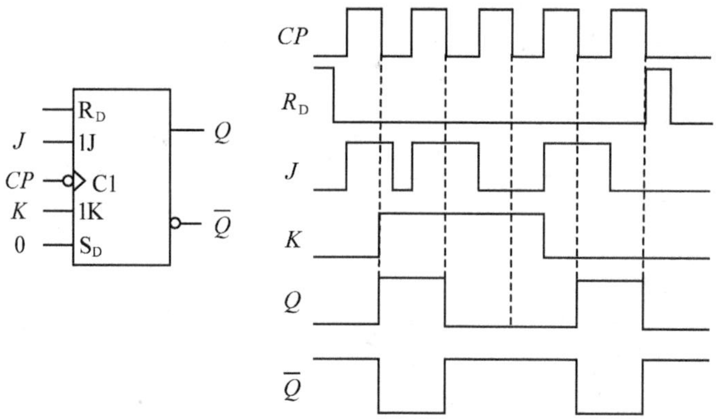

（a）逻辑符号　　　　（b）波形图

图 4-22　例 4-8 的逻辑符号及波形图

4.6　触发器的逻辑功能及相互转换

4.6.1　触发器的逻辑功能

按照触发器逻辑功能的不同特点，通常将触发器分为 RS 触发器、JK 触发器、D 触发器、T 触发器和 T′触发器 5 种类型。触发器的逻辑功能可以用功能表、特性方程、状态转换图、驱动表、波形图等来描述。

1. RS 触发器

RS 触发器具有保持、置 0、置 1 的逻辑功能。

(1)特性方程

触发器次态 Q^{n+1} 与输入状态 R，S 及现态 Q^n 之间关系的逻辑表达式称为触发器的特性方程。根据前面介绍的同步 RS 触发器的功能表(表 4-3)，可画出 RS 触发器 Q^{n+1} 的卡诺图，如图 4-23 所示。由此可得 RS 触发器的特性方程为

$$Q^{n+1}=S+\overline{R}Q^n。\tag{4-1}$$

$$RS=0\qquad（约束条件）$$

(2)状态转换图

状态转换图表示触发器从一个状态变化到另一个状态或保持原状态不变时，对输入信号的要求。RS 触发器的状态转换图如图 4-24 所示。圆圈内的 0，1 代表触发器的两个状态，箭头表示转换方向从现态指向次态，箭头线旁输入的变量状态代表了转换条件。

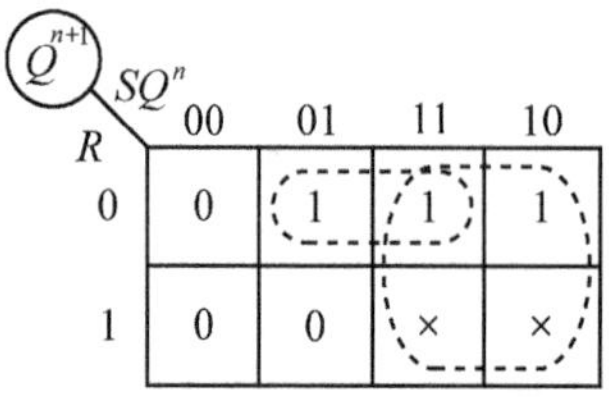

图 4-23　*RS* 触发器 Q^{n+1} 的卡诺图

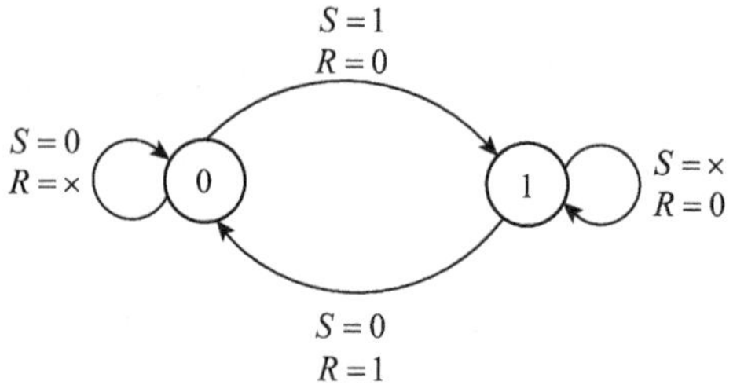

图 4-24　RS 触发器的状态转换图

(3)驱动表

驱动表是用表格的方式表示触发器从一个状态变化到另一个状态或保持原状态不变时，对输入信号的要求。如表 4-9 所示是根据表 4-3 列出的 RS 触发器的驱动表。

表 4-9　RS 触发器的驱动表

$Q^n \to Q^{n+1}$	$R \quad S$
0　　0	×　　0
0　　1	0　　1
1　　0	1　　0
1　　1	0　　×

2. JK 触发器

JK 触发器具有保持、置 0、置 1、翻转的逻辑功能。

(1)特性方程

根据 JK 触发器的功能表(表 4-5)，可画出 JK 触发器次态 Q^{n+1} 的卡诺图，如图 4-25 所示。由此可得 JK 触发器的特性方程为

$$Q^{n+1} = J\overline{Q^n} + \overline{K}Q^n。 \tag{4-2}$$

(2)状态转换图

由 JK 触发器的功能表(表 4-5)得到 JK 触发器的状态转换图，如图 4-26 所示。

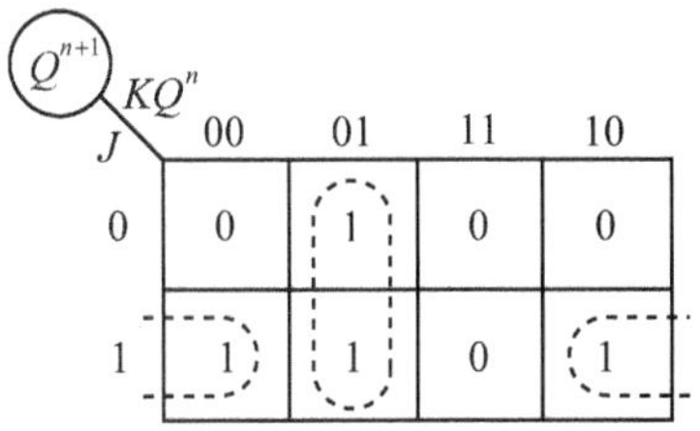

图 4-25　JK 触发器 Q^{n+1} 的卡诺图

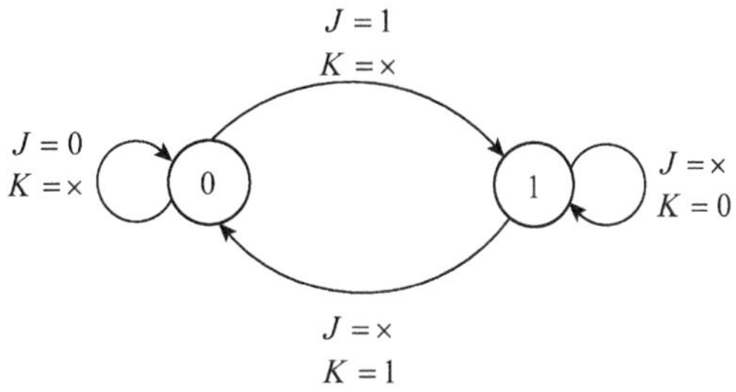

图 4-26　JK 触发器的状态转换图

(3)驱动表

根据表 4-5 可得 JK 触发器的驱动表，如表 4-10 所示。

表 4-10　JK 触发器的驱动表

$Q^n \to Q^{n+1}$	$J \quad K$
0　　0	0　　×
0　　1	1　　×
1　　0	×　　1
1　　1	×　　0

3. D 触发器

D 触发器具有置 0、置 1 的逻辑功能。

(1)特性方程

根据 D 触发器的功能表(表 4-7)，可得 D 触发器的特性方程为

$$Q^{n+1}=D。\tag{4-3}$$

(2)状态转换图

D 触发器的状态转换图如图 4-27 所示。

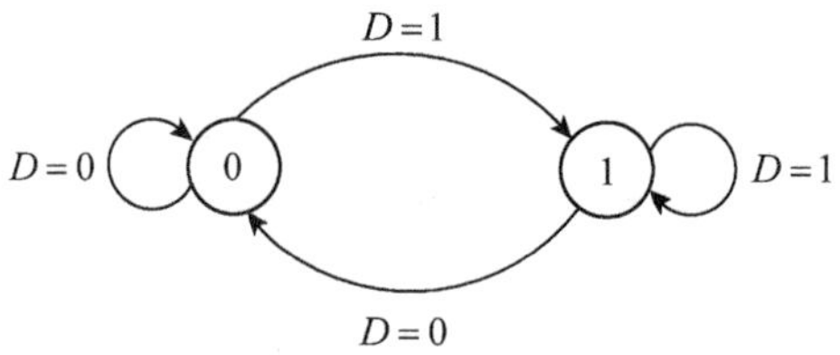

图 4-27 D 触发器的状态转换图

(3)驱动表

D 触发器的驱动表如表 4-11 所示。

表 4-11 D 触发器的驱动表

$Q^n \to Q^{n+1}$	D
0 0	0
0 1	1
1 0	0
1 1	1

4. T 触发器

如果将 JK 触发器的 J 和 K 相连作为 T 输入端就构成了 T 触发器，具有保持、翻转的逻辑功能。其逻辑图和逻辑符号如图 4-28 所示。

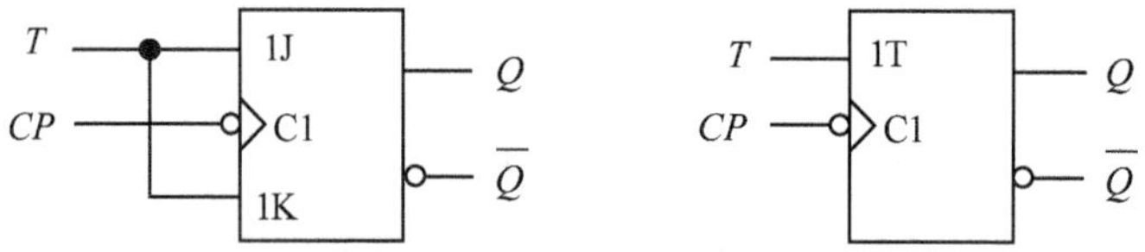

(a) 逻辑图　　(b) 逻辑符号

图 4-28 用 JK 触发器构成的 T 触发器

(1)功能表

T 触发器的功能如表 4-12 所示。

表 4-12　T 触发器的功能表

T	Q^n	Q^{n+1}	功能说明
0	0 1	0 1	保持
1	0 1	1 0	翻转

(2)特性方程

T 触发器的特性方程

$$Q^{n+1}=T\overline{Q^n}+\overline{T}Q^n=T\oplus Q^n。\tag{4-4}$$

(3)状态转换图

T 触发器的状态转换图如图 4-29 所示。

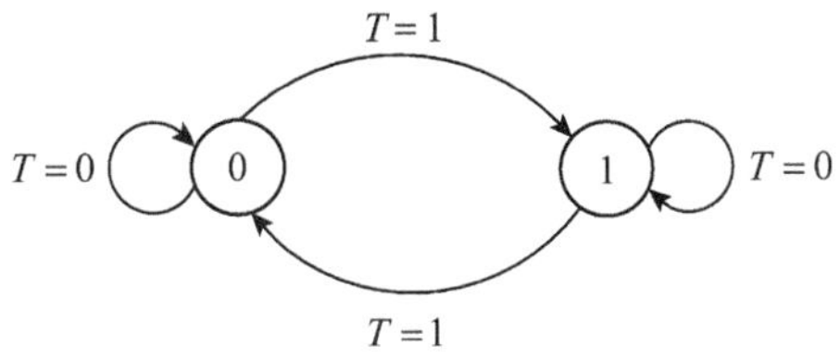

图 4-29　T 触发器的状态转换图

(4)驱动表

T 触发器的驱动表如表 4-13 所示。

表 4-13　T 触发器的驱动表

$Q^n \to Q^{n+1}$	T
0　　0	0
0　　1	1
1　　0	1
1　　1	0

当 T 触发器的输入端 $T=1$ 时，则触发器每输入一个时钟脉冲 CP，状态便翻转一次，这种状态的触发器称为 T ′触发器。T ′触发器的特性方程为

$$Q^{n+1}=\overline{Q^n}。\tag{4-5}$$

4.6.2　触发器逻辑功能的转换

由各种触发器的功能比较可知，JK 触发器的逻辑功能最强，它包含了触发器的所有功能。在集成触发器产品中，最常见的是 JK 触发器和 D 触发器，T 和 T ′触发器没有集成产品。如需要时，可用一种类型的触发器转换成其他类型的触发器。例如，在需要 RS 触发器时，只要将 JK 触发器的 J，K 端当作 S，R 端使用，就可实现 RS 触发器的功能。

1. 用 JK 触发器转换成其他功能的触发器

(1)JK 触发器转换成 D 触发器

JK 触发器的特性方程为

$$Q^{n+1}=J\overline{Q^n}+\overline{K}Q^n。$$

D 触发器的特性方程为

$$Q^{n+1}=D=D(Q^n+\overline{Q^n})=D\overline{Q^n}+DQ^n。$$

比较以上两式得：$J=D$，$K=\overline{D}$ 。

画出用 JK 触发器转换成 D 触发器的逻辑图如图 4-30(a)所示。

(2)JK 触发器转换成 T(T ′)触发器

T 触发器的特性方程为

$$Q^{n+1}=T\overline{Q^n}+\overline{T}Q^n。$$

与 JK 触发器的特性方程比较得：$J=T$，$K=T$。

画出用 JK 触发器转换成 T 触发器的逻辑图如图 4-30(b)所示。

令 $J=K=1$，即可得 T ′触发器，如图 4-30(c)所示。

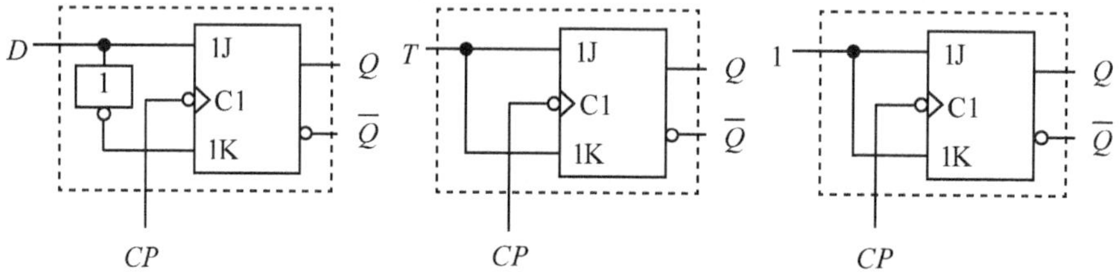

(a) JK→D　　(b) JK→T　　(c) JK→T ′

图 4-30　JK 触发器转换成其他功能的触发器

2. 用 D 触发器转换成其他功能的触发器

(1)D 触发器转换成 JK 触发器

D 触发器和 JK 触发器的特性方程分别为

$$Q^{n+1}=D,$$

$$Q^{n+1}=J\overline{Q^n}+\overline{K}Q^n。$$

比较两式可得：$D=J\overline{Q^n}+\overline{K}Q^n$。

画出用 D 触发器转换成 JK 触发器的逻辑图如图 4-31(a)所示。

(2)D 触发器转换成 T 触发器

D 触发器和 T 触发器的特性方程分别为

$$Q^{n+1}=D,$$

$$Q^{n+1}=T\overline{Q^n}+\overline{T}Q^n。$$

比较两式可得：$D=T\overline{Q^n}+\overline{T}Q^n=T\oplus Q^n$。

画出用 D 触发器转换成 T 触发器的逻辑图如图 4-31(b)所示。

(3)D 触发器转换成 T′触发器

D 触发器和 T′触发器的特性方程分别为

$$Q^{n+1}=D,$$

$$Q^{n+1}=\overline{Q^n}。$$

比较两式可得：$D=\overline{Q^n}$。

画出用 D 触发器转换成 T′触发器的逻辑图如图 4-31(c)所示。

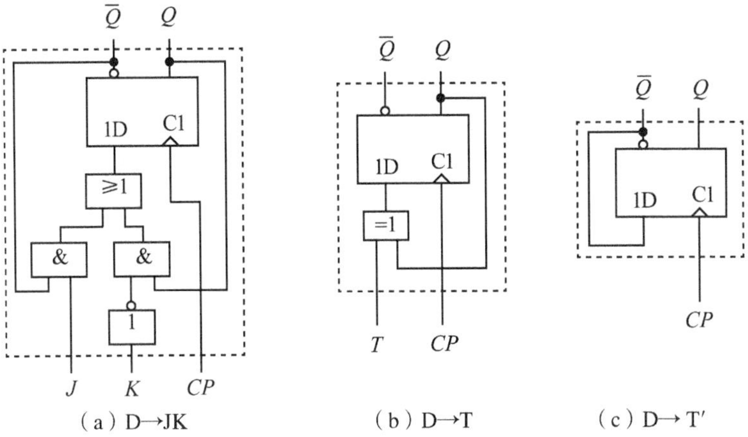

图 4-31　D 触发器转换成其他功能的触发器

由前面的分析可以看出，用已有的触发器构成其他功能的触发器，实际上就是求已有触发器的驱动方程，然后根据驱动方程画出逻辑图。

本章小结

触发器有两个基本性质：①在一定条件下，触发器可维持在两种稳定状态(0 或 1 状态)之一而保持不变；②在一定的外加信号作用下，触发器可从一个稳定状态转换到另一个稳定状态。这就使得触发器能够记忆二进制信息 0 和 1，常被用作二进制存储单元。

触发器的逻辑功能是指触发器输出的次态与现态及输入信号之间的逻辑关系。描述触发器逻辑功能的方法主要有功能表、特性方程、驱动表、状态转换图和波形图(又称时序图)等。根据结构的不同，触发器可分为基本 RS 触发器、同步触发器、主从触发器、边沿触发器。根据逻辑功能的不同，触发器可分为 RS 触发器、JK 触发器、D 触发器、T 触发器和 T′触发器。

同一电路结构的触发器可以做成不同的逻辑功能；同一逻辑功能的触发器可以用不同的电路结构来实现；不同结构的触发器具有不同的触发条件和动作特点，触发器逻辑符号中 *CP* 端有小圆圈的为下降沿触发；没有小圆圈的为上升沿触发。利用特性方程可实现不同功能触发器间逻辑功能的相互转换。

习　　题

1. 画出如图 4-32(a)所示由与非门组成的基本 RS 触发器输出端 Q 和 $\overline{Q}$ 的波形，输入

端 $\overline{S}$，$\overline{R}$ 的波形如图 4-32(b)所示。

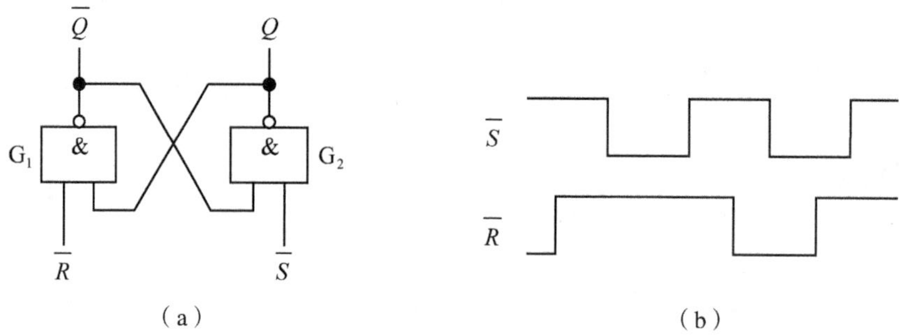

图 4-32

2. 画出如图 4-33(a)所示由或非门组成的基本 RS 触发器输出端 Q 和 $\overline{Q}$ 的波形，输入端 S，R 的波形如图 4-33(b)所示。

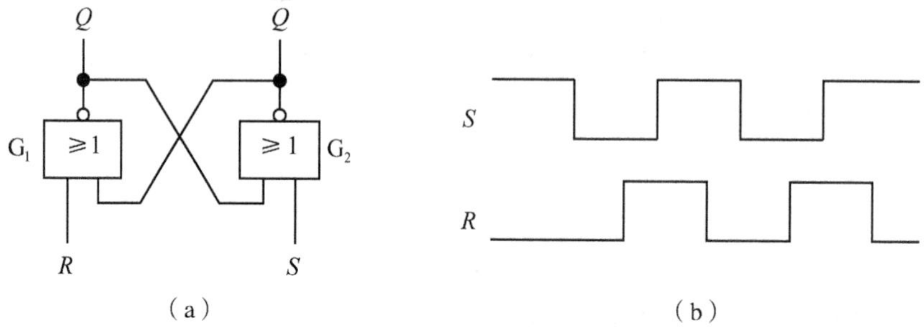

图 4-33

3. 试分析图 4-34 所示电路的逻辑功能，列出真值表，写出逻辑函数表达式。

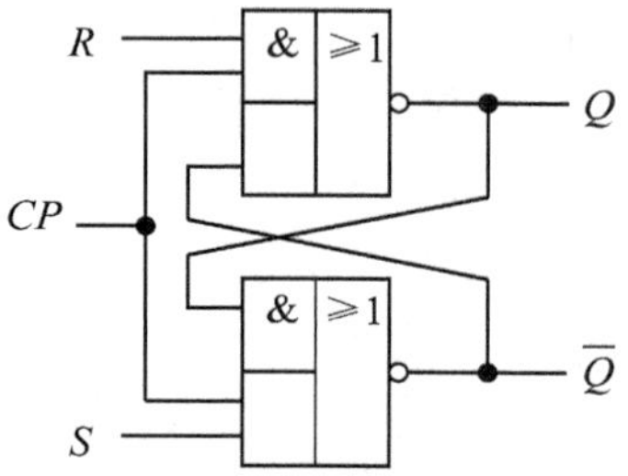

图 4-34

4. 图 4-35(a)所示为一个由基本 RS 触发器构成的防抖动输出的开关电路。当拨动开关 K 时，由于开关触点接触瞬间发生震颤，使 $\overline{S}$，$\overline{R}$ 的波形如图 4-35(b)所示，试画出 Q 和 $\overline{Q}$ 端的波形。

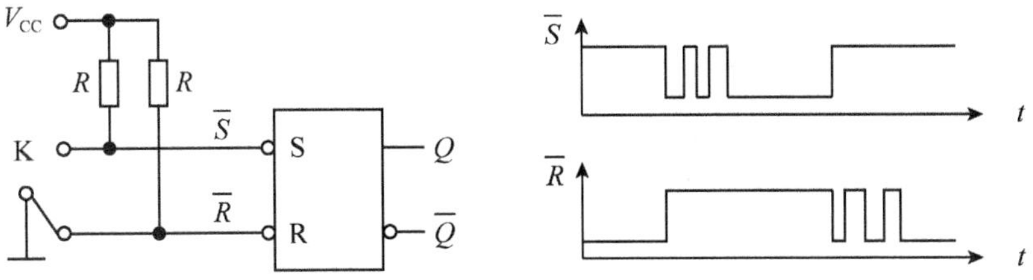

(a)　　　　　　(b)

图 4-35

5. 在图 4-36(a)所示电路中，若 CP，S，R 的波形如图 4-36(b)所示，试画出 Q 和 $\bar{Q}$ 端的波形。假定触发器的初始状态为 $Q=0$。

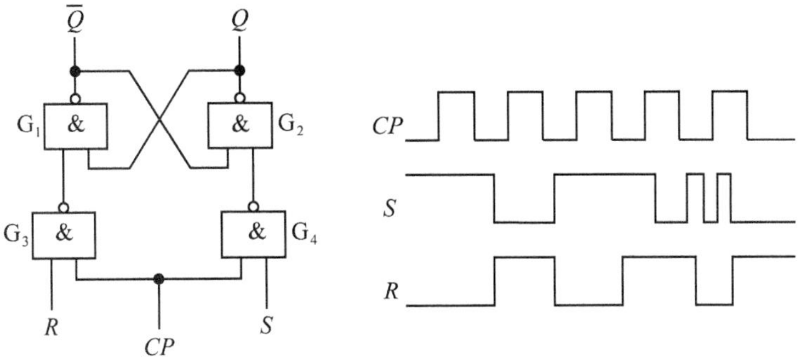

(a)　　　　　　(b)

图 4-36

6. 若将同步 RS 触发器的 Q 与 R，$\bar{Q}$ 与 S 相连如图 4-37(a)所示，试画出在图 4-37(b)所示的 CP 信号作用下 Q 和 $\bar{Q}$ 端的波形。已知 CP 信号的宽度 $t_w=4t_{Pd}$。t_{Pd} 为门电路的平均传输延迟时间，假定 $t_{Pd}\approx t_{PHL}\approx t_{PLH}$，设触发器的初始状态为 $Q=0$。

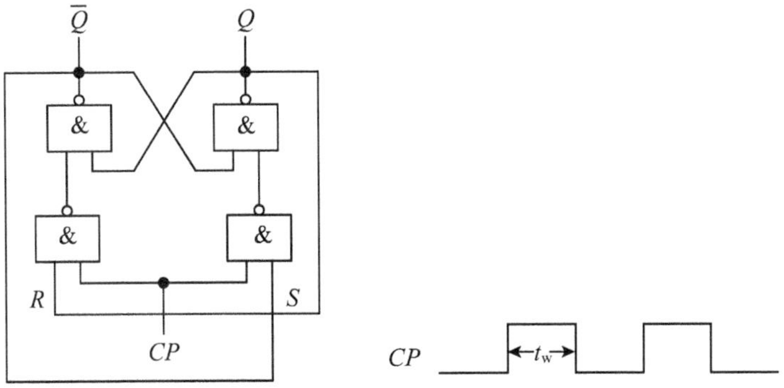

(a)　　　　　　(b)

图 4-37

7. 若主从 RS 触发器各输入端的波形如图 4-38(b)所示，试画出 Q 和 $\bar{Q}$ 端的波形。设触发器的初始状态为 $Q=0$。

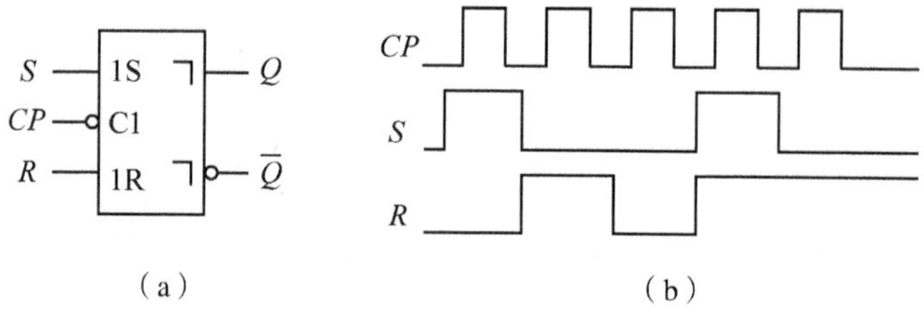

图 4-38

8. 若主从 RS 触发器的 $\overline{S_D}=1$，CP，S，R，$\overline{R_D}$ 各输入端的波形如图 4-39(b)所示。试画出 Q 和 $\overline{Q}$ 端的波形。

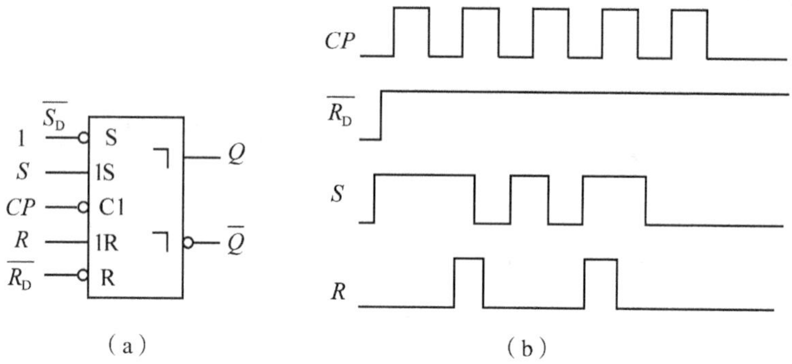

图 4-39

9. 已知主从 JK 触发器输入端 J，K 和 CP 的波形如图 4-40(b)所示。试画出 Q 和 $\overline{Q}$ 端的波形。设触发器的初始状态为 $Q=0$。

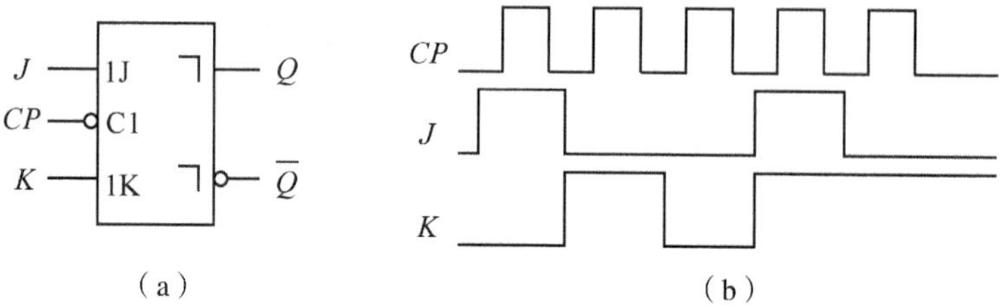

图 4-40

10. 若主从 JK 触发器 CP，$\overline{R_D}$，$\overline{S_D}$，J，K 端的波形如图 4-41(b)所示，试画出 Q 和 $\overline{Q}$ 端的波形。

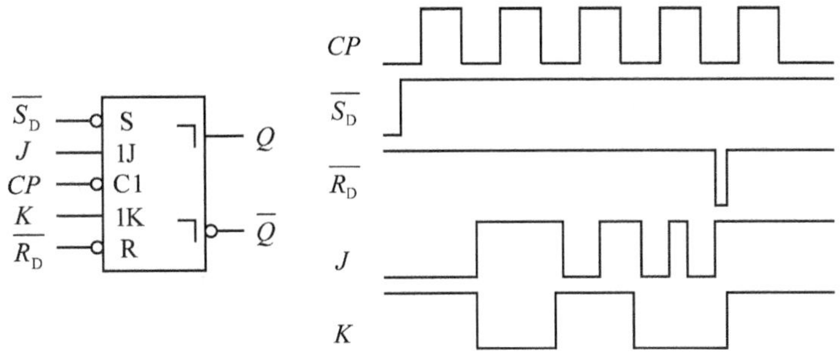

（a） （b）

图 4-41

11. 已知维持-阻塞 D 触发器输入端的波形如图 4-42(b)所示。试画出 Q 和 $\overline{Q}$ 端的波形。

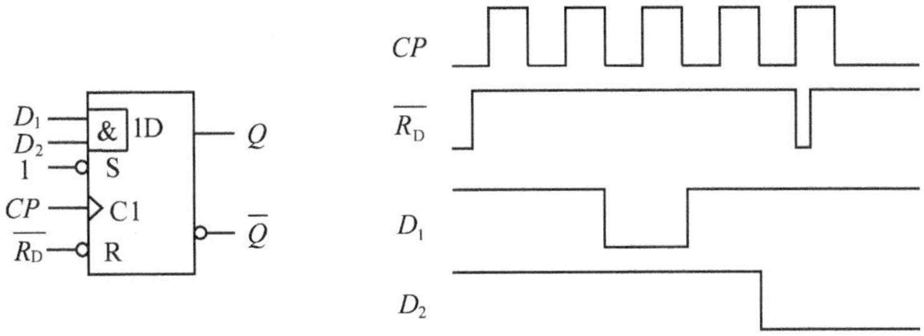

（a） （b）

图 4-42

12. 已知 CMOS 边沿触发结构 JK 触发器各输入端的波形如图 4-43(b)所示，试画出 Q 和 $\overline{Q}$ 端的波形。

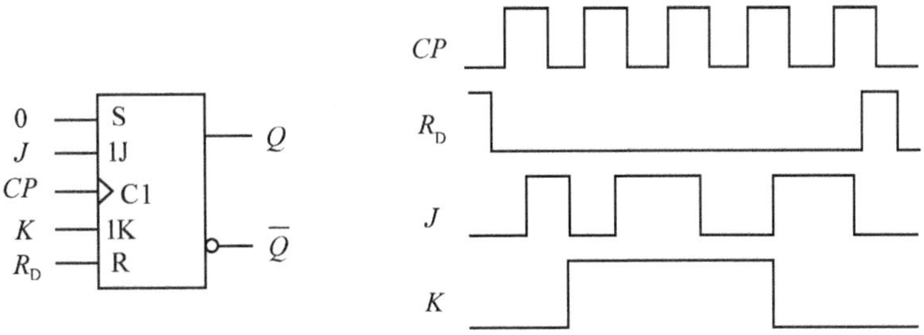

（a） （b）

图 4-43

13. 设图 4-44 中各触发器的初始状态皆为 $Q=0$。试画出在 CP 信号连续作用下各触发器输出端的波形。

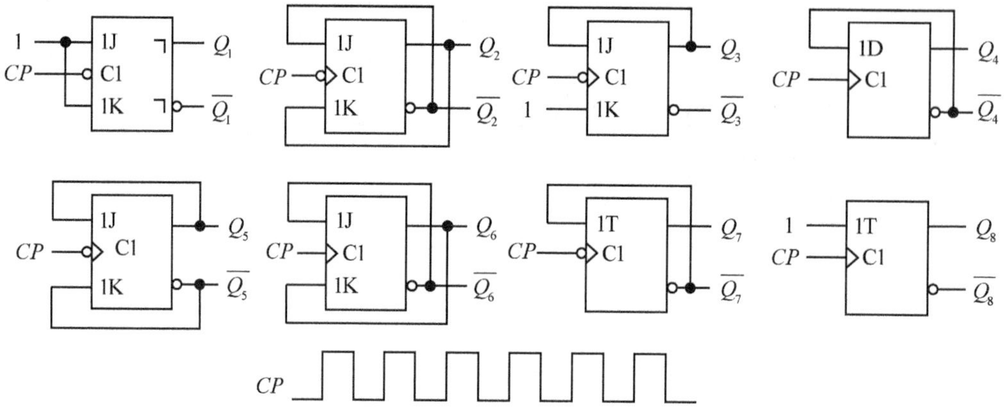

图 4-44

14. 试写出图 4-45(a)中各电路的次态(即 $Q_1{}^{n+1}$，$Q_2{}^{n+1}$，$Q_3{}^{n+1}$，$Q_4{}^{n+1}$)与现态和输入变量之间的函数式，并画出在图 4-45(b)给定信号的作用下 Q_1，Q_2，Q_3 和 Q_4 的波形。假定各触发器的初始状态均为 $Q=0$。

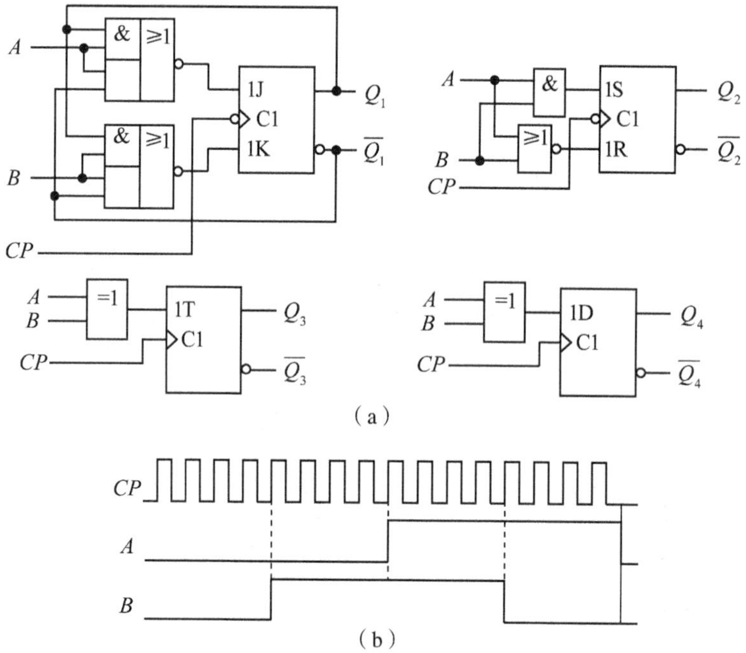

图 4-45

15. 在图 4-46(a)所示的边沿触发结构 JK 触发器电路中，已知 CP 和输入信号 T 的波形如图 4-46(b)所示。试画出触发器输出端 Q 和 $\overline{Q}$ 的波形，设触发器的初始状态为 $Q=0$。

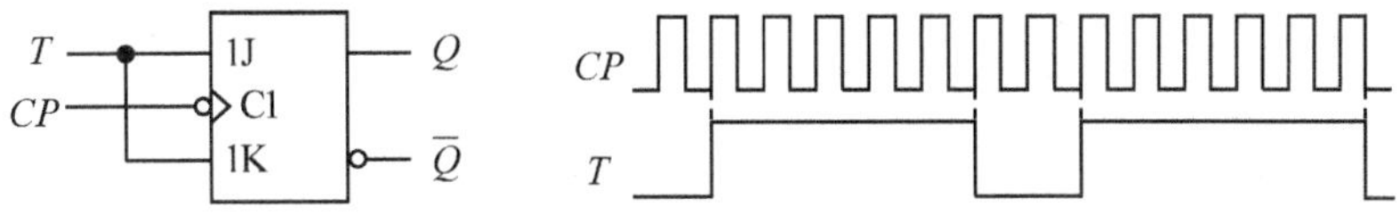

（a）　　　　　　（b）

图 4-46

16. 在图 4-47(a)所示的电路中，触发器为维持-阻塞结构，初始状态为 $Q=0$。已知输入信号 v_I 的电压波形如图 4-47(b)所示，试画出与之对应的输出电压 v_O 的波形。(提示：应考虑触发器和异或门的传输延迟时间)

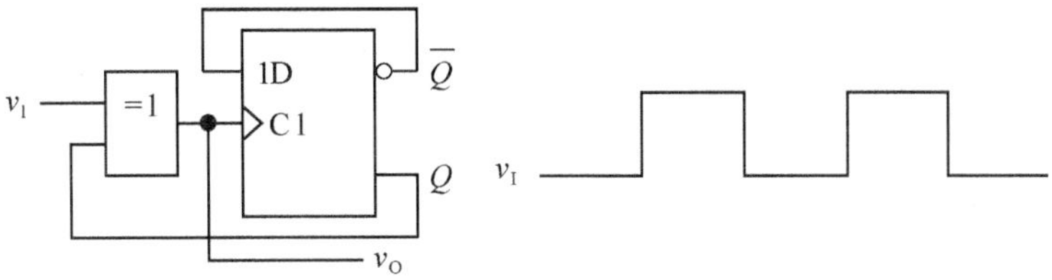

（a）　　　　　　（b）

图 4-47

17. 在图 4-48(a)所示的主从 JK 触发器电路中，CP 和 A 的波形如图 4-48(b)所示。试画出 Q 端的波形。设触发器的初始状态为 $Q=0$。

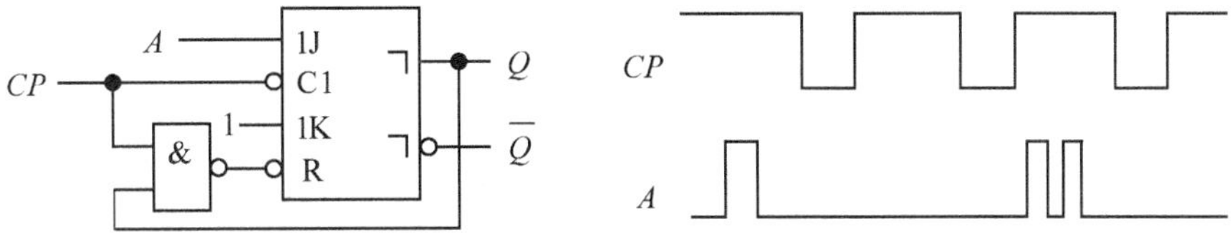

（a）　　　　　　（b）

图 4-48

18. 图 4-49 所示是用 CMOS 边沿触发器和或非门组成的脉冲分频电路。试画出在一系列 CP 脉冲作用下，Q_1，Q_2 和 Z 端的输出波形。设触发器的初始状态均为 $Q=0$。

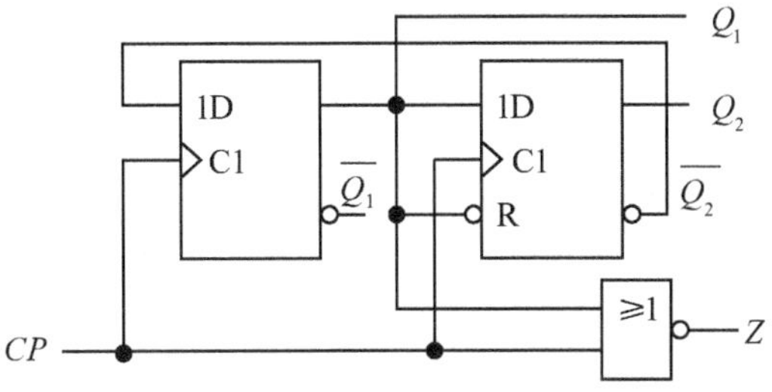

图 4-49

19. 图 4-50 所示是用维持-阻塞 D 触发器组成的脉冲分频电路。试画出在一系列 CP 脉冲作用下输出端 Y 的波形。设触发器的初始状态均为 $Q=0$。

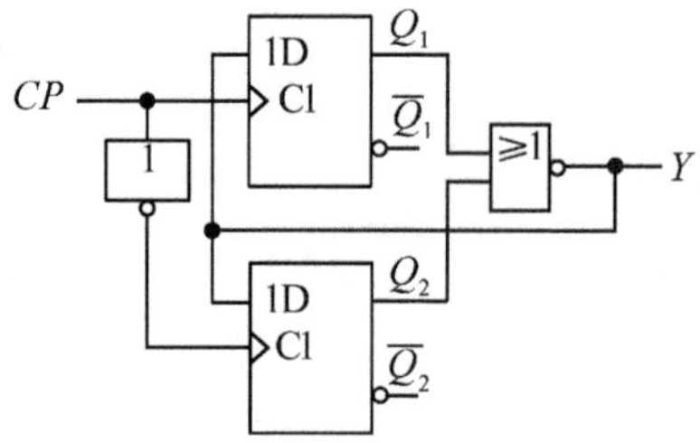

图 4-50

20. 试画出图 4-51(a)所示电路输出 Y 和 Z 的波形。输入信号 A 和时钟 CP 的波形如图 4-51(b)所示，设触发器的初始状态均为 $Q=0$。

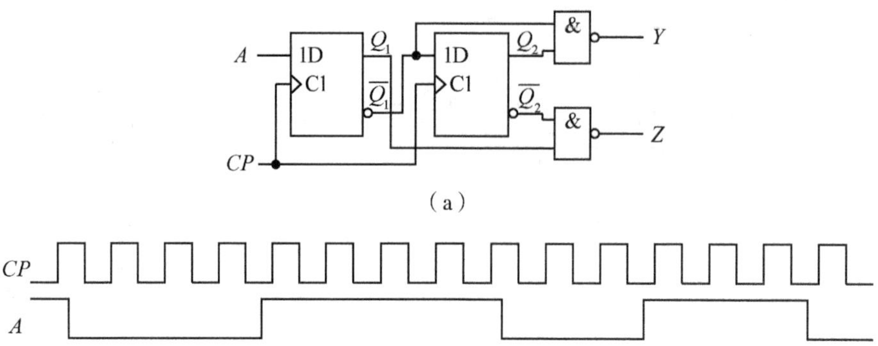

(a)

(b)

图 4-51

21. 试画出图 4-52 所示电路输出端 Q_2 的波形。输入信号 A 和 CP 的波形与 20 题相同，触发器为主从结构，初始状态均为 $Q=0$。

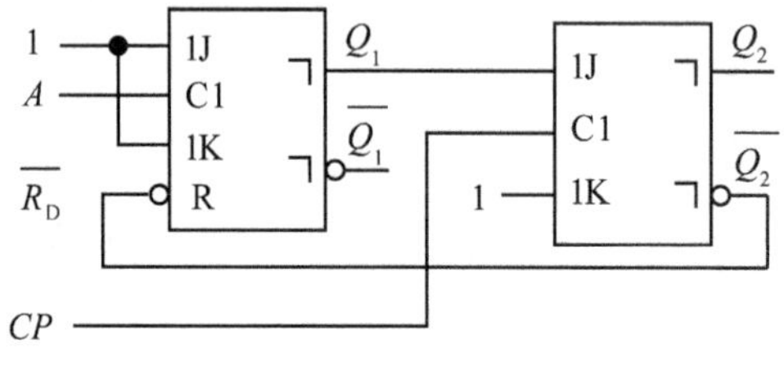

图 4-52

22. 试画出图 4-53 所示的电路在一系列 CP 信号作用下 Q_1，Q_2 和 Q_3 端输出的波形，触发器为边沿触发结构，初始状态均为 $Q=0$。

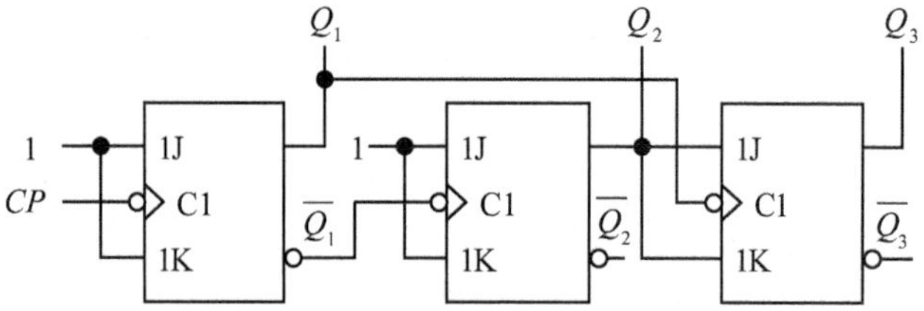

图 4-53

23. 试画出图 4-54(a)所示的电路在图 4-54(b)所示 CP，$\overline{R_D}$ 信号作用下 Q_1，Q_2 和 Q_3 的输出波形，并说明 Q_1，Q_2 和 Q_3 输出信号的频率与 CP 信号频率之间的关系。

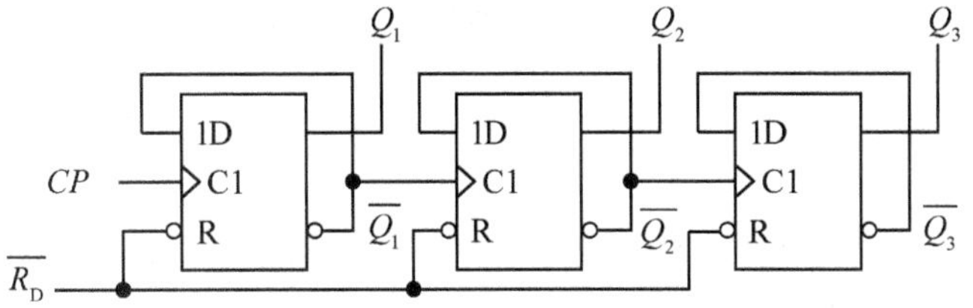

(a)

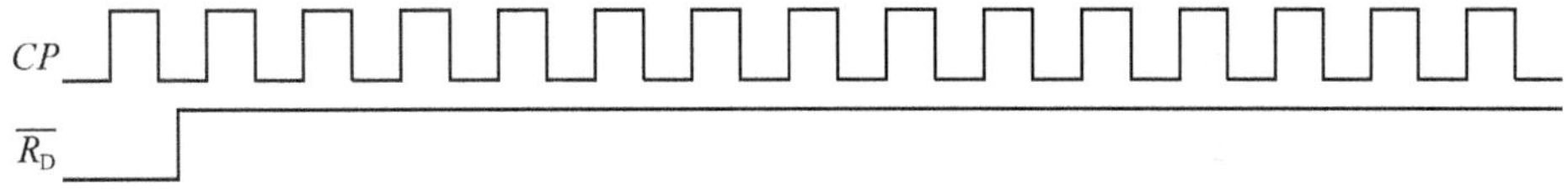

(b)

图 4-54

第 5 章　时序逻辑电路

【内容提要】 本章首先介绍时序逻辑电路的基本概念、特点、分类及时序逻辑电路的分析方法；其次重点讨论典型的集成时序逻辑部件寄存器和计数器的工作原理、逻辑功能、使用方法及典型应用；最后介绍时序逻辑电路的设计方法。

【能力目标】 理解时序逻辑电路的基本概念、特点；掌握时序逻辑电路的分析方法和设计方法；重点掌握常用集成时序逻辑部件寄存器和计数器的工作原理、逻辑功能、使用方法及典型应用。

5.1　概述

5.1.1　时序逻辑电路的结构及特点

时序逻辑电路的基本结构框图如图 5-1 所示。其由组合逻辑电路和存储电路两部分组成，其中 $X(X_1, X_2, \cdots, X_i)$ 是组合逻辑电路的输入信号；$Z(Z_1, Z_2, \cdots, Z_j)$ 是组合逻辑电路的输出信号；$E(E_1, E_2, \cdots, E_k)$ 是存储电路的输入信号，即驱动存储电路转换为下一状态的驱动信号；$Q(Q_1, Q_2, \cdots, Q_m)$ 是存储电路的输出信号，表示存储电路的状态，称为状态变量，它反馈到组合逻辑电路的输入端，与输入信号共同决定时序逻辑电路的输出状态。这些信号之间的逻辑关系可以表示为

$$Z = F_1(X, Q^n), \tag{5-1}$$

$$E = F_2(X, Q^n), \tag{5-2}$$

$$Q^{n+1} = F_3(E, Q^n)。 \tag{5-3}$$

式(5-1)称为组合逻辑电路的输出方程，式(5-2)称为存储电路的驱动方程，式(5-3)称为存储电路的状态方程。

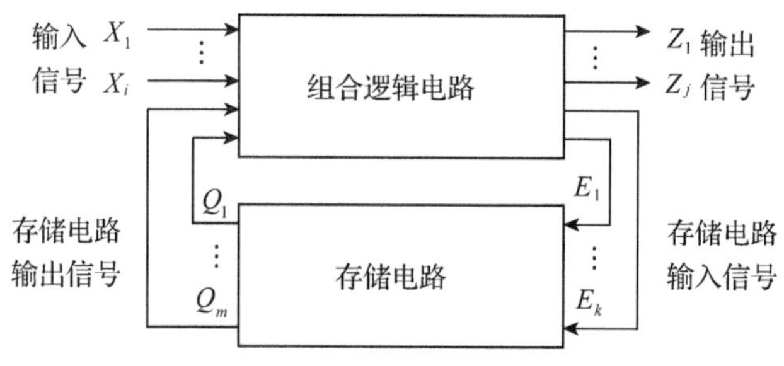

图 5-1　时序逻辑电路的基本结构框图

由以上所述可以看出，在时序逻辑电路中，电路任何时刻的输出状态不仅取决于该时刻的输入信号，而且还与电路原来的状态有关。与第 3 章介绍的组合逻辑电路相比，时序逻辑电路有以下两个特点：

(1)时序逻辑电路包含组合逻辑电路和存储电路两部分，存储电路具有记忆能力，通常由触发器组成。

(2)存储电路的状态反馈到组合逻辑电路的输入端，与外部输入信号共同决定时序逻辑电路的输出。

5.1.2　时序逻辑电路的分类

按照电路状态转换情况不同，时序逻辑电路分为同步时序逻辑电路和异步时序逻辑电路两大类。同步时序逻辑电路有一个统一的时钟脉冲，分别送到各触发器的 CP 端，因此各触发器状态的变化都发生在时钟脉冲触发沿到来这一时刻，即各触发器状态转换发生在同一时刻，所以同步时序逻辑电路是与时钟脉冲同步工作的。异步时序逻辑电路没有统一的时钟脉冲，各触发器 CP 端的时钟脉冲不会同时变化，因此各触发器的状态也就不可能同时发生变化。

按照电路中输出变量是否和输入变量直接相关，时序逻辑电路又分为米里(Mealy)型和摩尔(Moore)型逻辑电路。米里型逻辑电路的输出 Z 既与触发器的状态 Q^n 有关，又与输入 X 有关。而摩尔型逻辑电路的输出 Z 仅与触发器的状态 Q^n 有关。

5.1.3　时序逻辑电路功能的表达

从理论上讲，有了驱动方程、状态方程、输出方程，就可以唯一确定时序逻辑电路的功能。但很多时候，仅从这三组方程中很难判断其逻辑功能，在设计时序逻辑电路时，也很难根据逻辑要求直接写出这三组方程。因此，还需要借助能够直观反映电路状态转换全过程的状态转换表和状态转换图，根据任意一种表达方式，都可以画出时序图。换言之，时序逻辑电路的逻辑功能表达方法有逻辑方程、状态转换表、状态转换图和时序图。以上 4 种表达方法从不同侧面突出了时序逻辑电路的逻辑功能，它们本质上是相通的，可相互转换。在实际中根据需要选用。

5.2　时序逻辑电路的分析方法

时序逻辑电路的分析就是根据给定的时序逻辑电路，通过分析，找出电路的状态和电路的输出在输入信号和时钟信号作用下的变化规律，进而得出该时序逻辑电路的逻辑功能。下面介绍分析时序逻辑电路的一般步骤。

5.2.1　分析时序逻辑电路的一般步骤

(1)根据给定的时序逻辑电路，写出下列各逻辑方程式。

①各触发器的时钟方程。

②时序逻辑电路的输出方程。

③各触发器的驱动方程。

(2)将驱动方程代入相应触发器的特性方程中，求得各触发器的状态方程，也就是时序逻辑电路的状态方程。

(3)根据状态方程和输出方程，列出该时序逻辑电路的状态转换表，画出状态转换图或时序图。

(4)根据电路的状态转换表或状态转换图，说明该时序逻辑电路的逻辑功能。

下面举例说明时序逻辑电路的具体分析方法。

5.2.2 同步时序逻辑电路的分析举例

【例 5-1】 试分析图 5-2 所示时序逻辑电路的逻辑功能。

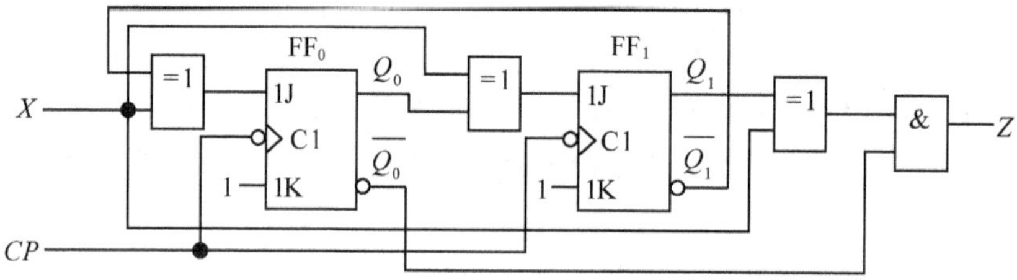

图 5-2 例 5-1 的逻辑图

解：由于图 5-2 为同步时序逻辑电路，图中的两个触发器都连接同一个时钟脉冲 CP，所以各触发器的时钟方程可以不写。

(1)写出输出方程

$$Z=(X\oplus Q_1^n)\overline{Q_0^n}。\tag{5-4}$$

(2)写出驱动方程

$$J_0=X\oplus\overline{Q_1^n},\quad K_0=1。\tag{5-5}$$

$$J_1=X\oplus Q_0^n,\quad K_1=1。\tag{5-6}$$

(3)将各驱动方程代入 JK 触发器的特性方程 $Q^{n+1}=J\overline{Q^n}+\overline{K}Q^n$ 中，得两个触发器的状态方程为

$$Q_0^{n+1}=J_0\overline{Q_0^n}+\overline{K_0}Q_0^n=(X\oplus\overline{Q_1^n})\overline{Q_0^n},\tag{5-7}$$

$$Q_1^{n+1}=J_1\overline{Q_1^n}+\overline{K_1}Q_1^n=(X\oplus Q_0^n)\overline{Q_1^n}。\tag{5-8}$$

(4)列出状态转换表及画出状态转换图

由于输入信号 X 有两种取值 0 和 1，所以分两种情况列出状态转换表和画出状态转换图。

① $X=0$ 时

将 $X=0$ 代入输出方程式(5-4)中，则输出方程简化为

$$Z=Q_1^n\overline{Q_0^n}。\tag{5-9}$$

将 $X=0$ 代入触发器的状态方程式(5-7)和式(5-8)中，则触发器的状态方程简化为

$$Q_0^{n+1}=\overline{Q_1^n}\,\overline{Q_0^n},\ Q_1^{n+1}=Q_0^n\,\overline{Q_1^n}。\tag{5-10}$$

在状态转换表中列出电路所有可能出现的状态，即 $Q_1^nQ_0^n$ 的 4 种取值：00，01，10，11，然后将各状态分别作为现态，依次代入上述触发器的状态方程和输出方程中进行计算，分别求出次态和输出逻辑值，得到电路的状态转换表如表 5-1 所示。

根据状态转换表，可画出状态转换图如图 5-3 所示。

表 5-1　$X=0$ 时的状态转换表

现态		次态		输出
Q_1^n	Q_0^n	Q_1^{n+1}	Q_0^{n+1}	Z
0	0	0	1	0
0	1	1	0	0
1	0	0	0	1
1	1	0	0	0

② $X=1$ 时

将 $X=1$ 分别代入输出方程式(5-4)以及触发器的状态方程式(5-7)和式(5-8)中，可使输出方程简化为

$$Z=\overline{Q_1^n}\cdot\overline{Q_0^n}。$$

触发器的状态方程简化为

$$Q_0^{n+1}=Q_1^n\overline{Q_0^n}，\quad Q_1^{n+1}=\overline{Q_0^n}\,\overline{Q_1^n}。$$

然后将电路 $Q_1^nQ_0^n$ 的 4 种取值：00，01，10，11，依次代入上述触发器的状态方程和输出方程中进行计算，可得电路的状态转换表如表 5-2 所示，画出状态转换图如图 5-4 所示。

表 5-2　$X=1$ 时的状态转换表

现态		次态		输出
Q_1^n	Q_0^n	Q_1^{n+1}	Q_0^{n+1}	Z
0	0	1	0	1
0	1	0	0	0
1	0	0	1	0
1	1	0	0	0

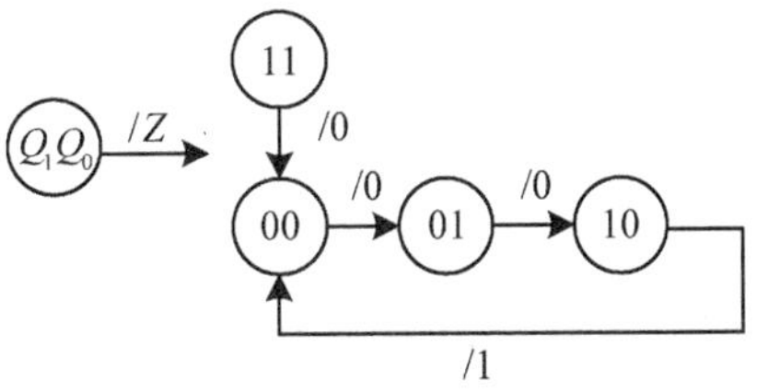

图 5-3　$X=0$ 时的状态转换图

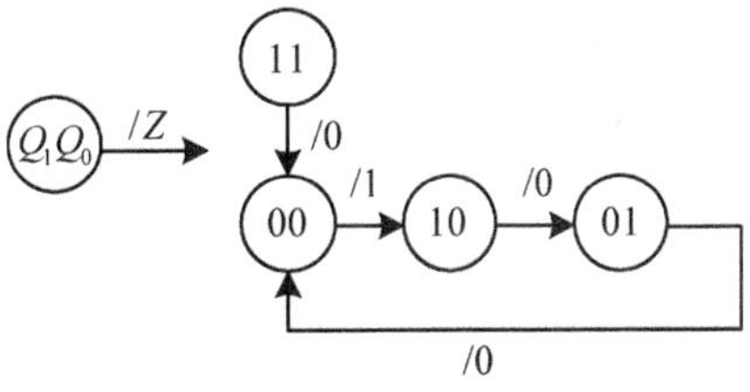

图 5-4　$X=1$ 时的状态转换图

将图 5-3 和图 5-4 合并起来，就是电路完整的状态转换图，如图 5-5 所示。

(5)画时序图

电路的时序图如图 5-6 所示。

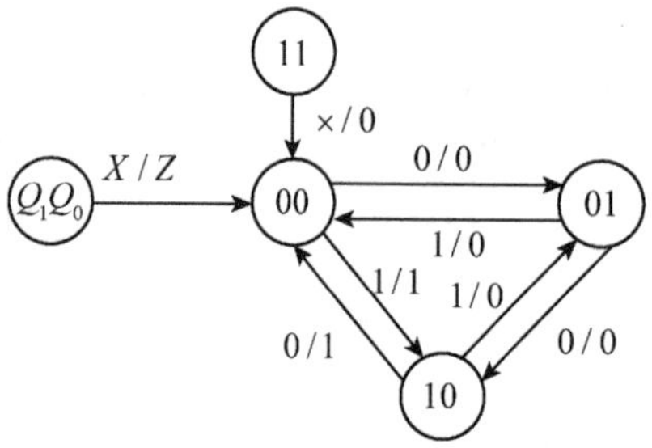

图 5-5 例 5-1 的状态转换图

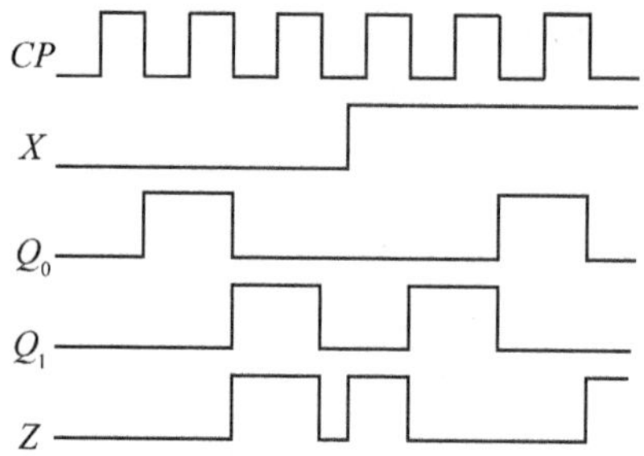

图 5-6 例 5-1 的时序图

(6)逻辑功能分析

该电路一共有 3 个有效状态 00，01，10。当 $X=0$ 时，按照加 1 规律从 00→01→10→00 循环变化，并且每当转换为 10 状态(最大数)时，输出 $Z=1$。当 $X=1$ 时，按照减 1 规律从 10→01→00→10 循环变化，并且每当转换为 00 状态(最小数)时，输出 $Z=1$。所以该电路是一个可控的三进制计数器，当 $X=0$ 时，作加法计数，Z 是进位信号；当$X=1$ 时，作减法计数，Z 是借位信号。

5.2.3 异步时序逻辑电路的分析举例

在异步时序逻辑电路中，由于没有统一的时钟脉冲，因此，分析异步时序逻辑电路时必须列出时钟方程，只有时钟脉冲到来之后，方可求出次态。

【例 5-2】试分析图 5-7 所示时序逻辑电路的逻辑功能。

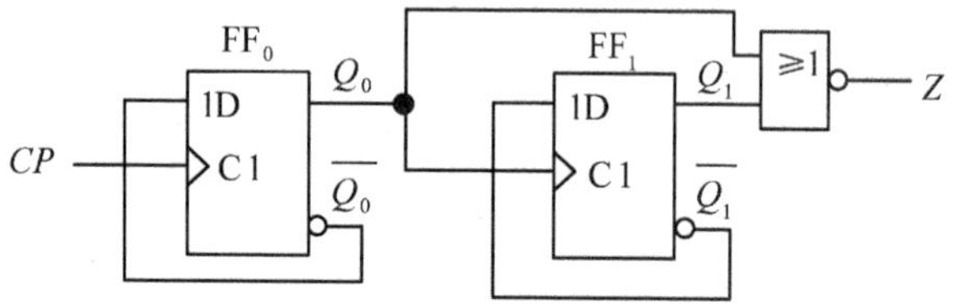

图 5-7 例 5-2 的逻辑图

解：(1)写出各逻辑方程式

① 时钟方程

$CP_0=CP$ (时钟脉冲的上升沿触发)

$CP_1=Q_0$ (当 FF_0 的 Q_0 由 0→1 时，Q_1 才可能改变状态，否则 Q_1 将保持原状态不变)

② 输出方程

$$Z=\overline{Q_1^n+Q_0^n}=\overline{Q_1^n}\,\overline{Q_0^n}。\tag{5-11}$$

③ 各触发器的驱动方程

$$D_0=\overline{Q_0^n},\ D_1=\overline{Q_1^n}。\tag{5-12}$$

(2)将各驱动方程代入 D 触发器的特性方程 $Q^{n+1}=D$ 中，得各触发器的状态方程

$$Q_0^{n+1}=D_0=\overline{Q_0^n} \quad (CP\text{ 由 }0\rightarrow 1\text{ 时此式有效})。 \tag{5-13}$$

$$Q_1^{n+1}=D_1=\overline{Q_1^n} \quad (Q_0\text{ 由 }0\rightarrow 1\text{ 时此式有效})。 \tag{5-14}$$

(3)作状态转换表、状态转换图和时序图

由于两个触发器不再公用同一个 CP，所以两个状态方程不再同时有效，因此不能像分析同步时序逻辑电路那样将电路的初始状态一起代入两个状态方程中。只有确定状态方程有效后，才可以将电路的初始状态代入状态方程求次态。设电路的初始状态为 $Q_1^nQ_0^n=00$，当 CP 上升沿到来时，即 CP_0 为上升沿，FF_0 触发器的状态方程有效，将 $Q_0^n=0$ 代入该状态方程中，得 $Q_0^{n+1}=1$。这时 Q_0 由 0 变 1，即 CP_1 为上升沿，状态方程 $Q_1^{n+1}=\overline{Q_1^n}$ 有效，使 $Q_1^{n+1}=1$。按上述办法继续计算，可得电路的状态转换表如表 5-3 所示。

表 5-3　例 5-2 的状态转换表

现态		次态		输出	时钟脉冲	
Q_1^n	Q_0^n	Q_1^{n+1}	Q_0^{n+1}	Z	CP_1	CP_0
0	0	1	1	1	↑	↑
1	1	1	0	0	0	↑
1	0	0	1	0	↑	↑
0	1	0	0	0	0	↑

根据状态转换表可得状态转换图如图 5-8 所示，时序图如图 5-9 所示。

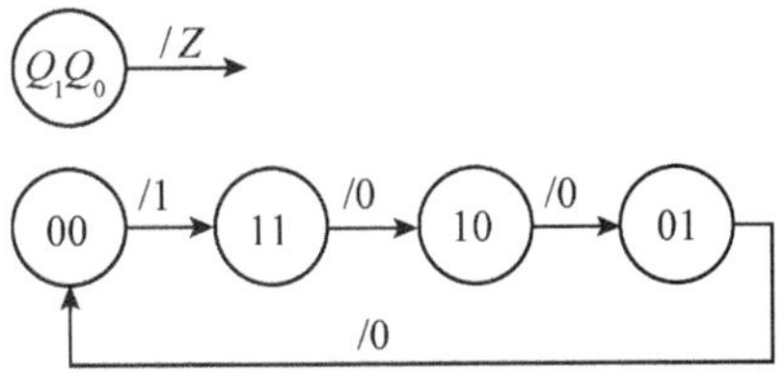

图 5-8　例 5-2 的状态转换图

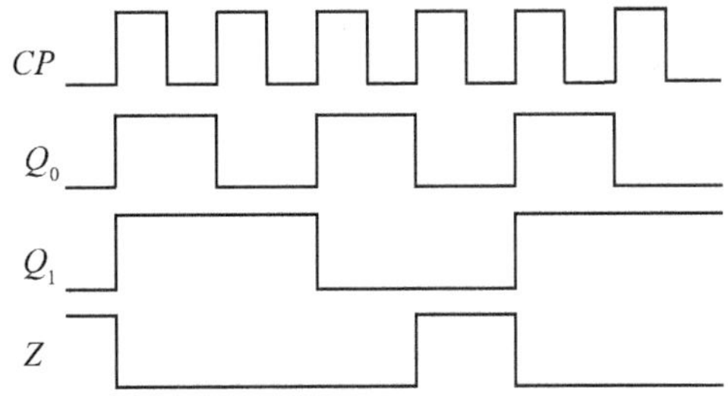

图 5-9　例 5-2 的时序图

(4)逻辑功能分析

由状态转换图可知：该电路一共有 4 个状态 00，01，10，11，在时钟脉冲作用下，按照减 1 规律循环变化，所以是一个四进制减法计数器，Z 是借位信号。

5.3　寄存器

5.3.1　寄存器的主要特点和分类

把二进制数据或代码暂时存储起来的操作叫作寄存。具有寄存功能的电路称为寄存

器。寄存器是一种基本时序逻辑电路，在各种数字系统中几乎是无所不在的。因为任何现代数字系统都必须把需要处理的数据、代码先寄存起来，以便随时取用。

1. 寄存器的主要特点

(1)从电路组成看

寄存器是由具有存储功能的触发器组合起来构成的，使用的可以是基本触发器、同步触发器或边沿触发器，电路结构比较简单。

(2)从基本功能看

寄存器的任务主要是暂时存储二进制数据或代码，一般情况下，不对存储内容进行处理，逻辑功能比较单一。

2. 寄存器的分类

(1)按功能差别分

按照功能差别，常把寄存器分成基本寄存器和移位寄存器两大类。

① 基本寄存器

基本寄存器是数据或代码只能并行输入寄存器中，需要时也只能并行输出。存储单元用基本触发器、同步触发器及边沿触发器均可。

② 移位寄存器

存储在移位寄存器中的数据或代码，在移位脉冲的操作下，可以依次逐位右移或左移，而数据或代码，既可以并行输入、并行输出，也可以串行输入、串行输出，还可以并行输入、串行输出，串行输入、并行输出，十分灵活，用途也很广泛。存储单元则只能用边沿触发器。

(2)按使用开关元件不同分

按照器件内部使用开关元件的不同可分成许多种，目前使用最多的是 TTL 寄存器和 CMOS 寄存器，它们都是中规模集成电路。

5.3.2 基本寄存器

基本寄存器是用来存储二进制代码或数据的时序逻辑电路组件，它具有接收和寄存二进制数码的逻辑功能。一个触发器可以存储 1 位二进制代码或数据，寄存 n 位二进制代码或数据，需要 n 个触发器。由于基本寄存器要求所存的代码与输入代码相同，因此，构成数码寄存器的触发器必定是 D 触发器。

如图 5-10(a)所示是由 4 个 D 触发器组成的 4 位集成寄存器 74HC175 的逻辑图，其引脚图如图 5-10(b)所示。其中，$\overline{R_D}$ 是异步清零控制端，低电平有效，$D_0 \sim D_3$ 是并行数据输入端，CP 为时钟脉冲端，$Q_0 \sim Q_3$ 是并行数据输出端，$\overline{Q_0} \sim \overline{Q_3}$ 是反码数据输出端。

该电路的数码接收过程为：将需要存储的 4 位二进制数码送到数据输入端 $D_0 \sim D_3$，在 CP 端送一个时钟脉冲，脉冲上升沿作用后，4 位数码并行地输出在 4 个触发器的 Q 端。74HC175 的功能表如表 5-4 所示。

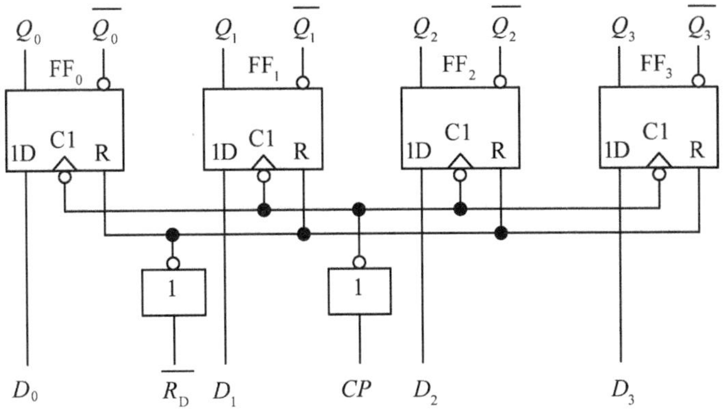

（a）逻辑图

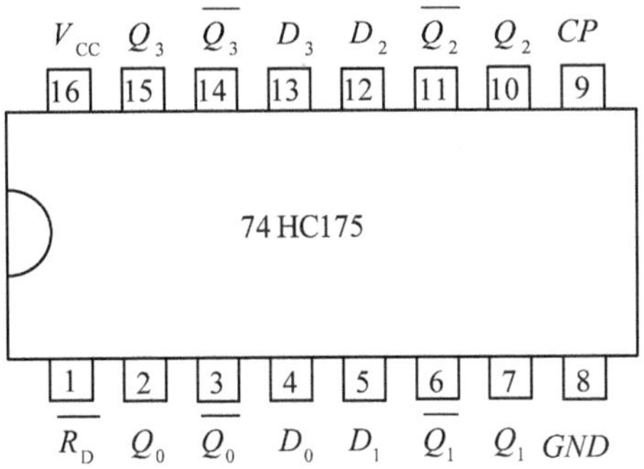

（b）引脚图

图 5-10　4 位集成寄存器 74HC175 的逻辑图及引脚图

表 5-4　74HC175 的功能表

清零	时钟	输　入	输　出	工作模式
$\overline{R_D}$	CP	D_0　D_1　D_2　D_3	Q_0　Q_1　Q_2　Q_3	
0	×	×　×　×　×	0　0　0　0	异步清零
1	↑	D_0　D_1　D_2　D_3	D_0　D_1　D_2　D_3	数码寄存
1	1	×　×　×　×	保　持	数据保持
1	0	×　×　×　×	保　持	数据保持

由于基本寄存器由 D 触发器构成，所以常称集成基本寄存器为 N 位 D 触发器。因此 74HC175 也称为四 D 触发器。常见的集成基本寄存器还有六 D 触发器(74HC174)、八 D 触发器(74HC273、74LS377)、八 D 锁存器(74HC373)等。

锁存器与触发器的主要区别是：锁存器具有一个使能控制端 C。当 C 无效时，输出数据保持原状态不变(锁存)；当 C 有效时，输出数据根据输入信号改变状态。下面介绍 74HC373 的功能与应用。

74HC373 内部有 8 个 D 锁存器，其输出端具有三态(3S)控制功能。74HC373 的逻辑符号及引脚图如图 5-11 所示。其中，$\overline{OC}$ 是输出控制端(低电平有效)，C 是使能端(高电平有效)。表 5-5 是 74HC373 的功能表。

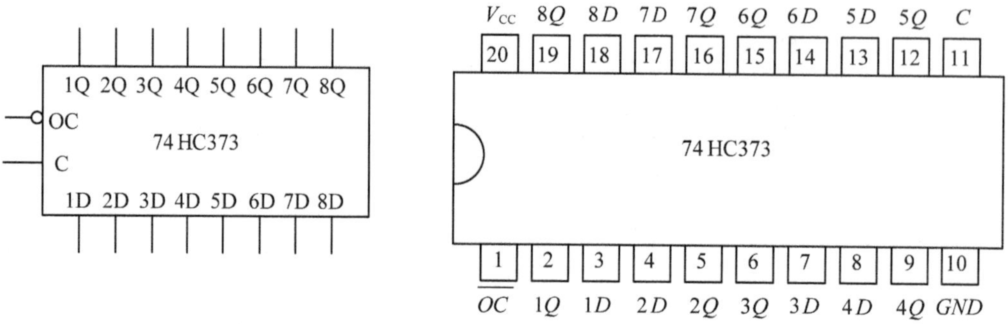

(a) 逻辑符号　　(b) 引脚图

图 5-11　八 D 锁存器(74HC373)的逻辑符号及引脚图

表 5-5　74HC373 的功能表

输入			输出
$\overline{OC}$	C	D	Q
0	1	1	1
0	1	0	0
0	0	×	保　持
1	×	×	高　阻

74HC373 用于单片机数据总线中的多路数据选通电路，如图 5-12 所示。在该电路中，8 位数据总线(DB)上挂接了 8 个 74HC373，它们的 C 端并接在一起，而各锁存器的 $\overline{OC}$ 与 3 线-8 线译码器输出端相接。给 C 端加一个正脉冲，各组数据都分别被写入各自的寄存器中。但是，如果 $\overline{OC}$ 为高电平，所有输出端 Q 均为高阻状态，数据不能送到 DB 上。当 3 线-8 线译码器的输出轮流给各寄存器的 $\overline{OC}$ 端一个负脉冲时，IC_1 ～IC_8 的数据就按顺序送到 8 位 DB 上，由 CPU 读取。

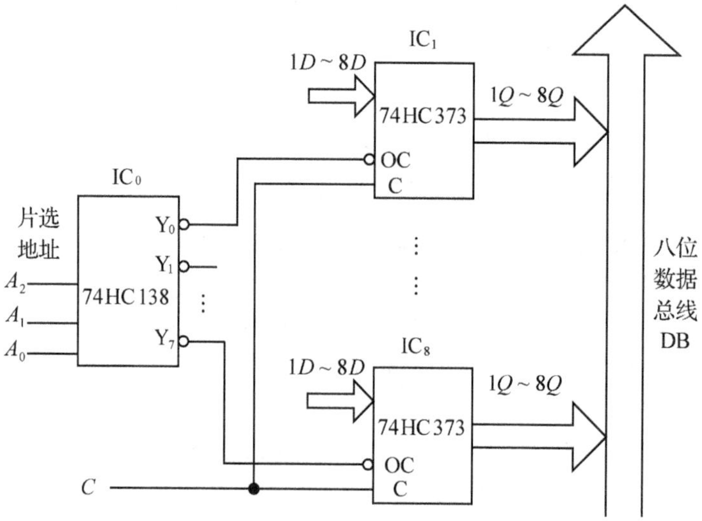

图 5-12　74HC373 用于多路数据选通电路

5.3.3 移位寄存器

移位寄存器不但可以寄存数码，而且在移位脉冲作用下，寄存器中的数码可根据需要向左或向右移位。移位寄存器也是数字系统和计算机中应用很广泛的基本逻辑部件。

1. 单向移位寄存器

(1)4 位右移移位寄存器

图 5-13 是由 D 触发器构成的 4 位右移移位寄存器的逻辑图，CP 是移位脉冲端，$\overline{R_D}$ 是清零端，D_I 是串行数据输入端，$Q_3 \sim Q_0$ 是并行数据输出端，D_O 是串行数据输出端。设移位寄存器的初始状态为 0000，串行输入数码 $D_I = 1101$，从高位到低位依次输入。在 4 个移位脉冲作用后，输入的 4 位串行数码 1101 全部存入了寄存器中，4 个输出端并行输出 4 位数码。电路的状态表如表 5-6 所示，时序图如图 5-14 所示。

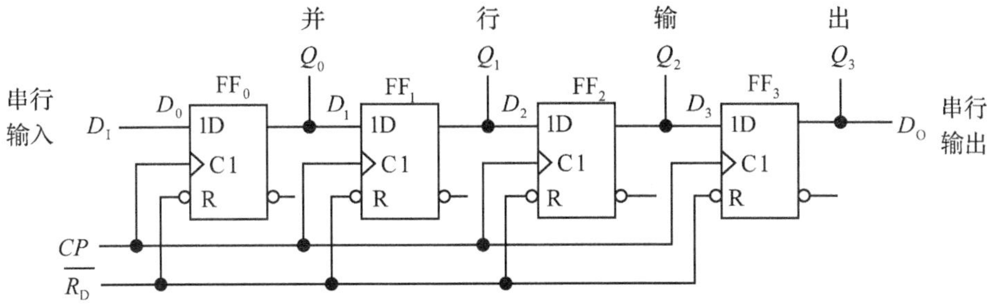

图 5-13 4 位右移移位寄存器的逻辑图

表 5-6 4 位右移移位寄存器的状态表

移位脉冲	输　入	输　出			
CP	D_I	Q_0	Q_1	Q_2	Q_3
0		0	0	0	0
1	1	1	0	0	0
2	1	1	1	0	0
3	0	0	1	1	0
4	1	1	0	1	1

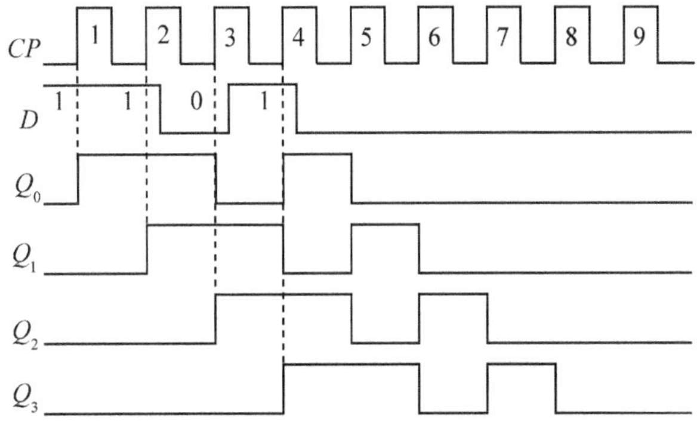

图 5-14 4 位右移移位寄存器的时序图

移位寄存器中的数码除了由 Q_3，Q_2，Q_1 和 Q_0 并行输出，还可以从 D_O（Q_3）串行输出。串行输出时，要继续输入 4 个移位脉冲，才能将寄存器中存放的 4 位数码 1101 依次输出。图 5-14 中第 5 到第 8 个 CP 脉冲及所对应的 Q_3，Q_2，Q_1，Q_0 波形，就是将 4 位数码 1101 串行输出的过程。所以，移位寄存器具有串行输入-并行输出和串行输入-串行输出两种工作方式。

(2)4 位左移移位寄存器

图 5-15 所示是 4 位左移移位寄存器的逻辑图，其结构和工作原理与图 5-13(右移移位寄存器)基本一致，不同的是其串行数据输入 D_I 直接输入最高位触发器 FF_3，数据从高位依次移向低位（$Q_3 \rightarrow Q_2 \rightarrow Q_1 \rightarrow Q_0$），即从右向左移动，所以称为左移移位寄存器。具体工作过程读者自行分析。

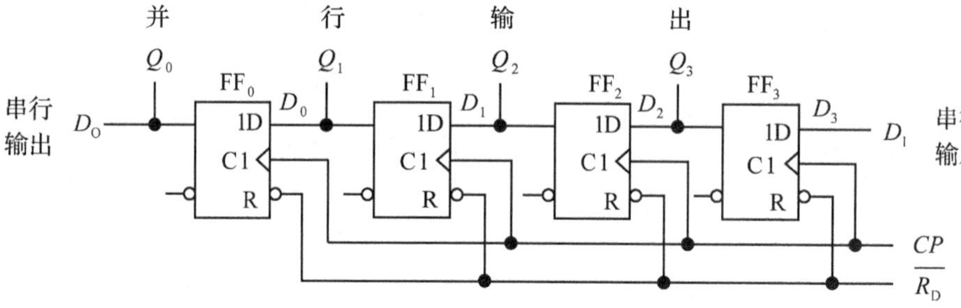

图 5-15　4 位左移移位寄存器的逻辑图

2. 双向移位寄存器

将图 5-13 所示的右移移位寄存器和图 5-15 所示的左移移位寄存器组合起来，并引入一个控制端 S 便构成了既可左移又可右移的双向移位寄存器，其逻辑图如图 5-16 所示。

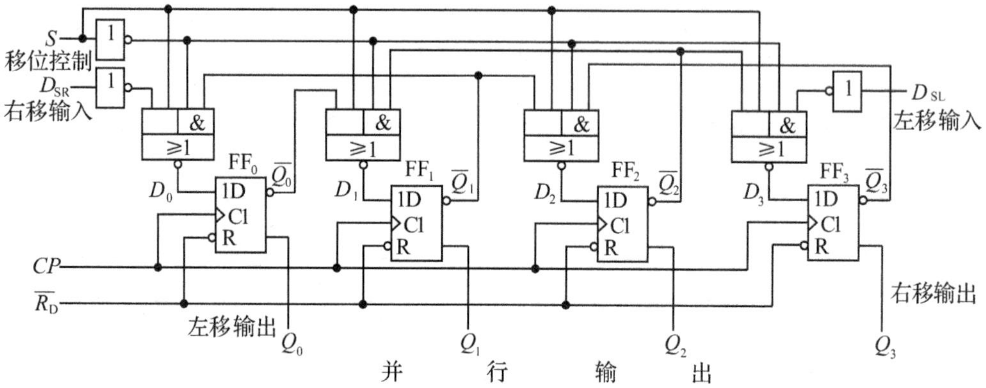

图 5-16　4 位双向移位寄存器的逻辑图

由图 5-16 可得该电路的驱动方程为

$$D_0 = \overline{S\overline{D_{SR}} + \bar{S}\,\overline{Q_1^n}},$$

$$D_1 = \overline{S\overline{Q_0^n} + \bar{S}\,\overline{Q_2^n}},$$

$$D_2 = \overline{S\overline{Q_1^n} + \bar{S}\,\overline{Q_3^n}},$$

$$D_3=\overline{\overline{SQ_2^n}+\overline{S}\,\overline{D_{SL}}}。$$

其中，D_{SR} 为右移串行输入端，D_{SL} 为左移串行输入端。当 $S=1$ 时，$Q_0^{n+1}=D_0=D_{SR}$，$Q_1^{n+1}=D_1=Q_0^n$，$Q_2^{n+1}=D_2=Q_1^n$，$Q_3^{n+1}=D_3=Q_2^n$，在 CP 脉冲作用下，实现右移操作；当 $S=0$ 时，$Q_0^{n+1}=D_0=Q_1^n$，$Q_1^{n+1}=D_1=Q_2^n$，$Q_2^{n+1}=D_2=Q_3^n$，$Q_3^{n+1}=D_3=D_{SL}$，在 CP 脉冲作用下，实现左移操作。

3. 集成移位寄存器

(1)8 位单向集成移位寄存器(74164)

74164 的逻辑符号及引脚图如图 5-17 所示，其中 $\overline{CLR}$ 为清零端，A，B 为两个可控制的串行数据输入端，$Q_H \sim Q_A$ 为 8 个输出端（Q_H 为最高位，Q_A 为最低位）。74164 的功能表如表 5-7 所示。

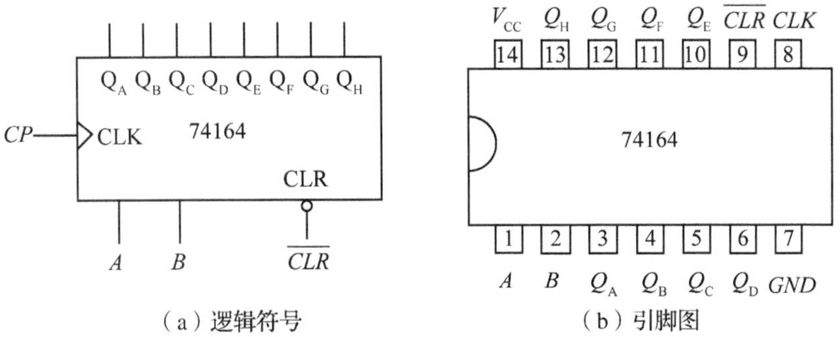

图 5-17　8 位单向移位寄存器(74164)的逻辑符号及引脚图

表 5-7　74164 的功能表

输　入				输　出			
$\overline{CLR}$	CP	A	B	Q_A^{n+1}	Q_B^{n+1}	…	Q_H^{n+1}
L	×	×	×	L	L	…	L
H	L	×	×	Q_A^n	Q_B^n	…	Q_H^n
H	↑	H	H	H	Q_A^n	…	Q_G^n
H	↑	L	×	L	Q_A^n	…	Q_G^n
H	↑	×	L	L	Q_A^n	…	Q_G^n

由表 5-7 可见 74164 具有以下功能：

① 清零。当 $\overline{CLR}=0$ 时，寄存器输出全为 0。

② 当 $\overline{CLR}=1$，A，B 任意一个为低电平时，则禁止另一串行数据输入，且在 CP 上升沿作用下使 Q_A^{n+1} 为低电平，并依次移位。

③ 当 $\overline{CLR}=1$，A 或 B 中有一个为高电平时，就允许另一串行数据输入，并在 CP 上升沿作用下决定 Q_A^{n+1} 的状态。

图 5-18 是 74164 的时序图。由时序图可见，74164 为单向移位寄存器，并且为串行输入/并行输出。

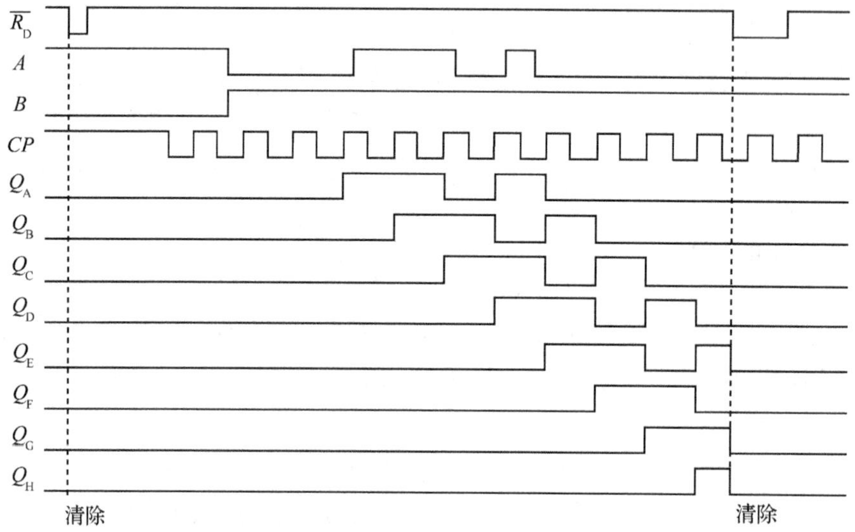

图 5-18　74164 的时序图

(2)4 位双向集成移位寄存器(74HC194)

74HC194 具有双向移位、数据并行输入、保持和清零等功能，其逻辑符号和引脚图如图 5-19 所示。其中 $\overline{R_D}$ 为异步清零端，优先级别最高；S_1，S_0 为工作方式控制端；D_{SL} 为左移串行输入端，D_{SR} 为右移串行输入端。D_0，D_1，D_2 和 D_3 是并行输入端；Q_0，Q_1，Q_2 和 Q_3 为并行输出端，其功能表如表 5-8 所示。

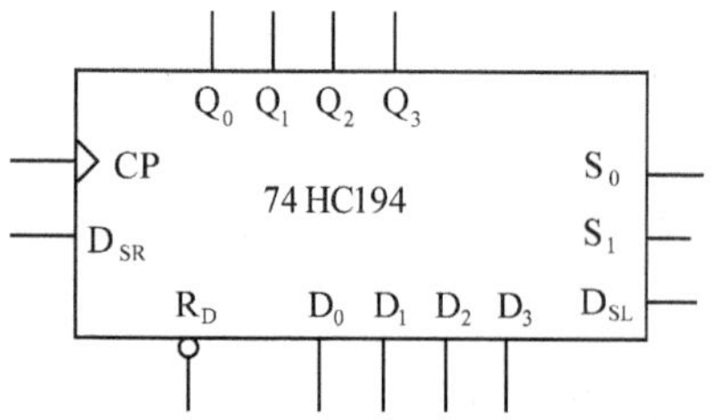

(a) 逻辑符号

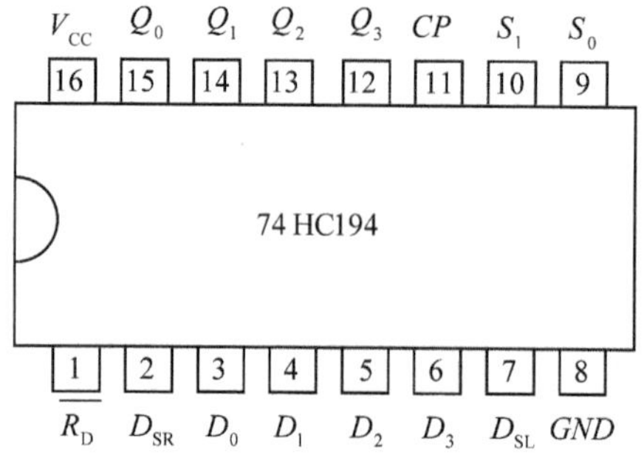

(b) 引脚图

图 5-19　4 位双向集成移位寄存器 74HC194 的逻辑符号及引脚图

表 5-8　74HC194 的功能表

输入										输出				工作模式
清零	控制		串行输入		时钟	并行输入								
$\overline{R_D}$	S_1	S_0	D_{SL}	D_{SR}	CP	D_0	D_1	D_2	D_3	Q_0^{n+1}	Q_1^{n+1}	Q_2^{n+1}	Q_3^{n+1}	
0	×	×	×	×	×	×	×	×	×	0	0	0	0	异步清零
1	0	0	×	×	×	×	×	×	×	Q_0^n	Q_1^n	Q_2^n	Q_3^n	保　持
1	0	1	×	D_{SR}	↑	×	×	×	×	D_{SR}	Q_0^n	Q_1^n	Q_2^n	右　移
1	1	0	D_{SL}	×	↑	×	×	×	×	Q_1^n	Q_2^n	Q_3^n	D_{SL}	左　移
1	1	1	×	×	↑	D_0	D_1	D_2	D_3	D_0	D_1	D_2	D_3	并行置数

由表 5-8 可以看出 74HC194 具有如下功能：

①异步清零。当 $\overline{R_D}=0$ 时，$Q_3Q_2Q_1Q_0=0000$，与其他输入状态及 CP 无关。

② 当 $\overline{R_D}=1$ 时，根据控制输入 S_1，S_0 的状态，74HC194 有以下 4 种工作方式：

a. 保持。当 $S_1S_0=00$ 时，不论有无 CP 到来，各触发器保持原来的工作状态。

b. 右移。当 $S_1S_0=01$ 时，在 CP 的上升沿作用下，实现右移(上移)操作，流向是 $D_{SR}\rightarrow Q_0\rightarrow Q_1\rightarrow Q_2\rightarrow Q_3$。

c. 左移。当 $S_1S_0=10$ 时，在 CP 的上升沿作用下，实现左移(下移)操作，流向是 $D_{SL}\rightarrow Q_3\rightarrow Q_2\rightarrow Q_1\rightarrow Q_0$。

d. 并行置数。当 $S_1S_0=11$ 时，在 CP 的上升沿作用下，实现置数操作，$D_0\rightarrow Q_0$，$D_1\rightarrow Q_1$，$D_2\rightarrow Q_2$，$D_3\rightarrow Q_3$，即 $Q_3Q_2Q_1Q_0=D_3D_2D_1D_0$。

5.4　计数器

计数器是数字系统中广泛使用的时序逻辑电路之一，是用于统计输入脉冲 CP 个数的电路，主要由触发器组合构成。计数器除了具有计数功能外，还可用于分频、定时、产生节拍脉冲以及进行数字运算等。

5.4.1　计数器的特点和分类

1. 计数器的特点

(1)计数器

广义地讲，一切能够完成计数工作的器件都是计数器，如算盘、里程表、钟表、温度计等都是计数器，具体的各式各样的计数器种类繁多，不胜枚举。

(2)数字电路中的计数器

在数字电路中，把记忆输入 CP 脉冲个数的操作叫作计数，能实现计数操作的逻辑电路称为计数器。它的主要特点是：

① 一般地说，这种计数器除了输入计数脉冲 CP 信号之外，很少有另外的输入信号，其输出通常也都是现态的函数，是一种摩尔型的时序电路，而输入计数脉冲 CP 是当作触发器的时钟信号对待的。

② 从电路组成看，其主要组成单元是时钟触发器。

计数器应用十分广泛，从各种各样的小型数字仪表，到大型电子数字计算机，几乎是无所不在，是任何数字仪表乃至数字系统中不可缺少的组成部分。

2. 计数器的分类

(1)按数的进制分

① 二进制计数器

当输入计数脉冲到来时，按二进制数规律进行计数的电路称为二进制计数器。

② 十进制计数器

当输入计数脉冲到来时，按十进制数规律进行计数的电路称为十进制计数器。

③ N 进制计数器

除了二进制和十进制计数器之外的其他进制的计数器，都叫作 N 进制计数器。例如，N=12 时称为十二进制计数器，N=60 时称为六十进制计数器。N 叫作计数器的容量或计数长度。

(2)按计数时是递增还是递减分

① 加法计数器

当输入计数脉冲到来时，进行递增计数的电路称为加法计数器。

② 减法计数器

当输入计数脉冲到来时，进行递减计数的电路称为减法计数器。

③ 可逆计数器

在加减信号的控制下，既可进行递增计数，也可进行递减计数的电路称为可逆计数器。

(3)按计数器中触发器翻转是否同步分

① 同步计数器

当输入计数脉冲到来时，所有触发器同时翻转，同步更新状态，这样的计数器叫作同步计数器。从电路结构上看，计数器中各个触发器的时钟信号都是输入计数脉冲。

② 异步计数器

当输入计数脉冲到来时，要更新状态的触发器，有的先翻转有的后翻转，是异步进行的，这种计数器称为异步计数器。从电路结构上看，计数器中各个触发器，有的触发器其时钟信号是输入计数脉冲，有的触发器其时钟信号却是其他触发器的输出。

(4)按计数器中使用的开关元件分

① TTL 计数器

TTL 计数器是一种问世较早、品种规格十分齐全的计数器，多为中规模集成电路。

② CMOS 计数器

CMOS 计数器问世较 TTL 计数器晚，但品种规格也很多，它具有 CMOS 集成电路的共同特点，集成度可以做得很高。

总之，计数器不仅应用十分广泛，分类方法不少，而且规格品种也很多。但是，就其工作特点、基本分析及设计方法而言，差别不大。

5.4.2 二进制计数器

1. 同步二进制计数器

(1)同步二进制加法计数器

如图 5-20 所示为由 4 个 JK 触发器组成的 4 位同步二进制加法计数器的逻辑图。图中各触发器的时钟脉冲输入端连接同一计数脉冲 CP，显然，这是一个同步时序逻辑电路。

写出各触发器的驱动方程为

$$J_0=K_0=1,$$
$$J_1=K_1=Q_0,$$
$$J_2=K_2=Q_1Q_2,$$

$$J_3=K_3=Q_2Q_1Q_0。$$

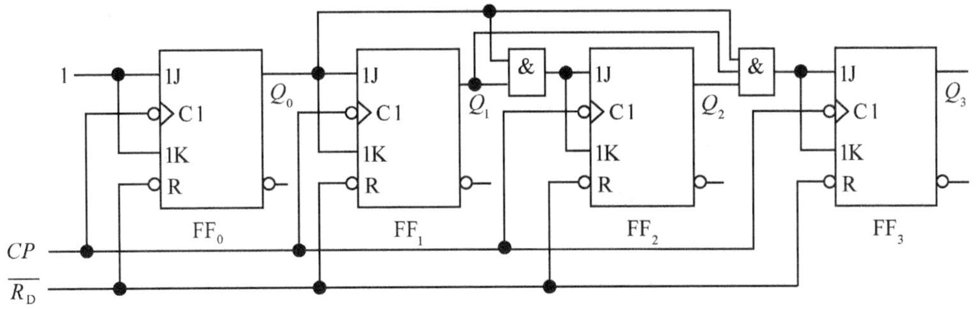

图 5-20　4 位同步二进制加法计数器的逻辑图

设初始状态 $Q_3Q_2Q_1Q_0=0000$，由于该电路的驱动方程规律性较强，根据驱动方程可列出如表 5-9 所示的状态表。

表 5-9　4 位同步二进制加法计数器的状态表

计数脉冲	电路状态 Q_3	Q_2	Q_1	Q_0	等效十进制数
0	0	0	0	0	0
1	0	0	0	1	1
2	0	0	1	0	2
3	0	0	1	1	3
4	0	1	0	0	4
5	0	1	0	1	5
6	0	1	1	0	6
7	0	1	1	1	7
8	1	0	0	0	8
9	1	0	0	1	9
10	1	0	1	0	10
11	1	0	1	1	11
12	1	1	0	0	12
13	1	1	0	1	13
14	1	1	1	0	14
15	1	1	1	1	15
16	0	0	0	0	0

根据状态表，画出状态转换图如图 5-21 所示。由状态转换图可见，从初态 0000(由清零脉冲所置)开始，每输入一个计数脉冲，计数器的状态按二进制加法规律加 1，所以是二进制加法计数器(4 位)。又因为该计数器有 0000～1111 共 16 个状态，所以也称十六进制加法计数器或模 16($N=16$)加法计数器。其时序图如图 5-22 所示。

从时序图可以看出，Q_0，Q_1，Q_2，Q_3 的周期分别是计数脉冲(CP)周期的 2 倍、4 倍、8 倍、16 倍，也就是说，Q_0，Q_1，Q_2、Q_3 分别对 CP 波形进行了二分频、四分频、

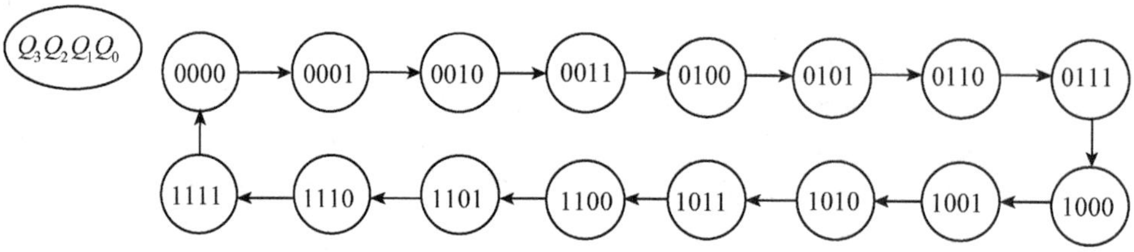

图 5-21　4 位同步二进制加法计数器的状态转换图

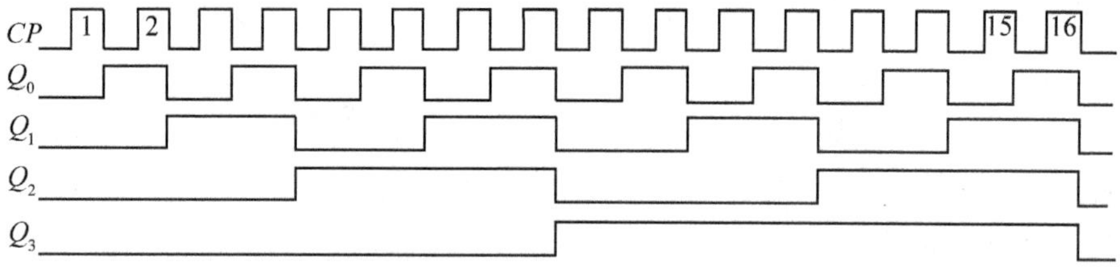

图 5-22　4 位同步二进制加法计数器的时序图

八分频、十六分频，因而计数器也可作为分频器。

(2)同步二进制减法计数器

4 位同步二进制减法计数器的状态表如表 5-10 所示。

表 5-10　4 位同步二进制减法计数器的状态表

计数脉冲	电路状态				等效十进制数
	Q_3	Q_2	Q_1	Q_0	
0	0	0	0	0	0
1	1	1	1	1	15
2	1	1	1	0	14
3	1	1	0	1	13
4	1	1	0	0	12
5	1	0	1	1	11
6	1	0	1	0	10
7	1	0	0	1	9
8	1	0	0	0	8
9	0	1	1	1	7
10	0	1	1	0	6
11	0	1	0	1	5
12	0	1	0	0	4
13	0	0	1	1	3
14	0	0	1	0	2
15	0	0	0	1	1
16	0	0	0	0	0

分析其翻转规律并与 4 位同步二进制加法计数器相比较，很容易看出，只要将图 5-20 所示电路的各触发器的驱动方程改为

$$J_0=K_0=1,$$
$$J_1=K_1=\overline{Q_0},$$
$$J_2=K_2=\bar{Q}_1\bar{Q}_0,$$
$$J_3=K_3=\bar{Q}_2\bar{Q}_1\bar{Q}_0。$$

就构成了 4 位同步二进制减法计数器。其状态转换图如图 5-23 所示，时序图如图 5-24 所示。

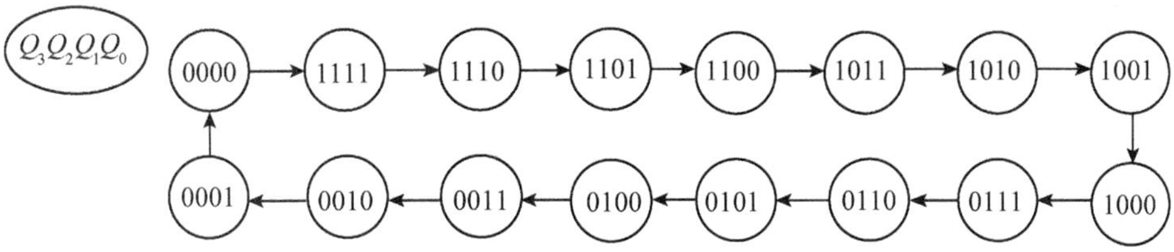

图 5-23　4 位同步二进制减法计数器的状态转换图

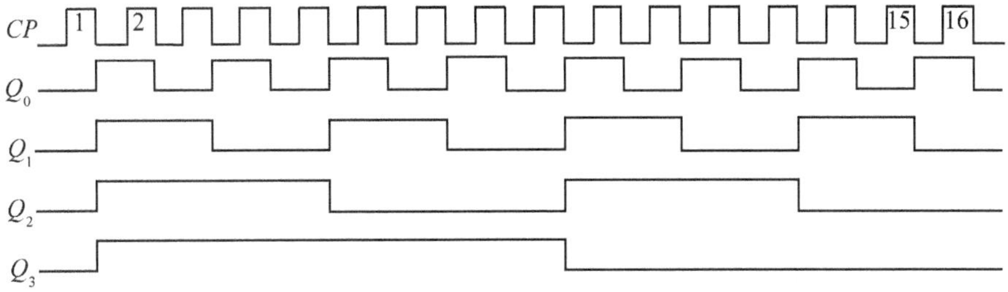

图 5-24　4 位同步二进制减法计数器的时序图

(3)同步二进制可逆计数器

既能作加法计数又能作减法计数的计数器称为可逆计数器。将前面介绍的 4 位同步二进制加法计数器和减法计数器合并起来，并引入一个加/减控制信号 X 便构成了 4 位同步二进制可逆计数器，如图 5-25 所示。

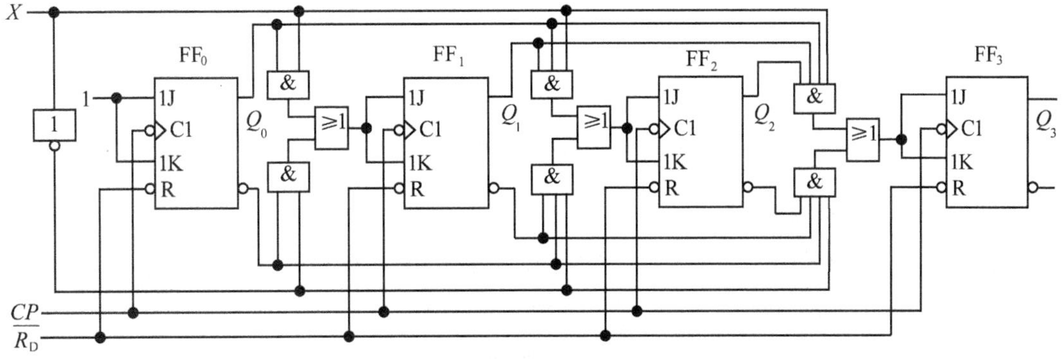

图 5-25　4 位同步二进制可逆计数器的逻辑图

由 5-25 图可知，各触发器的驱动方程为

$$J_0=K_0=1,$$

$$J_1=K_1=XQ_0+\overline{X}\,\overline{Q_0},$$

$$J_2=K_2=XQ_0Q_1+\overline{X}\,\overline{Q_0}\,\overline{Q_1},$$

$$J_3=K_3=XQ_0Q_1Q_2+\overline{X}\,\overline{Q_0}\,\overline{Q_1}\,\overline{Q_2}。$$

当控制信号 $X=1$ 时，各触发器的驱动方程为 $J_0=K_0=1$，$J_1=K_1=Q_0$，$J_2=K_2=Q_1Q_2$，$J_3=K_3=Q_0Q_1Q_2$，作加法计数；当控制信号 $X=0$ 时，各触发器的驱动方程为 $J_0=K_0=1$，$J_1=K_1=\overline{Q_0}$，$J_2=K_2=\overline{Q_0}\,\overline{Q_1}$，$J_3=K_3=\overline{Q_0}\,\overline{Q_1}\,\overline{Q_2}$，作减法计数，实现了可逆计数器的功能。

2. 异步二进制计数器

(1)异步二进制加法计数器

如图 5-26 所示为由 4 个下降沿触发的 JK 触发器组成的 4 位异步二进制加法计数器的逻辑图。图中 JK 触发器都连接成 T′触发器(即 $J=K=1$)。最低位触发器 FF_0 的时钟脉冲输入端接计数脉冲 CP，其他触发器的时钟脉冲输入端接相邻低位触发器的 Q 端。其时序图如图 5-27 所示。

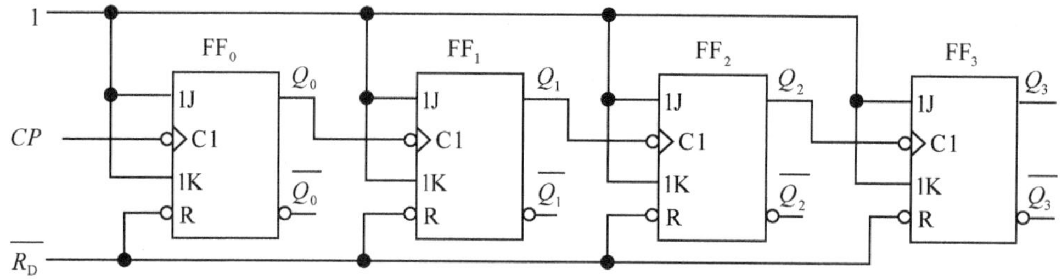

图 5-26　4 位异步二进制加法计数器的逻辑图

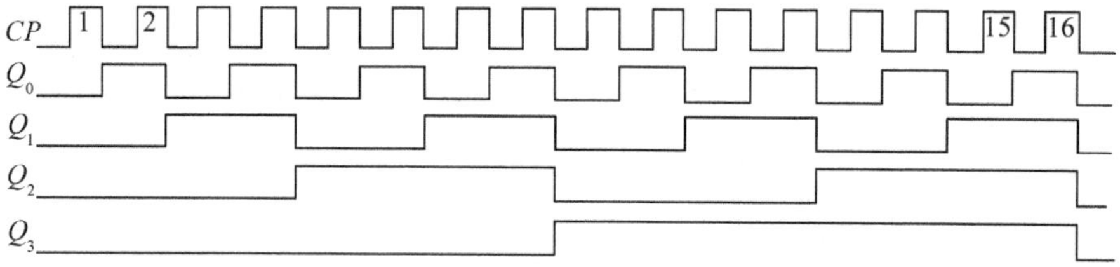

图 5-27　4 位异步二进制加法计数器的时序图

异步二进制计数器结构简单，通过改变级联触发器的个数，可以很方便地改变二进制计数器的位数，n 个触发器构成 n 位二进制计数器(模 2^n 计数器)或 2^n 分频器。

(2)异步二进制减法计数器

将图 5-26 所示电路中 FF_1，FF_2，FF_3 的时钟脉冲输入端改接到相邻低位触发器的 $\overline{Q}$ 端就可构成异步二进制减法计数器，其工作原理读者自行分析。

如图 5-28 所示是用 4 个上升沿触发的 D 触发器组成的 4 位异步二进制减法计数器的逻辑图，图中 D 触发器都连接成 T′触发器，其时序图如图 5-29 所示。

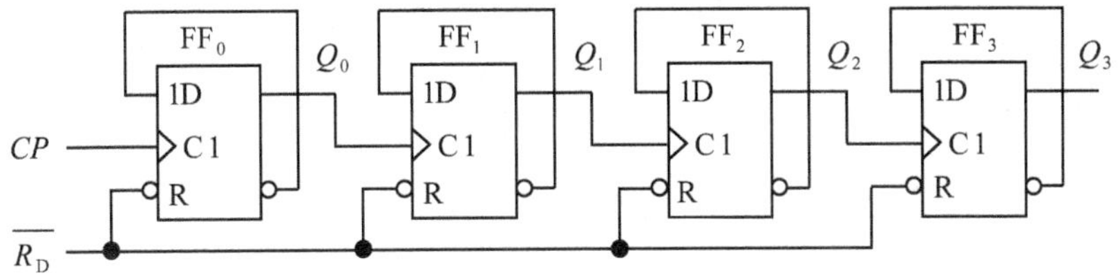

图 5-28　4 位异步二进制减法计数器的逻辑图

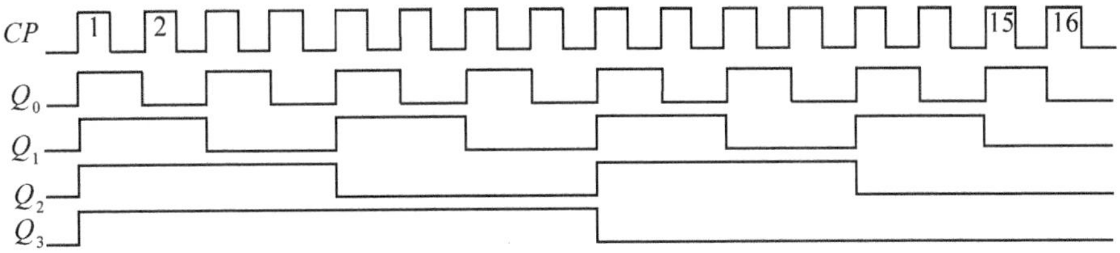

图 5-29　4 位异步二进制减法计数器的时序图

在异步二进制计数器中，高位触发器的状态翻转必须在相邻触发器产生进位信号(加计数)或借位信号(减计数)之后才能实现，所以异步计数器的工作速度较低。

3. 集成二进制计数器举例

(1)4 位同步二进制加法计数器 74HC161

图 5-30(a)是集成 4 位同步二进制加法计数器 74HC161 的逻辑符号，图 5-30(b)是其引脚图。其中 $\overline{R_D}$ 是异步清零端，$\overline{L_D}$ 是同步预置数端，$D_3 \sim D_0$ 是预置数据输入端；EP，ET 是使能端，高电平有效；RCO 是进位输出端，$RCO = ET \cdot Q_3Q_2Q_1Q_0$。其逻辑功能如表 5-11 所示。

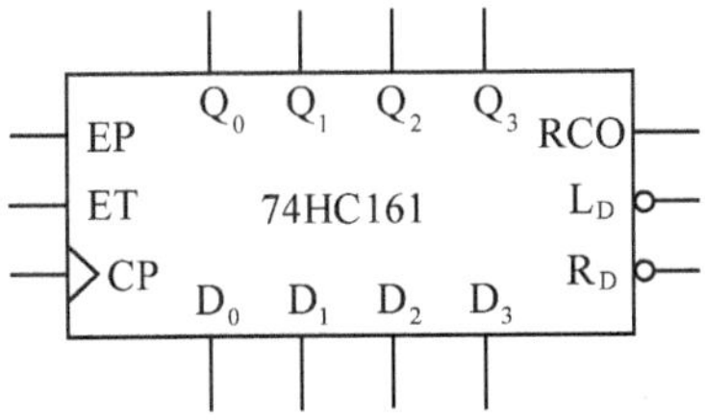

(a) 逻辑符号

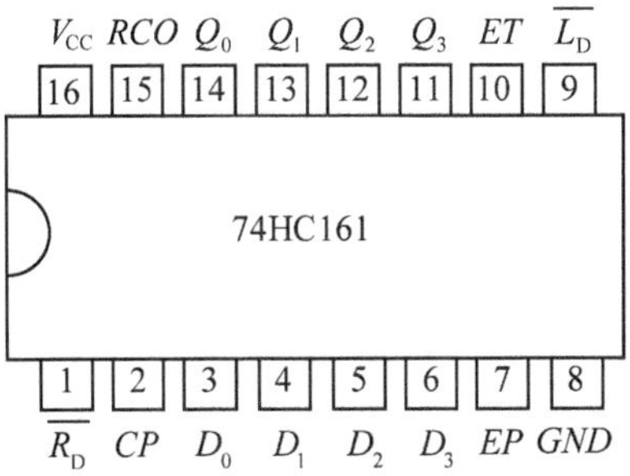

(b) 引脚图

图 5-30　74HC161 的逻辑符号及引脚图

由表 5-11 可知，74HC161 具有以下功能：

① 异步清零。当 $\overline{R_D}=0$ 时，不管其他输入端的状态如何，有无时钟脉冲 CP，计数器输出都被直接置零($Q_3Q_2Q_1Q_0=0000$)，称为异步清零。

② 同步并行置数。当 $\overline{R_D}=1$，$\overline{L_D}=0$ 时，在输入时钟脉冲 CP 上升沿的作用下，并行输入端的数据 $D_3D_2D_1D_0$ 被置入计数器的输出端，即 $Q_3Q_2Q_1Q_0=D_3D_2D_1D_0$。由于这个操作与 CP 上升沿同步，所以称为同步置数。

表 5-11　74HC161 的功能表

清零	预置	使能	时钟	预置数据输入	输出	工作模式
$\overline{R_D}$	$\overline{L_D}$	$EP\ ET$	CP	$D_3\ D_2\ D_1\ D_0$	$Q_3\ Q_2\ Q_1\ Q_0$	
0	×	× ×	×	× × × ×	0 0 0 0	异步清零
1	0	× ×	↑	$D_3\ D_2\ D_1\ D_0$	$D_3\ D_2\ D_1\ D_0$	同步置数
1	1	0 ×	×	× × × ×	保　持	数据保持
1	1	× 0	×	× × × ×	保　持	数据保持
1	1	11	↑	× × × ×	计　数	加法计数

③ 保持。当 $\overline{R_D}=\overline{L_D}=1$，且 $EP\cdot ET=0$，则计数器保持原来的状态不变。这时，若 $EP=0$，$ET=1$，则进位输出信号 RCO 保持不变；若 $ET=0$，则不管计数器状态如何，进位输出信号 RCO 为低电平 0。

④ 计数。当 $\overline{R_D}=\overline{L_D}=1$，且 $EP=ET=1$ 时，在 CP 端输入计数脉冲，计数器进行二进制加法计数。当计数器计到 $Q_3Q_2Q_1Q_0=1111$ 时，进位输出 $RCO=1$。再输入一个计数脉冲，计数器输出从 1111 返回到 0000 状态。

(2)4 位同步二进制可逆计数器 74LS191

图 5-31(a)是集成 4 位同步二进制可逆计数器 74LS191 的逻辑符号，图 5-31(b)是其引脚图。其中 $\overline{L_D}$ 是异步预置数端，$D_3 \sim D_0$ 是预置数据输入端；$\overline{EN}$ 是使能端，低电平有效；$D/\overline{U}$ 是加/减控制端，当 $D/\overline{U}=0$ 时作加法计数，$D/\overline{U}=1$ 时作减法计数；MAX/MIN 是最大/最小输出端，$\overline{RCO}$ 是进位/借位输出端。其逻辑功能如表 5-12 所示。

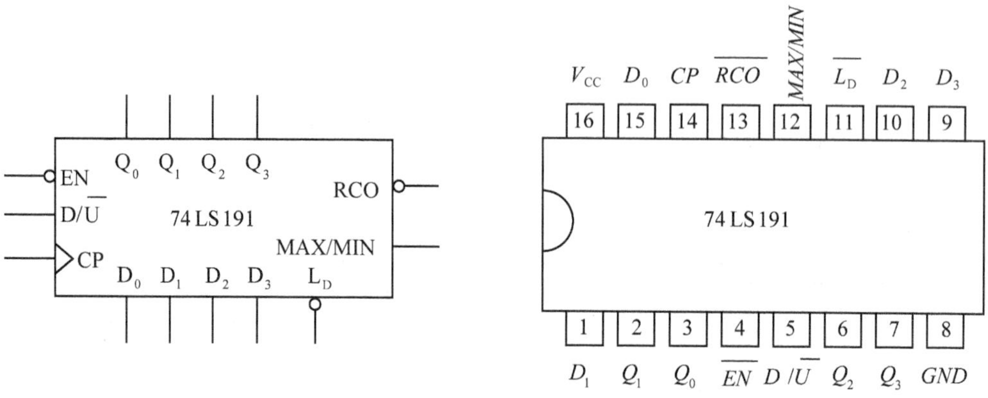

(a) 逻辑符号　　(b) 引脚图

图 5-31　74LS191 的逻辑符号及引脚图

由表 5-12 可知，74LS191 具有以下功能：

① 异步置数。当 $\overline{L_D}=0$ 时，不管其他输入端的状态如何，有无时钟脉冲 CP，并行输入端的数据 $D_3D_2D_1D_0$ 被直接置入计数器的输出端，即 $Q_3Q_2Q_1Q_0=D_3D_2D_1D_0$。由于该操作不受 CP 控制，所以称为异步置数。注意，该计数器无清零端，需清零时可用预置数的方法置零。

表 5-12　74LS191 的功能表

预置	使能	加/减控制	时钟	预置数据输入	输出	工作模式
$\overline{L_D}$	$\overline{EN}$	$D/\overline{U}$	CP	D_3　D_2　D_1　D_0	Q_3　Q_2　Q_1　Q_0	
0	×	×	×	D_3　D_2　D_1　D_0	D_3　D_2　D_1　D_0	异步置数
1	1	×	×	×　×　×　×	保　持	数据保持
1	0	0	↑	×　×　×　×	加法计数	加法计数
1	0	1	↑	×　×　×　×	减法计数	减法计数

② 保持。当 $\overline{L_D}=1$ 且 $\overline{EN}=1$ 时，则计数器保持原来的状态不变。

③ 计数。当 $\overline{L_D}=1$ 且 $\overline{EN}=0$ 时，在 CP 端输入计数脉冲，计数器进行二进制计数。当 $D/\overline{U}=0$ 时作加法计数；当 $D/\overline{U}=1$ 时作减法计数。

另外，该电路还有最大/最小输出端 MAX/MIN 和进位/借位输出端 $\overline{RCO}$ 。它们的逻辑表达式为

$$MAX/MIN=\overline{D/\overline{U}}\,Q_3Q_2Q_1Q_0+(D/\overline{U})\cdot\overline{Q_3}\,\overline{Q_2}\,\overline{Q_1}\,\overline{Q_0},$$

$$\overline{RCO}=\overline{\overline{EN}\cdot\overline{CP}\cdot MAX/MIN}。$$

即当加法计数，计到最大值 1111 时，MAX/MIN 端输出为 1，如果此时 $CP=0$，则 $\overline{RCO}=0$，发出一个进位信号；当减法计数，计到最小值 0000 时，MAX/MIN 端输出也为 1。如果此时 $CP=0$，那么 $\overline{RCO}=0$，发出一个借位信号。

5.4.3　十进制计数器

1. 8421BCD 码同步十进制加法计数器

如图 5-32 所示为由 4 个下降沿触发的 JK 触发器组成的 8421BCD 码同步十进制加法计数器的逻辑图。

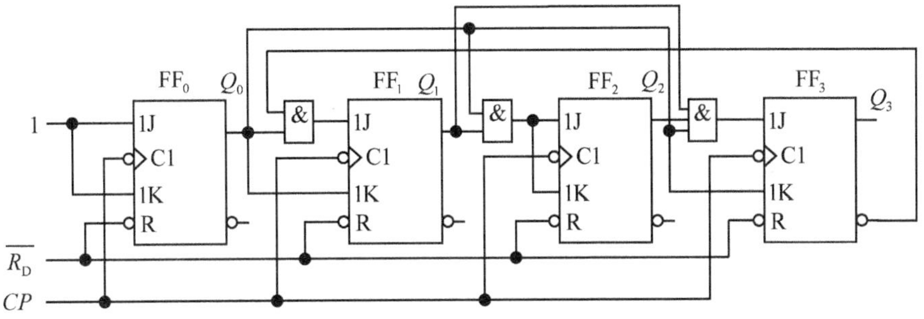

图 5-32　8421BCD 码同步十进制加法计数器的逻辑图

用前面介绍的同步时序逻辑电路分析方法对该电路进行分析。

（1）写出驱动方程

$$J_0=1,\qquad K_0=1。$$

$$J_1=\overline{Q_3^n}Q_0^n,\qquad K_1=Q_0^n。$$

$$J_2=Q_1^nQ_0^n,\qquad K_2=Q_1^nQ_0^n。$$
$$J_3=Q_2^nQ_1^nQ_0^n,\qquad K_3=Q_0^n。$$

(2)将各驱动方程代入 JK 触发器的特性方程 $Q^{n+1}=J\overline{Q^n}+\overline{K}Q^n$ 中，得各触发器的状态方程

$$Q_0^{n+1}=J_0\overline{Q_0^n}+\overline{K_0}Q_0^n=\overline{Q_0^n},$$
$$Q_1^{n+1}=J_1\overline{Q_1^n}+\overline{K_1}Q_1^n=\overline{Q_3^n}Q_0^n\overline{Q_1^n}+\overline{Q_0^n}Q_1^n,$$
$$Q_2^{n+1}=J_2\overline{Q_2^n}+\overline{K_2}Q_2^n=Q_1^nQ_0^n\overline{Q_2^n}+\overline{Q_1^nQ_0^n}Q_2^n,$$
$$Q_3^{n+1}=J_3\overline{Q_3^n}+\overline{K_3}Q_3^n=Q_2^nQ_1^nQ_0^n\overline{Q_3^n}+\overline{Q_0^n}Q_3^n。$$

(3)列状态转换表

设初态为 $Q_3Q_2Q_1Q_0=0000$，代入状态方程进行计算，列出状态转换表如表 5-13 所示。

表 5-13　图 5-32 所示电路的状态转换表

计数脉冲序号	现态				次态			
	Q_3^n	Q_2^n	Q_1^n	Q_0^n	Q_3^{n+1}	Q_2^{n+1}	Q_1^{n+1}	Q_0^{n+1}
1	0	0	0	0	0	0	0	1
2	0	0	0	1	0	0	1	0
3	0	0	1	0	0	0	1	1
4	0	0	1	1	0	1	0	0
5	0	1	0	0	0	1	0	1
6	0	1	0	1	0	1	1	0
7	0	1	1	0	0	1	1	1
8	0	1	1	1	1	0	0	0
9	1	0	0	0	1	0	0	1
10	1	0	0	1	0	0	0	0

(4)画状态转换图及时序图

根据状态转换表画出电路的状态转换图如图 5-33 所示，时序图如图 5-34 所示。由状态转换表、状态转换图或时序图可见，该电路为 8421BCD 码同步十进制加法计数器。

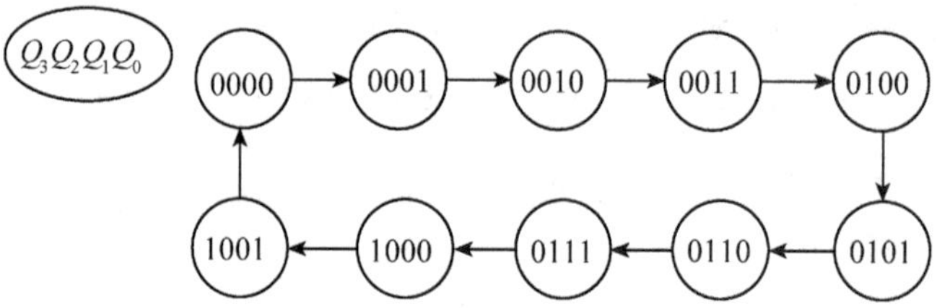

图 5-33　图 5-32 所示电路的状态转换图

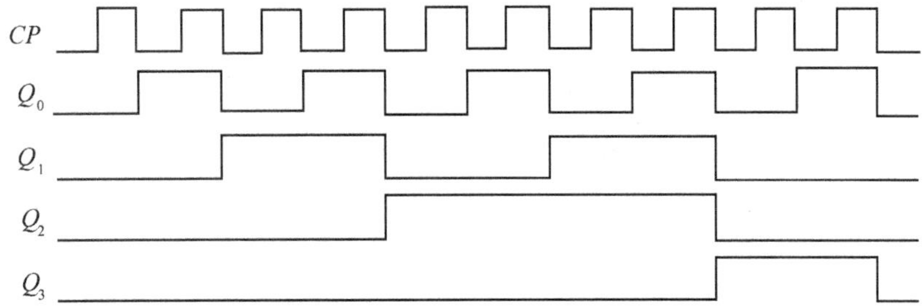

图 5-34　图 5-32 所示电路的时序图

(5)检查电路能否自启动

由于图 5-32 所示的电路中有 4 个触发器，它们的状态组合共有 16 种，而在 8421BCD 码计数器中只用了 10 种，称为有效状态，其余 6 种状态称为无效状态。在实际工作中，当由于某种原因，使计数器进入无效状态时，如果能在时钟信号作用下，最终进入有效状态，就称该电路具有自启动能力。

用同样的分析方法分别求出 6 种无效状态下的次态，补充到状态转换图中，得到完整的状态转换图，如图 5-35 所示。可见，该电路能够自启动。

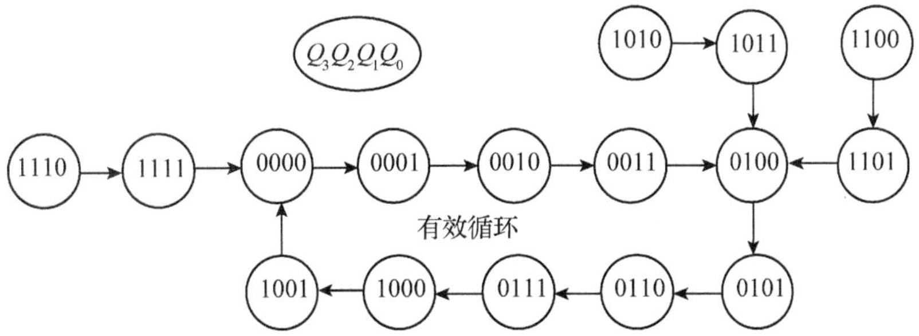

图 5-35　图 5-32 所示电路完整的状态转换图

2. 8421BCD 码异步十进制加法计数器

如图 5-36 所示为由 4 个下降沿触发的 JK 触发器组成的 8421BCD 码异步十进制加法计数器的逻辑图。

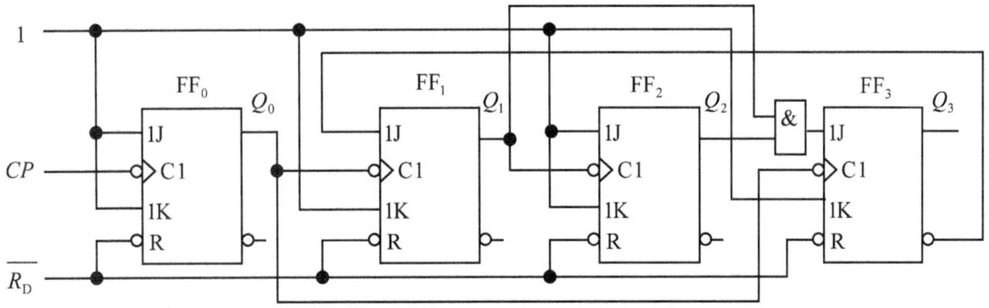

图 5-36　8421BCD 码异步十进制加法计数器的逻辑图

用前面介绍的异步时序逻辑电路的分析方法对该电路进行分析。

(1)写出各逻辑方程式

① 时钟方程。

$CP_0=CP$（时钟脉冲 CP 的下降沿触发）

$CP_1=Q_0$（当 FF_0 的 Q_0 由 $1\rightarrow0$ 时，Q_1 才可能改变状态，否则 Q_1 将保持原状态不变）

$CP_2=Q_1$（当 FF_1 的 Q_1 由 $1\rightarrow0$ 时，Q_2 才可能改变状态，否则 Q_2 将保持原状态不变）

$CP_3=Q_0$（当 FF_0 的 Q_0 由 $1\rightarrow0$ 时，Q_3 才可能改变状态，否则 Q_3 将保持原状态不变）

② 各触发器的驱动方程。

$$J_0=1,\qquad K_0=1。$$
$$J_1=\overline{Q_3^n},\qquad K_1=1。$$
$$J_2=1,\qquad K_2=1。$$
$$J_3=Q_2^nQ_1^n,\qquad K_3=1。$$

(2)将各驱动方程代入 JK 触发器的特性方程 $Q^{n+1}=J\overline{Q^n}+\overline{K}Q^n$ 中，得各触发器的状态方程

$$Q_0^{n+1}=J_0\overline{Q_0^n}+\overline{K_0}Q_0^n=\overline{Q_0^n}\qquad（CP\text{ 由 }1\rightarrow0\text{ 时此式有效}），$$
$$Q_1^{n+1}=J_1\overline{Q_1^n}+\overline{K_1}Q_1^n=\overline{Q_3^n}\,\overline{Q_1^n}\qquad（Q_0\text{ 由 }1\rightarrow0\text{ 时此式有效}），$$
$$Q_2^{n+1}=J_2\overline{Q_2^n}+\overline{K_2}Q_2^n=\overline{Q_2^n}\qquad（Q_1\text{ 由 }1\rightarrow0\text{ 时此式有效}），$$
$$Q_3^{n+1}=J_3\overline{Q_3^n}+\overline{K_3}Q_3^n=Q_2^nQ_1^n\overline{Q_3}^{\text{n}}\qquad（Q_0\text{ 由 }1\rightarrow0\text{ 时此式有效}）。$$

(3)列状态转换表

设初态为 $Q_3Q_2Q_1Q_0=0000$，代入状态方程进行计算，列出状态转换表如表 5-14 所示。

表 5-14　8421BCD 码异步十进制加法计数器的状态转换表

计数脉冲序号	现态				次态				时钟脉冲			
	Q_3^n	Q_2^n	Q_1^n	Q_0^n	Q_3^{n+1}	Q_2^{n+1}	Q_1^{n+1}	Q_0^{n+1}	CP_3	CP_2	CP_1	CP_0
1	0	0	0	0	0	0	0	1	0	0	0	↓
2	0	0	0	1	0	0	1	0	↓	0	↓	↓
3	0	0	1	0	0	0	1	1	0	0	0	↓
4	0	0	1	1	0	1	0	0	↓	↓	↓	↓
5	0	1	0	0	0	1	0	1	0	0	0	↓
6	0	1	0	1	0	1	1	0	↓	0	↓	↓
7	0	1	1	0	0	1	1	1	0	0	0	↓
8	0	1	1	1	1	0	0	0	↓	↓	↓	↓
9	1	0	0	0	1	0	0	1	0	0	0	↓
10	1	0	0	1	0	0	0	0	↓	0	↓	↓

3. 集成十进制计数器举例

(1)8421BCD 码同步加法计数器 74160

74160 是 TTL 型十进制加法计数器。74160 和 74HC160 的功能完全一样，它们的逻辑符号、引脚图、功能表与 74HC161 相同，只是计数容量不同，各功能实现的具体情况参见 74HC161 的介绍。其中进位输出端 RCO 的逻辑表达式为

$$RCO = ET \cdot Q_3 \cdot Q_0。$$

当 $ET=1$，$Q_3Q_2Q_1Q_0=1001$ 时，$RCO=1$。

(2)二-五-十进制异步加法计数器 74290

74290 的逻辑图如图 5-37 所示。它包含一个独立的 1 位二进制加法计数器和一个独立的异步五进制加法计数器。二进制加法计数器的时钟输入端为 CP_1，输出端为 Q_0；五进制加法计数器的时钟输入端为 CP_2，输出端为 Q_1，Q_2，Q_3。如果将 Q_0 与 CP_2 相连，CP_1 作为时钟脉冲输入端，$Q_3Q_2Q_1Q_0$ 作为输出端，则为 8421BCD 码十进制加法计数器；如果将 Q_3 与 CP_1 相连，CP_2 作为时钟脉冲输入端，$Q_0Q_3Q_2Q_1$ 作为输出端，则为 5421BCD 码十进制加法计数器。图 5-38 所示为 74290 的逻辑符号及引脚图，表 5-15 是 74290 的功能表。

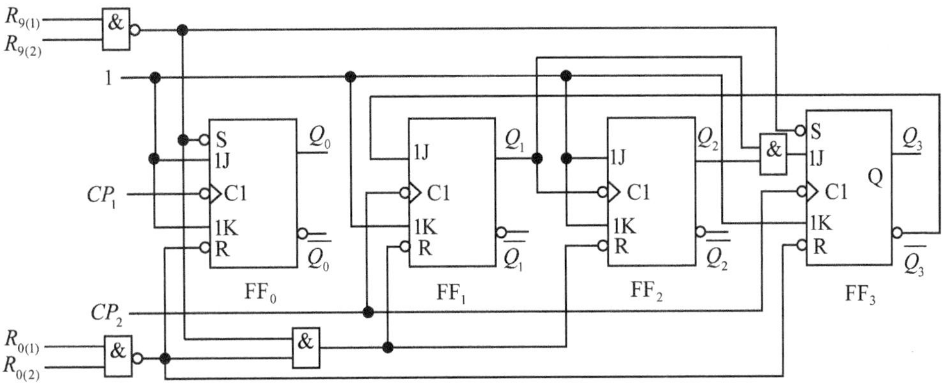

图 5-37　二-五-十进制异步加法计数器 74290 的逻辑图

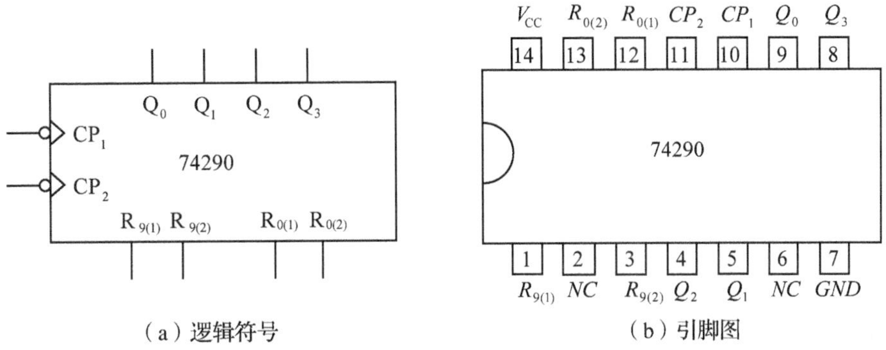

(a) 逻辑符号　　(b) 引脚图

图 5-38　74290 的逻辑符号及引脚图

表 5-15　74290 的功能表

复位输入	置位输入	时钟	输出	工作模式
$R_{0(1)}$ $R_{0(2)}$	$R_{9(1)}$ $R_{9(2)}$	CP_1 CP_2	Q_3 Q_2 Q_1 Q_0	
1 1 1 1	0 × × 0	× × × ×	0 0 0 0 0 0 0 0	异步清零
0 × × 0	1 1 1 1	× × × ×	1 0 0 1 1 0 0 1	异步置数
有 0	有 0	CP 0 0 CP CP Q_0 Q_3 CP	二进制计数 五进制计数 8421 码十进制计数 5421 码十进制计数	加法计数

由表 5-15 可知，74290 具有以下功能：

① 异步清零。当复位输入 $R_{0(1)}=R_{0(2)}=1$，且置位输入 $R_{9(1)}\cdot R_{9(2)}=0$ 时，不论有无时钟脉冲 CP，计数器输出将被直接置零。

② 异步置数。当置位输入 $R_{9(1)}=R_{9(2)}=1$，且复位输入 $R_{0(1)}\cdot R_{0(2)}=0$ 时，不论有无时钟脉冲 CP，计数器输出将被直接置 9(即 $Q_3Q_2Q_1Q_0=1001$)。

③ 计数。当 $R_{0(1)}\cdot R_{0(2)}=0$，且 $R_{9(1)}\cdot R_{9(2)}=0$ 时，在计数脉冲(下降沿)作用下，进行二-五-十进制加法计数。

5.4.4　N 进制计数器

N 进制计数器又称模 N 计数器，当 $N=2^n$ 时，就是前面讨论的 n 位二进制计数器；当 $N\neq 2^n$ 时，为非二进制计数器。非二进制计数器中最常用的是十进制计数器。获得 N 进制计数器常用的方法有两种：一是用触发器和门电路进行设计；二是用集成计数器构成。由于集成计数器是厂家生产的定型产品，其函数关系已被固化在芯片中了，状态分配即编码是不可能更改的，而且多为自然态序编码，因此仅是利用清零端或置数控制端，让电路跳过某些状态而获得 N 进制计数器，是本小节要介绍的主要内容。

集成计数器的类型很多，表 5-16 中列举了几种常用的集成计数器。

假设已有的集成计数器是 M 进制计数器，需要组成的是 N 进制计数器，则有 $N<M$ 和 $N>M$ 两种可能的情况。下面分别讨论在这两种情况下构成任意进制计数器的方法。

表 5-16　几种常用的集成计数器

CP 脉冲引入方式	型号	计数模式	清零方式	预置数方式
同步	74HC161	4 位二进制加法	异步(低电平)	同步(低电平)
	74HC163	4 位二进制加法	同步(低电平)	同步(低电平)
	74LS191	单时钟 4 位二进制可逆	无	异步(低电平)
	74LS193	双时钟 4 位二进制可逆	异步(高电平)	异步(低电平)
	74HC160	十进制加法	异步(低电平)	同步(低电平)
	74LS162	十进制加法	同步(低电平)	同步(低电平)
	74LS190	单时钟 4 位二进制可逆	无	异步(低电平)
	74LS192	双时钟 4 位二进制可逆	异步(高电平)	异步(低电平)
异步	74LS290	二-五-十进制异步加法	异步(高电平)	异步置 9(高电平)
	74LS293	双时钟 4 位二进制加法	异步(高电平)	无
	74LS196	二-五-十进制异步加法	异步(低电平)	异步(低电平)

1. $N < M$ 的情况

在 M 进制计数器的顺序计数过程中，若设法使之跳过($M-N$)个状态，就可得到 N 进制计数器。实现跳过($M-N$)个状态的方法有清零法(或复位法)和预置数法(置位法)两种。

(1)清零法

清零法如图 5-39(a)所示。对于有异步清零输入端的计数器，电路一进入 S_N 状态，将 S_N 状态译出的异步清零信号加到计数器的异步清零输入端，计数器就会立即返回 S_0 状态，所以 S_N 状态仅在极短的瞬间出现，在稳定的状态循环中不包括 S_N 状态。而对于有同步清零输入端的计数器，必须等下一个时钟脉冲到达后，才能将计数器清零，因而应由 S_{N-1} 状态译出同步清零信号，并且 S_{N-1} 状态包含在稳定状态的循环之中。

(2)预置数法

预置数法如图 5-39(b)所示，通过给计数器重复置入某个数值的方法使之跳过($M-N$)个状态，从而获得 N 进制计数器。这种方法适用于具有预置数输入端的计数器。对于有异步预置数输入端的计数器，只要预置数信号一出现，立即将数据置入计数器中，而不受时钟脉冲的控制，因此预置数信号应从 S_{i+1} 状态译出，S_{i+1} 状态仅在极短的瞬间出现，在稳定的状态循环中不包括 S_{i+1} 状态。而对于有同步预置数输入端的计数器，必须等下一个时钟脉冲到达后，才能将要置入的数据置入计数器中，因而应由 S_i 状态译出同步预置数信号，并且 S_i 状态包含在稳定状态的循环之中。

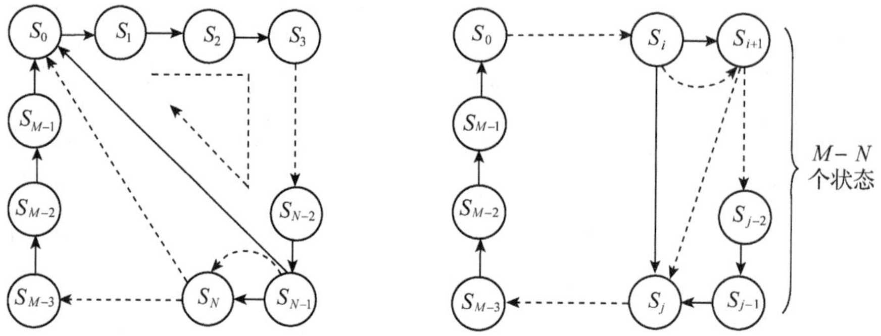

（a）清零法　　　　（b）预置数法

图 5-39　任意进制计数器的构成方法

【例 5-3】 试用同步十进制计数器 74160 构成同步六进制计数器。

解：因为 74160 兼有异步清零和同步预置数的功能，所以清零法和预置数法均可采用。

方法一：异步清零法。适用于具有异步清零端的集成计数器。图 5-40(a)所示电路是采用异步清零法接成的六进制计数器。当计数器计成 $Q_3Q_2Q_1Q_0=0110$ 状态时，担任译码功能的与非门输出低电平给异步清零端 $\overline{R_D}$，将计数器清零，使 $Q_3Q_2Q_1Q_0$ 回到 0000 状态。电路的状态转换图如图 5-40(b)所示。

由于清零信号随着计数器被清零而立即消失，所以清零信号持续的时间极短。如果触发器的复位速度有快有慢，则可能动作慢的触发器还没来得及复位，清零信号已经消失，导致电路误动作。因此，这种接法的电路可靠性不高。

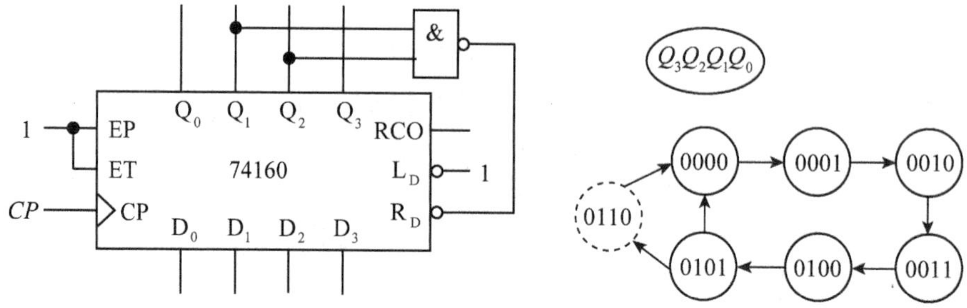

（a）逻辑图　　　　（b）状态转换图

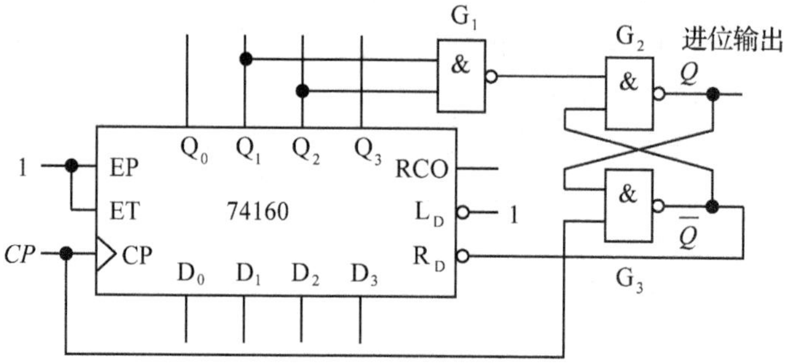

（c）改进的逻辑图

图 5-40　异步清零法构成的六进制计数器

为了克服这个缺点，时常采用如图 5-40(c)所示的改进电路。图中的与非门 G_1 具有译码器的作用，当电路进入 $Q_3Q_2Q_1Q_0=0110$ 状态时，它输出低电平信号。与非门 G_2 和 G_3 组成了基本 RS 触发器，以它的 $\bar{Q}$ 端输出的低电平作为计数器的清零信号。

若计数器从 $Q_3Q_2Q_1Q_0=0000$ 状态开始计数，则第 6 个计数脉冲上升沿到达时计数器进入 $Q_3Q_2Q_1Q_0=0110$ 状态，G_1 输出低电平，将 RS 触发器置 1，$\bar{Q}$ 端输出的低电平立即将计数器清零。这时即使 G_1 输出的低电平信号随之消失了，但是 RS 触发器的状态仍保持不变，因而计数器的清零信号得以维持，直到计数脉冲回到低电平以后，RS 触发器被置零，$\bar{Q}$ 端的低电平信号才消失。可见，加到计数器 $\overline{R_D}$ 端的清零信号宽度与输入计数脉冲高电平持续时间相等。

在有的计数器产品中，将 G_1，G_2 和 G_3 组成的附加电路直接制作在计数器芯片上，这样在使用时就不用外接附加电路了。

方法二：同步预置数法。适用于具有同步预置数端的集成计数器。图 5-41(a)所示是采用同步预置数法构成的六进制计数器。在这种接法下，是用进位输出信号求反得到预置数信号 $\overline{L_D}=0$，等到下一个时钟到脉冲到来后，将预置数据输入 $D_3D_2D_1D_0=0100$ 置入计数器中，使得计数器从 0100 状态开始计数。电路的状态转换图如图 5-41(b)所示。图 5-41(c)所示也是使用同步预置数法构成的六进制计数器，在这种接法下，预置数据输入 $D_3D_2D_1D_0=0000$。当计数器计成 $Q_3Q_2Q_1Q_0=0101$ 状态时，具有译码功能的与非门输出低电平给同步置数端 $\overline{L_D}$，等到下一个时钟脉冲到来后，将计数器置零，使 $Q_3Q_2Q_1Q_0$ 回到 0000 状态。电路的状态转换图如图 5-41(d)所示。

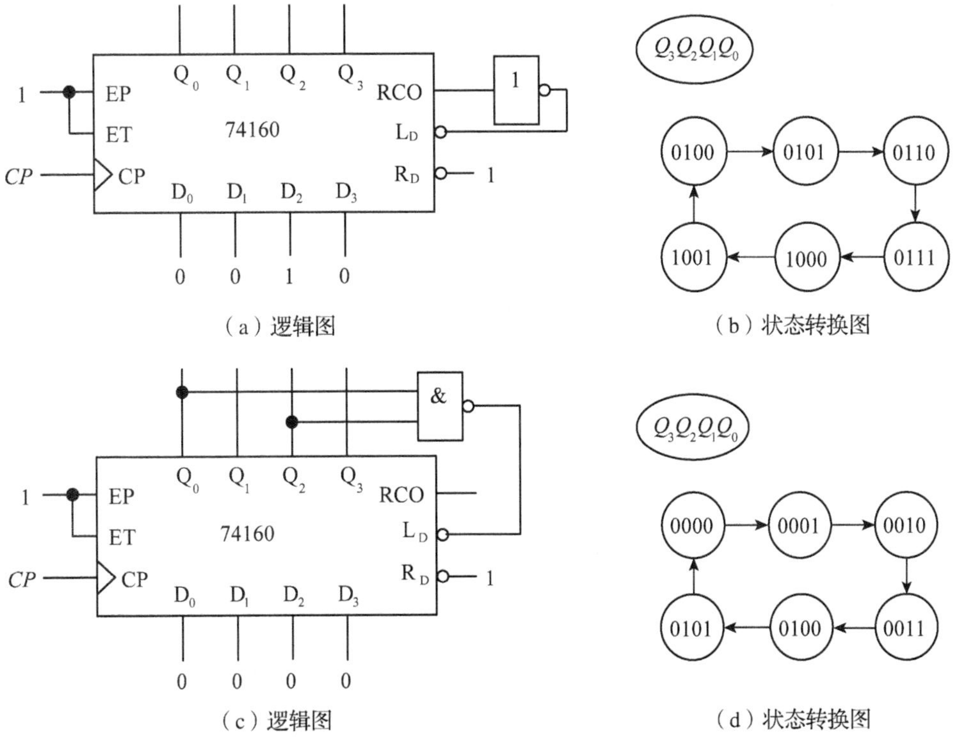

图 5-41　同步预置数法构成的六进制计数器

【例 5-4】试用同步二进制计数器 74163 构成同步六进制计数器。

解：74163 具有同步清零和同步预置数的功能。这里采用同步清零法，适用于具有同步清零端的集成计数器。图 5-42(a)所示是用同步清零法构成的六进制计数器。当计数器计成 $Q_3Q_2Q_1Q_0=0101$ 状态时，具有译码功能的与非门输出低电平给同步清零端 $\overline{R_D}$，等到下一个时钟脉冲到来后，将计数器清零，使 $Q_3Q_2Q_1Q_0$ 回到 0000 状态。电路的状态转换图如图 5-42(b)所示。

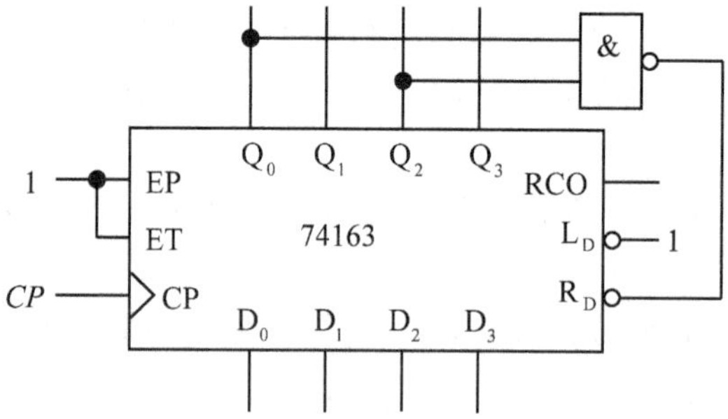

（a）逻辑图

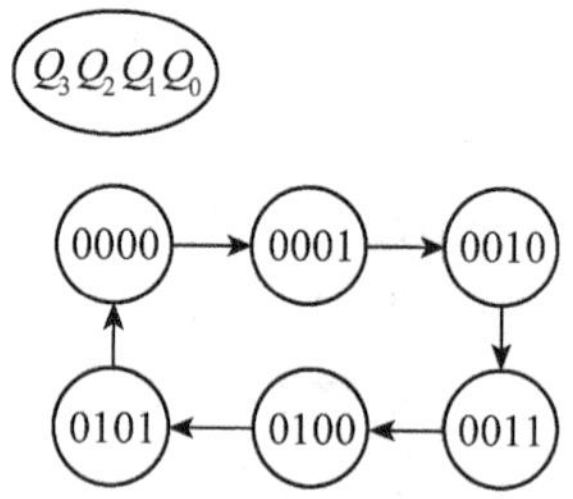

（b）状态转换图

图 5-42　同步清零法构成的六进制计数器

【例 5-5】试用同步二进制可逆计数器 74LS191 构成同步十进制加法计数器。

解：采用异步预置数法。适用于具有异步预置数端的集成计数器。图 5-43(a)所示是用集成计数器 74LS191 和与非门组成的十进制加法计数器。电路的状态转换图如图 5-43(b)所示。该电路 $Q_3Q_2Q_1Q_0$ 的有效状态是 0011～1100，共 10 个状态，可作为余 3 码计数器。

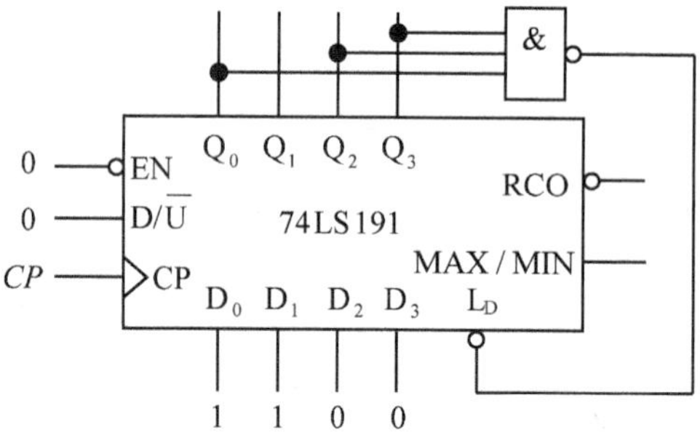

（a）逻辑图

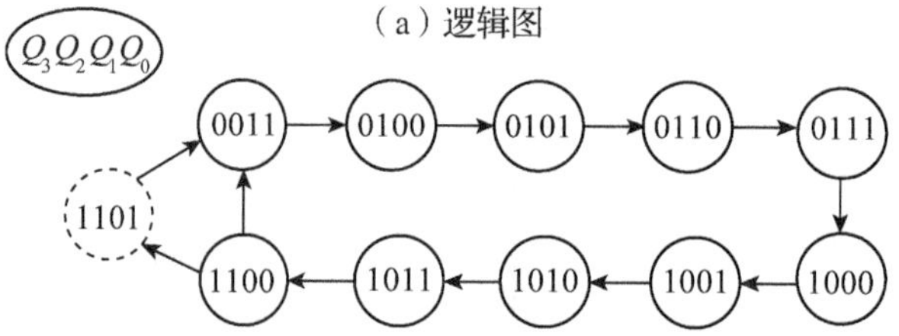

（b）状态转换图

图 5-43　异步预置数法构成的十进制加法计数器

综上所述，改变集成计数器的模可用清零法，也可用预置数法。清零法比较简单，预置数法比较灵活。但不管用哪种方法，都应首先弄清所用集成器件的清零端或预置端是异步还是同步工作方式，根据不同的工作方式选择合适的清零信号或预置信号。

2. $N>M$ 的情况

当 $N>M$ 时，需要用多片 M 进制计数器连接构成 N 进制计数器，各片之间的连接有同步连接方式、异步连接方式、整体清零方式和整体置数方式。下面以两片之间的连接为例说明 4 种连接方式的原理。

(1)同步连接方式

在同步连接方式中，以低位片的进位输出信号作为高位片的工作状态控制信号，两片的 CP 输入端同时连接计数脉冲信号。

【例 5-6】 试用两片同步二进制计数器 74HC161 构成 8 位同步二进制计数器。

解：如图 5-44 所示是用两片 4 位二进制加法计数器 74HC161 采用同步连接方式构成的 8 位同步二进制加法计数器，模为 16×16＝256。

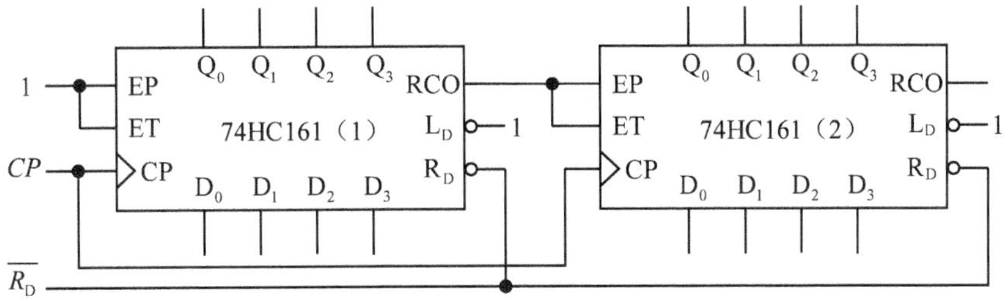

图 5-44　同步连接方式构成的 8 位同步二进制加法计数器

(2)异步连接方式

在异步连接方式中，以低位片的进位输出信号作为高位片的时钟输入信号。

【例 5-7】 试用两片同步二进制计数器 74LS191 构成 8 位异步二进制计数器。

解：如图 5-45 所示是用两片 74LS191 采用异步连接方式构成的 8 位异步二进制可逆计数器，模为 16×16＝256。

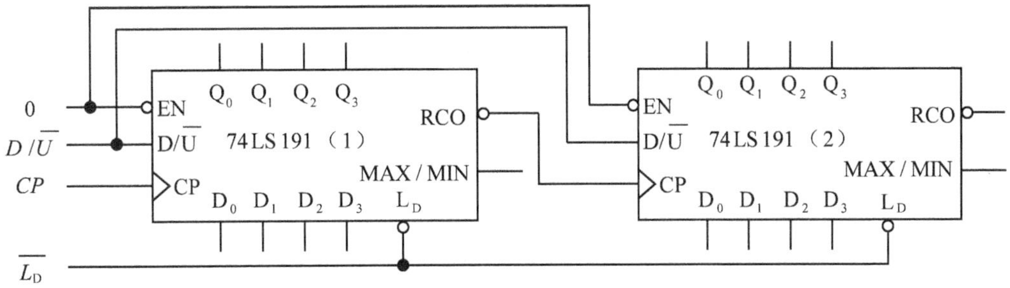

图 5-45　异步连接方式构成的 8 位异步二进制可逆计数器

有的集成计数器没有进位/借位输出端，这时可根据具体情况，用计数器的输出信号 Q_3，Q_2，Q_1，Q_0 产生一个进位/借位信号。如用两片二-五-十进制异步加法计数器 74290 采用异步连接方式构成的 2 位 8421BCD 码十进制加法计数器，如图 5-46 所示，模为 10×10＝100。

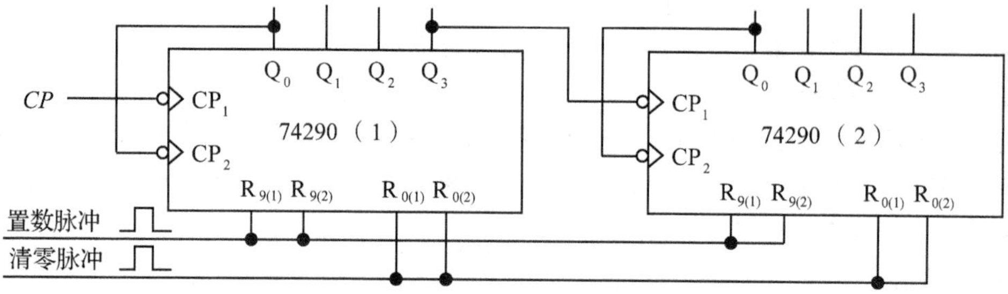

图 5-46　异步连接方式构成的一百进制计数器

若 N 可以分解为两个小于 M 的因数 M_1，M_2，即 $N=M_1\times M_2$，则可将两片 M 进制计数器用清零法或预置数法分别构成 M_1 进制计数器和 M_2 进制计数器，然后采用同步连接方式或异步连接方式再将它们连接起来，构成 N 进制计数器。

【例 5-8】 试用两片同步二进制计数器 74HC161 构成六十三进制计数器。

解：将 63 分解为两个小于 16 的因数 7 和 9，即 $63=7\times9$。如图 5-47(a)所示采用同步预置数法先将低位片和高位片分别构成七进制计数器和九进制计数器，然后再用异步连接方式连接起来，构成了六十三进制计数器。图 5-47(b)所示为低位片和高位片的状态转换图。

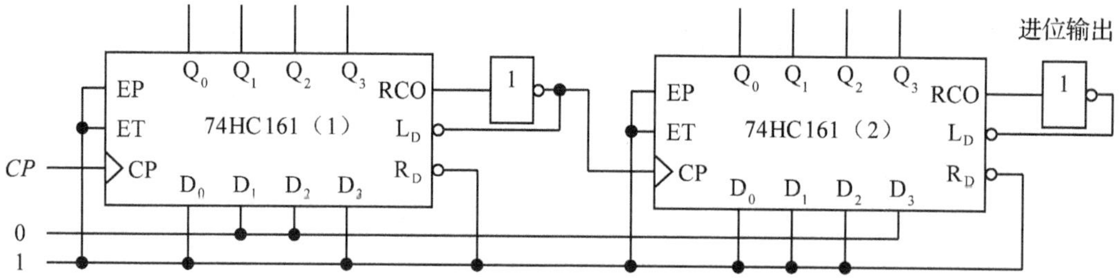

(a) 逻辑图

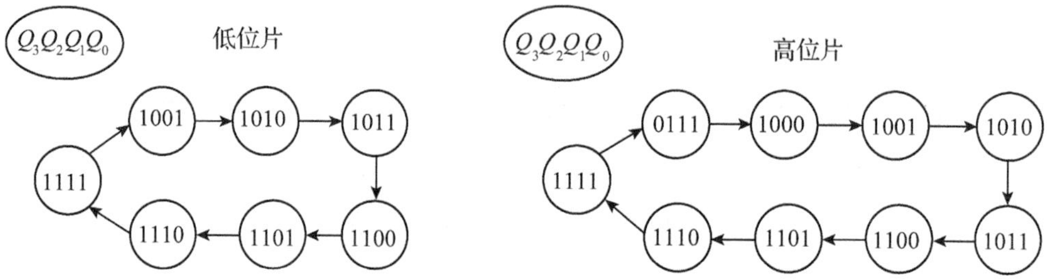

(b) 状态转换图

图 5-47　两片同步二进制计数器 74HC161 构成的六十三进制计数器

(3)整体清零法和整体预置数法

若 N 为大于 M 的素数，不能分解为两个小于 M 的因数 M_1，M_2，这时先将两片 M 进制计数器级联为 $M\times M$ 进制计数器，再用清零法或预置数法构成 N 进制计数器。这种方法称为整体清零法和整体预置数法。

【例 5-9】试用同步十进制计数器 74160 构成二十九进制计数器。

解：因为 $N=29$，而 74160 为模 10 计数器，所以要用两片 74160 构成此计数器。先将两片 74160 采用同步连接方式构成一百进制计数器，然后再借助 74160 异步清零和同步预置数功能，组成二十九进制计数器。

方法一：整体清零法。在输入第 29 个计数脉冲后，计数器输出状态为 0010 1001 时，高位片 2 的 Q_1 和低位片 1 的 Q_3，Q_0 同时为 1，使与非门输出 0，加到两个芯片的异步清零端上，使计数器立即返回 0000 0000 状态，状态 0010 1001 仅在极短的瞬间出现。这样，就构成了二十九进制计数器，其逻辑图如图 5-48 所示。

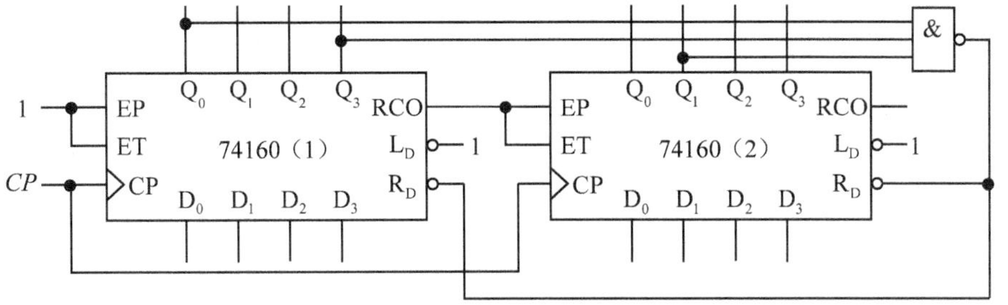

图 5-48　整体清零法构成的二十九进制计数器

方法二：整体预置数法。在输入第 28 个计数脉冲后，计数器输出状态为 0010 1000 时，高位片 2 的 Q_1 和低位片 1 的 Q_3 同时为 1，使与非门输出 0，加到两个芯片的同步预置数端上，等到下一个时钟(第 29 个输入脉冲)到来后，将计数器置入 0000 0000 状态，从而构成二十九进制计数器，其逻辑图如图 5-49 所示。

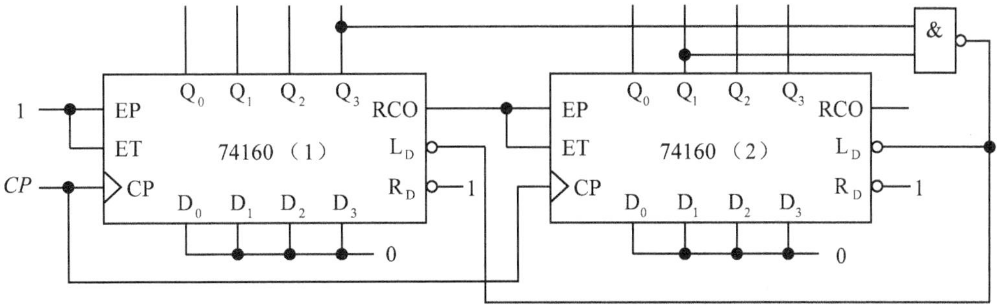

图 5-49　整体预置数法构成的二十九进制计数器

模 N 计数器进位输出端输出脉冲的频率是输入脉冲频率的 $1/N$，因此可用模 N 计数器构成 N 分频器。

【例 5-10】某石英晶体振荡器输出脉冲信号的频率为 32768Hz，试用 74HC161 组成分频器，将其分频为频率为 1Hz 的脉冲信号。

解：因为 $32768=2^{15}$，经 15 级二分频，就可获得频率为 1Hz 的脉冲信号。因此将 4 片 74HC161 级联，从高位片(4)的 Q_2 输出即可，其逻辑图如图 5-50 所示。

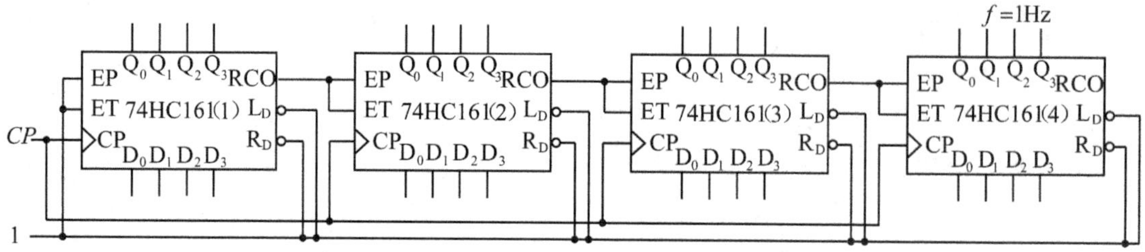

图 5-50　例 5-10 的逻辑图

【**例 5-11**】如图 5-51 所示电路是用二-十进制优先编码器 74HC147 和同步十进制计数器 74160 组成的可控分频器，试说明当输入控制信号 A，B，C，D，E，F，G，H，I 分别为低电平时，由 Y 端输出的脉冲频率各为多少。已知 CP 端输入脉冲的频率为 10kHz。优先编码器 74HC147 的功能表如表 5-17。

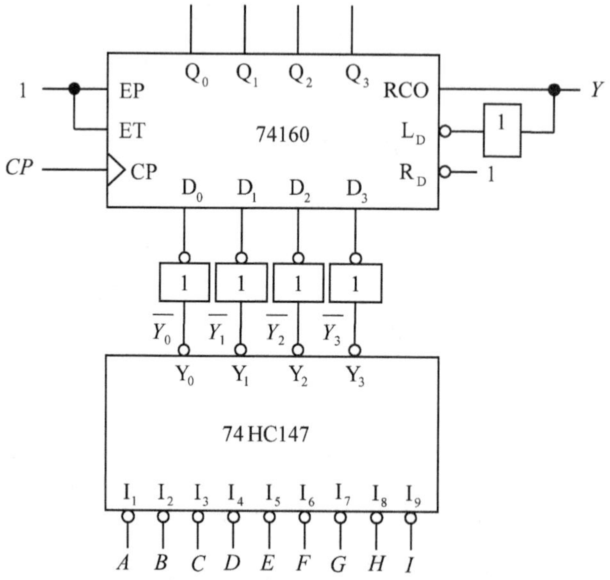

图 5-51　例 5-11 的逻辑图

表 5-17　优先编码器 74HC147 的功能表

输入									输出			
$\overline{I_1}$	$\overline{I_2}$	$\overline{I_3}$	$\overline{I_4}$	$\overline{I_5}$	$\overline{I_6}$	$\overline{I_7}$	$\overline{I_8}$	$\overline{I_9}$	$\overline{Y_3}$	$\overline{Y_2}$	$\overline{Y_1}$	$\overline{Y_0}$
1	1	1	1	1	1	1	1	1	1	1	1	1
×	×	×	×	×	×	×	×	0	0	1	1	0
×	×	×	×	×	×	×	0	1	0	1	1	1
×	×	×	×	×	×	0	1	1	1	0	0	0
×	×	×	×	×	0	1	1	1	1	0	0	1
×	×	×	×	0	1	1	1	1	1	0	1	0
×	×	×	0	1	1	1	1	1	1	0	1	1
×	×	0	1	1	1	1	1	1	1	1	0	0
×	0	1	1	1	1	1	1	1	1	1	0	1
0	1	1	1	1	1	1	1	1	1	1	1	0

解：74160 为同步预置数，由图 5-51 可以看出，预置数为 $D_3D_2D_1D_0=Y_3Y_2Y_1Y_0$。计数器 74160 在 CP 脉冲控制下开始计数，当 74160 计数到 1001 状态时，进位输出 $RCO=1$，再来一个 CP 脉冲时，$Q_3^{n+1}Q_2^{n+1}Q_1^{n+1}Q_0^{n+1}=D_3D_2D_1D_0$。

当 $A=0$ 时，译码器输出 $\overline{Y}_3\overline{Y}_2\overline{Y}_1\overline{Y}_0=1110$，计数器的预置数为 $D_3D_2D_1D_0=0001$。当计数到 1001 状态时，进位输出 $RCO=1$ 且再来一个 CP 脉冲时，$Q_3^{n+1}Q_2^{n+1}Q_1^{n+1}Q_0^{n+1}=0001$。由此可得状态转换图如图 5-52 所示。因此 Y 的频率 f_Y 是时钟 CP 频率 f_{CP} 的 1/9，用同样的分析方法可得 B，C，D，E，F，G，H，I 分别为低电平时，Y 端输出的脉冲频率与时钟频率的关系如表 5-18 所示。

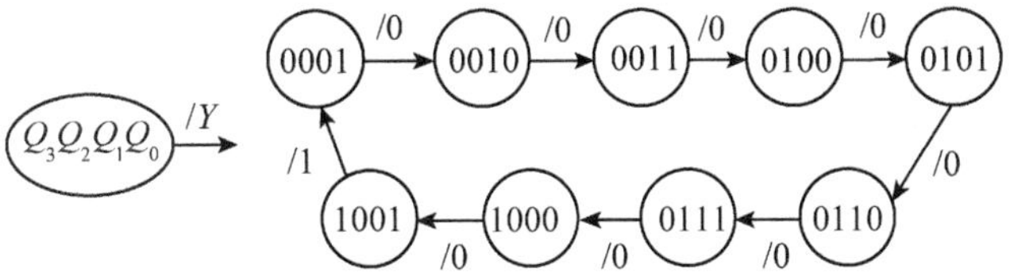

图 5-52　当 A=0 时的状态转换图

表 5-18　Y 端输出的脉冲频率与时钟频率的关系

接低电平的输入端	A	B	C	D	E	F	G	H	I
分频比（f_Y/f_{CP}）	1/9	1/8	1/7	1/6	1/5	1/4	1/3	1/2	0
f_Y/kHz	1.11	1.25	1.43	1.67	2	2.5	3.33	5	0

序列信号是在时钟脉冲作用下产生的一串周期性的二进制信号。图 5-53 是用 74HC161 及门电路构成的序列信号发生器。其中 74HC161 与 G_1 构成了一个模 5 计数器，且 $Z=Q_0\overline{Q_2}$。在 CP 作用下，计数器的状态变化如表 5-19 所示。由于 $Z=Q_0\overline{Q_2}$，故不同状态下的输出如该表的右列所示。因此，这是一个 01010 序列信号发生器，序列长度 $P=5$。

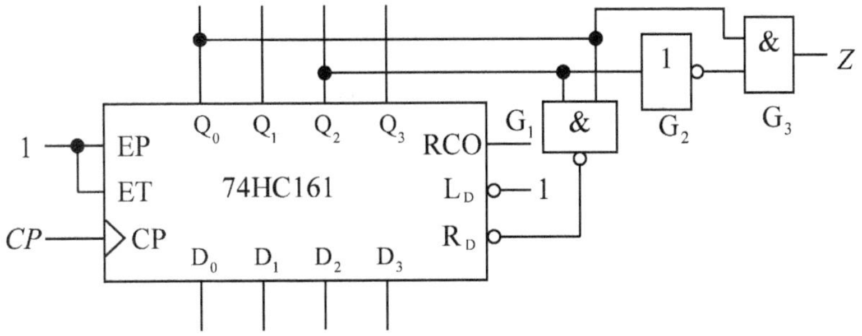

图 5-53　计数器构成的序列信号发生器

表 5-19 计数器的状态转换表

现态				次态				输出
Q_3^n	Q_2^n	Q_1^n	Q_0^n	Q_3^{n+1}	Q_2^{n+1}	Q_1^{n+1}	Q_0^{n+1}	Z
0	0	0	0	0	0	0	1	0
0	0	0	1	0	0	1	0	1
0	0	1	0	0	0	1	1	0
0	0	1	1	0	1	0	0	1
0	1	0	0	0	0	0	0	0

用计数器辅以数据选择器可以方便地构成各种序列发生器。构成的方法如下：

第一步，构成一个模 P 计数器；

第二步，选择合适的数据选择器，把产生的序列按规定的顺序加在数据选择器的数据输入端，把地址输入端与计数器的输出端正确地连接在一起。

【例 5-12】 试用计数器 74HC161 和数据选择器设计一个 01100011 序列信号发生器。

解：由于序列长度 $P=8$，故将 74HC161 构成模 8 计数器，并选用八选一数据选择器 74HC151 产生所需序列，所得电路如图 5-54 所示。

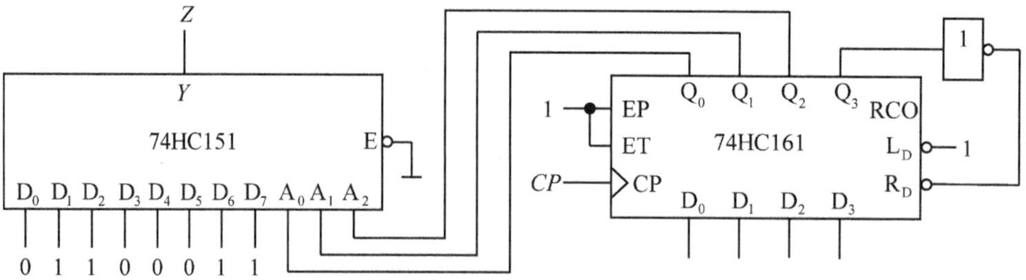

图 5-54 计数器和数据选择器构成的序列信号发生器

5.4.5 移位寄存器型计数器

如果把移位寄存器的输出以一定方式送到串行输入端，则可得到一些电路连接十分简单、编码别具特色、用途极为广泛的移位寄存器型计数器。

1. 环形计数器

图 5-55(a)是用 74HC194 构成的环形计数器。当正脉冲起动信号 CLK 到来时，使 $S_1S_0=11$，从而不论移位寄存器 74HC194 的原状态如何，在 CP 作用下执行置数操作使得 $Q_0Q_1Q_2Q_3=1000$。当 CLK 由 1 变 0 之后，$S_1S_0=01$，在 CP 作用下移位寄存器进行右移操作，初始状态为 $Q_0Q_1Q_2Q_3=1000$。在第 4 个 CP 到来之前 $Q_0Q_1Q_2Q_3=0001$。这样在第 4 个 CP 到来时，由于 $D_{SR}=Q_3=1$，故在此 CP 作用下使 $Q_0Q_1Q_2Q_3=1000$，回到初始状态。画出的状态转换图如图 5-55(b)所示。可见该计数器共有 4 个有效状态，为模 4 计数器。

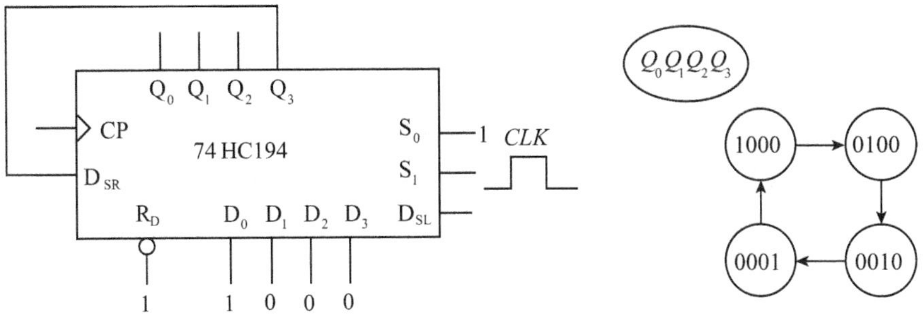

(a) 逻辑图　　(b) 状态转换图

图 5-55　用 74HC194 构成的环形计数器

环形计数器的电路十分简单，N 位移位寄存器可以计 N 个数，实现模 N 计数器，且状态为 1 的输出端的序号即代表收到的计数脉冲的个数，通常不需要任何译码电路。

2. 扭环形计数器

为了增加有效计数状态，扩大计数器的模，将上述接成右移寄存器的 74HC194 的末级输出 Q_3 反相后，接到串行输入端 D_{SR}，就构成了扭环形计数器，如图 5-56(a)所示，图 5-56(b)为其状态转换图。可见该电路有 8 个计数状态，为模 8 计数器。一般来说，N 位移位寄存器可以组成模 $2N$ 的扭环形计数器，只需将末级输出反相后，接到串行输入端即可。

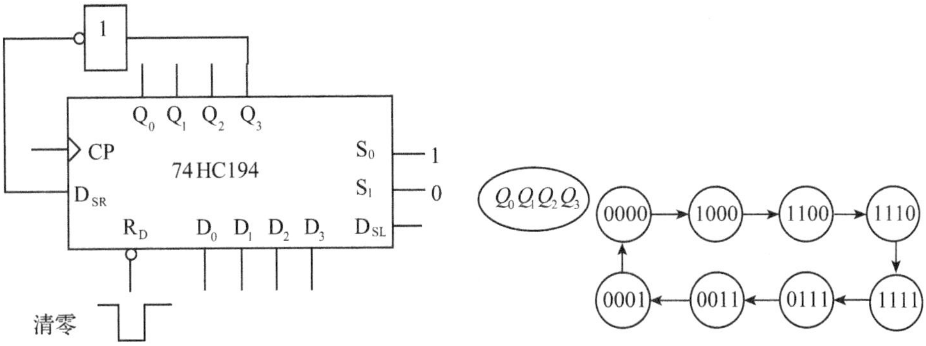

(a) 逻辑图　　(b) 状态转换图

图 5-56　用 74HC194 构成的扭环形计数器

5.5　顺序脉冲发生器

在数控装置和数字计算机中，往往需要机器按照人们事先规定的顺序进行运算或操作，这就要求机器的控制部分不仅能正确地发出各种控制信号，而且要求这些控制信号在时间上有一定的先后顺序。通常采用的方法是，用一个顺序脉冲发生器(或称节拍脉冲发生器)产生时间上有先后顺序的脉冲，以实现整机各部分的协调动作。按电路结构的不同，顺序脉冲发生器可分成计数型和移位型两大类。

5.5.1 计数型顺序脉冲发生器

计数型顺序脉冲发生器一般都是由按自然态序计数的二进制计数器和译码器组成。计数器在输入计数脉冲(时钟脉冲)的作用下，其状态是依次转换的，而且在有效状态中循环工作，用译码器把这些状态“翻译”出来，就可以得到顺序脉冲。

如图 5-57 所示是一个能循环输出 4 个脉冲的顺序脉冲发生器的逻辑图。两个 JK 触发器构成一个四进制计数器；4 个与门构成译码器。$\overline{CR}$ 是异步清零信号，可对电路进行初始化——置零；CP 是输入计数脉冲——主时钟脉冲；Y_0，Y_1，Y_2，Y_3 是 4 个顺序脉冲输出端。

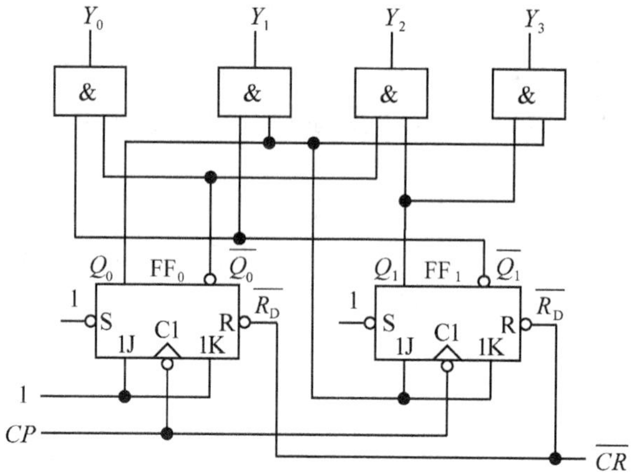

图 5-57 4 输出顺序脉冲发生器

根据图 5-57 所示逻辑图，可得输出方程和状态方程

$$Y_0=\overline{Q_1^n}\,\overline{Q_0^n},$$

$$Y_1=\overline{Q_1^n}Q_0^n,$$

$$Y_2=Q_1^n\overline{Q_0^n},$$

$$Y_3=Q_1^nQ_0^n,$$

$$Q_0^{n+1}=\overline{Q_0^n}(CP\text{ 下降沿时刻有效}),$$

$$Q_1^{n+1}=Q_0^n\overline{Q_1^n}+\overline{Q_0^n}Q_1^n(CP\text{ 下降沿时刻有效})。$$

根据 $CP_0=CP_1=CP$，可画出如图 5-58 所示的时序图，说明图 5-57 所示的电路是一个 4 输出顺序脉冲发生器。

如果用 n 位二进制计数器，由于有 2^n 个不同状态，那么经过译码器译码之后，就可以获得 2^n 个顺序脉冲。

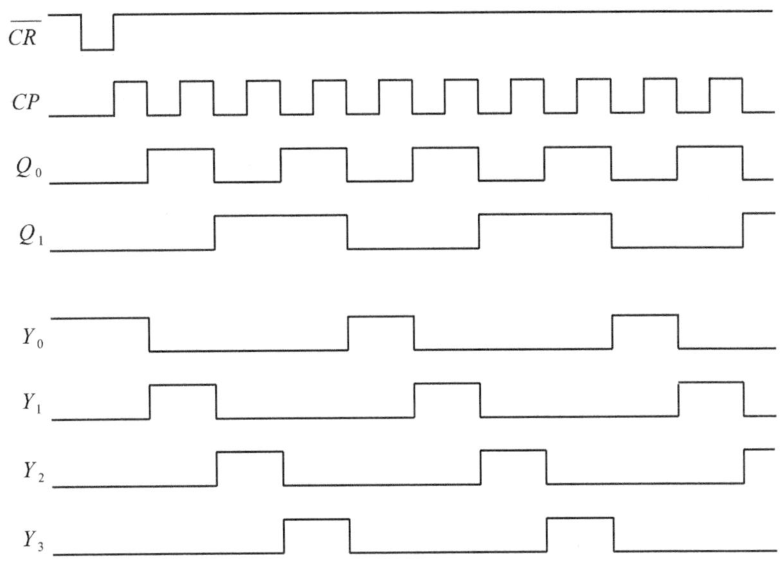

图 5-58　图 5-57 所示电路的时序图

5.5.2　移位型顺序脉冲发生器

移位型顺序脉冲发生器从本质上看，仍然是由计数器和译码器构成的，与计数型顺序脉冲发生器没有区别，但是它采用的是按非自然态序进行计数的移位寄存器型计数器，其电路组成、工作原理和特性都别具特色。因此将其定义为移位型顺序脉冲发生器。

1. 由环形计数器构成的顺序脉冲发生器

如图 5-59 所示是由 4 位环形计数器构成的 4 输出移位型顺序脉冲发生器。其状态方程为

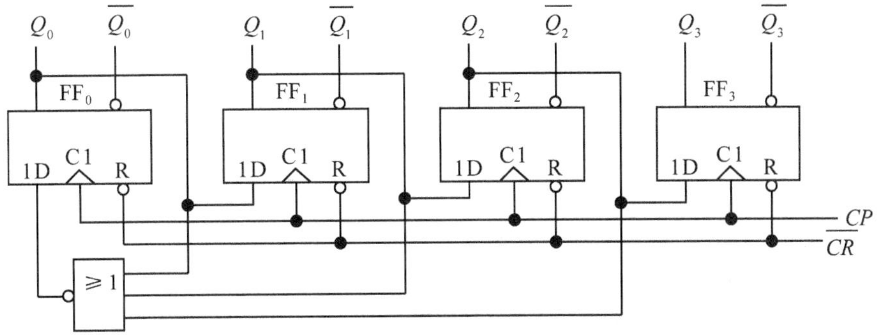

图 5-59　环形计数器构成的 4 输出移位型顺序脉冲发生器

$$Q_0^{n+1}=\overline{Q_0^n+Q_1^n+Q_2^n}=\overline{Q_0^n}\cdot\overline{Q_1^n}\cdot\overline{Q_2^n}(CP\text{ 上升沿时刻有效}),$$

$$Q_1^{n+1}=Q_0^n(CP\text{ 上升沿时刻有效}),$$

$$Q_2^{n+1}=Q_1^n(CP\text{ 上升沿时刻有效}),$$

$$Q_3^{n+1}=Q_2^n(CP\text{ 上升沿时刻有效})。$$

其状态转换图如图 5-60 所示，图中排列顺序为 $Q_0Q_1Q_2Q_3$。由图 5-60 可知该顺序脉冲发生器是能自启动的。其实它就是一个能自启动的 4 位环形计数器，时序图如图 5-61 所示。根据状态转换图和时序图可知，图 5-59 所示 4 输出移位型顺序脉冲发生器具有以下特点：

(1)不需要译码器，从 4 个触发器的 Q 端即可得到 4 个顺序脉冲，而且电路连接特别简单。

(2)触发器状态利用率很低，4 个触发器有 16 种状态，只利用了 4 种，其他 12 种均为无效状态，其有效状态数是等于触发器个数的。

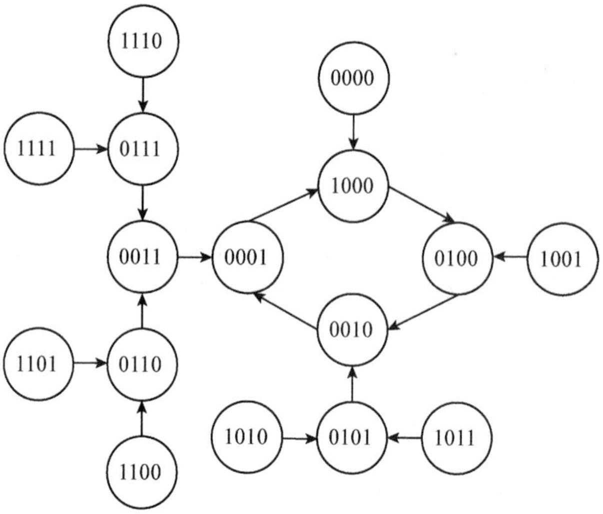

图 5-60　环形计数器构成的 4 输出移位型顺序脉冲发生器的状态转换图

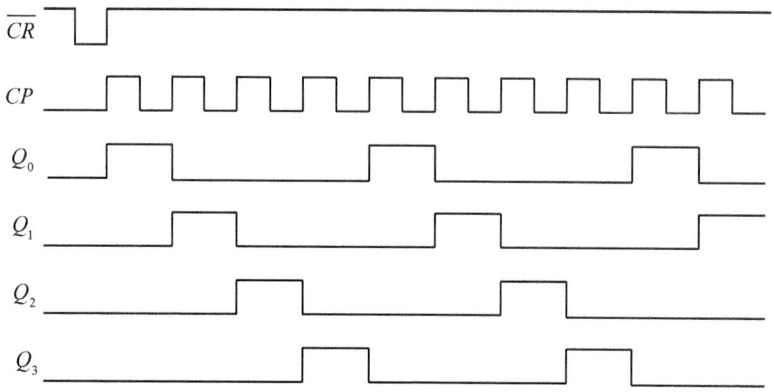

图 5-61　环形计数器构成的 4 输出移位型顺序脉冲发生器的时序图

2. 用扭环形计数器构成的顺序脉冲发生器

如图 5-62 所示是一个由 4 位扭环形计数器和译码器构成的 8 输出移位型顺序脉冲发生器。该电路可用下述方法获得：

(1)画出 4 位扭环形计数器的基本电路。

(2)画出基本电路的状态转换图，修改无效循环实现状态转换图的自启动。

(3)修改反馈逻辑，画出能自启动的 4 位扭环形计数器的逻辑电路图。

(4)设计译码器。

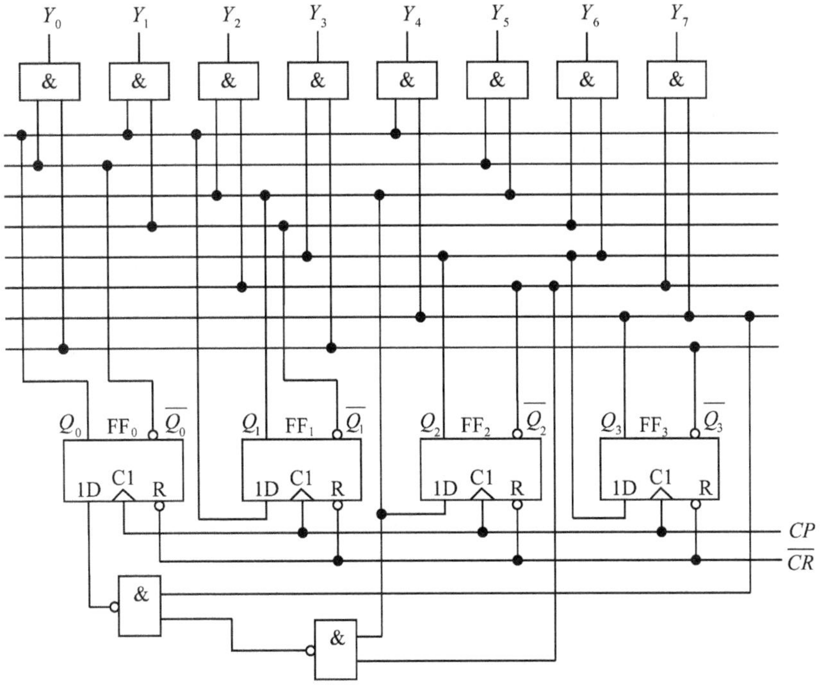

图 5-62　扭环形计数器构成的 8 输出移位型顺序脉冲发生器

画出 4 位扭环形计数器的状态转换图——只画有效循环，并标出设计所要求的输出信号 $Y_0 \sim Y_7$，如图 5-63 所示。注意，在图中输出信号采用了简化表示形式，只标出相应状态下输出取值应为 1 的变量。把无效状态当成约束项，化简输出函数。

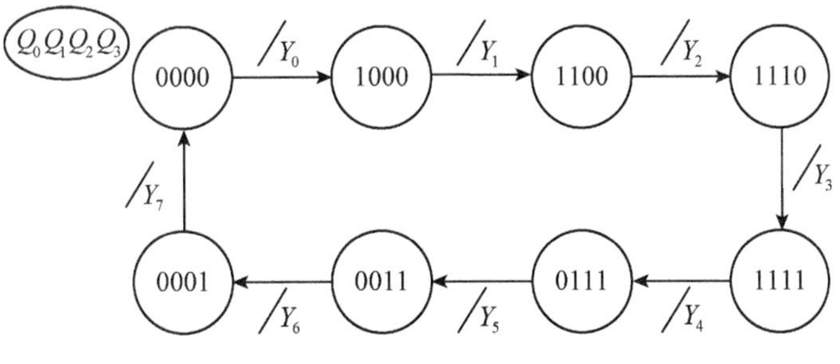

图 5-63　扭环形计数器构成的 8 输出移位型顺序脉冲发生器简化状态转换图

画出各个输出信号的卡诺图，利用卡诺图化简法即可求出 $Y_0 \sim Y_7$ 的最简逻辑函数表达式。图 5-64 给出的是 Y_0 和 Y_1 的卡诺图。

由图 5-64 可得

$$Y_0 = \overline{Q_0^n}\,\overline{Q_3^n}，\ Y_1 = Q_0^n\overline{Q_1^n}。$$

若再分别画出 $Y_2 \sim Y_7$ 的卡诺图，那么就可以很容易地获得下列各方程

$$Y_2 = Q_1^n\overline{Q_2^n}，\ Y_3 = Q_2^n\overline{Q_3^n}，\ Y_4 = Q_0^n Q_3^n，$$

$$Y_5 = \overline{Q_0^n}Q_1^n，\ Y_6 = \overline{Q_1^n}Q_2^n，\ Y_7 = \overline{Q_2^n}Q_3^n。$$

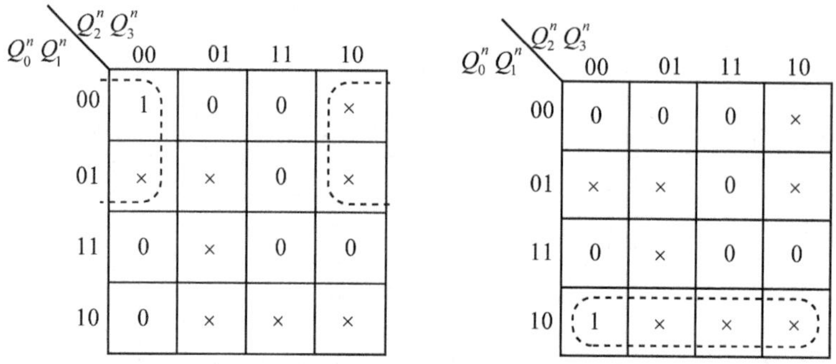

（a）Y_0的卡诺图　　（b）Y_1的卡诺图

图 5-64　输出信号的卡诺图

图 5-62 所示的逻辑图就是采用上述方法得到的。可以看出扭环形计数器的状态译码，只要用 2 输入端与门就能实现，而且由于每次 CP 信号到来时，计数器中只有一个触发器改变状态，所以译码器无竞争-冒险问题。根据图 5-63 即可画出如图 5-65 所示的时序图。该图说明图 5-62 所示的电路是一个能获得 8 个顺序脉冲的移位型顺序脉冲发生器。

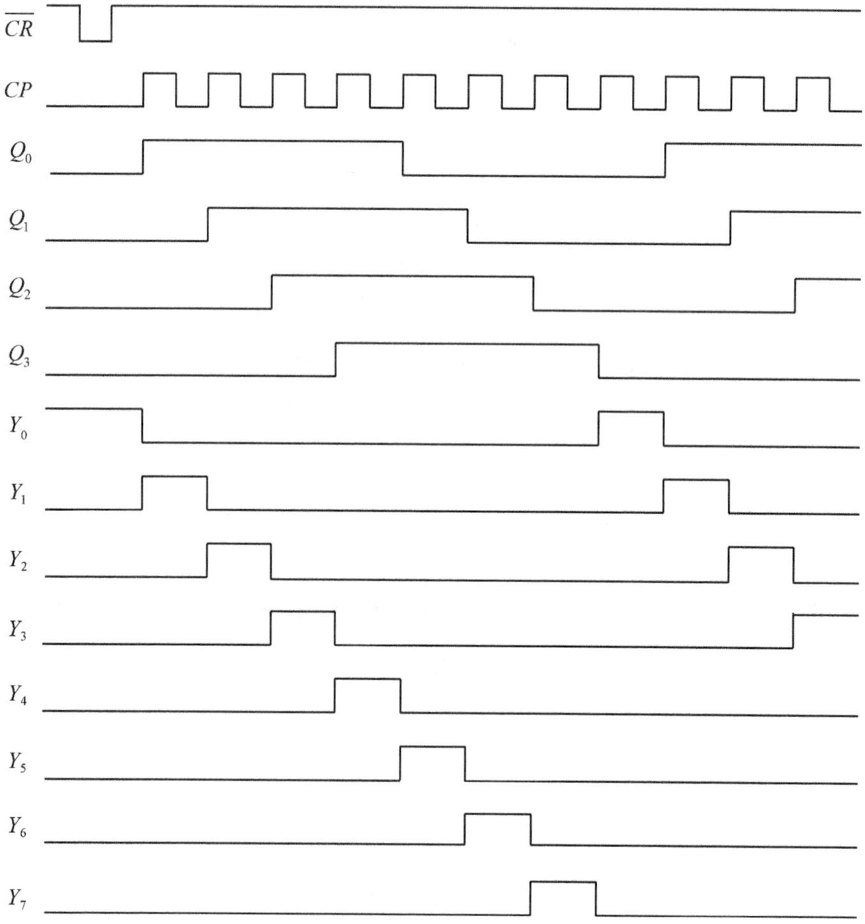

图 5-65　扭环形计数器构成的 8 输出移位型顺序脉冲发生器的时序图

扭环形计数器构成的移位型顺序脉冲发生器主要有以下特点：

(1)计数器部分电路连接简单。

(2)译码器部分用 2 输入与门就可以了，且无竞争-冒险问题。

(3)电路状态利用率仍然不高，有效状态数只是触发器数的两倍。

如果用最大长度的移位寄存器型计数器和译码器构成移位型顺序脉冲发生器，电路状态利用率会得到极大提高，但译码器就会变得更复杂。

5.5.3 用 MSI 构成顺序脉冲发生器

把集成计数器和译码器结合起来，就可以很容易地构成顺序脉冲发生器。如图 5-66(a)所示为一个由计数器 74HC161 和译码器 74HC138 构成的脉冲发生器的逻辑图。74HC161 构成模 8 计数器，输出状态 $Q_2Q_1Q_0$ 在 000～111 循环变化，从而在译码器输出端 $\overline{Y}_0$ ～ $\overline{Y}_7$ 分别得到如图 5-66(b)所示的脉冲序列。

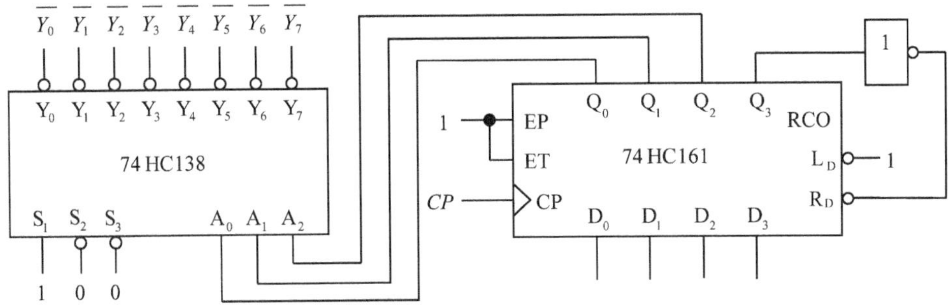

(a) 逻辑图

(b) 输出脉冲序列波形图

图 5-66 计数器 74HC161 和译码器 74HC138 构成的顺序脉冲发生器

【例 5-13】试利用 4 位同步二进制计数器 74HC161 和 4 线-16 线译码器 74HC154 设计节拍脉冲发生器，要求从 12 个输出端顺序、循环地输出等宽的负脉冲。

解：用预置数法将 74HC161 接成十二进制计数器(计数从 0000～1011 循环)，并且把它的 Q_3，Q_2，Q_1，Q_0 对应接至 74HC154 的 A_3，A_2，A_1，A_0，则 74HC154 的 $\overline{Y_0}$～$\overline{Y_{11}}$ 可顺序产生低电平。$\overline{Y_0}$～$\overline{Y_{11}}$ 为节拍脉冲发生器的输出端，逻辑图如图 5-67 所示。

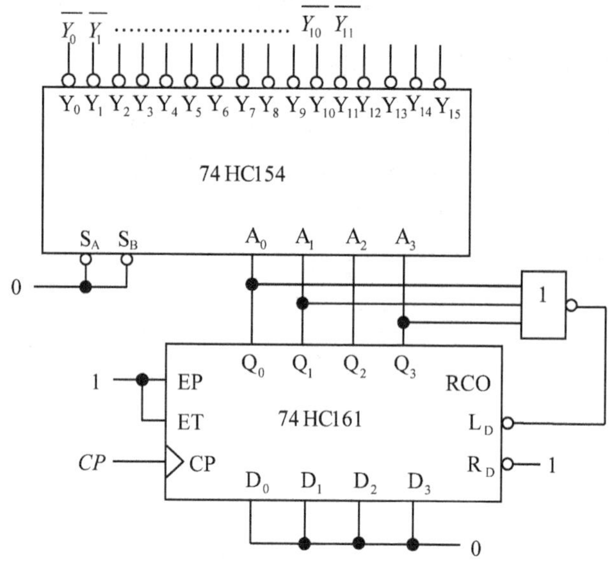

图 5-67　例 5-13 的逻辑图

5.6　时序逻辑电路的设计方法

时序逻辑电路的设计是时序逻辑电路分析的逆过程，即根据给定的逻辑功能要求，选择合适的逻辑器件，设计出符合要求的时序逻辑电路。下面介绍用触发器和门电路设计时序逻辑电路的方法。

5.6.1　同步时序逻辑电路的设计方法

1. 同步时序逻辑电路的设计步骤

(1)根据设计要求，设定状态，画出对应的状态转换图列出状态转换表

首先，分析给定的逻辑问题，确定输入变量、输出变量以及电路的状态数；其次，对输入、输出和每个电路状态进行定义，并将电路状态进行顺序编号；最后，根据题意列出状态转换表或画出状态转换图。

(2)状态化简

原始状态转换图(或原始状态转换表)通常不是最简的，往往可以消去一些多余状态。消去多余状态的过程叫作状态化简。状态化简的实质是合并等价状态，两个或多个等价状态可以合并成一个状态。若两个状态在输入相同的条件下次态和输出都相同，则这两个状态为等价状态。

(3)状态分配

时序逻辑电路的状态通常是用触发器的状态组合来表示的。首先，需要确定触发器的数目 n，n 个触发器共有 2^n 种状态组合，所以为获得时序逻辑电路所需的 M 个状态，必须取 $2^{n-1} < M \leqslant 2^n$ 。其次，要给每个电路状态规定对应的触发器状态组合。由于每组触发器的状态组合都是一组二值代码，所以状态分配也称为状态编码。在 $M < 2^n$ 的情况下，从 2^n 个状态中选取 M 个状态的组合可以有多种不同的方案，而每个方案中 M 个状态的编码方案有多种。如果编码方案选择得当，设计结果可以很简单；反之，编码方案选得不好，设计的电路就要复杂得多。

(4)选择触发器的类型

触发器的类型选得合适，可以简化电路结构。

不同逻辑功能的触发器，其驱动方式不同，所以用不同类型的触发器设计出的电路也不同。选择触发器类型时应考虑器件的供应情况，并力求减少电路中使用的触发器种类。

(5)根据编码后的状态转换表以及所采用的触发器的逻辑功能，求出待设计电路的输出方程和驱动方程

(6)根据输出方程和驱动方程画出逻辑图

(7)检查电路能否自启动

无效状态在时钟脉冲的作用下如果能够进入有效状态中，说明该电路能够自启动，否则不能自启动。如果电路不能自启动，那么需采取措施加以解决。一是在电路开始工作时通过预置数将电路的状态置成有效状态循环中的某一种。二是通过修改逻辑设计加以解决。

2. 同步计数器的设计举例

【例 5-14】设计一个同步五进制加法计数器。

解：设计步骤如下：

(1)根据设计要求，设定状态，画出状态转换图。由于是五进制计数器，所以应有 5 个不同的状态，分别用 S_0，S_1，S_2，S_3，S_4 表示。在计数脉冲 CP 作用下，5 个状态循环转换。没有输入信号，有一个进位输出信号 Y，在状态为 S_4 时，进位输出 $Y=1$。状态转换图如图 5-68 所示。

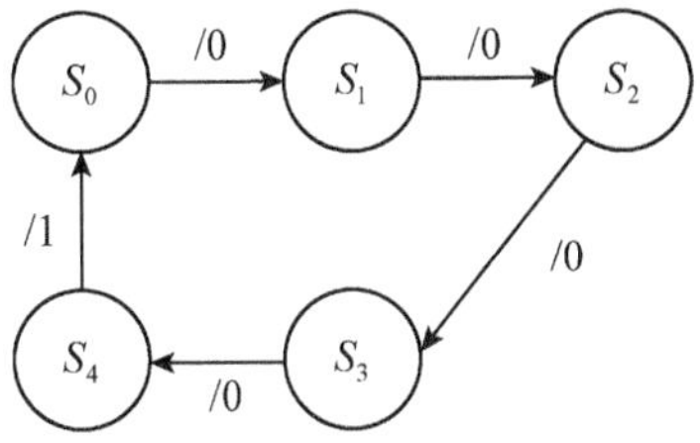

图 5-68　例 5-14 的状态转换图

(2)状态化简。五进制计数器有 5 个状态，不存在等价状态，所以无须化简。

(3)状态分配，列编码后的状态转换表。由 $2^{n-1} < M \leqslant 2^n$ 可知，需要 3 个触发器。3 个触发器 8 种状态组合 000～111，该计数器选用三位自然二进制加法计数编码，即 $S_0=000$，$S_1=001$，$S_2=010$，$S_3=011$，$S_4=100$。由此可列出状态转换表如表 5-20 所示。

表 5-20 例 5-14 的状态转换表

状态转换顺序	现态			次态			输出
	Q_2^n	Q_1^n	Q_0^n	Q_2^{n+1}	Q_1^{n+1}	Q_0^{n+1}	Y
S_0	0	0	0	0	0	1	0
S_1	0	0	1	0	1	0	0
S_2	0	1	0	0	1	1	0
S_3	0	1	1	1	0	0	0
S_4	1	0	0	0	0	0	1

(4)选择触发器。本例选用功能比较灵活的 JK 触发器。

(5)求各触发器的驱动方程和输出方程。

列出 JK 触发器的驱动表如表 5-21 所示。画出电路的次态卡诺图如图 5-69 所示，3 个无效状态 101，110，111 作无关项处理。根据次态卡诺图和 JK 触发器的驱动表，可得各触发器的驱动信号卡诺图如图 5-70 所示。

Q_2^n \ $Q_1^nQ_0^n$	00	01	11	10
0	001	010	100	011
1	000	×××	×××	×××

图 5-69 例 5-14 的次态卡诺图

表 5-21 JK 触发器的驱动表

Q^n → Q^{n+1}	J K
0 0	0 ×
0 1	1 ×
1 0	× 1
1 1	× 0

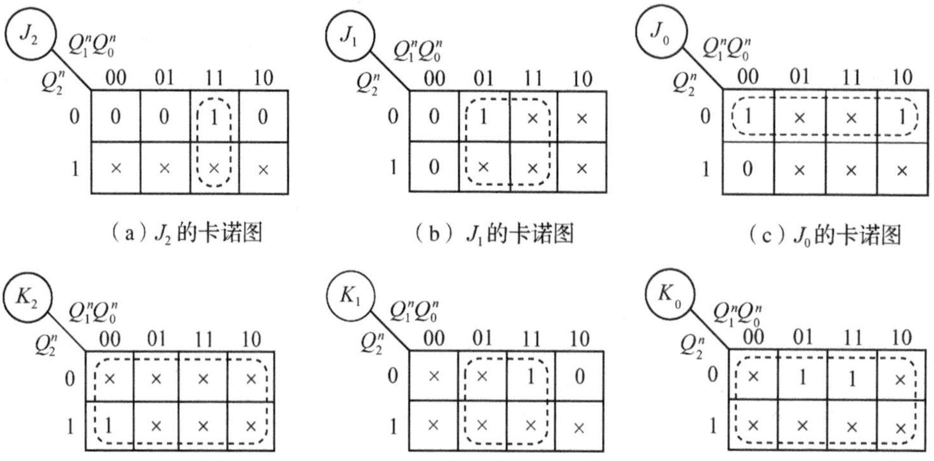

(a) J_2 的卡诺图　(b) J_1 的卡诺图　(c) J_0 的卡诺图

(d) K_2 的卡诺图　(e) K_1 的卡诺图　(f) K_0 的卡诺图

图 5-70 例 5-14 各触发器的驱动信号卡诺图

对上面的各卡诺图化简，得各触发器的驱动方程为

$$J_0=\overline{Q_2^n},\qquad K_0=1。$$
$$J_1=Q_0^n,\qquad K_1=Q_0^n。$$
$$J_2=Q_1^nQ_0^n,\qquad K_2=1。$$

再画出输出信号的卡诺图，如图 5-71 所示。

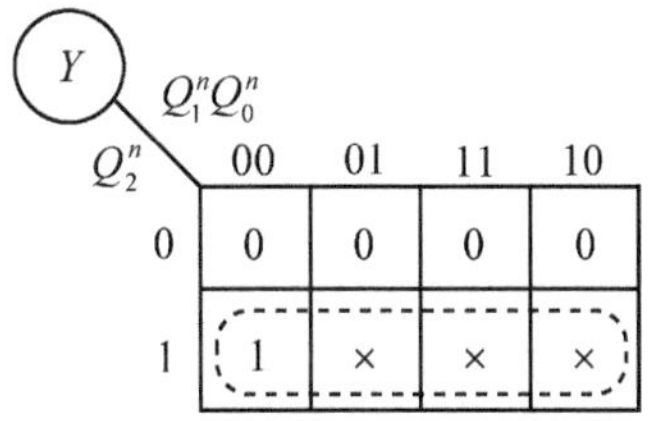

图 5-71　例 5-14 输出信号的卡诺图

可得电路的输出方程

$$Y=Q_2^n。$$

(6)画逻辑图。根据驱动方程和输出方程，画出五进制计数器的逻辑图，如图 5-72 所示。

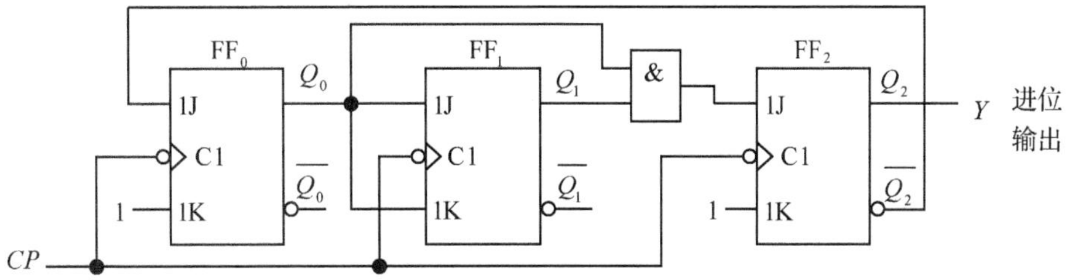

图 5-72　例 5-14 的逻辑图

(7)检查电路能否自启动。利用时序逻辑电路分析的方法画出电路完整的状态转换图如图 5-73 所示。可见，如果电路进入无效状态 101，110，111 时，在 CP 脉冲作用下，分别进入有效状态 010，010，000。所以电路能够自启动。

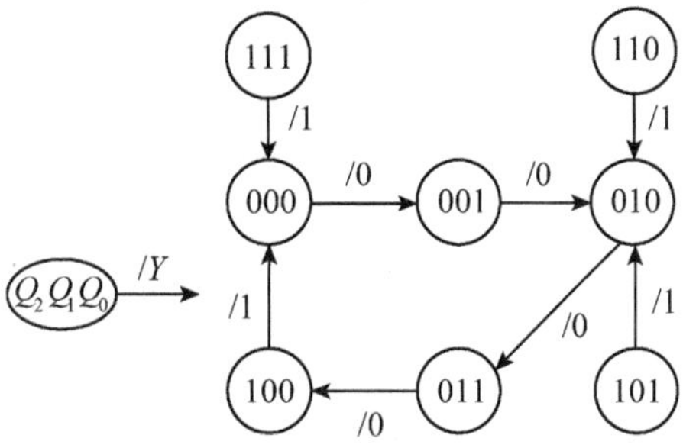

图 5-73　例 5-14 完整的状态转换图

3. 一般同步时序逻辑电路的设计举例

【例 5-15】 设计一个串行数据序列检测器。该检测器有一个输入端 X，它的功能是对输入信号进行检测。当连续输入 3 个 1 以及 3 个以上 1 时，该电路输出 $Y=1$，否则输出 $Y=0$。

解：(1)根据设计要求，设定状态，画出状态转换图。

S_0——初始状态或没有收到 1 时的状态；

S_1——收到 1 个 1 后的状态；

S_2——连续收到两个 1 后的状态；

S_3——连续收到 3 个 1 以及 3 个以上 1 后的状态。

根据题意可画出如图 5-74 所示的原始状态转换图。

(2)状态化简。状态化简就是合并等价状态。观察图 5-74 可知，S_2 和 S_3 是等价状态，所以将 S_2 和 S_3 合并，并用 S_2 表示，图 5-75 是经过状态化简之后的状态转换图。

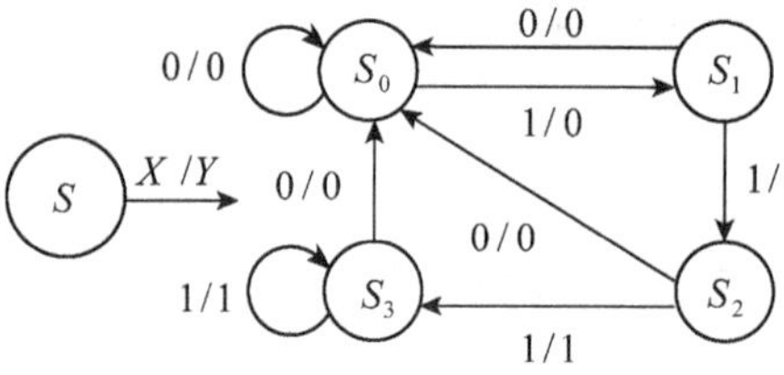

图 5-74 例 5-15 的原始状态转换图

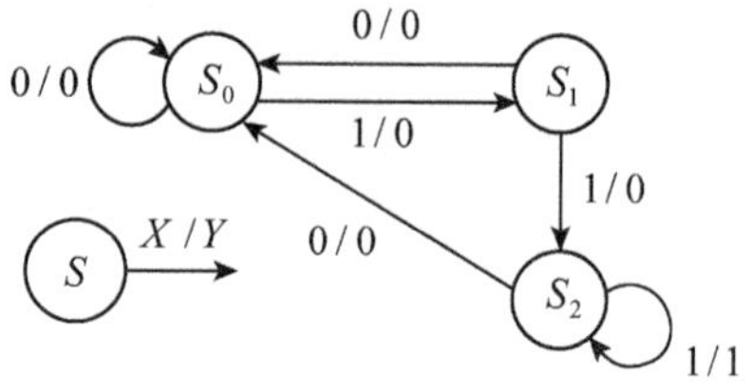

图 5-75 例 5-15 化简后的状态转换图

(3)状态分配，列出编码后的状态转换表。状态化简后有 3 个状态，需要两个触发器。两个触发器输出 Q_1，Q_0 有 4 种状态组合，本例取 $S_0=00$，$S_1=01$，$S_2=11$。图 5-76 是编码后的状态转换图。

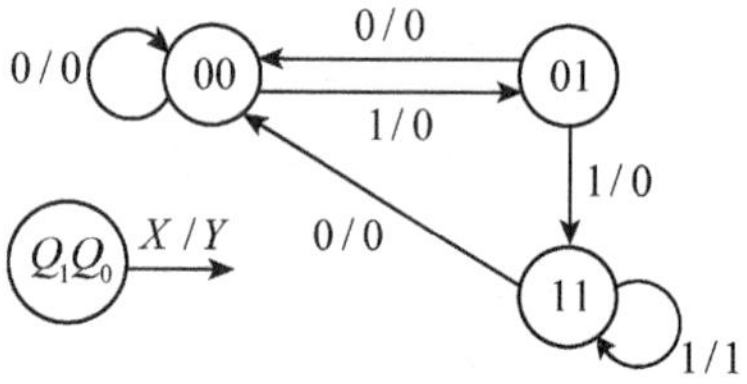

图 5-76 例 5-15 编码后的状态转换图

由图 5-76 可列出编码后的状态转换表如表 5-22 所示。

表 5-22 例 5-15 编码后的状态转换表

Q_1^n	Q_0^n	$Q_1^{n+1}Q_0^{n+1}/Y$	
		$X=0$	$X=1$
0	0	00/0	01/0
0	1	00/0	11/0
1	1	00/0	11/1

(4)选择触发器，求出驱动方程和输出方程。

本例选用两个 D 触发器，列出 D 触发器的驱动表如表 5-23 所示。画出电路的次态和输出卡诺图，如图 5-77 所示。

表 5-23　D 触发器的驱动表

$Q^n \rightarrow Q^{n+1}$	D
0　0	0
0　1	1
1　0	0
1　1	1

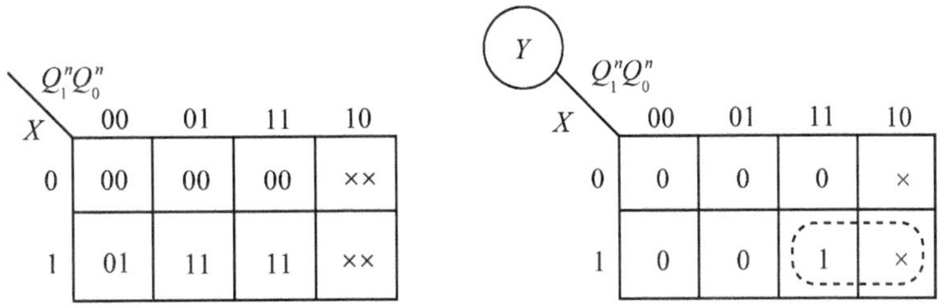

(a) 次态卡诺图　　(b) 输出卡诺图

图 5-77　例 5-15 的次态和输出卡诺图

由输出卡诺图可得电路的输出方程

$$Y = XQ_1^n。$$

根据次态卡诺图和 D 触发器的驱动表，得各触发器的驱动信号卡诺图，如图 5-78 所示。

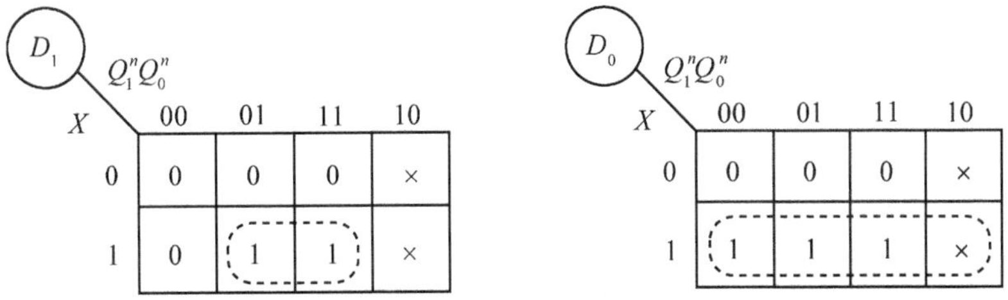

(a) D_1的卡诺图　　(b) D_0的卡诺图

图 5-78　例 5-15 各触发器的驱动信号卡诺图

由驱动信号卡诺图可得电路的驱动方程

$$D_0 = X,$$

$$D_1 = XQ_0^n。$$

(5)画逻辑图。根据驱动方程和输出方程，画出该串行数据序列检测器的逻辑图，如图 5-79 所示。

(6)检查电路能否自启动。图 5-80 是该电路完整的状态转换图，可见，电路能够自启动。

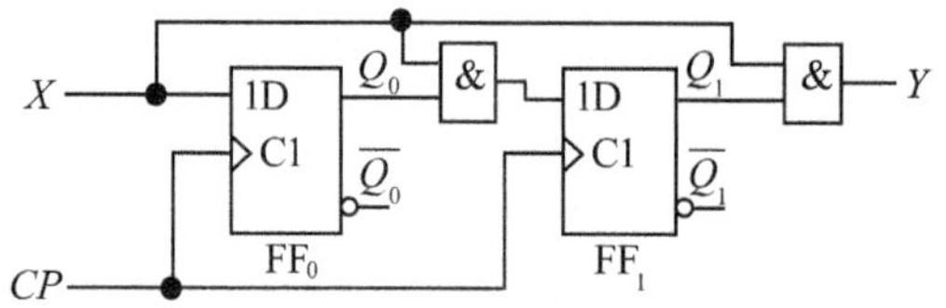

图 5-79　例 5-15 的逻辑图

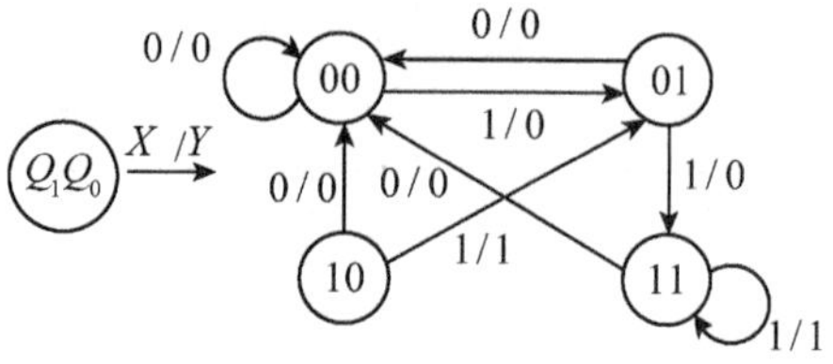

图 5-80　例 5-15 的完整状态转换图

5. 6. 2　异步时序逻辑电路的设计方法

由于异步时序电路中各触发器的时钟脉冲不统一。因此设计异步时序逻辑电路要比同步时序逻辑电路多一步，就是为每个触发器选择一个合适的时钟信号，即求各触发器的时钟方程。除此之外，异步时序电路的设计方法与同步时序电路基本相同。

【例 5-16】设计一个异步七进制加法计数器。

解：(1)根据设计要求，设定 7 个状态 $S_0 \sim S_6$。七进制计数器应有 7 个状态，所以无须状态化简。该电路状态数为 7，所以应选用 3 个触发器。选 000～110 这 6 个状态作为 $S_0 \sim S_6$ 的编码，列出编码后的状态转换表如表 5-24 所示。表中 Y 为进位输出变量。

表 5-24　例 5-16 的状态转换表

状态转换顺序	现　态			次　态			进位输出
	Q_2^n	Q_1^n	Q_0^n	Q_2^{n+1}	Q_1^{n+1}	Q_0^{n+1}	Y
S_0	0	0	0	0	0	1	0
S_1	0	0	1	0	1	0	0
S_2	0	1	0	0	1	1	0
S_3	0	1	1	1	0	0	0
S_4	1	0	0	1	0	1	0
S_5	1	0	1	1	1	0	0
S_6	1	1	0	0	0	0	1

(2)选择触发器。本例选用下降沿触发的 JK 触发器。

(3)求各触发器的时钟方程，即为各触发器选择时钟信号。为了选择方便，由状态转换表画出电路的时序图，如图 5-81 所示。为触发器选择时钟信号的原则是：① 触发器状态需要翻转时，必须有时钟信号的翻转沿送到。② 触发器状态不需翻转时，“多余的”时钟信号越少越好。根据上述原则，选择：

$$CP_0 = CP,$$
$$CP_1 = CP,$$
$$CP_2 = Q_1。$$

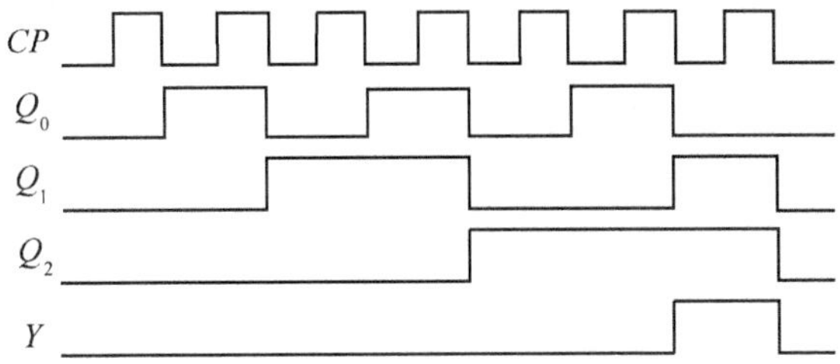

图 5-81　例 5-16 的时序图

(4)求各触发器的驱动方程和进位输出方程。

画出电路的次态卡诺图如图 5-82 所示，无效状态 111 作无关项处理。根据次态卡诺图和 JK 触发器的驱动表(表 5-21)，可得 3 个触发器各自的驱动信号卡诺图如图 5-83 所示。

Q_2^n \ $Q_1^nQ_0^n$	00	01	11	10
0	001	010	100	011
1	101	110	×××	000

图 5-82　例 5-16 的次态卡诺图

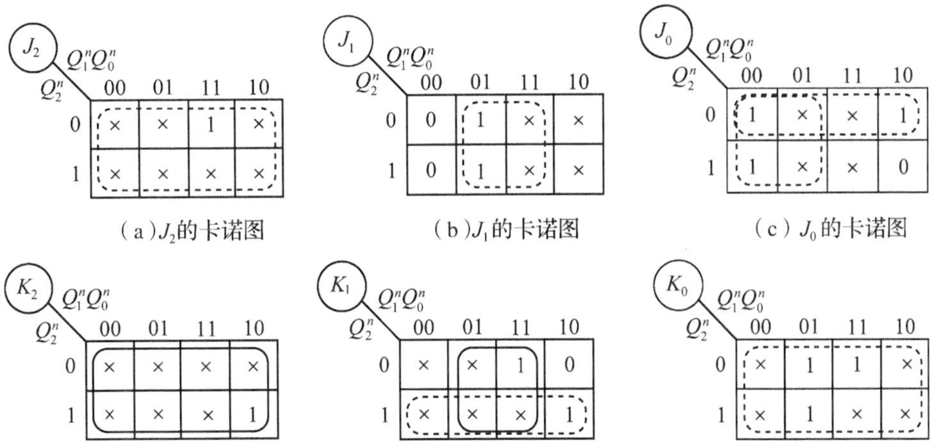

(a) J_2的卡诺图　(b) J_1的卡诺图　(c) J_0的卡诺图

(d) K_2的卡诺图　(e) K_1的卡诺图　(f) K_0的卡诺图

图 5-83　例 5-16 各触发器的驱动信号卡诺图

根据驱动信号卡诺图写出驱动方程

$$J_0=\overline{Q_2^n}+\overline{Q_1^n},\qquad K_0=1。$$

$$J_1=Q_0^n,\qquad K_1=Q_2^n+Q_0^n。$$

$$J_2=1,\qquad K_2=1。$$

再画出输出卡诺图，如图 5-84 所示，可得电路的输出方程

$$Y=Q_2{}^nQ_1{}^n。$$

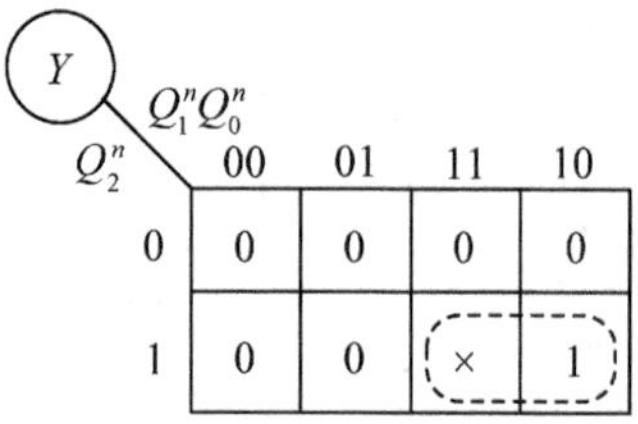

图 5-84　例 5-16 的输出卡诺图

(5)画逻辑图。根据时钟方程、驱动方程和输出方程，画出异步七进制加法计数器的逻辑图如图 5-85 所示。

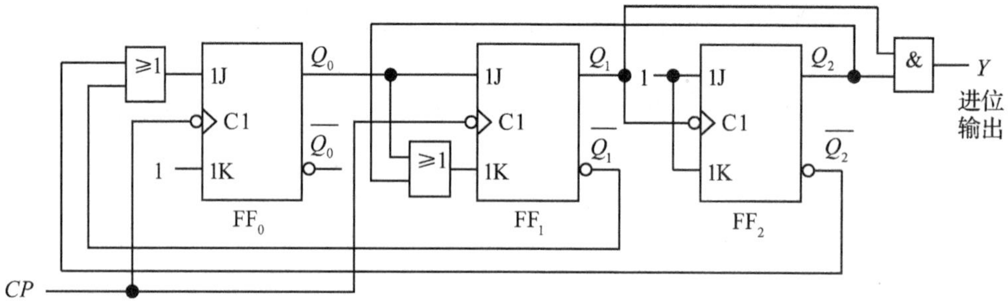

图 5-85　例 5-16 的逻辑图

(6)检查电路能否自启动。利用逻辑电路分析的方法画出电路完整的状态转换图，如图 5-86 所示。可见，当电路进入无效状态 111 时，在 CP 脉冲作用下可进入有效状态 000。所以电路能够自启动。

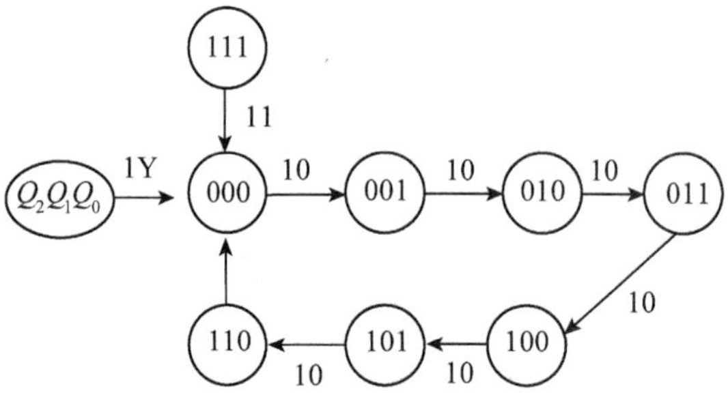

图 5-86　例 5-16 的完整状态转换图

5.7　时序逻辑电路中的竞争-冒险现象

5.7.1　竞争-冒险现象的成因

因为时序逻辑电路通常都包含组合逻辑电路和存储电路两个部分，所以它的竞争-冒险现象也包含两个方面。

一是其中的组合逻辑电路部分可能发生的竞争-冒险现象。这在第 3 章做过介绍，这里不再重复。

二是存储电路(或者说是触发器)工作过程中发生的竞争-冒险现象。这是时序逻辑电路特有的一个问题。

为了保证触发器可靠地翻转，输入信号和时钟信号在时间配合上应满足一定的要求。然而当输入信号和时钟信号同时改变，而且经由不同路径到达同一触发器时，便产生了竞争。

竞争的结果有可能导致触发器误动作，这种现象称为存储电路(或触发器)的竞争-冒险现象。

在图 5-87 所示的异步八进制计数器电路中，就存在着这种存储电路的竞争-冒险现象。该计数器由 3 个主从 JK 触发器和两个反相器组成。其中 FF_1 的输入信号 $J_1=K_1=1$，每当 CP_1 的下降沿到来时它都要翻转；FF_2 的输入信号 $J_2=K_2=1$，所以每当 $\overline{Q_1}$ 由高电平跳变为低电平时它都要翻转；FF_3 的情况要复杂一些。由于 CP_3 取自 Q_1，而 $J_3=K_3=Q_2$，CP_2 的时钟信号又取自 $\overline{Q_1}$，因而当 Q_1 由 0 变成 1 时 FF_3 的输入信号和时钟电平同时改变，导致了竞争-冒险现象的发生。

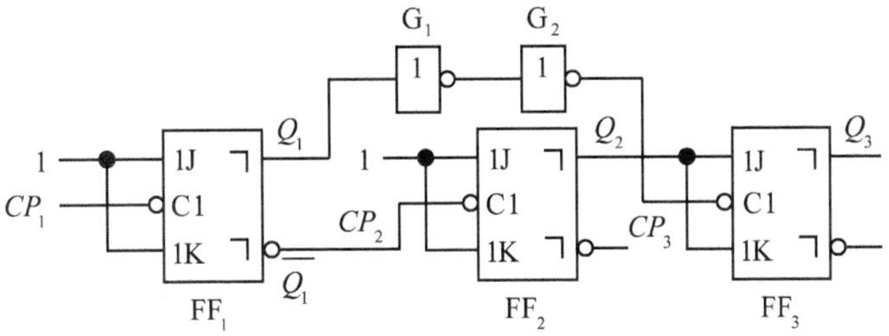

图 5-87　异步八进制计数器的逻辑图

如果 Q_1 从 0 变成 1 时 Q_2 的变化首先完成，CP_3 的上升沿随后才到，那么在 $CP_3=1$ 的全部时间里 J_3 和 K_3 的状态将始终不变，可以根据 CP_3 下降沿到达时 Q_2 的状态决定 FF_3 是否该翻转。其状态表如表 5-25(a)所示，此时电路是一个八进制计数器。

反之，如果 Q_1 从 0 变成 1 时 CP_3 的上升沿首先到达 FF_3，而 Q_2 的变化在后，那么 $CP_3=1$ 的全部时间里 J_3 和 K_3 的状态可能发生变化，这就不能简单地凭 CP_3 下降沿到达时 Q_2 的状态来决定 Q_3 的状态了。例如，在 $Q_1Q_2Q_3$ 从 011 变为 101 时，Q_1 从 0 变成 1。由于 CP_3 首先从低电平变成了高电平，而 Q_2 原来的 1 状态尚未改变，所以在很短的时间里出现了 J_3，K_3，CP_3 同时为高电平的状态。在下一个时钟脉冲到达后，产生 CP_3 的下降沿，虽然这时 Q_2 已经变为 0 状态，使 $J_3=K_3=0$，但由于 FF_3 的主触发器已经是 0 状态了，从触发器仍要翻转为 0 状态，使 $Q_1Q_2Q_3=000$。于是得到的状态表如表 5-25(b)所示。电路就不按八进制计数循环工作了。倘若在设计时无法确切知道 CP_3 和 Q_2 哪一个先改变状态，那么也就不能确定电路状态转换的规律。

为了确保 CP_3 的上升沿在 Q_2 的新状态稳定建立之后才到达 FF_3，可以在 Q_1 到 CP_3 的传输通道上增加延迟环节，G_1 和 G_2 就是作延迟环节用的。只要 G_1 和 G_2 的传输延迟时间足够长，一定能使 Q_2 的变化先于 CP_3 的变化，保证电路按八进制计数循环正常工作。

表 5-25　图 5-87 电路的状态表

(a)状态表

计数顺序	电路状态		
	Q_1	Q_2	Q_3
0	0	0	0
1	1	1	0
2	0	1	1
3	1	0	1
4	0	0	1
5	1	1	1
6	0	1	0
7	1	0	0
8	0	0	0

(b)状态表

计数顺序	电路状态		
	Q_1	Q_2	Q_3
0	0	0	0
1	1	1	0
2	0	1	1
3	1	0	1
4	0	0	0

在同步时序逻辑电路中，由于所有触发器都在同一时钟控制下动作，而这之前每个触发器的输入信号都已处于稳定状态，因而可以认为不存在竞争现象。因此，一般认为存储电路的竞争-冒险现象仅发生在异步时序逻辑电路中。

在有些规模较大的同步时序逻辑电路中，由于每个门的带负载能力有限，所以经常是先用一个时钟信号同时驱动几个门电路，然后再由这几个门电路分别去驱动若干个触发器。由于每个门电路的传输时间不同，严格地讲系统已不是真正的同步时序逻辑电路了，故仍有可能发生存储器电路的竞争-冒险现象。

例如，图 5-88(a)所示的移位寄存器。由于触发器的数目较多，所以采用分段供给时钟信号的方式。触发器 FF_1～FF_{12} 的时钟信号 CP_1 由门 G_1 供给，FF_{13}～FF_{24} 的时钟信号

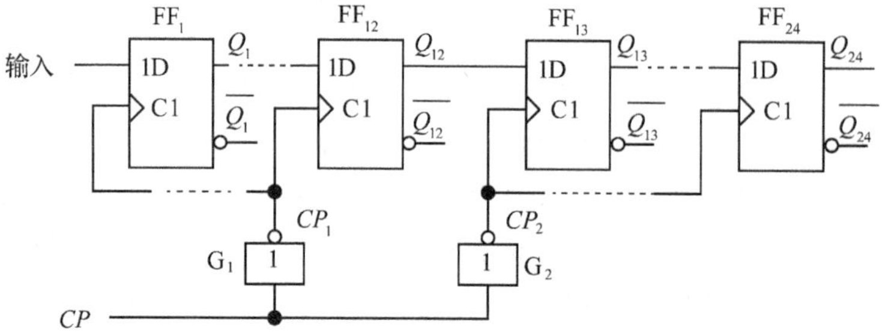

(a) 移位寄存器的逻辑图

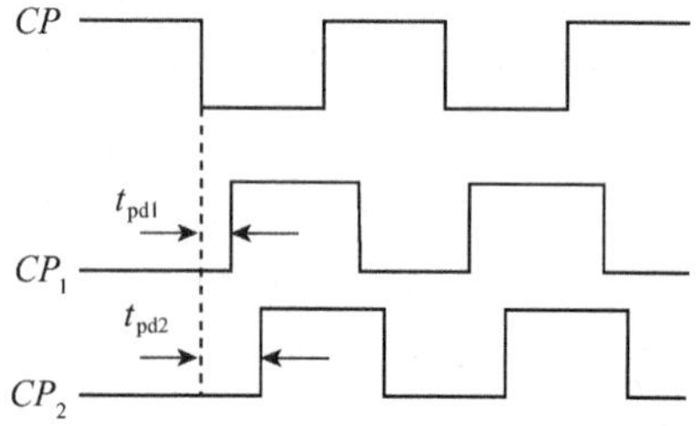

(b) 时钟信号波形

图 5-88　移位寄存器的时钟偏移现象

CP_2 由门 G_2 供给。如果门 G_1 和 G_2 的传输时间不同，则 CP_1 和 CP_2 之间将产生时间差，发生时钟偏移现象。

时钟信号偏移有可能造成移位寄存器的误动作。例如，门 G_1 的传输延迟时间 t_{pd1} 比门 G_2 的传输延迟时间 t_{pd2} 小得多，如图 5-88(b)所示，则当 CP 输入一个负跳变时 CP_1 的上升沿将先于 CP_2 的上升沿到达，使 FF_{12} 先于 FF_{13} 动作。如果两个门电路的传输延迟时间之差大于 FF_{12} 的传输延迟时间，那么 CP_2 的上升沿到达 FF_{13} 时，FF_{12} 已经翻转为新状态了。这时 FF_{13} 接受的是 FF_{12} 的新状态，而把 FF_{12} 原来的状态丢失了，移位的结果是错误的。相反，如果 CP_2 的上升沿先于 CP_1 的上升沿到达，那么就不会发生错移位的现象。

5.7.2　防止移位寄存器错移位的方法

为了提高移位寄存器电路工作的可靠性，防止错移位现象的发生，应挑选延迟时间长的反相器作 G_1，延迟时间短的反相器作 G_2，但这种做法显然很不方便。实际上可以利用增加 FF_{12} 的 Q_{12} 端到 FF_{13} 的 D_{13} 端之间的传输延迟时间来解决。具体的做法是在 FF_{12} 的 $\overline{Q_{12}}$ 端到 FF_{13} 的 D_{13} 端之间串入一级反相器来实现，如图 5-89(a)所示；也可以在 FF_{12} 的 Q_{12} 端与地之间接入一个很小的电容，产生滞后的相位，如图 5-89(b)所示。

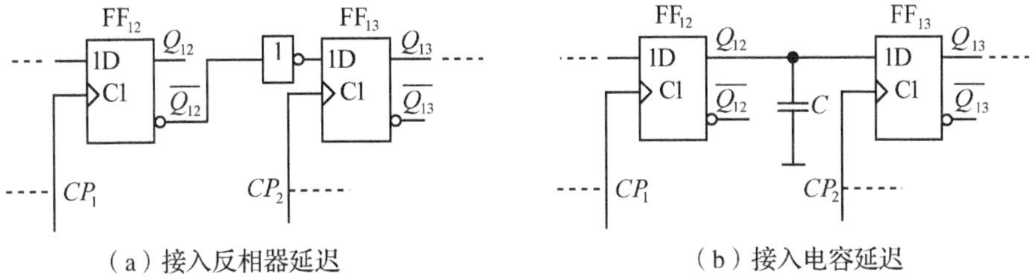

图 5-89　防止移位寄存器错移位的方法

本章小结

时序逻辑电路在任何一个时刻的输出状态不仅取决于该时刻的输入信号，还与电路的原状态有关。因此时序逻辑电路中必须含有具有记忆能力的存储器件，触发器是最常用的存储器件。描述时序逻辑电路逻辑功能的方法有状态转换表、状态转换图和时序图等。时序逻辑电路的分析步骤一般为：逻辑图→时钟方程(异步)、驱动方程、输出方程→状态方程→状态转换表→状态转换图和时序图→逻辑功能。时序逻辑电路的设计步骤一般为：设计要求→最简状态转换表→编码后的状态转换表→次态卡诺图→驱动方程、输出方程→逻辑图。

寄存器是一种常用的时序逻辑器件。寄存器分为基本寄存器和移位寄存器两种，移位寄存器又分为单向移位寄存器和双向移位寄存器。集成移位寄存器使用方便、功能齐全、输入和输出方式灵活。用移位寄存器可实现数据的串行-并行转换、组成环形计数器、扭环形计数器、顺序脉冲发生器等。

计数器也是一种简单而又最常用的时序逻辑器件。它们在计算机和其他数字系统中起着非常重要的作用。计数器不仅能用于统计输入时钟脉冲的个数，还能用于分频、定时、产生节拍脉冲等。用已有的 M 进制集成计数器产品可以构成 N（任意）进制的计数器。采用的方法有异步清零法、同步清零法、异步预置数法和同步预置数法，根据集成计数器的清零方式和预置数方式来选择。当 $N<M$ 时，用1片 M 进制计数器即可；当 $N>M$ 时，要用多片 M 进制计数器组合起来，才能构成 N 进制计数器。当需要扩大计数器的容量时，可将多片集成计数器进行级联。

时序逻辑电路通常都包含组合逻辑电路和存储电路两个部分，所以它的竞争-冒险现象也包含两个方面。一是其中的组合逻辑电路部分可能发生的竞争-冒险现象；二是存储电路(或者说是触发器)工作过程中发生的竞争-冒险现象。存储电路的竞争-冒险现象实质上是由于输入信号和时钟信号在时间配合不当，从而导致触发器误动作，这种现象一般发生在异步时序逻辑电路中。

习　　题

1. 试分析图 5-90 所示时序逻辑电路的逻辑功能。要求写出驱动方程、状态方程和输出方程，画出状态转换图，并说明电路能否自启动。

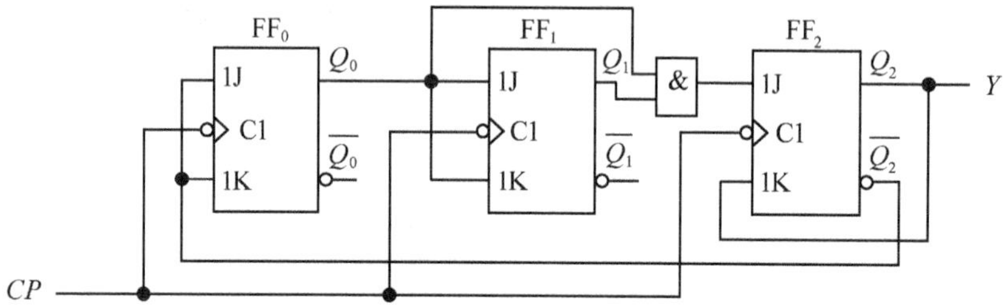

图 5-90

2. 试分析图 5-91 所示的时序逻辑电路。要求列出状态转换表，画出状态转换图和时序图。

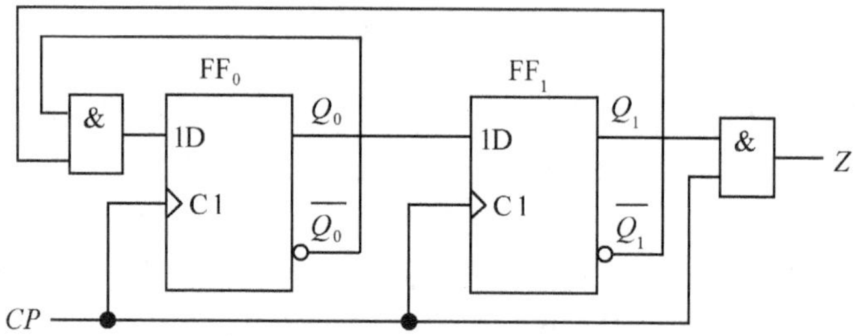

图 5-91

3. 某计数器的输出波形如图 5-92 所示，试确定该计数器的模。

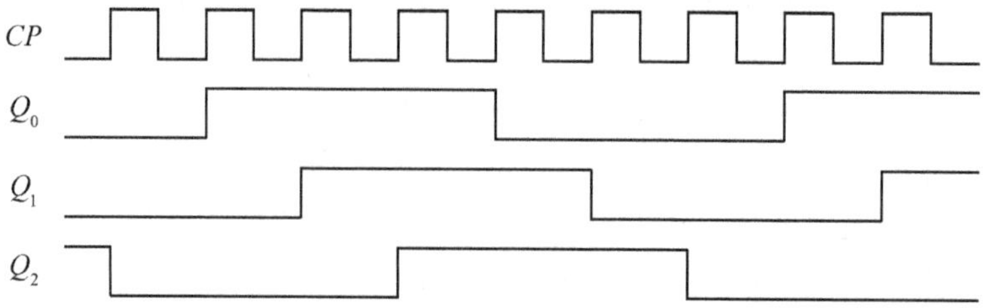

图 5-92

4. 试分析图 5-93 给出的时序逻辑电路，列出状态转换表，画出状态转换图和时序图，并说明其逻辑功能。

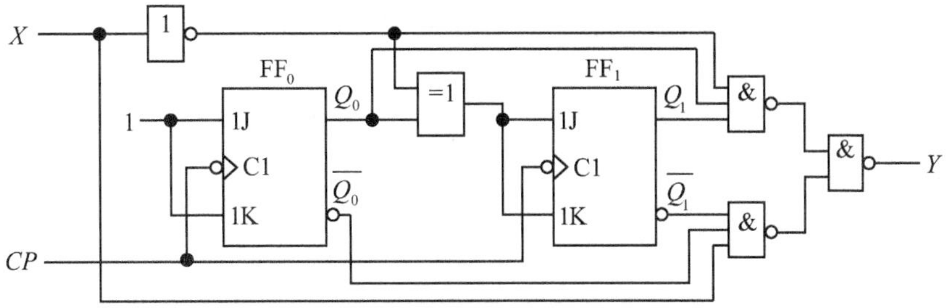

图 5-93

5. 试分析图 5-94 所示的时序逻辑电路。要求写出驱动方程、状态方程，列出状态转换表，画出状态转换图，并说明其逻辑功能。

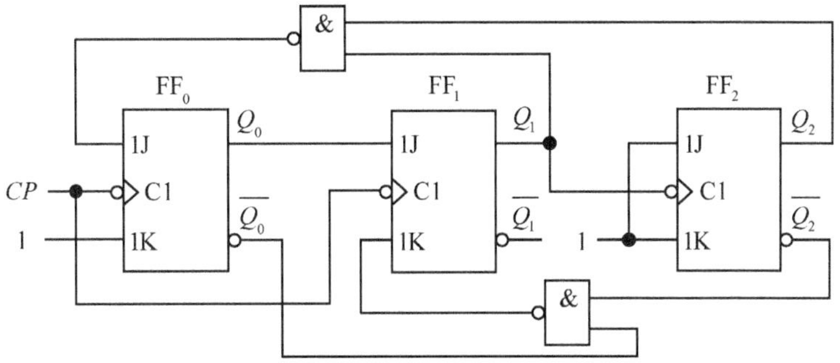

图 5-94

6. 试用两片 74HC194 组成 8 位双向移位寄存器，并画出逻辑图。

7. 试分析图 5-95 所示的计数器电路。要求写出驱动方程、状态方程，列出状态转换表，画出状态转换图和时序图，并说明是几进制计数器。

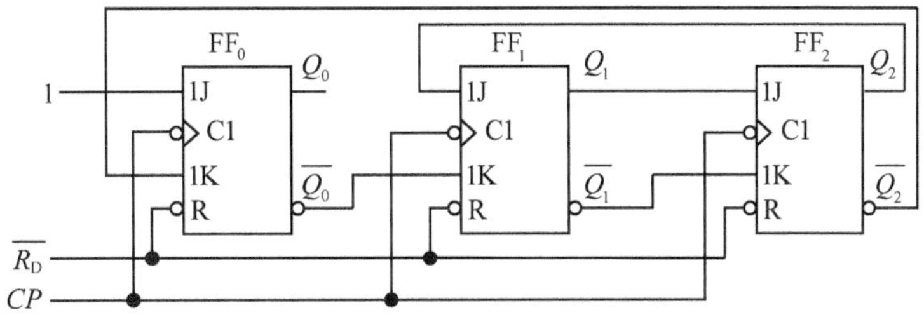

图 5-95

8. 试分析图 5-96 所示的电路，画出它的状态转换图，并说明它是几进制计数器。

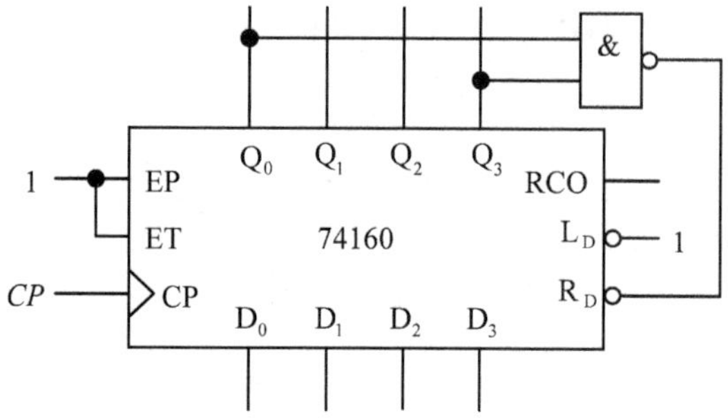

图 5-96

9. 试分析图 5-97 所示的电路，画出它的状态转换图，并说明它是几进制计数器。

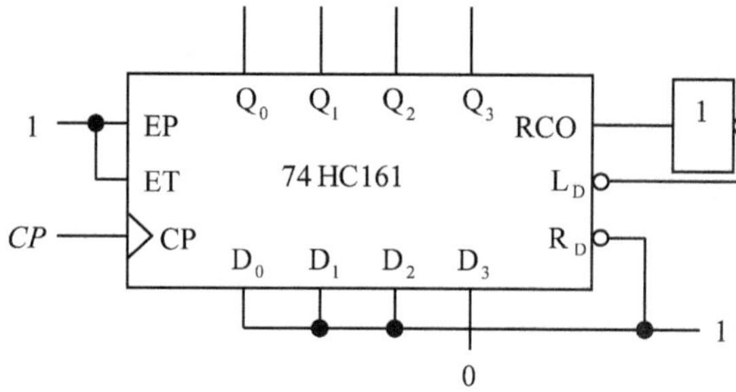

图 5-97

10. 试分析图 5-98 所示的电路，画出它的状态转换图，并说明它是几进制计数器。

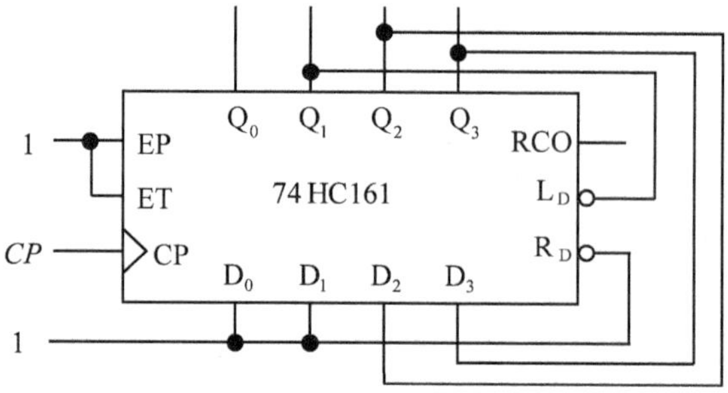

图 5-98

11. 试分析图 5-99 所示的计数器在 $M=1$ 和 $M=0$ 时各为几进制计数器。

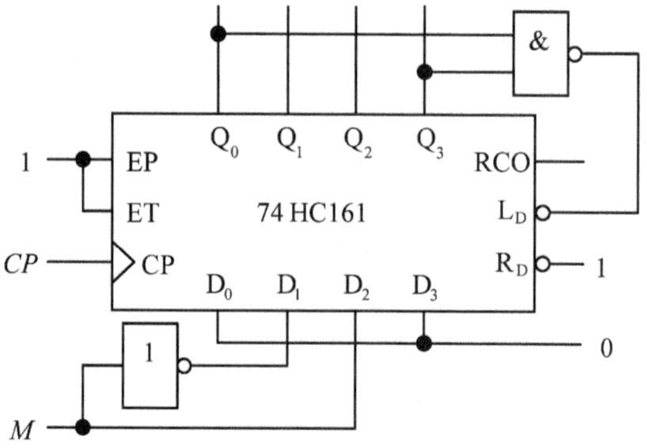

图 5-99

12. 试分析图 5-100 给出的计数器电路。画出电路的状态转换图，并说明它是几进制计数器。

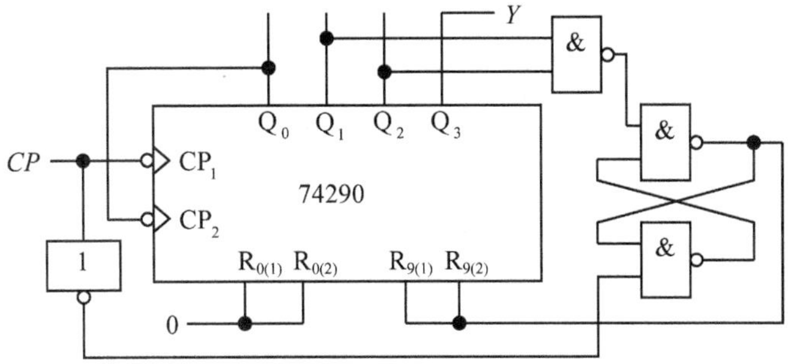

图 5-100

13. 如图 5-101 所示电路是由两片同步十进制计数器 74160 组成的计数器，试分析这是几进制的计数器。

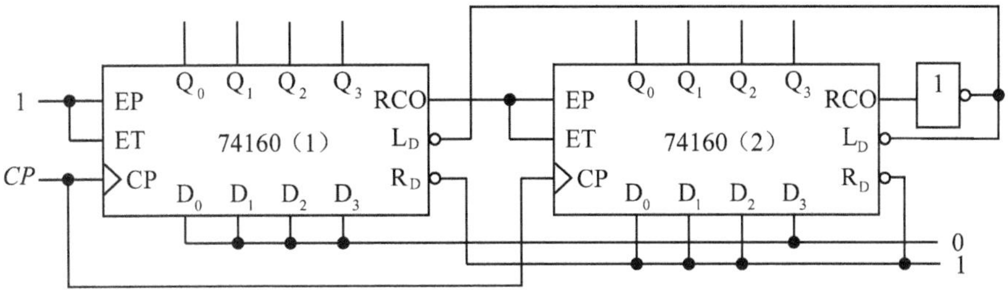

图 5-101

14. 试分析图 5-102 给出的电路，说明它是几进制计数器。

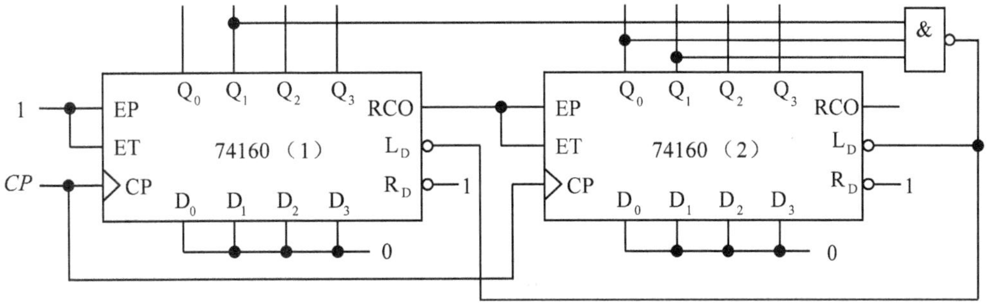

图 5-102

15. 试用两片异步二-五-十进制计数器 74290 组成二十四进制计数器。

16. 试用 74HC161 设计一个可控进制的计数器，当输入控制变量 $M=0$ 时工作在五进制，$M=1$ 时工作在十五进制。标出计数输入端和进位输出端。

17. 试分析图 5-103 所示的电路，说明它是几进制计数器。

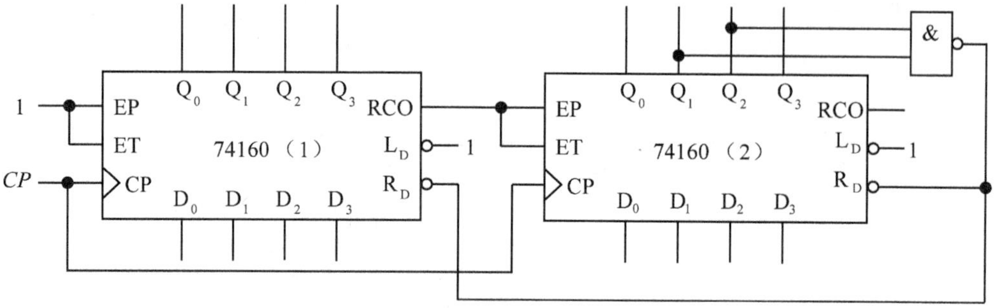

图 5-103

18. 用异步清零法将集成计数器 74HC161 连接成下列计数器：

(1)十进制计数器；

(2)二十进制计数器。

19. 用同步预置数法将集成计数器 74HC161 连接成下列计数器，并画出状态转换图：

(1)九进制计数器；

(2)十二进制计数器。

20. 试分别用以下方法设计一个七进制计数器：

(1)利用 74290 的异步清零功能；

(2)利用 74163 的同步清零功能；

(3)利用 74HC161 的同步预置数功能。

21. 试分别用以下方法设计一个八十二进制计数器：

(1)利用 74290 的异步清零功能；

(2)利用 74160 的异步清零功能；

(3)利用 74160 的同步预置数功能。

22. 试用上升沿触发的 D 触发器及门电路组成 3 位同步二进制加法计数器，并画出逻辑图。

23. 试用 JK 触发器和门电路设计一个同步七进制加法计数器，并检查能否自启动。

24. 试用 JK 触发器和门电路设计一个 1001 串行序列检测器。

25. 试用上升沿触发的 D 触发器和与非门设计一个自然态序四进制同步计数器。

26. 试用 D 触发器和门电路设计一个同步十进制计数器，并检查能否自启动。

27. 试用 JK 触发器设计一个脉冲序列为 11010 的时序逻辑电路。

28. 试用 D 触发器构成下列环形计数器：

(1)3 位环形计数器；

(2)5 位环形计数器；

(3)5 位扭环形计数器。

第 6 章　脉冲波形的变换与产生

【内容提要】本章首先介绍 555 定时器的电路结构及工作原理；其次介绍由 555 定时器构成的施密特触发器、多谐振荡器和门电路构成的施密特触发器、多谐振荡器的工作原理和典型参数的计算；最后介绍由 555 定时器构成的单稳态触发器和门电路构成的单稳态触发器的工作原理和典型参数的计算。

【能力目标】熟悉施密特触发器、多谐振荡器、单稳态触发器的基本工作原理；掌握波形分析的方法，能够熟练地计算对应波形的脉冲周期、占空比以及脉冲宽度等典型参数；能够根据设计要求设计各种应用电路。

在数字电路或系统中，常常需要各种脉冲波形，如时钟脉冲、控制过程的定时信号等。这些脉冲波形的获取，通常采用两种方法：一种是利用脉冲信号产生器直接产生；另一种则是通过对已有信号进行变换，使之满足系统的要求。

本章以中规模集成电路 555 定时器为典型电路，主要讨论 555 定时器、施密特触发器、多谐振荡器、单稳态触发器的工作原理及典型应用。

6.1　555 定时器

555 定时器是一种多用途的单片中规模集成电路。该电路使用灵活、方便，只需外接少量的阻容元件就可以构成施密特触发器、多谐振荡器和单稳态触发器。因而在波形的产生与变换、测量与控制、家用电器和电子玩具等许多领域中都得到了广泛的应用。

目前生产的定时器有双极型和 CMOS 两种类型，其型号分别有 NE555(或 5G555)和 C7555 等多种。通常，双极型产品型号最后的 3 位数码都是 555，CMOS 产品型号的最后 4 位数码都是 7555，它们的结构、工作原理以及外部引脚排列基本相同。

一般双极型定时器具有较大的驱动能力，而 CMOS 定时电路具有低功耗、输入阻抗高等优点。555 定时器工作的电源电压很宽，并可承受较大的负载电流。双极型定时器电源电压范围为 5～16V，最大负载电流可达 200mA；CMOS 定时器电源电压变化范围为 3～18V，最大负载电流在 4mA 以下。

6.1.1　555 定时器的电路结构

图 6-1(a)所示是国产双极型定时器 CB555 的电路结构图。它由两个电压比较器 C_1 和 C_2、基本 RS 触发器、3 个阻值为 5kΩ 的电阻组成的分压器、放电三极管 T 及缓冲器 G 组成。图 6-1(b)和图 6-1(c)分别为 555 定时器的电路符号和引脚图。

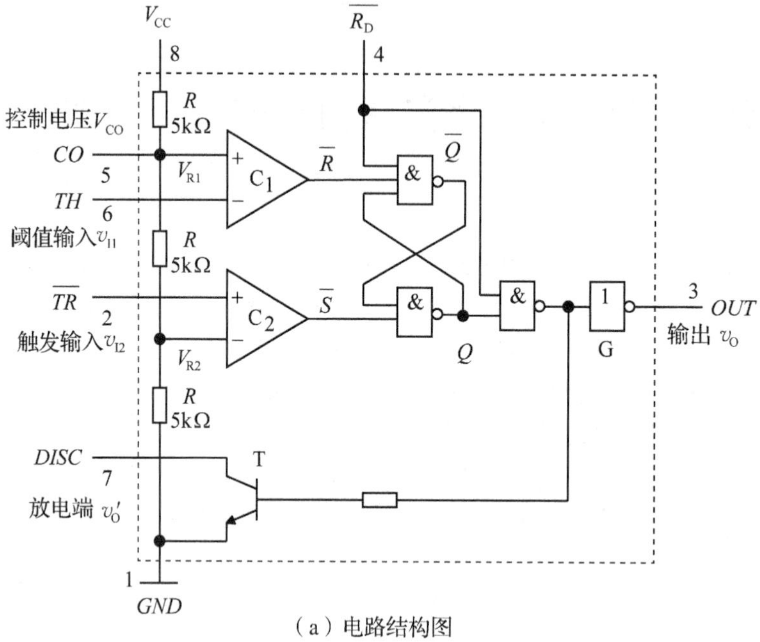

（a）电路结构图

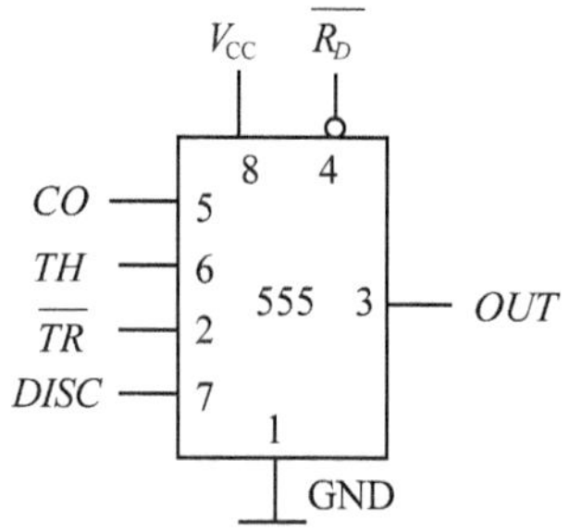

（b）电路符号

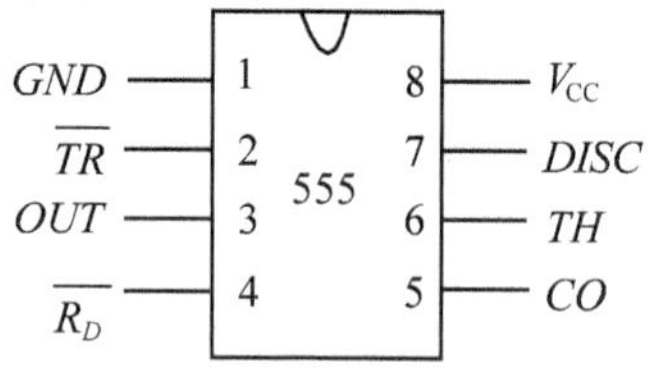

（c）引脚图

图 6-1　555 定时器

6.1.2　555 定时器的工作原理

在图 6-1(a)中，v_{I1} 是比较器 C_1 的输入端(也称阈值端，用 TH 标注)，v_{I2} 是比较器 C_2 的输入端(也称触发端，用 $\overline{TR}$ 标注)，C_1 和 C_2 的参考电压(电压比较的基准电压) V_{R1} 和 V_{R2} 由 V_{CC} 经 3 个 5kΩ 的电阻分压给出。在控制电压输入端 V_{CO} 悬空(一般该端到地之间接 0.01μF 左右的滤波电容)时，$V_{R1}=\frac{2}{3}V_{CC}$，$V_{R2}=\frac{1}{3}V_{CC}$。如果 V_{CO} 外接固定电压，那么 $V_{R1}=V_{CO}$，$V_{R2}=\frac{1}{2}V_{CO}$。

$\overline{R_D}$ 端是置零输入端(也称复位端)。只要在 $\overline{R_D}$ 端加上低电平，输出端 v_O 便立即被置成低电平，不受其他输入端状态的影响。正常工作时必须使 $\overline{R_D}$ 处于高电平。下面来分析当 V_{CO} 悬空时，555 定时器的工作原理。

在控制电压输入端 V_{CO} 悬空时，比较器 C_1 和 C_2 的比较电压分别为 $V_{R1}=\frac{2}{3}V_{CC}$，$V_{R2}=\frac{1}{3}V_{CC}$。

(1)当 $v_{I1}>\frac{2}{3}V_{CC}$，$v_{I2}>\frac{1}{3}V_{CC}$ 时，比较器 C_1 输出低电平，C_2 输出高电平，基本 RS 触发器被置 0，放电三极管 T 导通，输出端 v_O 为低电平。

(2)当 $v_{I1}<\frac{2}{3}V_{CC}$，$v_{I2}<\frac{1}{3}V_{CC}$ 时，比较器 C_1 输出高电平，C_2 输出低电平，基本 RS 触发器被置 1，放电三极管 T 截止，输出端 v_O 为高电平。

(3)当 $v_{I1}<\frac{2}{3}V_{CC}$，$v_{I2}>\frac{1}{3}V_{CC}$ 时，比较器 C_1 输出高电平，C_2 也输出高电平，即基本 RS 触发器的 $\bar{R}=1$，$\bar{S}=1$，触发器状态不变，电路亦保持原状态不变。

由于阈值输入端(v_{I1})为高电平($v_{I1}>\frac{2}{3}V_{CC}$)时，定时器输出低电平，因此也将该端称为高触发端(TH)。而触发输入端(v_{I2})为低电平($v_{I2}<\frac{1}{3}V_{CC}$)时，定时器输出高电平，因此也将该端称为低触发端(TL)。

如果在电压控制端(5 脚)施加一个外加电压 V_{CO} (其值在 $0\sim V_{CC}$)，比较器的参考电压将发生变化，电路相应的阈值、触发电平也将随之变化，并进而影响电路的工作状态。

通过前面的分析，可得 555 定时器的功能表如表 6-1 所示。

表 6-1　555 定时器的功能表

输入			输出	
$\overline{R_D}$	v_{I1}	v_{I2}	v_O	T 的状态
0	×	×	0	导通
1	$>\frac{2}{3}V_{CC}$	$>\frac{1}{3}V_{CC}$	0	导通
1	$<\frac{2}{3}V_{CC}$	$>\frac{1}{3}V_{CC}$	不变	不变
1	$<\frac{2}{3}V_{CC}$	$<\frac{1}{3}V_{CC}$	1	截止
1	$>\frac{2}{3}V_{CC}$	$<\frac{1}{3}V_{CC}$	1	截止

6.2　施密特触发器

施密特触发器(Schmitt Trigger)是脉冲波形变换中经常使用的一种电路，是一种双稳态触发电路，输出有两个稳定的状态。但与一般触发器不同的是，施密特触发器属于电平触发，有以下两个特点：

(1)输入信号从低电平上升的过程中电路状态转换时对应的输入电平，与输入信号从高电平下降的过程中对应的输入转换电平不同，即具有回差电压特性。其逻辑符号和电压传输特性(又称电压带回特性)如图 6-2 所示。施密特触发器有同相输出和反相输出两种类型。同相输出的施密特触发器是当输入信号正向增加到 V_{T+} 时，输出由低电平(0 态)翻转到高电平(1 态)，而当输入信号反向减小到 V_{T-} 时，输出由高电平(1 态)翻转到低电平(0 态)；反相输出的施密特触发器在输出状态转换时与上述相反。

(2)在电路状态转换时，通过电路内部的正反馈使输出电压波形的边沿变得很陡。

利用这两个特点，不仅能将边沿变化缓慢的电压波形整形为边沿陡峭的矩形脉冲，而且还可以将叠加在矩形脉冲高、低电平上的噪声有效地清除。

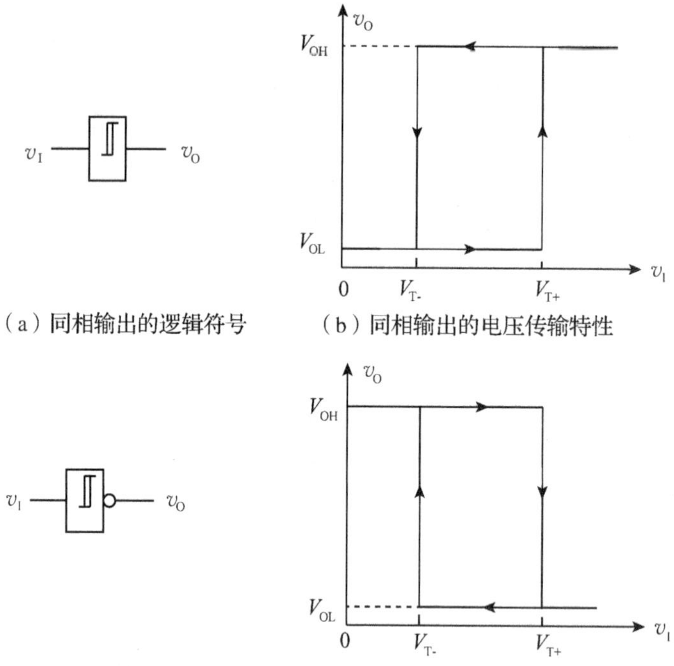

(a) 同相输出的逻辑符号　(b) 同相输出的电压传输特性

(c) 反相输出的逻辑符号　(d) 反相输出的电压传输特性

图 6-2　施密特触发器的逻辑符号和电压传输特性

施密特触发器具有很强的抗干扰性，广泛用于波形的变换与整形。门电路、555 定时器、运算放大器等均可构成施密特触发器，此外还有集成化的施密特触发器。

6.2.1　由 555 定时器构成的施密特触发器

1. 电路组成及工作原理

将 555 定时器的阈值输入端和触发输入端连接在一起作为信号输入端，就构成了施密特触发器，如图 6-3(a)所示。如果输入 v_I 为三角波，输入 v_I 与输出 v_O 的波形如图 6-3(b)所示。其工作原理如下。

(1)当 $v_I < \frac{1}{3}V_{CC}$ 时，输出 v_O 为高电平。

(2)当 v_I 上升到 $\frac{2}{3}V_{CC}$ 时，输出 v_O 由高电平跳变为低电平。当 v_I 由 $\frac{2}{3}V_{CC}$ 继续上升，v_O 保持低电平不变。

(3)当 v_I 下降到 $\frac{1}{3}V_{CC}$ 时，输出 v_O 由低电平跳变为高电平。而且，在 v_I 继续下降到 0V 时，电路的这种状态保持不变。

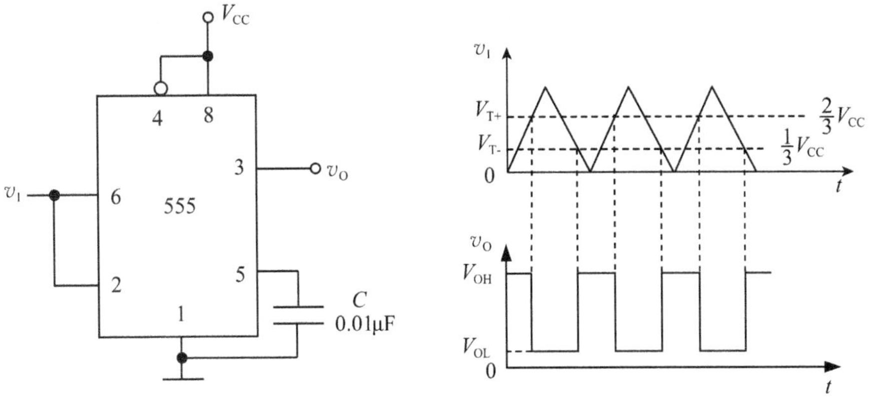

（a）电路图　　（b）波形图

图 6-3　555 定时器构成的施密特触发器

2. 电压滞回特性和主要参数

施密特触发器的电压滞回特性如图 6-4 所示。其主要静态参数有：

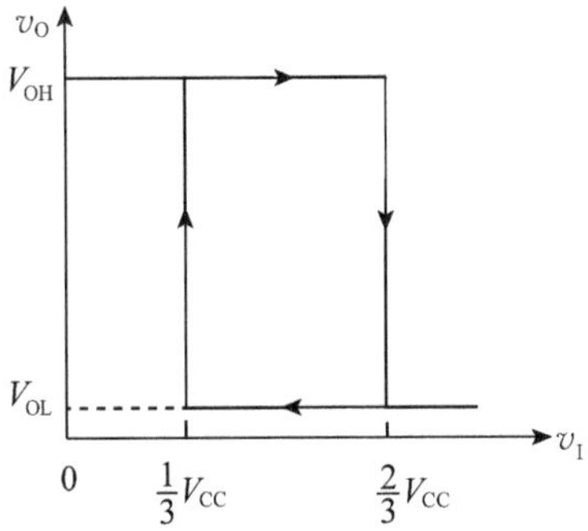

图 6-4　施密特触发器的电压滞回特性

(1)上限阈值电压 V_{T+}：v_I 上升过程中，输出 v_O 由高电平 V_{OH} 跳变到低电平 V_{OL} 时，所对应的输入电压值。即

$$V_{T+}=\frac{2}{3}V_{CC}。$$

(2)下限阈值电压 V_{T-}：v_I 下降过程中，输出 v_O 由低电平 V_{OL} 跳变到高电平 V_{OH} 时，所对应的输入电压值。即

$$V_{T-}=\frac{1}{3}V_{CC}。$$

(3)回差电压 ΔV_T ：回差电压又叫滞回电压，定义为

$$\Delta V_T = V_{T+} - V_{T-} = \frac{1}{3}V_{CC}。$$

如果在电压控制端(5 脚)施加一个外加电压 $V_{CO} = V_S$，那么有 $V_{T+} = V_S$，$V_{T-} = V_S/2$，$\Delta V_T = V_{T+} - V_{T-} = \frac{1}{2}V_S$ 。而且，当改变 V_S 时，它们的值也随之改变。

6.2.2 由门电路构成的施密特触发器

1. 电路组成及工作原理

如图 6-5 所示是由两个 CMOS 反相器及两个电阻 R_1 和 R_2 构成的施密特触发器，其中 $R_1 < R_2$。设输入 v_I 为三角波，其工作原理如下。

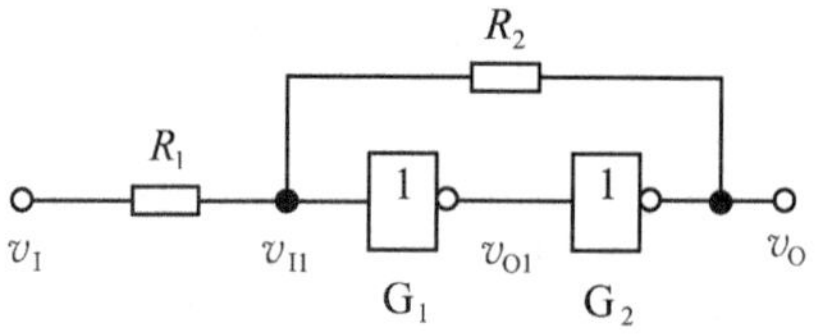

图 6-5 由 CMOS 门电路构成的施密特触发器

(1)当 $v_I = 0$ 时，G_1 门截止，输出高电平，G_2 门导通，输出 v_O 为低电平，此低电平通过电阻 R_2 反馈到输入端，使 G_1 门输入端 v_{I1} 保持低电平，此时施密特触发器保持输出信号 v_O 为低电平的稳态，电路进入第Ⅰ稳态。

v_I 逐渐上升，v_{I1} 也随着上升，但只要其小于 CMOS 门电路的开启电压 V_{TH} ，电路就保持在第Ⅰ稳态。在 v_I 上升的过程中，在电路中引起的正反馈连锁反应，如图 6-6 所示。

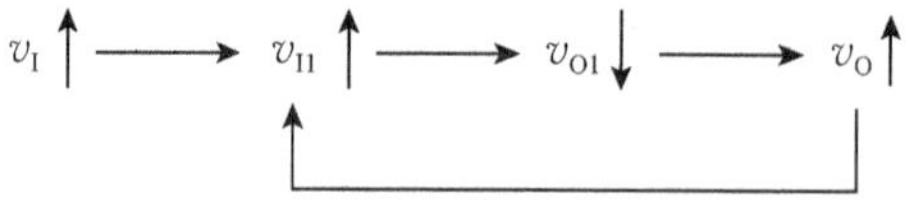

图 6-6 v_1 上升，在电路中引起的正反馈连锁反应

(2)在此连锁反应的作用下，当 v_I 上升到 v_{I1} 等于 V_{TH} 时，门电路的状态发生翻转，使 G_1 门导通，输出低电平，G_2 门截止，输出 v_O 为高电平，电路进入第Ⅱ稳态。以后，即使 v_I 继续上升，只要满足 v_{I1} 大于 CMOS 门电路的开启电压 V_{TH} ，电路就保持在第Ⅱ稳态。

(3)若 v_I 由三角波最高点开始下降，v_{I1} 也下降，这时在电路中再次引起的正反馈连锁反应，如图 6-7 所示。

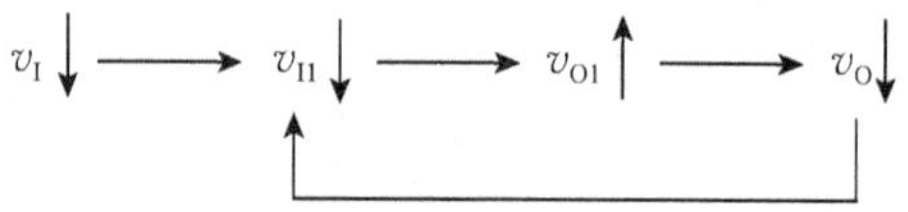

图 6-7 v_1 下降，在电路中引起的正反馈连锁反应

在此连锁反应的作用下，当 v_{I1} 降至 V_{TH} 时，电路重新进入 G_1 门截止、G_2 门导通的状态，电路输出 v_O 为低电平，再次翻转到第Ⅰ稳态。若电路已处于第Ⅰ稳态，则 v_I 继续下降，施密特触发器仍维持第Ⅰ稳态不变。

2. 电压滞回特性

通过上面的工作原理分析可以看到由 CMOS 门电路构成的施密特触发器有一个重要的现象，即在输入电压上升过程中，电路由第Ⅰ稳态翻转到第Ⅱ稳态所要求的输入电压 $v_I = V_{T+}$，与输入电压下降过程中电路由第Ⅱ稳态回到第Ⅰ稳态所要求的输入电压 $v_I = V_{T-}$ 是不相同的。其电压滞回特性如图 6-8 所示。

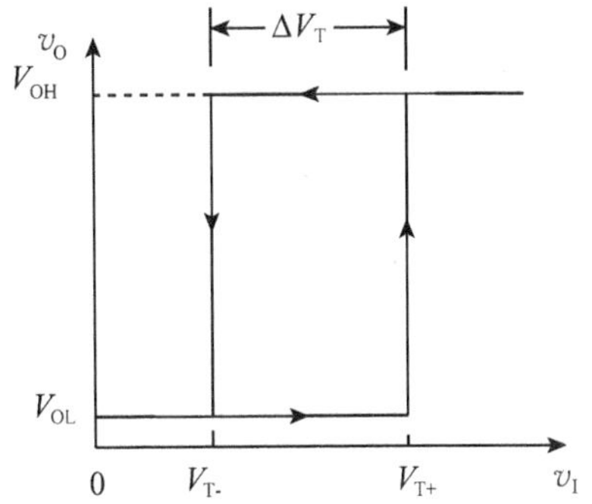

图 6-8　由 CMOS 门构成的施密特触发器的电压滞回特性

计算其主要静态参数：

(1) V_{T+} 的计算

在 v_I 上升过程中，CMOS 门电路输出低电平 $v_O \approx 0V$。通过下面的关系式，可求得使施密特触发器翻转的输入电压 v_I，也就可求得 V_{T+}。

$$v_{I1} = \frac{v_I - v_O}{R_1 + R_2} \times R_2 + v_O = \frac{v_I}{R_1 + R_2} \times R_2 = V_{TH}。$$

V_{T+} 就是符合上式要求的 v_I 值，即

$$V_{T+} = v_I = \left(1 + \frac{R_1}{R_2}\right) V_{TH}。$$

(2) V_{T-} 的计算

在 v_I 下降过程中，CMOS 门电路输出高电平 $v_O = V_{DD}$。通过下面的关系式，可求得使施密特触发器翻转的输入电压 v_I，也就可求得 V_{T-}。

$$v_{I1} = \frac{v_I - v_O}{R_1 + R_2} \times R_2 + v_O = \frac{v_I - V_{DD}}{R_1 + R_2} \times R_2 + V_{DD} = V_{TH}。$$

V_{T-} 就是符合上式要求的 v_I 值，即

$$V_{T-} = v_I = \left(1 + \frac{R_1}{R_2}\right) V_{TH} - \frac{R_1}{R_2} V_{DD}。$$

由于 CMOS 门电路的开启电压 $V_{TH} = \frac{1}{2} V_{DD}$，因此 $V_{T-} = \left(1 - \frac{R_1}{R_2}\right) V_{TH}$。

(3) ΔV_T 的计算

$$\Delta V_T = V_{T+} - V_{T-} = \frac{R_1}{R_2} V_{DD} = 2 \frac{R_1}{R_2} V_{TH}。$$

根据上面的分析可以看出，施密特触发器的回差电压 ΔV_T 可以通过改变 R_1 和 R_2 的阻值来调节。这个电路有一个约束条件，就是 $R_1 < R_2$。如果 $R_1 > R_2$，那么就有 $V_{T+} > 2V_{TH} = V_{DD}$ 和 $V_{T-} < 0$。这说明，即使 v_I 上升到 V_{DD} 或下降到 0，电路的状态也不会发生变

化，我们把这种无法工作的状态叫作自锁状态。

【例 6-1】 在如图 6-5 所示电路中，如果要求 $V_{T+}=8V$ 和 $\Delta V_T=5V$，试求 R_1，R_2，V_{DD}。

解：经过分析可知：

$$V_{T+}=\left(1+\frac{R_1}{R_2}\right)V_{TH}=8,$$

$$\Delta V_T=2\frac{R_1}{R_2}V_{TH}=5。$$

通过计算可以求出 $\frac{R_1}{R_2}=\frac{5}{11}$，$V_{TH}=5.5V$。

为了保证 G_2 门输出高电平时负载电流不超过最大允许值 $I_{OH(max)}$，应有 $\frac{V_{OH}-V_{TH}}{R_2}<I_{OH(max)}$，如果本例中取 G_1，G_2 门为 CD4069 反相器，查表可得 $V_{DD}=10V$，$I_{OH(max)}=1.3mA$，$V_{OH}\approx V_{DD}$。代入上式可得

$$R_2>\frac{10V-5.5V}{1.3mA}=3.46k\Omega。$$

取 $R_2=22\ k\Omega$，则 $R_1=10\ k\Omega$。

6.2.3 集成施密特触发器

施密特触发器可以由 555 定时器构成，也可以用分立元件和集成门电路组成。市场上有专门的集成电路产品出售，称为施密特触发门电路。由于集成施密特触发器具有性能一致性好、触发阈值稳定、使用方便等优点，因此其应用十分广泛。

1. CMOS 集成施密特触发器

图 6-9(a)是 CMOS 集成施密特触发器 CC40106(六反相器)的引线功能图，表 6-2 是其主要静态参数。

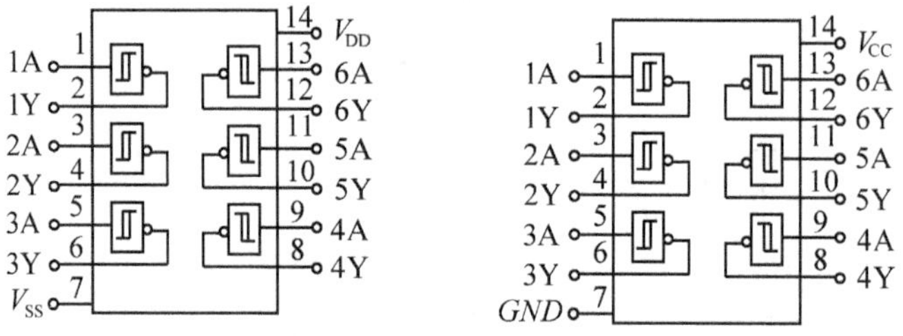

(a) CC40106　　(b) 74LS14

图 6-9　集成施密特触发器的外引线功能图

表 6-2　集成施密特触发器 CC40106 的主要静态参数(单位：V)

电源电压 V_{DD}	V_{T+} 最小值	V_{T+} 最大值	V_{T-} 最小值	V_{T-} 最大值	ΔV_T 最小值	ΔV_T 最大值
5	2.2	3.6	0.9	2.8	0.3	1.6
10	4.6	7.1	2.5	5.2	1.2	3.4
15	6.8	10.8	4	7.4	1.6	5

2. TTL 集成施密特触发器

TTL 集成施密特触发器具有以下特点：

(1)输入信号边沿的变化即使非常缓慢，电路也能正常工作。

(2)对于阈值电压和滞回电压均有温度补偿。

(3)带负载能力和抗干扰能力都很强。

如图 6-9(b)所示是 TTL 集成施密特触发器 74LS14 外引线功能图，其主要参数的典型值如表 6-3 所示。

表 6-3　TTL 集成施密特触发器主要参数的典型值

器件型号	延迟时间/ns	每门功耗/mW	V_{T+} /V	V_{T-} /V	ΔV_T/V
74LS14	15	8.6	1.6	0.8	0.8
74LS132	15	8.8	1.6	0.8	0.8
74LS13	16.5	8.75	1.6	0.8	0.8

集成施密特触发器不仅可以做成单输入端反相缓冲器形式，还可以做成多输入端与非门形式，如 CMOS 4 组 2 输入与非门 CC4093，TTL 4 组 2 输入与非门 74LS132 和双 4 输入与非门 74LS13 等。

6.2.4　施密特触发器的应用

1. 波形变换

利用施密特触发器状态转换过程中的正反馈作用，可以将边沿缓慢变化的输入信号(如正弦波、三角波)，转换成为符合系统要求的边沿很陡的矩形脉冲波形，如图 6-10 所示。

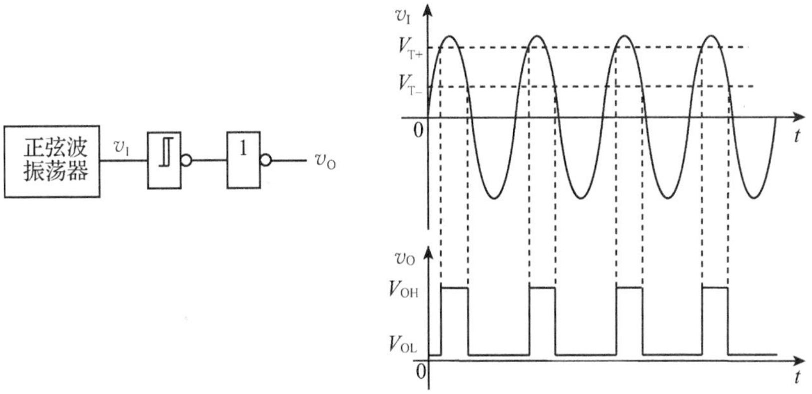

图 6-10　波形变换的工作波形图

2. 波形整形

在数字电路中，矩形脉冲经传输后往往会发生波形畸变，只要施密特触发器的 V_{T+} 和 V_{T-} 设置的合适，都可以把不规则的输入信号整形成为矩形脉冲，如图 6-11 所示。

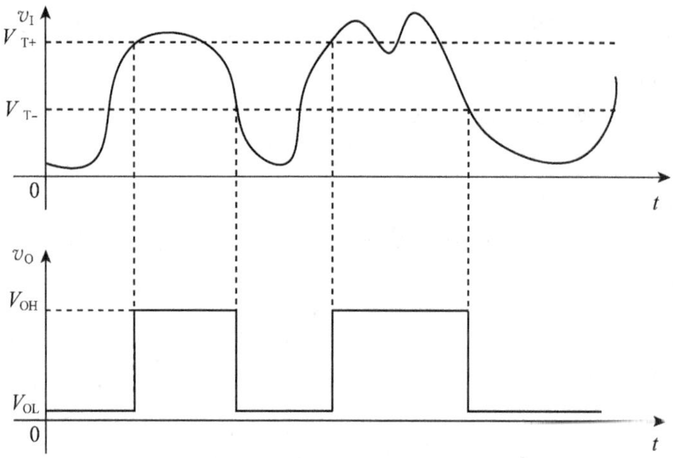

图 6-11　波形整形的工作波形图

3. 幅度鉴别

由图 6-12 可以看出，若将一系列幅度不同的脉冲信号加到施密特触发器的输入端，只有那些幅值大于 V_{T+} 的脉冲才会在输出端产生输出信号。因此，施密特触发器具有幅度鉴别的功能。

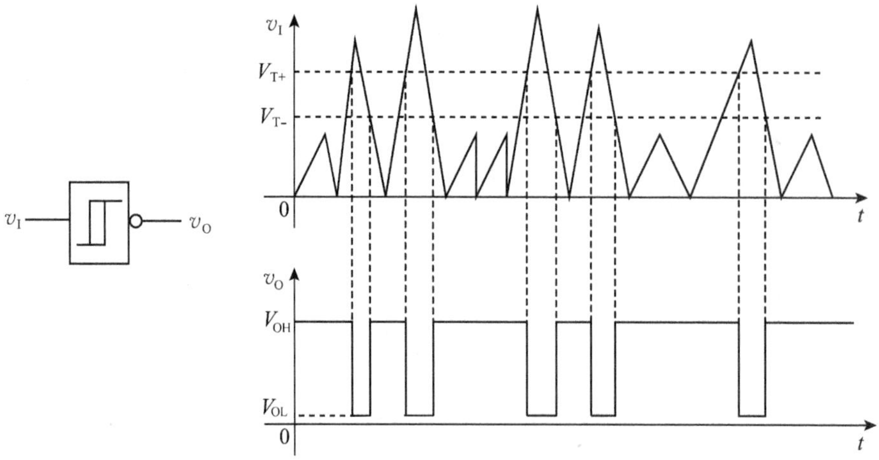

图 6-12　幅度鉴别的工作波形图

6.3　多谐振荡器

多谐振荡器(Astable Multivibrator)是一种自激振荡器，在接通电源后，不需要外加触发信号，便能自动地产生矩形脉冲波。多谐振荡器没有稳态，只有两个暂稳态，一旦起振之后，两个暂稳态做交替变化，输出连续的矩形脉冲信号，因此又称为无稳态电路，常用来做脉冲信号源。由于矩形波中含有丰富的高次谐波分量，所以习惯上将矩形波振荡器称为多谐振荡器。

6.3.1　由 555 定时器构成的多谐振荡器

1. 电路组成及工作原理

由 555 定时器构成的多谐振荡器如图 6-13(a)所示。图中 R_1，R_2 和 C 为外接电阻和电容，是定时元件。其工作原理如下。

(1)设接通电源之前电容无储能，即电容的初始电压 $v_C=0$，输出 v_O 为高电平。接通电源 V_{CC} 后，V_{CC} 经电阻 R_1 和 R_2 对电容 C 充电，其电压 v_C 由 0 按指数规律上升，当 $v_C \geqslant \frac{2}{3}V_{CC}$ 时，输出 v_O 从高电平跳变为低电平。与此同时，555 定时器内部的放电管 T 导通，电容 C 经电阻 R_2 和放电管 T 放电，电路进入另一暂稳态。

(2)随着电容 C 的放电，电压 v_C 随之下降，当 v_C 下降到 $v_C \leqslant \frac{1}{3}V_{CC}$ 时，输出 v_O 从低电平跳变为高电平。与此同时，555 定时器内部的放电管 T 截止，V_{CC} 又经电阻 R_1 和 R_2 对电容 C 充电，电路又返回到前一个暂稳态。

(3)这样，电容 C 的电压 v_C 将在 $\frac{2}{3}V_{CC}$ 和 $\frac{1}{3}V_{CC}$ 之间来回充电和放电，从而使电路产生了振荡，输出矩形脉冲。电容电压 v_C 与输出电压 v_O 的波形如图 6-13(b)所示。

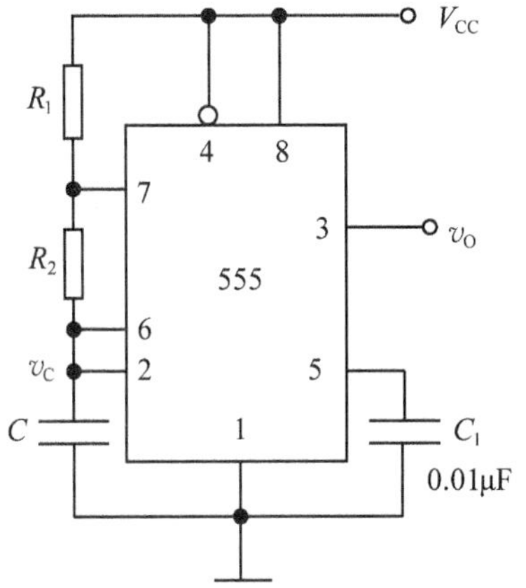

(a) 电路图

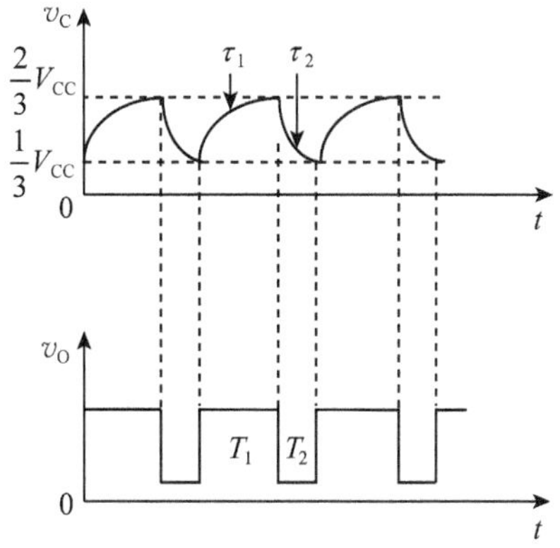

(b) 波形图

图 6-13　用 555 定时器构成的多谐振荡器

2. 振荡频率的估算

(1)电容充电时间 T_1

电容充电时，时间常数 $\tau_1=(R_1+R_2)C$，起始值 $v_C(0_+)=\frac{1}{3}V_{CC}$，终值 $v_C(\infty)=V_{CC}$，转换值 $v_C(T_1)=\frac{2}{3}V_{CC}$，代入 RC 过渡过程计算公式 $v_C(t)=v_C(\infty)+[v_C(0_+)-v_C(\infty)]e^{-t/\tau}$ 进行计算得

$$T_1=\tau_1\ln\frac{v_C(\infty)-v_C(0_+)}{v_C(\infty)-v_C(T_1)}=\tau_1\ln\frac{V_{CC}-\frac{1}{3}V_{CC}}{V_{CC}-\frac{2}{3}V_{CC}}=\tau_1\ln2\approx0.7(R_1+R_2)C。$$

(2)电容放电时间 T_2

电容放电时，时间常数 $\tau_2=R_2C$，起始值 $v_C(0_+)=\frac{2}{3}V_{CC}$，终值 $v_C(\infty)=0$，转换值 $v_C(T_2)=\frac{1}{3}V_{CC}$，代入 RC 过渡过程计算公式进行计算得

$$T_2\approx0.7R_2C。$$

(3)电路振荡周期 T

$$T=T_1+T_2\approx0.7(R_1+2R_2)C。$$

(4)电路振荡频率 f

$$f=\frac{1}{T}\approx\frac{1}{0.7(R_1+2R_2)C}\approx\frac{1.43}{(R_1+2R_2)C}。$$

(5)输出波形占空比 q

脉冲宽度与脉冲周期之比称为占空比，即

$$q=\frac{T_1}{T}=\frac{R_1+R_2}{R_1+2R_2}。$$

3. 占空比可调的多谐振荡器

在图 6-13(a)所示电路中，由于电容 C 的充电时间常数 $\tau_1=(R_1+R_2)C$，放电时间常数 $\tau_2=R_2C$，所以 T_1 总是大于 T_2，v_O 的波形不仅不可能对称，而且占空比 q 不易调节。利用半导体二极管的单向导电特性，把电容 C 充电和放电回路隔离开来，再加上一个电位器，便可构成占空比可调节的多谐振荡器，如图 6-14 所示。

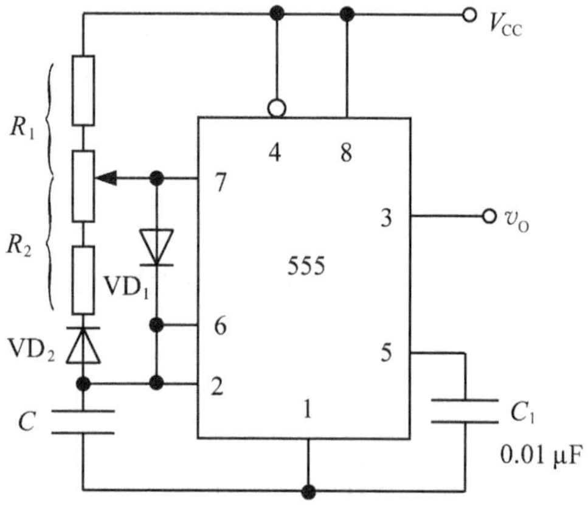

图 6-14　占空比可调节的多谐振荡器

由于二极管的引导作用，电容 C 的充电时间常数 $\tau_1=R_1C$，放电时间常数 $\tau_2=R_2C$。通过与上面相同的分析计算过程可得

$$T_1\approx0.7R_1C，T_2\approx0.7R_2C。$$

占空比 $q=\frac{T_1}{T}=\frac{T_1}{T_1+T_2}=\frac{R_1}{R_1+R_2}$ 。只要改变电位器滑动端的位置，就可以方便地调节占空比 q，当 $R_1=R_2$ 时，$q=0.5$，v_O 就成为对称的矩形波。

【例 6-2】 用 CB555 设计一个多谐振荡器，要求振荡周期为 0.1s，输出脉冲幅度大于 3V、小于 5V，脉冲的占空比为 $\frac{3}{4}$ 。

解：由 CB555 定时器的特性参数可知，当电源电压为 5V，在 100mA 的输出电流作用下，输出电压的典型值为 3.3V，所以取 $V_{CC}=5V$ ，可以满足输出脉冲幅度的要求。在图 6-13(a)中，根据占空比公式：$q=\frac{T_1}{T}=\frac{T_1}{T_1+T_2}=\frac{R_1+R_2}{R_1+2R_2}=\frac{3}{4}$ ，则 $\frac{R_1}{R_2}=2$。

根据周期计算公式可知：$T=T_1+T_2=(R_1+2R_2)C\ln 2=0.1$，取 $C=10\ \mu F$ 代入可得

$$R_1=\frac{0.1}{2C\ln 2}=\frac{0.1s}{2\times 10^{-5}F\times 0.69}\approx 7.2\ k\Omega，R_2=3.6\ k\Omega。$$

按照图 6-13(a)连接线路即可实现题目的要求。

6.3.2　由门电路构成的多谐振荡器

如图 6-15 所示是由 TTL 门电路构成的对称式多谐振荡器。这个电路中的 G_1、G_2 工作在电压传输特性的线性区。如果 G_1、G_2 输入有微小变化，那么正反馈电路必将引起自激振荡。通过分析可知，v_{I1} 和 v_{O1} 是线性的关系。反馈电阻 R_{F1} 和 R_{F2} 是用来设置介于高低电平之间的偏置电压。由门电路构成的多谐振荡器的电容充、放电等效电路如图 6-16 所示。

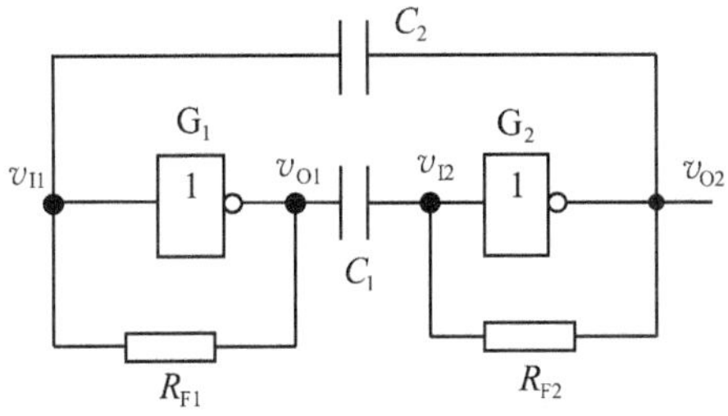

图 6-15　由门电路构成的多谐振荡器

假设由于某种原因在上电后，v_{I1} 在扰动的作用下正向增大，会有 v_{O1} 跳变到低电平，v_{O2} 增大到高电平，电路进入第一个暂稳态。此时，C_1 开始充电，C_2 开始放电。C_1 同时经过 R_{F1} 和 R_{F2} 充电，v_{I2} 增大到了 G_2 的阈值 V_{TH} ，使得 v_{O2} 跳变为低电平，v_{I1} 减小，v_{O1} 跳变为高电平，电路进入第二个暂稳态。此时 C_2 开始充电，C_1 开始放电。这个过程和第一个暂稳态下电容的充、放电过程相对应。当 v_{I1} 增大到了阈值 V_{TH} 时，电路又将进入第一个暂稳态。这样，电路在两个暂稳态中往复振荡输出脉冲波形，图 6-17 是由门电路构成的多谐振荡器各点的波形。

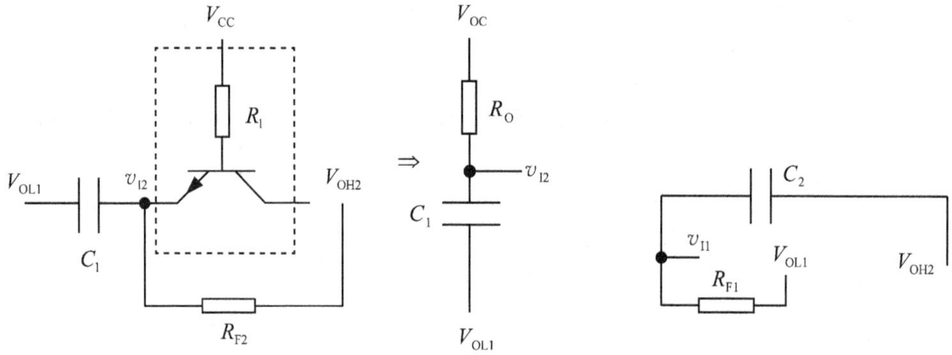

（a）充电的等效电路　　（b）放电的等效电路

图 6-16　多谐振荡器电容充、放电等效电路

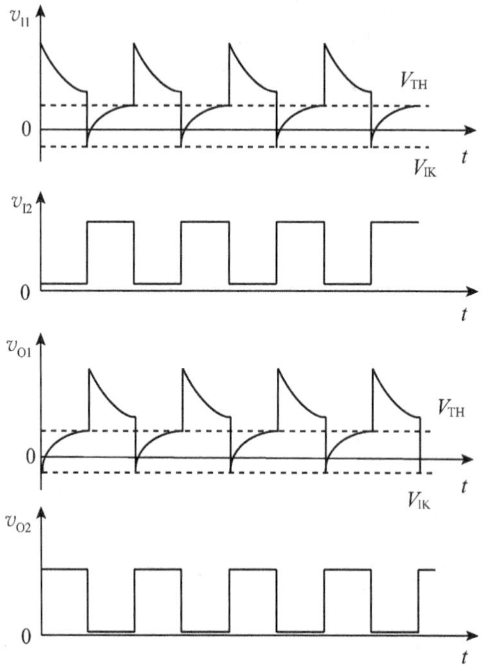

图 6-17　由门电路构成的多谐振荡器各点波形

由于 TTL 门电路输入端反向钳位二极管的影响，v_{I2} 在反向放电时只能到 V_{IK} 。C_1 充电的初始值 $v_{I2}(0)=V_{IK}$ 。假设 TTL 反相器中输入三极管基极接入电阻为 R_1，$V_{OL}\approx 0$，有 $v_{C1}=v_{I2}$。那么 $v_{C1}(0)=V_{IK}$ ，由叠加定理得到 $v_{C1}(\infty)=V_{OC}=V_{OH}+\dfrac{R_{F2}}{R_1+R_{F2}}(V_{CC}-V_{OH}-V_{BE})$，此时的等效电阻为 $R_O=\dfrac{R_1R_{F2}}{R_1+R_{F2}}$ ，得到 $T_1=R_OC_1\ln\dfrac{V_{OC}-V_{IK}}{V_{OC}-V_{TH}}$ ，如果 $R_{F1}=R_{F2}=R$，$C_1=C_2=C$ ，那么 $T=2T_1=2R_OC_1\ln\dfrac{V_{OC}-V_{IK}}{V_{OC}-V_{TH}}$ 。

【例 6-3】在图 6-15 所示的多谐振荡器电路中，如果 $R_{F1}=R_{F2}=10k\Omega$，$C_1=C_2=0.1\mu F$，G_1，G_2 为 74LS04 中的反相器，其中 $V_{OH}=3.4V$，$V_{IK}=-1V$，$V_{TH}=1.1V$，$R_1=20k\Omega$，$V_{CC}=5V$，计算其振荡频率。

解：

$$R_O=\frac{R_1R_{F2}}{R_1+R_{F2}}=6.67k\Omega,$$

$$V_{OC}=V_{OH}+\frac{R_{F2}}{R_1+R_{F2}}(V_{CC}-V_{OH}-V_{BE})=3.7\ V。$$

将参数代入 $T=2R_OC_1\ln\frac{V_{OC}-V_{IK}}{V_{OC}-V_{TH}}$，得

$$T=7.9\times10^{-4}s。$$

振荡频率　　$f=\frac{1}{T}=1.27kHz$。

6.3.3 石英晶体多谐振荡器

在许多数字系统中，都要求时钟脉冲频率十分稳定，例如，在数字钟表里，计数脉冲频率的稳定性，就直接决定着计时的精度。在上面介绍的多谐振荡器中，由于其工作频率取决于电容 C 充、放电过程中电压到达转换值的时间，因此稳定度不够高。这是因为：第一，转换电平易受温度变化和电源波动的影响；第二，电路的工作方式易受干扰，从而使电路状态转换提前或滞后；第三，电路状态转换时，电容充、放电的过程已经比较缓慢，转换电平的微小变化或者干扰，对振荡周期影响都比较大。一般在对振荡器频率稳定度要求很高的场合，都需要采取稳频措施，其中最常用的一种方法，就是利用石英谐振器(简称石英晶体或晶体)构成石英晶体多谐振荡器。

1. 石英晶体的选频特性

如图 6-18 所示为石英晶体的电抗频率特性和符号。石英晶体有两个谐振频率 f_s 和 f_p，f_s 为串联谐振频率，f_p 为并联谐振频率。当 $f=f_s$ 时，石英晶体的电抗 $X=0$；当 $f=f_p$ 时，石英晶体的电抗无穷大。

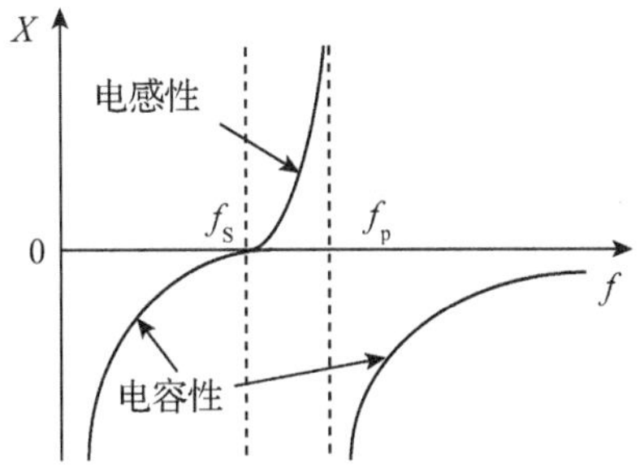

（a）石英晶体的电抗频率特性

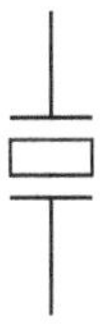
（b）石英晶体的符号

图 6-18　石英晶体的电抗频率特性和符号

石英晶体本身的固有频率，由石英晶体本身的特性决定。因此石英晶体的选频特性极好，频率十分稳定，其稳定度可达 $10^{-11}\sim10^{-10}$。

2. 石英晶体多谐振荡器

(1)串联式石英晶体多谐振荡器

如图 6-19 所示是由石英晶体构成的串联式多谐振荡器。R_{F1}，R_{F2} 的作用是使两个反相器在静态时都工作在转折区，成为具有很强放大能力的放大电路。对于 TTL 门，常取 $R_{F1}=R_{F2}=0.7\text{k}\Omega\sim2\text{k}\Omega$；若是 CMOS 门，则常取 $R_{F1}=R_{F2}=10\text{M}\Omega\sim100\text{M}\Omega$；$C_1=C_2$ 是耦合电容。

石英晶体工作在串联谐振频率 f_s 下，只有频率为 f_s 的信号才能通过，满足振荡条件。因此，电路的振荡频率为 f_s，与外接元件 R、C 无关，所以这种电路振荡频率的稳定度很高。

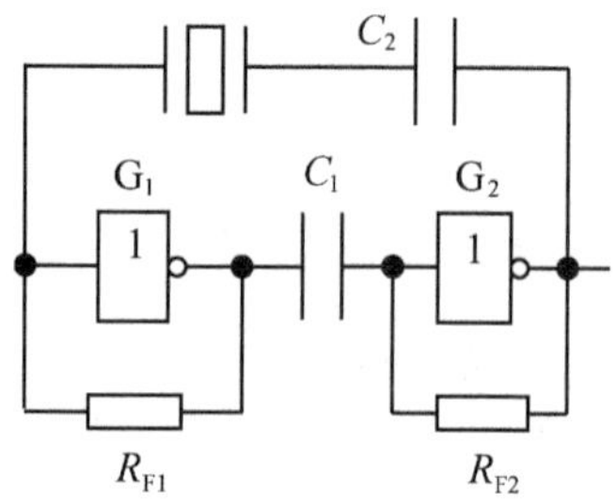

图 6-19　串联式石英晶体多谐振荡器

(2)并联式石英晶体多谐振荡器

如图 6-20 所示是由石英晶体构成的并联式多谐振荡器。R_F 是偏置电阻，保证在静态时使 G_1 工作在转折区，构成一个反相放大器。反相器 G_2 起整形缓冲作用，同时 G_2 还可以隔离负载对振荡电路工作的影响。

石英晶体工作在 f_s 与 f_p 之间，等效为一电感，与 C_1，C_2 共同构成电容三点式振荡电路。

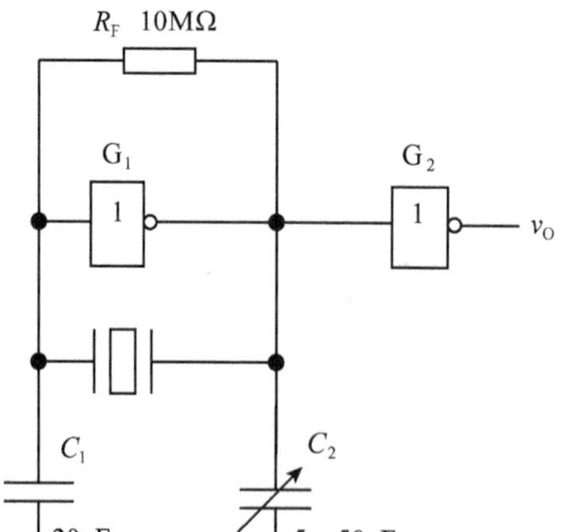

图 6-20　并联式石英晶体多谐振荡器

6.3.4 多谐振荡器的应用

1. 简易温控报警器

图 6-21 是利用多谐振荡器构成的简易温控报警电路。其中利用 555 定时器构成可控音频振荡电路，用扬声器发声报警，可用于火警或热水温度报警，电路简单、调试方便。

图 6-21 中晶体管 T 可选用锗管 3AX31、3AX81 或 3AG 类，也可选用 3DU 型光敏管。3AX31 等锗管在常温下，集电极和发射极之间的穿透电流 I_{CEO} 一般在 10～50μA，且随温度升高而增大较快。当温度低于设定温度值时，晶体管 T 的穿透电流 I_{CEO} 较小，555 定时器复位端 $\overline{R_D}$ (4 脚)的电压较低，电路工作在复位状态，多谐振荡器停振，扬声器不发声。当温度升高到设定温度值时，晶体管 T 的穿透电流 I_{CEO} 较大，555 定时器复位端 $\overline{R_D}$ 的电压升高到解除复位状态之电位，多谐振荡器开始振荡，扬声器发出报警声。

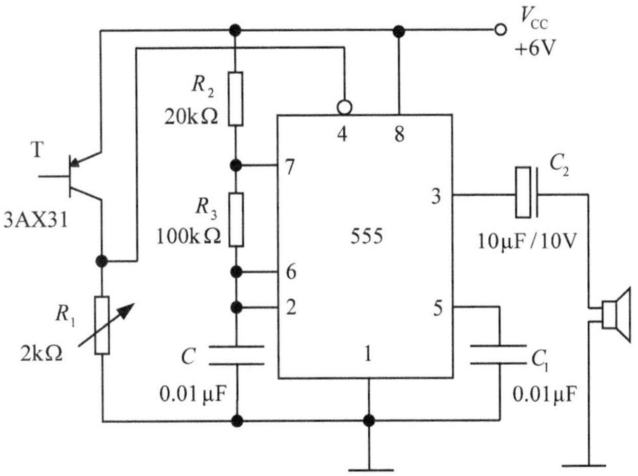

图 6-21　多谐振荡器用作简易温控报警电路

需要指出的是，不同的晶体管，其 I_{CEO} 值相差较大，故需改变 R_1 的阻值来调节控温点。其方法是先把测温元件 T 置于要求报警的温度下，调节 R_1 使电路刚好发出报警声。报警的音调取决于多谐振荡器的振荡频率，由元件 R_2，R_3 和 C 决定，改变这些元件值，可改变音调，但要求 R_2 大于 1kΩ。

2. 双音门铃

图 6-22 是用多谐振荡器构成的电子双音门铃电路。当按钮开关 AN 按下时，开关闭合，V_{CC} 经 VD_2 向 C_3 充电，P 点(4 脚)电位迅速充电至 V_{CC}，复位解除；由于 VD_1 将 R_3 旁路，V_{CC} 经 VD_1，R_1，R_2 向 C 充电，充电时间常数为 $(R_1+R_2)C$，放电时间常数为 R_2C，多谐振荡器产生高频振荡，喇叭发出高音。

当按钮开关 AN 松开时，开关断开，由于电容 C_3 储存的电荷经 R_4 放电要维持一段时间，在 P 点电位降至复位电平之前，电路将继续维持振荡；但此时 V_{CC} 经 R_3，R_1，R_2 向 C 充电，充电时间常数增加为 $(R_3+R_1+R_2)C$，放电时间常数仍为 R_2C，多谐振荡器产生低频振荡，喇叭发出低音。

当电容 C_3 持续放电，使 P 点电位降至555定时器的复位电平以下时，多谐振荡器停止振荡，喇叭停止发声。

调节相关参数，可以改变高、低音发声频率以及低音维持时间。

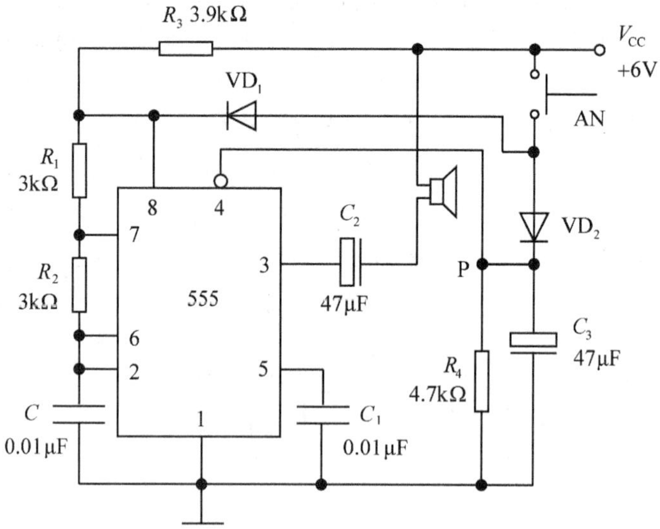

图 6-22　用多谐振荡器构成的双音门铃电路

3. 秒脉冲发生器

如图6-23所示是由石英晶体多谐振荡器构成的秒脉冲发生器。石英晶体多谐振荡器产生 $f_0=32768\text{Hz}$ 的基准信号，经T′触发器构成的15级异步计数器分频后，便可得到稳定度极高的秒信号。这种秒脉冲发生器可作为各种计时系统的基准信号源。

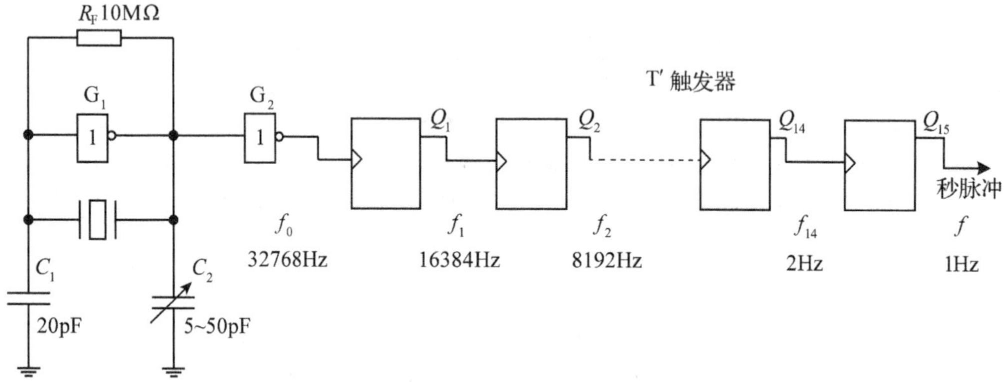

图 6-23　秒脉冲发生器

6.4　单稳态触发器

单稳态触发器具有下列特点：第一，它有一个稳定状态和一个暂稳状态；第二，在外来触发脉冲作用下，能够由稳定状态翻转到暂稳状态；第三，在暂稳状态维持一段时间后，将自动返回到稳定状态。暂稳状态时间的长短，与触发脉冲无关，仅取决于电路本身的参数。

单稳态触发器在数字系统和装置中，一般用于定时(产生一定宽度的脉冲)、整形(把不规则的波形转换成等宽、等幅的脉冲)以及延时(将输入信号延迟一定的时间之后输出)等。

6.4.1　由 555 定时器构成的单稳态触发器

1. 电路组成及工作原理

如图 6-24(a)所示是由 555 定时器构成的单稳态触发器。其工作原理如下。

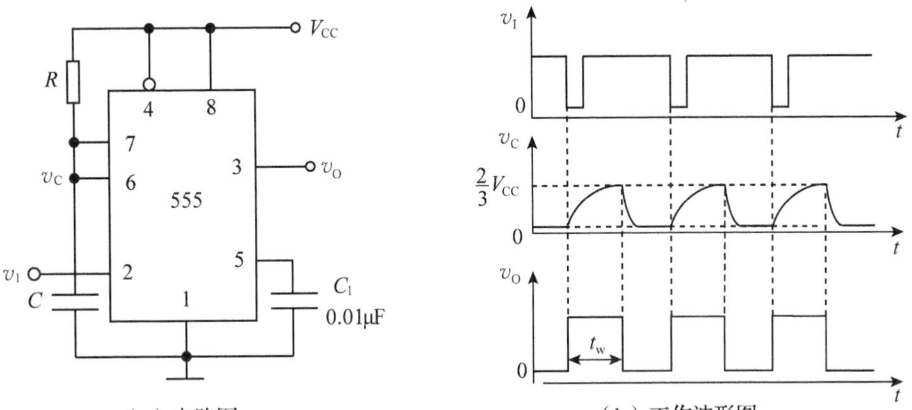

(a) 电路图　　(b) 工作波形图

图 6-24　由 555 定时器构成的单稳态触发器

(1)无触发信号输入时电路工作在稳定状态

当电路无触发信号时，v_I 保持高电平，电路工作在稳定状态，即输出端 v_O 保持低电平，555 定时器内放电三极管 T 饱和导通，电容电压 v_C 为 0V 。

(2) v_I 负脉冲触发

当 v_I 触发负脉冲到来后，555 定时器触发输入端(2 脚)由高电平跳变为低电平，电路被触发，v_O 由低电平跳变为高电平，电路由稳态转入暂稳状态。

(3)暂稳状态的维持时间

在暂稳状态期间，555 定时器内放电三极管 T 截止，V_{CC} 经 R 向 C 充电。其充电回路为 $V_{CC} \to R \to C \to$ 地，时间常数 $\tau_1 = RC$，电容电压 v_C 由 0V 开始增大，在电容电压 v_C 上升到阈值电压 $\frac{2}{3}V_{CC}$ 之前，电路将保持暂稳状态不变。

(4)自动返回(暂稳状态结束)时间

当 v_C 上升至阈值电压 $\frac{2}{3}V_{CC}$ 时，输出电压 v_O 由高电平跳变为低电平，555 定时器内放电三极管 T 由截止转为饱和导通，管脚 7"接地"，电容 C 经放电三极管对地迅速放电，电容电压 v_C 由 $\frac{2}{3}V_{CC}$ 迅速降至 0V (放电三极管的饱和压降)，电路由暂稳状态重新转入稳定状态。

(5)恢复过程

当暂稳状态结束后，电容 C 通过饱和导通的三极管 T 放电，时间常数 $\tau_2=R_{CES}C$，式中 R_{CES} 是 T 的饱和导通电阻，其阻值非常小，因此 τ_2 亦非常小。经过 $3\tau_2\sim5\tau_2$ 后，电容 C 放电完毕，恢复过程结束。

恢复过程结束后，电路返回到稳定状态，单稳态触发器又可以接收新的触发信号，其工作波形图如图 6-24(b)所示。

2. 主要参数估算

(1)输出脉冲宽度 t_w

输出脉冲宽度就是暂稳状态维持时间，也就是定时电容的充电时间。如图 6-24(b)所示电容电压 v_C 的工作波形不难看出 $v_C(0_+)\approx 0V$，$v_C(\infty)\approx V_{CC}$，$v_C(t_w)=\frac{2}{3}V_{CC}$，代入 RC 过渡过程计算公式，可得

$$\begin{aligned}t_w&=\tau_1\ln\frac{v_C(\infty)-v_C(0_+)}{v_C(\infty)-v_C(t_w)}\\&=\tau_1\ln\frac{V_{CC}-0}{V_{CC}-\frac{2}{3}V_{CC}}\\&=\tau_1\ln3\approx1.1RC。\end{aligned}$$

上式说明，单稳态触发器输出脉冲宽度 t_w 仅决定于定时元件 R 和 C 的取值，与输入触发信号和电源电压无关，调节 R 和 C 的取值，即可方便地调节 t_w。

(2)恢复时间 t_{re}

一般取 $t_{re}=(3\sim5)\tau_2$，即认为经过 3～5 倍的时间常数，电容就放电完毕。

(3)最高工作频率 f_{max}

若输入触发信号 v_I 是周期为 T 的连续脉冲时，为保证单稳态触发器能够正常工作，应满足下列条件：

$$T>t_w+t_{re}。$$

即 v_I 周期的最小值 T_{min} 应为 t_w+t_{re}，即

$$T_{min}=t_w+t_{re}。$$

因此，单稳态触发器的最高工作频率应为

$$f_{max}=\frac{1}{T_{min}}=\frac{1}{t_w+t_{re}}。$$

需要指出的是，在图 6-24(a)所示电路中，输入触发信号 v_I 的脉冲宽度(低电平的保持时间)，必须小于电路输出 v_O 的脉冲宽度(暂稳状态维持时间 t_w)，否则电路将不能正常工作。因为当单稳态触发器被触发翻转到暂稳状态后，如果 v_I 端的低电平一直保持不变，那么 555 定时器的输出端将一直保持高电平不变。

解决这一问题有一个简单方法，就是在电路的输入端加一个 RC 微分电路，即当 v_I 为宽脉冲时，让 v_I 经 RC 微分电路之后再接到 555 定时器的 2 引脚。注意要将微分电路的电阻接到 V_{CC} 上，以保证在 v_I 下降沿未到来时，2 引脚为高电平。

6.4.2　由门电路构成的单稳态触发器

单稳态触发器的暂稳状态通常都是靠 RC 电路的充、放电来维持的，根据 RC 的不同接法，由门电路构成的单稳态触发器有微分型单稳态触发器和积分型单稳态触发器两种，如图 6-25 所示。

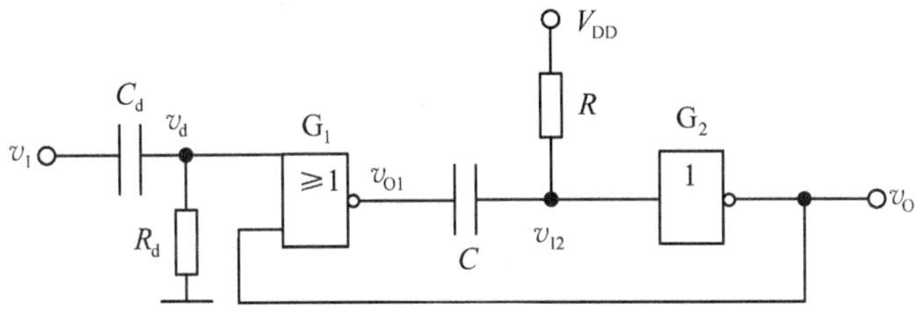

（a）微分型单稳态触发器

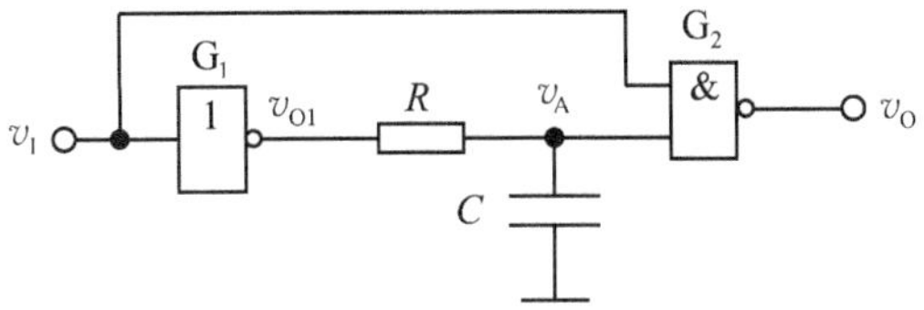

（b）积分型单稳态触发器

图 6-25　由门电路构成的单稳态触发器

这里重点分析微分型单稳态触发器。利用 CMOS 门电路和 RC 微分电路构成的微分型单稳态触发器，如图 6-25(a)所示。这里有 $V_{OH} \approx V_{DD}$，$V_{OL} \approx 0$，而通常 $V_{TH} \approx \frac{1}{2}V_{DD}$。稳定状态时 $v_I=0$，$v_{I2}=V_{DD}$，那么 $v_O=0$，$v_{O1}=V_{DD}$，电容 C 没有电压。

当触发脉冲加在输入端 v_I 时，R_d 和 C_d 组成的微分电路输出端会输出很窄的正负脉冲 v_d。当 v_d 上升到 V_{TH} 以后，v_{O1} 减小到低电平，v_{I2} 减小到低电平，v_O 跳变为高电平，电路进入暂稳态。这时 v_d 减小为低电平，v_O 高电平维持不变。此时，电容 C 开始充电，v_{I2} 逐渐升高到 V_{TH}，引起 v_O 减小到低电平，v_{O1} 跳变为高电平。如果触发脉冲消失（v_d 减小为低电平），则 v_{O1}，v_{I2} 跳变为高电平，使得输出 $v_O=0$。这时 C 通过 R 和 G_2 门输入电路向 V_{DD} 放电，直到电容电压为 0，电路恢复到稳定状态。微分型单稳态触发器各点的波形如图 6-26 所示。

电容电压从 0 充电到 V_{TH} 所经过的时间就是输出脉冲宽度 t_w，可以用下式计算

$$t_w = RC\ln\frac{v_C(\infty)-v_C(0)}{v_C(\infty)-V_{TH}}。$$

其中，$v_C(0)=0$，$v_C(\infty)=V_{DD}$ 代入上式，可以计算出 $t_w=RC\ln 2 \approx 0.7RC$。

相对微分型单稳态触发器，积分型单稳态触发器的优点是具有较强的抗干扰能力。这主要是由于数字电路中噪声为尖峰脉冲，积分型单稳态触发器在这种噪声下不会输出足够宽的脉冲。积分型单稳态触发器的原理读者自行分析。

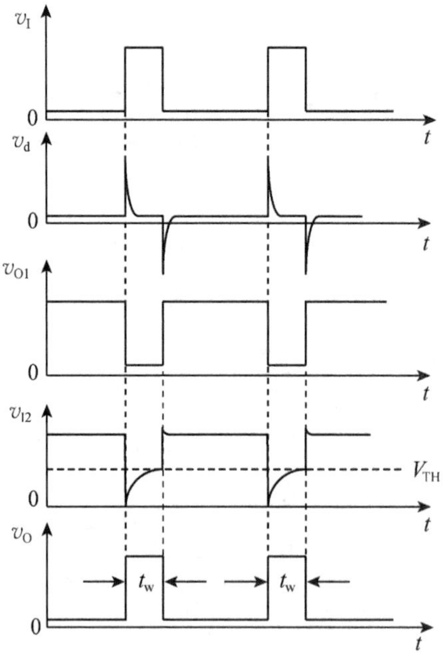

图 6-26　微分型单稳态触发器各点对应波形

6.4.3　集成单稳态触发器

1. TTL 集成单稳态触发器 74121

图 6-27(a)是 TTL 集成单稳态触发器 74121 的逻辑符号，图 6-27(b)、图 6-27(c)是其引脚图和工作波形图。该器件是在普通微分型单稳态触发器的基础上附加输入控制电路和输出缓冲电路而构成的。

TTL 集成单稳态触发器有两种触发方式：下降沿触发和上升沿触发。$\overline{A_1}$ 和 $\overline{A_2}$ 是两个下降沿有效的触发输入端，B 是上升沿有效的触发输入端。

v_O 和 $\overline{v_O}$ 是两个状态互补的输出端。R_{ext}/C_{ext}，C_{ext} 是外接定时电阻和电容的连接端，外接定时电阻 R_{ext}(阻值可在 1.4kΩ ～ 40kΩ 选择)应一端接 V_{CC}(引脚 14)，另一端接引脚 11。外接定时电容 C(一般在 10pF～10μF 选择)一端接引脚 10，另一端接引脚 11 即可。若 C 是电解电容，则其正极接引脚 10，负极接引脚 11。74121 内部已经设置了一个 2kΩ 的定时电阻，R_{int}(引脚 9)是其引出端，使用时只需将引脚 9 与引脚 14 连接起来即可，不用时则应让引脚 9 悬空。表 6-4 是集成单稳态触发器 74121 的功能表，表中 1 表示高电平，0 表示低电平。

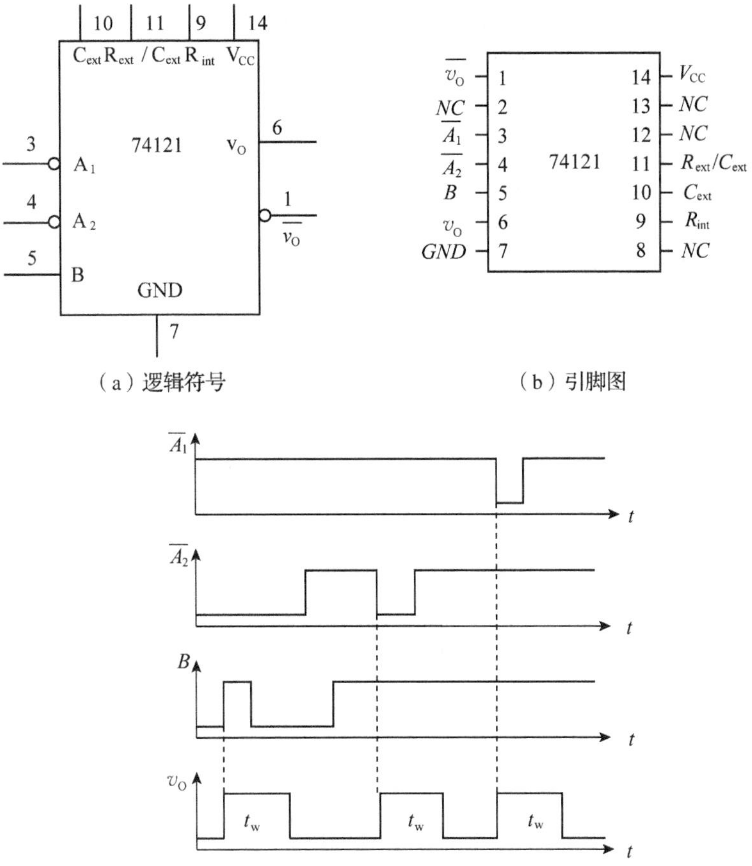

（a）逻辑符号　　（b）引脚图

（c）工作波形图

图 6-27　集成单稳态触发器 74121

表 6-4　集成单稳态触发器 74121 的功能表

输入			输出		
$\overline{A_1}$	$\overline{A_2}$	B	v_O	$\overline{v_O}$	工作特性
0	×	1	0	1	保持稳态
×	0	1	0	1	
×	×	0	0	1	
1	1	×	0	1	
1	↓	1	⊓	⊔	下降沿触发
↓	1	1	⊓	⊔	
↓	↓	1	⊓	⊔	
0	×	↑	⊓	⊔	上升沿触发
×	0	↑	⊓	⊔	

图 6-28 给出了集成单稳态触发器 74121 的外部元件连接的两种方法，图 6-28(a)是使用外部电阻 R_{ext} 且电路为下降沿触发连接方式，图 6-28(b)是使用内部电阻 R_{int} 且电路为上升沿触发连接方式。

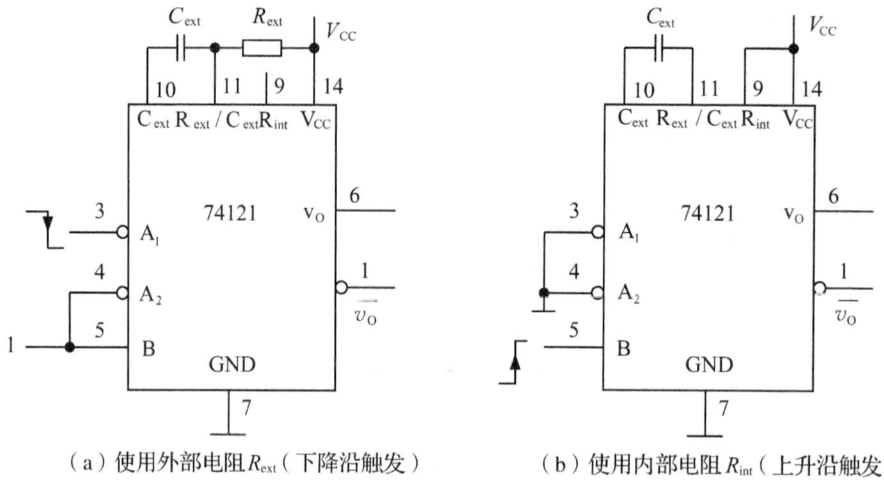

图 6-28　集成单稳态触发器 74121 的外部元件连接方法

2. 主要参数

(1)输出脉冲宽度 t_w

$$t_w = RC \cdot \ln 2 \approx 0.7RC。$$

使用外部电阻

$$t_w \approx 0.7R_{ext}C。$$

使用内部电阻

$$t_w \approx 0.7R_{int}C。$$

(2)输入触发脉冲最小周期 T_{min}

$$T_{min} = t_w + t_{re}。$$

式中，t_{re} 是恢复时间。

(3)周期性输入触发脉冲占空比 q

$$q = \frac{t_w}{T}。$$

式中，T 是输入触发脉冲的重复周期，t_w 是单稳态触发器的输出脉冲宽度。

最大占空比

$$q_{max} = \frac{t_w}{T_{min}} = \frac{t_w}{t_w + t_{re}}。$$

74121 的最大占空比 q_{max}，当 $R = 2\text{k}\Omega$ 时为 67%；当 $R = 40\text{k}\Omega$ 时可达 90%。不难理解，若 $R = 2\text{k}\Omega$ 且输入触发脉冲重复周期 $T = 1.5\mu\text{s}$，则恢复时间 $t_{re} = 0.5\mu\text{s}$，这是 74121 恢复到稳定状态所必需的时间。如果占空比超过最大允许值，电路虽然仍可被触发，但 t_w 将不稳定，也就是说 74121 不能正常工作，这也是使用 74121 时应该注意的一个问题。

3. 关于集成单稳态触发器的重复触发问题

集成单稳态触发器有不可重复触发型和可重复触发型两种。不可重复触发的单稳态触发器一旦被触发进入暂稳状态以后，再加入触发脉冲不会影响电路的工作过程，必须在暂稳状态结束以后，它才能接受下一个触发脉冲而转入下一个暂稳状态，如图 6-29(a)所示。而可重复触发的单稳态触发器在电路被触发而进入暂稳状态以后，如果再次加入触发脉冲，电路将重新被触发，使输出脉冲再继续维持一个 t_w 宽度，如图 6-29(b)所示。

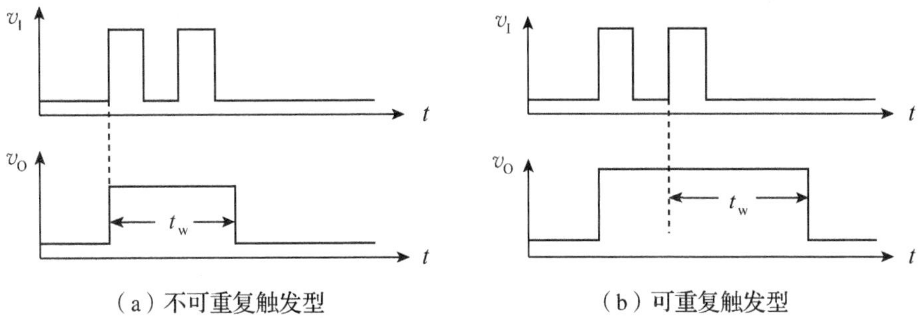

(a) 不可重复触发型　　(b) 可重复触发型

图 6-29　不可重复触发与可重复触发型单稳态触发器的工作波形

74121，74221，74LS221 都是不可重复触发的单稳态触发器。属于可重复触发的单稳态触发器有 74122，74LS122，74123，74LS123 等。

有些集成单稳态触发器上还设有复位端(如 74221，74122，74123 等)。通过复位端加入低电平信号能立即终止暂稳状态过程，使输出端返回低电平。

6.4.4　单稳态触发器的应用

1. 延时与定时

(1)延时

在图 6-30 中，v_O' 的下降沿比 v_I 的下降沿滞后了时间 t_w，即延迟了时间 t_w。单稳态触发器的这种延时作用常被应用于时序控制中。

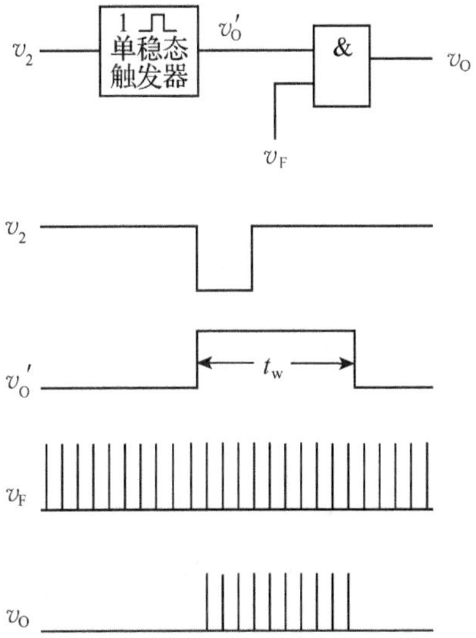

图 6-30　单稳态触发器用于脉冲的延时与定时

(2)定时

在图 6-30 中，单稳态触发器的输出电压 v_O'，用作与门的输入定时控制信号，当 v_O' 为高电平时，与门打开，$v_O = v_F$，当 v_O' 为低电平时，与门关闭，v_O 为低电平。显然与门打开的时间是恒定不变的，就是单稳态触发器输出脉冲 v_O' 的宽度 t_w。

2. 整形

单稳态触发器能够把不规则的输入信号 v_I，整形成为幅度和宽度都相同的标准矩形脉冲 v_O。v_O 的幅度取决于单稳态电路输出的高、低电平，宽度 t_w 决定于暂稳状态时间。图 6-31 是单稳态触发器用于波形整形的一个简单例子。

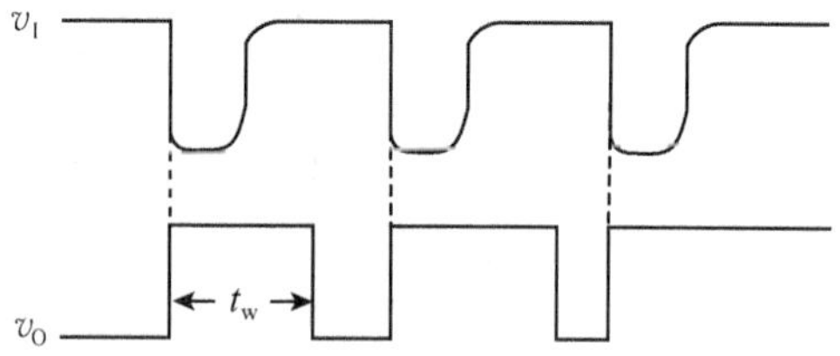

图 6-31　单稳态触发器用于波形的整形

3. 触摸定时控制开关

图 6-32 是利用 555 定时器构成的单稳态触发器。只要用手触摸一下金属片 P，由于人体感应电压相当于在触发输入端(管脚 2)加入一个负脉冲，555 输出端(管脚 3)输出高电平，灯泡(R_L)发光，当暂稳状态时间(t_w)结束时，555 输出端恢复低电平，灯泡熄灭。该触摸开关可用于夜间定时照明，照明时间可由 RC 参数调节。

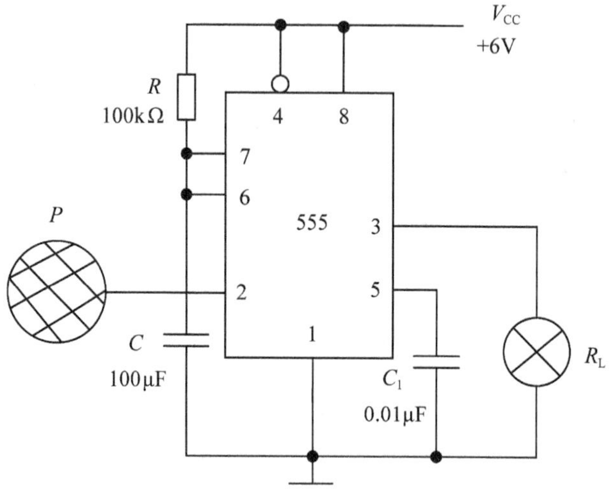

图 6-32　触摸定时控制开关电路

4. 触摸、声控双功能延时灯

如图 6-33 所示，为一个触摸、声控双功能延时灯电路，电路由电容降压整流电路、声控放大器、555 定时器和控制器组成，具有声控和触摸控制灯亮的双功能。

555 定时器和 T_1，R_3，R_2，C_4 组成单稳态定时电路，定时时间 $t_w = 1.1R_2C_4$，图 6-33

中参数的定时(即灯亮)时间约为 1min。当击掌声传至压电陶瓷片时，HTD 将声音信号转换成电信号，经 T_2，T_1 放大，触发 555 定时器，使 555 定时器输出端(3 脚)输出高电平，触发导通晶闸管 SCR，电灯亮；同样，若触摸金属片 A 时，人体感应电信号经 R_4，R_5 加至 T_1 基极，使 T_1 导通，触发 555 定时器，达到上述效果。

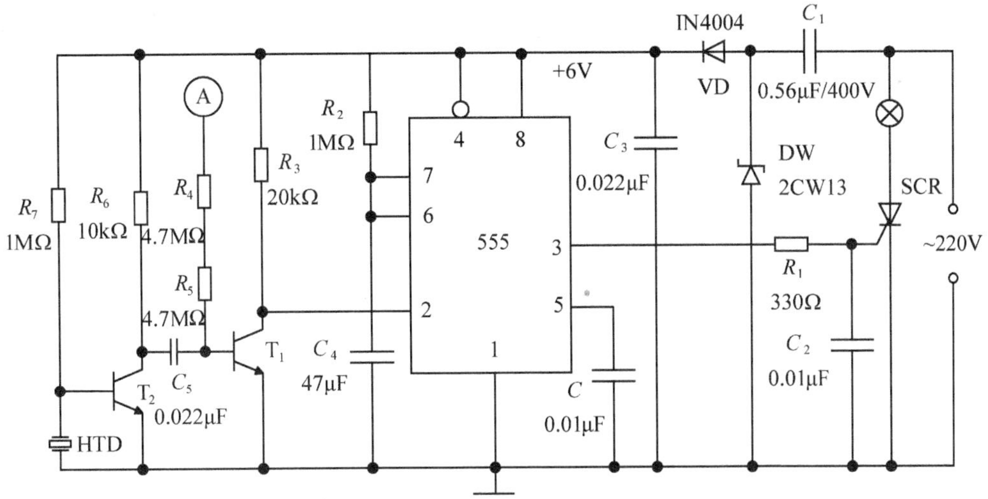

图 6-33　触摸、声控双功能延时灯电路

【例 6-4】如图 6-34 所示电路是由两个 555 定时器构成的频率可调节而脉宽不变的方波发生器，试说明其工作原理；确定频率变化的范围和输出脉宽；解释二极管 VD 在电路中的作用。

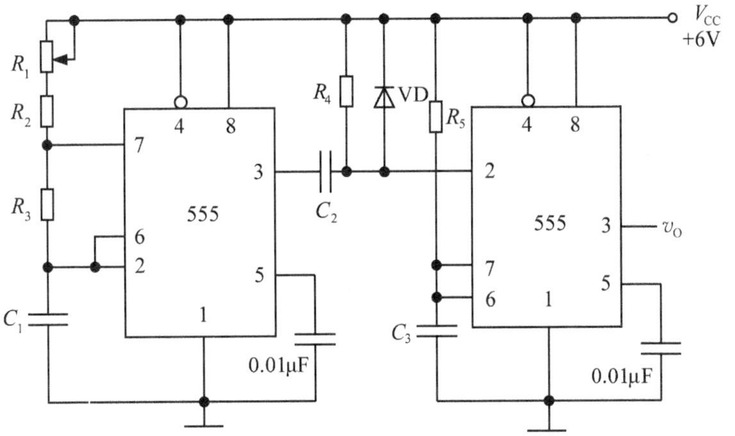

图 6-34　例 6-4 图

解：(1)工作原理

第一级 555 定时器构成多谐振荡器，第二级构成单稳态触发器，第一级的输出脉冲信号作为第二级电路的输入触发信号，使第二级输出 v_O 的频率与多谐振荡器输出信号的频率相同，所以调节可变电阻 R_1，就可以改变 v_O 的频率。但 v_O 的脉宽是由单稳态触发器的参数决定的，因单稳态触发器的参数不变，所以 v_O 的脉宽不变。于是，就可以得到频率可调节而脉宽不变的脉冲波了。

(2)确定频率变化的范围和输出脉宽

v_O 的频率变化范围

$$\frac{1}{0.7(R_1+R_2+2R_3)C_1}\sim\frac{1}{0.7(R_2+2R_3)C_1}。$$

输出脉宽

$$t_w\approx 1.1R_5C_3。$$

(3)二极管 VD 在电路中的作用

二极管 VD 在电路中起限幅作用，避免过大的电压加于单稳态触发器的输入端，以保护定时器的安全。

本章小结

555 定时器是一种用途很广的集成电路，除了能组成施密特触发器、单稳态触发器和多谐振荡器以外，还可以组成各种灵活多变的应用电路。

多谐振荡器是一种自激振荡电路，不需要外加输入信号，就可以自动地产生出矩形脉冲。石英晶体多谐振荡器，利用石英晶体的选频特性，只有频率为 f_s 的信号才能满足自激条件，产生自激振荡，其主要特点是 f_s 的稳定性极好。

施密特触发器和单稳态触发器，虽然不能自动地产生矩形脉冲，但可以把其他形状的信号变换成矩形波，为数字系统提供标准的脉冲信号。

习　题

1. 用施密特触发器能否寄存 1 位二值数据，说明理由。

2. 在图 6-35 所示的用 555 定时器构成的施密特触发器电路中，试求：

(1)当 $V_{CC}=12V$ 且没有外接控制电压时，V_{T+}、V_{T-} 及 ΔV_T 的值；

(2)当 $V_{CC}=9V$ 且外接控制电压 $V_{CO}=5V$ 时，V_{T+}、V_{T-} 及 ΔV_T 的值。

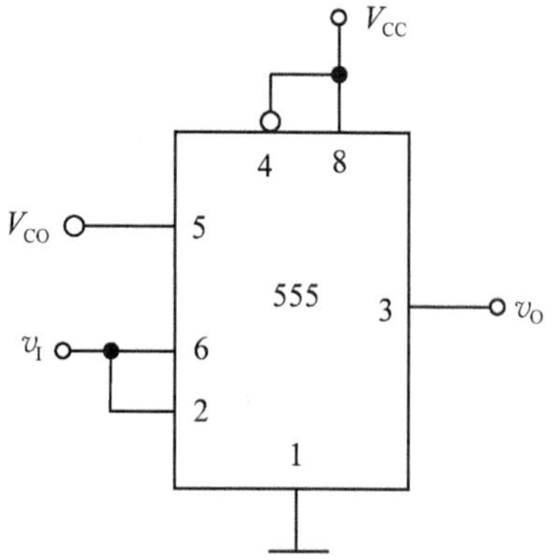

图 6-35

3. 在图 6-36 所示的电路中，已知 CMOS 集成施密特触发器的电源电压 $V_{DD}=15V$，

$V_{T+}=9V$，$V_{T-}=4V$ 。试问：

(1)为了得到占空比为 $q=50\%$ 的输出脉冲，R_1 与 R_2 的比值应取多少？

(2)若给定 $R_1=3k\Omega$，$R_2=8.2k\Omega$ ，则电路的振荡频率为多少？输出脉冲的占空比是多少？

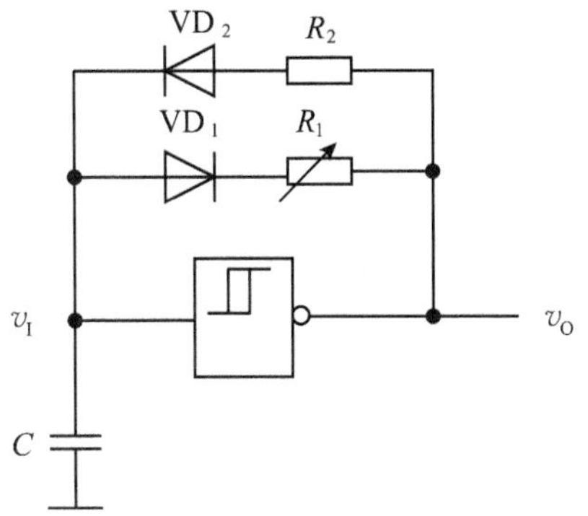

图 6-36

4. 在图 6-37(a)所示的施密特触发器电路中，已知 $R_1=10k\Omega$，$R_2=30k\Omega$ 。G_1 和 G_2 为 CMOS 反相器，$V_{DD}=15V$。

(1)试计算电路的正向阈值电压 V_{T+} 、负向阈值电压 V_{T-} 和回差电压 ΔV_T；

(2)若将图 6-37(b)所示的电压信号加到图 6-37(a)电路的输入端 v_I ，试画出输出电压 v_O 的波形。

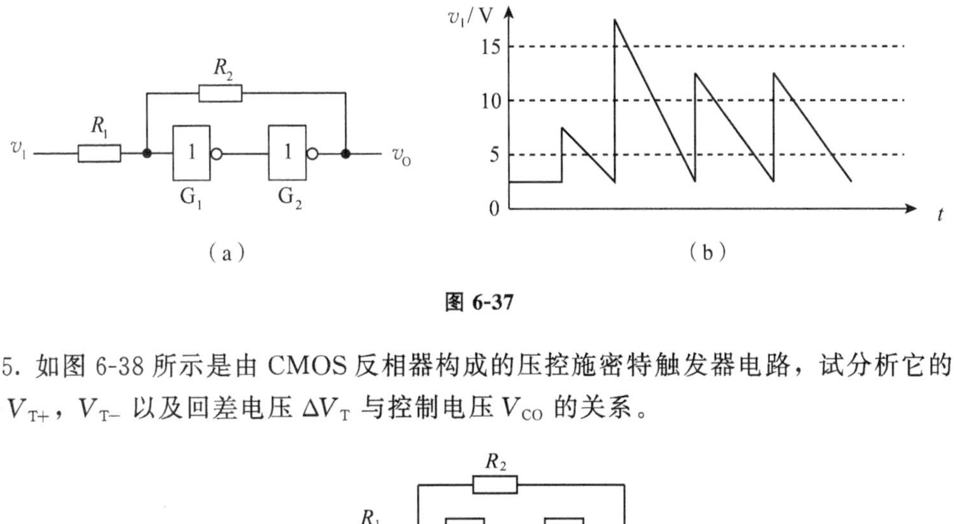

图 6-37

5. 如图 6-38 所示是由 CMOS 反相器构成的压控施密特触发器电路，试分析它的转换电平 V_{T+}，V_{T-} 以及回差电压 ΔV_T 与控制电压 V_{CO} 的关系。

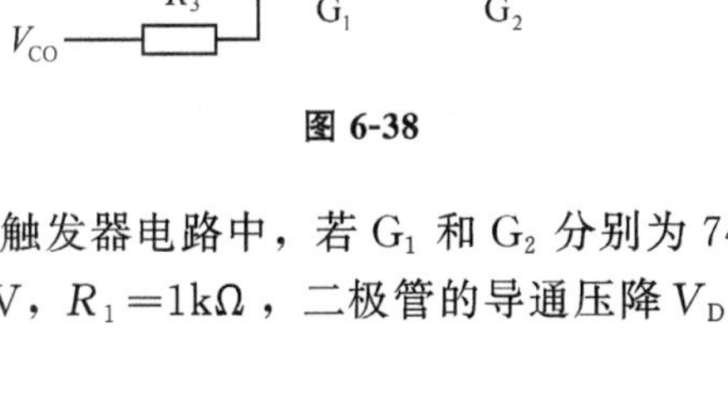

图 6-38

6. 在图 6-39 的施密特触发器电路中，若 G_1 和 G_2 分别为 74LS 系列与非门和反相器，它们的阈值电压 $V_{TH}=1.1V$，$R_1=1k\Omega$ ，二极管的导通压降 $V_D=0.7V$ ，试计算电路的正

向阈值电压 V_{T+} 、负向阈值电压 V_{T-} 和回差电压 ΔV_T 。

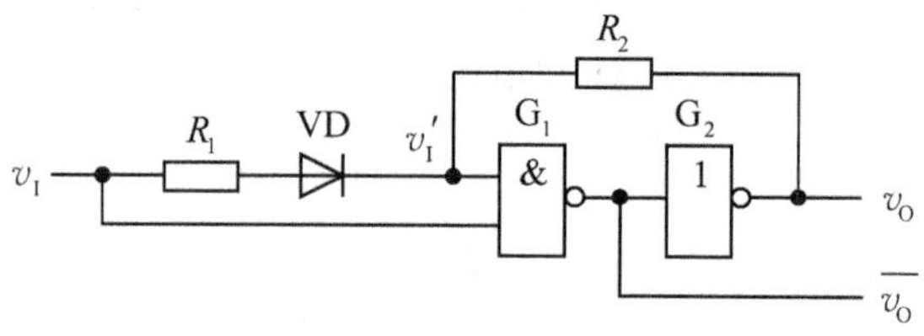

图 6-39

7. 图 6-40 是由 555 定时器构成的开机延时电路。若给定 $C=25\mu F$，$R=91k\Omega$，$V_{CC}=12V$，试计算常闭开关 S 断开以后经过多长的延迟时间 v_O 才跳变为高电平。

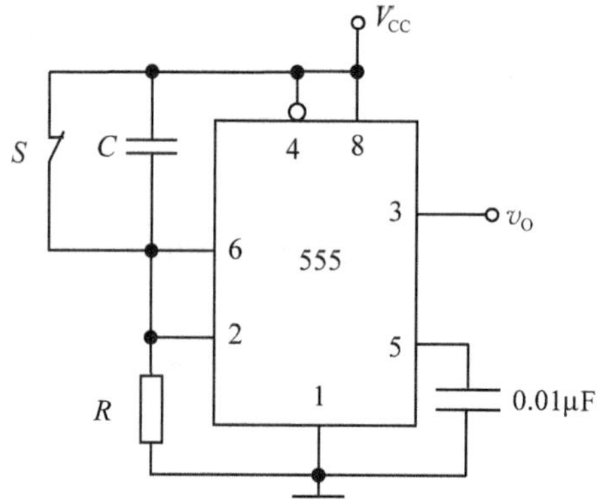

图 6-40

8. 在使用如图 6-41 所示的由 555 定时器构成的单稳态触发器电路时对触发脉冲的宽度有无限制？当输入脉冲的低电平持续时间过长时，电路应作何修改？

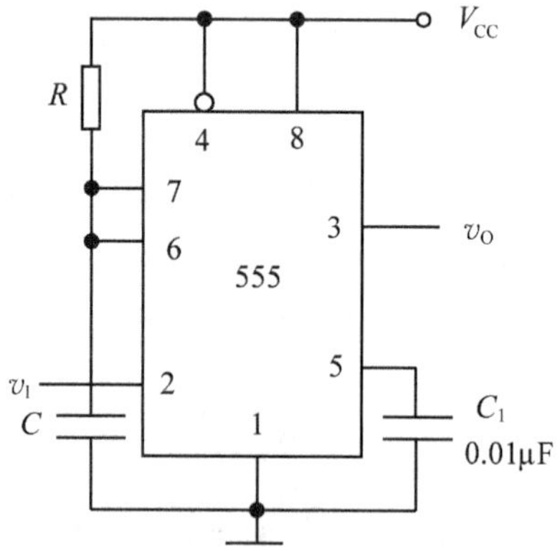

图 6-41

9. 试用 555 定时器设计一个单稳态触发器，要求输出脉冲宽度在 1～10s 的范围内可手动调节，给定 555 定时器的电源为 15V。触发信号来自 TTL 电路，高、低电平分别为 3.4V 和 0.1V。

10. 如图 6-42 所示的由 555 定时器构成的多谐振荡器电路中，若 $R_1=R_2=5.1\text{k}\Omega$，$C=0.01\mu\text{F}$，$V_{CC}=12\text{V}$，试计算电路的振荡频率。

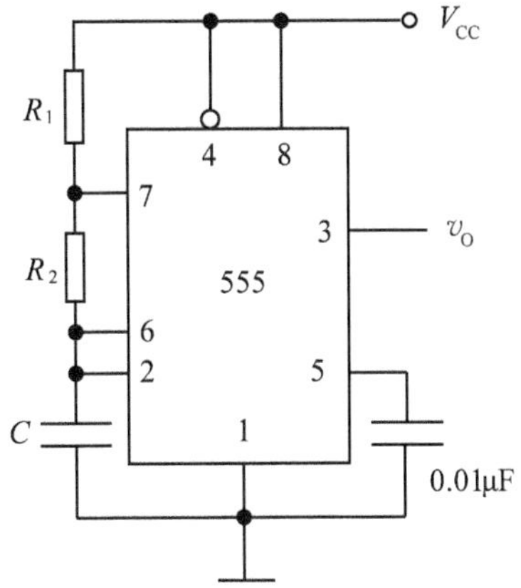

图 6-42

11. 图 6-43 是由 555 定时器构成的压控振荡器，试求输入控制电压 v_I 和振荡频率之间的关系式。当 v_I 升高时频率是升高还是降低？

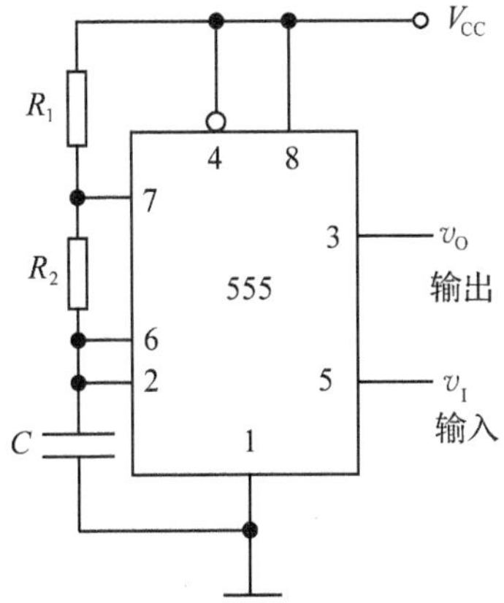

图 6-43

12. 在图 6-44 所示的 CMOS 微分型单稳态触发器电路中，已知 $R=51\text{k}\Omega$，$C=0.01\mu\text{F}$，电源电压 $V_{DD}=10\text{V}$，试求在触发信号作用下输出脉冲的宽度和幅度。

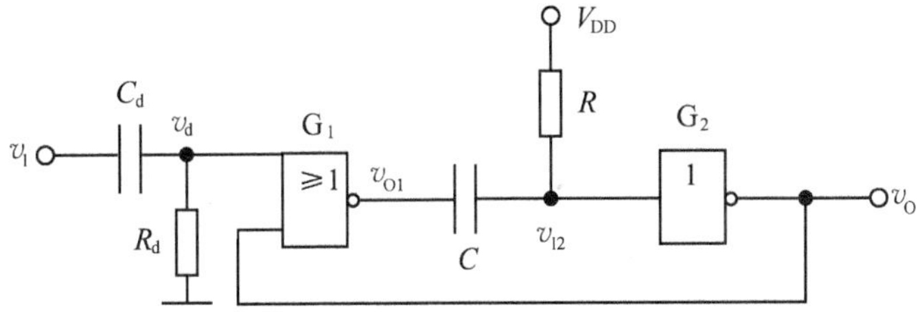

图 6-44

13. 图 6-45 是由 TTL 门电路构成的微分型单稳态触发器，其中 R_d 阻值足够大，保证稳定状态时 v_d 为高电平。R 的阻值很小，保证稳定状态时 v_{I2} 为低电平，试分析该电路在给定触发信号 v_I 作用下的工作过程，画出 v_d，v_{O1}，v_{I2} 和 v_O 的电压波形，C_d 的电容量很小，它与 R_d 组成微分电路。

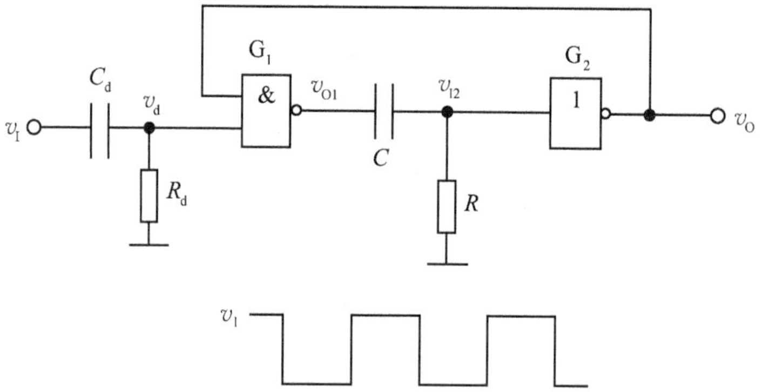

图 6-45

14. 在图 6-45 中，若 G_1，G_2 为 TTL 门电路，它们的 $V_{OH}=3.2V$，$V_{OL}=0V$，$V_{TH}=1.3V$，$R=0.3k\Omega$，$C=0.01\mu F$，试求电路输出负脉冲的宽度 t_w。

15. 在图 6-46 的积分型单稳态触发器电路中，若 G_1 和 G_2 为 74LS 系列门电路，则它们的 $V_{OH}=3.4V$，$V_{OL}\approx 0V$，$V_{TH}=1.1V$，$R=1k\Omega$，$C=0.01\mu F$，试求在触发信号作用下输出负脉冲的宽度。设触发脉冲的宽度大于输出脉冲的宽度。

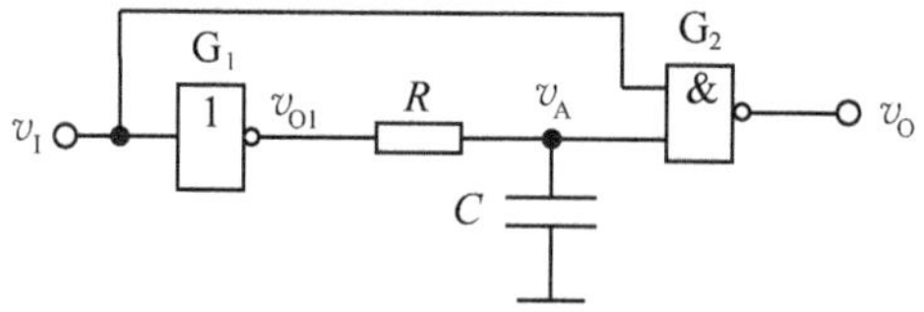

图 6-46

16. 图 6-47(a)是由两个集成单稳态触发器 74121 所构成的脉冲变换电路，外接电阻和外接电容的参数如图中所示。试计算在输入触发信号 v_I 作用下 v_{O1}，v_{O2} 输出脉冲的宽度，并画出与 v_I 波形相对应的 v_{O1}，v_{O2} 的电压波形。v_I 的波形如图 6-47(b)所示。

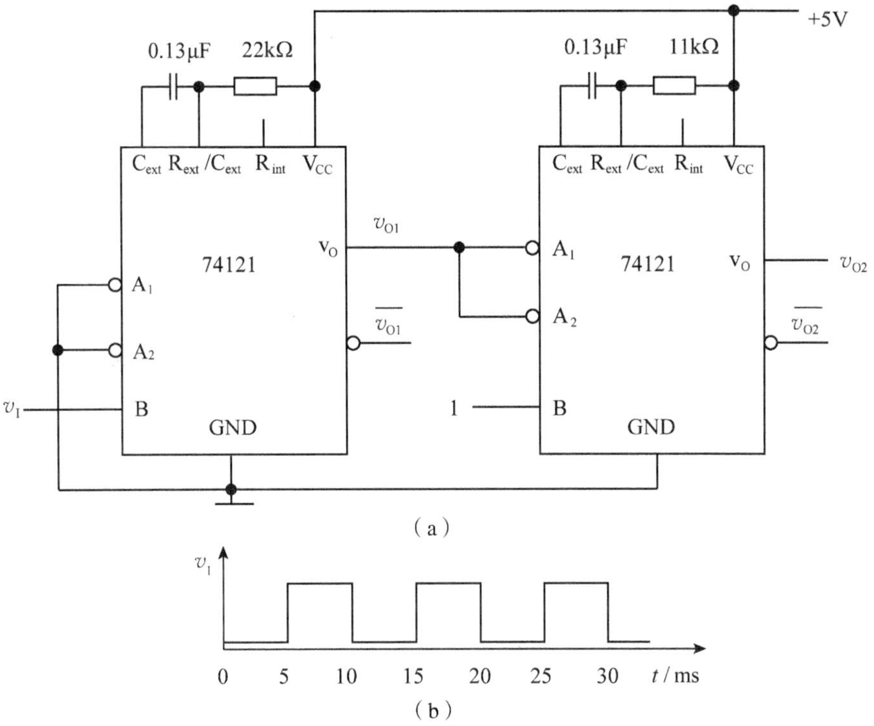

图 6-47

17. 在图 6-48 所示的对称式多谐振荡器电路中，若 $R_{F1}=R_{F2}=1\text{k}\Omega$，$C_1=C_2=0.1\mu\text{F}$，$G_1$ 和 G_2 为 74LS04(六反相器)中的两个反相器，G_1 和 G_2 的 $V_{OH}=3.4\text{V}$，$V_{TH}=1.1\text{V}$，$V_{IK}=-1.5\text{V}$，$R_1=20\text{k}\Omega$，求电路的振荡频率。

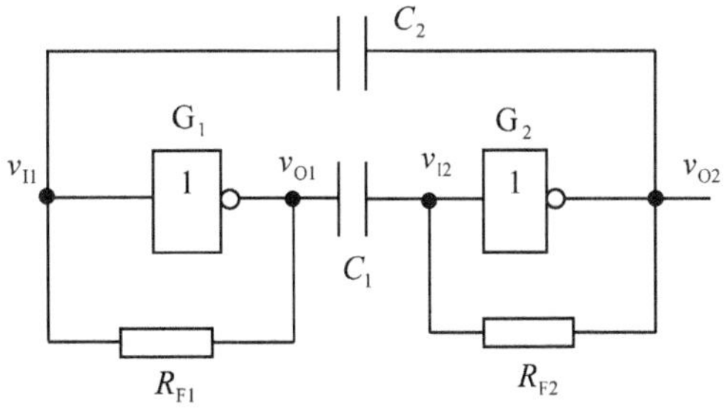

图 6-48

18. 图 6-49 是由 COMS 反相器构成的对称式多谐振荡器。若 $R_{F1}=R_{F2}=10\text{k}\Omega$，$C_1=C_2=0.01\mu\text{F}$，$R_{P1}=R_{P2}=33\text{k}\Omega$，试求电路的振荡频率，并画出 v_{I1}，v_{I2}，v_{O1}，v_{O2} 各点的电压波形。

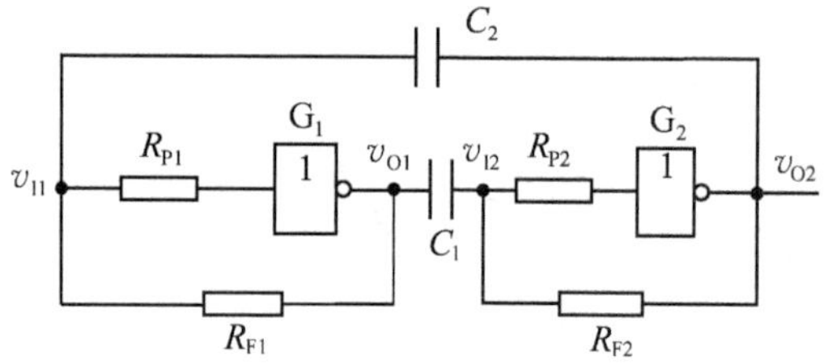

图 6-49

19. 在图 6-50 非对称式多谐振荡器电路中，若 G_1，G_2 为 CMOS 反相器，$R_F=9.1k\Omega$，$C=0.001\mu F$，$R_P=100k\Omega$，$V_{DD}=5V$，$V_{TH}=2.5V$ 。试计算电路的振荡频率。

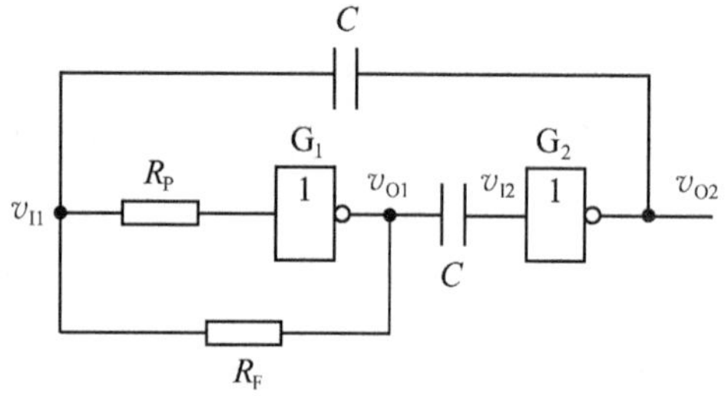

图 6-50

20. 如果将图 6-50 非对称式多谐振荡器中的 G_1 和 G_2 改用 TTL 反相器，并将 R_P 短路，试画出电容 C 充、放电时的等效电路，并求出计算电路振荡频率的公式。

21. 图 6-51 是用反相器接成的环形振荡器电路。某同学在用示波器观察输出电压 v_O 的波形时发现，取 $n=3$ 和 $n=5$ 时所测得的脉冲频率几乎相等，试分析其原因。

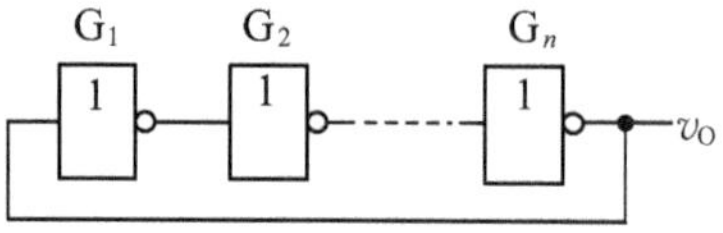

图 6-51

22. 图 6-52 是一个简易电子琴电路，当琴键 $S_1\sim S_n$ 均未按下时，三极管 T 接近饱和导通，v_E 约为 0V，使 555 定时器组成的振荡器停振，当按下不同琴键时，因 $R_1\sim R_n$ 的阻值不等，扬声器发出不同的声音。若 $R_B=20k\Omega$，$R_1=10k\Omega$，$R_E=2k\Omega$，三极管的电流放大系数 $\beta=150$，$V_{CC}=12V$，振荡器外接电阻、电容参数如图 6-52，试计算按下琴键 S_1 时扬声器发出声音的频率。

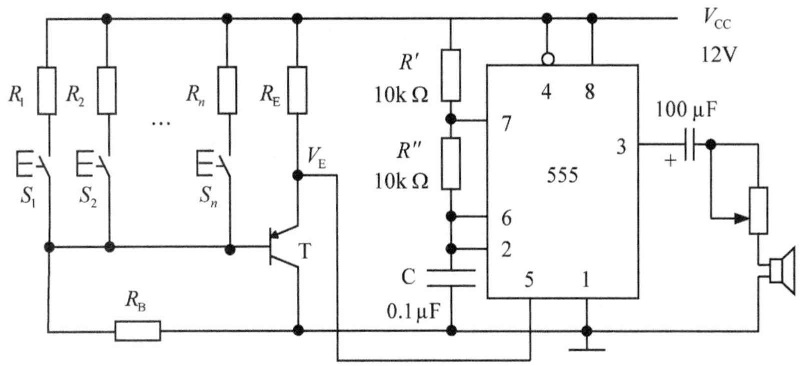

图 6-52

23. 图 6-53 是由两个 555 定时器构成的延迟报警器，当开关 S 断开，经过一定的延迟时间后扬声器开始发出声音，如果在延迟时间内 S 重新闭合，扬声器不会发出声音，在图中给定的参数下，试求延长时间的具体数值和扬声器的频率，图中的 G_1 是 CMOS 反相器，输出的高、低电平分别为 $V_{OH}\approx 12V$，$V_{OL}\approx 0V$ 。

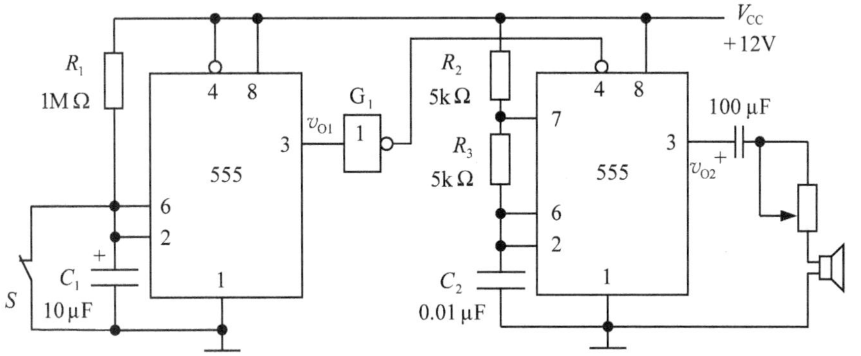

图 6-53

24. 图 6-54 是救护车扬声器发音电路。在图中给出的电路参数下，试计算扬声器发出声音的高、低音频率以及高、低音的持续时间。当 $V_{CC}=12V$ 时，555 定时器输出的高、低电平分别为 11V 和 0.2V，输出电阻小于 100Ω 。

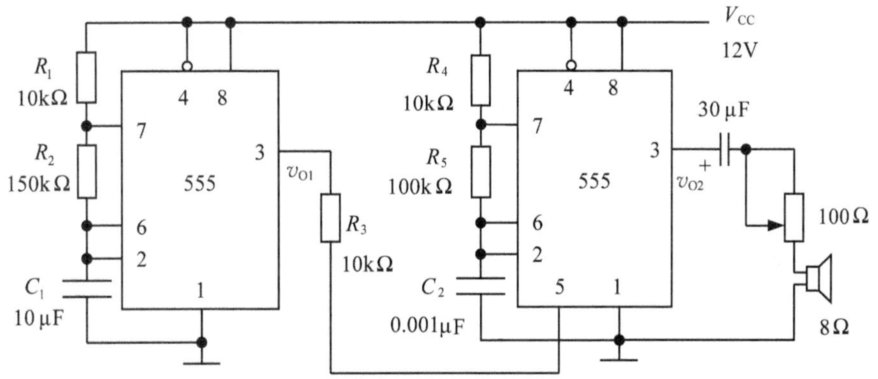

图 6-54

第 7 章　半导体存储器

【内容提要】本章首先介绍半导体存储器的特点、分类和技术指标；其次介绍固定只读存储器和可编程只读存储器的基本结构和工作原理，以及光可擦除可编程只读存储器、电可擦除可编程只读存储器和快闪存储器的特点；最后介绍静态 RAM 和动态 RAM 的工作原理、特点及 RAM 的扩展。

【能力目标】理解并掌握各种只读存储器(ROM)和随机存取存储器(RAM)的特点及工作原理；重点掌握存储器容量的计算以及存储器容量的扩展方法。

7.1　概述

7.1.1　半导体存储器的特点及分类

半导体存储器又称为半导体集成存储器，它是以半导体器件为基本单元，用集成工艺制成的。它具有体积小、集成度高、成本低、可靠性高、外围电路简单、与其他电路配合容易、易于批量生产等特点。

半导体存储器的种类很多，按照制造工艺，半导体存储器可分为双极型存储器和 MOS 型存储器。双极型存储器以双极型触发器为存储单元，其工作速度快，但功耗大，主要用于对速度要求高的场合。MOS 型存储器是以 MOS 型触发器或电荷存储结构为存储单元，具有工艺简单、集成度高、功耗低、成本低等特点，主要用于大容量存储系统。目前数字系统中主要选用 MOS 型存储器。

按内部信息的存取方式，半导体存储器可分为随机存取存储器(RAM)和只读存储器(ROM)。随机存取存储器正常工作时可以随时写入或读出信息，但断电后器件中的信息也随之消失，为易失性存储器。只读存储器工作时只能读出信息，不能写入，断电后器件中的信息不会丢失，为非易失性存储器。

按存储原理，半导体存储器可分为静态存储器和动态存储器。静态存储器的存储单元是触发器，在不失电的情况下，触发器的状态不会改变。动态存储器是用电容存储信息，电容漏电会导致信息的丢失，因此要求定时对电容进行充电或放电。动态存储器都为 MOS 型。

7.1.2　半导体存储器的技术指标

存储器存储容量和存取周期是反映系统性能的两个重要的技术指标。

1. 存储容量

存储容量表示存储器存放二进制信息的多少。一般来说，存储容量就是存储单元的总数。例如，一个存储器有 4 096 个存储单元，称它的存储容量为 4KB($1KB=2^{10}B=1024B$)。如果说这个存储器存储了 1 024 个 4 位的二进制信息，那么它的存储容量又称为 1K×4 位，表示存储容量的公式为 N(字数)×M(位数)。

这里提到的存储单元是基本存储单元，是指能够存放一位二进制数 0，1 的物理器件。通常，计算机存储信息的最小单元也称为存储单元，它由 8 个基本单元组成，这样的存储单元存放的代码称为一个字节(Byte)。

2. 存取周期

存储器的性能基本上取决于从存储器读出信息或是把信息写入存储器的速度。

存储器的存取速度用存取周期或读写周期来表征。把连续两次读(写)操作间隔最短时间称为存取周期。对存储器进行读(写)操作后，其内部电路还有一段恢复时间才能进行下一次读写操作。存取周期取决于存储介质的物理特性，也取决于所使用的读出机构的类型。

7.2　只读存储器

半导体只读存储器，简称 ROM(Read－Only Memory)，是存储固定信息的存储器，预先把信息写入存储器中，在操作过程中，只能读出信息，不能写入。其优点是结构简单、电路形式和规格也比较统一。它经常用于存放固定的数据和程序，如计算机系统的引导程序、监控程序、函数表、字符等。只读存储器是非易失性存储器，关掉电源，所存信息不会丢失。

ROM 按存储内容的写入方式，可分为固定只读存储器、可编程只读存储器(Programmable Read－Only Memory，PROM)和可擦除可编程只读存储器(Erasable Programmable Read－Only Memory，EPROM)。

7.2.1　固定只读存储器

固定 ROM 在制造时，生产厂商利用掩膜技术把信息写入存储器中，出厂后使用者不能更改其存储内容，只能读出信息。按使用器件，ROM 可分为双极型 ROM 和 MOS 型 ROM 两种。

ROM 的结构如图 7-1 所示，由地址译码器、存储矩阵、输出及控制电路 3 部分组成。存储矩阵，由许多存储单元排列而成，每个存储单元能存放一位二值代码。存储单元排列成矩阵形式，按一定位数进行编组，每次读出一组数据，组称为字。每一组存储单元有一个对应的地址代码。存储容量＝$N\times M$，其中 N 为字数($N=2^n$)，M 为位数。地址译码器，一个地址码对应一条字线，当某条字线被选中时，与该字线联系的一组存储单元(字)就与数据线相通，进行读操作。输出及控制电路，选中的字线经输出及控制电路输出，提高带负载能力；由三态控制信号决定数据输出的时刻。

图 7-2(a)是一个 4×4 位 NMOS 型固定 ROM 的结构图。地址译码器有两根地址输入线 A_1 和 A_0，产生 4 个地址号，每个地址存放一个称为字的 4 位二进制信息，译码器输出线 $W_0\sim W_3$ 称为字线，由输入的地址代码 A_1A_0 确定选中哪条字线，被选中的数据经过输

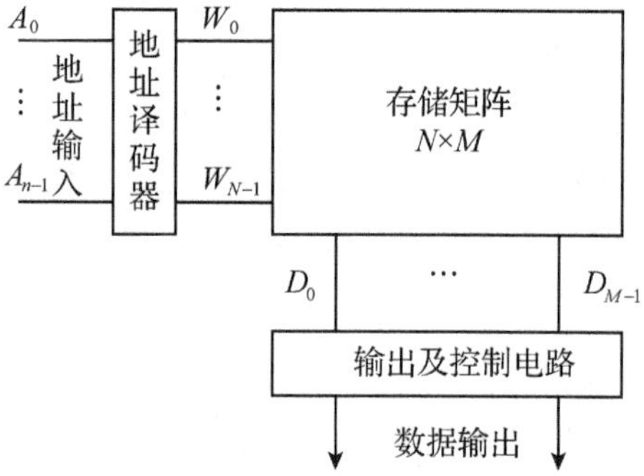

图 7-1　ROM 的结构图

出缓冲器输出。存储矩阵是 NMOS 管或门阵列，一个字有 4 位信息，故存储矩阵有 4 条数据线 $\overline{D_0}\sim\overline{D_3}$，每条数据线又称为位线，它是字×位结构。存储矩阵实际上就是一个编码器，工作时编码内容是不变的。位线经过反相后输出，即为 ROM 的输出端 $D_0\sim D_3$。每根字线和位线的交叉点是一个存储单元，共有 16 个单元，交叉点有 NMOS 管的存储单元存储 1，无 NMOS 管的则存储 0。例如，当地址 $A_1A_0=00$ 时，则 $W_0=1$（$W_1\sim W_3$ 均为 0），此时选中 0 号地址使第一行的两个 NMOS 管导通，$\overline{D_2}=\overline{D_0}=0$，而 $\overline{D_3}=\overline{D_1}=1$，经输出电路反相后，输出 $D_3D_2D_1D_0=0101$。因此，选中一个地址（一行），该行的存储内容输出。4 个地址存储的内容如表 7-1 所示。

表 7-1　ROM 中的存储信息表

地址		内　容			
A_1	A_0	D_3	D_2	D_1	D_0
0	0	0	1	0	1
0	1	1	0	1	1
1	0	0	1	0	0
1	1	1	1	1	0

固定 ROM 的编程是设计者根据要求确定存储内容，设计出存储矩阵，即哪些交叉点（存储单元）的信息为 1，哪些为 0。为 1 的单元要制造管子，为 0 的单元不需要制造管子，由此画出存储矩阵的点阵图。为了画图方便，存储矩阵中有管子处，用“码点”表示，交由生产厂制作。图 7-2(a)的存储矩阵简化点阵图如图 7-2(b)所示。

位线与字线之间的逻辑关系为

$$D_0=W_0+W_1,$$
$$D_1=W_1+W_3,$$
$$D_2=W_0+W_2+W_3,$$
$$D_3=W_1+W_3。$$

存储矩阵的输出和输入是或关系，这种存储矩阵是或矩阵。地址译码器的输出和输入是与关系，因此 ROM 是一个多输入变量（地址）和多输出变量（数据）的与或逻辑阵列。

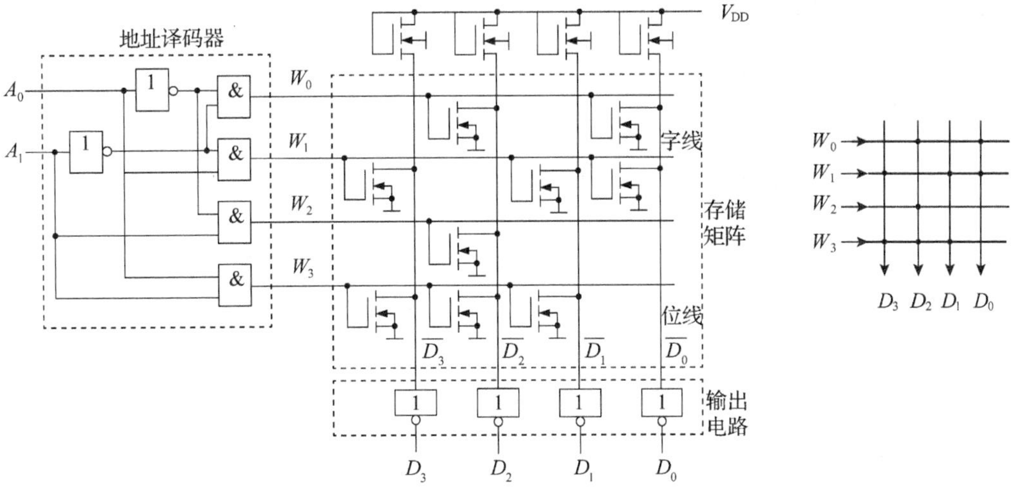

（a）结构图　　（b）存储矩阵简化点阵图

图 7-2　NMOS 型固定 ROM

7.2.2　可编程只读存储器

PROM 是一种现场可编程只读存储器，存储内容可以由使用者编程写入，出厂时 PROM 的内容全是 0(或全是 1)。使用时，用户可以根据需要编好代码，把存储矩阵中某些内容改写成 1(或 0)，但只能改写一次，一经写入就不能再进行更改。

一种 PROM 的结构图如图 7-3 所示，存储矩阵的存储单元由双极型三极管和熔断丝组成。其存储容量为 32×8 位，存储矩阵是 32 行×8 列，出厂时每个三极管发射极的熔断

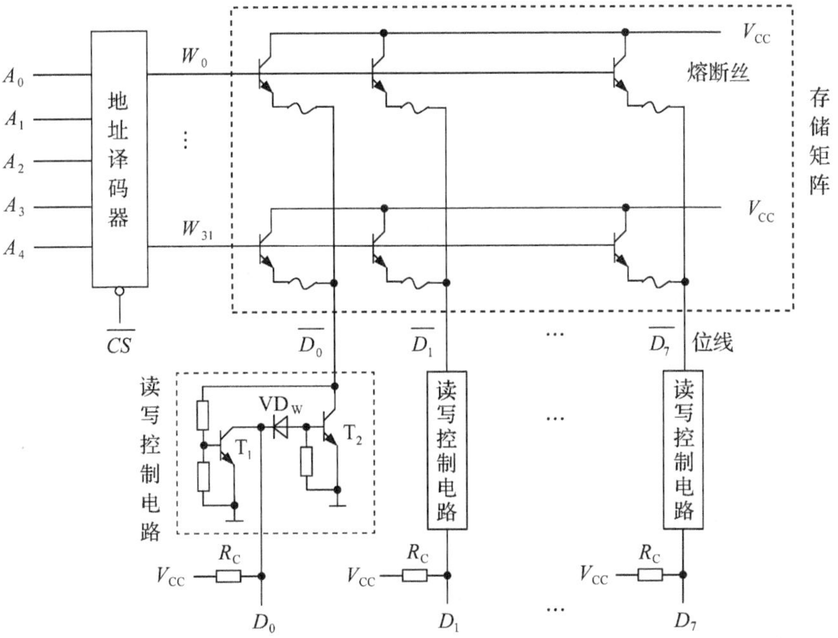

图 7-3　32×8 位熔断丝结构的 PROM

丝都是连通的，这种电路存储内容全部为 0。如果欲使某个单元改写为 1，需要使熔断丝通过大电流，使它烧断。一经烧断，再不能恢复。

地址译码器输出线为高电平有效，32 根字线分别接 32 行的多发射极晶体管的基极，地址译码器受片选信号 $\overline{CS}$ 控制，当 $\overline{CS}=0$ 时，该芯片被选中能够工作，输入地址有效，译码输出线中某一根为高电平，选中一个地址。当 $\overline{CS}=1$ 时，译码输出全部为低电平，存储器不能工作。

读写控制电路供读出和写入之用。在写入时，V_{CC} 接+12V 电源，写入回路中的稳压管 VD_W 被击穿，某位写入 1 时，该数据线为 1，T_2 导通，选中单元的熔丝通过足够大的电流而烧断；若输入数据为 0，写入电路中相应的 T_2 管不导通，该位对应的熔丝仍为连通状态，存储的 0 信息不变。读出时，V_{CC} 接+5V 电源，低于稳压管的击穿电压，所有 T_2 都截止，如果被选中的某位熔丝是连通的，则读出管 T_1 导通，输出为 0；如果熔丝是断开的，T_1 截止，读出 1 信号。

7.2.3 可擦除可编程只读存储器

固定 ROM 出厂后使用者无法改变，只能读出。PROM 的存储内容可由使用者编写后写入，但只能写入一次，一经写入就不能再更改。数字电路研制和调试过程中，往往需要更改其内容，就需要可多次改写的只读存储器。因此可擦除可编程只读存储器受到了用户的欢迎。

可擦除可编程只读存储器又可分为光可擦除可编程只读存储器(Erasable Programmable Read－Only Memory，EPROM)、电可擦除可编程只读存储器(Electrical Erasable Programmable Read－Only Memory，E^2PROM)和快闪存储器(Flash Memory)等。

1. 光可擦除可编程只读存储器

光可擦除可编程只读存储器(EPROM)是采用浮栅技术生产的可编程存储器。它和 PROM 在总体结构上没有大的区别，只是存储单元不同，采用叠栅注入 MOS 管(Stacked-gate Injuction Metal－Oxide－Semiconductor，SIMOS)作为存储单元。SIMOS 管是一个 N 沟道增强型 MOS 管，有两个重叠的栅极——控制栅 G_C 和浮置栅 G_f。控制栅 G_C 用于控制读写，浮置栅 G_f 用于长期保存注入的电荷。若浮置栅上无电子，则在 G_C 上加入正常的高电平，SIMOS 管导通。若浮置栅上有电荷，则在 G_C 上加入正常的高电平，SIMOS 管截止。在 D，S 间加高电压(如 25V)，使漏极与衬底之间的 PN 结产生雪崩击穿，产生大量的高能自由电子。同时在 G_C 上加 25V，50ms 宽的正脉冲，吸引高速电子穿过 SiO_2 绝缘层到达 G_f，形成注入电荷，堆积到浮置栅上，相当于写入“1”。将高电压撤掉后，电子没有放电通道，只能待在浮置栅上，70%以上的电荷能保存 10 年以上。若要擦除所写入的内容，可用 EPROM 擦除器产生的强紫外线，对 EPROM 照射 15～20 分钟，使全部存储单元恢复写入前的状态，以便用户重新编写。为了便于照射擦除，芯片封装外壳装有透明的石英盖板。

常用的 EPROM 有 2716，2732，27512 等，通常以 27 打头的芯片都是 EPROM。由于 EPROM 的写入和擦除需要专用的编程器，因此在数字系统的设计和在线调试中不太方便。

2. 电可擦除可编程只读存储器

E^2PROM 是目前使用最广泛的一种只读存储器，被称为电可擦除可编程只读存储器，有时也写作 EEPROM。E^2PROM 的存储单元采用浮栅隧道氧化层 MOS 管，简称 Flotox 管。Flotox 管的结构与 SIMOS 管相似，也是 N 沟道 MOS 管，也有两个栅极——控制栅 G_C 和浮置栅 G_f。不同的是 Flotox 管的浮置栅和漏区之间有个氧化层极薄的区域（$<2\times10^{-8}$ m）——隧道区。当隧道区的电场达到一定程度（10^7 V/cm）时，便在漏区和浮置栅之间出现导电隧道，电子可以双向通过，形成电流。E^2PROM 的主要特点是能在应用系统中进行在线改写，并能在断电的情况下保存数据而不需要保护电源。特别是 +5V 的电擦除 E^2PROM 时，通常不需要单独的擦除操作，可在写入过程中自动擦除，使用非常方便。型号以 28 打头的系列芯片都是 E^2PROM，其缺点是集成度不高。

3. 快闪存储器

快闪存储器又称为快速擦写存储器或闪速存储器(Flash Memory)，由 Intel 公司首先发明，是近年来较为流行的一种半导体器件。它在断电的情况下可以保留信息，在不加电的情况下，信息可以保存 10 年，可以在线进行擦除和改写。快闪存储器是在 E^2PROM 的基础上发展起来的，属于 E^2PROM 类型，其编程方法和 E^2PROM 类似，但快闪存储器不能按字节擦除。

快闪存储器既吸收了 EPROM 结构简单、编程可靠的优点，又保留了 E^2PROM 电擦除的快捷特性，具有集成度高、容量大、成本低、功耗低、使用方便等优点。快闪存储器自出现以来，受到各方面的普遍青睐，相继迅速出现了大量的应用产品，如 USB 存储盘、数码相机、MP3 等。闪速存储器的型号以 29 打头。

7.2.4　ROM 的应用

1. 做函数运算表电路

数学运算是数控装置和数字系统中需要经常进行的操作，如果事先将要用到的基本函数变量在一定范围内的取值和相应的函数取值列成表格，写入只读存储器中，则在需要时只要给出规定"地址"就可以快速地得到相应的函数值。这种 ROM，实际上已经成为函数运算表电路。

【例 7-1】 试用 ROM 设计一个能实现 $y=x^2$ 的运算表电路，x 的取值范围为 0～15 的正整数。

解：输入变量 x 的取值范围为 0～15 的正整数，用 4 位二进制数 $A=A_3A_2A_1A_0$ 表示；输出变量 y 的最大值为 $15^2=225$，用 8 位二进制数 $Y=Y_7Y_6Y_5Y_4Y_3Y_2Y_1Y_0$ 表示。根据 $y=x^2$ 的关系列出其真值，如表 7-2 所示，根据真值表可写出 Y 的表达式为

$$Y_7=\sum m(12,13,14,15),$$

$$Y_6=\sum m(8,9,10,11,14,15),$$

$$Y_5=\sum m(6,7,10,11,13,15),$$

$$Y_4=\sum m(4,5,7,9,11,12),$$

$$Y_3=\sum m(3,\ 5,\ 11,\ 13),$$

$$Y_2=\sum m(2,\ 6,\ 10,\ 14),$$

$$Y_1=0,$$

$$Y_0=\sum m(1,\ 3,\ 5,\ 7,\ 9,\ 11,\ 13,\ 15)。$$

根据上述表达式可以画出 ROM 的存储点阵，如图 7-4 所示。

表 7-2　例 7-1 的真值表

输入				输出								十进制数
A_3	A_2	A_1	A_0	Y_7	Y_6	Y_5	Y_4	Y_3	Y_2	Y_1	Y_0	
0	0	0	0	0	0	0	0	0	0	0	0	0
0	0	0	1	0	0	0	0	0	0	0	1	1
0	0	1	0	0	0	0	0	0	1	0	0	4
0	0	1	1	0	0	0	0	1	0	0	1	9
0	1	0	0	0	0	0	1	0	0	0	0	16
0	1	0	1	0	0	0	1	1	0	0	1	25
0	1	1	0	0	0	1	0	0	1	0	0	36
0	1	1	1	0	0	1	1	0	0	0	1	49
1	0	0	0	0	1	0	0	0	0	0	0	64
1	0	0	1	0	1	0	1	0	0	0	1	81
1	0	1	0	0	1	1	0	0	1	0	0	100
1	0	1	1	0	1	1	1	1	0	0	1	121
1	1	0	0	1	0	0	1	0	0	0	0	144
1	1	0	1	1	0	1	0	1	0	0	1	169
1	1	1	0	1	1	0	0	0	1	0	0	196
1	1	1	1	1	1	1	0	0	0	0	1	225

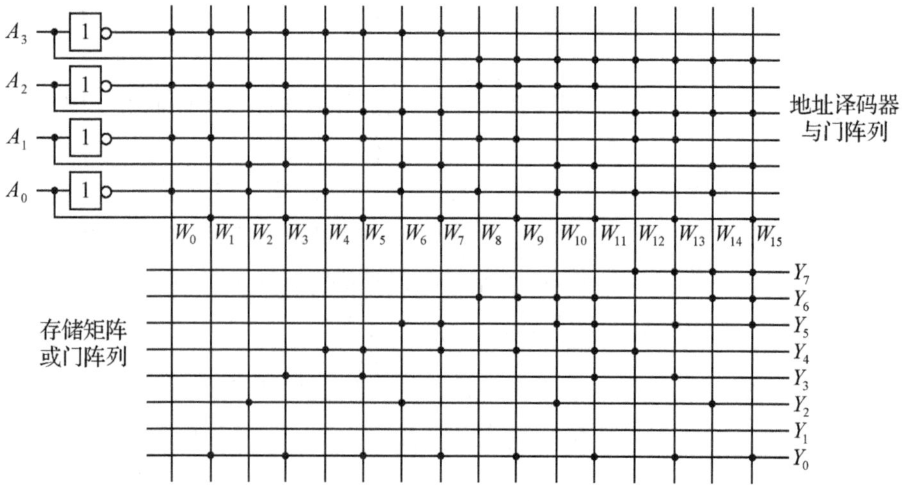

图 7-4　例 7-1 的 ROM 存储点阵图

如图 7-4 所示的电路中，字线 $W_0 \sim W_{15}$ 分别与最小项 $m_0 \sim m_{15}$ 一一对应，我们注意到作为地址译码器的与门阵列，其连接是固定的，它的任务是完成对输入地址码(变量)的译码工作，产生一个个具体的地址——地址码(变量)的全部最小项；而作为存储矩阵的或门阵列是可编程的，各个交叉点——可编程点的状态，也就是存储矩阵中的内容，可由用户编程决定。

2. 实现任意组合逻辑函数

从 ROM 的逻辑结构示意图可知，只读存储器的基本部分是与门阵列和或门阵列，与门阵列实现对输入变量的译码，产生变量的全部最小项，或门阵列完成有关最小项的或运算，因此从理论上讲，利用 ROM 可以实现任何组合逻辑函数。

【例 7-2】试用 ROM 实现下列组合逻辑函数。

$$Y_1 = \overline{A}\overline{B}C + \overline{A}B\overline{C} + A\overline{B}\overline{C} + ABC，$$

$$Y_2 = BC + AC，$$

$$Y_3 = \overline{A}\overline{B}\overline{C}\overline{D} + \overline{A}\overline{B}CD + \overline{A}BC\overline{D} + A\overline{B}\overline{C}D + AB\overline{C}\overline{D} + ABCD，$$

$$Y_4 = ABC + ABD + ACD + BCD。$$

解：

(1)写出各逻辑函数的标准与或表达式

按 A，B，C，D 顺序排列变量，将 Y_1，Y_2 扩展成为四变量逻辑函数。

$$Y_1 = \sum m(2，3，4，5，8，9，14，15)，$$

$$Y_2 = \sum m(6，7，10，11，14，15)，$$

$$Y_3 = \sum m(0，3，6，9，12，15)，$$

$$Y_4 = \sum m(7，11，13，14，15)。$$

(2)选用 16×4 位 ROM，画存储矩阵连线图，如图 7-5 所示。

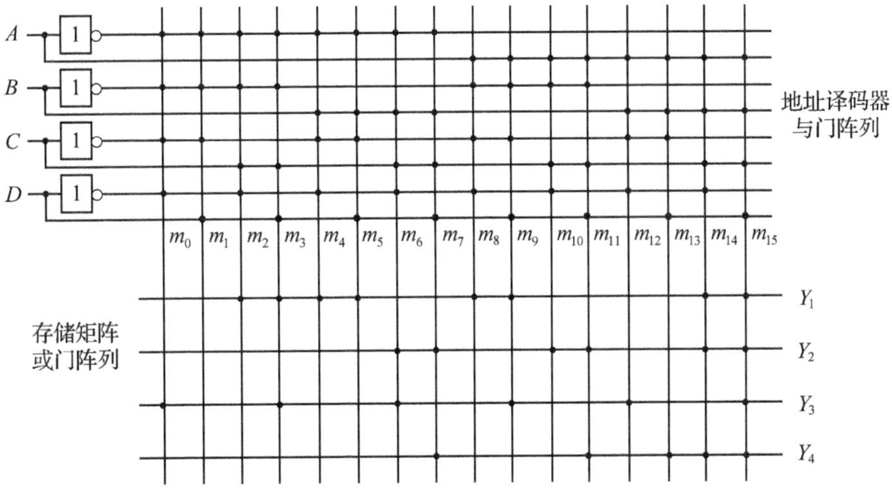

图 7-5　例 7-2 的 ROM 存储矩阵连线图

3. ROM 容量的扩展

(1)位扩展

如图 7-6 所示是将两片 2764 扩展成 16K×16 位 EPROM 的连线图。

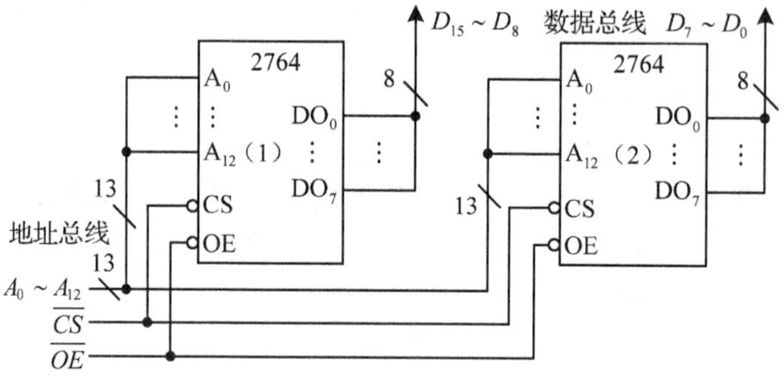

图 7-6　位扩展

(2)字扩展

如图 7-7 所示是将 8 片 2764 扩展成 64K×8 位 EPROM。

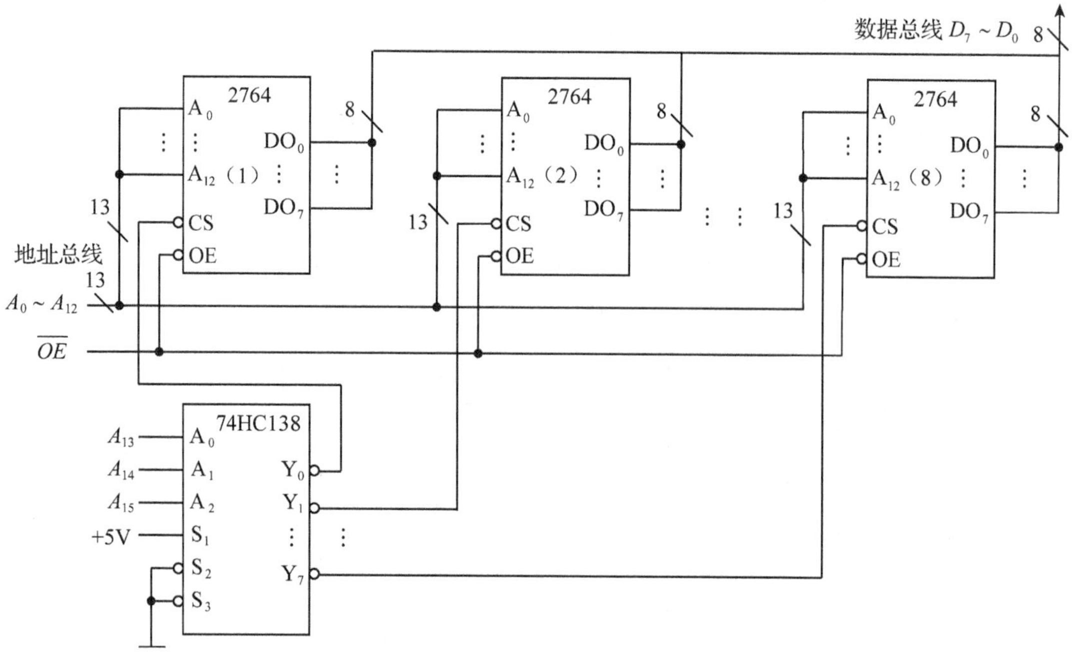

图 7-7　字扩展

7.3　随机存取存储器

随机存取存储器(Random Access Memory，RAM)可以随机地存入和取出信息，存入也叫写入，取出也叫读出，所以又称为读/写存储器。在计算机中，RAM 用作内存储器和高速缓冲存储器。RAM 分为静态 RAM 和动态 RAM。它的结构与 ROM 类似，由地址译码器、存储矩阵和读写控制电路组成。

7.3.1　静态 RAM

静态 RAM 有双极型和 MOS 型两种。

1. 双极型静态 RAM

能够随意读写的 RAM 存储单元与 ROM 截然不同，图 7-8 是发射极读/写存储单元电路，图中 T_1，T_2 为多发射极晶体管，与电阻 R_1，R_2 构成触发器。字线 Z 信号来自地址译码器输出端，其中另一对发射极分别连接到数据线 D 和 $\overline{D}$，再转接到读/写电路。

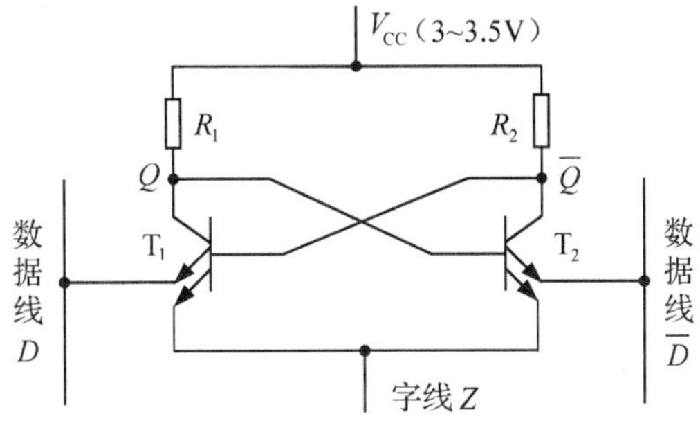

图 7-8　发射极读/写存储单元

当字线 Z 为低电平 0.3V 时，该单元未被选中，无论位线是高电平 1.5V 或低电平 0.7V，对触发器的状态都没有影响，触发器维持原状态不变，此时不能写入数据；由于字线电平是最低的，触发器中处于饱和的三极管电流只能流向字线，不能流向位线，所以也读不出数据。当字线为高电平 3V 时，该触发器被选中，可以进行读/写。

读出时，两条数据线 D 和 $\overline{D}$ 都处于高电平 1.5V，由于字线电平高于位线电平，所以饱和管的电流流向位线。若数据线 $\overline{D}$ 上有电流则输出 1，否则输出 0。

写入时，若要写入 1，则应在数据线 $\overline{D}$ 上加入负向写入脉冲，使其电位从 1.5V 降低到 0.7V，而数据线 D 仍然保持 1.5V 不变。这时数据线 $\overline{D}$ 是该单元电位最低的，所以它迫使 T_2 饱和导通，T_1 截止。若要写入 0，只要数据线 D 降为 0.7V，数据线 $\overline{D}$ 保持 1.5V，使 T_1 饱和，T_2 截止。写入脉冲后触发器维持写入状态不变，直至下次写入为止。

2. MOS 型静态 RAM

双极型 RAM 的优点是速度快，但是功耗大，集成度也不高，大容量 RAM 一般都是 MOS 型的。MOS 型静态 RAM 的存储单元由六管 CMOS 或六管 NMOS 组成，如图 7-9 所示。T_1 ~ T_4 构成基本 RS 触发器，T_5，T_6 为门控管，由行译码器输出控制其导通或是截止。当 X_i 为 1 时，T_5，T_6 导通，触发器输出与位线连接；当 X_i 为 0 时，T_5，T_6 截止，触发器输出与位线断开。T_7，T_8 为门控管，由列译码器输出控制其导通或是截止，每一列的位线连接若干个存储单元，通过门控制管 T_7，T_8 和数据线连接。当 Y_j 为 1 时，T_7，T_8 导通，位线和数据线接通；Y_j 为 0 时，位线与数据线断开。T_7，T_8 是数据存入或读出存储内容的控制通道。

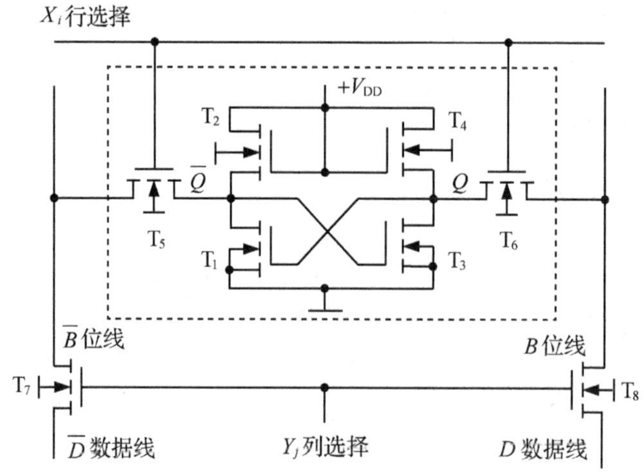

图 7-9　六管 NMOS 静态 RAM 存储单元

7.3.2　动态 RAM

动态随机存取存储器利用 MOS 管栅极电容的暂存作用来存储信息。它与静态 RAM 的区别在于，信息的存储单元是由门控管和电容组成的，用电容上是否存储电荷表示存 1 或 0，为了防止因电荷泄露而丢失信息，需要周期性对这种存储器的内容进行重写，称为“刷新”或“再生”。虽然动态 RAM 操作要比静态 RAM 复杂，但由于动态 RAM 结构简单、功耗低、集成度高，因此动态 RAM 已成为大容量 RAM 的主流产品。动态 RAM 存储单元多数为三管和单管结构。

1. 三管动态 RAM 存储单元

三管动态 RAM 存储单元如图 7-10 所示。T_1 为写门控管，T_2 为存储管，T_3 为读门控管，T_4 为同一列共用预充电管。代码以电荷的形式存储在 T_2 的栅极电容 C 中，而 C 上的电压又控制着 T_2 的状态。

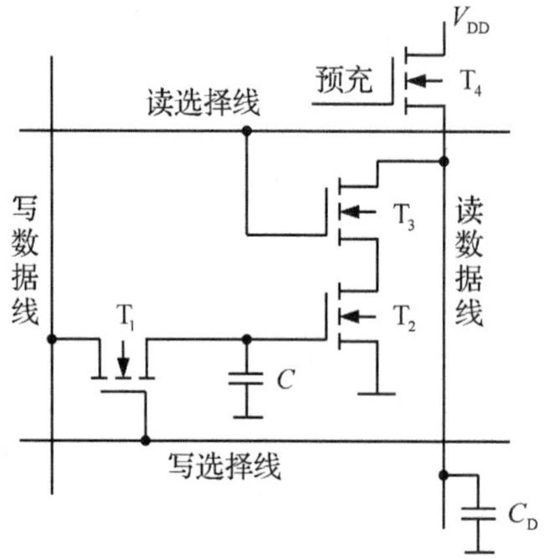

图 7-10　三管动态 RAM 存储单元

读出数据时，首先输入一个预充电脉冲，使 T_4 导通，将杂散电容 C_D 充电到 V_{DD} 值，然后再使读选择线处于高电平，若 C 上原来有电荷，是高电平，则 T_2，T_3 都导通，C_D 通

过 T_3，T_2 放电，使读数据线输出 0，相当于反码输出。若 C 上没有电荷，是低电平，则 T_2 截止，C_D 无放电回路，读数据线保持在预充电时的高电平。读数据线上的高、低电平经读放大器放大并反相后输出，即为读出结果。

写入数据时，令写选择线为高电平，则 T_1 导通，当写入 1 时，令写数据线为高电平，通过 T_1 对 C 充电，1 信号被存到 C 上。

2. 单管动态 RAM 存储单元

图 7-11 为单管动态 RAM 存储单元，由门控管 T 和电容 C_S 构成。写入信息时，字线为高电平，T 导通，对电容 C_S 充电，相当于写入 1 信息。读出信息时，字线仍为高电平，T 导通，C_S 上 1 信号电压 V_S 经过 T 对 C_0 提供电荷，C_S 上的电荷将在 C_S，C_0 上重新分配，读取电压 V_R 为

$$V_R = \frac{C_S}{C_0 + C_S} V_S。$$

因为 $C_0 >> C_S$，所以读出电压比 V_S 小得多，而且每读一次，C_S 上的电荷要减少很多，存储的数据被破坏，故每次读出后，要求及时对读出单元刷新。

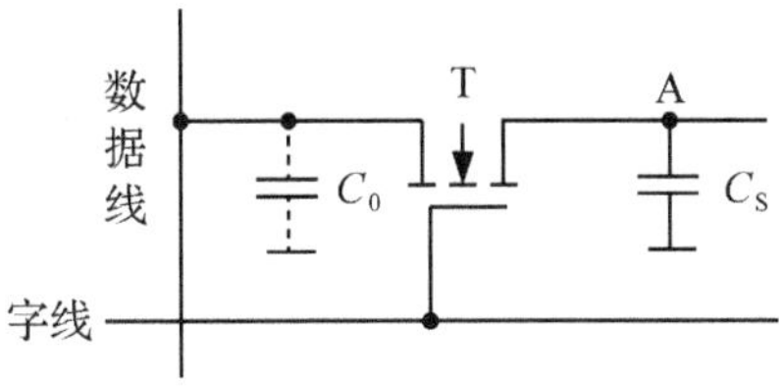

图 7-11　单管动态 RAM 存储单元

7.3.3　集成 RAM 简介

图 7-12 给出 Intel 公司的 MOS 型静态 RAM 芯片 2114 的结构图。由图 7-12 可知，2114RAM 的存储容量为 1024×4 位。采用 X，Y 双向译码方式，64 行×16 列，可选择 1024 个字，数码是 4 位结构，用一根 Y 译码输出线来控制存储矩阵中 4 列数据的输入、

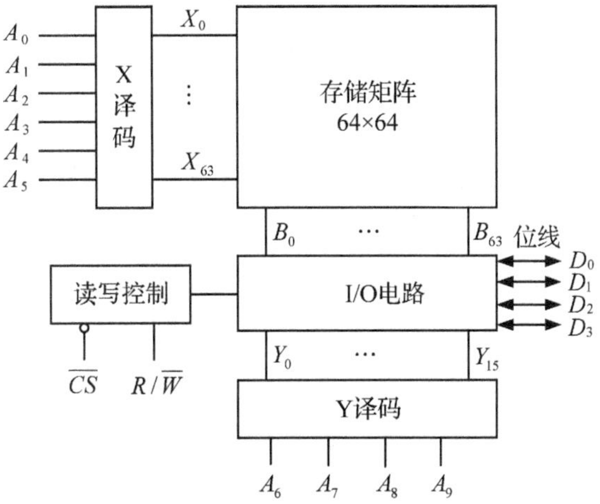

图 7-12　2114RAM 存储器的结构图

输出通路。2114RAM 的存储矩阵为 64 行×64 列，64 列中每 4 列为一组，共 16 组，分别由 16 根 Y 译码器输出控制线控制。

读或写操作在 $R/\overline{W}$（读/写信号）和 $\overline{CS}$（片选信号）的控制下进行。当 $\overline{CS}=0$ 且 $R/\overline{W}=1$ 时，执行读出操作。当 $\overline{CS}=0$ 且 $R/\overline{W}=0$ 时，执行写操作。

7.3.4 RAM 的扩展

由于 RAM 芯片种类很多，各种型号的 RAM 字数和位数各不相同，当一片 RAM 不能满足存储容量及位数要求时，就需要进行字数和位数的扩展。例如，RAM 的位数刚好与计算机的数据总线位数相同，只是字数不够用，这就需要用若干片 RAM 来增加字数，这种扩展称为字扩展。如果 RAM 的位数与计算机总线位数不匹配，同样需要用若干片 RAM 来扩展每次存储的位数，这种扩展称为位扩展。

1. 位扩展

存储器芯片的位数多数为 1 位、4 位、8 位等。当实际存储系统的位数超过存储器芯片的位数时，需要进行位扩展。

位扩展是把多个相同地址输入端的 RAM 芯片地址并联起来，即将 RAM 的地址线、读写控制线和片选信号对应并联在一起，而所有芯片的位线加起来作为扩展后的位线。

如图 7-13 所示是将 4 片 256×1 位的 RAM 扩展成 256×4 位的 RAM 接线图。

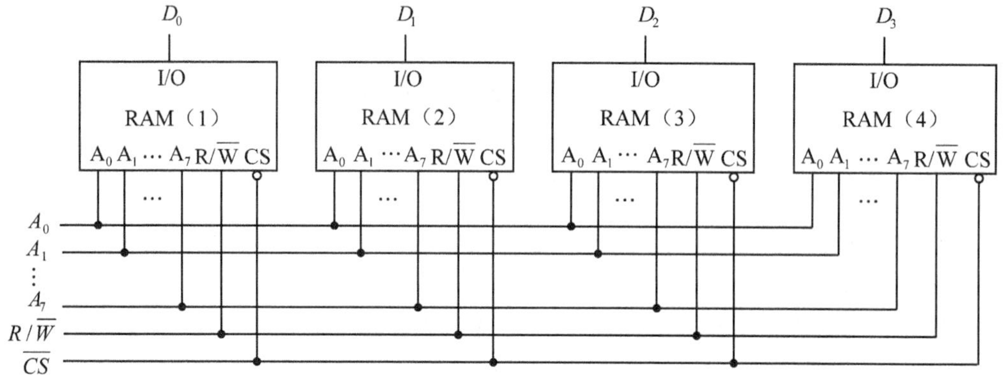

图 7-13　RAM 的位扩展接线图

2. 字扩展

如果现有的 RAM 位数够用，而字数不够用时，需要字扩展。字扩展可以利用外加译码器来控制存储器芯片的片选输入端来实现。例如，将 256×8 位的 RAM 扩展成 1024×8 位的 RAM。$256=2^8$，$1024=2^{10}$，地址线数由原来的 8 条($A_7 \sim A_0$)扩为 10 条($A_9 \sim A_0$)，因此需要 4 片 256×8 位的 RAM 及 1 片 2 线-4 线译码器，接线方法如图 7-14 所示。

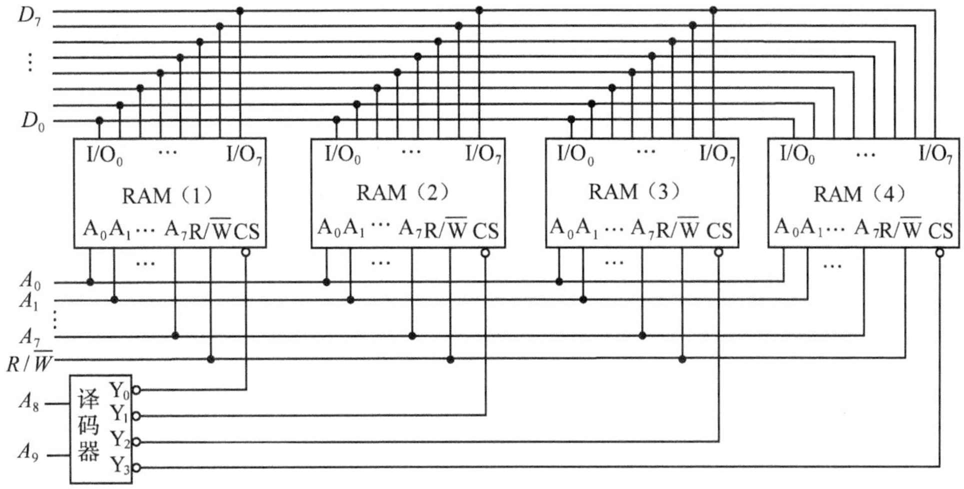

图 7-14　RAM 的字扩展接线图

3. 字和位同时扩展

实际应用中，常将两种方法互相结合，以达到字和位均扩展的要求。因此无论需要多大容量的存储器系统，均可利用容量有限的存储器芯片，通过字数和位数的扩展来构成。例如，将 1024×4 位(1K×4 位)RAM 扩展成 4096×8 位的存储器，需要 8 片 1024×4 位的 RAM 及 1 片 2 线-4 线译码器。首先将两片 1024×4 位的 RAM 并联实现位扩展，达到 8 位的要求；其次根据 2^n ＝字数，求得 4096 个字的地址线数 n＝12，再通过 2 线-4 线译码器实现字数的扩展。实现接线方法如图 7-15 所示。

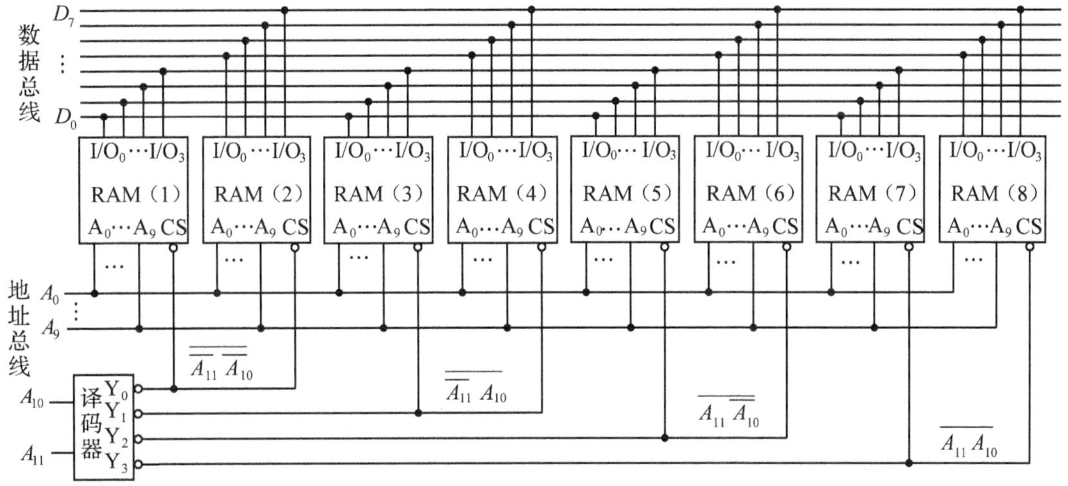

图 7-15　RAM 的字、位扩展接线图

本章小结

存储器是数字系统和计算机中不可缺少的组成部分，用来存储数据、资料和运算程序等二进制信息。按内部信息的存取方式，存储器分为只读存储器(ROM)和随机存取存储

器(RAM)两种。

ROM 分为固定只读存储器(ROM)、可编程只读存储器(PROM)、可擦除可编程只读存储器(EPROM)，其中可擦除可编程只读存储器又分为光可擦除可编程只读存储器(EPROM)、电可擦除可编程只读存储器(EEPROM)和快闪存储器(Flash Memory)。ROM 器件主要是由各个存储单元的结构来存放二进制信息，结构一旦确定，信息也就固定，可以长期保存，因此它有非易失性，存储的信息可以方便读出，而修改信息相对复杂。

RAM 分为静态 RAM 和动态 RAM。静态 RAM 的存储单元为触发器，常用在存储容量不是很大的场合。动态 RAM 的存储单元是利用 MOS 管具有极高的输入电阻，在栅极电容上可暂存电荷的特点来存储信息，由于栅极电容存在漏电，因此工作时需要周期性地对存储数据进行刷新。RAM 断电后信息会消失，因此它具有断电易失性。

如果一片 RAM 或 ROM 不能满足存储容量及位数要求，可以利用位扩展、字扩展、字和位同时扩展的方法满足系统对存储容量的要求。

习　题

1. 半导体存储器的主要技术指标有哪些?

2. ROM 的点阵图及地址线波形图如图 7-16 所示，试写出 $Y_3 \sim Y_0$ 的表达式，并画出其波形图。

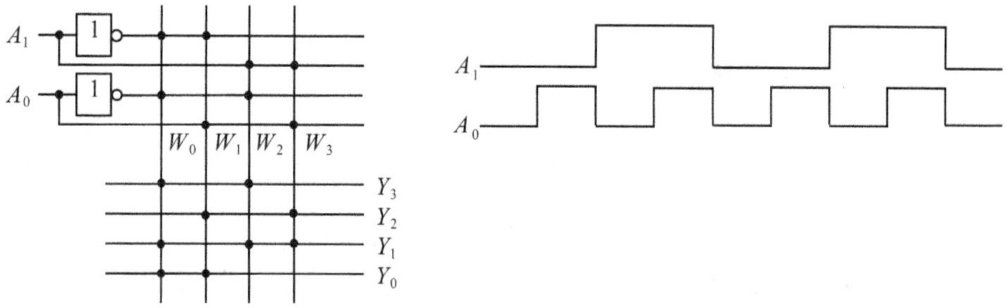

图 7-16

3. 试确定用 ROM 实现下列逻辑函数时所需的容量：

(1)实现两个 3 位二进制数相乘的乘法器；

(2)将 8 位二进制转换成十进制(8421BCD 码)的转换电路。

4. ROM，PROM，EPROM，E^2PROM，Flash Memory 有什么相同和不同之处?

5. ROM 和 RAM 有什么相同和不同之处?

6. 指出下列存储系统各具有多少个存储单元，有多少根地址线和数据线。

(1)512×2 位；　(2)64K×1 位；　(3)256K×4 位；　(4)1M×8 位。

7. 试画出下面电路，分别用 256×1 位 RAM 扩展成下列存储器：

(1)2048×1 位；　(2)256×4 位；　(3)1024×2 位。

8. 图 7-17 是用 4 片 16×4 位 RAM 和逻辑门构成的电路，试问：

(1)单片 RAM 的存储容量? 扩展后的 RAM 总容量?

(2)该电路属于位扩展，字扩展，还是字、位都有扩展？

(3)当地址码分别为 00000110 或 00011001 时，RAM(1)～RAM(4)，哪几片被选中？

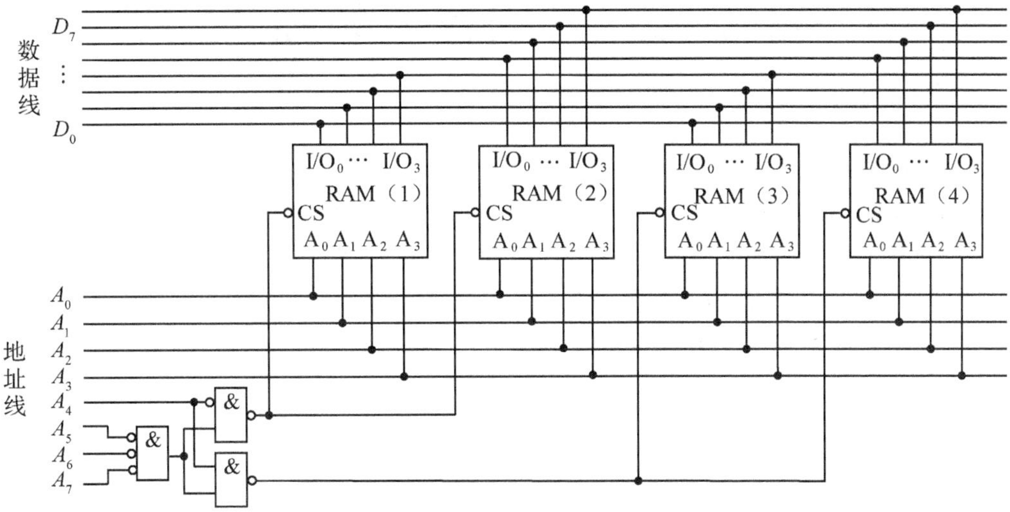

图 7-17

9. 用 ROM 设计一个组合逻辑电路，实现下列各逻辑函数，并画出存储矩阵的点阵图。

$$
\begin{cases}
Y_1=\overline{A}B\overline{D}+A\overline{C}D+\overline{B}CD \\
Y_2=\overline{B}C+B\overline{C} \\
Y_3=\overline{A}B\overline{C}D+\overline{A}BCD+A\overline{B}C\overline{D}+ABC\overline{D} \\
Y_4=\overline{A}BC+A\overline{B}C+AB\overline{C}
\end{cases}
$$

第 8 章　可编程逻辑器件

【内容提要】本章首先介绍可编程逻辑器件(PLD)的发展、表示方法及逻辑阵列的 PLD 表示法应用；其次介绍复杂可编程逻辑器件(CPLD)的结构及编程简介；最后介绍现场可编程门阵列(FPGA)实现逻辑功能的原理、结构及编程简介。

【能力目标】掌握 PLD 的表示方法及逻辑阵列的 PLD 表示法应用；了解复杂可编程逻辑器件和现场可编程门阵列的基本结构及实现逻辑功能的原理。

8.1　概述

可编程逻辑器件(Programmable Logic Device，PLD)是一种由用户编程以实现某种逻辑功能的新型逻辑器件。它诞生于 20 世纪 70 年代，在 80 年代以后，随着集成电路技术和计算机技术的发展而迅速发展。自问世以来，PLD 经历了从 PROM，PLA，PAL，GAL 到 FPGA，ispLSI 等高密度 PLD 的发展过程。在此期间，PLD 的集成度、速度不断提高，功能不断增强，结构更趋于合理，使用变得更灵活方便。

PLD 的出现，打破了由中小规模通用型集成电路和大规模专用集成电路垄断的局面。与中小规模通用型集成电路相比，用 PLD 实现数字系统，有集成度高、速度快、功耗小、可靠性高等优点。与大规模专用集成电路相比，用 PLD 实现数字系统，有研制周期短、先期投资少、无风险、修改逻辑设计方便、小批量生产成本低等优势。可以预见，在不久的将来，PLD 将在集成电路市场占统治地位。

最早的可编程逻辑器件主要是可编程只读存储器(PROM)和可编程逻辑阵列(Programmable Logic Array，PLA)。20 世纪 70 年代末出现了可编程阵列逻辑(Programmable Array Logic，PAL)器件。20 世纪 80 年代初期，美国 Lattice 公司推出了一种新型的 PLD 器件，称为通用阵列逻辑(Generic Array Logic，GAL)，被认为是第二代 PLD 器件。随着技术进步，生产工艺不断改进，器件规模不断扩大，逻辑功能不断增强，各种可编程逻辑器件如雨后春笋般涌现，如 PROM，EPROM，EEPROM 等。

随着半导体工艺不断完善，用户对器件集成度要求不断提高，1985 年，美国 Altera 公司在 EPROM 和 GAL 器件的基础上，首先推出了可擦除可编程逻辑器件 EPLD(Erasable PLD)，其基本结构与 PAL/GAL 器件相仿，但其集成度要比 GAL 器件高得多。而后 Altera，Atmel，Xilinx 等公司不断推出新的 EPLD 产品，它们的工艺不尽相同，结构不断改进，形成了一个庞大的群体。但是从广义来讲，可擦除可编程逻辑器件可以包括 GAL，EEPROM，FPGA，ispLSI 或 ispEPLD 等器件。

最初，一般把器件的可用门数超过 500 门的 PLD 称为 EPLD。后来，器件的密度越来越大，许多公司把原来称为 EPLD 的产品都称为复杂可编程逻辑器件(Complex Programmable Logic Device，CPLD)。现在，一般把所有超过某一集成度的 PLD 器件都称为 CPLD。

当前 CPLD 的规模已从取代 PAL 和 GAL 的 500 门以下的芯片系列，发展到 5 000 门以上，现已有上百万门的 CPLD 芯片系列。随着工艺水平的提高，在增加器件容量的同时，为提高芯片的利用率和工作频率，CPLD 从内部结构上做了许多改进，出现了多种不同的形式，功能更加齐全，应用不断扩展。

在 20 世纪 80 年代中期，美国 Xilinx 公司首先推出了现场可编程门阵列(Field Programmable Gate Array，FPGA)器件。FPGA 器件采用逻辑单元阵列结构和静态随机存取存储器工艺，设计灵活，集成度高，可无限次反复编程，并可现场模拟调试验证。FPGA 器件及其开发系统是开发大规模数字集成电路的新技术。它利用计算机辅助设计，绘制出实现用户逻辑的原理图、编辑布尔方程，或用硬件描述语言等方式作为设计输入；然后经一系列转换程序、自动布局布线、模拟仿真的过程；最后生成配置 FPGA 器件的数据文件，对 FPGA 器件初始化。

在 20 世纪 90 年代初，Lattice 公司又推出了在系统可编程大规模集成电路(ispLSI)。所谓“在系统可编程特性(In System Programmability，ISP)”，是指在用户自己设计的目标系统中或线路板上，为重新构造设计逻辑而对器件进行编程或反复编程的能力。采用 ISP 技术之后，硬件设计可以变得像软件设计那样灵活而易于修改，硬件的功能也可以实时地加以更新或按预定的程序改变配置。这不仅扩展了器件的用途，缩短了系统的设计和调试周期，而且还省去了对器件单独编程的环节，因而也省去了器件编程设备，简化了目标系统的现场升级和维护工作。

自进入 21 世纪以来，可编程逻辑集成电路技术进入飞速发展时期，器件的可用逻辑门数超过了百万门甚至达到上千万门，器件的最高频率超过百兆赫兹甚至达到四五百兆赫兹，内嵌的功能模块越来越专用和复杂，如出现了乘法器、RAM、CPU 核、DSP 核和 PLL 等，同时出现了基于 FPGA 的可编程片上系统(System On a Programmable Chip，SOPC)，有时又称为基于 FPGA 的嵌入式系统。

8.2 可编程逻辑器件(PLD)基础

8.2.1 PLD 的逻辑表示

随着半导体制造技术的进步，可编程逻辑器件的种类日益增多，已被广泛应用。采用传统的逻辑表示法研究 PLD 电路很不方便，有时还会产生一些混淆。为此，规定了一些适合 PLD 的逻辑表示方法。

1. PLD 中阵列及其阵列交叉点的逻辑表示

(1)PLD 中阵列交叉点的逻辑表示

PLD 逻辑阵列中交叉点的连接方式采用图 8-1 所示的几种逻辑表示。图 8-1(a)表示实体连接，就是行线和列线在这个交叉点处实体连接，这个交叉点是不可编程点，在交叉点处打上实心点。图 8-1(b)表示可编程连接。无论“×”或“⊗”表示该符号所在行线和列线交叉处是可编程点，具有一个可编程单元。采用熔丝工艺的 PLD 器件中，器件出厂后用户编程之前，所有可编程点处的熔丝都处于接通状态，可编程点上处处都标有“×”或“⊗”。在 PLD 器件被用户编程后，可编程点有的断开，有的接通。编程后在编程点上仍标有“×”，这时的“×”表示可编程点被编程后接通。若被编程后可编程点是断开的，则可编程点上的“×”消失，行线和列线不相接，这种情况用图 8-1(c)表示。

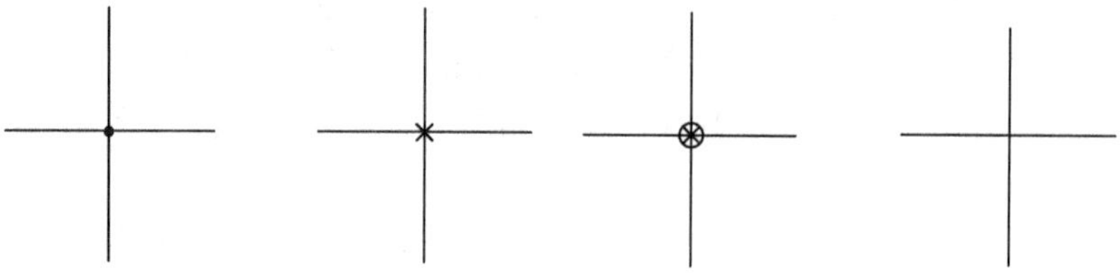

(a) 实体连接　　(b) 可编程连接　　(c) 编程后断开

图 8-1　阵列交叉点的 PLD 表示

(2)PLD 中与阵列和或阵列的逻辑表示

一个可编程的与阵列如图 8-2(a)所示。在二极管与门的各支路与输出之间接入熔丝。熔丝保留的各支路的输入为有效输入，输出 F 是熔丝保留各支路输入的与逻辑函数。图 8-2(b)是图 8-2(a)中与阵列的 PLD 表示。图 8-2(a)和图 8-2(b)是未编程或编程后熔丝都连通的情况，实现的逻辑函数是 $F(A，B，C)=\overline{A}\cdot A\cdot B\cdot\overline{B}\cdot C\cdot\overline{C}=0$。图 8-2(c)是烧断 3 个熔丝的情况，实现的与逻辑函数是 $F(A，B，C)=\overline{A}BC$，图 8-2(d)是图 8-2(c)给出的与阵列的 PLD 表示。

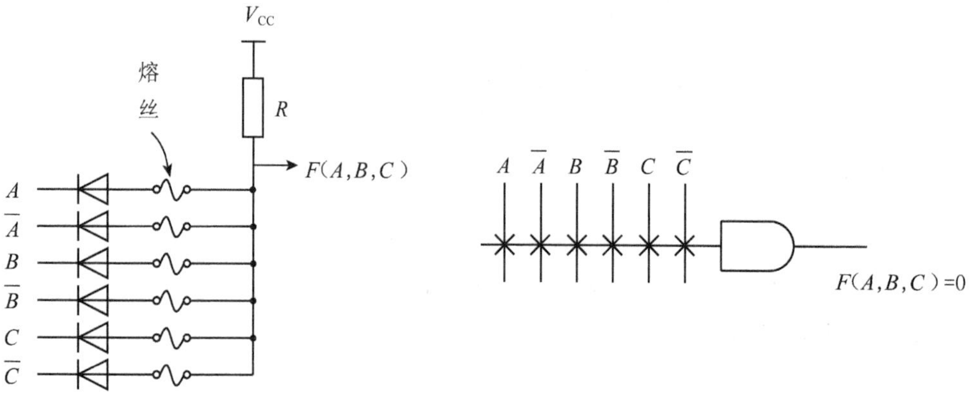

(a) 可编程的与阵列　　(b) 未编程或编程后熔丝都连通与阵列的PLD表示

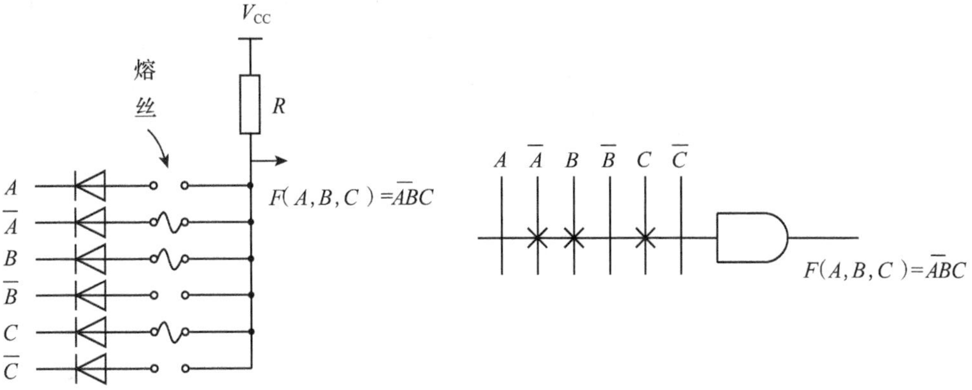

（c）编程后实现 $F=\overline{A}BC$ 的与阵列　　（d）实现 $F=\overline{A}BC$ 与阵列的PLD表示

图 8-2　可编程与阵列的 PLD 表示

一个可编程的或阵列如图 8-3(a)所示，其构成原理与可编程的与阵列相同。图 8-3(b)是图 8-3(a)给出的或阵列的 PLD 表示。或阵列的输入常常是与阵列的乘积项输出，或阵列的输出是编程后接通各支路输入乘积项的逻辑或。图 8-3(c)是烧断 1 个熔丝的情况，图 8-3(d)是图 8-3(c)给出的或阵列的 PLD 表示，实现了 $f(p_1, p_2, p_3)=p_2+p_3$。

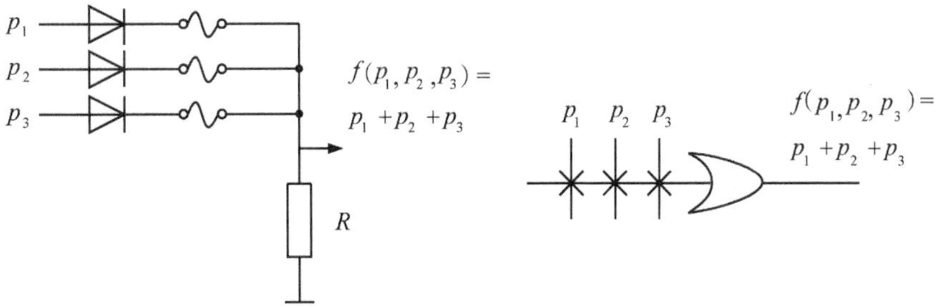

（a）可编程的或阵列　　（b）未编程或编程后熔丝都连通或阵列的PLD表示

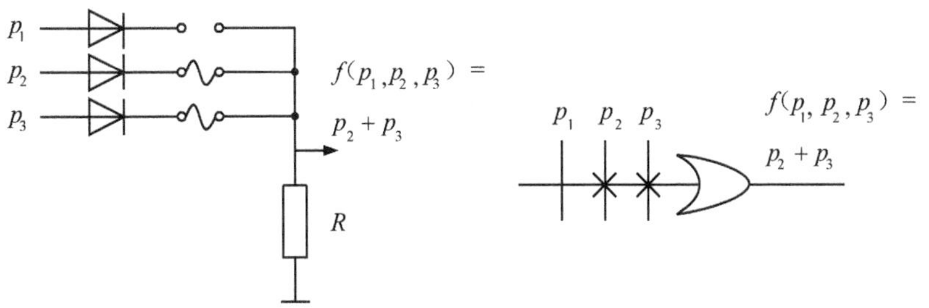

（c）编程后实现 $f=p_2+p_3$ 的或阵列　　（d）实现 $f=p_2+p_3$ 或阵列的PLD表示

图 8-3　可编程或阵列的 PLD 表示

2. PLD 中基本逻辑单元的表示

(1)输入缓冲器和反馈缓冲器

在 PLD 中有两种特殊的缓冲器，它们是输入缓冲器和反馈缓冲器，这两种缓冲器有相同的电路构成，图 8-4 给出了它们的 PLD 表示，它们是单输入、双输出的缓冲器单元，其中一个是高有效输出端，即同极性输出端，另一个是低有效输出端，即反极性输出端。与前面学过的输出三态缓冲器不同，注意二者之间的区别。输入缓冲器和反馈缓冲器输出只有 0，1 两个逻辑状态。而输出三态缓冲器除了有 0，1 两个逻辑状态外，还有一个称为高阻的状态。

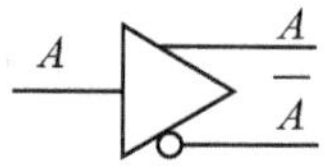

图 8-4　输入缓冲器和反馈缓冲器的 PLD 表示

(2)输出极性可编程的异或门

在 PLD 中为了实现输出极性可编程，常采用如图 8-5(a)所示的异或门结构。当熔丝烧断时，异或门输出极性为低电平有效，即 $Q_0=P\oplus 1=\overline{P}$ 。否则异或门输出高电平有效，$Q_0=P\oplus 0=P$ 。图 8-5(b)是编程后熔丝保留，输出极性编程为高电平有效的 PLD 表示。图 8-5(c)是编程后熔丝烧断，输出极性编程为低电平有效的 PLD 表示。

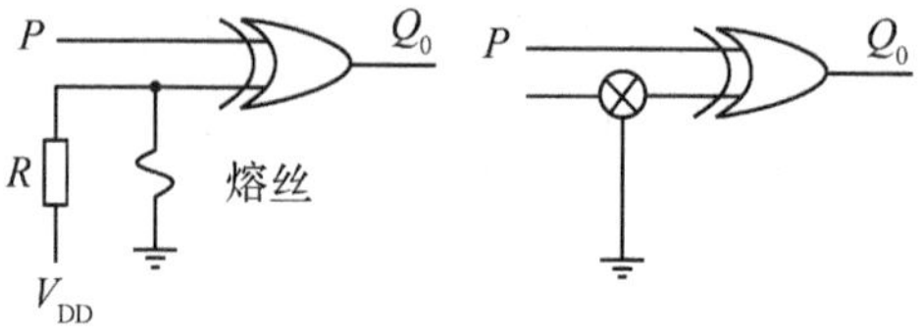

(a) 输出极性可编程异或门结构

(b) 输出极性编程为高电平有效的PLD表示　　(c) 输出极性编程为低电平有效的PLD表示

图 8-5 输出极性可编程异或门的 PLD 表示

(3)地址选择可编程数据选择器的逻辑表示

地址选择可编程的数据选择器如图 8-6 所示。其中地址选择可编程的 2 选 1 数据选择器(MUX)的 PLD 表示如图 8-6(a)所示，地址选择可编程的 4 选 1 数据选择器(MUX)的

(a) 可编程2选1数据选择器　　(b) 可编程4选1数据选择器

图 8-6　地址选择可编程数据选择器的 PLD 表示

PLD 表示如图 8-6(b)所示。地址选择端编程后，若列线与行线相接且接地，其输入为逻辑 0。否则，列线与行线断开其输入为逻辑 1。根据编程情况，地址选择端的输入有 00，01，10，11 四种情况。

(4)可编程数据分配器的逻辑表示

可编程数据分配器如图 8-7 所示。图 8-7 的核心部分是可编程数据分配器，根据可编程熔丝 S_1S_0 的不同编程值，使乘积项簇分别被分配到 $n+1$ 号、n 号、$n-1$ 号、$n-2$ 号宏单元。熔丝 1 正常时(默认状态)不熔断，乘积项簇的信号传不到 n 号宏单元。若编程后熔丝 1 熔断，乘积项簇信号可以传到 n 号宏单元。如果熔丝 2 熔断，异或门反极性传输，否则异或门原极性传输，n 号宏单元接收信号与乘积项簇信号同相。

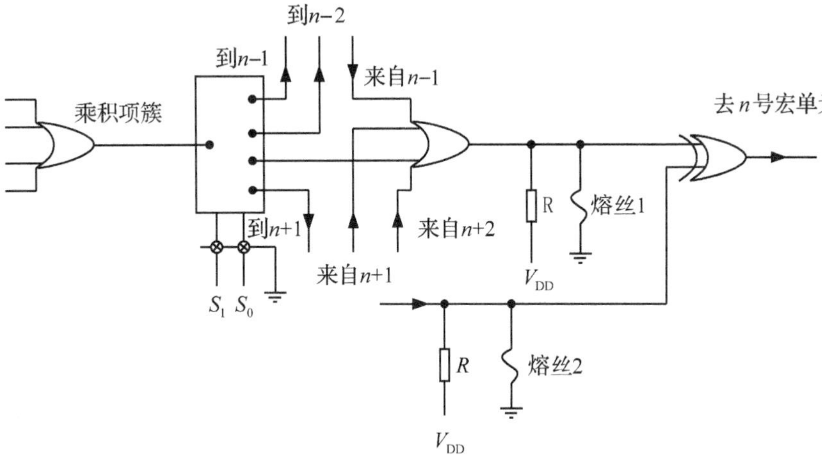

图 8-7 可编程数据分配器

(5)PLD 中与阵列的默认表示

在 PLD 器件与阵列中常看到图 8-8 中给出的表示方式。输出为 Z_1 的与门 4 个输入变量全部被编程后输入，4 个交叉点均画“×”。因此，$Z_1=\overline{A}\cdot A\cdot\overline{B}\cdot B=0$。输出为 Z_2 的与门输入阵列交叉点上均未画“×”，而在与门符号内却画有“×”，表示 4 个输入变量也是全部编程后输入，即 $Z_2=\overline{A}\cdot A\cdot\overline{B}\cdot B=0$，$Z_2$ 为 Z_1 的默认表示。输出为 Z_3 的与门输入阵列交叉点上无“×”，与门符号内也无“×”，这是浮动状态的逻辑表示。浮动输入状态代表与阵列编程后 4 个输入全都不同与门相接，与门输入悬空，与门输出为高电平，即输出逻辑“1”。

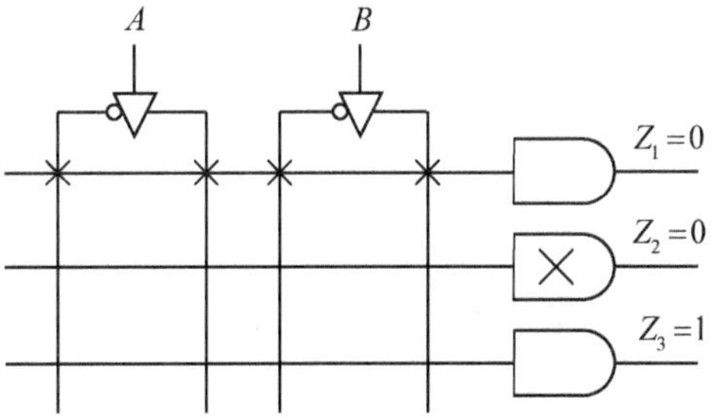

图 8-8 PLD 中与阵列的默认表示

(6)双向输入/输出和反馈输入的逻辑表示

双向输入/输出和反馈输入结构是 PLD 结构的特点之一。在图 8-9(a)中，乘积项 P_{n+1} 作为三态输出缓冲器的使能端控制信号。由于各阵列交叉点没有一个标有“×”，因此 $n+1$ 号与门输出为逻辑“1”，三态输出缓冲器工作。或阵列输出信号 S_m 加在 I/O_m 引脚上，作为输出信号。同时信号 S_m 又通过反馈缓冲器反馈到与阵列。这个输出带反馈的组态方式采用图 8-9(b)所示的 PLD 表示。

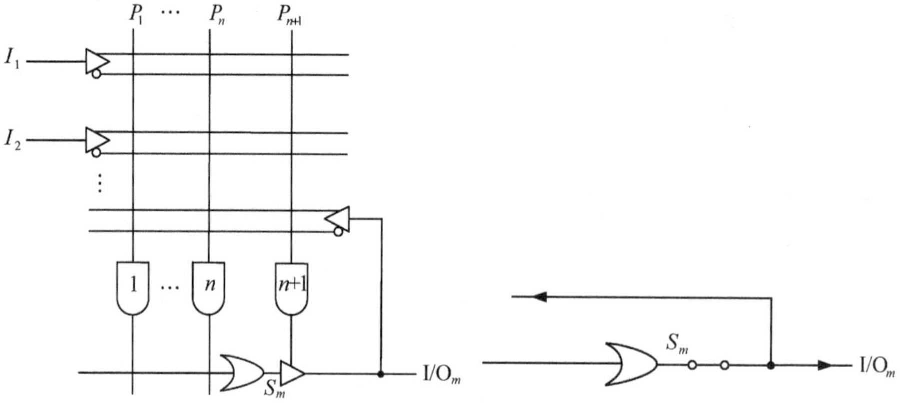

(a) 阵列结构　　(b) 等效的PLD表示

图 8-9　双向输入/输出和反馈输入的阵列表示(三态缓冲器有效)

在图 8-10(a)中，乘积项 P_{n+1} 作为三态输出缓冲器的使能端控制信号。由于各阵列交叉点全标有“×”，所以 $n+1$ 号与门输出为逻辑“0”，三态输出缓冲器禁止，其输出为高阻。这时，或阵列输出信号 S_m 与 I/O_m 引脚断开，加在 I/O_m 引脚上的输入信号则通过反馈缓冲器加到与阵列上。这种输出缓冲器为高阻态，加在输出引脚上的信号借助反馈缓冲器成为输入的组态方式，可用图 8-10(b)表示。

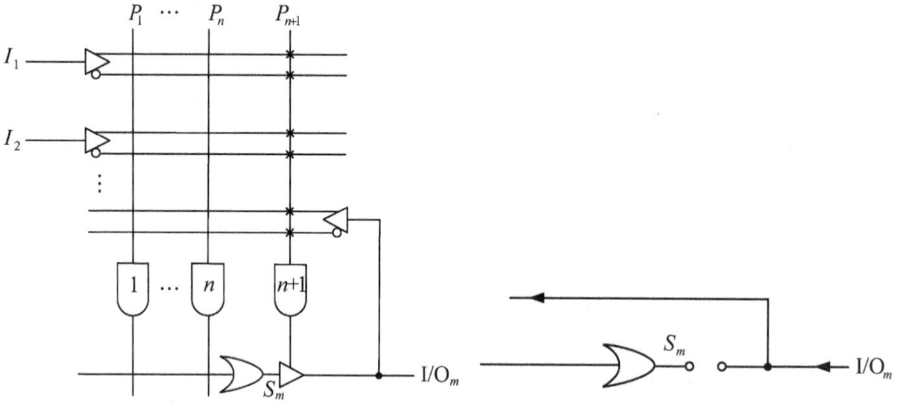

(a) 阵列结构　　(b) 等效的PLD表示

图 8-10　双向输入/输出和反馈输入的阵列表示(三态缓冲器禁止)

8.2.2 逻辑阵列的 PLD 表示法应用

实现 2 位串行进位加法器的原理框图如图 8-11(a)所示。图 8-11(a)中设定 A_1，B_1，A_0，B_0，C_{-1} 是输入，其相应的引脚号 3，4，1，2，5。C_1，S_1，C_0，S_0 设定为输出，其中 C_0 是第一级加法器的进位输出，也作为第二级加法器的级联输入，相应引脚号设定为 7，9，6，8。图 8-11(a)中 C_{-1} 是第一级加法器的级联输入。每一级加法器的标准方程式为

$$S_i=\overline{A}_i\overline{B}_iC_{i-1}+\overline{A}_iB_i\overline{C}_{i-1}+A_i\overline{B}_i\overline{C}_{i-1}+A_iB_iC_{i-1},$$
$$C_i=A_iB_i+A_iC_{i-1}+B_iC_{i-1}。$$

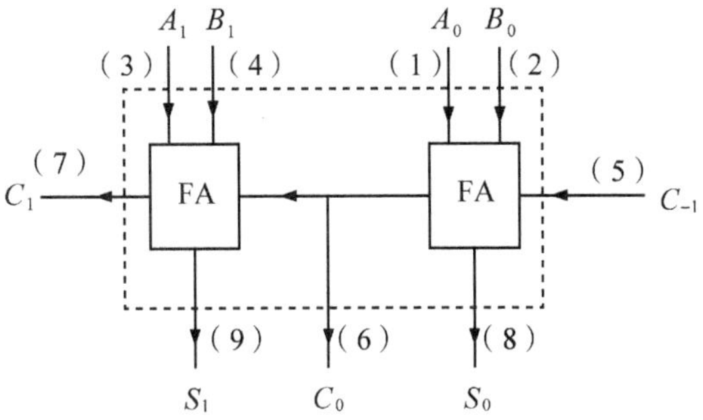

(a) 加法器的原理框图

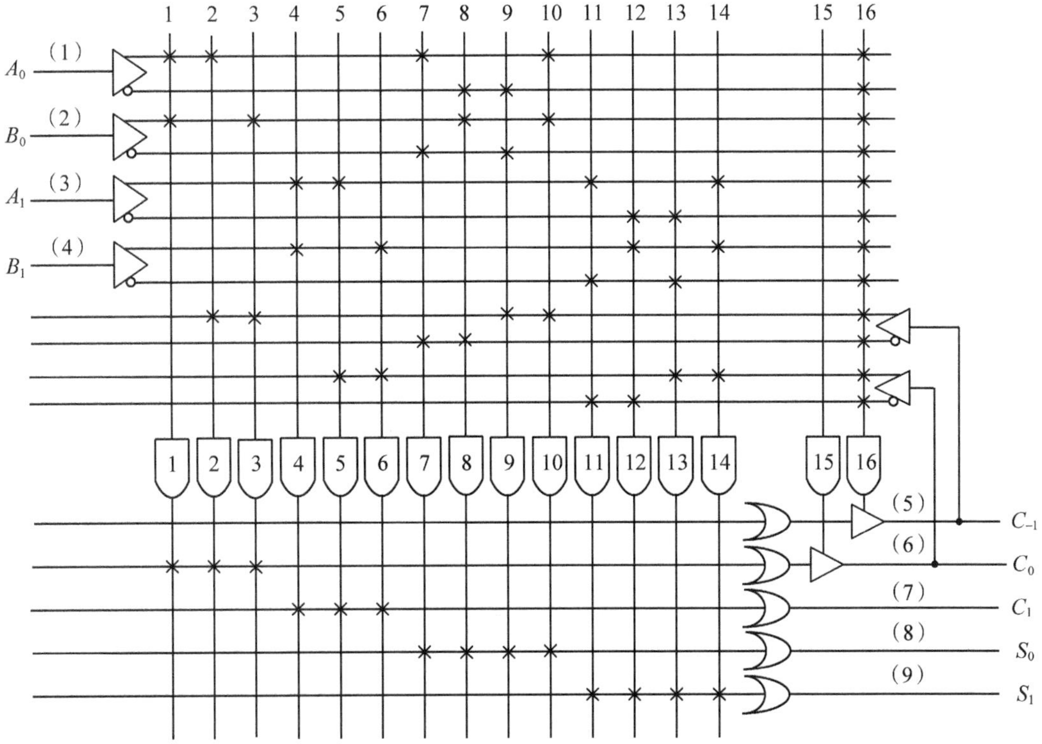

(b) 加法器的PLD表示

图 8-11 实现 2 位串行进位加法器

实现这个 2 位串行进位加法器的阵列表示如图 8-11(b)所示。由图 8-11(a)可知，该加法器共有 5 个输入，而图 8-11(b)中作为阵列的专用输入引脚只有 4 个。所以将 C_{-1} 输入设置在 5 号引脚上。5 号引脚表面上是输出引脚，但实际上 5 号引脚上的三态缓冲器受 16 号与门输出的逻辑 0 驱动而输出高阻，或阵列与 5 号引脚断开，5 号引脚上的 C_{-1} 信号通过反馈缓冲器加入与阵列中作为输入。6 号引脚上的三态缓冲器受 15 号与门输出的逻辑 1 驱动而使能，或阵列输出 C_0 信号加到 6 号引脚。同时 6 号引脚的 C_0 信号又通过反馈缓冲器加入与阵列中，与 A_1 和 B_1 相加后产生 S_1 和 C_1。6 号引脚成为带反馈的输出引脚。

8.3 复杂可编程逻辑器件(CPLD)

随着微电子技术的发展和应用上的需求，简单的可编程逻辑器件在集成度和性能方面都难以满足要求，因此集成度更高、功能更强的复杂可编程器件(CPLD)便迅速发展起来。

早期的 CPLD 大多数采用 EPROM 编程技术，需要在专用或通用设备上进行编程。后来采用 E^2PROM 和快闪存储器技术，使 CPLD 具有"在系统可编程"特性。所谓在系统可编程是指未编程的 ISP 器件可以直接焊在印刷电路板上，然后通过计算机数据传输端口和专用编程电缆对焊接在电路板上的 ISP 器件直接多次编程，从而使器件具有所需的逻辑功能。这种编程不需要使用专用的编程器，因为已将原来属于编程器的编程电路和升压电路集成在 ISP 器件内部。ISP 技术使得调试过程中，不需要反复拔插芯片，从而不会产生引脚弯曲变形现象，提高了可靠性，而且可以随时对焊接在电路板上的 ISP 器件的逻辑功能进行修正，从而加快了数字系统的调试过程。目前，ISP 已成为系统在线远程升级的技术手段。

8.3.1 CPLD 的结构

CPLD 具有更多的输入信号、更多的乘积项和更多的宏单元。尽管各厂商生产的 CPLD 器件结构千差万别，但它们仍有共同之处，如图 8-12 所示是一般 CPLD 器件的结构

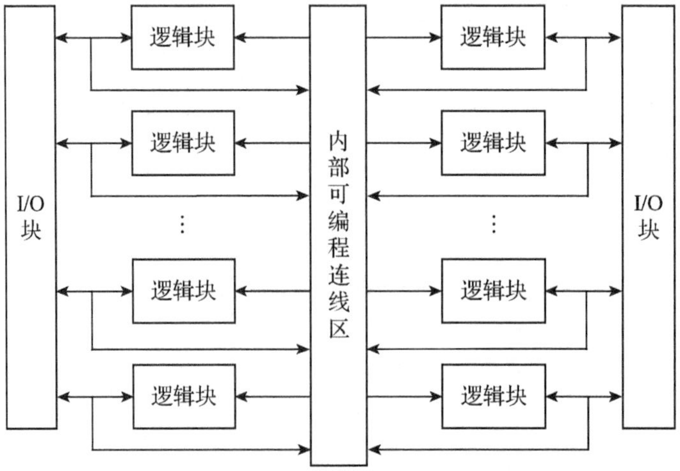

图 8-12 CPLD 的结构框图

框图。CPLD 器件内部含有多个逻辑块，每个逻辑块都相当于一个通用阵列逻辑(Generic Array Logic，GAL)器件，这些逻辑块之间可以使用可编程内部连线(或者称为可编程的开关矩阵)实现相互连接。为了增强对 I/O 的控制能力，提高引脚的适应性，CPLD 中还增加了 I/O 控制块。每个 I/O 块中有若干个 I/O 单元。

1. 逻辑块

逻辑块的构成如图 8-13 所示。它主要由可编程乘积项阵列(即与阵列)、乘积项分配、宏单元 3 部分组成。对于不同厂家，不同型号的 CPLD，逻辑块中的乘积项的输入变量个数 n 和宏单元个数 m 不完全相同。例如，Xilinx 公司的 XC9500 系列中，乘积项输入变量为 36 个，宏单元为 18 个。而 Altera 公司的 MAX7000 系列，乘积项输入变量个数有 36 个，宏单元有 16 个。

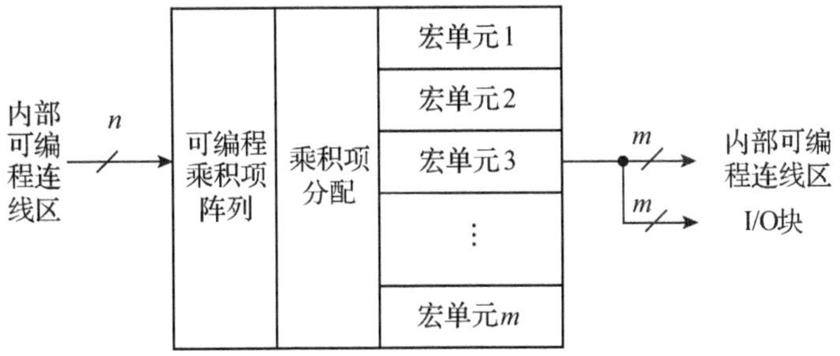

图 8-13　逻辑块的构成

(1)可编程乘积项阵列

乘积项阵列有 n 个输入，可产生 n 变量的乘积项。一般一个宏单元对应 5 个乘积项，这样，在逻辑块中共有 $5\times m$ 个乘积项。例如，XC9500 系列的逻辑块中有 90 个 36 变量乘积项，MAX7000 系列的逻辑块中有 80 个 36 变量乘积项。

(2)乘积项分配和宏单元

不同型号的 CPLD 器件，乘积项分配和宏单元电路结构不完全相同，但所要实现的功能大体相同。如图 8-14 所示为 XC9500 系列的乘积项分配和宏单元电路。图中 $S_1\sim S_8$ 为可编程数据分配器，$M_1\sim M_5$ 为可编程数据选择器。为了简明起见，没有画出它们的可编程选择输入端。

来自可编程乘积项阵列的 5 个乘积项，通过数据分配器 $S_1\sim S_5$ 送至宏单元的或门 G_4 构成与或式。与此同时，或门 G_4 最上端的输入，可以通过数据分配器 S_6，S_7 和或门 G_3，取自上一个相邻宏单元的乘积项或下一个相邻宏单元的乘积项，从而扩展了乘积项的个数。

宏单元中任何没有用到的乘积项，都可以经过或门 G_1 与经 S_6 和 S_7 来自相邻宏单元的乘积项由或门 G_2 组合在一起，再经过数据分配器 S_8 送到上一个或下一个宏单元去。这种乘积项的“链式”结构，可以实现远远多于 5 个乘积项的与或式。在 XC9500 系列的 CPLD 中，理论上可以将 90 个乘积项组合到一个宏单元中，产生 90 个乘积项的与或式，但此时其余 17 个宏单元将不能使用乘积项了。在 Altera 公司生产的 CPLD 中，宏单元中除了具有乘积项扩展功能外，还有乘积项共享电路，使得同一个乘积项可以被多个宏单元共同使用。

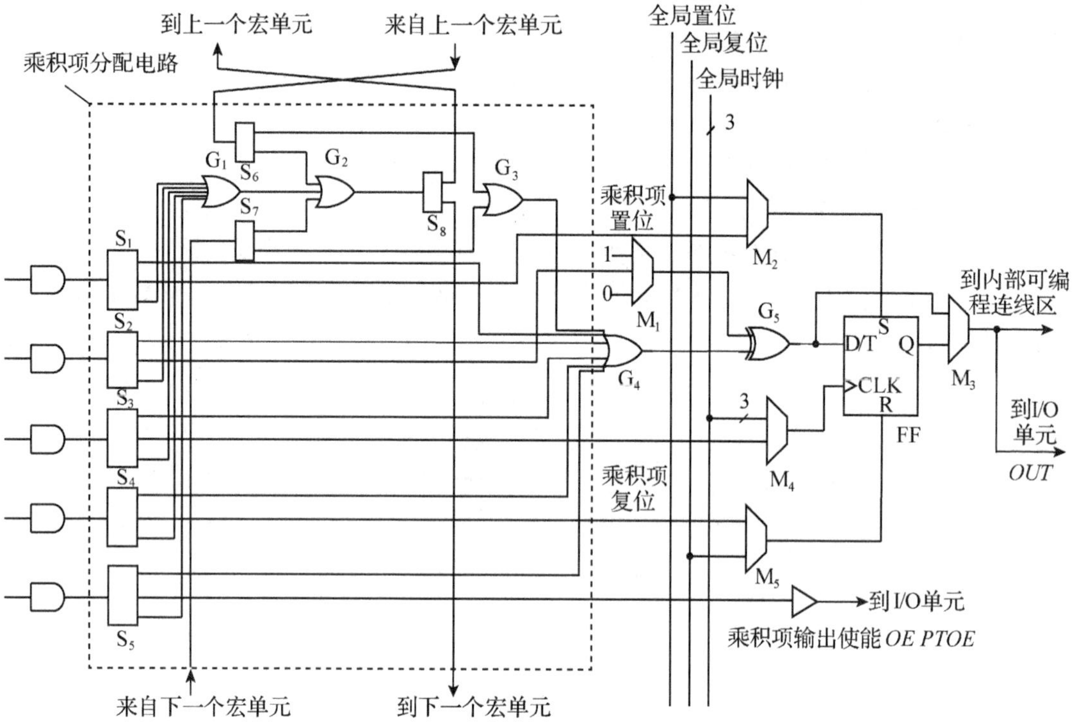

图 8-14　XC9500 系列的乘积项分配和宏单元电路

数据分配器 S_1～S_5 中间输出的乘积项用于特殊功能，这些功能包括作为触发器 FF 的置位、复位、时钟信号，异或门 G_5 的同相/反相输出控制信号和乘积项输出使能控制信号 *PTOE*。

将或门 G_4 输出的与或式送至异或门 G_5，G_5 的另一个输入来自数据选择器 M_1。通过对 M_1 的编程，可以选择 0，1 或另一个乘积项，来控制 G_4 的输出经过 G_5 是否反相，或受另一个乘积项控制。M_3 可以选择是直接组合形式输出还是通过触发器的寄存器形式输出。

触发器 FF 可以被编程为 D 触发器或 T 触发器，且经过 M_2 和 M_5 可以选择全局或乘积项置位、复位信号。通过 M_4 也可以在 3 个全局时钟和一个乘积项中选择触发器的时钟信号。

宏单元的输出不仅可以送至 I/O 单元，还可以送到内部可编程连线区，以被其他宏单元使用。

2. 可编程内部连线

可编程内部连线的作用是实现逻辑块与逻辑块之间、逻辑块与 I/O 块之间以及全局信号到逻辑块和 I/O 块之间的连接。连线区的可编程连接一般由 E^2CMOS 管实现，其原理如图 8-15 所示。当 E^2CMOS 管被编程为导通时，纵线和横线连通；被编程为截止时，两线则不通。

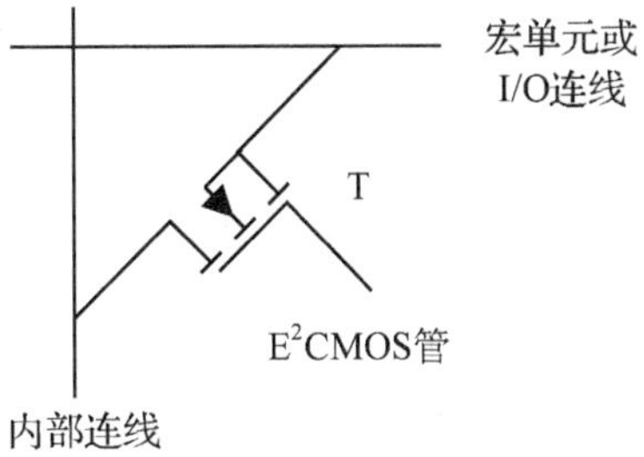

图 8-15 可编程连接原理

不同厂商对可编程内部连线区的命名也不同，Xilinx 公司把它称为 Switch Matrix(开关矩阵)，Altera 公司把它称为 PIA(Programmable Interconnect Array)，Lattice 公司把它称为 GRP(Global Routing Pool)。虽然，它们之间存在一定的差别，但所承担的任务是相同的。这些连线的编程工作是由开发软件的布线程序自动完成的。

3. I/O 单元

I/O 单元是 CPLD 外部封装引脚和内部逻辑间的接口。每个 I/O 单元对应一个封装引脚，通过对 I/O 单元中可编程单元的编程，可将引脚定义为输入、输出和双向功能。CPLD 的 I/O 单元简化原理框图如图 8-16 所示。

I/O 单元中有输入和输出两条信号通路。当 I/O 引脚作输出时，三态输出缓冲器的输入信号来自宏单元，其使能控制信号 *OE* 由可编程数据选择器 M 选择其来源。其中，全局输出使能控制信号有多个，不同型号的器件，其数量也不同。当 *OE* 为低电平时，输出缓冲器为高阻，I/O 引脚可用作输入，引脚上的输入信号经过输入缓冲器送至内部可编程连线区。

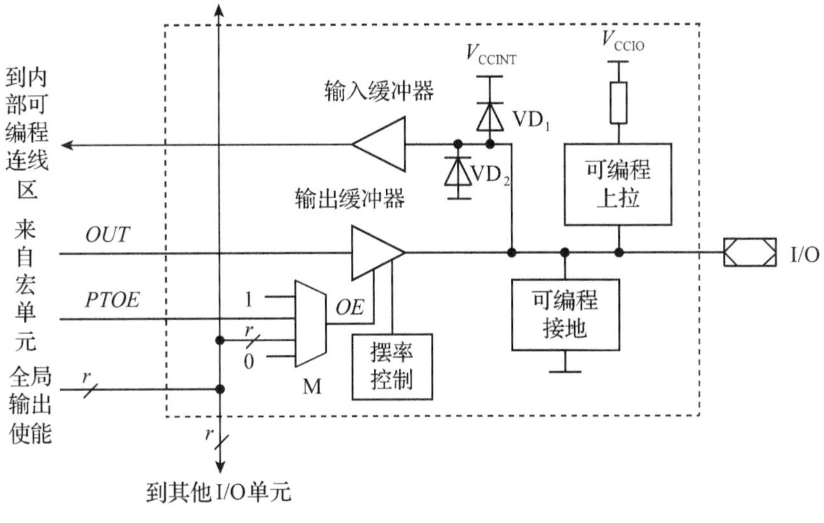

图 8-16 I/O 单元的简化原理图

图 8-16 中 VD_1 和 VD_2 是钳位二极管，用于 I/O 引脚的保护。另外，通过编程可以使 I/O 引脚连接上拉电阻或接地，也可以控制输出摆率(转换速率 *SR*)，选择快速方式可适

应频率较高的信号输出，选择慢速方式则可以减小功耗和降低噪声。V_{CCINT} 是器件内部逻辑电路的工作电压，而 V_{CCIO} 的引入，可以使 I/O 引脚兼容多种电源系统。

8.3.2 CPLD 编程简介

CPLD 各种逻辑功能的实现，都是由其内部的可编程单元控制的。这些单元大多数采用 E^2PROM 或快闪存储器编程技术。编程过程就是将编程数据写入这些单元的过程。这一过程也称为下载（Download)或配置(Configure)。写入 CPLD 中的编程数据都是由可编程器件的开发软件自动生成的。用户在开发软件中输入设计要求，利用开发软件对设计进行检查、分析和优化，并自动对逻辑电路进行划分、布局和布线，然后按照一定的格式生成编程数据文件，再通过编程电缆将编程数据写入 CPLD 中。

目前，绝大多数 CPLD 器件具有 ISP 功能。ISP 器件的编程必须具备 3 个条件：ISP 专用编程电缆、微机、ISP 编程软件。编程时，用户首先将 ISP 编程电缆的一端接到微机的数据传输端口上，另一端接到电路板上被编程器件的 ISP 接口上，然后通过编程软件发出编程命令，将编程数据传送到芯片中。

不同厂商生产的 CPLD，ISP 接口不完全相同，但基本上都支持 JTAG(Joint Test Action Group)标准编程，所以 CPLD 中都设有 JTAG 规定的 4 个 I/O 引脚。各引脚作用如表 8-1 所示。如图 8-17 所示是 Altera 公司的 MAX7000S 系列 CPLD 器件编程连接示意图。

表 8-1 JTAG 标准的编程引脚

引脚	功能
TMS	编程模式控制
TCK	编程时钟
TDI	编程数据输入
TDO	编程数据输出

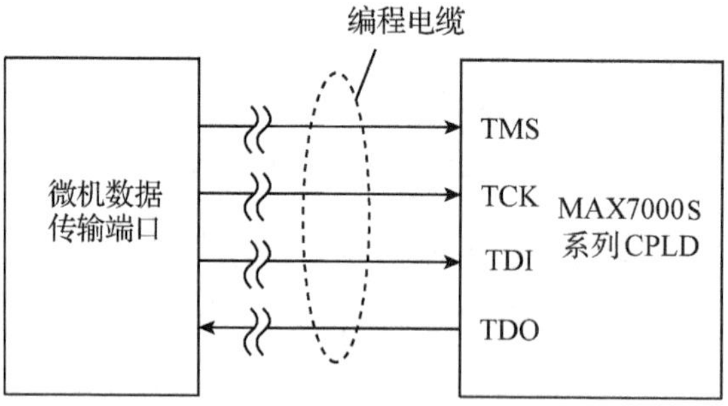

图 8-17 ISP 器件编程连接示意图

TDO 的数据可以用于编程校验，也可以作为多个 CPLD 串行编程时下一个 CPLD 器件的输入数据，如图 8-18 所示。多数 CPLD 这 4 个编程引脚也可以作为用户的 I/O 使用。

与后面将要介绍的 FPGA 相比，尽管 CPLD 在电路规模和灵活性方面不如 FPGA，但是它的可加密性和传输延时预知性，使得 CPLD 仍广泛应用于数字系统设计中。

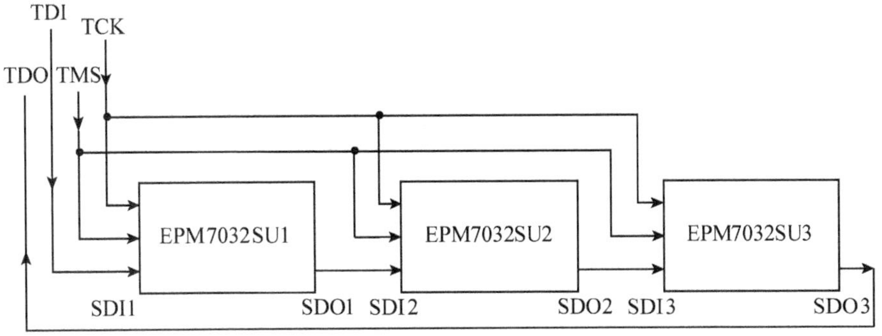

图 8-18　多个 CPLD 器件串行编程

8.4　现场可编程门阵列(FPGA)

现场可编程门阵列(Field Programmable Gate Array，FPGA)是 20 世纪 80 年代中期发展起来的另一种类型的可编程器件，它不像 CPLD 那样采用可编程“与或”阵列来实现逻辑函数，而是采用查找表(Look-Up Table，LUT)实现逻辑函数。这种不同于 CPLD 的结构特点，使 FPGA 中可以包含数量众多的 LUT 和触发器，从而能够实现更大规模、更复杂的逻辑电路，避免了“与或”阵列结构上的限制和触发器及 I/O 端数量上的限制。

近年来，生产工艺的进步大大降低了 FPGA 的成本，其功能和性能上的优势更为突出。因此，FPGA 已成为目前设计数字电路或系统的首选器件之一。

8.4.1　FPGA 中编程实现逻辑功能的基本原理

在 FPGA 中，实现组合逻辑功能的基本电路是 LUT 和数据选择器，而触发器是实现时序逻辑功能的基本电路。LUT 本质上就是一个 SRAM。目前 FPGA 中多使用 4 个输入、1 个输出的 LUT，如图 8-19 所示。每一个 4 输入的 LUT 可以看成一个具有 4 根地址线的 16×1 位的 SRAM。SRAM 与 ROM 实现组合逻辑函数的原理相同。例如，要实现逻辑函数 $F=\bar{A}BC+A\bar{B}CD+B\bar{C}$ ，则可以列出 F 的真值表，如表 8-2 所示。以 $ABCD$ 作为地址，将 F 的值写入 SRAM 中，这样，每输入一组 $ABCD$ 信号进行逻辑运算，就相当于输入一个地址进行查表，找出地址所对应的内容输出，在 F 端便得到该组输入信号逻辑运算的结果。

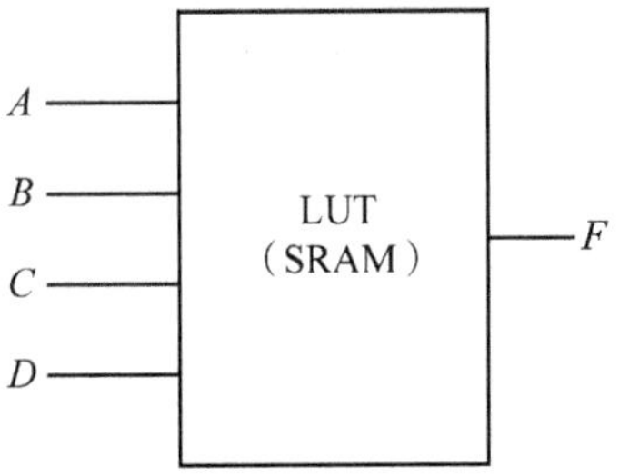

图 8-19　4 输入查找表

表 8-2　*F* 的真值表

地址 A	B	C	D	内容 F	地址 A	B	C	D	内容 F
0	0	0	0	0	1	0	0	0	0
0	0	0	1	0	1	0	0	1	0
0	0	1	0	0	1	0	1	0	0
0	0	1	1	0	1	0	1	1	1
0	1	0	0	1	1	1	0	0	1
0	1	0	1	1	1	1	0	1	1
0	1	1	0	1	1	1	1	0	0
0	1	1	1	1	1	1	1	1	0

当用户通过原理图或 HDL 语言描述了一个逻辑电路后，FPGA 开发软件会自动计算逻辑电路的所有可能结果(真值表)，并把结果写入 SRAM，这一过程就是所谓的编程。此后，SRAM 中的内容始终保持不变，LUT 就具有了确定的逻辑功能。由于 SRAM 具有数据易失性，即一断电，其原有的逻辑功能将消失。所以 FPGA 一般需要一个外部的 PROM 保存编程数据。FPGA 首先从 PROM 中读入编程数据进行初始化，然后才开始正常工作。

由于一般的 LUT 为 4 输入结构，所以，当要实现多于 4 变量的逻辑函数时，就需要用多个 LUT 级联来实现。一般在 FPGA 中，采用数据选择器实现 LUT 级联。如图 8-20 所示是由 4 个 LUT 和若干个 2 选 1 数据选择器实现 6 变量任意逻辑函数的原理图。该电

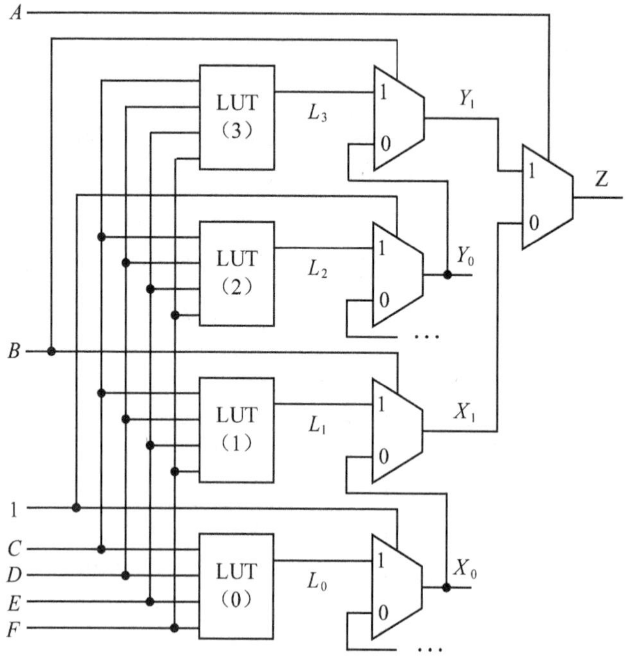

图 8-20　LUT 通过级联实现 6 变量逻辑函数

路实际上将 4 个 16×1 位的 LUT 扩展成为 64×1 位。A，B 相当于 6 位地址的最高 2 位，它们取值不同时，输出与 LUT 的关系如表 8-3 所示。

表 8-3　字扩展关系

高位地址 A	B	输　出 Z
0	0	选通 LUT(0)
0	1	选通 LUT(1)
1	0	选通 LUT(2)
1	1	选通 LUT(3)

在 LUT 和数据选择器的基础上再增加触发器，便可构成既可实现组合逻辑功能又可实现时序逻辑功能的基本逻辑单元电路。FPGA 中就是由很多类似这样的基本逻辑单元来实现各种复杂逻辑功能。由于 SRAM 中的数据理论上可以进行无限次写入，所以，基于 SRAM 技术的 FPGA 可以进行无限次的编程。

8.4.2　FPGA 的结构

在目前的 FPGA 产品中 Xilinx 公司的 FPGA 最为典型，下面以该公司的产品为例介绍 FPGA 的内部结构及各模块的功能。FPGA 的结构示意图如图 8-21 所示，它主要由可

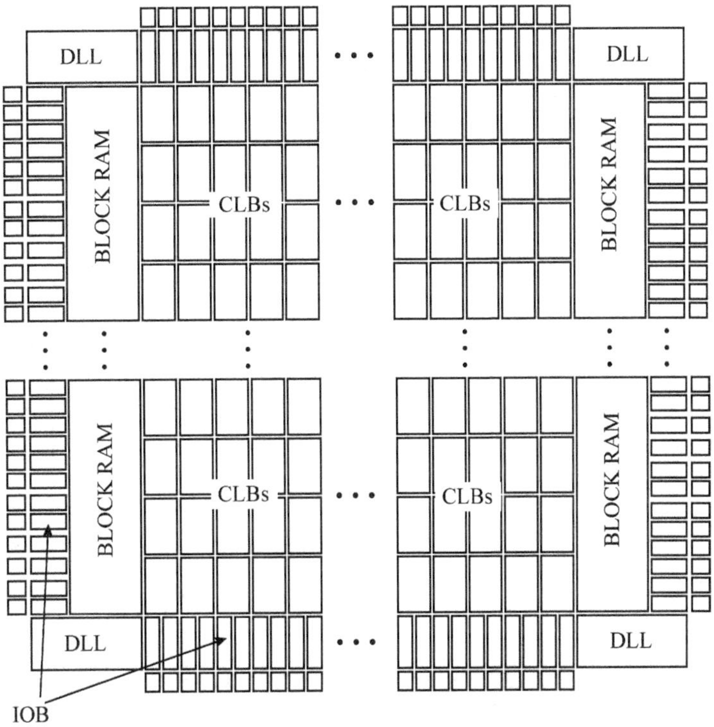

图 8-21　Spartan—II 系列 FPGA 的结构示意图

编程逻辑模块(Configurable Logic Block，CLB)、RAM 块(Block RAM)、输入/输出(Input/Output Block，IOB)、延时锁环(Delay－Locked Loop，DLL)和可编程布线矩阵(Programmable Routing Matrix，PRM，图 8-21 中未画出)等组成。FPGA 的规模不同，其所包含的模块数量也不同。

可编程逻辑模块是实现各种逻辑功能的基本单元，包括组合逻辑、时序逻辑、加法器等运算功能。可编程输入/输出模块是芯片外部引脚数据与内部数据进行交换的接口电路，通过编程可将 I/O 引脚设置成输入、输出和双向等不同的功能。IOB 分布在芯片的四周。

延时锁环可以控制和修正内部各部分时钟的传输延迟时间，保证逻辑电路正常工作。同时也可以产生相位滞后 0°，90°，180°和 270°的时钟脉冲，还可以产生倍频或分频时钟，分频系数可以是 1.5，2，2.5，3，4，5，8，16 等。

CLB 之间的空隙部分是布线区，分布着可编程布线资源。通过它们来实现 CLB 与 CLB 之间、CLB 与 IOB 之间以及全局时钟等信号与 CLB 和 IOB 之间的连接。

在 Xilinx 公司的高性能产品中，已将乘法器、数字信号处理器等集成在 FPGA 中，较大增强了 FPGA 的功能。同时为了使芯片稳定可靠的工作，其内部都设有数字时钟管理模块。下面介绍 FPGA 中最基本的功能模块。

1. 可编程逻辑模块(CLB)

CLB 是 FPGA 中的基本逻辑模块，它可实现绝大多数的逻辑功能，其简化的原理框图如图 8-22 所示。

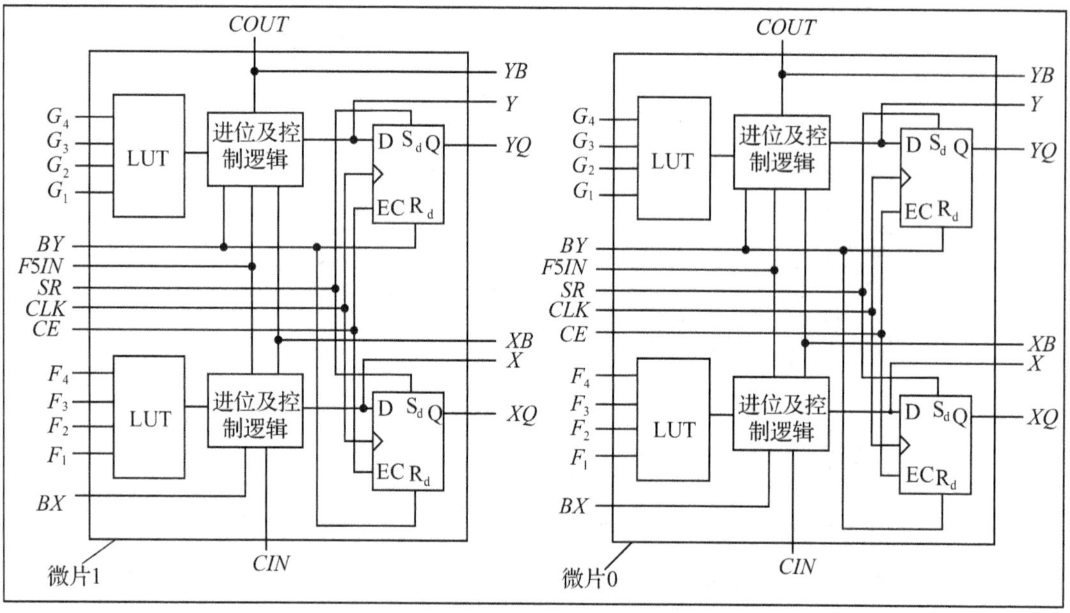

图 8-22　Spartan-II，Virtex 系列简化的 CLB 原理框图

构成 CLB 的基础是逻辑单元(Logic Cell，LC)，一个 LC 中包括一个 4 输入 LUT、进位及控制逻辑和一个 D 触发器(EC 为时钟使能控制端)。每个 CLB 包含 4 个 LC，并将每 2 个 LC 组织在 1 个微片(Slice)中，图 8-22 中可见有 2 个微片。在 Virtex-II 和 Spartan-3 系列中，CLB 包含 4 个微片，即有 8 个 LC。CLB 的输入来自可编程布线区，其输出再送到内部布线区。

为了进一步了解 CLB 实现各种逻辑功能的原理，图 8-23 画出了详细的单个微片原理图。图 8-23 中数据选择器除了 CY，F5，F6 外均为可编程 MUX。由图可看出，微片有 15 个输入端和 8 个输出端。15 个输入端包括两组 4 变量逻辑函数输入端 $F_1 \sim F_4$ 和 $G_1 \sim G_4$，3 个触发器控制及时钟信号输入端 SR，CLK 和 CE，1 个级联输入端 $F5IN$，2 个旁路输入端 BX，BY 和 1 个进位链输入端 CIN。8 个输出端包括 2 个组合逻辑输出端 X 和 Y，2 个寄存器输出端 XQ 和 YQ，2 个算术运算进位端 XB 和 YB，1 个级联输出端 $F5$ 和 1 个进位链输出端 $COUT$。微片中上下两个 LC 结构基本相同，现以下面的 LC 为主介绍电路功能。

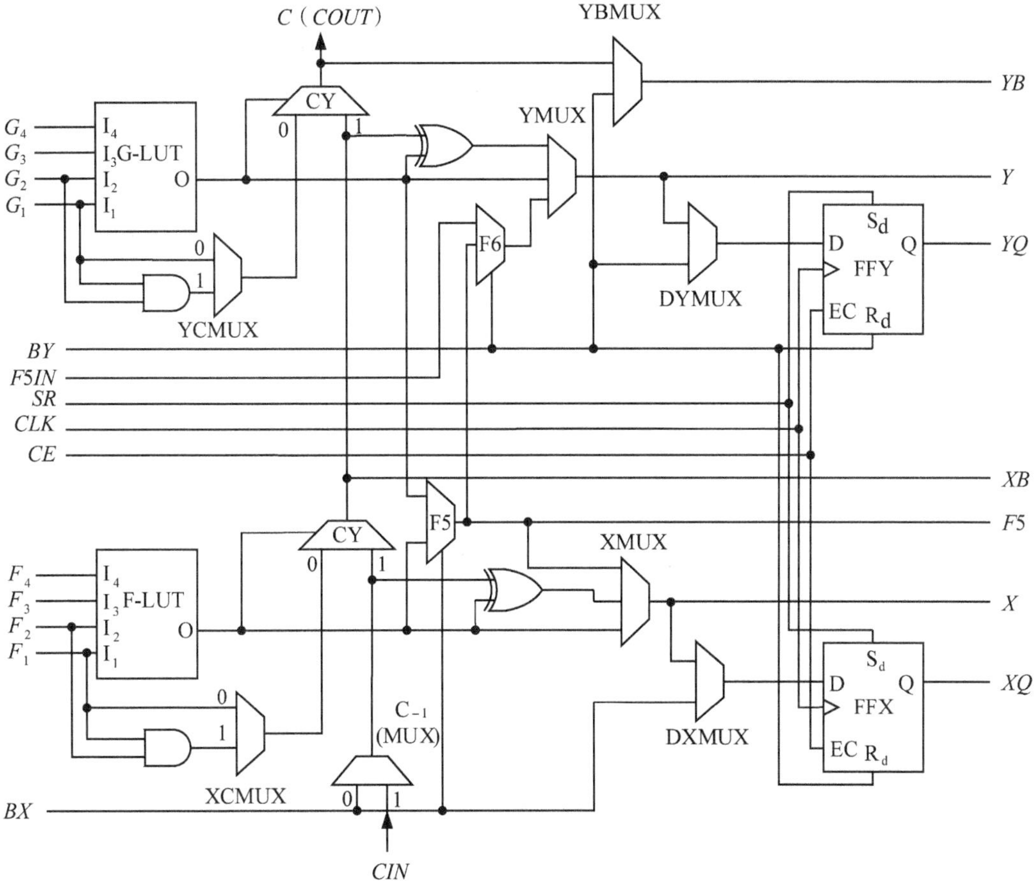

图 8-23　单个微片原理图

(1)实现 4 变量任意逻辑函数

将来自 CLB 以外布线区的 4 个输入变量送入 $F_1 \sim F_4$，在 F-LUT 的 O 端得到 4 变量逻辑函数。该结果可经 XMUX 直接从 X 端输出，也可经 DXMUX 和 D 触发器由 XQ 端输出。

(2)实现 5 变量任意逻辑函数

将来自 CLB 以外布线区的 4 个输入变量同时送入 $F_1 \sim F_4$ 和相应的 $G_1 \sim G_4$，第 5 个

输入变量送至 BX 端。F-LUT、G-LUT 的输出和 BX 经数据选择器 F5 扩展为 5 变量逻辑函数。该结果可直接由 $F5$ 端输出，也可经 XMUX，DXMUX 和 D 触发器，由 X 和/或 XQ 端输出。

(3)实现 6 变量任意逻辑函数

实现 6 变量任意逻辑函数需用 2 个微片。在实现 5 变量函数基础上，将另一个微片的 $F5$ 的输出送入此微片的 $F5IN$ 输入端，第 6 个变量送入 BY 端。数据选择器 F5 的输出、$F5IN$ 和 BY 经数据选择器 F6 扩展为 6 变量逻辑函数。该结果经 YMUX，DYMUX 和 D 触发器，由 Y 和/或 YQ 端输出。

(4)2 位二进制加法器

由于加法运算涉及进位问题，所以 CLB 中专门设计了进位链，一个微片可以完成 2 位二进制数的加法运算。实现加法运算时，加数 A_1A_0 和被加数 B_1B_0 分别送入 G_2F_2 和 G_1F_1，即 $G_2=A_1$，$G_1=B_1$，$F_2=A_0$，$F_1=B_0$。通过编程使两个 LUT 分别实现 $F_2 \oplus F_1$ 和 $G_2 \oplus G_1$，同时编程使 XMUX 和 YMUX 选通异或门的输出，使 XCMUX 和 YCMUX 选通与门的输出，使 YBMUX 选通上端 CY 的输出。这样，图 8-23 可以简化为图 8-24 的形式。其中，低位的和 $S_0=A_0 \oplus B_0 \oplus C_{-1}$，进位 C_0 为

$$\begin{aligned} C_0 &= (\overline{A_0 \oplus B_0})A_0B_0 + (A_0 \oplus B_0)C_{-1} \\ &= (A_0B_0 + \overline{A}_0\overline{B}_0)A_0B_0 + (A_0 \oplus B_0)C_{-1} \\ &= A_0B_0 + (A_0 \oplus B_0)C_{-1}。\end{aligned}$$

高位的和及进位有相同的结果，由此看出，电路上、下两个部分分别为两个全加器。

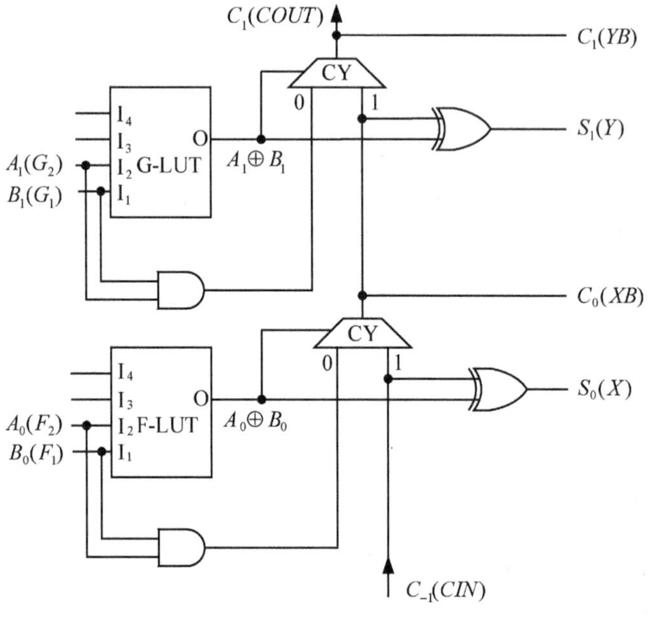

图 8-24　实现 2 位二进制加法运算电路

图 8-23 所示电路中的与门、XCMUX、YCMUX、C_{-1}MUX 和 CY 构成进位逻辑电路，也称之为进位链，可以与其他微片串联实现更多位的加法运算。当此微片为最低位时，通

过可编程使 C_{-1}MUX 选通 BX，且使 $BX=0$。

(5)时序逻辑电路的实现

图 8-23 中触发器的输出，经布线区反馈给输入，再经 LUT 产生激励函数驱动触发器的 D 端，从而构成时序逻辑电路。触发器的激励函数也可以通过 DXMUX(DYMUX)直接取自 BX(BY)。由多个 CLB 便可以构成复杂的时序逻辑电路。

由于 LUT 就是一个 16×1 位的 SRAM，所以 CLB 也可以用作储存器使用，不过此时 LUT 中的内容不再是预先配置好的，而是在正常工作时可以随时读写的，而且 LUT 不能再作为逻辑函数产生器使用。LUT 也可以被设置成 16 位移位寄存器使用。另外，为了弥补 LUT 构成 RAM 在容量上的不足，在 FPGA 中还增加了 RAM 块。这些 RAM 块以列的形式排列，在 Spartan-II 系列中有两列这样的 RAM 块，分布在垂直方向的边沿。每个 RAM 块与 4 个 CLB 等高，每列与整个芯片等高。每个 RAM 块工作在全同步双口方式下。每个口有独立的读写控制信号，且可以编程配置成不同字×位的结构形式。在密度更高的 FPGA 中，有更多列的 RAM 块，详细内容可以参见厂商器件数据手册。

2. 输入/输出模块(IOB)

IOB 是 FPGA 外部封装引脚和内部逻辑间的接口。每个 IOB 对应一个封装引脚，通过对 IOB 编程，可以将引脚分别定义为输入、输出和双向功能。IOB 的简化原理框图如图 8-25 所示。图中的 V_{CCO} 和 V_{REF} 与其他 IOB 共用。

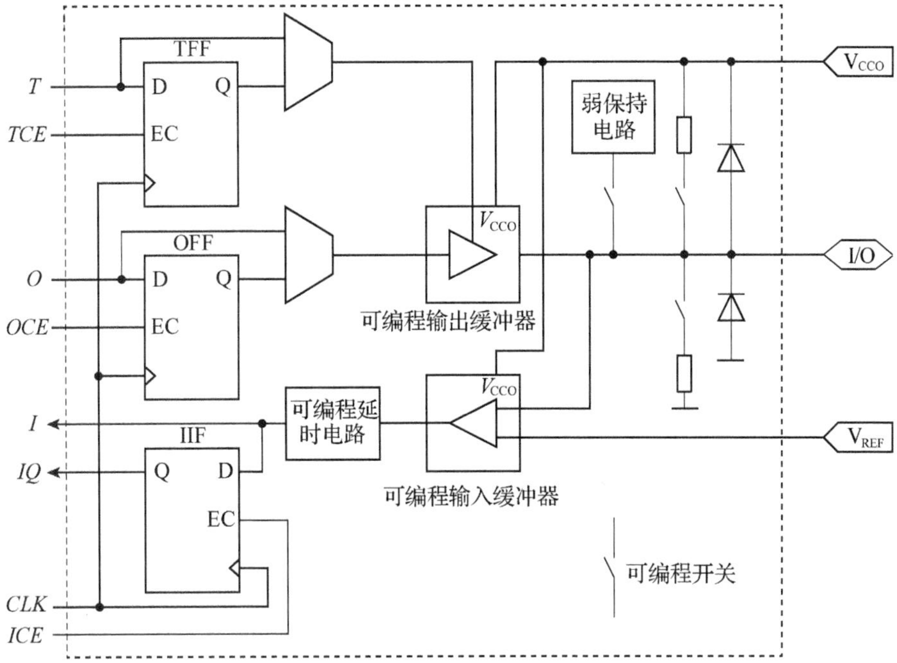

图 8-25 IOB 的简化原理框图

IOB 中有输入和输出两条信号通路。当 I/O 引脚作为输出时，内部逻辑信号由 O 端进入 IOB 模块，由可编程数据选择器确定是直接送出缓冲器还是通过 D 触发器寄存后再送出缓冲器。输出缓冲器使能控制信号 T 可以直接控制输出缓冲器，也可以通过触发器

TFF 后再控制输出缓冲器。当 I/O 引脚用作输入时，引脚上的输入信号经过输入缓冲器，可以直接由 I 进入内部逻辑电路，也可以经过触发器 IFF 寄存后由 IQ 输入内部逻辑电路中。没有用到的引脚被预置为高阻态。

可编程延时电路可以控制输入信号进入的时机，保证内部逻辑电路协调工作。其最短延迟时间为零。

3 个触发器均可编程配置为边沿触发或电平触发方式，它们共用同一个时钟信号 CLK，但有各自的时钟使能控制信号。通过它们可以实现同步输入/输出。

输入、输出缓冲器和 IOB 中所有的信号，均有独立的极性控制电路(图 8-25 中未画出)，可以控制信号是否反相，使能信号是高有效还是低有效，触发器是上升沿触发还是下降沿触发等。

图 8-25 中两个钳位二极管具有瞬时过压保护和静电保护作用。上拉电阻、下拉电阻和弱保持电路(Weak-Keeper Circuit)可通过编程配置给 I/O 引脚。弱保持电路监视并跟踪 I/O 引脚输入电压的变化，当连至引脚总线上所有的驱动信号全部无效时，弱保持电路将维持在引脚最后一个状态的逻辑电平上，可以避免总线处于悬浮状态，消除总线抖动。

为使 FPGA 能在不同电源系统中正常工作，IOB 中设计了两个电压输入端 V_{CCO} 和 V_{REF}(它们由多个 IOB 共用)。V_{REF} 为逻辑电平的参考电压，在执行某些 I/O 标准时，需要输入 V_{REF}。大约每 6 个 I/O 有一个 V_{REF} 引脚。

在此基础上，为了增强 FPGA 的适应性和灵活性，将若干个 IOB 组织在一起，构成一个组(Bank)，如图 8-26 所示。一般 FPGA 的 I/O 划分为 8 个 Bank。同一个 Bank 中 V_{CCO} 引脚只能用同一个电压值，V_{REF} 也只能用同一个电压值。但不是所有 V_{REF} 引脚都必须输入一个参考电压，即需要输入的接同一电压值，不需要输入的可以不接参考电压。FPGA 的规模不同，每个 Bank 中的 V_{CCO} 引脚和 V_{REF} 引脚的数量也不同。不同的 Bank 可以与不同的 I/O 信号传输标准的逻辑电路进行接口。这一特性可以使 FPGA 工作在由不同工作电源构成的复杂系统中，而 FPGA 内部逻辑电路则在其所谓的核心电源(Core Power Supply)下工作。

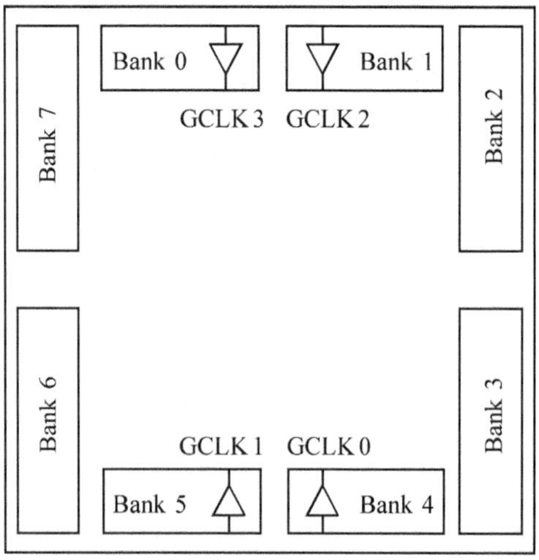

图 8-26 Spartan-II、Virtex 系列 FPGA 中的 Bank 分布

3. 可编程连线资源

FPGA 中有多种布线资源，包括局部布线资源、通用布线资源、I/O 布线资源、专用布线资源和全局布线资源等，它们分别承担了不同的连线任务。

(1)局部布线资源

局部布线资源是指进出 CLB 信号的连线资源，其示意图如图 8-27 所示。其中 GRM (General Routing Matrix)为通用布线矩阵。局部布线资源主要包括 3 部分连接：CLB 到 GRM 之间的连接；CLB 的输出到自身输入的高速反馈连接；CLB 到水平相邻 CLB 间的直通快速连接，避免了通过 GRM 产生的延时。

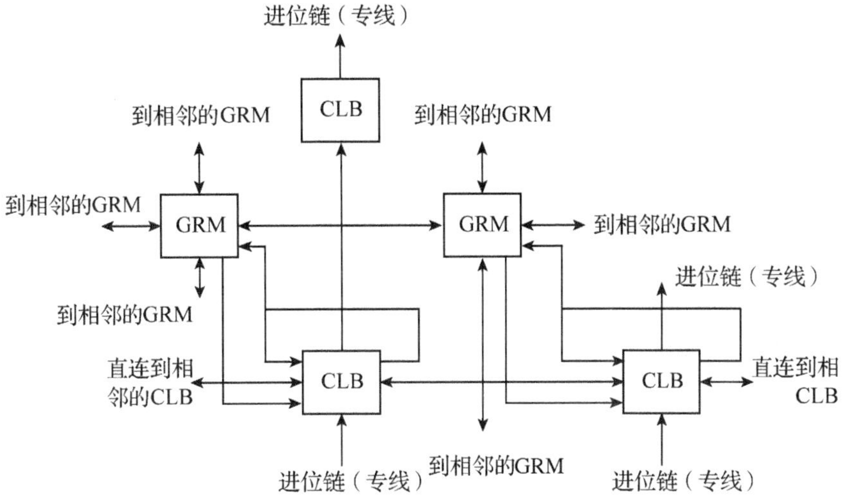

图 8-27　局部可编程布线资源示意图

(2)通用布线资源

通用布线区由 GRM 及其连线构成。GRM 是行线资源与列线资源互联的开关矩阵，其结构如图 8-28 所示。通用布线区是 FPGA 中主要的内连资源。GRM 的规模与 FPGA 的规模大小有关。

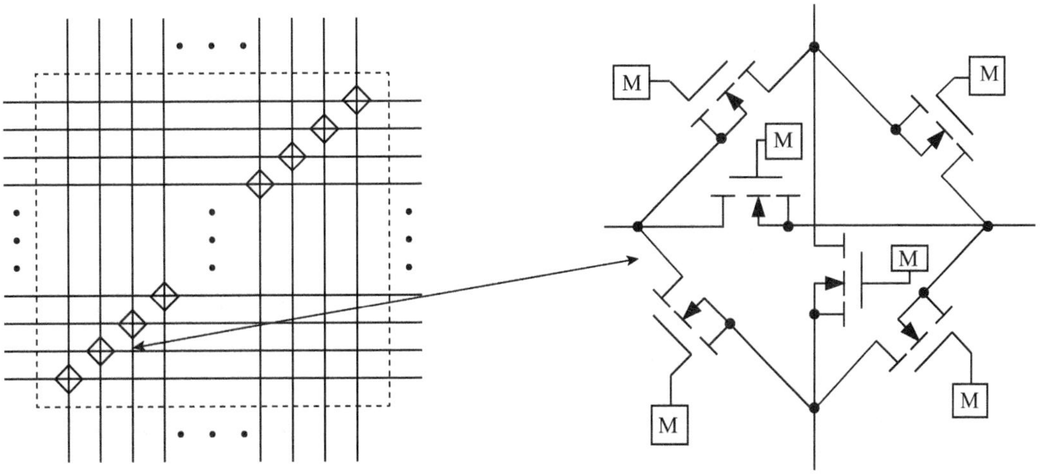

图 8-28　GRM 的结构

(3)I/O 布线资源

在 CLB 阵列与 IBO 接口的外围，有附加的布线资源，称为万能环(VersaRing)。通过对这些布线资源的编程，可以方便地实现引脚的交换和锁定。使引脚位置的变动与内部逻辑无关。

(4)专用布线资源

除了上述布线资源，FPGA 中还包含具有特殊用途的横向片内三态总线和纵向进位链的专用布线资源。

(5)全局布线资源

全局布线资源主要用于分配时钟信号和其他贯穿整个器件的高扇出信号。这些布线资源分为主、次两级。主全局布线资源与提供高扇出时钟信号的专用输入引脚构成 4 个专用全局网络，每一个全局时钟网络可以驱动所有的 CLB，IOB 和 RAM 块的时钟引脚。有 4 个全局缓冲器分别驱动这 4 个主全局网格。

次全局布线资源由 24 根干线组成，12 根穿越芯片顶部，12 根穿越底部。它们可由纵向长线连至列中。由于不受时钟引脚的限制，所以次全局布线资源比主全局布线资源使用更灵活。

信号的传输延时是限制器件工作速度的根本原因。在 FPGA 的设计过程中，由软件进行优化，确定电路布局的位置和线路选择，以减小传输延迟时间，提高工作速度。

8.4.3 FPGA 编程简介

1. 配置(编程)数据

由上述介绍可以看出，FPGA 中的 CLB，IOB 的功能和布线资源的连接，都是由它们相应的存储单元中的数据确定的。这些数据也称为配置数据或编程数据。将配置数据写入 FPGA 芯片后，该芯片便具有了数据设计的功能。FPGA 规模不同，其所需配置的数据量也不同，表 8-4 给出了几种芯片的配置数据量。

表 8-4　几种芯片的配置数据量

型号	配置数据量/bit
XC2S30	336 768
XC2S50	559 200
XC2S100	781 216
XC2S200	1335 840

配置数据由 FPGA 开发软件自动生成。开发系统将设计输入转换成网表文件，并自动对逻辑电路进行划分、布局和布线，然后按 PROM 格式生成配置数据流文件。可以用通用或专用编程器将配置数据写入 PROM 中。根据 FPGA 芯片型号所需配置数据量的多少选择相应容量的 PROM。

2. 配置数据的装入

由于 SRAM 在断电后其内部的数据会丢失，所以基于 SRAM 的 FPGA 必须配置一个 PROM 芯片，用以存放 FPGA 的配置数据。每次连通电源后，FPGA 可以自动地将

PROM 中的配置数据装载到 FPGA 中，或通过控制 FPGA 相应的编程引脚，将配置数据装载到 FPGA 中。装载完成后，FPGA 按照配置好的逻辑功能开始工作。

为实现上述过程，FPGA 中都设有相应的引脚，主要包括编程使能、数据输入、数据输出、状态指示、时钟等信号。表 8-5 所示为 Spartan-II，Spartan-II E，Virtex，Virtex-E 系列 FPGA 芯片用于装载配置数据的相关引脚说明。

表 8-5　FPGA 中用于装载配置数据的相关引脚

引脚	是否专用	方向	描述
M0，M1，M2	是	输入	用于指定配置模式
CCLK	是	输入/输出	配置时钟的输入/输出引脚。当采用从配置模式时为输入，采用主配置模式时为输出。配置完成后为输入方式，但处于无关逻辑电平
PROGRAM	是	输入	低电平时开始配置过程
DONE	是	双向	由低到高时表示配置装载完成。输入低电平时可以推迟启动工作。输出可以为漏极开路方式
INIT	否	双向（漏极开路）	为低电平时表示配置存储单元正在清零，配置结束后可作为用户 I/O
BUSY/DOUT	否	输出	在从并模式下，BUSY 控制配置数据的装载速率。在串行模式下，多个器件采用链式配置时，DOUT 作为向下一级传递数据流的出口。配置完成后可作为用户的 I/O
D0/DIN，D1，D2，D3，D4，D5，D6，D7	否	输入/输出	在从并模式下，D0～D7 为配置数据输入端。在串行模式下，DIN 为串行数据输入端。配置完成后都可作为用户的 I/O
WRITE	否	输入	在从并模式下，写使能信号，低电平有效。配置完成后可作为用户的 I/O
CS	否	输入	在从并模式下，片选信号，低电平有效。配置完成后可作为用户的 I/O
V_{CCINT}	是	输入	内部核心逻辑电源引脚
V_{CCO}	是	输入	输出驱动电源引脚

当在 FPGA 的 3 个专用引脚 M2，M1 和 M0 上输入不同的逻辑电平时，便可选择一种配置模式进行数据装入。配置模式如表 8-6 所示。主模式利用 FPGA 内部振荡器产生配置时钟信号 CCLK 来驱动有编程数据的 PROM。而从模式则需要外部电路提供时钟信号来驱动 CCLK 和装有编程数据的 PROM。当选择串行模式时，编程数据从 PROM 中以串行方式装入 FPGA 中，此时必须用有串行功能的 PROM。主串装入模式电路如图 8-29 所示。当选择并行模式时，除了时钟信号外，还需提供其他读写控制信号。FPGA 不仅能够直接从 PROM 中读取配置数据，而且可以由其他微处理器或单片机控制装入配置数据。

表 8-6 配置模式

型号	M2	M1	M0	配置前相关引脚是否上拉	CCLK 方向	数据宽度	DOUT
主串	0	0	0	否	输出	1	串行输出
	0	0	1	是			
从串	1	1	0	是	输入	1	串行输出
	1	1	1	否			
从并	0	1	0	是	输入	8	无
	0	1	1	否			

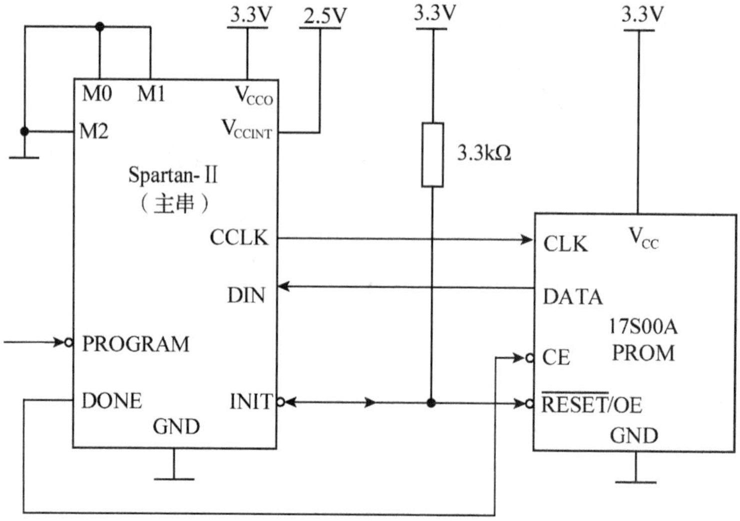

图 8-29 主串装入模式电路

本章小结

PLD 由用户定义和设置逻辑功能，可以实现各种逻辑电路。其特点是结构灵活、集成度高、速度快和可靠性高。

CPLD 是在 GAL 的基础上发展起来的复杂可编程逻辑器件，其电路结构的核心是与或阵列和触发器，且可以在系统编程(ISP 特性)。用户可以自行设计该类器件的逻辑功能，具有集成度高、可靠性高、处理速度快和保密性好等特点。

FPGA 是基于 LUT 实现逻辑函数的可编程器件，且大部分 FPGA 的 LUT 由 SRAM 构成。它以功能很强的 CLB 为基本逻辑单元，可以实现各种复杂的逻辑功能，同时还可以兼作 RAM 使用。FPGA 是目前规模最大、密度最高的可编程器件。

习 题

1. 简述可编程逻辑器件的发展历程。

2. 如图 8-30 所示是一个可编程逻辑阵列电路。试写出输出逻辑函数表达式。

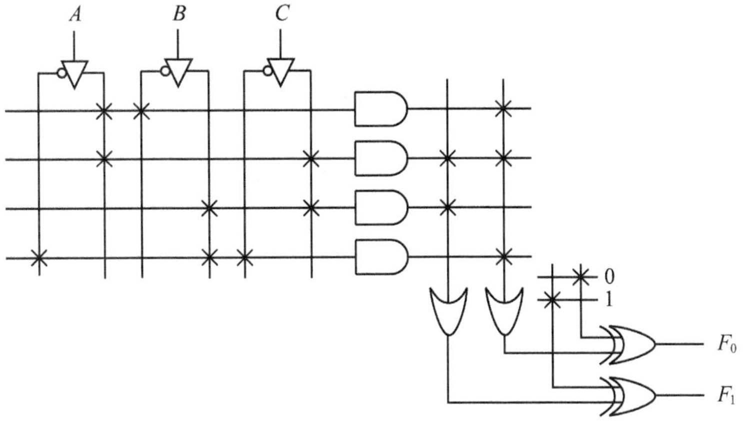

图 8-30

3. 画出实现下面双输出逻辑函数的 PLD 表示：

(1) $F_1(A, B, C)=\bar{A}\,\bar{B}\,\bar{C}+A\,\bar{B}\,C+A\,B\,C$；

(2) $F_2(A, B, C, D)=\bar{A}\,\bar{B}\,\bar{C}\,\bar{D}+\bar{A}\,B\,\bar{C}\,D+\bar{A}\,\bar{B}\,C\,D+A\,B\,\bar{C}\,\bar{D}$。

4. 若某 CPLD 中的逻辑块有 36 个输入(不含全局时钟，全局使能控制等)，16 个宏单元。理论上，该逻辑块可以实现多少个逻辑函数？每个逻辑函数最多可有多少个变量？如果每个宏单元包含 5 个乘积项，通过乘积项扩展，逻辑函数中所包含的乘积项数目最多是多少？

5. 设 CPLD 中某宏单元编程后电路如图 8-31 所示，图中画出了数据分配器 S_1～S_8 和数据选择器 M_1，M_3 编程后的连接。数据分配器 S_1～S_8 未被选中的输出为 0。已知各乘积

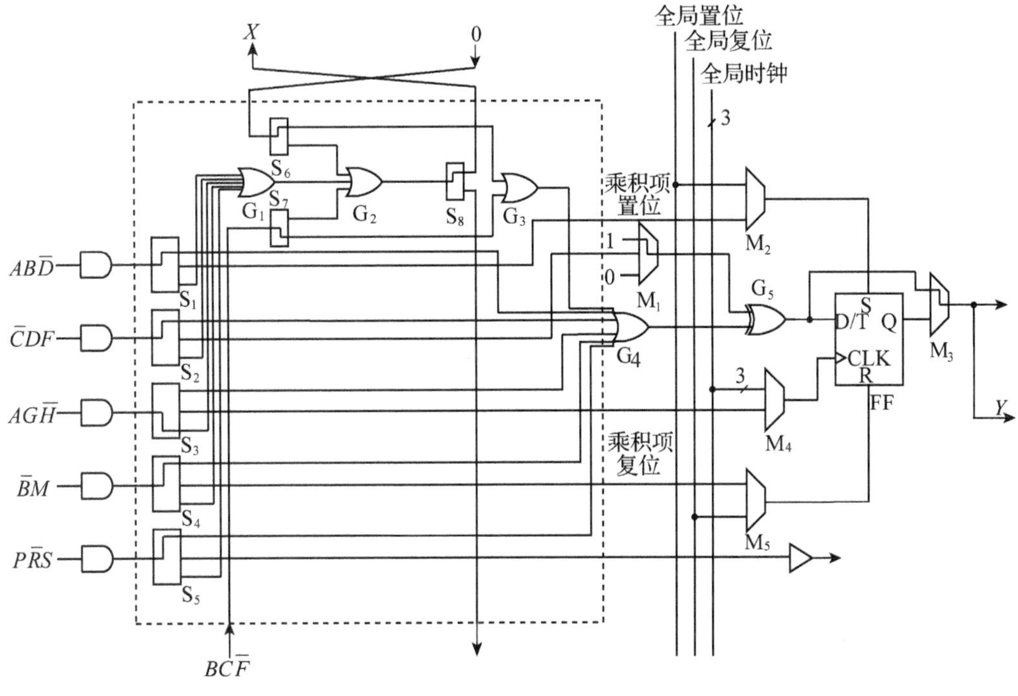

图 8-31

项如图 8-31 中所示。问此时宏单元的输出 Y 是组合型输出还是寄存器型输出？试写出 X 和 Y 的逻辑函数表达式。

6. 电路如图 8-32 所示，LUT 的内容如表 8-7 所示。试写出 Y 的逻辑函数表达式。

表 8-7

地址				内容		地址				内容	
B	C	D	E	L_1	L_0	B	C	D	E	L_1	L_0
0	0	0	0	0	1	1	0	0	0	0	1
0	0	0	1	0	0	1	0	0	1	1	0
0	0	1	0	1	0	1	0	1	0	0	0
0	0	1	1	0	0	1	0	1	1	0	1
0	1	0	0	1	0	1	1	0	0	0	1
0	1	0	1	0	0	1	1	0	1	1	0
0	1	1	0	0	1	1	1	1	0	1	0
0	1	1	1	0	1	1	1	1	1	0	1

7. 根据图 8-32，试画出其实现 2 位二进制数加法运算的简化逻辑图。

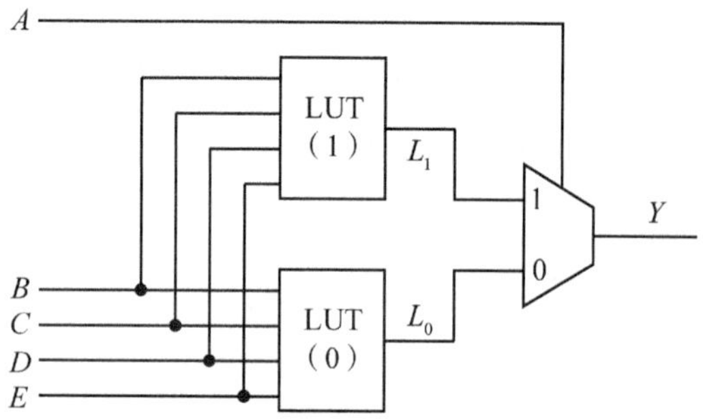

图 8-32

第 9 章　数模和模数转换器

【内容提要】本章首先介绍数模转换器(D/A 转换器)和模数转换器(A/D 转换器)的概念；其次介绍数模转换器的基本原理，二进制权电阻 D/A 转换器、倒 T 型电阻网络 D/A 转换器、权电流型 D/A 转换器的工作原理，D/A 转换器的主要技术指标、典型集成芯片 DAC0832 及其应用；最后介绍 A/D 转换器的一般工作过程，并行比较型 A/D 转换器、反馈比较型 A/D 转换器、双积分型 A/D 转换器的工作原理，A/D 转换器的主要技术指标和典型集成芯片 ADC0801 及其应用。

【能力目标】理解并掌握典型 D/A 转换器和 A/D 转换器的基本工作原理；掌握 D/A 转换器和 A/D 转换器的主要技术指标；了解集成 D/A 转换器和 A/D 转换器芯片的功能及其应用。

随着数字技术，特别是计算机技术的飞速发展与普及，在现代控制、通信及检测领域中，对信号的处理广泛采用了数字计算机技术。由于系统的实际处理对象往往都是一些模拟量(如温度、压力、位移、图像等)，这些模拟量经传感器转换后所产生的电信号是模拟信号，要使计算机或数字仪表能识别和处理这些信号，必须首先将这些模拟信号转换成数字信号；而经计算机分析、处理后输出的数字信号往往也需要将其转换成为相应的模拟信号才能被执行机构所接收。这样，就需要一种能在模拟信号与数字信号之间起桥梁作用的电路——数模转换电路和模数转换电路。

将数字信号转换成模拟信号的电路称为数模转换器，简称 DAC(Digital to Analog Converter)。将模拟信号转换成数字信号的电路，称为模数转换器，简称 ADC(Analog to Digital Converter)。

D/A 转换器和 A/D 转换器已经成为计算机系统中不可缺少的接口电路。在本章中，将介绍几种常用 D/A 与 A/D 转换器的电路结构、工作原理。

9.1　D/A 转换器

9.1.1　D/A 转换器的基本原理

数字量是用代码按数位组合起来表示的，对于有权码，每位代码都有一定的权值。为了将数字量转换成模拟量，必须将每 1 位的代码按其权的大小转换成相应的模拟量，然后将这些模拟量相加，即可得到与数字量成正比的总模拟量，从而实现数字到模拟转换。这就是构成 D/A 转换器的基本原理。

如图 9-1 所示是 D/A 转换器的输入、输出关系框图，$D_0 \sim D_{n-1}$ 是输入的 n 位二进制数，v_O 是与输入二进制数成比例的输出电压。

如图 9-2 所示是一个输入为 3 位二进制数的 D/A 转换器的转换特性，它具体而形象地反映了 D/A 转换器的基本功能。

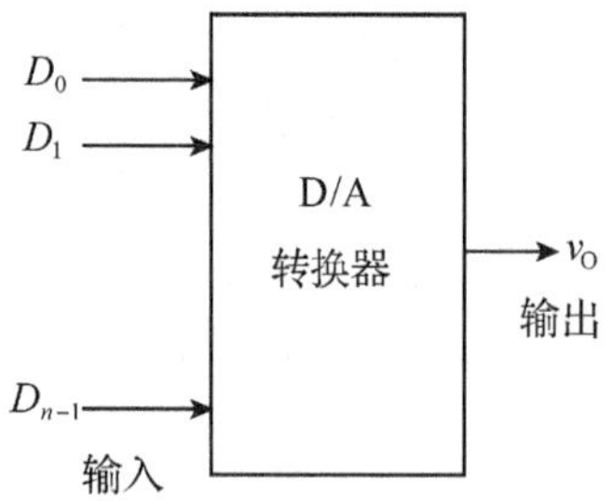

图 9-1 D/A 转换器的框图

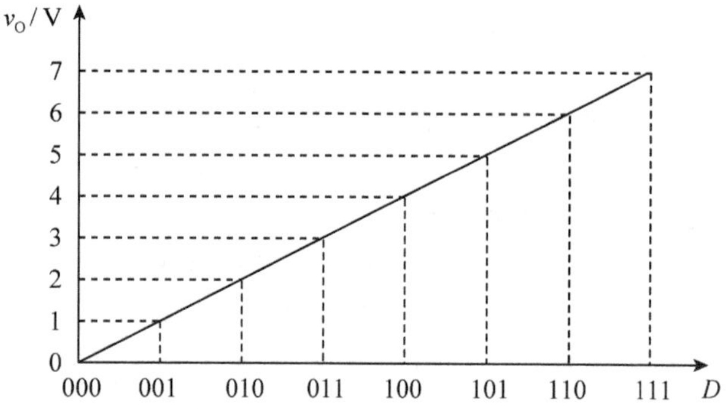

图 9-2 3 位 D/A 转换器的转换特性

9.1.2 二进制权电阻 D/A 转换器

4 位二进制权电阻 D/A 转换器的原理如图 9-3 所示。它由 4 部分组成：基准电压 V_{REF} ，求和运算放大器 A，阻值分别为 R，$2R$，$4R$，$8R$ 的电阻组成的电阻网络，4 个受输入数字信号 D_i ($i=0$，1，2，3)控制的模拟开关 $S_0 \sim S_3$。当 $D_i=0$ 时，S_i 接地；$D_i=1$ 时，S_i 接参考电压 V_{REF} 。求和运算放大器 A 将各支路电流相加，并通过 R_F 将其转换成与数字信号成正比的模拟电压。

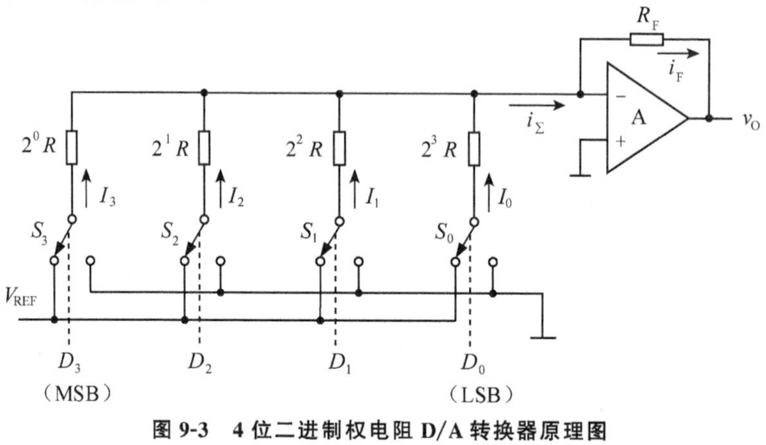

图 9-3 4 位二进制权电阻 D/A 转换器原理图

由图 9-3 很容易写出

$$
\begin{aligned}
i_{\Sigma} &= D_3\frac{V_{REF}}{2^0R}+D_2\frac{V_{REF}}{2^1R}+D_1\frac{V_{REF}}{2^2R}+D_0\frac{V_{REF}}{2^3R} \\
&= \frac{V_{REF}}{2^3R}(D_3\times 2^3+D_2\times 2^2+D_1\times 2^1+D_0\times 2^0) \\
&= \frac{V_{REF}}{2^3R}\sum_{i=0}^{3}D_i\times 2^i。
\end{aligned}
\tag{9-1}
$$

当输入的数字量超过 4 位时，每增加一位只要增加一个模拟开关和一个电阻就可以。这样，一个 n 位二进制权电阻 D/A 转换器就需要 n 个二进制权电阻，其阻值分别为 2^0R，2^1R，…，$2^{n-1}R$。对于 n 位二进制权电阻 D/A 转换器，有

$$i_{\Sigma}=\frac{V_{\mathrm{REF}}}{2^{n-1}R}(D_{n-1}\times 2^{n-1}+D_{n-2}\times 2^{n-2}+\cdots+D_1\times 2^1+D_0\times 2^0)$$
$$=\frac{V_{\mathrm{REF}}}{2^{n-1}R}\sum_{i=0}^{n-1}D_i\times 2^i。\tag{9-2}$$

$$v_{\mathrm{O}}=-i_{\mathrm{F}}\times R_{\mathrm{F}}=-i_{\Sigma}\times R_{\mathrm{F}}=-\frac{V_{\mathrm{REF}}R_{\mathrm{F}}}{2^{n-1}R}\sum_{i=0}^{n-1}D_i\times 2^i。\tag{9-3}$$

权电阻 DAC 的优点是简单直接，但是，当位数较多时，电阻的值域范围太宽。这就带来了两个弱点：一是阻值种类太多，制成集成电路比较难；二是由于各位电阻值与二进制数位成反比，所以高位权电阻的误差对输出电流的影响比低位大得多，这就对高位权电阻的精度和稳定性要求十分苛刻。例如，一个 12 位的二进制权电阻 D/A 转换器，$V_{\mathrm{REF}}=10\mathrm{V}$，最高位权电阻为 1kΩ，则最低权电阻应为 $2^{11}\times 1=2.48\mathrm{M\Omega}$。当最低位二进制数为 1 时，通过该电阻的电流为 $i_0=10\mathrm{V}/2.48\mathrm{M\Omega}\approx 4\mu\mathrm{A}$。而最高位权电阻的误差若为 ±0.05%，则引起的电流误差为 $\pm 0.05\%\times 10\mathrm{V}/1\mathrm{k\Omega}=\pm 5\mu\mathrm{A}$，即最高位由于电阻误差引起的误差电流比最低位转换电流还要大。所以，位数越多，对高位权电阻精度的要求越苛刻，这就给生产带来了很大的困难。

9.1.3　倒 T 型电阻网络 D/A 转换器

4 位倒 T 型电阻网络 D/A 转换器如图 9-4 所示。它只有 R 和 $2R$ 两种电阻，克服了二进制权电阻 D/A 转换器电阻范围宽的缺点。图中 $S_0 \sim S_3$ 为电子模拟开关，受数字量 $D_0 \sim D_3$ 控制。当 $D_i=1(i=0,1,2,3)$ 时，S_i 接运算放大器的反相输入端（虚地端）；当 $D_i=0$ 时，S_i 接地。这个电路有以下两个特点：

(1)无论数字量 D_i 是 0 还是 1，各模拟开关 S_i 均相当于接地。所以 S_i 无论是接地还是接虚地点，流入每个 $2R$ 支路的电流都是不变的。

(2)由 A，B，C，D 各节点向上和向右看的两条支路的等效电阻都是 $2R$，节点到地的等效电阻则为 $2R//2R=R$。所以每条支路的电流都等于流入节点电流的一半。

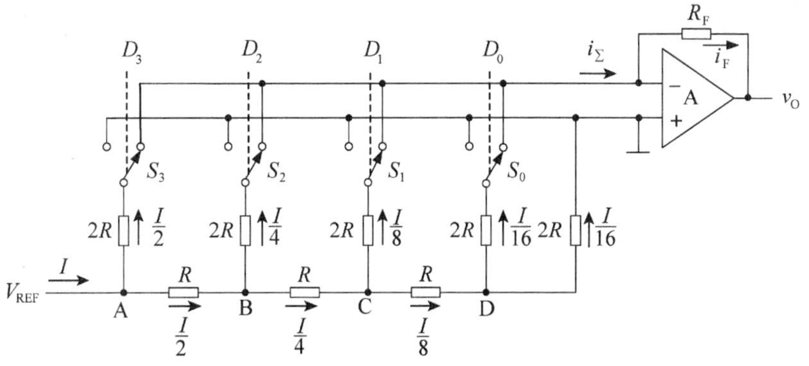

图 9-4　4 位倒 T 型电阻网络 D/A 转换器

由图 9-4 可以看出，基准电压 V_{REF} 对地电阻为 R，其流出的电流为 $I=V_{REF}/R$ 是固定不变的，而各支路电流依次为 $I/2$，$I/4$，$I/8$，$I/16$，因此流入运算放大器的电流为

$$\begin{aligned} i_F = i_{\Sigma} &= D_3 \frac{I}{2} + D_2 \frac{I}{4} + D_1 \frac{I}{8} + D_0 \frac{I}{16} \\ &= \frac{V_{REF}}{2^4 R}(D_3 \times 2^3 + D_2 \times 2^2 + D_1 \times 2^1 + D_0 \times 2^0) \\ &= \frac{V_{REF}}{2^4 R} \sum_{i=0}^{3} D_i \times 2^i。 \end{aligned} \tag{9-4}$$

将式(9-4)推广到 n 位 D/A 转换器，得

$$\begin{aligned} i_F = i_{\Sigma} &= \frac{V_{REF}}{2^n R}(D_{n-1} \times 2^{n-1} + D_{n-2} \times 2^{n-2} + \cdots + d_1 \times 2^1 + d_0 \times 2^0) \\ &= \frac{V_{REF}}{2^n R} \sum_{i=0}^{n-1} D_i \times 2^i。 \end{aligned} \tag{9-5}$$

$$v_O = -i_F \times R_F = -\frac{V_{REF}}{2^n R} \cdot R_F \sum_{i=0}^{n-1} D_i \times 2^i。 \tag{9-6}$$

要使倒 T 型电阻网络 D/A 转换器具有较高的精度，对电路中的参数有以下要求：

(1)基准电压稳定性好；

(2)倒 T 型电阻网络中 R 和 $2R$ 电阻的比值精度要高；

(3)每个模拟开关的开关电压降要相等。为实现电流从高位到低位按 2 的整倍数递减，模拟开关的导通电阻也相应地按 2 的整倍数递增。

由于在倒 T 型电阻网络 D/A 转换器中，各支路电流是同时直接流入运算放大器的输入端，它们之间不存在传输上的时间差。电路的这一特点不仅提高了转换速度，而且也减少了动态过程中输出端可能出现的尖脉冲。它是目前广泛使用的 D/A 转换器中速度较快的一种。常用的 CMOS 开关倒 T 型电阻网络 D/A 转换器的集成电路有 AD7520(10 位)、DAC1210(12 位)和 AK7546(16 位高精度)等。

9.1.4 权电流型 D/A 转换器

尽管倒 T 型电阻网络 D/A 转换器具有较高的转换速度，但由于电路中存在模拟开关电压降，当流过各支路的电流稍有变化时，就会产生转换误差。为进一步提高 D/A 转换器的转换精度，可采用权电流型 D/A 转换器。4 位权电流型 D/A 转换器如图 9-5 所示，这组恒流源从高位到低位电流的大小依次为 $I/2$，$I/4$，$I/8$，$I/16$。

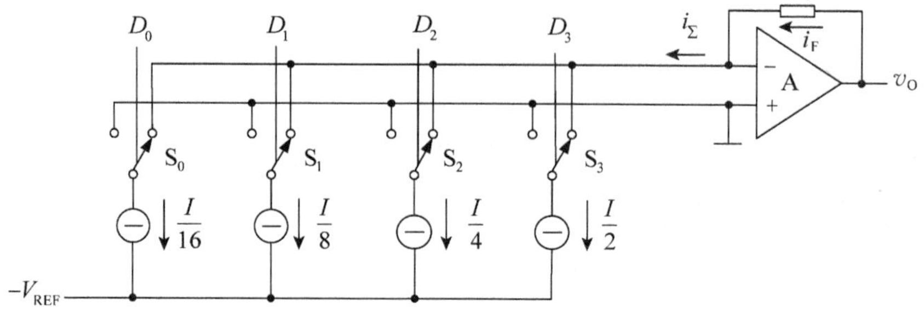

图 9-5　4 位权电流型 D/A 转换器

当输入数字量的某一位代码 $D_i=1$ 时，开关 S_i 接运算放大器的反相输入端，相应的权电流流入求和电路；当 $D_i=0$ 时，开关 S_i 接地。分析该电路可得出

$$\begin{aligned} v_O &= i_F R_F = i_\Sigma R_F = R_F\left(D_3 \frac{I}{2} + D_2 \frac{I}{4} + D_1 \frac{I}{8} + D_0 \frac{I}{16}\right) \\ &= \frac{I}{2^4} R_F (D_3 \times 2^3 + D_2 \times 2^2 + D_1 \times 2^1 + D_0 \times 2^0) \\ &= \frac{I}{2^4} R_F \sum_{i=0}^{3} D_i \times 2^i 。 \end{aligned} \tag{9-7}$$

采用了恒流源电路之后，各支路权电流的大小均不受开关导通电阻和压降的影响，这就降低了对开关电路的要求，提高了转换精度。

由于在这种权电流 D/A 转换器中采用了高速电子开关，电路还具有较高的转换速度。采用这种权电流型 D/A 转换电路生产的单片集成 D/A 转换器的有 AD1408，DAC0806，DAC0808 等。这些器件都采用双极型工艺制作，工作速度较高。

9.1.5　D/A 转换器的主要技术指标

1. 转换精度

D/A 转换器的转换精度通常用分辨率和转换误差来描述。

(1)分辨率

分辨率是指 D/A 转换器模拟输出电压可能被分离的等级数。输入数字量位数越多，输出电压可分离的等级越多，即分辨率越高。在实际应用中，往往用输入数字量的位数表示 D/A 转换器的分辨率。此外，D/A 转换器也可以用能分辨的最小输出电压(此时输入的数字量只有最低有效位为 1，其余各位都是 0)与最大输出电压(此时输入的数字量各有效位全为 1)之比给出。n 位 D/A 转换器的分辨率可表示为 $\frac{1}{2^n-1}$。它表示 D/A 转换器在理论上可以达到的精度。

(2)转换误差

转换误差的来源很多，如转换器中各元件参数值的误差，基准电源不够稳定和运算放大器零点漂移的影响等。

D/A 转换器的绝对误差(或绝对精度)是指输入端加入最大数字量(全 1)时，D/A 转换器的理论值与实际值之差。该误差值应低于 LSB/2。

例如，一个 8 位的 D/A 转换器，对应最大数字量(FFH)的模拟理论输出值为 $\frac{255}{256}V_{REF}$，$\frac{1}{2}\text{LSB}=\frac{1}{512}V_{REF}$，所以实际值不应超过 $\left(\frac{255}{256}\pm\frac{1}{512}\right)V_{REF}$。

2. 转换速度

当 D/A 转换器输入的数字量发生变化时，输出的模拟量并不能立即达到所对应的量值，需要延迟一段时间。通常用建立时间和转换速率两个参数来描述 D/A 转换器的转换速度。

(1)建立时间(t_{set})

建立时间是指输入数字量变化时，输出电压变化到相应稳定电压值所需的时间。一般

用 D/A 转换器输入的数字量从全 0 变为全 1，输出电压达到规定的误差范围（$\pm LSB/2$）时所需时间表示。D/A 转换器的建立时间较快，单片集成 D/A 转换器建立时间最短可达 0.1μs 以内。

（2）转换速率（SR）

转换速率是指大信号工作状态下模拟电压的变化率。

3. 温度系数

温度系数是指在输入不变的情况下，输出模拟电压随温度变化产生的变化量。一般用满刻度输出条件下温度每升高 1℃，输出电压变化的百分数作为温度系数。

9.1.6 集成 D/A 转换器及其应用

集成 D/A 转换器作为模拟量输出通道的核心部件，其应用十分广泛，一方面应用在自动测控系统中，将微处理器的数字信号转换成模拟信号，驱动执行机构工作；另一方面应用是作为波形发生器，产生方波、三角波和锯齿波等。在实际应用中，应尽可能选择性价比高的集成芯片，以满足不同应用的需要。D/A 转换器按输出方式可分为电流输出和电压输出两种。表 9-1 列出几种常用的 D/A 转换器芯片的特点和性能。

表 9-1　几种常用 D/A 转换器芯片的特点和性能

芯片型号	位数	转换时间/ ns	工作电压/ V	基准电压/ V	功耗/ mW	输出	数据总线接口
DAC0832	8	1000	+5～+15	−10～+10	20	I	并行
AD7520	10	500	+5～+15	−25～+25	20	I	并行
AD7521	12	500	+5～+15	−25～+25	20	I	并行
DAC1210	12	1000	+5～+15	−10～+10	20	I	并行
MAX506	8	6000	+5 或±5	0～5 或±5	25	U	串行
MAX538	12	25000	+5	0～3	0.7	U	串行

D/A 转换器集成芯片型号繁多，下面以使用较多的 DAC0832 为例，介绍其电路结构和应用。

1. DAC0832 的电路结构

DAC0832 是美国国家半导体公司生产的电流输出型 8 位 D/A 转换电路，采用 CMOS 工艺制成的 20 脚双列直插式 D/A 转换器，可以直接与微处理器相连而不需要 I/O 接口，其结构框图如图 9-6(a)所示。D/A 转换器内包含输入寄存器和 DAC 寄存器两个数字寄存器，故称为双缓冲方式。两个寄存器可以同时保存两组数据，这样可以将 8 位输入数据先保存到输入寄存器中，当需要转换时，再将此数据由输入寄存器送到 DAC 寄存器中锁存并进行 D/A 转换输出。采用双缓冲方式的优点：一是可以防止输入数据更新期间模拟量输出出现不稳定的情况；二是可以在一次模拟量输出的同时就将下一次要转换的二进制数事先存入缓冲器中，从而提高了转换速度；三是用这种工作方式可以同时更新多个 D/A 转换输出，这就为有多个 D/A 器件的系统及多处理器系统中的 D/A 器件协调一致地工作带来了方便。DAC0832 采用倒 T 型的电阻解码网络，可以用电流输出工作方式，也可以接成电压输出工作方式。为了减少输出电阻，增加驱动能力，通常用运算放大器作缓冲。

2. DAC0832 的引脚功能

DAC0832 芯片引脚图如图 9-6(b)所示，引脚功能如下：

$\overline{CS}$ ：片选端，低电平有效。当 $\overline{CS}=0$ 时，该片选中，当 $ILE=1$，$\overline{WR_1}=0$ 时输入数据存入输入寄存器；当 $\overline{CS}=1$ 时，输入寄存器输入端的数据被封锁，即该片没被选中。

ILE ：允许输入锁存，高电平有效。当 $ILE=1$ 且 $\overline{CS}$，$\overline{WR_1}$ 均为低电平时，输入数据存入输入寄存器；当 $ILE=0$ 时，输入数据被锁存。

$\overline{WR_1}$：写信号 1，低电平有效。在 $\overline{CS}$ 和 ILE 均有效的条件下，$\overline{WR_1}=0$ 允许写入输入数字信号。

$\overline{WR_2}$：写信号 2，低电平有效。$\overline{WR_2}=0$，同时 $\overline{XFER}=0$ 时，DAC 寄存器输出给 D/A 转换器；$\overline{WR_2}=1$ 时，DAC 寄存器输入数据。

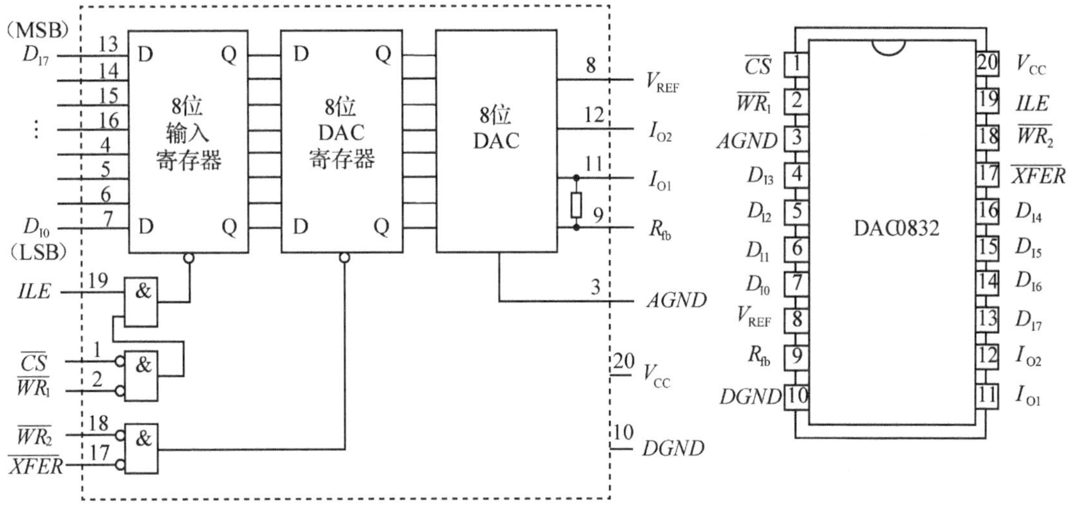

(a) 结构框图　　　　(b) 引脚图

图 9-6　集成 D/A 转换器 DAC0832

$\overline{XFER}$ ：传送控制信号，低电平有效，用来控制 $\overline{WR_2}$ 是否被选通。

$D_{I0}\sim D_{I7}$：8 位数字量输入。D_{I0} 为最低位，D_{I7} 为最高位。

I_{O1}：电流输出端 1。DAC 寄存器输出全为 1 时，输出电流最大；DAC 寄存器输出全为 0 时，输出电流为 0。

I_{O2}：电流输出端 2。它作为运算放大器的另一差分输入信号(一般接地)。满足 $I_{O1}+I_{O2}=V_{REF}/R=$ 常数 。

R_{fb} ：芯片内部接反馈电阻的一端，电阻另一端与 I_{O1} 相连；与运算放大器连接时，R_{fb} 接输出端，I_{O1} 接反相输入端。

V_{REF} ：参考电压输入端，一般接 $-10V\sim+10V$ 范围内的参考电压。电压型电阻网络时，作为电压输出端。

V_{CC} ：电源电压，一般接 +15V 电压。

$AGND$：模拟信号地。

$DGND$：数字信号地。

3. DAC0832 的应用

(1)DAC0832 电压输出电路

DAC0832 的输出分为单极性输出和双极性输出两种，如图 9-7 所示。图 9-7(a)是 DAC0832 实现单极性电压输出的连接示意图。因为内部反馈电阻 R_{fb} 等于梯形电阻网络的 R 值，则输出电压为

$$V_{OUT}=-I_{OUT1}R_{fb}=-\left(\frac{V_{REF}}{R_{fb}}\right)\left(\frac{D}{2^8}\right)R_{fb}=-\frac{D}{2^8}V_{REF}。$$

图 9-7(b)是 DAC0832 实现双极性电压输出的连接示意图。选择 $R_2=R_3=2R_1$，则输出电压为

$$V_{OUT2}=-(2V_{OUT1}+V_{REF})=-\left[2\left(-\frac{D}{2^8}\right)V_{REF}+V_{REF}\right]=\left(\frac{D-128}{128}\right)V_{REF}。$$

上述两个计算公式中，D 代入的值都是其对应的十进制值。

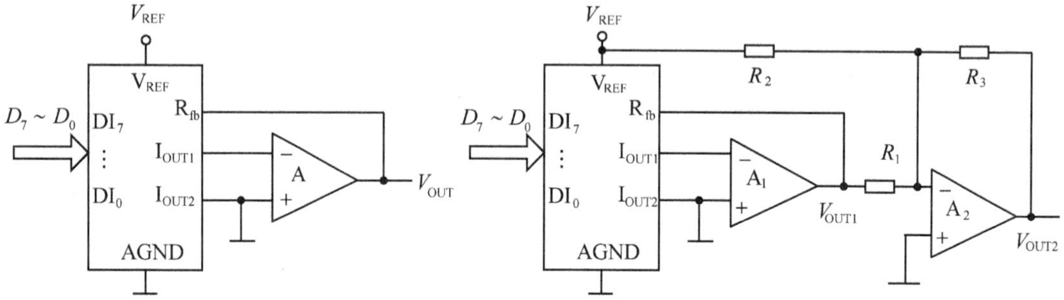

(a) 单极性电压输出　　(b) 双极性电压输出

图 9-7　DAC0832 电压输出电路

(2)DAC0832 与 CPU 的连接

D/A 转换器芯片作为一个输出设备的接口电路，与 CPU 的连接比较简单，主要是处理好数据总线的连接。DAC0832 内部有数据锁存器，可以直接与 CPU 数据总线相连，只需外加地址译码器给出片选信号。CPU 只要执行一条输出指令，即可把累加器中的数据送入 DAC0832 完成 D/A 转换。

DAC0832 与 CPU 的连接如图 9-8 所示。

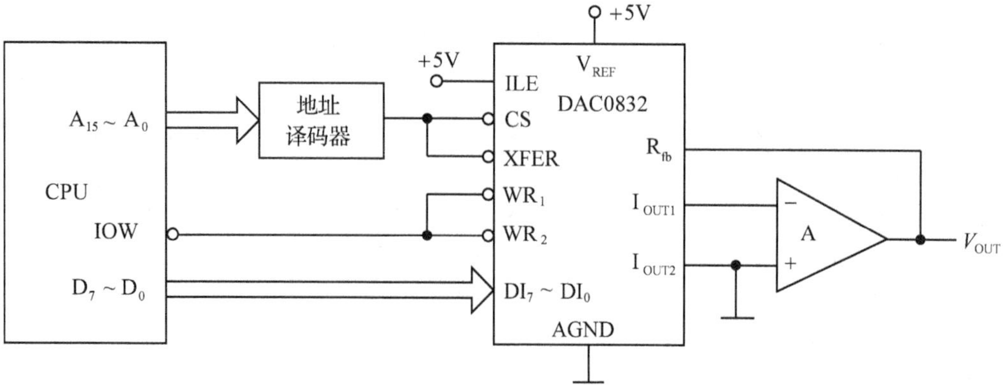

图 9-8　DAC0832 与 CPU 的连接

9.2　A/D 转换器

9.2.1　A/D 转换的一般工作过程

A/D 转换是把模拟电压或电流转换成与之成正比的数字量。在 A/D 转换器中，由于输入的模拟信号在时间上是连续量，而输出的数字信号是离散量，所以进行转换时必须在一系列选定的瞬间(即时间坐标轴上的一些规定点上)对输入的模拟信号取样，然后再把这些取样值转换为输出的数字量。因此，一般 A/D 转换过程是通过取样、保持、量化和编码这 4 个步骤完成的，取样和保持由取样-保持电路完成，而量化和编码常常在转换过程中同时完成。A/D 转换的工作过程如图 9-9 所示。

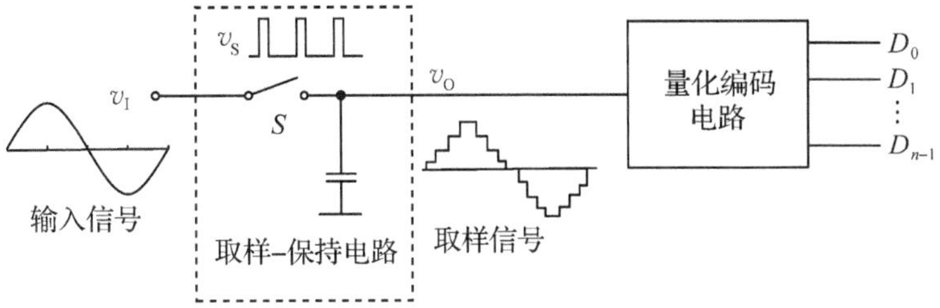

图 9-9　A/D 转换的工作过程

1. 取样与保持

取样就是按一定的时间间隔采集模拟信号。由于 A/D 转换需要时间，所以取样得到的“样值”在 A/D 转换过程中不能改变。为此，就需要对取样得到的信号“样值”保持一段时间，直到下一次取样。

在图 9-9 取样-保持电路中 S 受取样信号 v_S 控制，v_S 为高电平时，S 闭合；v_S 为低电平时，S 断开。S 闭合阶段为取样阶段，$v_O=v_I$；S 断开时为保持阶段，由于电容无放电回路，所以 v_O 保持在上一次取样结束时输入电压的瞬时值上。

可以证明，为了正确无误地用图 9-10(a)中所示的取样后的信号 v_O 表示模拟信号 v_I，必须满足：

$$f_S \geqslant 2f_{\mathrm{imax}}$$

式中，f_S 为取样频率，f_{imax} 为输入信号 v_I 的最高频率分量的频率。

在满足取样定理的条件下，可以用一个低通滤波器将信号 v_O 还原为 v_I，这个低通滤波器的电压传输系数 $|A(f)|$ 在低于 f_{imax} 的范围内应保持不变，而在 f_S-f_{imax} 以前应迅速下降为零，如图 9-10(b)所示。因此，取样定理规定了 A/D 转换的频率下限。

因为每次把取样电压转换为相应的数字量都需要一定的时间，所以在每次取样以后，必须把取样电压保持一段时间。可见，进行 A/D 转换时所用的输入电压，实际上是每次取样结束时的 v_I 值。

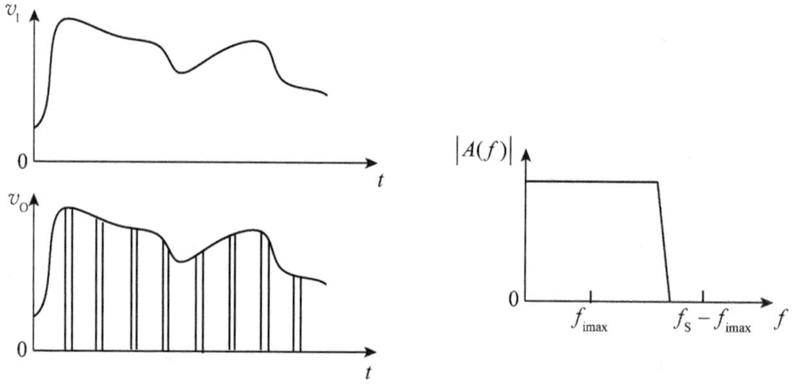

（a）对输入模拟信号的取样　　　（b）还原取样信号所用滤波器的频率特性

图 9-10　取样过程

取样-保持电路的种类很多，图 9-11 所示为 3 种常用的取样-保持电路。它们都是由取样开关 T、存储输入信息的电容 C 和缓冲放大器 A 等部分组成。

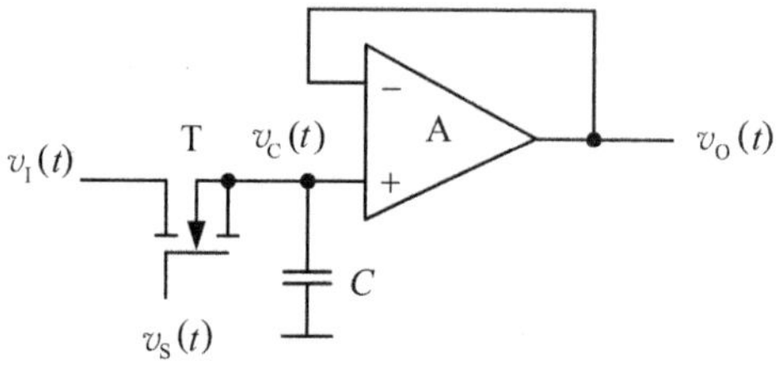

（a）基本取样–保持电路

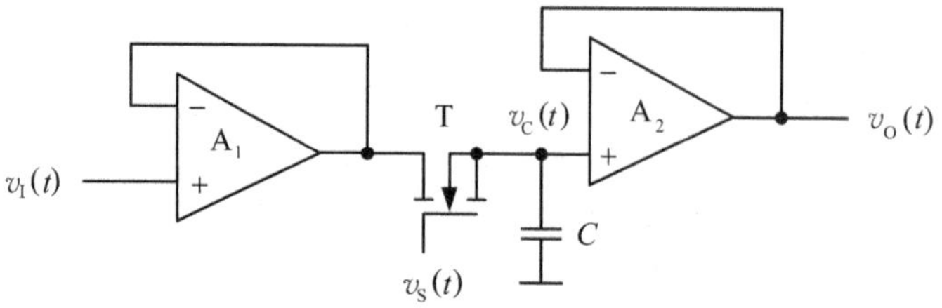

（b）高输入阻抗的取样–保持电路

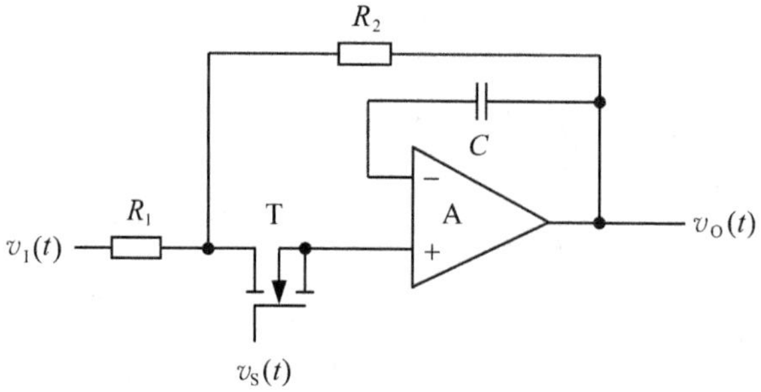

（c）$R_2C \ll T_C$的取样–保持电路

图 9-11　几种常用的取样–保持电路

图 9-11(a)中，场效应管 T 为取样开关，受取样脉冲 v_S 控制。在 v_S 为高电平期间，T 导通。若忽略 T 的导通压降，则电容 C 的电压 $v_C=v_I$，由于运算放大器 A 组成电压跟随器，因此 $v_O=v_C=v_I$，即 v_O 随 v_I 变化。当 v_S 由高电平变为低电平时，场效应管 T 截止，相当于开关断开。若 A 为理想运算放大器，则流入运算放大器 A 同相输入端的电流为零，所以场效应管 T 截止期间电容无放电回路，电容保持上一次取样结束时的输入电压瞬时值。直到下一个取样脉冲到来，场效应管重新导通，这时 v_O 和 v_C 又重新跟随 v_I 变化。

图 9-11(b)是在图 9-11(a)的基础上，为提高输入阻抗在取样开关和输入信号之间加了一级电压跟随器。由于电压跟随器 A_1 输入阻抗很高，所以减少了取样电路对输入信号的影响，又由于其输出阻抗低，减少了电容 C 的充电时间。

图 9-11(c)的原理与图 9-11(a)大致相同，只是 R_2C 必须足够小，v_O 才能跟踪输入 v_I。当 T 导通且电容 C 充电结束时，由于放大倍数 $A_V=-\dfrac{R_2}{R_1}$，所以输出电压与输入电压的关系为 $v_O=-\dfrac{R_2}{R_1}v_I$。

取样-保持电路主要技术指标有采集时间和保持电压下降速率两个。

(1)采集时间

采集时间指发出取样命令后，取样-保持电路的输出由原保持值变化到输入所需的时间。采集时间越短越好。

(2)保持电压下降速率

保持电压下降速率指在保持阶段，取样-保持电路输出电压在单位时间内所下降的幅值。

随着集成电路的发展，已把整个取样-保持电路制作在一块芯片上。例如，LF198 便是采用双极性场效应晶体管工艺制造的单片取样-保持电路。

图 9-12 是单片集成取样-保持电路 LF198 的电路原理图及符号，它是一个经过改进的取样-保持电路。图中 A_1，A_2 是两个运算放大器，S 是电子开关，L 是开关的驱动电路，当逻辑输入 v_L 为 1，即 v_L 为高电平时，S 闭合；v_L 为 0，即低电平时，S 断开。

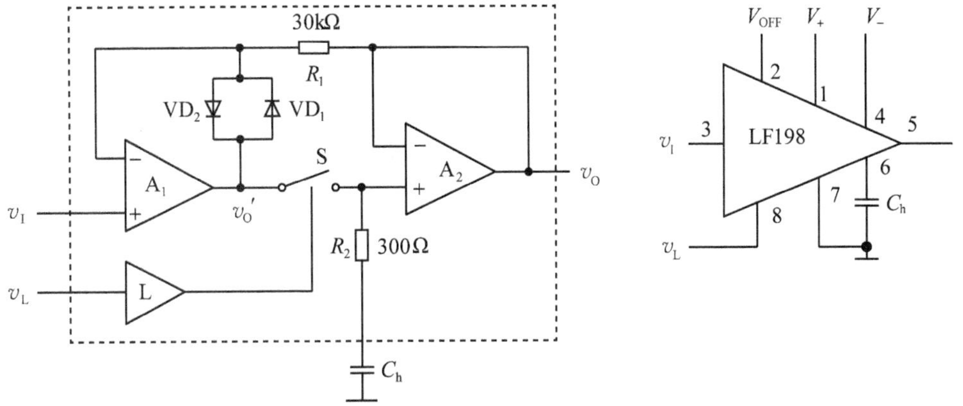

(a) 电路原理图　　(b) 符号

图 9-12　单片集成取样-保持电路 LF198

当 S 闭合时，A_1，A_2 均工作在单位增益的电压跟随器状态，所以 $v_O = v_O' = v_I$。如果将电容 C_h 接到 R_2 的引出端和地之间，则电容上的电压也等于 v_I。当 v_L 返回低电平以后，虽然 S 断开了，但由于 C_h 上的电压不变，所以输出电压 v_O 的数值得以保持下来。

在 S 再次闭合以前的这段时间里，如果 v_I 发生变化，v_O' 可能变化非常大，甚至会超过开关电路所能承受的电压，因此需要增加 VD_1 和 VD_2 构成保护电路。当 v_O' 比 v_O 所保持的电压高（或低）一个二极管的压降时，VD_1（或 VD_2）导通，从而将 v_O' 限制在 $v_I + v_D$ 以内。而在开关 S 闭合的情况下，v_O' 和 v_O 相等，故 VD_1 和 VD_2 均不导通，保护电路不起作用。

2. 量化和编码

数字信号不仅在时间上是离散的，而且在数值上的变化也不是连续的。这就是说，任何一个数字量的大小，都是以某个最小数量单位的整倍数来表示的。因此，在用数字量表示取样电压时，也必须把取样电压转化成这个最小数量单位的整倍数，这个转化过程就叫作量化。所规定的最小数量单位叫作量化单位，用 Δ 表示。显然，数字信号最低有效位为 1 表示的数量大小，就等于 Δ。把量化的数值用二进制代码表示，称为编码。这个二进制代码就是 A/D 转换的输出信号。

既然模拟电压是连续的，那么它就不一定能被 Δ 整除，因而不可避免地会引入误差，我们把这种误差称为量化误差。在把模拟信号划分为不同的量化等级时，用不同的量化方法可以得到不同的量化误差。

假定需要把 0～+1V 的模拟电压信号转换成 3 位二进制代码，这时便可以取 $\Delta = \frac{1}{8}$V，并规定凡数值在 0 ～ $\frac{1}{8}$V 的模拟电压都当作 $0\times\Delta$ 看待，用二进制的 000 表示；凡数值在 $\frac{1}{8}$ ～ $\frac{2}{8}$V 的模拟电压都当作 $1\times\Delta$ 看待，用二进制的 001 表示，……如图 9-13(a) 所示。这种量化方法称为只舍不入法，量化中把不足一个量化单位的部分舍弃。不难看出，只舍不入法最大的量化误差可达 Δ。

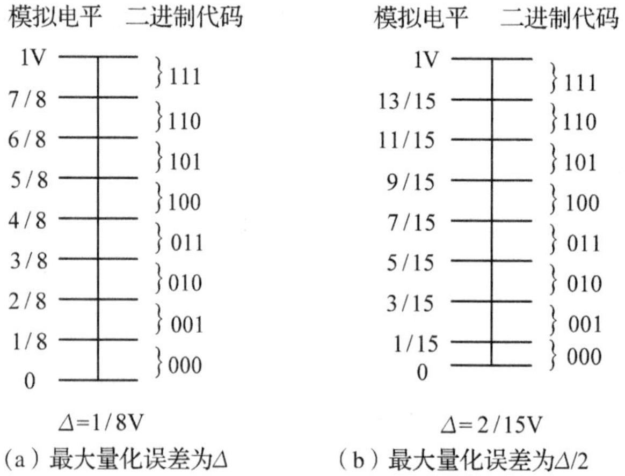

(a) 最大量化误差为Δ　　(b) 最大量化误差为Δ/2

图 9-13　划分量化电平的两种方法

为了减少量化误差，通常采用图 9-13(b)所示的量化方法，取量化单位 $\Delta=\frac{2}{15}\mathrm{V}$，并将 000 代码所对应的模拟电压规定为 $0\sim\frac{1}{15}\mathrm{V}$，即 $0\sim\frac{\Delta}{2}$。这时，最大量化误差将减少为 $\frac{\Delta}{2}=\frac{1}{15}\mathrm{V}$。这个道理不难理解，因为现在把每个二进制代码所代表的模拟电压值规定为它所对应的模拟电压范围的中点，所以最大的量化误差自然就缩小为 $\frac{\Delta}{2}$ 了。此种量化方法称为四舍五入法，量化过程将不足半个量化单位的部分舍弃，对于等于或大于半个量化单位的部分按一个量化单位处理。

9.2.2　并行比较型 A/D 转换器

3 位并行比较型 A/D 转换器如图 9-14 所示，它由电阻分压器、电压比较器、寄存器和编码器 4 部分组成。量化电平的划分采用图 9-13(b)所示的方式，通过电阻网络把参考电压 V_{REF} 分压，得到从 $\frac{1}{15}V_{REF}\sim\frac{13}{15}V_{REF}$ 7 个比较电平，量化单位 $\Delta=\frac{1}{15}V_{REF}$。然后，把这 7 个比较电平分别接到 7 个电压比较器 $C_1\sim C_7$ 的反向输入端作为比较基准。同时将输

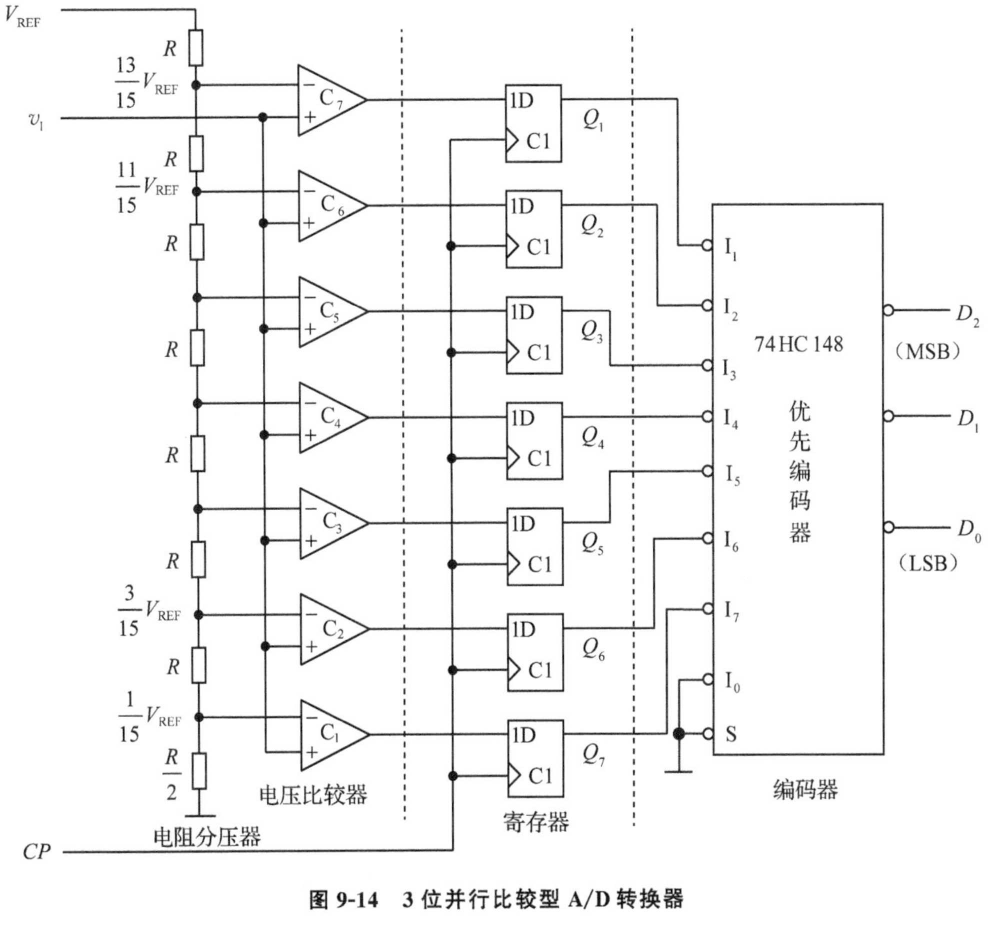

图 9-14　3 位并行比较型 A/D 转换器

入的模拟电压同时加到每个电压比较器的同向输入端上，与这 7 个比较基准进行比较。当电压比较器 $V_- > V_+$ 时，输出为 0，否则为 1。经 74HC148 优先编码器编码后便得到了二进制代码输出。其输入与输出转换关系如表 9-2 所示。

表 9-2　3 位并行比较型 A/D 转换器输入与输出转换关系表

输入模拟电压	寄存器状态							输出数字量		
v_I	Q_7	Q_6	Q_5	Q_4	Q_3	Q_2	Q_1	D_2	D_1	D_0
$\left(0 \sim \frac{1}{15}\right)V_{REF}$	0	0	0	0	0	0	0	0	0	0
$\left(\frac{1}{15} \sim \frac{3}{15}\right)V_{REF}$	1	0	0	0	0	0	0	0	0	1
$\left(\frac{3}{15} \sim \frac{5}{15}\right)V_{REF}$	1	1	0	0	0	0	0	0	1	0
$\left(\frac{5}{15} \sim \frac{7}{15}\right)V_{REF}$	1	1	1	0	0	0	0	0	1	1
$\left(\frac{7}{15} \sim \frac{9}{15}\right)V_{REF}$	1	1	1	1	0	0	0	1	0	0
$\left(\frac{9}{15} \sim \frac{11}{15}\right)V_{REF}$	1	1	1	1	1	0	0	1	0	1
$\left(\frac{11}{15} \sim \frac{13}{15}\right)V_{REF}$	1	1	1	1	1	1	0	1	1	0
$\left(\frac{13}{15} \sim 1\right)V_{REF}$	1	1	1	1	1	1	1	1	1	1

单片集成并行比较型 A/D 转换器的产品较多，如 AD 公司的 AD9012(TTL 工艺，8 位)，AD9002(ECL 工艺，8 位)，AD9020(TTL 工艺，10 位)等。

并行比较型 A/D 转换器具有如下特点：

(1)由于转换是并行的，其转换时间只受电压比较器、触发器和编码电路延迟时间限制，因此转换速度最快。

(2)随着分辨率的提高，元件数目要按几何级数增加。一个 n 位并行比较型 A/D 转换器，所用的电压比较器个数为 2^n-1，如 8 位的并行比较型 A/D 转换器就需要 $2^8-1=255$ 个电压比较器。由于位数越多，电路越复杂，因此制成分辨率较高的集成并行比较型 A/D 转换器是比较困难的。

(3)使用这种含有寄存器的并行比较型 A/D 转换电路时，可以不用附加取样-保持电路，因为电压比较器和寄存器这两部分也兼有取样-保持功能。这也是该电路的一个优点。

9.2.3　反馈比较型 A/D 转换器

反馈比较型 A/D 转换与天平称量重物的原理类似。例如，用量程为 15g 的天平称一个重物可以用两种方法：第一种方法是用每个重 1g 的 15 个砝码对重物进行称量，每次加一个砝码直至天平平衡为止。假如重物重 13g，则需要比较 13 次。第二种方法是用 8g，4g，2g，1g 4 只砝码对重物进行称量。第 1 次加 8g 砝码，因为 13>8，第 2 次再加 4g 砝码，因为 13>8+4，所以第 3 次再加 2g 砝码，因为 13<8+4+2，取下 2g 砝码，第 4 次

加上 1g 砝码，直到天平达到平衡，称量完毕。显然第一种方法比较的次数比第二种方法要多，所以第一种方法比较慢。反馈比较型 A/D 转换器分为计数型 A/D 转换器和逐次逼近型 A/D 转换器。计数型 A/D 转换与第一种称量方法类似，而逐次逼近型 A/D 转换与第二种方法类似。

1. 计数型 A/D 转换器

如图 9-15 所示为计数型 A/D 转换器原理图，由计数器、D/A 转换器及电压比较器等组成。工作原理如下。

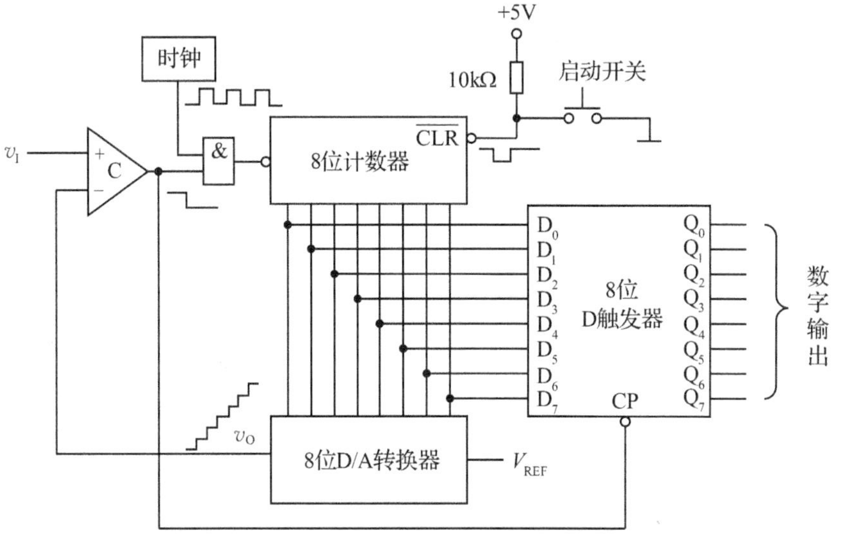

图 9-15　计数型 A/D 转换器原理图

按下启动按钮，计数器清零。D/A 转换器输出为 0V，低于电压比较器同相输入端模拟电压 v_I，电压比较器输出高电平，与门打开，时钟脉冲通过与门送入 8 位计数器。随着计数器所计数字的增加，D/A 转换器的输出电压 v_O 也随之增加。当 D/A 转换器输出电压 v_O 刚刚超过输入电压 v_I 时，电压比较器的输出由高电平变为低电平，与门关闭，计数器停止计数。这时计数器所计数字恰好与输入电压 v_I 相对应。在电压比较器输出由高电平变为低电平时，计数器的输出送入 8 位 D 触发器。8 位 D 触发器的输出就是与输入电压 v_I 相对应的二进制数。

这种 A/D 转换器的最大缺点就是速度慢。待转换的模拟电压越大，所用时间越长。例如，8 位计数器若计到 255，则需要 255 个时钟周期。

2. 逐次逼近型 A/D 转换器

逐次逼近(又称逐次比较)型 A/D 转换器与计数型 A/D 转换器工作原理类似，也是由内部产生一个数字量送给 D/A 转换器，D/A 转换器输出的模拟量与输入的模拟量进行比较。当二者匹配时，其数字量恰好与待转换的模拟信号相对应。逐次逼近型 A/D 转换器与计数型 A/D 转换器的唯一区别在于逐次逼近型 A/D 转换器是采用自高位到低位逐次比较计数的办法。

图 9-16 为 8 位逐次逼近型 A/D 转换器的原理图，它由电压比较器、逐次逼近寄存器

(SAR)、D/A 转换器和输出寄存器组成，工作原理如下。

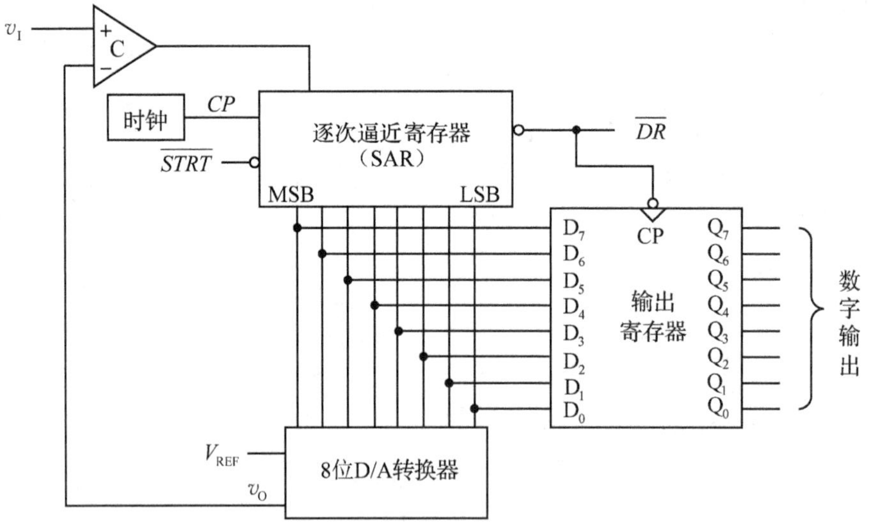

图 9-16　8 位逐次逼近型 A/D 转换器原理图

启动信号到来时，$\overline{STRT}=0$，SAR 清零，转换过程开始。第 1 个时钟脉冲到来时，SAR 最高位置 1，即 $D_7=1$，其余位为 0。SAR 所存数据(10000000)经 D/A 转换器转换后得到的输出电压 v_O 与 v_I 比较。若 $v_O > v_I$，则 SAR 重新置 0，$D_7=0$，SAR 重新被置成 00000000。若 $v_O < v_I$，则 $D_7=1$ 不变，即 SAR 为 10000000 不变。

第 2 个 CP 到来时，SAR 次高位置 1，即 $D_6=1$，然后 D/A 转换器的输出 v_O 再次与 v_I 比较。若 $v_O > v_I$，D_6 置 0，若 $v_O < v_I$，则 $D_6=1$ 不变。这个过程继续下去，直到最低位比较完成后，SAR 所保留的二进制数即为待转换的模拟电压 v_I 所对应的二进制数，转换过程完成。下面具体举例说明这一转换过程。

【例 9-1】 设图 9-16 所示的 A/D 转换器满量程输入电压 $v_{Imax}=10V$，将 $v_I=7.39V$ 的输入电压转换成二进制数。

解：满量程为 10V 时，输入 D/A 转换器的二进制数各位为 1 时所对应的模拟电压 v_O 值如表 9-3 所示。转换过程如下：

表 9-3　D/A 转换器各位为 1 时所对应的模拟电压值

D/A 转换器输入	D/A 转换器输出(V)
D_7	5.0000
D_6	2.5000
D_5	1.2500
D_4	0.6250
D_3	0.3125
D_2	0.15625
D_1	0.078125
D_0	0.0390625

首先来一个启动脉冲 $\overline{STRT}$ ，SAR 各位清零，转换开始。

第 1 个 CP 上升沿到来时，SAR 最高位置 1，SAR 输出为 $D_7D_6D_5D_4D_3D_2D_1D_0=$ 10000000，经 D/A 转换器转换后 $v_O=5V$ ，因为 $v_I(7.39V)>v_O(5V)$ ，所以最高位保持 1 不变。SAR 中的数据为 10000000。

第 2 个 CP 到来时，SAR 次高位置 1，SAR 的输出为 11000000，经 D/A 转换器转换后 $v_O=5V+2.5V=7.5V$ 。因为 $v_O(7.5V)>v_I(7.39V)$ ，所以次高位必须重新置 0。SAR 中的数据为 10000000。

第 3 个 CP 到来时，SAR 输出为 10100000，$v_O=5V+1.25V=6.25V<v_I(7.39V)$ ，所以经过第三次比较，SAR 中的数据为 10100000。

随着时钟脉冲的不断输入，A/D 转换器逐位进行比较，直至最低位。最后 SAR 中的数据为 10111101。

当第 8 个时钟脉冲到来后，比较过程结束。这时 SAR 输出端 $\overline{DR}$ 由高电平变为低电平，于是 SAR 输出的数字信号送入 8 位输出寄存器作为 A/D 转换器的转换结果输出。

下一个启动脉冲到达后，A/D 转换器又进行第二次转换。

通过前面的分析，可以看出逐次逼近型 A/D 转换器有以下特点：

(1)具有较高的转换速度。它的速度主要由数字量的位数和控制电路决定。如例 9-1 中，8 个时钟脉冲完成一次转换，若时钟脉冲频率为 2MHz，则完成一次转换的时间为

$$t=8\times\frac{1}{2\times10^6}=4\mu s。$$

转换速度为

$$C=1/t=250000\text{ 次 }/s。$$

若考虑启动(清零)节拍和数据送入输出寄存器的节拍(各为一个时钟周期)，则 n 位逐次逼近型 A/D 转换器完成一次转换所需的时间为

$$t=(n+2)T_C。\tag{9-8}$$

式中，T_C 为时钟周期。

(2)转换精度主要取决于电压比较器的灵敏度和内部 D/A 转换器的精度。

(3)逐次逼近型 A/D 转换器是对输入模拟电压进行瞬时取样比较。如果输入模拟电压掺杂了外界干扰信号，将会造成转换误差。

在干扰严重，尤其是工频干扰严重的环境下，为提高 A/D 转换器的抗干扰能力，常常使用积分型 A/D 转换器，最常用的是双积分型 A/D 转换器。

9.2.4 双积分型 A/D 转换器

双积分型 A/D 转换器是一种间接的转换方法，模拟电压首先转换成时间间隔，然后通过计数器转换成数字量。

如图 9-17 所示为双积分型 A/D 转换器原理图。它由模拟开关 S_1 和 S_2、积分器、比较器、控制门、n 位计数器和触发器 FF_n 组成。S_1 受 FF_n 控制，当 $Q_n=0$ 时，S_1 接被测电压 v_I；当 $Q_n=1$ 时，S_1 接基准电压 $-V_{REF}$。转换原理如下。

转换前 S_2 闭合，$v_O=0$，计数器和触发器 FF_n 清零。

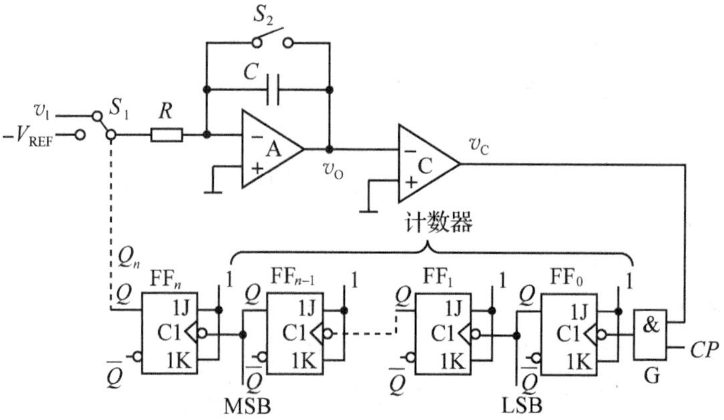

图 9-17　双积分型 A/D 转换器原理图

转换开始，S_2 断开。因为 $Q_n=0$，所以 S_1 连接待测输入电压 v_I 。由于 v_I 为正值，因此积分器作负向积分，比较器输出为"1"，控制门 G 打开，计数器开始计数。当计数器计到 2^n 个脉冲时，计数器回到全 0 状态，其进位脉冲将 FF_n 置 1，$Q_n=1$，S_1 接到 $-V_{REF}$ 端。积分器在 $-V_{REF}$ 作用下向正方向积分，v_O 值逐渐抬高。但是，只要 $v_O<0V$ ，比较器输出就为"1"，门 G 继续打开。于是 S_1 连接 $-V_{REF}$ 后，计数器又从零开始计数。若 $|-V_{REF}|>v_I$ ，则在 $-V_{REF}$ 作用期间，其积分曲线要比 v_I 作用期间的积分曲线陡，使得计数器计到全 0 之前 v_O 已经过零。比较器输出为"0"，封锁了门 G，计数器停止计数。这时计数器所计的数字即为转换的结果。双积分型 A/D 转换器的工作波形如图 9-18 所示。

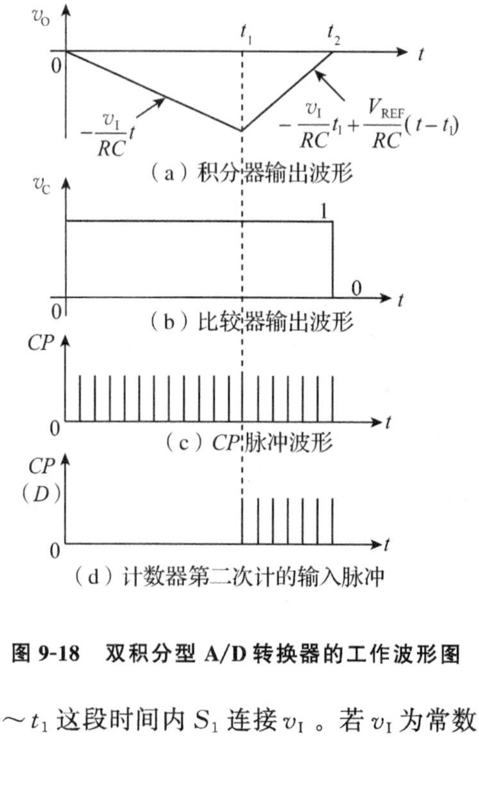

图 9-18　双积分型 A/D 转换器的工作波形图

由图 9-18 可知，在 $0\sim t_1$ 这段时间内 S_1 连接 v_I 。若 v_I 为常数，这段时间积分器的输出

为

$$v_O = -\frac{v_I}{RC}t。 \quad (9\text{-}9)$$

而 t_1 时刻积分器输出为

$$v_O(t_1) = -\frac{v_I}{RC}t_1。 \quad (9\text{-}10)$$

因为 t_1 时刻恰好为计数器计满 2^n 个脉冲的时间。若脉冲周期为 T_C，则 $t_1 = 2^n T_C$，代入式(9-10)得

$$v_O(t_1) = -\frac{v_I}{RC}2^n T_C。 \quad (9\text{-}11)$$

t_1 时刻以后，开关 S_1 接 $-V_{REF}$，积分器输出为

$$v_O(t) = v_O(t_1) + \frac{V_{REF}}{RC}(t - t_1) = -\frac{v_I}{RC}2^n T_C + \frac{V_{REF}}{RC}(t - t_1)。 \quad (9\text{-}12)$$

$t = t_2$ 时刻，$v_O = 0$，停止计数。所以在 $t = t_2$ 时刻，式(9-12)可写作

$$0 = -\frac{v_I}{RC}2^n T_C + \frac{V_{REF}}{RC}(t_2 - t_1)。 \quad (9\text{-}13)$$

若这时计数器所计脉冲个数为 D，则式(9-13)可写作

$$\frac{v_I}{RC}2^n T_C = \frac{V_{REF}}{RC}D T_C。$$

即

$$D = \frac{2^n}{V_{REF}}v_I。 \quad (9\text{-}14)$$

由上述分析可知，双积分型 A/D 转换器完成一次转换所需时间为

$$T = (2^n + D)T_C。 \quad (9\text{-}15)$$

从前面的分析，可以看出双积分型 A/D 转换器有以下特点：

(1)由于双积分型 A/D 转换器使用了积分器，转换期间是转换 v_I 的平均值，所以对交流干扰信号有很强的抑制能力，尤其是对工频干扰，如果转换周期选择合适(如 $2^n T_C$ 为工频电压周期的整数倍)，从理论上讲可以完全消除工频干扰。

(2)工作性能稳定。其转换精度只与 V_{REF} 有关。只要 V_{REF} 稳定，就能保证转换精度。所以 R，C 的值及时钟周期 T_C 长时间所发生的变化对转换精度无影响。

(3)工作速度低。完成一次转换所需时间为 $(2^n + D)T_C$。

(4)由于转换的是 v_I 的平均值，所以这种 A/D 转换器只适用于对直流或变化缓慢的电压进行转换。

9.2.5　A/D 转换器的主要技术指标

1. 转换精度

单片集成 A/D 转换器的转换精度是用分辨率和转换误差来描述的。

(1)分辨率

分辨率说明 A/D 转换器对输入信号的分辨能力。A/D 转换器的分辨率以输出二进制(或十进制)数的位数表示。从理论上讲，n 位输出的 A/D 转换器能区分 2^n 个不同等级

的输入模拟电压，能区分输入电压的最小值为满量程输入的 $1/2^n$ 。在最大输入电压一定时，输出位数越多，量化单位越小，分辨率越高。例如，A/D 转换器输出为 8 位二进制数，输入信号最大值为 5V，那么这个 A/D 转换器应能区分输入信号的最小电压为 19.53mV。

(2)转换误差

转换误差表示 A/D 转换器实际输出的数字量和理论上输出的数字量之间的差别。常用最低有效位的倍数表示。例如，给出相对误差 $\leqslant \pm$ LSB/2，这就表明实际输出的数字量和理论上应得到的输出数字量之间的误差小于最低位的半个字。

2. 转换时间

转换时间是指 A/D 转换器从转换控制信号到来开始，到输出端得到稳定的数字信号所经过的时间。

不同类型的转换器转换速度相差甚远。其中并行比较型 A/D 转换器转换速度最高，8 位二进制输出的单片集成 A/D 转换器转换时间可达 50ns 以内。逐次逼近型 A/D 转换器次之，它们多数转换时间在 10 ～ 50μs，也有达几百纳秒的。间接 A/D 转换器的速度最慢，如双积分型 A/D 转换器的转换时间大都在几十毫秒至几百毫秒。在实际应用中，应从系统数据总的位数 、精度要求、输入模拟信号的范围及输入信号极性等方面综合考虑 A/D 转换器的选用。

【例 9-2】 某信号采集系统要求用一片 A/D 转换集成芯片在 1s 内对 16 个热电偶的输出电压分时进行 A/D 转换。已知热电偶输出电压范围为 0～0.025V(对应于 0～450℃温度范围)，需要分辨的温度为 0.1℃，试问应选择多少位的 A/D 转换器，其转换时间为多少?

解：对于从 0～450℃温度范围，信号电压范围为 0～0.025V，分辨的温度为 0.1℃，这相当于 $\frac{0.1}{450}=\frac{1}{4500}$ 的分辨率。12 位 A/D 转换器的分辨率为 $\frac{1}{2^{12}}=\frac{1}{4096}$，所以必须选用 13 位的 A/D 转换器。

系统的取样速率为每秒 16 次，取样时间为 62.5ms。对于这样慢的取样，任何一个 A/D 转换器都可以达到。可选用带有取样-保持的逐次逼近型 A/D 转换器或不带取样-保持的双积分型 A/D 转换器。

9.2.6 集成 A/D 转换器及其应用

集成 A/D 转换器产品虽然型号繁多，性能各异，但多数转换电路是采用逐次逼近的原理，下面对通用型 ADC0801 作简单的介绍。

ADC0801 是 8 位逐次逼近型 A/D 转换器，采用 CMOS 工艺，20 脚双列直插式封装。它很容易通过数据总线与微机相连而不需要附加接口逻辑电路。其逻辑电平与 MOS 和 TTL 都是兼容的。ADC0801 有两个模拟电压输入端，可以对 0V ～± 5V 进行转换，输入信号也可采用双端输入的方式。ADC0801 结构框图如图 9-19(a)所示。它是由时钟发生器、比较器、数据输出寄存器等组成的。

ADC0801 引脚图如图 9-19(b)所示，其引脚功能如下：

$\overline{CS}$ ——片选端，低电平有效。

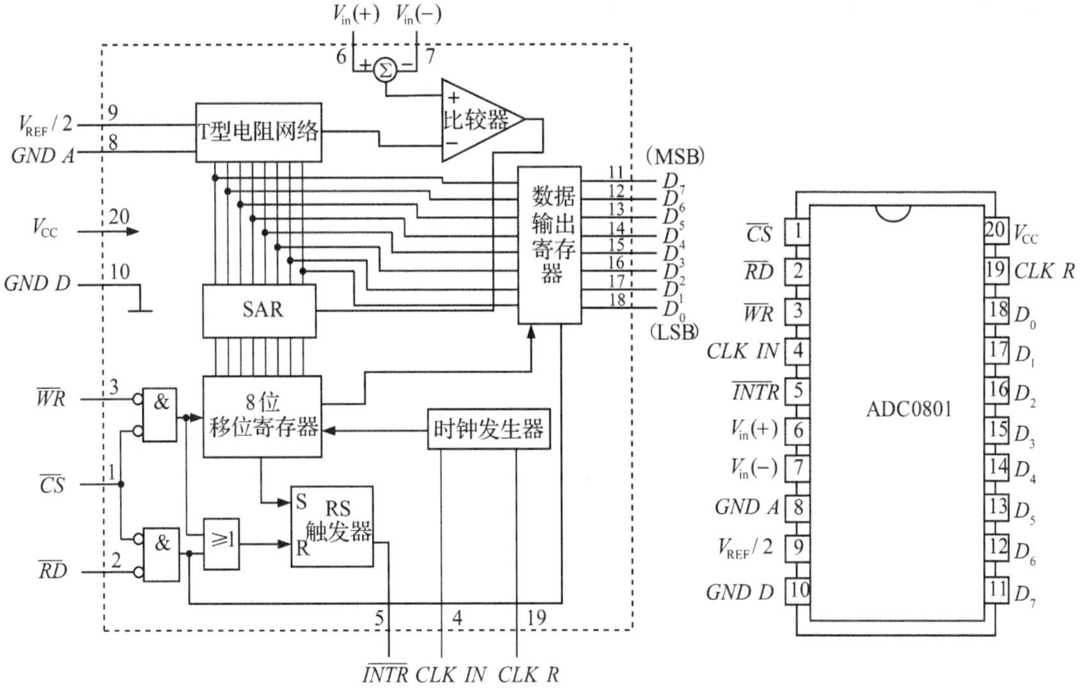

（a）结构框图　　　　（b）引脚图

图 9-19　集成 ADC0801

$\overline{RD}$ ——输出使能端，低电平有效。

$\overline{WR}$ ——转换启动端，低电平有效。

$CLK\ IN$ ——外部时钟输入端，当使用内部时钟时，该端接定时电容。

$V_{in}(+)$、$V_{in}(-)$ ——差分模拟电压输入端。当单端输入时，一端接地，另一端接输入电压。

$\overline{INTR}$ ——转换结束时输出低电平。

$GND\ A$ ——模拟信号地。

$V_{REF}/2$——参考电压任选端。悬空时，由内部电路和 V_{REF} 产生 2.5V 的电压值，若该端接外加电压时可改变模拟电压输入范围。

$GND\ D$ ——数字信号地。

V_{CC} ——电源端，也作为基准电压。

$CLK\ R$ ——接内部时钟的定时电阻。

$D_0 \sim D_7$——数字量输出。

图 9-20 是 ADC0801 连续进行 A/D 转换的接线图。时钟频率由外接电阻 R 和电容 C 决定：

$$f=\frac{1}{1.1RC}=\frac{10^9}{1.1\times150\times10}\text{kHz}=606\text{kHz}。$$

其连续转换过程如下：

接通电源，由于电容 C_1 两端电压不能突变，在接通电源后 C_1 两端产生一个由 0V 按指数规律上升的电压，经7417集电极开路缓冲/驱动器整形后加给$\overline{WR}$一个阶跃信号。低电平使ADC0801启动，高电平对$\overline{WR}$不起作用。

启动后，A/D转换器对0～5V的输入模拟电压进行转换，一次转换完成后$\overline{INTR}$变为低电平，使$\overline{WR}=0$，A/D转换器重新启动，开始第二次转换。数据输出端接LED监视数据输出，当$D_i=0$时，LED亮；当$D_i=1$时，LED不亮。所以只要观察发光二极管的亮、灭情况就可以观察到A/D转换的情况。

为使ADC0801芯片连续不断地进行A/D转换，并将转换后得到的数据连续不断地通过$D_0 \sim D_7$输出，$\overline{CS}$和$\overline{RD}$必须接低电平(地)。

图9-20所示电路输入模拟电压的范围为0～5V，输出数字为0～255。当输入电压范围改变时，为得到8位分解度，可在V_{REF}端接上适当电压。当$V_{CC}=5V$时，若$V_{REF}/2$端悬空，内部电路使$V_{REF}/2$端电位为2.5V($V_{CC}/2$)。如果$V_{REF}/2$端接2V电压，则输入电压范围为0～4V；若接1.5V，输入电压范围就为0V～3V，依此类推。

为了减小干扰，ADC0801把模拟信号与数字信号分开，以提高A/D转换的精度。

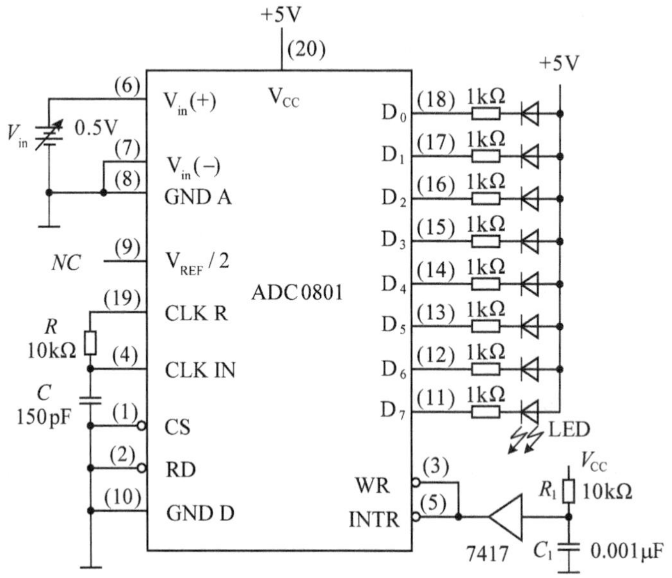

图9-20　用ADC0801进行连续转换的外部接线图

本章小结

模数转换和数模转换是数字系统的重要组成部分，是数字系统应用于实际的接口电路。

实现数模转换的D/A转换器有二进制权电阻D/A转换器、倒T型电阻网络D/A转换器、权电流型D/A转换器。二进制权电阻D/A转换器转换原理简单；倒T型电阻网络D/A转换器电阻值仅有R和$2R$两种，而且具有较高的转换速度，集成D/A转换器中广泛使用此种类型电路。

实现模数转换的A/D转换器有并行比较型A/D转换器、反馈比较型A/D转换器(包括计数型 A/D 转换器和逐次逼近型 A/D 转换器）、双积分型 A/D 转换器。不同的模/数转换方式具有各自的特点。并行比较型 A/D 转换器一般应用在转换速度高的场合；双积分型 A/D 转换器一般应用在精度要求高的情况；而逐次逼近型 A/D 转换器在一定程度上兼有以上两种转换器的优点，应用更普遍。

实际上，在计算机控制、快速检测和信号处理等系统中，其所能达到的精度和速度最终还是取决于 A/D 转换器、D/A 转换器的转换精度和转换速度。因此，转换精度和转换速度是 A/D 转换器、D/A 转换器的两个重要指标。

习　题

1. 在图 9-3 电路中，若 $R_F = R/2$，$V_{REF} = 5V$，当输入数字量为 $D_3D_2D_1D_0 = 1100$ 时，求输出电压 v_O。

2. 在图 9-4 所示的倒 T 型电阻网络 D/A 转换器电路中，若 $V_{REF} = 5V$，$R_F = R$，输入的数字量为 $D_3D_2D_1D_0 = 0101$，求输出电压 v_O。

3. 在图 9-4 所示的倒 T 型电阻网络 D/A 转换器电路中，若输入数字量位数扩展为 8 位，已知 $V_{REF} = 10V$，$R_F = R$，试分别求出 D/A 转换器的最小（只有数字信号最低位为 1 时）输出电压 V_{Omin} 和最大（数字信号各位均为 1 时）输出电压 V_{Omax}。

4. 试分别求出 8 位 D/A 转换器和 12 位 D/A 转换器的分辨率。

5. 将 4 位同步二进制加法计数器的输出作为 4 位二进制 D/A 转换器的输入，若时钟频率为 256 kHz，试画出 D/A 转换器的输出波形，并求出输出波形的频率。

6. 模拟信号最高频率分量 $f = 20kHz$，对该信号取样时，最低取样频率应是多少？

7. 在 A/D 转换过程中，取样-保持电路的作用是什么？量化的方法有哪些，选哪种量化方法误差比较小？

8. 说明并行比较型 A/D 转换器、计数型 A/D 转换器、逐次逼近型 A/D 转换器和双积分型 A/D 转换器各有什么优缺点。

9. 在图 9-16 所示的逐次逼近型 A/D 转换器电路中，若满量程输入电压 $v_{Imax} = 10V$，将 $v_I = 6.84V$ 的输入电压转换成二进制数是多少？

10. 在双积分型 A/D 转换器电路中，时钟信号的频率 $f_c = 100kHz$，其分辨率为 8 位二进制数，计算电路的最高转换频率。

11. 为什么双积分型 A/D 转换器的抗工频干扰能力强？

12. 试说明 D/A 转换器和 A/D 转换器的转换精度和转换速度与哪些因素有关。

第10章 典型数字系统设计

【内容提要】本章首先介绍数字系统的组成；其次介绍数字系统的设计方法，重点介绍数字系统的设计准则；最后介绍跑马灯和数字频率计两种典型的数字系统的设计。

【能力目标】理解数字系统的组成和设计方法，重点掌握数字系统设计准则。

10.1 概述

10.1.1 数字系统的组成

前面介绍的数据选择器、比较器、加法器、计数器等电路，都是只能实现某种单一的特定功能，因此称为功能部件级电路。由若干这样的数字电路和逻辑部件构成的，按一定顺序处理和传输数字信号的设备，称为数字系统。数字计算机、数字照相机、数字电视机等就是常见的数字系统。数字系统从结构上分为数据处理单元和控制单元两部分。因此，数字系统中的二进制信息也可分成数据信息和控制信息两大类。

数据处理单元接收控制单元发来的控制信号，对输入的数据进行算术运算、逻辑运算、移位操作等处理，然后输出数据，并将处理过程中产生的状态信息反馈到控制单元，数据处理单元也称为数据通路。

控制单元根据外部输入信号及数据处理单元提供的状态信息，决定下一步要完成的操作，并向数据处理单元发出控制信号以控制其完成该操作。通常以是否有控制单元作为区别功能部件和数字系统的标志，凡是包含控制单元且能按顺序进行操作的系统，不论规模大小，一律称为数字系统，否则只能算是一个系统部件，不能称为一个独立的数字系统。例如，大容量存储器尽管电路规模很大，但也不能称为数字系统。

10.1.2 数字系统的设计方法

随着科学技术的迅速发展，电子工业界经历了巨大的飞跃，当前数字系统的设计正朝着速度快、容量大、体积小和重量轻的方向发展。推动该潮流迅猛发展的引擎就是日趋进步和完善的ASIC技术。ASIC技术使计算机成为数字系统设计的主要工具。目前数字系统的设计可以直接面向用户的需求，根据系统的行为和功能要求，自顶向下地逐层完成相应的描述、综合、优化、模拟和验证，直到生成器件。上述设计过程除了系统行为和功能描述外，其余设计过程几乎都可以用计算机来自动地完成，也就是说做到了电子设计自动化(EDA)。这样做就可以大大缩短数字系统的设计周期，从而适应当前产品种类多、批量小、风险大的电子产品市场的需要，以提高产品的竞争能力。

目前，基于芯片级的设计、自顶向下设计和设计模拟已成为数字系统设计的主要手段和方式。任何一项新技术和新工具的产生和发展，都有其自身的极大优越性，而这种优越性主要源自新设计方法的引入。设计人员只有在掌握了这些新的设计方法后，才能够有效地利用这些新技术和新工具更好地为设计服务。

下面主要介绍数字系统的设计流程、设计的基本方法和设计的基本准则。

1. 数字系统的设计流程

一般来说，数字系统的设计可以分为系统级设计、电路级设计、芯片设计和电路板级设计 4 个层次。对应于数字系统设计的 4 个层次，可以把一个数字系统的设计分为：系统设计、电路设计、芯片设计、PCB 设计、电路调试、系统调试和结构设计 7 个步骤。数字系统的设计流程如图 10-1 所示。

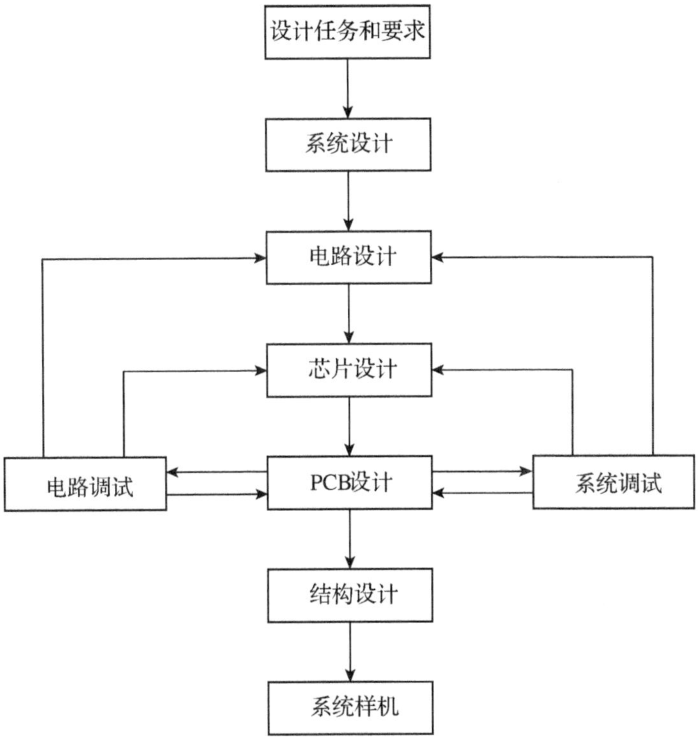

图 10-1　数字系统的设计流程

(1)系统设计

系统设计主要是对总体设计部分给出的设计任务以及设计的一些要求进行分析，目的是将设计任务要求转换成明确的可实现的功能和技术指标要求，并且确定可行的技术方案。由于系统设计主要是在系统级上来描述数字系统的功能和技术指标要求，因此设计人员一般通过系统功能的模块划分来落实数字系统的功能和技术指标的分配，同时确定各模块之间的接口关系。系统设计通常运用框图和层次的方法自顶向下地进行设计，将系统功能逐步细分，然后再从电路、器件和工艺等方面来确定技术方案，从而完成数字系统的方案设计。

(2)电路设计

电路设计的主要任务是根据技术方案来确定数字系统所要求的算法和电路形式，在电路上描述数字系统的功能。

(3)芯片设计

芯片设计是根据电路设计所确定的算法和电路形式，通过设计芯片内部的逻辑功能来实现这些算法和电路，即设计具有专门用途的集成电路芯片。在过去相当长的一段时间里，设计员通常采用 TTL 电路、CMOS 电路和专用数字集成电路来进行设计，这时器件的功能是内部逻辑功能。现今，设计人员大都采用基于芯片级的方法进行数字系统的设计。由于可编程逻辑器件能够定义内部的逻辑功能和外接引脚的功能，因此给设计人员带来了极大的方便。这时，设计人员就可以根据系统的要求定义芯片的逻辑功能，把功能模块放到芯片中进行设计，使用单片或几片大规模可编程逻辑器件就可以完成数字系统的主要功能，从而使得后续工作变得十分简单。

(4)PCB 设计

PCB 设计是芯片设计工作的延续，它的任务是实现数字系统的整体功能，同时进行初步的工艺和系统机械结构的设计。PCB 设计主要进行两方面的工作：一方面是通过芯片和其他电路元件之间的连接，将各种元器件组合起来构成完整的数字系统；另一方面则是按照电路的尺寸、工艺和环境的要求，确定电路板的尺寸和形状，并且进行元器件的布局和元器件间的布线。

(5)调试

调试的目的是对设计的数字系统进行检查以发现设计中存在的问题。一般来说，调试按照不同的要求可以分为电路调试和系统调试两种。电路调试是利用测量仪器检查电路、芯片和 PCB 设计上的错误，并测试单片电路板的功能和性能指标是否能够满足设计的要求。系统调试是对电路板进行联合测试，目的是检查电路板之间的接口是否满足设计规范，以及数字系统整体的功能和性能指标是否能够达到设计的要求。需要注意的是，无论是在电路调试还是系统调试中发现问题，设计人员都需要回到电路设计、芯片设计和 PCB 设计以修改出现问题的电路板、芯片和 PCB 板的设计。

(6)结构设计

结构设计属于工艺和工业造型的问题，其目的是获得较好的电气性能、机械性能和美观的外形。一般来说，结构设计主要包括机箱设计和面板设计。在进行数字系统的设计过程中，结构设计一般是由专业的结构设计人员来完成的，因此这一步骤常常可以和上述的其他步骤同时进行设计。

2. 数字系统设计的基本方法

设计人员在进行数字系统的设计过程中，所采用的基本方法主要有自顶向下的设计方法和编码的方法两种。下面就对这两种设计的基本方法进行介绍。

(1)自顶向下的设计方法

通常情况下，设计人员设计数字系统时可以采用多种设计方法，如直接设计法、自底向上的设计方法和自顶向下的设计方法等。随着数字系统规模的不断扩大，自顶向下的设计方法由于其独特的优越性，在各种设计方法中脱颖而出，成为目前数字系统设计中常用的设计方法。自顶向下的设计方法实际上就是基于芯片的系统设计方法，它在功能划分、任务分配和设计管理上具有一定的优越性。

所谓自顶向下的设计方法就是利用功能分割手段将设计由上至下进行层次化和模块化，即分层次、分模块地对数字系统进行设计和模拟。功能分割采用逐级分割的方式，首先将系统分割成各个功能子模块，然后再将各个功能子模块分解为逻辑块，而逻辑块又可以分割为更小的逻辑块和电路。按照这样的分割方式，设计人员可以将一个复杂的数字系统逐步细化并将功能模块化。这样，高层次设计主要进行系统功能和接口的描述，并说明模块的功能和接口，而对模块功能的详细描述则在下一设计层次中说明，最底层的设计才涉及具体的门级电路。

高层次设计可以与具体的器件和工艺无关，可以采用模拟手段来验证设计的正确性。自顶向下设计方法的这个特点可以用来进行系统的理论设计，即不需要做出具体的电路、芯片和系统等，而只是用软件的模拟手段来验证系统方案的可行性。

自顶向下设计方法的优点主要体现在以下两个方面：

① 自顶向下的设计方法是一种模块化设计方法。设计人员对设计的描述由上至下逐步由粗略到详细，符合常规的逻辑思维习惯；由于高层次设计与具体的器件和工艺无关，因此设计易于在各种可编程逻辑器件或集成电路工艺之间进行移植。

② 多个设计人员可以同时进行操作。随着数字系统规模的不断扩大，许多数字系统的设计由一个设计人员根本无法完成，必须由多个设计人员分工协作的情况越来越多。在这种情况下，采用自顶向下的设计方法可以使多个设计人员同时进行设计，对设计任务进行合理分配并用系统工程的方法对设计进行管理。

(2)编码的方法

目前，在数字系统中应用最为广泛的数制是二进制。由于数字系统只能处理 0 和 1，所以在进行系统设计之前需要用二进制数来表示输入、输出信号值以及内部状态，这一过程称为编码。编码是用数字的形式来描述所要编码的对象，这是数字系统处理问题的先决条件。

在数字系统中编码是个基本问题，对于同一编码对象可能存在多个编码方案。由于编码方案会决定数字系统的逻辑设计，因此编码时存在着选择最佳或准最佳编码的问题。那么如何比较每种可能的编码方案，从中选择一个最合适的编码方案呢?

一个 n 位长的二进制数，总共存在着 2^n 个编码，可以表示 2^n 种可能性。一般来说，习惯将设计中使用的编码称为有效编码，而没有使用的编码则称为无效编码。如果实际的数字系统中不允许无效编码存在，那么这种无效编码称为非法编码。例如，如果十进制计数器用 4 位二进制数表示，那么在 4 位二进制数能够表示的 16 个数中，0 至 9 为有效编码，A 到 F 则为无效编码。

有效编码在所有编码中的比率，常称为编码效率(η)，计算公式如下：

$$\eta = 有效编码数/2^n = 有效编码数/(有效编码数+无效编码数)$$

根据公式不难得出，上面十进制计数器的编码效率为 $\eta = 10/16 = 62.5\%$。实际上，编码效率的含义就是器件资源的利用率，编码效率高意味着能够利用较少的资源去实现所要求的逻辑功能。在实际的数字系统设计中，有些设计人员往往忽略了编码的问题，只是随意取一个编码方案来进行逻辑设计，这样做或许也能完成设计，但是最终完成的设计却未必是最佳的设计方案。因此，每位数字系统设计人员都应该对编码极其重视。

一般来说，编码还决定了功能的实现方法，这一点非常类似于软件工程中的“数据结构算法”的概念。在软件设计中，数据结构确定以后，就只剩下如何利用一定的算法对数据进行处理的问题了。同样在数字系统设计中，编码一旦确定以后，剩下的问题就是如何使用相应的电路或逻辑去实现编码。数字系统设计中，编码实际上就是确定数据结构的过程，逻辑电路则代表着硬件逻辑算法。软件工程中，理论人员经过研究形成了数据结构的理论，可见软件设计者十分重视数据结构。在硬件设计中，虽然目前还没有出现类似的理论，但是硬件设计人员在解决类似问题时，不妨借鉴“数据结构＋算法”的设计方法。

设计人员在进行编码时，往往需要注意以下几个问题：

① 在分析编码对象可能存在的状态时，应该尽量用最短的二进制码来表示编码对象的全部状态，这样做的目的是提高编码效率和资源的利用率，并且减少对器件输入线、输出线、乘积项和寄存器等资源的消耗。

② 设计人员应该区别对待 I/O 编码和内部状态编码。对于 I/O 编码来说，由于 I/O 对应一定的输入和输出形式，因此它首先要求的是编码同输入和输出形式匹配，而并不一定要求用最短的二进制数来表示；对于内部状态编码来说，则完全可以由设计人员定义数据结构和算法，由于编码方案决定算法和资源利用率，所以应该采用最短的编码形式。为了实现外部和内部的编码转换，设计人员可以在 I/O 口和内部逻辑模块之间插入一个编码格式转换接口。

③ 应对编码结构进行优化。除了采用最短的二进制编码外，还需要对编码的结构进行优化。因为一种容易处理的编码结构往往可以给逻辑设计带来很多的便利，所以设计人员常常会花一定的时间来对编码进行优化。

④ 应对无效编码进行相应的处理。对于编码过程中的无效编码，一般采用两种不同的处理方式：对于实际情况中不可能出现的无效编码，如果该编码不会对系统设计造成危害性结果，那么可以将其按照任意态处理；如果无效编码是一种会给系统设计带来危害性的非法编码，那么应该采取措施防止或引导到有效编码状态上来。

3. 数字系统设计的基本准则

在进行数字系统设计的过程中，设计人员通常需要考虑设计的功能和性能要求、元器件的资源配置、设计工具的可实现性以及系统的开发经费等多方面的条件和需求。对于具体的数字系统来说，虽然设计的条件和需求不同，实现的具体方法也各不相同，但是数字系统设计还是具备一些共同的基本准则。

(1)分割准则

自顶向下的设计方法或者其他的层次化设计方法，往往都需要对数字系统的功能进行分割，然后再使用逻辑语言来进行具体的描述。在进行逐级分割的过程中，如果功能分割过细，则会带来不必要的重复和烦琐；如果功能分割过粗，那么会使子模块不易用逻辑语言来进行描述。因此，功能分割的粗细要根据具体的系统设计和设计工具来确定，并且有以下一些共同的原则需要遵循。

① 功能分割后最底层的逻辑块应该适合使用逻辑语言进行描述。如果利用逻辑图作

为最低层模块的输入方法，那么需要将其分割到门电路、触发器和宏模块一级；如果采用VHDL 或 Verilog，那么可以分割到算法一级。

② 易于设计共享模块。在数字系统设计过程中，往往会出现一些功能相似的逻辑模块，设计人员应该把这些功能相似的模块设计成共享模块。采用共享模块，可以大大减少设计的模块数目以及改善设计的结构化特性。

③ 尽量使接口信号线最少。由于复杂的接口信号线非常容易引起设计上的错误，而且会给设计的布线带来不小的困难，因此设计时应该尽量使接口信号线最少。在进行模块划分的过程时，设计人员经常把交互信号线最少的地方作为模块划分的边界，这样便可以用最少的信号线来进行信号和数据的交换。

④ 尽量使其通用性良好，并且易于移植。模块的划分和设计应该满足通用性的要求，并需要考虑设计移植的问题。一个优秀的设计模块应该可以很方便地在其他的设计中使用，且容易升级和移植。为了使模块具有良好的通用性和可移植性，设计人员在设计中应该尽量避免使用与器件有关的特性。

⑤ 尽量使结构比较匀称。设计人员在设计过程中，在同一层次的模块之间进行资源和 I/O 的分配时不应该出现太悬殊的差异，并且应该尽量保证划分的模块没有明显的结构和性能上的瓶颈。

(2)同步和异步电路

在数字系统的设计过程中，设计人员应该尽量采用同步电路进行设计，而避免使用异步电路，原因是同步电路按照统一的时钟信号进行工作，能够保证良好的稳定性；而异步电路如果采用统一的时钟信号，便会造成较大的系统时延和逻辑冒险，从而引起系统的不稳定。在必须使用异步电路的场合下，设计人员应该采取一定的措施来避免较大的系统时延和逻辑冒险。需要注意的是，如果一个数字系统使用了两个或两个以上的时钟信号，这时对于模块之间的接口信号要采取一定的复接措施，必要时需要插入时钟同步电路以增加数字系统的电稳定性。

(3)最优化设计

由于可编程逻辑器件的可编程逻辑资源、I/O 资源和连线资源都是有限的，器件的性能有一定的限制，因此用逻辑器件设计数字系统的过程就相当于一个求取最优化设计的过程。一般来说，求取最优化设计的过程需要给定边界条件和最优化目标这两个约束条件。约束条件即指器件的性能和资源限制。最优化目标有很多种，设计中最常见的优化目标有器件利用率最高、系统工作速度最快和实现性最好 3 种。

在一个数字系统的具体设计中，由于各个条件的限制，各个最优化目标相互之间往往会发生冲突、产生矛盾，这时，设计人员就需要牺牲一些不太重要的限制条件，来满足一些重要的限制条件。在一个复杂的系统设计中，经常会发生布线的困难，这时设计人员就需要牺牲其他一些要求来优先满足布线的要求，从而达到系统的可实现性。

目前，大多数的 EDA 工具中都提供了常用的优化设计工具，设计人员可以通过改变优化策略来指导 EDA 工具完成系统的最优化设计。

(4)系统的可观测性

在一个数字系统的设计中，设计人员应该同时考虑功能检查和性能的测试，即解决系统观测性的问题。一个系统除了引脚上的信号外，系统内部的状态也是需要测试的内容。如果输出信号能够反映系统内部的状态，即可以通过输出观测到系统内部的工作状态，那么这个系统就是可以观测的。如果输出信号不能完全反映系统内部的工作状态，那么这个系统则是不可以观测的或者是部分可观测的。这时，为了测试系统内部的工作状态，就需要建立必要的观测电路，将不可观测的系统转换成可以观测的系统。

一些有经验的设计人员常常会自觉地在设计数字系统时同时设计观测电路，通过观测电路来指示系统内部的工作状态。设计人员建立观测电路，一方面是将系统内部的信号引向引脚输出以供外部测试使用；另一方面是对系统的工作状态进行判断。

一般来说，建立观测电路常常遵循以下原则：

①对系统的关键性信号进行观测，如时钟信号、同步信号和状态信号等；

② 对具有代表性的节点和线路上的信号进行观测；

③ 具有简单的“系统是否正常工作”的判断能力。

(5)系统设计的判断

一个数字系统的设计通常需要经过反复的修改、测试、优化才能达到系统设计的要求。在实际设计的过程中，设计人员需要在各种设计要求、约束条件和优化原则等方面反复权衡利弊、折中以求达到系统设计的性能要求。

系统设计经过第一遍设计输入、设计实现和设计验证的过程，一般不能达到理想的设计目的。这时的设计还需要经过设计人员的反复修改才能达到一个较为满意的结果。判断设计反复的过程什么时候可以停止或者判断设计有无进一步优化的可能，以及在整体上把握设计优化的进程，可以借鉴一个艺术概念“和谐”。一个好的设计，应该满足艺术概念“和谐”基本特征，对于数字系统可以根据以下几点做出判断：

①直觉判断设计总体上流畅；

②具有良好的可观测性；

③结构协调、资源配置、I/O 分配合理，没有任何设计上和性能上的瓶颈；

④易于修改和移植；

⑤器件的资源、速度和性能是否得到充分的发挥。

对于一个已经完成的数字系统的设计，如果该数字系统能够满足前三点，那么说明该设计是一个不错的设计；如果该数字系统能够满足五点要求的话，那么该设计则可以称为是一个理想的设计。

10.2 跑马灯设计

10.2.1 设计要求

控制 16 个 LED 进行花式显示。设计 4 种显示模式：①从左到右逐个点亮 LED；②从右到左逐个点亮 LED；③从两边到中间逐个点亮 LED；④从中间到两边逐个点亮 LED。4 种模式循环切换，由复位键 rst 控制系统的运行与停止。

10.2.2　电路状态转换

输入信号：时钟信号 clk；复位信号 rst。输出信号：LED 显示信号 q[15:0]。跑马灯的状态转换如图 10-2 所示。

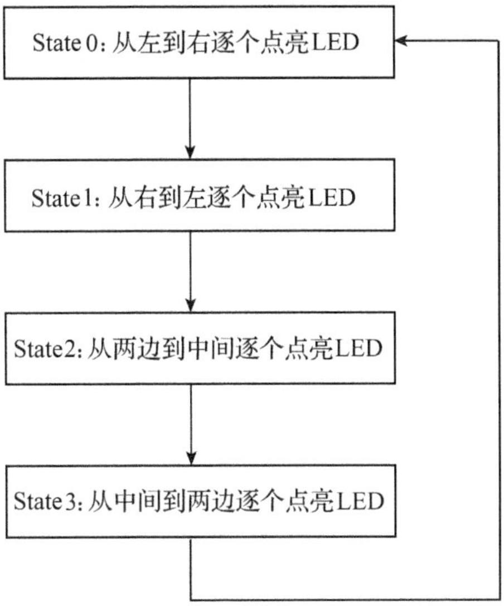

图 10-2　跑马灯的状态转换图

10.2.3　Verilog HDL 程序实现

代码如下：

```
module led (clk,q,rst);
input clk,rst;              //时钟信号(20MHz 晶振)、系统复位信号
output [15:0] q;            //接 LED1—LED16
reg[15:0] q;
reg[24:0] counter;
reg[1:0] state,next_state;
reg[3:0] count;
parameter  state0= 2'b00;
parameter state1= 2'b01;
parameter state2= 2'b11;
parameter state3= 2'b10; //定义 4 种模式
always @ (posedge clk)
begin
   if (rst)
     begin state= state0;
           q= 16'b0000000000000000;
```

```
    end
  else
    begin state= next_state;
    end
case(state)
state0:     //state0 模式:从左到右逐个点亮 LED
  begin
  if(q= = 'b0000000000000000)
    begin
    q= 'b1000000000000000;
    end
  else
    begin
     if(count= = 'b1111)
      begin
      count= 0;
      q= 'b0000000000000001;
      next_state= statel;
    end
else
    begin
     counter= counter+ 1;                          //计数器加 1
     if(counter= = 'b1011111010111100001000000)
       begin
         q= q> > 1;
         counter< = 0;
           count= count+ 1 ;
           next_state= state0;
        end
      end
    end
  end
statel:     //state1 模式:从右到左逐个点亮 LED
  begin
    if(count= = 'b1111)
     begin
      count= 0;
      q= 'b0000000110000000;
```

```
    next_state= state2;
   end
 else
  begin
    counter= counter+ 1;     //计数器加 1
    if(counter= = 'b10111110101111100001000000)
     begin
      q= q< < 1;
      counter= 0;
      count= count+ 1;
      next_state= statel;
     end
   end
  end
state2:    //state2 模式:从两边到中间逐个点亮 LED
  begin
    if(count= = 'b0111)
      begin
        count= 0;
        q= 'b1000000000000001;
        next_state= state3;
      end
     else
      begin
       counter= counter+ 1;     //计数器加 1
       if(counter= = 'b10111110101111100001000000)
         begin
          q[15:8]= q[15:8]< < 1;
          q[7:0]= q[7:0]> > 1;
          counter= 0;
          count= count+ 1;
          next_state= state2;
         end
      end
    end
 state3:    //state3 模式:从中间到两边逐个点亮 LED
   begin
     if(count= = 'b0111)
```

```
          begin
            count= 0;
            q= 'b1000000000000000;
            next_state= state0;
          end
        else
          begin
            counter= counter+ 1;     //计数器加 1
            if(counter= = 'b1011111010111100001000000)
              begin
                q[15:8]= q[15:8]> > 1;
                q[7:0]= q[7:0]< < 1;
                counter= 0;
                counter= counter+ 1;
                next_state= state3;
              end
            end
          end
endcase
end
endmodule
```

10.2.4 仿真结果

由于系统时钟分频系数较大，在软件中不易实现仿真，因此将分频系数适当改小来仿真其逻辑功能即可(取消程序中的分频进行仿真)。为了观察各种模式下 LED 的显示情况，对 state0～state3 的各个模式进行局部观察。state0 模式的时序仿真结果如图 10-3 所示，观察波形端口 q 的输出可知，按 state0 的模式从左到右逐个点亮 LED。

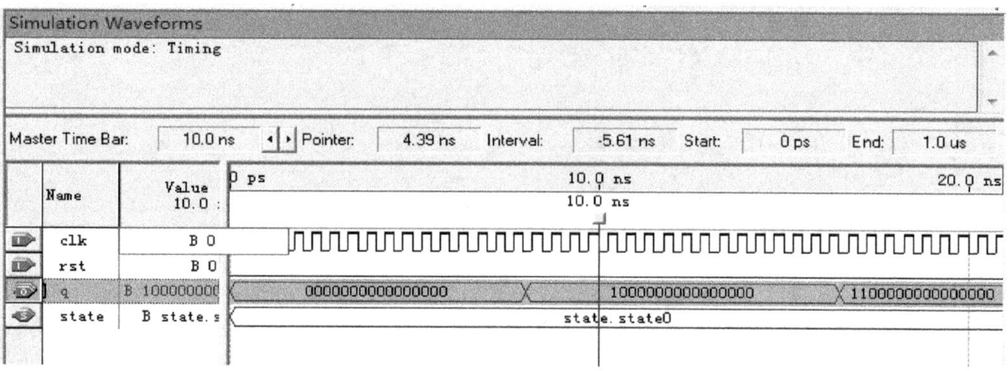

图 10-3　state0 模式的时序仿真结果

10.3 数字频率计

10.3.1 设计要求

采用测频法设计一个 8 位十进制数字显示的数字频率计，测量范围为 1～49999999Hz，被测的频率可由基准频率分频得到。

10.3.2 设计原理

①测频法的测量原理如图 10-4 所示，在确定的闸门时间 T_W 内，记录被测信号的变化周期数或脉冲个数 N_X，则被测信号的频率为 $F_X = N_X / T_W$，通常闸门时间为 T_{W1} s。

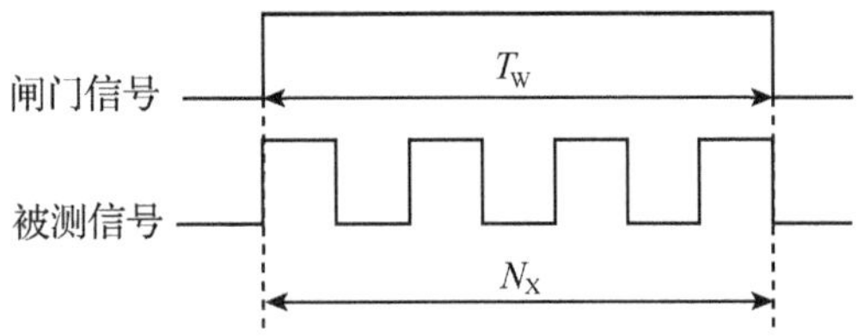

图 10-4 测频法的测量原理

②数字频率计系统组成原理如图 10-5 所示，输入信号为 20MHz 基准时钟和 1Hz～40MHz 的被测时钟，闸门时间模块的作用是对基准时钟进行分频，得到一个 1s 的闸门信号，作为 8 位十进制计数器的计数标志，8 位数码管显示被测信号的频率。

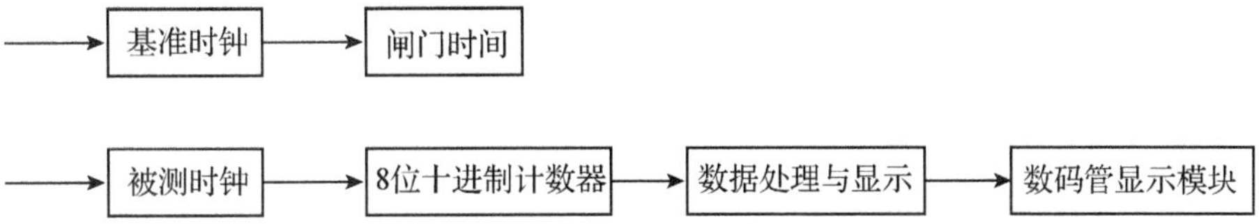

图 10-5 数字频率计系统组成原理

输入信号：基准时钟 sysclk；被测时钟 clkin。输出信号：七段显示控制信号 seg7[7:0]；数码管地址选择控制信号 scan[7:0]。

10.3.3 设计方法

采用文本编辑法，利用 Verilog HDL 语言描述频率计，代码如下：

```
module cymometer(seg7,scan,sysclk,clkin);
output[6:0] seg7;
output[7:0] scan;
input sysclk;         //20MHz 时钟输入
input clkin;          //待测频率信号输入
reg[6:0] seg7;        //七段显示控制信号(abcdefg)
```

```
reg[7:0] scan;      //数码管地址选择信号
reg[24:0] cnt;
reg clk_cnt;
reg[3:0] cntp1,cntp2,cntp3,cntp4,cntp5,cntp6,cntp7,cntp8;
reg[3:0] cntq1,cntq2,cntq3,cntq4,cntq5,cntq6,cntq7,cntq8;
reg[3:0] dat;
//0.5Hz 分频
always @  (posedge sysclk)
begin
  if(cnt= = 25'b1_0111_1101_0111_1000_0100_0000)
    begin clk_cnt< = ~ clk_cnt;cnt< = 0;end
  else
    begin cnt< = cnt+ 1;end
end
//在 1s 内计数
always @ (posedge clkin)
begin
  if(clk_cnt)
  begin
    if(cntp1= = 'b1001)
      begin cntp1< = 'b0000;cntp2< = cntp2+ 1;
        if(cntp2= = 'b1001)
          begin cntp2< = 'b0000;cntp3< = cntp3+ 1;
            if(cntp3= = 'b1001)
              begin cntp3< = 'b0000;cntp4< = cntp4+ 1;
                if(cntp4= = 'b1001)
                  begin cntp4< = 'b0000;cntp5< = cntp5+ 1;
                    if(cntp5= = 'b1001)
                      begin cntp5< = 'b0000;cntp6< = cntp6+ 1;
                        if(cntp6= = 'b1001)
                          begin cntp6< = 'b0000;cntp7< = cntp7+ 1;
                            if(cntp7= = 'b1001)
                              begin cntp7< = 'b0000;cntp8< = cntp8+ 1;
                                if(cntp8= = 'b1001)
                                  begin cntp8< = 'b0000;end
                              end
                            end
                        end
```

```
                    end
                  end
                end
            end
          else begin cntpl< = cntpl+ 1; end
      end
    else
        begin
if(cntpl! = 'b0000 | cntp2! = 'b0000 | cntp3 ! = 'b0000 | cntp4! = 'b0000 |
cntp5! = 'b0000 | cntp6! = 'b0000 | cntp7! = 'b0000 | cntp8! = 'b0000)
        //对计数值锁存
            begin
             cntql< = cntpl;cntq2< = cntp2; cntq3< = cntp3;
             cntq4< = cntp4;cntq5< = cntp5; cntq6< = cntp6;
             cntq7< = cntp7;cntq8< = cntp8;
             cntpl < = 'b0000;cntp2< = 'b0000;cntp3< = 'b0000;
            cntp4< = 'b0000;cntp5< = 'b0000;cntp6< = 'b0000;
            cntp7< = 'b0000;cntp8< = 'b0000;
            end
          end
      end
     //扫描数码管
      always
      begin
        case(cnt[15:13])
        'b000:begin scan< = 'b00000001;dat< = cntql;end
        'b001:begin scan< = 'b00000010;dat< = cntq2;end
        'b010:begin scan< = 'b00000100;dat< = cntq3;end
        'b011:begin scan< = 'b00001000;dat< = cntq4;end
        'b100:begin scan< = 'b00010000;dat< = cntq5;end
        'b101:begin scan< = 'b00100000;dat< = cntq6;end
        'b110:begin scan< = 'b01000000;dat< = cntq7;end
        'b111:begin scan< = 'b10000000;dat< = cntq8;end
        default:begin scan< = 'bx;dat< = 'bx;end
        endcase
      //数码管显示译码
        case(dat[3:0])
        4'b0000:seg7[6:0]= 7'b1111110;
```

```
    4'b0001:seg7[6:0]= 7'b0110000;
    4'b0010:seg7[6:0]= 7'b1101101;
    4'b0011:seg7[6:0]= 7'b1111001;
    4'b0100:seg7[6:0l= 7'b0110011;
    4'b0101:seg7[6:0]= 7'b1011011;
     4'b0110:seg7[6:0]= 7'b1011111;
     4'b0111:seg7[6:0]= 7'b1110000;
     4'b1000:seg7[6:0l= 7'b1111111;
     4'b1001:seg7[6:0]= 7'b1111011;
     default:seg7[6:0]= 'bx;
      endcase
    end
  endmodule
```

10.3.4 仿真结果

由于数字频率计的计数时间是1s，在软件中仿真需要的时间较长，故此设计直接在实验箱上进行验证即可。

本章小结

数字系统从结构上分为数据处理单元和控制单元两部分。因此，数字系统中的二进制信息也可分成数据信息和控制信息两大类。基于芯片级的设计、自顶向下设计和设计模拟成为数字系统设计的主要手段和方式。设计人员在进行数字系统的设计过程中，所采用的基本方法主要有自顶向下的设计方法和编码的方法两种。数字系统设计具备一些共同的基本准则：分割准则、同步和异步电路、最优化设计、系统的可观测性和系统设计判断。

习　　题

1. 简述数字系统的设计流程。
2. 简述数字系统设计的基本方法。
3. 简述数字系统设计的基本准则。
4. 设计8位数码扫描显示电路。
5. 设计4×4键盘扫描电路。

参考文献

[1] 康华光. 电子技术基础·数字部分[M]. 5版. 北京：高等教育出版社，2006.
[2] 闫石. 数字电子技术基础[M]. 6版. 北京：高等教育出版社，2016.
[3] 余孟尝. 数字电子技术基础简明教程[M]. 3版. 北京：高等教育出版社，2006.
[4] 白中英，谢松云. 数字逻辑[M]. 6版. 北京：科学出版社，2013.
[5] 侯建军. 数字电子技术基础[M]. 3版. 北京：高等教育出版社，2022.
[6] 张伟林. 数字电子技术[M]. 北京：人民邮电出版社，2010.
[7] 包晓敏，王开全. 数字电子技术[M]. 北京：机械工业出版社，2012.
[8] 路永华，李海燕，王瑞兰. 数字电子技术[M]. 大连：大连理工大学出版社，2018.
[9] 欧阳明星. 数字逻辑[M]. 5版. 武汉：华中科技大学出版社，2021.
[10] 李景宏，王永军. 数字逻辑与数字系统[M]. 5版. 北京：电子工业出版社，2017.
[11] 罗杰，彭容修. 数字电子技术基础[M]. 3版. 北京：高等教育出版社，2014.